U0175409

欧几里得

几何原本

（第3版）

[古希腊]欧几里得　著
[英]T. L. 希思　英译及评注

兰纪正　朱恩宽　译
梁宗巨　张毓新　徐伯谦　校订

陕西新华出版传媒集团
陕西科学技术出版社
西安

图书在版编目(CIP)数据

欧几里得几何原本／(古希腊)欧几里得著；兰纪正，朱恩宽译．—3版．—西安：陕西科学技术出版社，2020.5(2023.6重印)

ISBN 978-7-5369-7780-8

Ⅰ．①欧… Ⅱ．①欧… ②兰… ③朱… Ⅲ．①欧氏几何 Ⅳ．①O184

中国版本图书馆CIP数据核字(2020)第056903号

THE THIRTEEN BOOKS OF EUCLID'S ELEMENTS
Translated from the Text of Heiberg
with Introduction and commentary
by T. L. Heath
Dover Publications. Inc. New York, 1956

欧几里得几何原本
OUJILIDE JIHEYUANBEN
[古希腊]欧几里得 著
[英]T. L. 希思 英译及评注
兰纪正 朱恩宽 译
梁宗巨 张毓新 徐伯谦 校订

责任编辑	李 珑
封面设计	曾 珂
出 版 者	陕西新华出版传媒集团 陕西科学技术出版社 西安市曲江新区登高路1388号 陕西新华出版传媒产业大厦B座 电话(029)81205187 传真(029)81205155 邮编710061 http://www.snstp.com
发 行 者	陕西新华出版传媒集团 陕西科学技术出版社 电话(029)81205180 81206809
印 刷	西安市久盛印务有限责任公司
规 格	787mm×1092mm 16开本
印 张	32.5
字 数	605千字
版 次	2020年5月第3版 2023年6月第5次印刷
书 号	ISBN 978-7-5369-7780-8
定 价	85.00元

欧几里得画像

画像选自Charles Thomas-Stanford, Early Editions of Euclid's Elements. San Francisco Alan Wofsy Fine Arts,1977.的扉页。

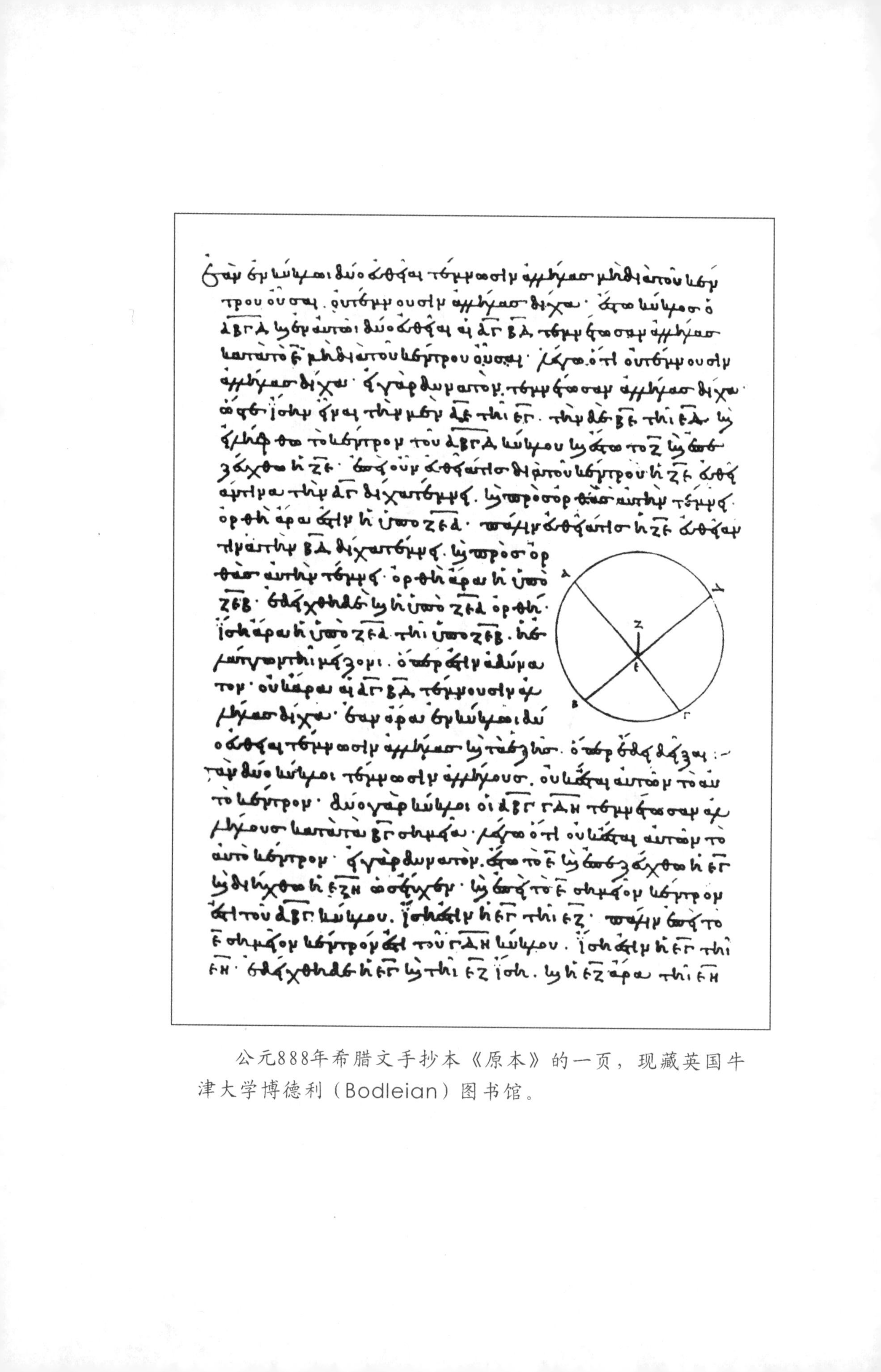

公元888年希腊文手抄本《原本》的一页，现藏英国牛津大学博德利（Bodleian）图书馆。

104 EUCLID

the teaching of the subject for eighteen hundred years preceding that time. He is the only man to whom there ever

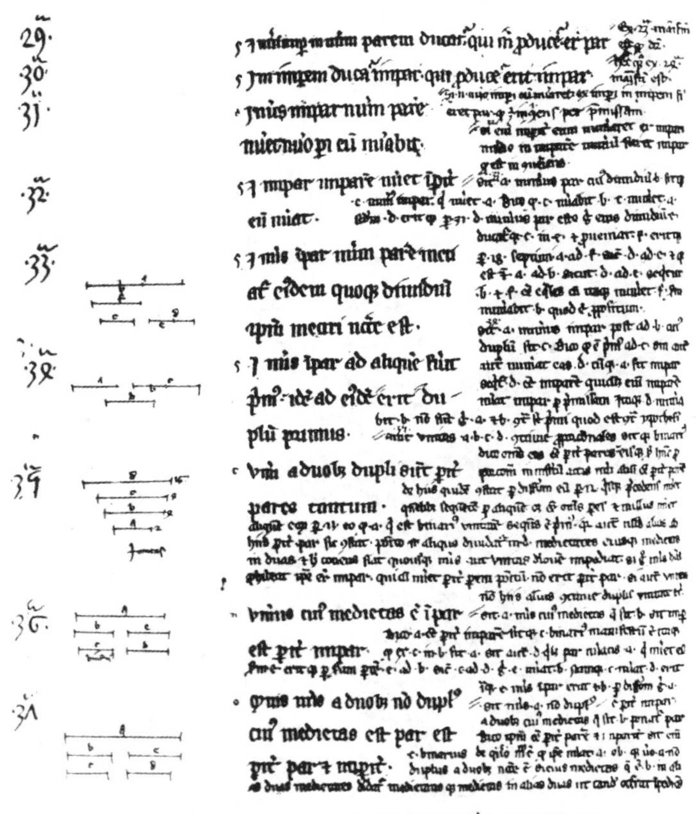

PAGE FROM A TRANSLATION OF EUCLID'S ELEMENTS

This manuscript was written *c.* 1294. The page relates to the propositions on the theory of numbers as given in Book IX of the *Elements*. The first line gives Proposition 28 as usually numbered in modern editions

公元1294年拉丁文手抄本《原本》的一页。

公元1350年阿拉伯文译本《原本》手抄本的一页。

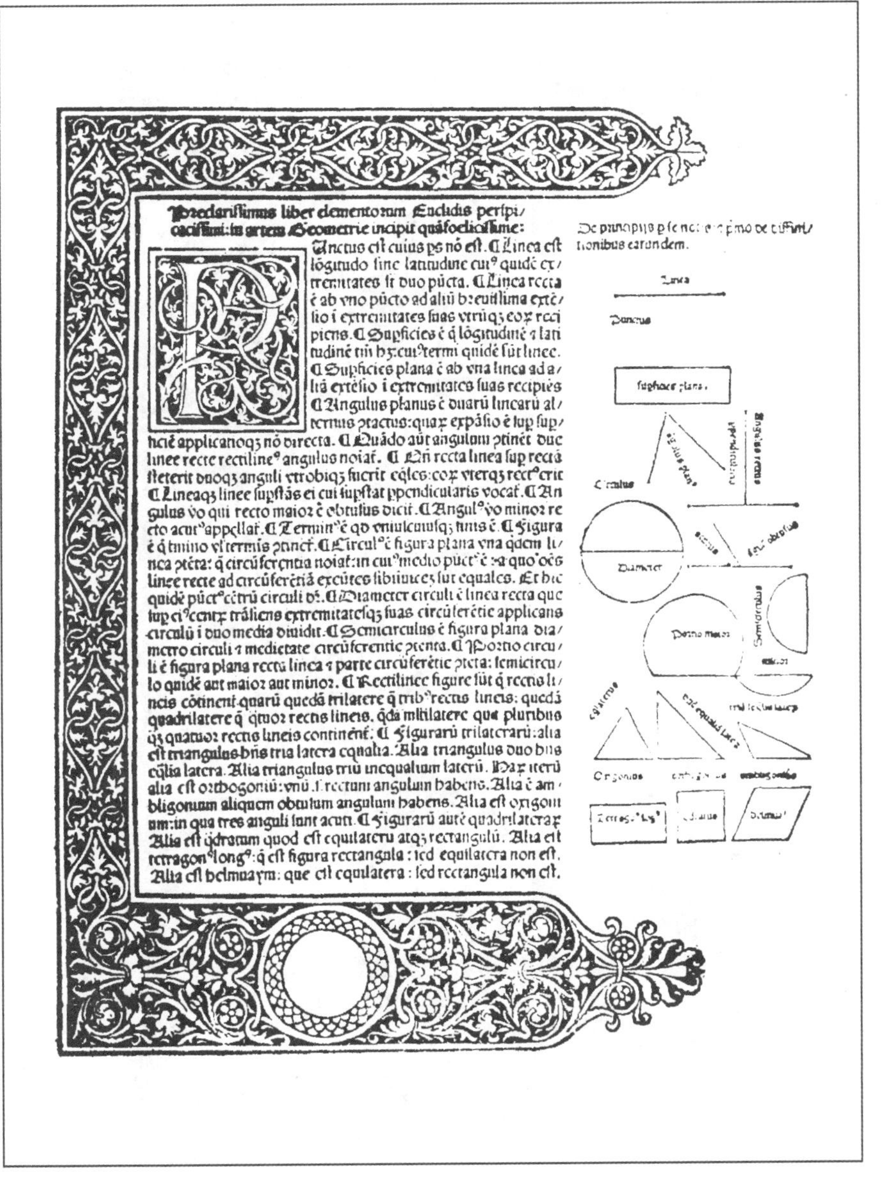

Preclarissimus liber elementorum Euclidis perspi/
cacissimi: in artem Geometrie incipit quafoelicissime:
Punctus est cuius ps nõ est. ℂ Linea est
lõgitudo sine latitudine cui⁹ quidẽ ex/
tremitates sũt duo pũcta. ℂ Linea recta
ẽ ab vno pũcto ad aliũ breuissima extẽ/
sio i extremitates suas vtrũqȝ eorꝝ reci
piens. ℂ Supficies ẽ q̃ lõgitudinẽ ⁊ lati
tudinẽ tñ hȝ: cui⁹ termi quidẽ sũt linee.
ℂ Supficies plana ẽ ab vna linea ad a/
liã extẽsio i extremitates suas recipiẽs
ℂ Angulus planus ẽ duarũ linearũ al/
ternus ptactus: quarꝝ expãsio ẽ sup sup/
ficiẽ applicatioqȝ nõ directa. ℂ Quãdo aũt angulum ptinẽt due
linee recte rectiline⁹ angulus noiat. ℂ Qñ recta linea sup rectã
steterit duoqȝ anguli vtrobiqȝ fuerit eq̃les: eorꝝ vterqȝ rect⁹ erit
ℂ Lineaqȝ linee supstãs ei cui supstat ppendicularis vocat. ℂ An
gulus vo qui recto maior ẽ obtusus dicit. ℂ Angul⁹ vo minor re
cto acut⁹ appellat. ℂ Termin⁹ ẽ qd vniuscuiusqȝ finis ẽ. ℂ Figura
ẽ q̃ tmino vl termis ptinet. ℂ Circul⁹ ẽ figura plana vna qdem li/
nea ptẽta: q̃ circũferentia noiat: in cui⁹ medio pũct⁹ ẽ a quo oẽs
linee recte ad circũferẽtiã exeũtes sibiinuicẽ sũt equales. Et hic
quidẽ pũct⁹ cẽtrũ circuli dr. ℂ Diameter circuli ẽ linea recta que
sup ei⁹ centrꝝ trãsiens extremitatesqȝ suas circũferẽtie applicans
circulũ i duo media diuidit. ℂ Semicirculus ẽ figura plana dia/
metro circuli ⁊ medietate circũferentie ptenta. ℂ Portio circu/
li ẽ figura plana recta linea ⁊ parte circũferẽtie ptẽta: semicircu/
lo quidẽ aut maior aut minor. ℂ Rectilinee figure sũt q̃ rectis li/
neis cõtinent quarũ quedã trilatere q̃ trib⁹ rectis lineis: quedã
quadrilatere q̃ qtuor rectis lineis. q̃da mltilatere que pluribus
q̃ȝ quatuor rectis lineis continẽt. ℂ Figurarũ trilaterarũ: alia
est triangulus hñs tria latera equalia. Alia triangulus duo hñs
eq̃lia latera. Alia triangulus triũ inequalium laterũ. Harꝝ iterũ
alia est orthogoniũ: vnũ .s. rectum angulum habens. Alia ẽ am
bligonium aliquem obtusum angulum habens. Alia est oxigoni
um: in qua tres anguli sunt acuti. ℂ Figurarũ autẽ quadrilaterꝝ
Alia est q̃dratum quod est equilateru atqȝ rectangulũ. Alia est
tetragon⁹ long⁹: q̃ est figura rectangula: sed equilatera non est.
Alia est helmuaym: que est equilatera: sed rectangula non est.

公元1482年最早的拉丁文印刷本《原本》。在威尼斯出版。

公元1570年比林斯利（H.Billingsley)英译本《原本》首页。

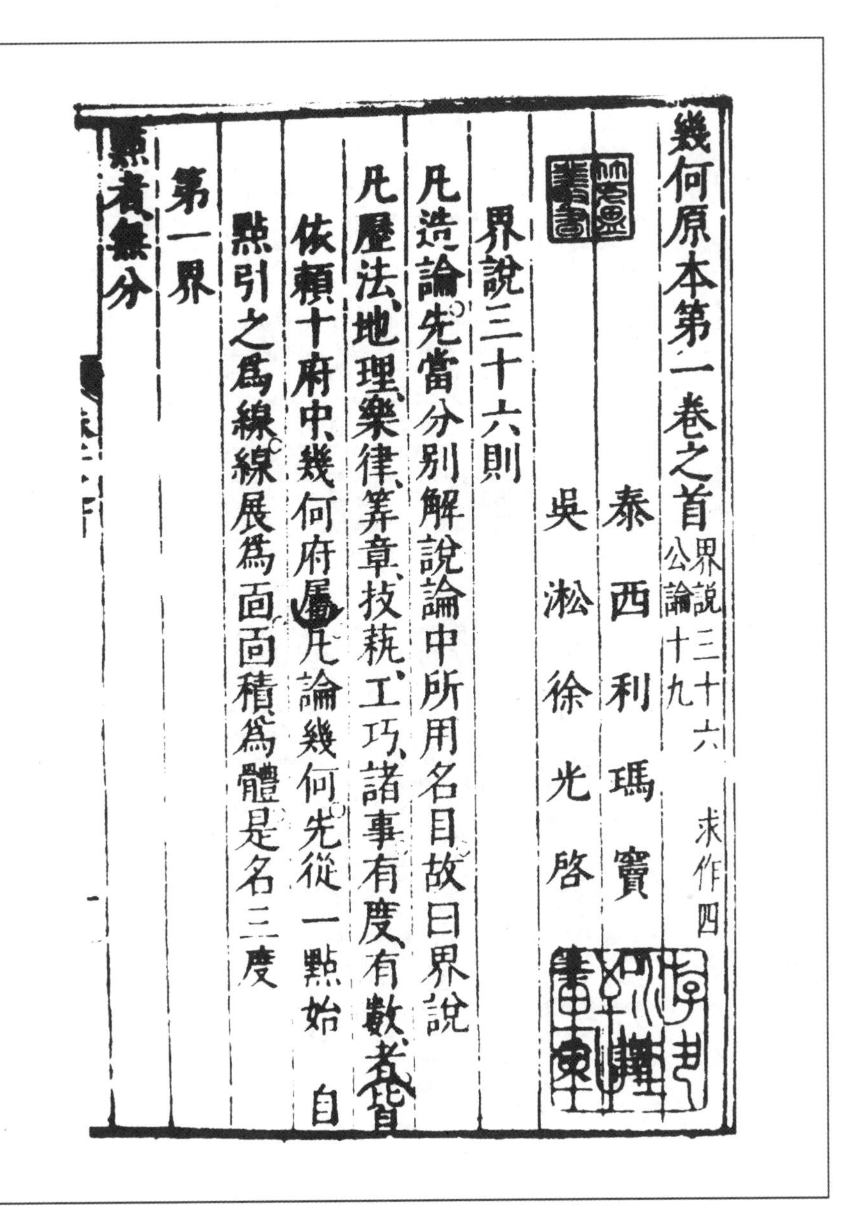

幾何原本第一卷之首 界說三十六 公論十九 求作四

泰西利瑪竇

吳淞徐光啓

界說三十六則

凡造論先當分别解說論中所用名目故曰界說

凡曆法地理樂律筭章技藝工巧諸事有度有數者皆依賴十府中幾何府屬凡論幾何先從一點始 自點引之為線線展為面面積為體是名三度

第一界

點者無分

公元1607年利玛窦、徐光启汉译本《原本》首页。

lem, sub æqualibus rectis lineis contentum, & basim BC basi EF æqualem habebunt; eritque triangulum BAC triangulo EDF æquale, ac reliqui anguli B, C reliquis angulis E, F æquales erunt, uterque utrique, sub quibus æqualia latera subtenduntur.

Si punctum D puncto A applicetur, & recta DE rectæ AB superponatur, cadet punctum E in B, quia DE [a] = AB. Item recta DF cadet in AC, quia ang. A [a] = D. Quinetiam punctum E puncto C coincidet, quia AC [a] = DF. Ergò rectæ EF, BC, cùm eosdem habeant terminos, [b] congruent, & proinde æquales sunt. Quare triangula BAC, EDF; & anguli B, E; itemq; anguli C, F etiam congruunt, & æquantur. Quod erat Demonstrandum.

a hyp.
b 14. ax.

PROP. V.

Isoscelium triangulorum ABC qui ad basim sunt anguli ABC, ACB inter se sunt æquales. Et productis æqualibus rectis lineis AB, AC qui sub basi sunt anguli CBD, BCE inter se æquales erunt.

[a] Accipe AF = AD, & junge CD, ac BF.

Quoniam in triangulis ACD, ABF, sunt AB [c] = AC, & AF [d] = AD, angulúsq; A communis, [e] erit ang. ABF = ACD; & ang. AFB [e] = ADC, & bas. BF [e] = DC; item FC [f] = DB. ergò in triangulis BFC, BDC [g] erit ang. FCB = DBC. Q. E. D. Item ideo ang. FBC = DCB. atqui ang. ABF [h] = ACD. ergò ang. ABC [k] = ACB. Q. E. D.

a 3. 1.
b 1. post.
c hyp.
d constr.
e 4. 1.
f 3 ax.
g 4. 1.
h pr.
k 3. ax.

Corollarium.

Hinc, Omne triangulum æquilaterum est quoq; æquiangulum.

PROP.

公元1655年巴罗（I.Barrow)拉丁文译本《原本》的一页，卷I命题5“驴桥”。

THE THIRTEEN BOOKS OF EUCLID'S ELEMENTS

TRANSLATED FROM THE TEXT OF HEIBERG

WITH INTRODUCTION AND COMMENTARY

BY

SIR THOMAS L. HEATH,

K.C.B., K.C.V.O., F.R.S.,

SC.D. CAMB., HON. D.SC. OXFORD

HONORARY FELLOW (SOMETIME FELLOW) OF TRINITY COLLEGE CAMBRIDGE

SECOND EDITION

REVISED WITH ADDITIONS

VOLUME I

INTRODUCTION AND BOOKS I, II

DOVER PUBLICATIONS, INC.

NEW YORK

公元1925年希思(T.L.Heath)英译本《原本》增订本首页。

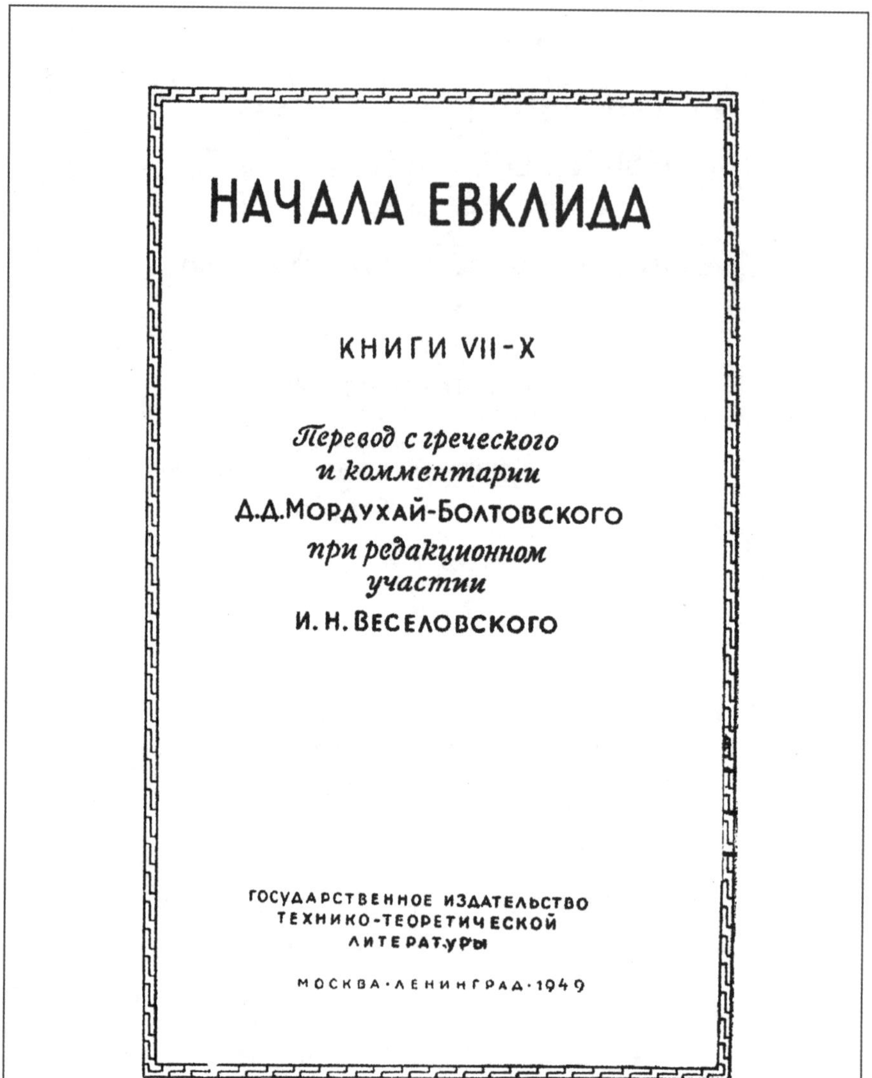

НАЧАЛА ЕВКЛИДА

КНИГИ VII–X

Перевод с греческого
и комментарии
Д.Д.МОРДУХАЙ-БОЛТОВСКОГО
при редакционном
участии
И. Н. ВЕСЕЛОВСКОГО

ГОСУДАРСТВЕННОЕ ИЗДАТЕЛЬСТВО
ТЕХНИКО-ТЕОРЕТИЧЕСКОЙ
ЛИТЕРАТУРЫ

МОСКВА · ЛЕНИНГРАД · 1949

公元1949年在莫斯科和列宁格勒出版的《原本》俄文译本扉页。

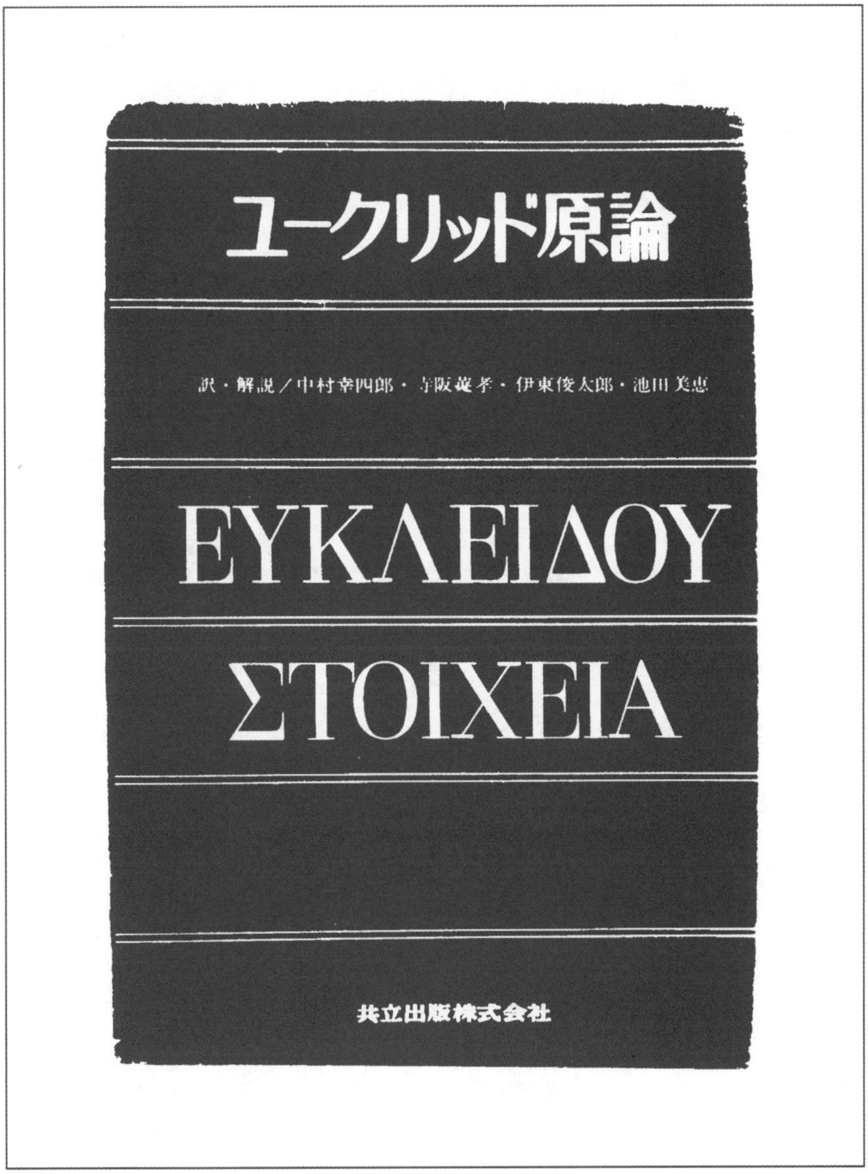

ユークリッド原論

訳・解説／中村幸四郎・寺阪英孝・伊東俊太郎・池田美恵

ΕΥΚΛΕΙΔΟΥ

ΣΤΟΙΧΕΙΑ

共立出版株式会社

公元1983年中村幸四郎等日文译本封面。

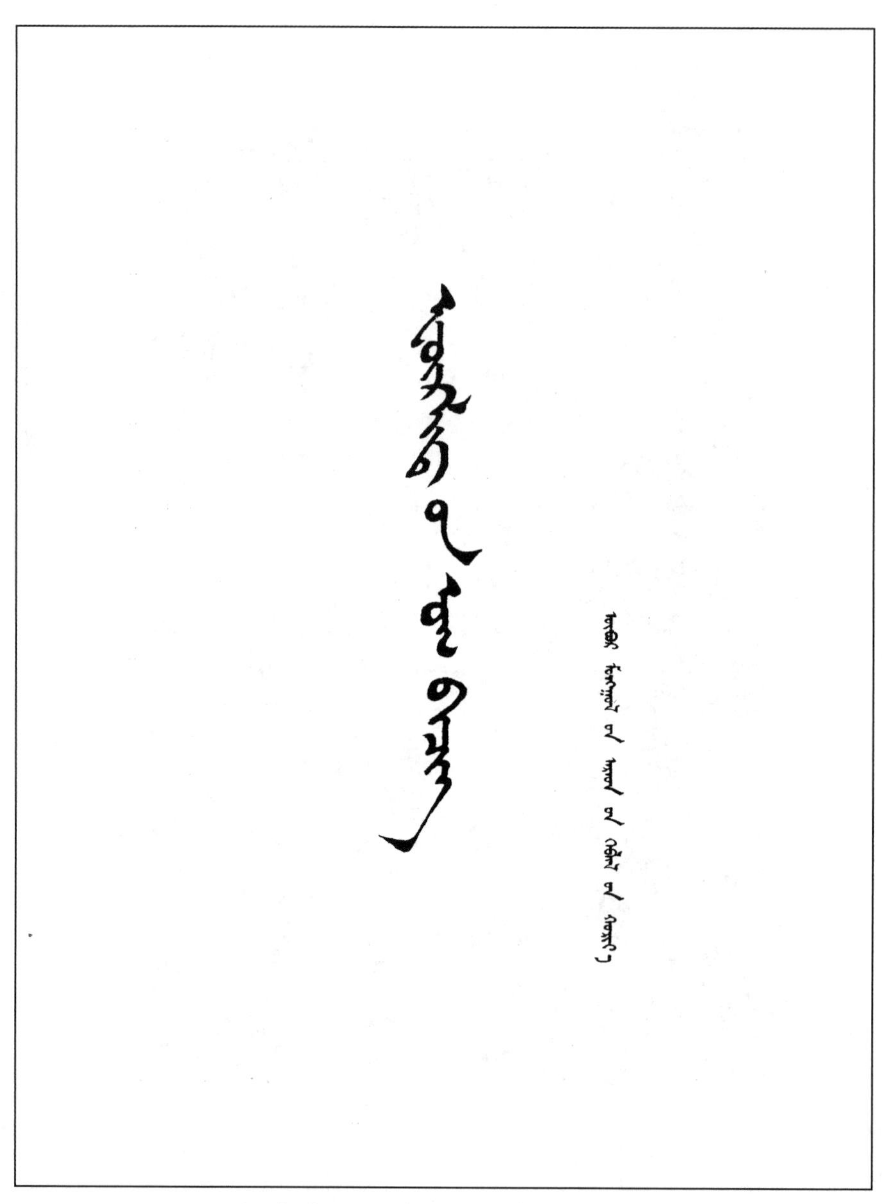

公元1987年莫德勒图蒙古文（五卷）译本扉页（内蒙古人民出版社出版）。

序

欧几里得《几何原本》是世界名著，在各国流传之广、影响之大仅次于基督教的《圣经》. 我国在明清两代有过译本，前6卷是利玛窦和徐光启合译的，1607年出版. 底本是德国人克拉维乌斯(C. Clavius)校订增补的拉丁文本 *Euclidis Elementorum Libri* XV(《欧几里得原本15卷》，1574年初版). 后9卷是英国人伟烈亚力和李善兰合译的，1857年出版，底本是另一种英文版本. ①这种底本都是增补本，和欧几里得原著有很大的出入，不少内容是后人修改或添加上去的. 明清本的最初翻译距今已好几百年，现在不容易找到，况且又是文言文，名词术语不是现代语言，这更增加了阅读的困难，因此重新翻译此书是十分必要的.

本书根据目前标准的希思(Thomas Little Heath，1861 ~ 1940)英译评注本 *The Thirteen Books of Euclid's Elements*(《欧几里得原本13卷》，1908年初版，1926年再版，1956年新版)译出，而希思本又是以海伯格(John Ludwig Heiberg，1854 ~ 1928，丹麦人)与门格(H. Menge)的权威注释本 *Euclidis Opera Omnia*(《欧几里得全集》，1883 ~ 1916出版，希腊文拉丁文对照)为底本的，应该说比明清本所根据的底本更可靠，而且更接近欧几里得的原著.

兰纪正副教授、朱恩宽副教授积多年的几何教学经验，参考了明清本以及不同文字的几种版本，译成汉文后广泛征求了意见，数易其稿，当能较好地表达欧几里得的基本精神.

多少年来，千千万万的人通过欧几里得几何的学习受到了逻辑的训练，从而迈入科学的殿堂. 大科学家牛顿在撰写他的名著《自然哲学之数学原理》(*Philosophiae Naturalis Principia Mathematica*，1687)时，就曾受到几何公理方法的启迪. 他在序中写道："从那么少的几条外来的原理，就能够取得那么多的成果，这是几何学的光荣"(It is the glory of geometry that from so few principles, fetched from without, it is able to accomplish so much)②. 今天，我们仍然不断从几何中吸取营养. 无论从数学史或从数学教育的角度，《原本》都永远是有价值的参考书. 希望这个译本能在祖国的文化建设中起到应有的作用.

---

① 美国纽约市立大学曼哈顿区学院徐义保教授(1965. 12 ~ 2013. 11)发表文章确定由伟烈亚力和李善兰合译的后9卷的底本是英国数学家比林斯利(Billingsley，? ~ 1606)于1576年出版的《原本》英译本：*The Elements of Geometrie of the most Ancient Philosopher Euclide of Megara*.

② R. E. Moritz, *On Mathematics and Mathematicians* (1914) p. 293.

希思本附有大量的注文，它不仅是原文的诠释，而且可以看作是两千年来研究《原本》的历史总结. 如将注文全部译出，可帮助读者进一步了解原文的内容，并知道各个定义、命题、方法的来龙去脉. 不过工作量很大，只好留待将来. 这里不妨借用一下徐光启的话："续成大业，未知何日，未知何人，书以俟焉."

梁宗巨

1986. 12. 8

导　言

欧几里得和他的《几何原本》

(一)欧几里得传略

欧几里得(Euclid,拉丁文拼为 Euclides 或 Eucleides,希腊文Εὐκλείδης,生于公元前300 年前后)是希腊数学家,以其所著的《几何原本》(Elements,Στοιχεῖα)闻名于世.对于他的生平,现在知道的很少.他生活的年代,是根据下列的记载来确定的.普罗克洛斯(Proclus,Πρόκλος,410~485)是雅典柏拉图学园①晚期的导师,公元450 年左右,他给《几何原本》作注,写了一个简明的《几何学发展概要》②(以下简称《概要》),字数虽不多,但已包括从泰勒斯(Thales,Θαλῆς,约公元前625~前547)到欧几里得数百年间主要数学家的事迹,这是几何学史的重要资料.《概要》中指出,欧几里得是托勒密一世③时代的人,早年学于雅典,深知柏拉图的学说.又说阿基米德(Archimedes,Ἀρχιμήδης,公元前287~前212)的书引用过《几何原本》的命题④,可见他早于阿基米德.另一位学者帕波斯(Pappus,Πάππος,约 300~350)在《数学汇编》中提到阿波罗尼奥斯(Apollonius,Ἀπολλώνιος,约公元前 262~前 190)长期住在亚历山大,和欧几里得的学生在一起,这说明欧几里得在亚历山大教过学.

综上所述,欧几里得应该是公元前 300 年前后的人.

《概要》还记述了这样一则故事:托勒密王问欧几里得说,除了他的《几何原本》之外,还有没有其他学习几何的捷径.欧几里得回答道:"在几何里,没有专为国王铺设的大道"(There is no royal road to geometry)⑤.这句话成为传诵千古的学习箴言⑥.斯托比亚斯(Stobaeus,约 500)记述过另一则故事,说一个学生才开始学习第一个命题,就问欧几里得学了几何学之后将得到些什么.欧几里得说:"给他三个钱币,因为他想在学习中获取实利."由此可知欧几里得主张学习必须循序渐进、刻苦钻研,不赞成投机取巧的作风,也反

---

① 柏拉图(Plato,公元前 427~前 347)在公元前 387 年建立的著名学习场所.

② 参见(1)C. C. Gillispie, *Dictionary of Scientific Biography*, Vol. 4(1971) pp. 414~459. (2)B. L. van der Waerden, *Erwachende Wissenschaft*(1966) p. 148.

③ Ptolemy I,托勒密王国的创建者,公元前 323~前 285 在位,建都在亚历山大.

④ 阿基米德《论球与圆柱》(*On the Sphere and Cylinder*) I 命题 6 明确指出引用了《几何原本》XII的证明.见 T. L. Heath, *The Words of Archimedes with the Method of Archimedes*(1912) p. 9. 汉译本,1998.

⑤ 原文见 R. E. Moritz, *On Mathematics and Mathematicians*(1914) p. 152.

⑥ 另一种说法认为这是门奈赫莫斯(Menaechmus)和亚历山大王的故事.

对狭隘实用观点.帕波斯特别赞赏欧几里得的谦逊,他从不掠人之美,也没有声称过哪些是自己的独创.而阿波罗尼奥斯则不然,他过分突出自己,明明是欧几里得研究过的工作,他在《圆锥曲线论》(*Conics*)中也没有归功于欧几里得⑦.

除了《几何原本》之外,欧几里得还有不少著作,可惜大都失传,唯一保存下来的纯粹几何著作(希腊文)是《已知数》(*The Data*,Δεδομένα),体例和《几何原本》前6卷相似,包括94个命题,指出若图形中的某些元素已知,则另外的一些元素也可以确定.《图形的分割》(*On Divisions of Figures*,Περὶ διαιρέσεων βιβλίον)现存拉丁文与阿拉伯文本,论述用直线将已知图形分为相等的部分或成比例的部分.《光学》(*Optica*,'Οπτικά)是早期的几何光学著作之一,研究透视问题,指出光的入射角等于反射角,认为视觉是眼睛发出光线到达物体的结果等⑧.还有一些著作未能确定是否属于欧几里得,而且已经散失.

(二)《几何原本》产生的历史背景

欧几里得的《几何原本》是一部划时代的著作.其伟大的历史意义在于它是用公理建立起演绎体系的最早典范.过去所积累下来的数学知识,是零碎的、片断的,可以比作木石、砖瓦.只有借助于逻辑方法,把这些知识组织起来,加以分类、比较,揭露彼此间的内在联系,整理在一个严密的系统之中,才能建成巍峨的大厦.《几何原本》(以下简称《原本》)完成了这一艰巨的任务,它对整个数学的发展产生了深远的影响.

《原本》的出现不是偶然的,在它之前,已有许多希腊学者做了大量的前驱工作.从泰勒斯算起,已有三百多年的历史⑨.泰勒斯是希腊第一个哲学学派——伊奥尼亚学派的创建者.伊奥尼亚地处小亚细亚西岸,它比希腊其他地区更容易吸收巴比伦、埃及等古国积累下来的经验和文化.在那里,氏族贵族政治为商人的统治所代替,商人具有强烈的活动性和冒险性,这有利于思想自由而大胆地发展.城邦内部的斗争帮助摆脱传统的信念.希腊没有特殊的祭司阶层,也没有必须遵守的教条,因此有相当程度的思想自由.科学和哲学开始从宗教分离开来.泰勒斯早年是一个商人,通过商业旅游,很快就掌握了古代流传下来的知识,并加以发扬.他企图摆脱宗教,从自然现象中去寻找真理.对一切科学问题不满足于知其然,而且还要探索所以然的道理.他对数学的最大贡献是开始了命题的证明.所谓证明,就是借助一些公理或真实性已经确定的命题来论证某一命题的真实性.这为建立几何的演绎体系迈出了可贵的第一步,在数学史上是一个不寻常的飞跃.

接着是毕达哥拉斯(Pythagoras,Πυθαγόρας.约公元前580~前500)学派,活动于意大利半岛南部一带.这个学派企图用数来解释一切,进一步将数学从具体应用中抽象出来,建立自己的理论体系.他们发现了勾股定理、不可通约量,并知道五种正多面体的存在,这些后来都成为《原本》的重要内容.这个学派的另一特点是将算术和几何紧密联系起来,为《原本》算术的几何化提供了榜样.

希波战争以后,雅典成为人文荟萃的中心.雅典的智人(Sophist,一译诡辩)学派提出

---

⑦ T. L. Heath, *Amanual of Greek Mathematics*(1931)p. 203.

⑧ 这些著作的内容,参见 T. L. Heath, *A History of Greek Mathematics*(1921)11章.

⑨ 欧几里得以前希腊数学的各个学派,在下列书中做了较好的描述:George Johnston Allman(1824~1904),*Greek Geometry from Thales to Euclid*(1889).

几何作图的三大问题:1. 三等分任意角;2. 倍立方——求作一立方体,使其体积等于已知立方体的两倍;3. 化圆为方——求作一正方形,使其面积等于一已知圆. 问题的难处,是作图只许用直尺和圆规. 希腊人的兴趣并不在于图形的实际作出,而是在尺规的限制下从理论上去解决这些问题. 这是几何学从实际应用向演绎体系靠近的又一步. 作图只能用尺规的限制最先是伊诺皮迪斯(Oenopedes - Oἰνοπίδης,约公元前465年)提出的,后来《原本》用公设的形式规定下来⑩,于是成为希腊几何的金科玉律.

智人学派的安提丰(Antiphon,'Αντιφῶν,约公元前480~前411)为了解决化圆为方问题,提出颇有价值的"穷竭法"(method of exhaustion)⑪,孕育着近代极限论的思想. 后来经过欧多克索斯(Eudoxus,Εὔδοξος,约公元前408~前347)的改进,使其严格化,成为《原本》中重要的证明方法⑫.

埃利亚(意大利半岛南端)学派的芝诺(Zeno,Zήνων,约公元前450年)提出四个悖论⑬,迫使哲学家和数学家深入思考无穷的问题. 无穷历来是争论的焦点,在《原本》中,欧几里得实际上是回避了这一矛盾. 例如《原本》第Ⅸ卷20命题说:"素数的个数比任意给定的素数都多",而不用我们现在更简单的说法:素数无穷多.

原子论学派的德谟克利特(Democritus,Δημόκριτος,约公元前410年)用原子法得到的结论:锥体体积是同底等高柱体的1/3,后来也是《原本》中的重要命题.

柏拉图学派的思想对欧几里得无疑产生过深刻的影响,欧几里得早年也许就是这个学派的成员. 公元前387年左右,柏拉图在雅典创办哲学学园(Academia)⑭,他非常重视数学,但片面强调在训练智力方面的作用,而忽视其实用价值. 他主张通过几何的学习培养逻辑思维能力,因为几何能给人以强烈的直观印象,将抽象的逻辑规律体现在具体的图形之中. 他在学园门前大书:"不懂几何者免进"(μησεὶς ἀγεωμέτρητος εἰσίτω μοῦ τὴν στέγην,Let no one ignorant of geometry enter my door)⑮,是尽人皆知的事.

柏拉图的门徒亚里士多德(Aristotel,'Αριστοτελης,公元前384~前322)是形式逻辑的奠基者. 他的逻辑思想为日后将几何整理在严密的体系之中创造了必要的条件.

这个学派另一个重要人物欧多克索斯创立了比例论. 过去毕达哥拉斯学派的比例论只适用于可通约量,欧多克索斯打破了这个限制,用公理法建立理论,使得比例也适用于不可通约量.《原本》第Ⅴ卷比例论大部分采自欧多克索斯的工作.

公元前4世纪,希腊几何学已经积累了大量的知识,逻辑学理论渐臻成熟,由来已久

---

⑩ 《原本》卷Ⅰ给出的5个公设,头3条就是对作图的规定:
(1)两点间可连一直线;(2)线段可任意延长;(3)以任意点为心,任意距离可作一圆. 根据这几条公设,作图就只能用直尺圆规.

⑪ D. E. Smith, *History of Mathematics*, vol. I(1923) p. 84.

⑫ 详细分析见 C. H. Edwards, *The Historical Development of the Calculus*. 另见 Ian Mueller, *Philosophy of Mathematics and Deductive Structure in Euclid's Elements*(1981) p. 230.

⑬ 参见梁宗巨《世界数学史简编》(1980) pp. 103~105.

⑭ 在雅典近郊,原是运动场,后改为园林,因希腊英雄阿卡德莫斯(Academus)而得名,后世"学院"(英 acdemy,俄 академия 等)一词由此而来.

⑮ 见注⑤p. 292.

的公理化思想更是大势所趋.这时,形成一个严整的几何结构已是“山雨欲来风满楼”了.

建筑师没有创造木石砖瓦,但利用现有的材料来建成大厦也是一项不平凡的创造.公理的选择,定义的给出,内容的编排,方法的运用特别是命题的严格证明都需要有高度的智慧并要付出巨大的劳动⑯.从事这宏伟工作的并不是个别的学者,在欧几里得之前已有好几个数学家做过这种综合整理工作.其中有希波克拉底(Hippocrates,'Iπποκρατης,约公元前460)、勒俄(Leo 或 Leon,公元前4世纪)、修迪奥斯(Theudius,公元前4世纪)等⑰.但经得起历史考验的,只有欧几里得的《原本》一种,其余的同类著作均已散失.在漫长的岁月里,欧几里得《原本》历尽沧桑而没有被淘汰,表明它有顽强的生命力.它的公理化思想和方法,将继续照耀着数学前进的道路.

(三)版本和流传

欧几里得本人的《原本》手稿早已失传,现在看到的各种版本都是根据后人的修订本、注释本、翻译本重新整理出来的.古希腊的海伦(Heron,'Hρωυ,约62)、波菲里奥斯(Porphyrius,Πορφύριος,232?~304?)、帕波斯(Pappus,Πάππος,约300~350)、辛普休斯(Simplicius,6世纪前半叶)等人都注释过.最重要的是赛翁(Theon,Θ έωυ,约390)的修订本,对原文做了校勘和补充,这个本子是后来所有流行的希腊文本及译本的基础.赛翁是亚历山大人,那时距欧几里得已有700年,赛翁究竟做了多少补充和修改,在19世纪之前是不清楚的.19世纪初,拿破仑称雄欧洲,1808年他在梵蒂冈图书馆找到一些希腊文的手稿,带回巴黎.其中有两本欧几里得著作的手抄本,之后为佩拉尔(F. Peyrard,1760~1822)所得.1814~1818年,佩拉尔将这两本书用希腊、拉丁、法三种文字出版,一本是《原本》,另一本是《已知数》,通常叫作梵蒂冈本.《原本》的梵蒂冈本和过去的版本不同,过去的版本都声称来自赛翁的版本,而且包含卷Ⅵ第33命题.赛翁在注释托勒密(Ptolemy,约150)的书时自称他在注《原本》时曾扩充了这个命题并加以证明.而梵蒂冈本没有上述这些内容,可见是赛翁之前的本子,应当更接近欧几里得的原著.

9世纪以后,大量的希腊著作被译成阿拉伯文.《原本》的阿拉伯文译本主要有三种:第一种译者是赫贾季(al - Hajjāi ibn Yūsuf,9世纪);第二种是伊沙格(Ishāq,ibn Hunain,?~910),这一种后来被塔比·伊本·库拉(Thābit ibn Qurra,826?~901)所修订,一般称为伊沙格 - 塔比本;还有一种是纳西尔·丁(Nasir ad - Din al-Tūsī,1201~1274)译的.

现存的最早拉丁文本是1120年左右阿德拉特(Adelard of Bath)从阿拉伯文译过来的.后来杰拉德(Gerard of Cremona,1114~1187)又从伊沙格 - 塔比本译出.1255年左右,坎帕努斯(Campanus of Novara,?~1296,意大利诺瓦拉人)参考数种阿拉伯文本及早期的拉丁文文本重新将《原本》译成拉丁文.两百多年之后(1482年)以印刷本的形式在威尼斯出版,这是西方最早印刷的数学书.在这之后到19世纪末,《原本》的印刷本用各种文字出了一千版以上.从来没有一本科学书籍像《原本》那样长期成为广大学子传诵的读

---

⑯ 欧几里得以前希腊几何学家的理论建设参见 Arpad,Szabo. *The Beginnings of Greek Mathematics* (1978).又 W. R. Knorr,*The Ancient Tradition of Geometric Problems*(1986).

⑰ T. L. Heath,*The Thirteen Books of Euclid's Elements* vol. I(1908)p. 116.

物.它流传之广,影响之大,仅次于基督教的《圣经》.

15世纪以后学者们的注意力转向希腊文本,赞贝蒂(Bartolomeo Zamberti,约生于1473)第一次直接将赛翁的《原本》希腊文本译成拉丁文,1505年在威尼斯出版.

目前权威的版本是海伯格(John Ludwig Heiberg,1854~1928,丹麦人)与门格(H. Menge)校订注释的 *Euclidis Opera Omnia*(《欧几里得全集》,1883~1916年出版),是希腊文与拉丁文对照本.最早的完整英译本(1570)的译者是比林斯利(Henry Billingsley,?~1606).而最流行的标准英译本是希思(Thomas Little Heath,1861~1940,英国人)译注的 *The Thirteen Books of Euclid's Elements*(《欧几里得原本13卷》,1908年初版,1925年再版,1956年新版),这书译自上述的海伯格本,附有一篇长达150多页的导言,实际是对欧几里得研究的历史总结,又对每章节都做了详细的注释,其他文字的版本,包括意、德、法、荷、英、西、俄、瑞典、丹麦以及现代希腊等语种,此书导言均有论述[18].

中国最早的汉译本是1607年(明万历三十五年丁未)利玛窦(Matteo Ricci,1552~1610)和徐光启(1562~1633)合译出版的.所根据的版本是德国人克拉维乌斯(C. Clavius,1537~1612)校订增补的拉丁文本 *Euclidis Elementorum Libri* XV(《欧几里得原本15卷》,1574年初版,以后再版多次),定名为《几何原本》,几何的名称就是这样来的[19].

有的学者认为元代(13世纪)《原本》已经输入中国,根据是元代王士点、商企翁《元秘书监志》卷7"回回书籍"条有《兀忽列的四擘算法段数十五部》的书目,其中"兀忽列的"应是 Euclid 的音译[20].但也有可能仍是阿拉伯文本,只译出书名[21][22],后说似更可信.

克拉维乌斯本是增补本,和原著有很大的出入.欧几里得原著只有13卷,14、15卷是后人添加上去的.14卷一般认为出自许普西克勒斯(Hypsicles,γψικλῆς,约公元前180年)之手,而15卷是6世纪初大马士革乌斯(Damascius,Δαμάσκιος,叙利亚人)所著[23].

利玛窦、徐光启共同译完前6卷之后,徐光启说:"意方锐,欲竟之",利玛窦不同意,说:"止,请先传此,使同志者习之,果以为用也,而后徐计其余"[24].3年之后,利玛窦去世,留下校订的手稿.徐光启据此将前6卷旧稿再一次加以修改,重新刊刻传世.他对未能完成全部的翻译深表遗憾,在《题〈几何原本〉再校本》中感叹道:"续成大业,未知何日,未知何人,书以俟焉".

整整250年之后,到1857年,后9卷才由英国人伟烈亚力(Alexander Wylie,1815~

---

[18] 近年来的翻译情况参见莫德《〈几何原本〉在国内外流传概况》(全国《几何原本》翻译与研究学术会议论文,1986).

[19] 翻译的详细经过见梅荣照、王渝生、刘钝《欧几里得〈原本〉的传入和对我国明清数学的影响》,载席泽宗、吴德铎主编《徐光启研究论文集》(1986)pp. 49~63.

[20] 严敦杰《欧几里得几何原本元代输入中国说》,载《东方杂志》39卷(1943)13号.又李俨《中国算学史》(1955)p. 139.

[21] 李约瑟(Joseph Needham)《中国科学技术史》(*Science & Civilisation in China*,1959)汉译本第三卷(1978)p. 235.

[22] 马坚《元秘书监志"回回书籍"释义》,载《光明日报》(1955年7月7日).

[23] D. E. Smith, *History of Mathematics*, vol. I(1923) pp. 119,182.

[24] 利玛窦《译〈几何原本〉引》.

1887)和李善兰(1811～1882)共同译出. 但所根据的底本已不是克拉维乌斯的拉丁文本而是另一种英文版本. 伟烈亚力在序中只提到底本是希腊文译成英文的本子,按照英译本的流传情况,可能性最大的是巴罗(Isaac Barrow,1630～1677,牛顿的老师)的15卷英译本㉕,他在1655年将希腊文本译成拉丁文,1660年又译成英文.

徐、利译前6卷(通称"明本")时,在"原本"之前加上"几何"二字,称译本为《几何原本》. 李、伟的后9卷(通称"清本",两者合称"明清本")沿用这个名称一直到现在. 这"几何"二字是怎样来的? 目前有三种说法:1. 几何是geometria字头geo的音译. 此说颇为流行,源出于艾约瑟(Joseph Edkins,1825～1905)的猜想,记在日本中村正直(1832～1891)的书(1873)中㉖. 那时离《原本》的最初翻译已有200多年,虽属猜想,倒不见得全无道理. 2. 在汉语里,几何原是多少、若干的意思㉗,而《原本》实际包括了当时的全部数学,故几何是mathematica(数学)或magnitude(大小)的意译. 3.《原本》前6卷讲几何,7～9卷是数论,但全用几何方式来叙述,其余各卷也讲几何,所以基本上是一部几何书. 内容和中国传统的算学很不相同. 为了区别起见,应创新词来表达. 几何二字既和geometria的字头音近,又反映了数量大小的关系,采用这两个字可以音、意兼顾㉘. 这也许更接近徐、利二氏的原意㉙.

(四)内容简介

第Ⅰ卷首先给出23个定义. 如"点是没有部分的""线只有长度而没有宽度",等等. 还有平面、直角、垂直、锐角、钝角、平行线等定义. 前面的7个定义实际上只是几何形象的直观描述,后面的推理完全没有用到. 接着是5个公设,前4个是显而易见的,第5个很复杂:"若一直线与两直线相交,所构成同旁内角小于二直角,那么,把这两直线延长,一定在那两内角的一侧相交."这就是后来引起许多纠纷的"欧几里得平行公设"或简称第5公设. 大家很快就认为,欧几里得把这一命题列为公设,不是因为它不能证明,而是找不到证明. 这实在是《原本》这部千古不朽巨著的白璧微瑕. 从《原本》的产生到19世纪初,许多学者投入无穷无尽的精力,力图洗刷这唯一的"污点",最后导致非欧几何的建立.

公设之后是5个公理,近代数学不分公设与公理,凡是基本假定都叫公理.《原本》后面各卷不再列出其他公理. 这一卷在公理之后给出48个命题. 命题4是"两三角形两边与夹角对应相等,则这两三角形相等". 这里相等指的是全等,即两图形可以重合. 但在35命题以后,相等又有另外的含义,它可以指面积相等. 不过欧几里得从来没有把面积看作一个数来加以运算,面积相等是指"拼补相等".

中世纪时,欧洲数学水平很低,学生初读《原本》,学到第5命题"等腰三角形底角必相等"时就觉得很困难. 因此这个命题被谑称为"驴桥"(pons asinorum,英文asses' bridge,

---

㉕ 钱宝琮《中国数学史》(1964)p. 324. 又见"序"①.

㉖ 林鹤一《和算研究集》下卷(1937),《几何卜代数卜,语源二就广》p. 403.

㉗ 这种用法很早就有,如《诗经·小雅·巧言》(周初到春秋中叶的书)里有"尔居徒几何?";《左传·僖公二十七年》(公元前5世纪)有"所获几何?"的话.

㉘ 过去很讲究音意兼顾的译法,如club译"俱乐部",音乐中七个唱名do、re、mi、fa、sol、la、si译成"独览梅花扫落雪". 数学中topology译"拓扑"早已通行,而fuzzy译"乏晰"本甚佳,惜未通行.

㉙ 梁宗巨《世界数学史简编》(1980)p. 91.

意思是“笨蛋的难关”).第47命题就是有名的勾股定理:“在直角三角形斜边上的正方形(以斜边为边的正方形)等于直角边上两个正方形.”

第Ⅱ卷包括14个命题,用几何的语言叙述代数的恒等式.如命题4“将一线段任意分为两部分,在整个线段上的正方形等于在部分线段上的两个正方形加上这两个部分线段为边的矩形的二倍”就相当于$(a+b)^2=a^2+2ab+b^2$.第11命题是分线段为中外比,后来被称为黄金分割,第12、13命题相当于余弦定理.

第Ⅲ卷有37个命题,讨论圆、弦、切线、圆周角、内接四边形及与圆有关的图形.

第Ⅳ卷有16个命题,包括圆内接与外切三角形、正方形的研究,圆内接正多边形(5边、10边、15边)的作图.

第Ⅴ卷是比例论.后世的评论家认为这是《原本》的最高成就.毕达哥斯学派过去虽然也建立了比例论,不过只适用于可公度量.如果a,b两个量可公度,那么$a:b$是一个数(有理数).但若a,b不可通约,希腊人包括欧几里得就根本不承认$a:b$是一个数.为了摆脱这一困境,欧多克索斯用公理法重新建立了比例论,使它适用于一切可公度与不可通约的量[30].这一卷主要取材于欧多克索斯的工作,给出25个命题.

第Ⅵ卷把Ⅴ卷已建立的理论用到平面图形上去,共33个命题.

第Ⅶ、Ⅷ、Ⅸ三卷是数论,分别有39、27、36个命题,也完全用几何的方式叙述,第Ⅶ卷第Ⅰ命题是欧几里得辗转运算法的出处.第Ⅸ卷第20命题是数论中的欧几里得定理:素数的个数无穷多.

第Ⅹ卷是篇幅最大的一卷,包含115个命题,占全书篇幅的1/4,和其他各卷不很相称.主要讨论无理量(与给定的量不可通约的量),但只涉及相当于$\sqrt{\sqrt{a}\pm\sqrt{b}}$之类的无理量.第1个命题“给定大小两个量,从大量中减去它的一大半,再从剩下的量中减去它的一大半,这样重复这一手续,可使所余的量小于所给的小量”,这个命题相当重要,它是极限论的雏形,也是“穷竭法”的理论基础,和后面各卷有密切关系.

第Ⅺ卷讨论空间的直线与平面的各种关系.第Ⅻ卷利用穷竭法证明“圆面积的比等于直径平方的比”.用现在的符号来表示就是$A\propto d^2$或$A=kd^2$(A代表圆面积,d代表直径),但欧几里得却没有说这比例常数是多少.此外还证明“球体积的比等于直径立方的比”“锥体体积等于同底等高的柱体的1/3”等.

第XⅢ卷着重研究5种正多面体.

公理化结构是近代数学的主要特征.而《原本》是完成公理化结构的最早典范,它产生于2000多年前,这是难能可贵的.不过用现代的标准去衡量,也有不少缺点.首先,一个公理系统都有若干原始概念,或称不定义概念,作为其他概念定义的基础.点、线、面就属于这一类.而在《原本》中一一给出定义,这些定义本身就是含糊不清的.例如定义4:

---

[30] 有的学者认为欧多克索斯的比例论已含有近代无理数论的“戴德金(R. Dedekind)分划”的思想萌芽.见 в. и. Костин《几何学基础》(Основания Геометрин, 1948).苏步青译本(1954)p. 20.

"直线是这样的线,在它上面的点都是高低相同地放置着的."㉛就很费解,而且后面的证明完全没有用到.其次是公理系统不完备,没有运动、顺序、连续性等公理,所以许多证明不得不借助于直观.此外,有的公理不是独立的,即可以由别的公理推出(如"直角必相等").这些缺陷直到1899年希尔伯特(David Hilbert,1862~1943)的《几何基础》(Grundlagen der Geometrie,傅种孙、韩桂丛合译,1924年;江泽涵等译,1958)出版才得到了补救.尽管如此,毕竟瑕不掩瑜,《原本》开创了数学公理化的正确道路,对整个数学发展的影响,超过了历史上任何其他著作.

(五)《原本》对我国数学的影响

中国传统数学的最大特点是以算为中心.虽然也有逻辑证明,但是却没有形成一个严密的演绎体系,这也许是最大的弱点㉜.明末《原本》前6卷传入,应该是切中时弊,正好补救我们的不足.可是实际情况并不如想象的那么好.

徐光启本人对《原本》十分推崇,也有深刻的理解.他认为学习此书可使人"心思细密",在《几何原本杂议》中说:"人具上资而意理疏莽,即上资无用;人具中材而心思缜密,即中材有用;能通几何之学,缜密甚矣,故率天下之人而归于实用者,是或其所由之道也."在他的大力倡导下,确实也发挥了一定的作用㉝,可惜言者谆谆,听者藐藐,要在群众中推广,仍然有很大的困难.他在《杂议》中继续写道:"而习者盖寡,窃意百年之后,必人人习之."他只好将希望寄托于未来.

明末我国正处在数学发展的低潮,号称数学专家的唐顺之、顾应祥对传统的代数学(天元术)尚且一窍不通,其他可想而知.《原本》虽已译出,学术界是否看到它的优点,大有疑问.事实上,明清两代几乎没有人对《原本》的公理化方法及逻辑演绎体系做过专门的研究㉞.1665年,发生了"杨光先事件",西方输入的学术以及传播这些学术的人受到了残酷镇压.康熙以后,清统治者实行闭关锁国、盲目排外的政策㉟.知识分子丧失了思想、言论自由,为了逃避现实,转向古籍的整理和研究,以后形成以考据为中心的乾嘉学派.徐光启之后,数学界的代表人物是梅文鼎(1633~1721),他会通中西数学,著书80多种,对发扬中国传统数学及传播西方数学均有贡献,但却没有认识到公理方法的重要性.也许是对"杨光先事件"还心有余悸,不敢公开承认西学的优点.他认为西方的几何学,无非就是中国的勾股数学,没有什么新鲜的东西.他在《几何通解》中写道:"几何不言勾股,然其理并勾股也.故其最难通者,以勾股释之则明……信古《九章》之义,包举无方"㊱.又在《勾股举隅》中说:"勾股之用,于是乎神.言测量至西术详矣,究不外勾股以立算.故三角即勾股之变通,八线乃勾股之立成也㊲."类似的说法还有多处.他见到的只是几何的一些

㉛ 英译"A straight line is a line which lies evenly with the points on itself".even with 可译作与……一般齐,例如 The snow is even with the window,积雪与窗平齐.

㉜ 梁宗巨《我国数学发展的特点》,载《数学研究与评论》第6卷(1986.7)3期 pp.149~154.

㉝ 何艾生、梁成瑞《〈几何原本〉及其在中国的传播》,载《中国科技史料》第5卷(1984年)3期.

㉞ 见⑲.

㉟ 参见梁宗巨《从数学史看中国近代科学落后的原因》,载《大自然探索》(1981.1).

㊱ 梅文鼎《梅氏丛书辑要》卷18(1761).

㊲ 梅文鼎《梅氏丛书辑要》卷17(1761).

命题,至于真正的精髓——公理体系及逻辑思想方法,竟熟视无睹. 梅文鼎这种"古已有之"的观点,也是妄自尊大的保守思想的反映,它是有代表性的,而且相当顽固. 这对于吸收外来文化的精华是非常不利的. 由于梅文鼎当时的崇高威望,确实产生了一些消极的影响.

我国于20世纪60年代初期,曾掀起一阵"打倒柯(指柯西)家店""打倒欧家店"的浪潮. 实践证明这是错误的,它只能削弱基础理论的学习,结果是欲速则不达. 我们应该记取这个教训,将几何的学习和逻辑思维的训练放到应有的地位上.

梁宗巨

1986.12.6

辽宁师大数学史研究室

目　录

第 I 卷

定 义

1. **点**是没有部分的.

2. **线**只有长度而没有宽度.

3. **一线**[①]的两端是点.

4. **直线**是它上面的点一样地平放着的线.

5. **面**只有长度和宽度.

6. 面的边缘是线.

7. **平面**是它上面的线一样地平放着的面.

8. **平面角**是在一平面内但不在一条直线上的两条相交线相互的倾斜度.

9. 当包含角的两条线都是直线时,这个角叫做**直线角**.

10. 当一条直线和另一条直线交成的邻角彼此相等时,这些角的每一个叫做**直角**,而且称这一条直线**垂直**于另一条直线.

11. 大于直角的角叫做**钝角**.

12. 小于直角的角叫做**锐角**.

13. **边界**是物体的边缘.

14. **图形**是被一个边界或几个边界所围成的.

15. **圆**是由一条线围成的平面图形,其内有一点与这条线上的点连接成的所有线段都相等;

16. 而且把这个点叫做**圆心**.

17. 圆的**直径**是任意一条经过圆心的直线在两个方向被圆周截得的线段,且把圆二等分.

18. **半圆**是直径和由它截得的圆周所围成的图形. 而且半圆的心和心相同.

19. **直线形**是由线段围成的,**三边形**是由三条线段围成的,**四边形**是由四条线段围成的,**多边形**是由四条以上线段围成的.

20. 在三边形中,三条边相等的,叫做**等边三角形**;只有两条边相等的,叫做**等腰三角形**;各边不等的,叫做**不等边三角形**.

21. 此外,在三边形中,有一个角是直角的,叫做**直角三角形**;有一个角是钝角的,叫做**钝角三角形**;有三个角是锐角的,叫做**锐角三角形**.

22. 在四边形中,四边相等且四个角是直角的,叫做**正方形**;角是直角,但四边不全相

---

① 不一定是直线.

等的,叫做**长方形**;四边相等,但角不是直角的,叫做**菱形**;对角相等且对边也相等,但边不全相等且角不是直角的,叫做**斜方形**;其余的四边形叫做**不规则四边形**.

23. **平行直线**是在同一平面内的一些直线,向两个方向无限延长,在不论哪个方向它们都不相交.

公 设

1. 从任意一点到另外任意一点可作一直线.
2. 一条有限直线可以继续延长.
3. 以任意点为心及任意的距离①可以画圆.
4. 凡直角都彼此相等.
5. 一直线与两直线相交,若同侧所交的两内角之和小于两直角,则两直线无限延长后在这一侧相交.

公 理

1. 等于同量②的量彼此相等.
2. 等量加等量,其和仍相等.
3. 等量减等量,其差仍相等.
4. 彼此能重合的物体是全等③的.
5. 整体大于部分.

命 题

命题 1

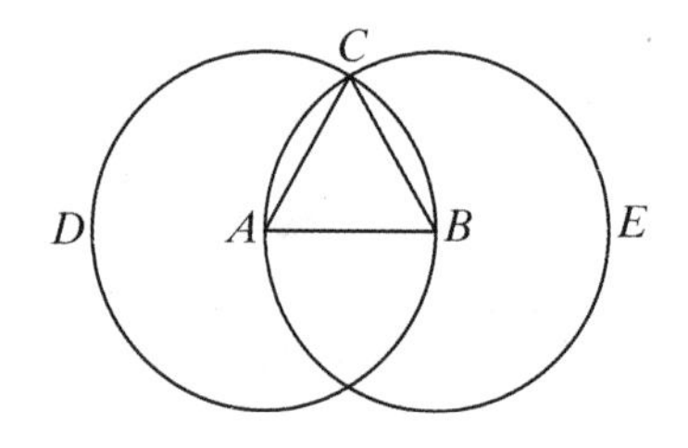

在一个给定的有限直线上作一个等边三角形.

设 AB 是所给定的有限直线.

那么,要求在线段 AB 上作一个等边三角形.

以 A 为心,且以 AB 为距离画圆 BCD;[公设 3]

再以 B 为心,且以 BA 为距离画圆 ACE;[公设 3]

① 到此原文中无“半径”二字出现,此处“距离”即圆的半径.

② 这里的“量”与公理 4 中的“物体”在原文中是同一个字“thing”.

③ 为了区别面积相等与图形相等,译者将图形“相等”译为“全等”.

由两圆的交点 C 到 A,B 连线 CA,CB. [公设 1]

因为,点 A 是圆 BCD 的圆心,AC 等于 AB. [定义 15]

又点 B 是圆 ACE 的圆心,BC 等于 BA. [定义 15]

但是,已经证明了 CA 等于 AB;所以线段 CA,CB 都等于 AB.

而且等于同量的量彼此相等; [公理 1]

因此,CA 也等于 CB.

三条线段 CA,AB,BC 彼此相等.

所以三角形 ABC 是等边的,即在已知有限直线 AB 上作出了这个三角形.

这就是所要求作的.

命题 2

由一个所给定的点(作为端点)作一线段等于已知线段.

设 A 是所给定的点,BC 是已知线段,

那么,要求由点 A(作为端点)作一线段等于已知线段 BC.

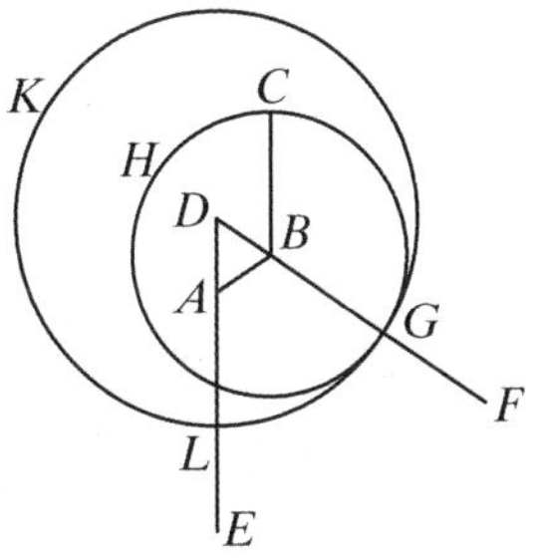

由点 A 到点 B 连线段 AB, [公设 1]

而且在 AB 上作等边三角形 DAB, [Ⅰ.1][1]

延长 DA,DB 成直线 AE,BF, [公设 2]

以 B 为心,以 BC 为距离画圆 CGH. [公设 3]

再以 D 为心,以 DG 为距离画圆 GKL. [公设 3]

K C H D B A G F L E

因为点 B 是圆 CGH 的心,故 BC 等于 BG.

且点 D 是圆 GKL 的心,故 DL 等于 DG.

又 DA 等于 DB,所以余量 AL 等于余量 BG. [公理 3]

但已证明了 BC 等于 BG,所以线段 AL、BC 的每一个都等于 BG. 又因等于同量的量彼此相等. [公理 1]

所以,AL 也等于 BC.

从而,由给定的点 A 作出了线段 AL 等于已知线段 BC.

这就是所要求作的.

命题 3

已知两不相等的线段,试由大的上边截取一线段使它等于较小的线段.

设 AB,C 是两不相等的线段,且 AB 大于 C.

这样要求由较大的 AB 上截取一段等于较小的 C.

---

① [Ⅰ.1]表示第Ⅰ卷,第1个命题,此后均如此.

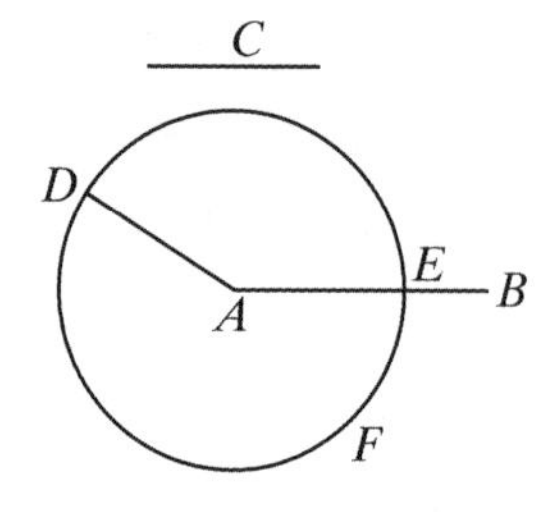

由点 A 取 AD 等于线段 C, [Ⅰ.2]
且以 A 为心,以 AD 为距离画圆 DEF. [公设3]

因为点 A 是圆 DEF 的圆心,故 AE 等于 AD. [定义15]

但 C 也等于 AD,所以线段 AE、C 的每一条都等于 AD;这样,AE 也等于 C. [公理1]

所以,已知两线段 AB、C,由较大的 AB 上截取了 AE 等于较小的 C. 这就是所要求作的.

命题 4

如果两个三角形中,一个的两边分别等于另一个的两边,而且这些相等的线段所夹的角相等. 那么,它们的底边等于底边,三角形全等于三角形,这样其余的角也分别等于相应的角,即那些等边所对的角.

设 ABC,DEF 是两个三角形,两边 AB,AC 分别等于边 DE、DF,即 AB 等于 DE,且 AC 等于 DF,以及角 BAC 等于角 EDF.

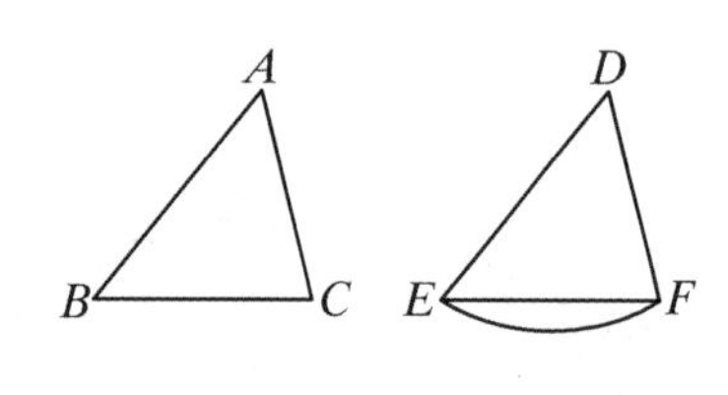

则可证底 BC 也等于底 EF,三角形 ABC 全等于三角形 DEF,其余的角分别等于其余的角,即这些等边所对的角,也就是角 ABC 等于角 DEF,且角 ACB 等于角 DFE.

如果移动三角形 ABC 到三角形 DEF 上,若点 A 落在点 D 上且线段 AB 落在 DE 上,因为 AB 等于 DE. 那么,点 B 也就与点 E 重合.

又,AB 与 DE 重合,因为角 BAC 等于角 EDF,线段 AC 也与 DF 重合.

因为 AC 等于 DF,故点 C 也与点 F 重合.

但是,B 也与 E 重合,故底 BC 也与底 EF 重合.

[因为,如果当 B 与 E 重合且 C 与 F 重合时,底 BC 不与底 EF 重合. 则二条直线就围成一块空间:这是不可能的,所以底 BC 就与 EF 重合],则二者就相等.

这样,整个三角形 ABC 与整个三角形 DEF 重合,于是它们全等. [公理4]

且其余的角也与其余的角重合,于是它们都相等,即角 ABC 等于角 DEF,且角 ACB 等于角 DFE.

这就是所要证明的.

命题 5

在等腰三角形中,两底角彼此相等,并且若向下延长两腰,则在底以下的两个角也彼此相等.

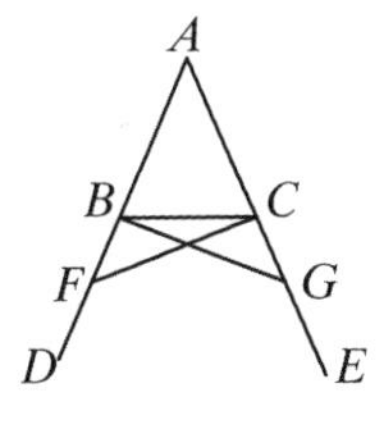

设 ABC 是一个等腰三角形,边 AB 等于边 AC,且延长 AB,AC 成直线 BD,CE. [公设 2]

则可证角 ABC 等于角 ACB,且角 CBD 等于角 BCE.

在 BD 上任取一点 F,且在较大的 AE 上截取一段 AG 等于较小的 AF, [I.3]

连接 FC 和 GB. [公设 1]

因为 AF 等于 AG,AB 等于 AC,两边 FA、AC 分别等于边 GA、AB,且它们包含着公共角 FAG.

所以底 FC 等于底 GB,且三角形 AFC 全等于三角形 AGB,其余的角也分别相等,即相等的边所对的角,也就是角 ACF 等于角 ABG,角 AFC 等于角 AGB. [I.4]

又因为,整体 AF 等于整体 AG,且在它们中的 AB 等于 AC,余量 BF 等于余量 CG.

但是已经证明了 FC 等于 GB;
所以,两边 BF、FC 分别等于两边 CG、GB,且角 BFC 等于角 CGB.

这里底 BC 是公用的;所以,三角形 BFC 也全等于三角形 CGB;又,其余的角也分别相等,即等边所对的角.

所以角 FBC 等于角 GCB,且角 BCF 等于角 CBG.

因此,由于已经证明了整个角 ABG 等于角 ACF,且角 CBG 等于角 BCF,其余的角 ABC 等于余的角 ACB.

又它们都在三角形 ABC 的底边以上.

从而,也就证明了角 FBC 等于角 GCB,且它们都在三角形的底边以下.

证完

命题 6

如果在一个三角形中,有两角彼此相等,则等角所对的边也彼此相等.

设在三角形 ABC 中,角 ABC 等于角 ACB.

则可证边 AB 也等于边 AC.

因为,若 AB 不等于 AC,其中必有一个较大,设 AB 是较大的;由 AB 上截取 DB 等于较小的 AC; [I.3]
连接 DC.

那么,因为 DB 等于 AC 且 BC 公用,两边 DB、BC 分别等于边 AC、CB,且角 DBC 等于角 ACB.

所以,底 DC 等于底 AB,且三角形 DBC 全等于三角形 ACB,即小的等于大的:这是不合理的.

所以,AB 不能不等于 AC,从而它等于它.

证完

命题 7

设在给定的线段上(从它的两个端点)作出相交于一点的二线段,则不可能在该线段(从它的两个端点)的同侧作出相交于另一点的另外二条线段,使得作出的二线段分别等于前面二线段,即每个交点到相同端点的线段相等.

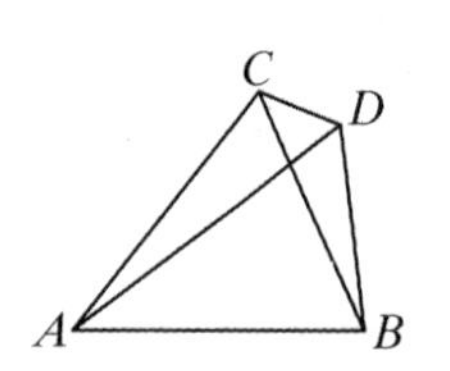

因为,如果可能的话,在给定的线段 AB 上作出交于点 C 的两条线段 AC、CB. 设在 AB 同侧能作另外两条线段 AD、DB 相交于另外一点 D. 而且这二线段分别等于前面二线段,即每个交点到相同的端点. 这样 CA 等于 DA,它们有相同的端点 A,且 CB 等于 DB,它们也有相同的端点 B,连接 CD.

因为,AC 等于 AD,角 ACD 也等于角 ADC, [Ⅰ.5]
所以,角 ADC 大于角 DCB,所以角 CDB 比角 DCB 更大.

又,因为 CB 等于 DB,且角 CDB 也等于角 DCB. 但是已被证明了它更大于它:这是不可能的. ①

证完

命题 8

如果两个三角形的一个有两边分别等于另一个的两边,并且一个的底等于另一个的底. 则夹在等边中间的角也相等.

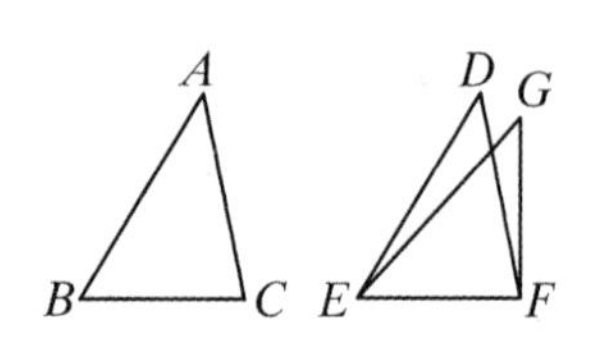

设 ABC、DEF 是两个三角形,两边 AB、AC 分别等于两边 DE、DF,即 AB 等于 DE,且 AC 等于 DF. 又设底 BC 等于底 EF.

则可证角 BAC 等于角 EDF.

若移动三角形 ABC 到三角形 DEF,且点 B 落在点 E 上,线段 BC 在 EF 上,点 C 也就和 F 重合.

因为,BC 等于 EF.

故 BC 和 EF 重合,BA、AC 也和 ED、DF 重合.

因为,若底 BC 与底 EF 重合,而边 BA、AC 不与 ED、DF 重合且落在它们旁边的 EG、GF 处.

那么,在给定的线段(从它的端点)以上有相交于一点的已知两条线段,这时,在同一线段(从它的端点)的同一侧作出了交于另一点的另外两条线段,它们分别等于前面二线

---

① 还可假设点 D 在△ABC 内,或点 C 在△ABD 内,或点 D 在 AC 上,或点 C 在 BD 上时,均可引出矛盾. 说明以上情况不可能存在. 因而,命题成立.

段，即每一交点到同一端点的连线.

但是，不能作出后二线段. [I.7]

如果把底 BC 移动到底 EF，边 BA、AC 和 ED、DF 不重合：这是不可能的. 因此，它们要重合. 这样一来，角 BAC 也重合于角 EDF，即它们相等.

证完

命题 9

二等分一个给定的直线角.

设角 BAC 是一个给定的直线角，要求二等分这个角.

设在 AB 上任意取一点 D，在 AC 上截取 AE 等于 AD； [I.3]

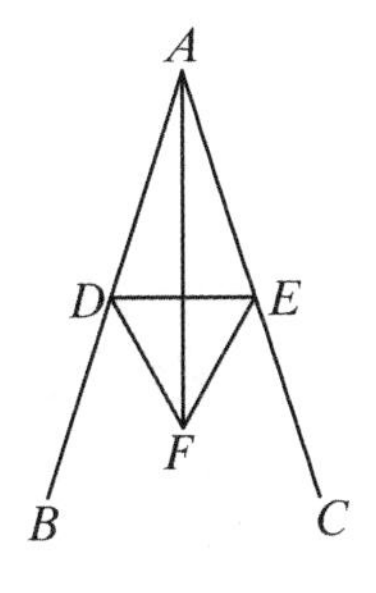

连接 DE，且在 DE 上作一个等边三角形 DEF，连接 AF.

则可证角 BAC 被直线 AF 所平分.

因为，AD 等于 AE，且 AF 公用，两边 DA、AF 分别等于两边 EA、AF.

又底 DF 等于底 EF；

所以，角 DAF 等于角 EAF. [I.8]

从而，直线 AF 二等分已知直线角 BAC.

作完

命题 10

二等分已知有限直线.

设 AB 是已知有限直线，那么，要求二等分有限直线 AB.

设在 AB 上作一个等边三角形 ABC. [I.1]

且设直线 CD 二等分角 ACB. [I.9]

则可证线段 AB 在点 D 被二等分.

事实上，由于 AC 等于 CB，且 CD 公用；两边 AC、CD 分别等于两边 BC、CD；且角 ACD 等于角 BCD.

所以，底 AD 等于底 BD. [I.4]

从而，将给定的有限直线 AB 二等分于点 D.

作完

命题 11

由给定的直线上一已知点作一直线和给定的直线成直角.

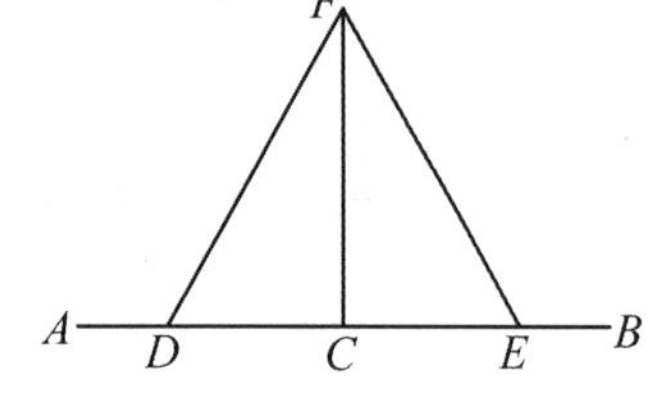

设 AB 是给定的直线,C 是它上边的已知点. 那么,要求由点 C 作一直线和直线 AB 成直角.

设在 AC 上任意取一点 D,且使 CE 等于 CD, [Ⅰ.3]

在 DE 上作一个等边三角形 FDE,

连接 FC. [Ⅰ.1]

则可证直线 FC 就是由已知直线 AB 上的已知点 C 作出的和 AB 成直角的直线.

因为,由于 DC 等于 CE,且 CF 公用;两边 DC、CF 分别等于两边 EC、CF;且底 DF 等于底 FE,

所以,角 DCF 等于角 ECF, [Ⅰ.8]

它们又是邻角. 但是,当一条直线和另一条直线相交成相等的邻角时,这些等角的每一个都是直角. [定义 10]

所以,角 DCF、ECF 每一个都是直角.

从而,由给定的直线 AB 上的已知点 C 作出的直线 CF 和 AB 成直角.

作完

命题 12

由给定的无限直线外一已知点作该直线的垂线.

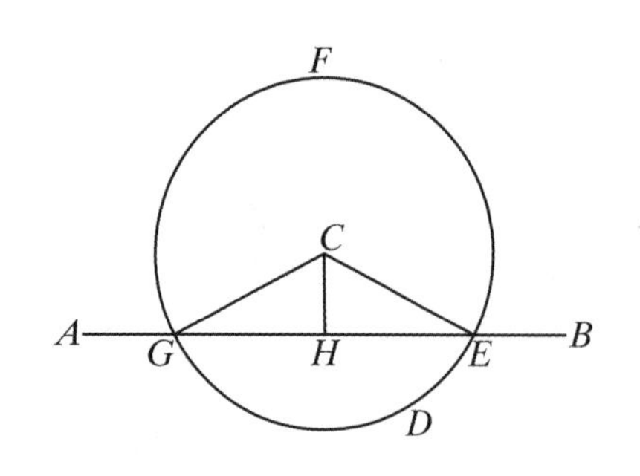

设 AB 为给定的无限直线,且设已知点 C 不在它上. 要求由点 C 作无限直线 AB 的垂线.

设在直线 AB 的另一侧任取一点 D,且以点 C 为心,以 CD 为距离画圆 EFG,(且交直线 AB 于 E、G 两点).

[公设 3]

设线段 EG 被点 H 二等分, [Ⅰ.10]

连接 CG,CH,CE. [公设 1]

则可证 CH 就是由不在已知无限直线 AB 上的已知点 C 所作该直线的垂线.

因为 GH 等于 HE,且 HC 公用;两边 GH、HC 分别等于两边 EH,HC;且底 CG 等于 CE.

所以,角 CHG 等于角 CHE. [Ⅰ.8]

且它们是邻角.

但是,当两条直线相交成相等的邻角时,每一个角都是直角,而且称一条直线垂直于另一条直线. [定义 10]

所以,由不在所给定的无限直线 AB 上的已知点 C 作出了 CH 垂直于 AB.

作完

命题 13

一条直线和另一条直线所交成的角,或者是两个直角或者它们的和等于两个直角.

设任意直线 AB 在直线 CD 的上侧和它交成角 CBA、ABD.

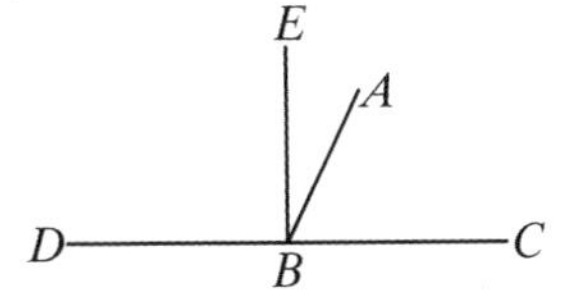

则可证角 CBA、ABD 或者都是直角或者其和等于两个直角.

现在,若角 CBA 等于角 ABD,那么它们是两个直角. [定义 10]

但是,假若不是,设 BE 是由点 B 所作的和 CD 成直角的直线. [Ⅰ.11]

于是角 CBE、EBD 是两个直角.

这时因为角 CBE 等于两个角 CBA、ABE 的和,给它们各加上角 EBD;则角 CBE、EBD 的和就等于三个角 CBA、ABE、EBD 的和. [公理 2]

再者,因为角 DBA 等于两个角 DBE、EBA 的和,给它们各加上角 ABC;则角 DBA、ABC 的和就等于三个角 DBE、EBA、ABC 的和. [公理 2]

但是,角 CBE、EBD 的和也被证明了等于相同的三个角的和.

而等于同量的量彼此相等, [公理 1]

故角 CBE、EBD 的和也等于角 DBA、ABC 的和. 但是角 CBE、EBD 的和是两直角.

所以,角 DBA、ABC 的和也等于两个直角.

证完

命题 14

如果过任意直线上一点有两条直线不在这一直线的同侧,且和直线所成邻角和等于二直角. 则这两条直线在同一直线上.

因为,过任意直线 AB 上面一点 B,有二条不在 AB 同侧的直线 BC、BD 成邻角 ABC、ABD,其和等于二直角.

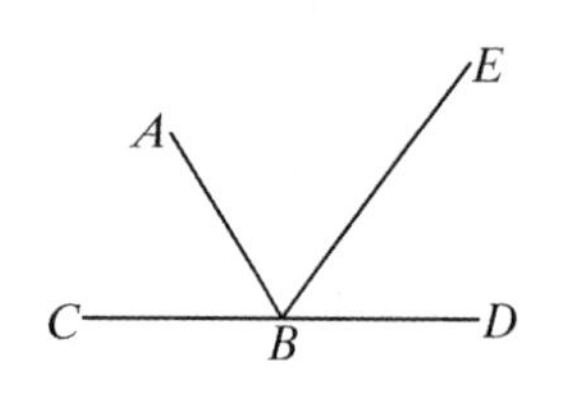

则可证 BD 和 CB 在同一直线上.

事实上,如果 BD 和 BC 不在同一直线上,设 BE 和 CB 在同一直线上. 因为,直线 AB 位于直线 CBE 之上,角 ABC、ABE 的和等于两直角. [Ⅰ.13]

但角 ABC、ABD 的和也等于两直角.

所以,角 CBA、ABE 的和等于角 CBA、ABD 的和. [公设 4 和公理 1]

由它们中各减去角 CBA,于是余下的角 ABE 等于余下的角 ABD. [公理 3]

这时,小角等于大角:这是不可能的.

所以,BE 和 CB 不在一直线上.

类似地,我们可证明除 BD 外再没有其他的直线和 CB 在同一直线上.

所以,CB 和 BD 在同一直线上.

证完

命题 15

如果两直线相交,则它们交成的对顶角相等.

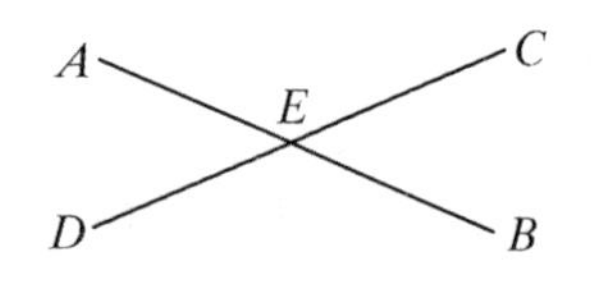

设直线 AB,CD 相交于点 E.

则可证角 AEC 等于角 DEB,且角 CEB 等于角 AED.

事实上,因为直线 AE 位于直线 CD 上侧,而构成角 CEA,AED;角 CEA,AED 的和等于二直角.

又,因为直线 DE 位于直线 AB 的上侧,构成角 AED,DEB;角 AED,DEB 的和等于二直角. [Ⅰ.13]

但是,已经证明了角 CEA,AED 的和等于二直角.

故角 CEA,AED 的和等于角 AED,DEB 的和. [公设 4 和公理 1]

由它们中各减去角 AED,则其余的角 CEA 等于其余的角 BED. [公理 3]

类似地,可以证明角 CEB 也等于角 AED.

证完

[**推论** 很明显,若两条直线相交,则在交点处所构成的角的和等于四直角.]

命题 16

在任意的三角形中,若延长一边,则外角大于任何一个内对角.

设 ABC 是一个三角形,延长边 BC 到点 D.

则可证外角 ACD 大于内角 CBA,BAC 的任何一个.

设 AC 被二等分于点 E, [Ⅰ.10]

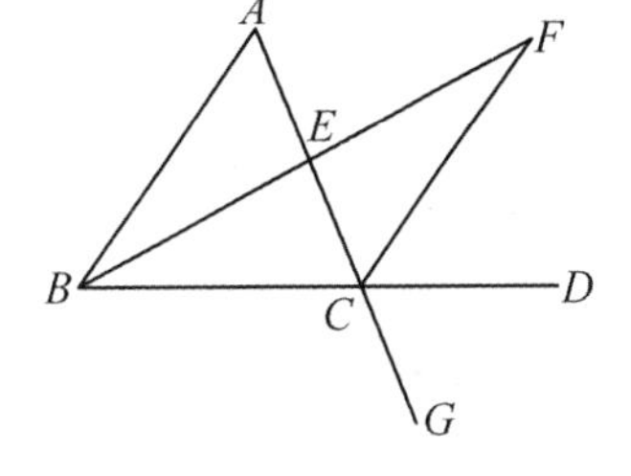

连接 BE 并延长至点 F,使 EF 等于 BE, [Ⅰ.3]

连接 FC, [公设1]

延长 AC 至 G. [公设2]

那么,因为 AE 等于 EC,BE 等于 EF,两边 AE,EB 分别等于两边 CE,EF. 又角 AEB 等于角 FEC,因为它们是对顶角. [Ⅰ.15]

所以,底 AB 等于底 FC,且三角形 ABE 全等于三角形 CFE,余下的角也分别等于余下的角,即等边所对的角. [Ⅰ.4]

所以,角 BAE 等于角 ECF.

但是,角 ECD 大于角 ECF. [公理5]

所以,角 ACD 大于角 BAE.

类似地也有,若 BC 被平分,角 BCG,也就是角 ACD. [Ⅰ.15]

可以证明它大于角 ABC.

证完

命题 17

在任何三角形中,任意两角之和小于两直角.

设 ABC 是一个三角形,则可证三角形 ABC 的任意两个角的和小于二直角.

将 BC 延长至 D. [公设2]

于是角 ACD 是三角形 ABC 的外角,它大于内对角 ABC.

把角 ACB 加在它们各边,则角 ACD,ACB 的和大于角 ABC,BCA 的和.

但是角 ACD,ACB 的和等于两直角. [Ⅰ.13]

所以,角 ABC,BCA 的和小于两直角.

类似地,我们可以证明角 BAC,ACB 的和也小于二直角;角 CAB,ABC 的和也是这样.

证完

命题 18

在任何三角形中大边对大角.

设在三角形 ABC 中边 AC 大于 AB.

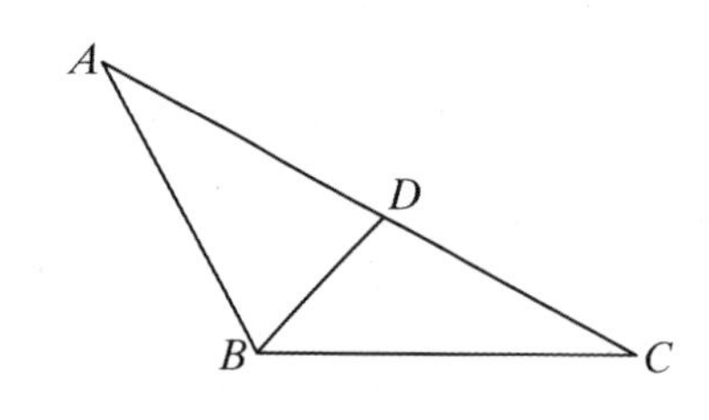

则可证角 ABC 也大于角 BCA.

事实上,因为 AC 大于 AB,取 AD 等于 AB. [Ⅰ.3]

连接 BD. 那么,因为角 ADB 是三角形 BCD 的外角,它大于内对角 DCB. [Ⅰ.16]

但是角 ADB 等于角 ABD,

这是因为,边 AB 等于 AD.

所以,角 ABD 也大于角 ACB,从而,角 ABC 比角 ACB 更大.

证完

命题 19

在任何三角形中,大角对大边.

设在三角形 ABC 中,角 ABC 大于角 BCA.

则可证边 AC 也大于边 AB.

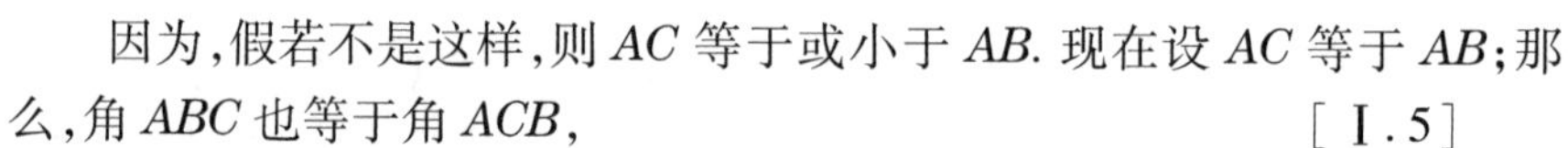

因为,假若不是这样,则 AC 等于或小于 AB. 现在设 AC 等于 AB;那么,角 ABC 也等于角 ACB, [Ⅰ.5]

但它是不等的. 所以,AC 不等于 AB.

AC 也不能小于 AB,因为这样角 ABC 也小于角 ACB, [Ⅰ.18]

但是,它不是这样的. 所以,AC 不小于 AB,

已经证明了一个不等于另外一个. 从而,AC 大于 AB.

证完

命题 20

在任何三角形中,任意两边之和大于第三边.

设 ABC 为一个三角形.

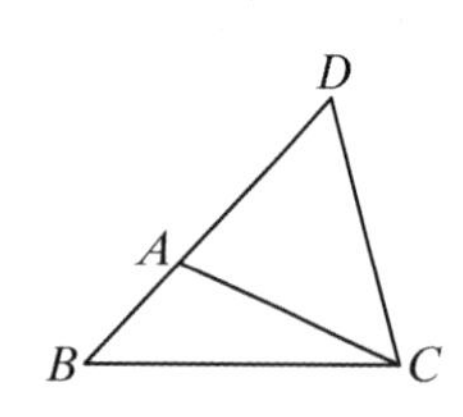

则可证在三角形 ABC 中,任意两边之和大于其余一边,即

BA,AC 之和大于 BC,

AB,BC 之和大于 AC,

BC,CA 之和大于 AB.

事实上,BA 延长至点 D,使 DA 等于 CA,连接 DC.

则因 DA 等于 CA,

角 ADC 也等于角 ACD; [Ⅰ.5]

所以,角 BCD 大于角 ACD. [公理5]

由于 DCB 是三角形，它的角 BCD 大于角 BDC，而且较大角所对的边较大，

[Ⅰ.19]

所以 DB 大于 BC.

但是 DA 等于 CA，

故 BA，AC 的和大于 BC.

类似地，可以证明 AB，BC 的和也大于 CA；BC，CA 的和也大于 AB.

证完

命题 21

如果在三角形的一边的两个端点作相交于三角形内的两线段，那么由交点到两端点的线段的和小于三角形其余两边的和. 但是，其夹角大于三角形的顶角.

在三角形 ABC 的一边 BC 上，由它的端点 B，C 作相交在三角形 ABC 内的两线段 BD，DC.

则可证 BD，DC 的和小于三角形的其余两边 BA，AC 之和. 但是所夹的角 BDC 大于角 BAC.

为此设延长 BD 与 AC 交于点 E.

于是，因为任何三角形两边之和大于第三边.

[Ⅰ.20]

故在三角形 ABE 中，边 AB 与 AE 的和大于 BE.

把 EC 加在以上各边；

则 BA 与 AC 的和大于 BE 与 EC 之和.

又，因为在三角形 CED 中，

两边 CE 与 ED 的和大于 CD，

给它们各加上 DB，

则 CE 与 EB 的和大于 CD 与 DB 的和.

但是已经证明了 BA，AC 的和大于 BE，EC 的和，所以 BA，AC 的和比 BD，DC 的和更大.

又，因为在任何三角形中，外角大于内对角. [Ⅰ.16]

故在三角形 CDE 中，

外角 BDC 大于角 CED.

此外，同理，在三角形 ABE 中也有外角 CEB 大于角 BAE.

但是，角 BDC 已被证明了大于角 CED；

所以，角 BDC 比角 BAC 更大.

证完

命 题 22

试由分别等于给定的三线段的三条线段作一个三角形:在这样的三条给定的线段中,任二线段之和必须大于另外一条线段.

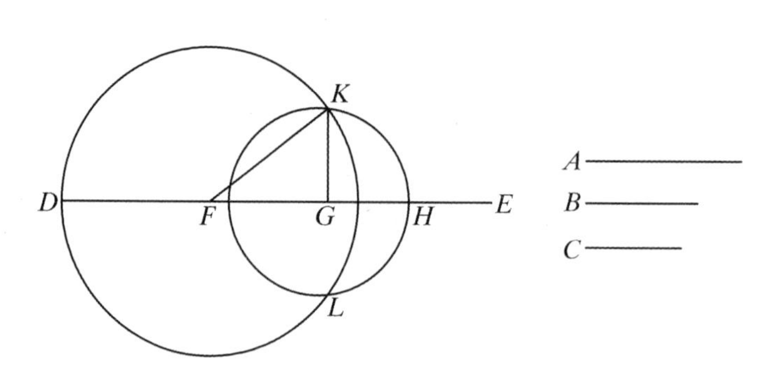

设三条给定的线段是 A,B,C. 它们中任何两条之和大于另外一条. 即 A,B 的和大于 C;A,C 的和大于 B;B,C 的和大于 A.

现在要求由等于 A,B,C 的三条线段作一个三角形.

设另外有一条直线 DE,一端为 D,而在 E 的方向是无限长.

令 DF 等于 A;FG 等于 B;GH 等于 C. [Ⅰ.3]

以 F 为心,FD 为距离,画圆 DKL;又以 G 为心,以 GH 为距离,画圆 KLH 交圆 DKL 于 K,并连接 KF,KG.

则可证三角形 KFG 就是由等于 A,B,C 的三条线段所作成的三角形.

因为点 F 是 DKL 的圆心,FD 等于 FK.

但是 FD 等于 A,故 FK 也等于 A.

又因点 G 是圆 KLH 的圆心,故 GH 等于 GK.

但是 GH 等于 C,故 KG 也等于 C.

且 FG 也等于 B;

所以三条线段 KF,FG,GK 等于所给定的线段 A,B,C.

于是,由分别等于所给定的线段 A,B,C 的三条线段 KF,FG,GK 作出了三角形 KFG.

作完

命 题 23

在给定的直线和它上面一点,作一个直线角等于已知直线角.

设 AB 是给定的直线,A 为它上面一点,角 DCE 为给定的直线角.

于是要求由给定的直线 AB 上已知点 A 作一个等于已知的直线角 DCE 的直线角.

在直线 CD,CE 上分别任意取点 D,E,连接 DE.

用等于三条线段 CD,DE,CE 的三条线段作三角形 AFG,其中 CD 等于 AF,CE 等于

AG,DE 等于 FG. [Ⅰ.22]

因为两边 DC,CE 分别等于两边 FA,AG;且底 DE 等于底 FG;角 DCE 等于角 FAG. [Ⅰ.8]

所以,在所给定的直线 AB 和它上面一已知点 A 作出了等于已知直线角 DCE 的直线角 FAG.

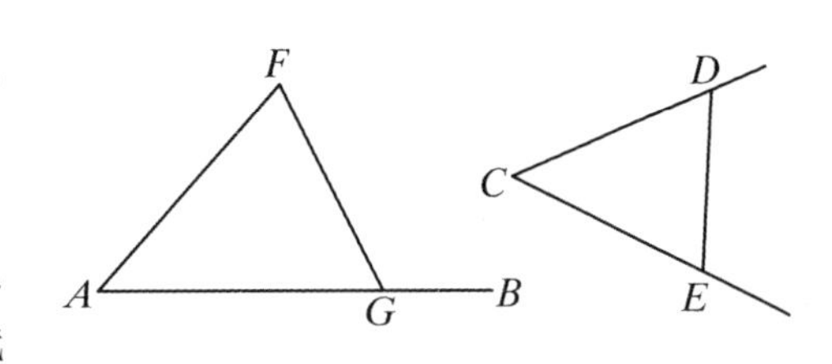

作完

命题 24

如果在两个三角形中,一个的两边分别等于另一个的两边,且一个中该两边的夹角大于另一个中对等边的夹角. 则夹角较大的所对的边也较大.

设 ABC,DEF 是两个三角形. 其中边 AB,AC 分别等于两边 DE,DF,即 AB 等于 DE,又 AC 等于 DF,且在 A 的角大于在 D 的角.

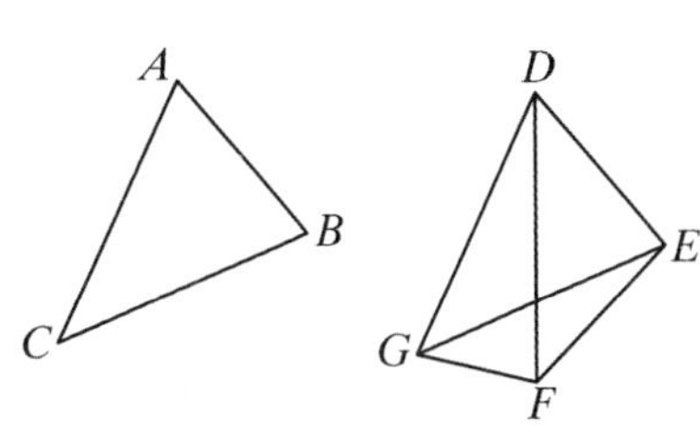

则可证底 BC 也大于底 EF.

事实上,因为角 BAC 大于角 EDF,在线段 DE 的点 D 作角 EDG 等于角 BAC; [Ⅰ.23]

取 DG 等于 AC 且等于 DF,连接 EG,FG.

于是,因为 AB 等于 DE,AC 等于 DG,两边 BA,AC 分别等于两边 DE,DG.

且角 BAC 等于角 EDG,所以底 BC 等于底 EG. [Ⅰ.4]

又因为 DF 等于 DG,角 DGF 也等于角 DFG, [Ⅰ.5]

所以,角 DFG 大于角 EGF.

于是角 EFG 比角 EGF 更大.

又因 EFG 是一个三角形,其中角 EFG 大于角 EGF,而且较大角所对的边较大. [Ⅰ.19]

边 EG 也大于 EF,但是 EG 等于 BC.

所以,BC 也大于 EF.

证完

命题 25

如果在两个三角形中,一个的两边分别等于另一个的两边. 则第三边较大的所对的角也较大.

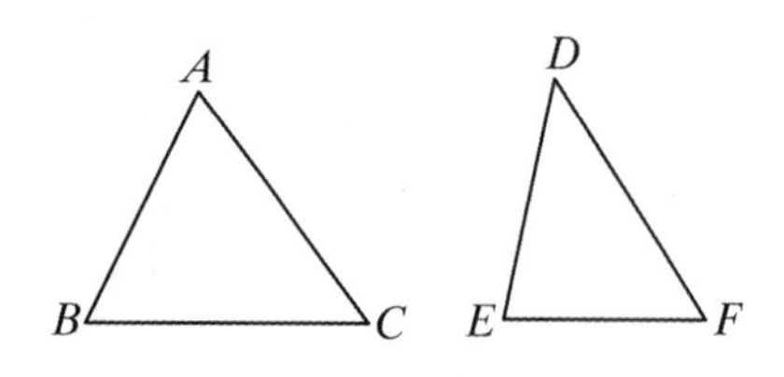

设 ABC, DEF 是两个三角形,其中两边 AB, AC 分别等于两边 DE, DF,即 AB 等于 DE, AC 等于 DF;且设底 BC 大于底 EF.

则可证角 BAC 也大于角 EDF.

因为,如果不是这样,则角 BAC 或者等于角 EDF 或者小于它.

现在角 BAC 不等于角 EDF. 否则这时,底 BC 就会等于底 EF,

但是,并不是这样. [Ⅰ.4]

所以,角 BAC 不等于角 EDF.

又角 BAC 也不小于角 EDF,

否则这时,底 BC 也就会小于底 EF. [Ⅰ.24]

但是,并不是这样.

所以,角 BAC 不小于角 EDF,

但是,已经证明了它们不相等;

从而,角 BAC 大于角 EDF.

证完

命题 26

如果在两个三角形中,一个的两个角分别等于另一个的两个角,而且一边等于另一个的一边. 即或者这边是等角的夹边,或者是等角的对边. 则它们的其他的边也等于其他的边,且其他的角也等于其他的角.

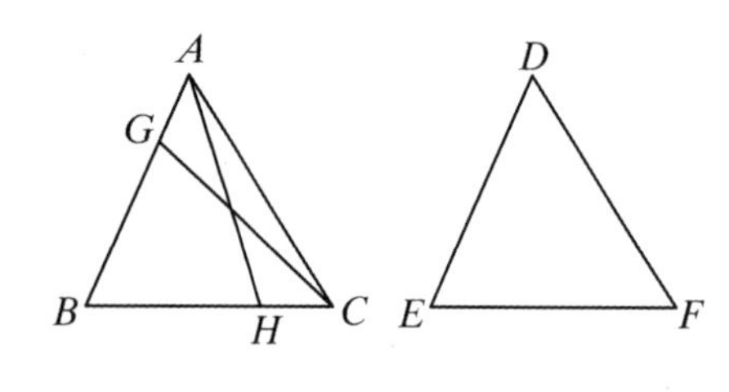

设 ABC, DEF 是两个三角形,其中两角 ABC, BCA 分别等于两角 DEF, EFD. 即角 ABC 等于角 DEF,且角 BCA 等于角 EFD;又设它们还有一边等于一边,首先假定它们是等角所夹的边,即 BC 等于 EF.

则可证它们的其余的边也分别等于其余的边,即 AB 等于 DE, AC 等于 DF,且其余的角也等于其余的角,即角 BAC 等于角 EDF.

因为,如果 AB 不等于 DE,其中一个大于另一个.

令 AB 是较大的,取 BG 等于 DE;且连接 GC.

则因 BG 等于 DE,且 BC 等于 EF,

两边 GB, BC 分别等于 DE, EF;

而且角 GBC 等于角 DEF;所以底 GC 等于底 DF.

又三角形 GBC 全等于三角形 DEF,

这样其余的角也等于其余的角,
即那些与等边相对的角对应相等. [Ⅰ.4]

所以角 GCB 等于角 DFE.

但是,由假设角 DFE 等于角 BCA,

所以角 BCG 等于角 BCA,

则小的等于大的:这是不可能的.

所以,AB 不是不等于底 DE,

因而等于它,

但是,BC 也等于 EF,

故两边 AB,BC 分别等于两边 DE,EF,
且角 ABC 等于角 DEF;

所以,底 AC 等于底 DF,
且其余的角 BAC 等于其余的角 EDF. [Ⅰ.4]

再者,设对着等角的边相等,例如 AB 等于 DE.

则又可证其余的边等于其余的边,即 AC 等于 DF 且 BC 等于 EF,还有其余的角 BAC 等于其余的角 EDF.

因为,如果 BC 不等于 EF,其中有一个较大.

设 BC 是较大的,如果可能的话,且令 BH 等于 EF;连接 AH.

那么,因为 BH 等于 EF,且 AB 等于 DE,
两边 AB,BH 分别等于两边 DE,EF. 且它们所夹的角相等;

所以底 AH 等于底 DF.

而三角形 ABH 全等于三角形 DEF,

并且其余的角将等于其余的角,即那些对等边的角相等; [Ⅰ.4]

所以角 BHA 等于角 EFD.

但是角 EFD 等于角 BCA;
于是,在三角形 AHC 中,外角 BHA 等于内对角 BCA.

这是不可能的. [Ⅰ.16]

所以 BC 不是不等于 EF,

于是就等于它.

但是,AB 也等于 DE,所以两边 AB,BC 分别等于两边 DE,EF,而且它们所夹的角也相等;

所以,底 AC 等于底 DF,

三角形 ABC 全等于三角形 DEF,且其余的角 BAC 等于其余的角 EDF. [Ⅰ.4]

证完

命题 27

如果一直线和两直线相交所成的内错角彼此相等. 则这二直线互相平行.

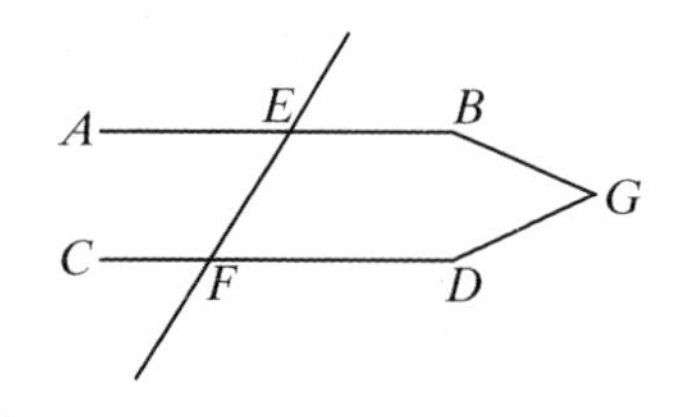

设直线 EF 和二直线 AB,CD 相交所成的内错角 AEF 与 EFD 彼此相等.

则可证 AB 平行于 CD.

事实上,若不平行,当延长 AB,CD 时;它们或者在 B,D 方向或者在 A,C 方向相交,设它们在 B,D 方向相交于 G. 那么,在三角形 GEF 中,外角 AEF 等于内对角 EFG;这是不可能的. [Ⅰ.16]

所以,AB,CD 经延长后在 B,D 方向不相交.

类似地,可以证明它们也不在 A,C 一方相交.

但是,二直线既然不在任何一方相交,就是平行. [定义 23]

所以,AB 平行于 CD.

证完

命题 28

如果一直线和二直线相交所成的同位角[①]相等,或者同旁内角的和等于二直角. 则二直线互相平行.

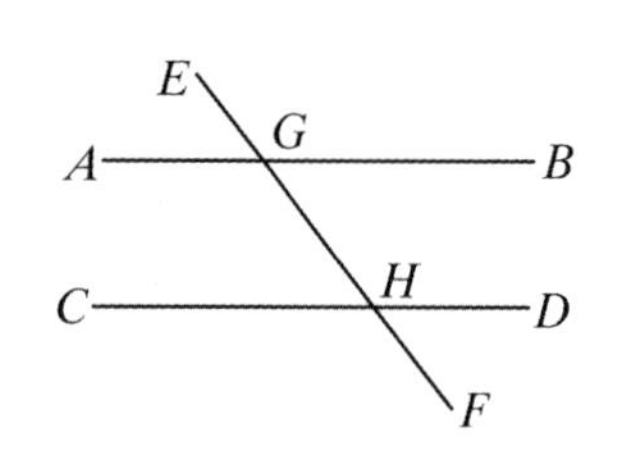

设直线 EF 和二直线 AB,CD 相交所成的同位角 EGB 与 GHD 相等,或者同旁内角,即 BGH 与 GHD 的和等于二直角.

则可证 AB 平行于 CD.

事实上,因为角 EGB 等于角 GHD,而角 EGB 等于角 AGH. [Ⅰ.15]

角 AGH 也等于角 GHD,而且它们是内错角;所以,AB 平行于 CD. [Ⅰ.27]

又因角 BGH,GHD 的和等于二直角,且角 AGH,BGH 的和也等于二直角. [Ⅰ.13]

角 AGH,BGH 的和也等于角 BGH,GHD 的和. 由前面两边各减去角 BGH;则余下的角 AGH 等于余下的角 GHD,且它们是内错角;

所以,AB 平行于 CD. [Ⅰ.27]

证完

---

① 原文无“同位角”这种称法,我们将“the exterior angle equal to interior and opposite angle”译为“同位角相等.”

命题 29

一条直线与两条平行直线相交. 则所成的内错角相等,同位角相等,且同旁内角的和等于二直角.

设直线 EF 与两条平行直线 AB,CD 相交.

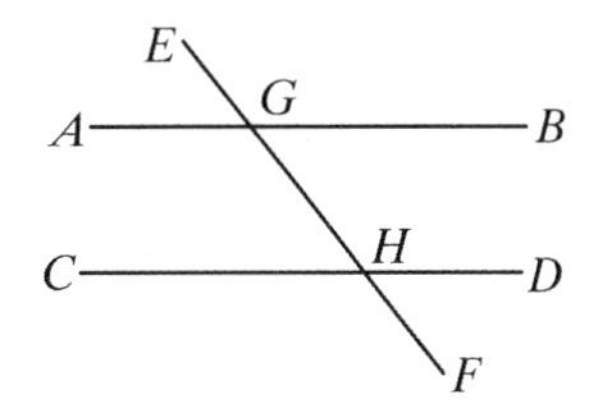

则可证内错角 AGH,GHD 相等;同位角 EGB,GHD 相等;且同旁内角 BGH,GHD 的和等于二直角.

因为,若角 AGH 不等于角 GHD,设其中一个较大,设较大的角是 AGH. 给这二个角都加上角 BGH,则角 AGH,BGH 的和大于角 BGH,GHD 的和.

但是角 AGH,BGH 的和等于二直角, [Ⅰ.13]

故角 BGH,GHD 的和小于二直角,

但是将二直线无限延长,则在二角的和小于二直角这一侧相交. [公设 5]

所以,若无限延长 AB,CD 则必相交,但它们不相交. 因为,由假设它们是平行的. 故角 AGH 不能不等于角 GHD,即它们是相等的.

又,角 AGH 等于角 EGB. [Ⅰ.15]

所以,角 EGB 也等于角 GHD. [公理 1]

给上面两边各加角 BGH,则角 EGB,BGH 的和等于角 BGH,GHD 的和. [公理 2]

但角 EGB,BGH 的和等于二直角. [Ⅰ.13]

所以,角 BGH,GHD 的和等于二直角.

证完

命题 30

平行于同一条直线的直线,也互相平行.

设直线 AB,CD 的每一条都平行于 EF.

则可证 AB 也平行于 CD.

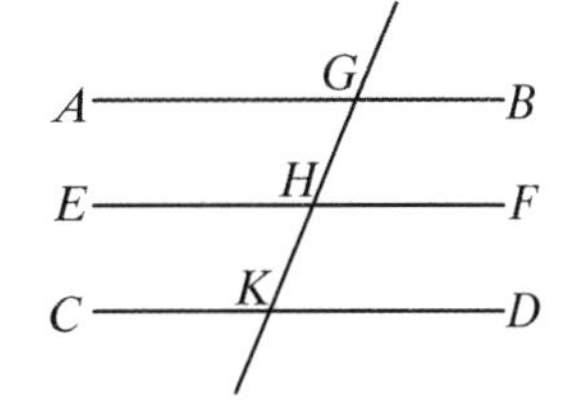

因为可设直线 GK 和它们相交,这时,因为直线 GK 和平行直线 AB,EF 都相交,角 AGK 等于角 GHF. [Ⅰ.29]

又因为,直线 GK 和平行直线 EF,CD 相交,角 GHF 等于角 GKD. [Ⅰ.29]

但是,已经证明了角 AGK 也等于角 GHF;所以,角 AGK 也等于角 GKD; [公理 1]

且它们都是内错角.

所以,AB 平行于 CD.

证完

命题 31

过一已知点作一直线平行于已知直线.

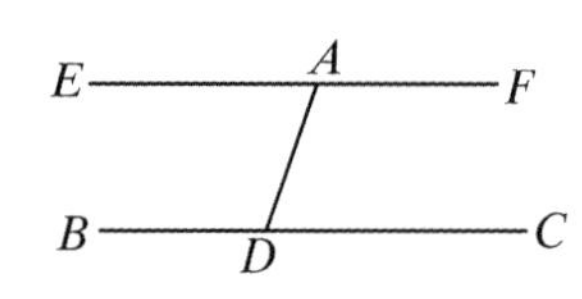

设 A 是一已知点,BC 是已知直线. 于是,要求经过这个点 A 作一直线平行于直线 BC.

在 BC 上任意取一点 D,连接 AD;在直线 DA 上的点 A,作角 DAE 等于角 ADC. [Ⅰ.23]

而且设直线 AF 是直线 EA 的延长线.

这样,因为直线 AD 就和两条直线 BC,EF 相交成彼此相等的内错角 EAD,ADC.

所以,EAF 平行于 BC. [Ⅰ.27]

从而,经过已知点 A 作出了一条平行于已知直线 BC 的直线 EAF.

作完

命题 32

在任意三角形中,如果延长一边. 则外角等于二内对角的和,而且三角形的三个内角的和等于二直角.

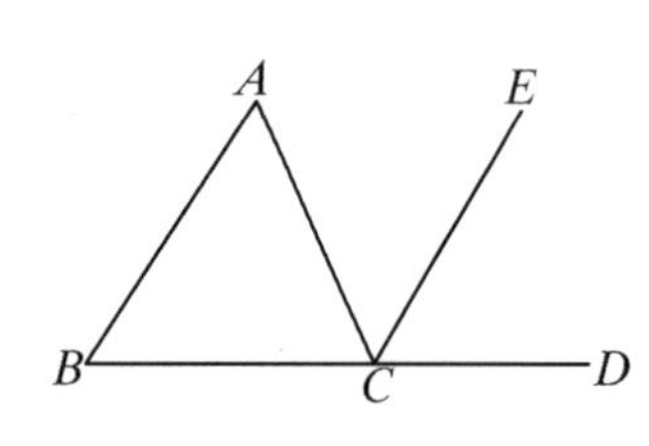

设 ABC 是一个三角形,延长其一边 BC 至 D.

则可证外角 ACD 等于两个内对角 CAB,ABC 的和且三角形的三个内角 ABC、BCA、CAB 的和等于二直角.

设过点 C 作平行于直线 AB 的直线 CE. [Ⅰ.31]

这样,由于 AB 平行于 CE,且 AC 和它们相交,其内错角 BAC,ACE 彼此相等. [Ⅰ.29]

又因为,AB 平行于 CE,且直线 BD 已和它们相交,同位角 ECD 与角 ABC 相等. [Ⅰ.29]

但是,已经证明了角 ACE 也等于角 BAC;

故整体角 ACD 等于两内对角 BAC、ABC 的和.

给以上各边加上角 ACB.

于是角 ACD,ACB 的和等于三个角 ABC,BCA,CAB 的和.

但角 ACD,ACB 的和等于二直角. [Ⅰ.13]

所以,角 ABC,BCA,CAB 的和也等于二直角.

证完

命题 33

在同一方向(分别)连接相等且平行的线段(的端点),则连成的线段也相等且平行.

设 AB,CD 是相等且平行的,又设 AC,BD 是同一方向(分别)连接它们(端点)的线段.

则可证 AC,BD 相等且平行. 连接 BC.

因为 AB 平行于 CD,且 BC 与它们相交,则内错角 ABC 与 BCD 彼此相等. [Ⅰ.29]

又因为,AB 等于 CD,且 BC 公用,

两边 AB,BC 分别等于两边 CD,CB 且角 ABC 等于角 BCD.

所以,底 AC 等于底 BD,且三角形 ABC 全等于三角形 DCB. 其余的角也与其余的角分别相等,即相等边所对的角. [Ⅰ.4]

所以,角 ACB 等于角 CBD.

又因为,直线 BC 同时与两直线 AC,BD 相交成的内错角相等,AC 平行于 BD. [Ⅰ.27]

且已证明了它们也相等.

证完

命题 34

在平行四边形[①]面片中,对边相等,对角相等且对角线[②]二等分其面片.

设 $ACDB$ 是平行四边形面片,BC 是对角线.

则可证平行四边形面片 $ACDB$ 的对边相等,对角相等且对角线 BC 二等分此面片.

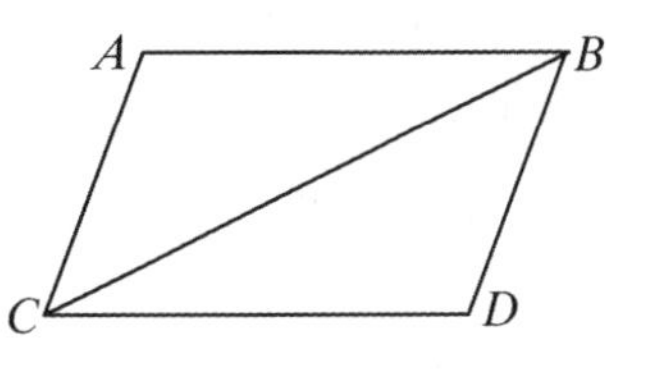

事实上,因为 AB 平行于 CD,且直线 BC 与它们相交,内错角 ABC 与 BCD 彼此相等. [Ⅰ.29]

又因 AC 平行于 BD,且 BC 和它们相交,内错角 ACB 与 CBD 相等. [Ⅰ.29]

所以,ABC,DCB 是具有两个角 ABC,BCA 分别等于角 DCB,CBD 的三角形,且一条边等于一条边. 即与等角相邻且是二者公共的边 BC.

---

① 原文无"平行四边形"定义.

② 原文是"diameter",译成"对角线".

所以,它们其余的边也分别等于其余的边,且其余的角也相等. [Ⅰ.26]

所以边 AB 等于 CD,AC 等于 BD,且角 BAC 等于角 CDB.

而因为角 ABC 等于角 BCD,且角 CBD 等于角 ACB,整体角 ABD 等于整体角 ACD. [公理 2]

而且也证明了角 BAC 等于角 CDB.

所以,在平行四边形面片中,对边相等,对角彼此相等.

其次,可证对角线也二等分其面片.

因为,AB 等于 CD,且 BC 公用.

两边 AB,BC 分别等于两边 DC,CB,且角 ABC 等于角 BCD,所以,底 AC 等于底 DB,且三角形 ABC 全等于三角形 DCB. [Ⅰ.4]

所以,对角线 BC 二等分平行四边形 ACDB.

证完

命题 35

在同底上且在相同的两平行线之间的平行四边形彼此相等.

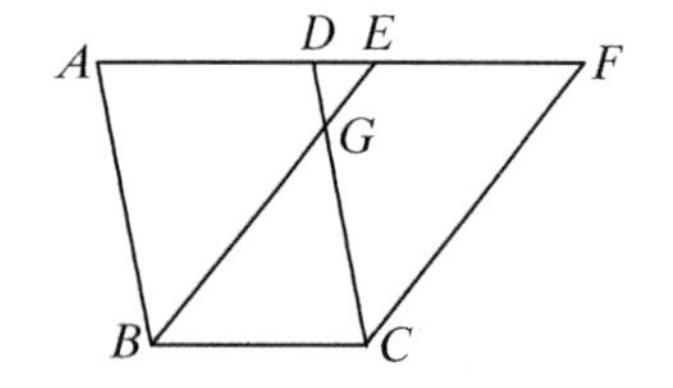

设 ABCD,EBCF 是平行四边形,它们有同底 BC 且在相同二平行线 AF,BC 之间.

则可证 ABCD 等于平行四边形EBCF.

因为,由于 ABCD 是平行四边形,故 AD 等于 BC. [Ⅰ.34]

同理也有 EF 等于 BC,这样 AD 也等于 EF, [公理 1]

又 DE 公用,所以整体 AE 等于整体 DF, [公理 2]

但 AB 也等于 DC, [Ⅰ.34]

所以两边 EA,AB 分别等于两边 FD,DC,且角 FDC 等于角 EAB,这是因为同位角相等. [Ⅰ.29]

所以,底 EB 等于底 FC,

且三角形 EAB 全等于三角形 FDC; [Ⅰ.4]

从上边每一个减去三角形 DGE;

则剩余的梯形[①] ABGD 仍然等于剩余的梯形 EGCF. [公理 3]

给上边每一个加上三角形 GBC;

则整体平行四边形 ABCD 等于整体平行四边形 EBCF. [公理 2]

证完

---

① 原文无“梯形”定义.

命题 36

在等底上且在相同的二平行线之间的平行四边形彼此相等.

设 $ABCD$,$EFGH$ 是平行四边形,它们在等底 BC,FG 上. 且在相同的平行线 AH,BG 之间.

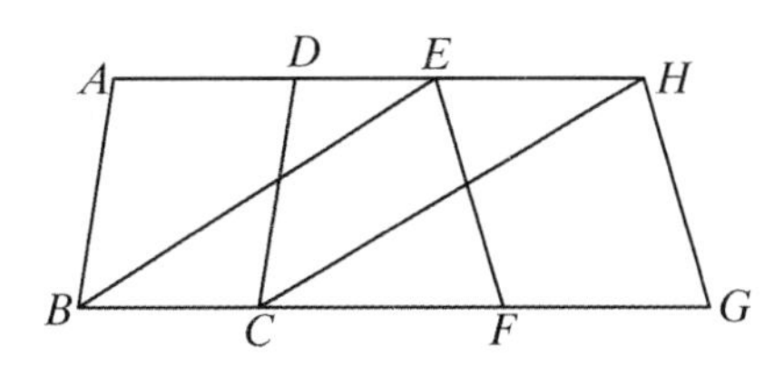

则可证平行四边形 $ABCD$ 等于 $EFGH$. 连接 BE,CH. 则因 BC 等于 FG,而 FG 等于 EH,BC 也等于 EH. [公理 1]

但是,它们也是平行的.

又连接 EB,HC;

但是,在同方向(分别)连接相等且平行的(在端点)线段是相等且平行的. [Ⅰ.33]

所以 $EBCH$ 是一个平行四边形. [Ⅰ.34]

且它等于 $ABCD$,因为它们有相同的底 BC,且在相同的平行线 BC,AH 之间. [Ⅰ.35]

同理,$EFGH$ 也等于同一个 $EBCH$. [Ⅰ.35]

这样一来,平行四边形 $ABCD$ 也等于 $EFGH$. [公理 1]

证完

命题 37

在同底上且在相同的二平行线之间的三角形彼此相等.

设三角形 ABC,DBC 同底且在相同二平行线 AD,BC 之间.

则可证三角形 ABC 等于三角形 DBC.

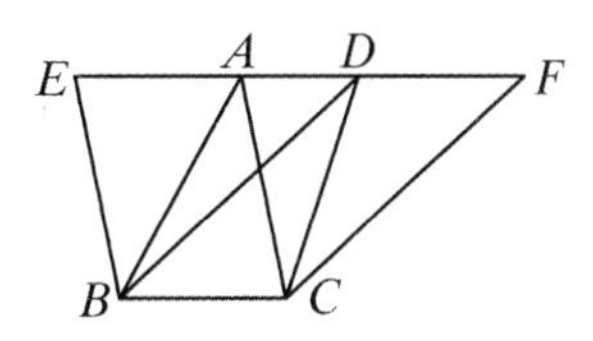

向两个方向延长 AD 至 E,F;过 B 作 BE 平行于 CA, [Ⅰ.31]

过 C 作 CF 平行于 BD.

则图形 $EBCA$,$DBCF$ 的每一个都是平行四边形;且它们相等.

因为它们在同底 BC 上且在二平行线 BC,EF 之间. [Ⅰ.35]

此外,三角形 ABC 是平行四边形 $EBCA$ 的一半,因为对角线 AB 二等分它. [Ⅰ.34]

又三角形 DBC 是平行四边形 $DBCF$ 的一半,因为对角线 DC 平分它. [Ⅰ.34]

[但是,相等的量的一半也彼此相等.]

所以,三角形 ABC 等于三角形 DBC.

证完

命题 38

在等底上且在相同的二平行线之间的三角形是彼此相等的.

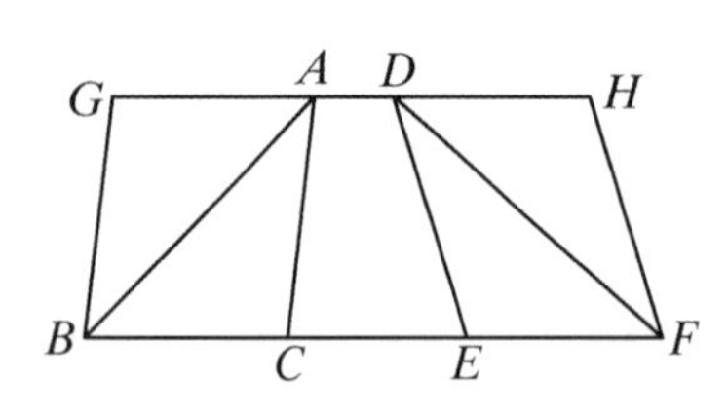

设三角形 ABC,DEF 在等底 BC,EF 上且在相同二平行线 BF,AD 之间.

则可证三角形 ABC 等于三角形 DEF.

因为,向两个方向延长 AD 至 G,H;过 B 作 BG 平行于 CA,过 F 作 FH 平行于 DE. [Ⅰ.31]

则图形 $GBCA$,$DEFH$ 每一个都是平行四边形;且二者相等,即 $GBCA$ 等于 $DEFH$;

因为,它们在等底 BC,EF 上且在相同二平行直线 BF,GH 之间. [Ⅰ.36]

此外,三角形 ABC 是平行四边形 $GBCA$ 的一半;因为对角线 AB 二等分它. [Ⅰ.34]

又三角形 FED 是平行四边形 $DEFH$ 的一半;因为对角线 DF 二等分它. [Ⅰ.34]

[但是,相等的量的一半也彼此相等.]

所以,三角形 ABC 等于三角形 DEF.

证完

命题 39

在同底上且在底的同一侧的相等三角形也在相同的二平行线之间.

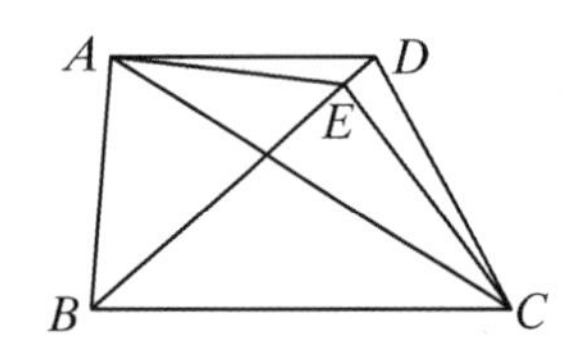

设 ABC,DBC 是相等的三角形,它们有同底 BC,且在 BC 同一侧.

[则可证它们也在相同的二平行线之间.]

为此,若连接 AD,则可证 AD 平行于 BC. 因为假若不平行,经过点 A 作 AE 平行于直线 BC, [Ⅰ.31]

连接 EC. 所以,三角形 ABC 等于三角形 EBC.

因为它们在同底 BC 上且在相同二平行线之间. [Ⅰ.37]

但是,三角形 ABC 等于三角形 DBC,故三角形 DBC 也等于三角形 EBC. [公理 1]

于是,大的等于小的:这是不可能的.

所以 AE 不平行于 BC.

类似地,我们能证明除 AD 外,其他任何直线不平行于 BC.

所以,*AD* 平行于 *BC*.

证完

命题 40

等底且在底的同侧的相等三角形也在相同的二平行线之间.

设 *ABC*,*CDE* 是相等的三角形,并有等底 *BC*、*CE*,且在底的同侧.

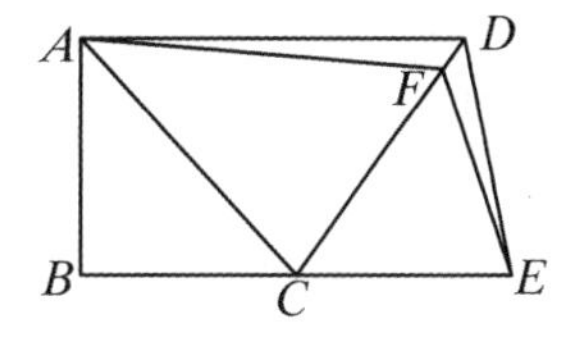

则可证两三角形在相同的二平行线之间,

为此,若连接 *AD*,则可证 *AD* 平行于 *BE*.

因为,如果不是这样,设 *AF* 经过点 *A* 而平行于 *BE*, [Ⅰ.31]

连接 *FE*.

所以,三角形 *ABC* 等于三角形 *FCE*. 因为它们在等底 *BC*,*CE* 上且在相同二平行线 *BE*,*AF* 之间. [Ⅰ.38]

但是,三角形 *ABC* 等于三角形 *DCE*. 所以,三角形 *DCE* 也等于三角形 *FCE*,

于是,大的等于小的;这是不可能的.

所以 *AF* 不平行于 *BE*.

类似地,我们能证明除 *AD* 外,其他任何直线不平行于 *BE*.

所以,*AD* 平行于 *BE*.

证完

命题 41

如果一个平行四边形和一个三角形既同底又在相同的二平行线之间,则平行四边形是这个三角形的二倍.

设平行四边形 *ABCD* 和三角形 *EBC* 有共同的底 *BC*,又在相同二平行线 *BC*,*AE* 之间.

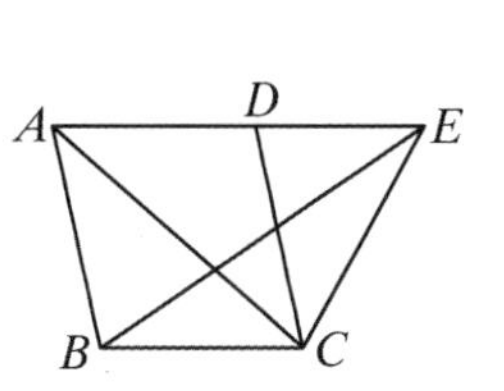

则可证平行四边形 *ABCD* 是三角形 *BEC* 的二倍.

连接 *AC*.

那么,三角形 *ABC* 等于三角形 *EBC*,因为二者有同底 *BC*,又在相同的平行线 *BC*,*AE* 之间. [Ⅰ.37]

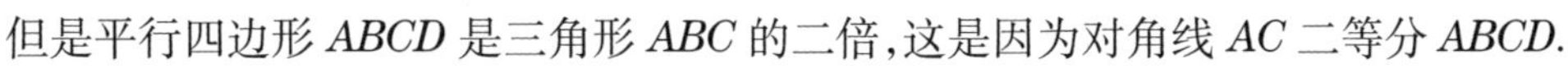

但是平行四边形 *ABCD* 是三角形 *ABC* 的二倍,这是因为对角线 *AC* 二等分 *ABCD*. [Ⅰ.34]

这样一来,平行四边形 *ABCD* 也是三角形 *EBC* 的二倍.

证完

命题 42

用给定的直线角作平行四边形,使它等于已知三角形.

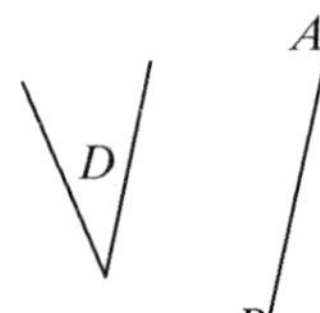

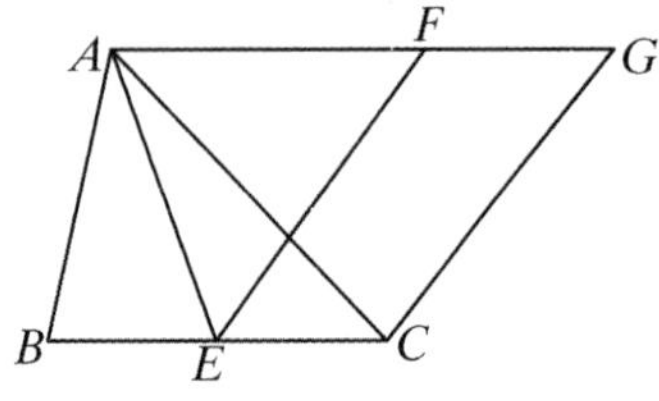

设 ABC 是给定的三角形,且角 D 是已知直线角. 于是要用直线角 D 作一个平行四边形等于三角形 ABC.

将 BC 二等分于 E,并且连接 AE;

在直线 EC 上的点 E 作角 CEF,使它等于已知角 D. [Ⅰ.23]

经过 A 作 AG 平行于 EC, [Ⅰ.31]

又经过 C 作 CG 平行于 EF.

那么,$FECG$ 是平行四边形.

又,因为 BE 等于 EC,

三角形 ABE 也等于三角形 AEC,因为它们在相等的底 BE,EC 上,且在相同二平行线 BC,AG 之间; [Ⅰ.38]

所以,三角形 ABC 是三角形 AEC 的二倍.

但是,平行四边形 $FECG$ 也等于三角形 AEC 的二倍. 事实上,它们同底且在相同二平行线之间; [Ⅰ.41]

所以,平行四边形 $FECG$ 等于三角形 ABC.

而且它有一个角 CEF 等于已知角 D.

所以,作出了平行四边形 $FECG$,它等于已知三角形 ABC,且有一个角 CEF 等于已知角 D.

作完

命题 43

在任意平行四边形中,跨在其对角线两头的两平行四边形的补形①彼此相等.

设 $ABCD$ 是平行四边形,AC 是它的对角线;AC 也是平行四边形 EH,FG 的对角线. 把平行四边形 BK,KD 称为所谓的补形. ②

则可证补形 BK 等于补形 KD.

---

① 补形是填满空隙的图形.

② 以平行四边形 $ABCD$ 对角线 AC 为对角线的平行四边形 EH 和 FG,它们可相离、有一个公共点或相交.

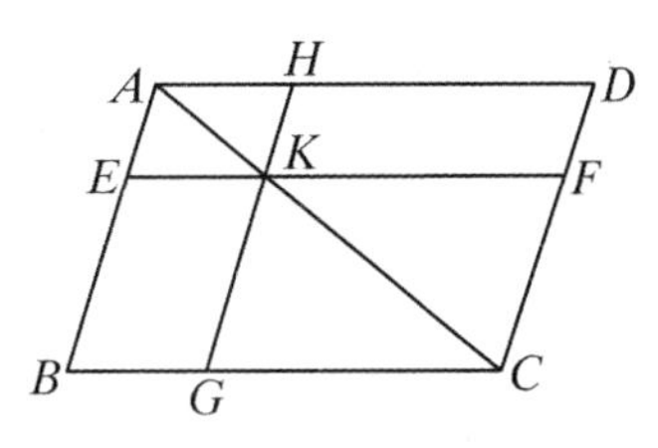

因为 $ABCD$ 是平行四边形，而且 AC 是它的对角线. 三角形 ABC 等于三角形 ACD. [I.34]

又因 EH 是平行四边形，且 AK 是它的对角线，三角形 AEK 等于三角形 AHK. 同理，三角形 KFC 也等于三角形 KGC.

现在，因为三角形 AEK 等于三角形 AHK，且 KFC 等于 KGC，从而三角形 AEK 与 KGC 的和等于三角形 AHK 与 KFC 的和. [公理 2]

且整体三角形 ABC 也等于整体三角形 ADC；

所以，余下的补形 BK 等于余下的补形 KD. [公理 3]

证完

命题 44

对一给定线段贴合[①]有一个角等于已知角的平行四边形，使它(的面积)等于已知的三角形.

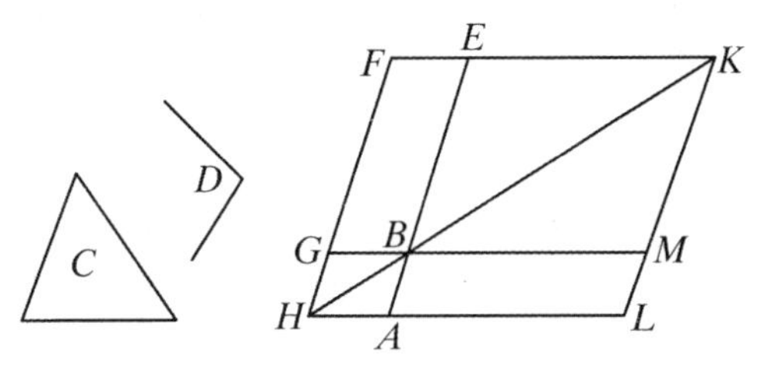

设 AB 是给定的线段，C 是已知三角形，而角 D 是已知直线角. 求用给定的线段 AB 及等于角 D 的一个角贴合一平行四边形等于已知三角形 C.

设要作等于三角形 C 的平行四边形是 $BEFG$，其中角 EBG 等于角 D，[I.42] 移动线段 BE 到直线 AB 上，并延长 FG 至 H，过 A 作 AH 平行于 BG 或 EF. [I.31]

连接 HB.

因为直线 HF 交平行线 AH，EF；角 AHF 与 HFE 的和等于二直角. [I.29]

故角 BHG 与 GFE 的和小于二直角，且将直线无限延长之后在小于二直角的这一侧相交； [公设 5]

所以 HB，FE 当着延长之后要相交，设延长之后的交点为 K，过点 K 作 KL 平行于 EA 或 FH. [I.31]

且设 HA，GB 延长至点 L，M. 那么，$HLKF$ 是平行四边形，HK 是它的对角线；AG、ME 是平行四边形；LB，BF 是关于 HK 的补形；故 LB 等于 BF. [I.43]
但 BF 等于三角形 C，故 LB 也等于 C. [公理 1]

又因为角 GBE 等于角 ABM， [I.15]

这时角 GBE 等于角 D，所以角 ABM 也等于角 D.

① 在一线段上贴合一个图形……，即在一线段作一个图形…….

于是,在线段 *AB* 上贴合出的平行四边形 *LB* 等于已知三角形 *C*,且其中角 *ABM* 等于已知的角 *D*.

作完

命题 45

用一个已知直线角作一平行四边形使它等于已知直线形.

设 *ABCD* 是已知的直线形,且角 *E* 是已知的直线角. 求作一平行四边形等于直线形 *ABCD*,且角等于已知的直线角 *E*.

连接 *DB*,设作出等于三角形 *ABD* 的平行四边形是 *FH*,其中角 *HKF* 等于角 *E*; [Ⅰ.42]

且设在线段 *GH* 上贴合一平行四边形 *GM* 等于三角形 *DBC*,其中角 *GHM* 等于角 *E*. [Ⅰ.44]

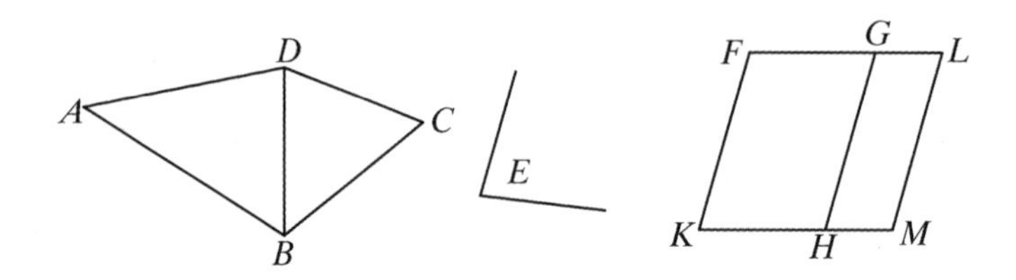

则因角 *E* 等于角 *HKF*,角 *GHM* 的每一个,角 *HKF* 也等于角 *GHM*. [公理 1]

把角 *KHG* 加在上面各边,则角 *FKH*,*KHG* 的和等于角 *KHG*,*GHM* 的和. 但是,角 *FKH*,*KHG* 的和等于二直角. [Ⅰ.29]

所以,角 *KHG*,*GHM* 的和也等于二直角.

这样,用一条线段 *GH* 及它上面一点 *H*,不在它同侧的二线段 *KH*,*HM* 作成相邻的二角的和等于二直角.

所以,*KH* 和 *HM* 在同一条直线上. [Ⅰ.14]

又因直线 *HG* 和平行线 *KM*,*FG* 相交,内错角 *MHG*,*HGF* 相等. [Ⅰ.29]

将角 *HGL* 加在以上各边;

则角 *MHG*,*HGL* 的和等于角 *HGF*,*HGL* 的和. [公理 2]

但是,角 *MHG*,*HGL* 的和等于二直角; [Ⅰ.29]

所以,角 *HGF*,*HGL* 的和也等于二直角, [公理 1]

所以,*FG* 和 *GL* 在同一直线上. [Ⅰ.14]

又,因为 *FK* 等于且平行于 *HG*, [Ⅰ.34]

HG 也等于且平行于 *ML*,这样 *KF* 也等于且平行于 *ML*. [公理 1,Ⅰ.30]

连接线段 *KM*,*FL*(在它们的端点处);则 *KM*,*FL* 相等且平行. [Ⅰ.33]

所以,*KFLM* 是平行四边形.

又,因为三角形 *ABD* 等于平行四边形 *FH*,三角形 *DBC* 等于平行四边形 *GM*,整体直线形 *ABCD* 等于整体平行四边形 *KFLM*.

所以,作出了一个等于已知直线形 $ABCD$ 的平行四边形 $KFLM$,其中角 FKM 等于已知角 E.

作完

命题 46

在一给定的线段上作一个正方形.

设 AB 是所给定的线段;要求在线段 AB 上作一个正方形.

令 AC 是从线段 AB 上的点 A 所画的直线,它与 AB 成直角. [Ⅰ.11]

取 AD 等于 AB;

过点 D 作 DE 平行于 AB,过点 B 作 BE 平行于 AD,所以 $ADEB$ 是平行四边形;从而 AB 等于 DE,且 AD 等于 BE. [Ⅰ.34]

但是,AB 等于 AD,所以四条线段 BA、AD、DE、EB 彼此相等;所以平行四边形 $ADEB$ 是等边的.

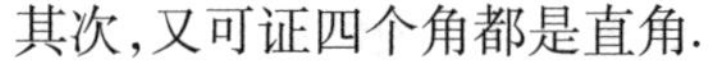

其次,又可证四个角都是直角.

因为,由于线段 AD 和平行线 AB,DE 相交,角 BAD,ADE 的和等于二直角. [Ⅰ.29]

但是,角 BAD 是直角;故角 ADE 也是直角. 在平行四边形面片中对边以及对角相等. [Ⅰ.34]

所以,对角 ABE,BED 的每一个也是直角,从而 $ADEB$ 是直角.

已经证明了它也是等边的.

所以,它是在线段 AB 上作成的一个正方形.

作完

命题 47

在直角三角形中,直角所对的边上的正方形等于夹直角两边上正方形的和.

设 ABC 是直角三角形,已知角 BAC 是直角.

则可证 BC 上的正方形等于 BA,AC 上的正方形的和.

事实上,在 BC 上作正方形 $BDEC$,且在 BA,AC 上作正方形 GB,HC. [Ⅰ.46]

过 A 作 AL 平行于 BD 或 CE,连接 AD,FC.

因为角 BAC,BAG 的每一个都是直角,在一条直线 BA 上的一个点 A 有两条直线 AC,AG 不在它的同一侧所成的两邻角的和等于二直角,于是 CA 与 AG 在同一条直线上. [Ⅰ.14]

同理,BA 也与 AH 在同一条直线上.

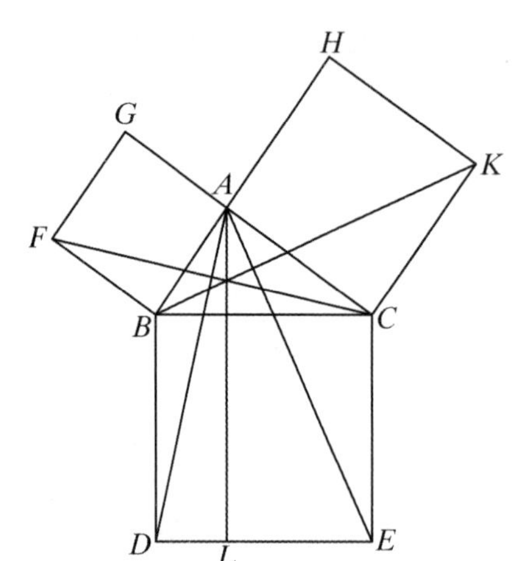

又因角 DBC 等于角 FBA:因为每一个角都是直角:给以上两角各加上角 ABC;

所以,整体角 DBA 等于整体角 FBC.

[公理 2]

又因为 DB 等于 BC,FB 等于 BA;两边 AB,BD 分别等于两边 FB,BC.

又角 ABD 等于角 FBC;所以底 AD 等于底 FC,且三角形 ABD 全等于三角形 FBC. [Ⅰ.4]

现在,平行四边形 BL 等于三角形 ABD 的二倍,因为它们有同底 BD 且在平行线 BD,AL 之间.

[Ⅰ.41]

又正方形 GB 是三角形 FBC 的二倍,因为它们又有同底 FB 且在相同的平行线 FB,GC 之间. [Ⅰ.41]

[但是,等量的二倍仍然是彼此相等的.]

故平行四边形 BL 也等于正方形 GB.

类似地,若连接 AE、BK,也能证明平行四边形 CL 等于正方形 HC.

故整体正方形 $BDEC$ 等于两个正方形 GB,HC 的和. [公理 2]

而正方形 $BDEC$ 是在 BC 上作出的,正方形 GB,HC 是在 BA,AC 上作出的.

所以,在边 BC 上的正方形等于边 BA,AC 上正方形的和.

证完

命题Ⅰ.47 是毕达哥拉斯定理,也称勾股定理.

普罗克洛斯(Proclus, 410～485)说:“如果我们读一些古代史,我们就可以发现他们中的某些人把这个定理归功于毕达哥拉斯,并且说有人奉献了一头牛以表彰他的发现. 但是,就我而言,虽然我敬佩那些首先发现这个定理的人,但我更敬佩《原本》的作者. 不只是因为他做出了一个最简单明了的证明,而且因为他在卷Ⅵ中把这个定理推广到更一般的情形. 在卷Ⅵ.31 中他证明了在直角三角形中,在斜边上的图形等于在两个直角边上的相似的且有相似位置的两个图形.”①

在我国,勾股定理在《周髀算经》中已有记载,《周髀算经》是一部天文、数学著作,成书不晚于公元前 20 世纪. 该书卷上有陈子讲述测日高的方法,接着讲道“若求邪至日者(观察点到太阳的距离),以日下为勾,日高为股,勾股各自乘,并而开方除之,得邪至日.”这是一般勾股定理的应用在我国最早记载,陈子大约是公元前 6 至 7 世纪时的人,也就是和毕达哥拉斯同时或稍早些.

赵爽(公元 3 世纪人)在《周髀算经注》中,利用弦图首次证明了勾股定理. 弦图是以弦为边的正方形,在其内作 4 个全等的勾股形(即直角三角形),且各以正方形的边为弦,直角三角形以朱表示,中间正方形以中黄表示,见弦图. 称以弦为边的正方形面积为弦实,勾股形的面积为朱实,中间小正方形的面积为中黄实.

赵爽在注的“勾股圆方图”中,首先叙述了“勾股定理”:**“勾股各自乘,并之为弦实,开方除之,即弦.”**

---

① 希思(T. L. Heath)《*The Thirteen Books of Euclid's Elements*》1956. Vol. 1. p. 356

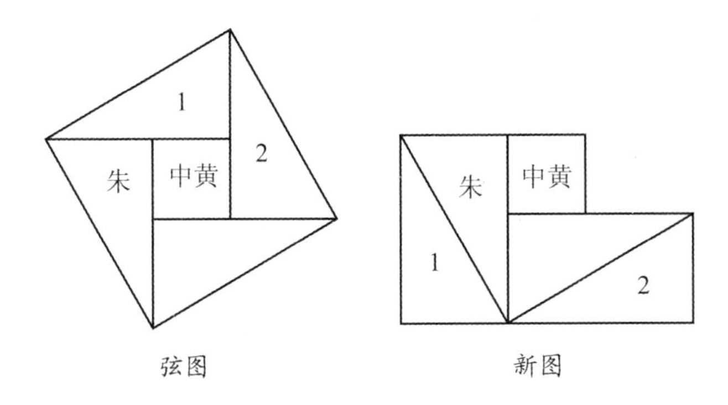

弦图　　　　新图

对于勾股定理的证明,赵爽按弦图得到

4 朱实 + 中黄实 = 弦实.　　(1)

又利用出入相补,从弦图上移动两个直角三角形(1 和 2),分别与弦图中另外两个直角三角形各拼成一个勾股矩形,形成一个“新图”.

从新图又可看出

4 朱实 + 中黄实 = 勾实 + 股实　　(2)

由(1)、(2)就有“**凡并勾、股之实即成弦实**”,这就是要证明的.

以后印度、阿拉伯的数学家也都证明了勾股定理. 勾股定理的证法很多,可能是所有的数学定理中证法最多的. 美国数学家卢米斯(E. S. Loomis. 1811 ~ 1889)搜集各种证法,写成《毕达哥拉斯命题》(*The Pythagoras Proposition*)载有 367 种证法,实际的数目当不止于此①.

命题 48

如果在一个三角形中,一边上的正方形等于这个三角形另外两边上正方形的和. 则夹在另外两边之间的角是直角.

因为可设在三角形 ABC 中,边 BC 上的正方形等于边 BA,AC 上的正方形的和.

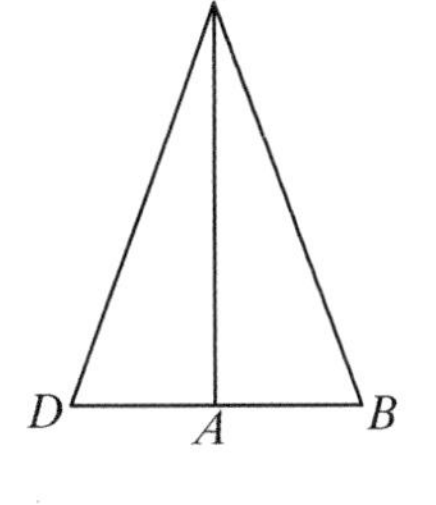

则可证角 BAC 是直角.

设在点 A 作 AD 与 AC 成直角,取 AD 等于 BA,连接 DC.

因为,DA 等于 AB,DA 上的正方形也等于 AB 上的正方形.

给上面正方形各边加上 AC 上的正方形.

则 DA,AC 上的正方形的和等于 BA,AC 上正方形的和.

但是,DC 上的正方形等于 DA,AC 上的正方形的和,因为角 DAC 是直角;　　[Ⅰ.47]

且 BC 上的正方形等于 BA,AC 上正方形的和,因为这是假设;

故 DC 上正方形等于 BC 上的正方形. 这样一来,边 DC 也等于边 BC.

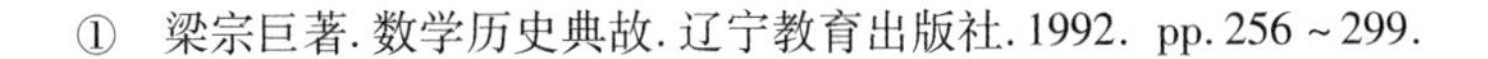

① 梁宗巨著. 数学历史典故. 辽宁教育出版社. 1992. pp. 256 ~ 299.

又因 DA 等于 AB，AC 公用.

两边 DA，AC 等于两边 BA，AC；且底 DC 等于底 BC.

所以，角 DAC 等于角 BAC. [Ⅰ.8]

但是，角 DAC 是直角，

所以，角 BAC 也是直角.

证完

命题 48 是命题 47（即勾股定理）的逆定理.

第II卷

定 义

1. 称两邻边夹直角的平行四边形为矩形①.

2. 在任何平行四边形面片中,以此形的对角线为对角线的一个小平行四边形和两个相应的补形一起叫做拐尺形②.

命 题

命题 1

如果有两线段,其中一条被截成任意几段.则该两条线段所夹的矩形等于各个小段和未截的那条线段所夹的矩形之和③.

设 A,BC 是两条线段,用点 D,E 分线段 BC.

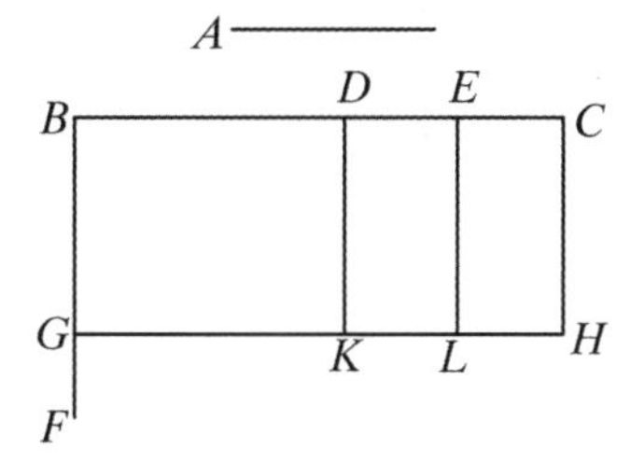

则可证由 A、BC 所夹的矩形等于由 A、BD;A、DE 及 A、EC 分别所夹的矩形的和.

因为,由 B 作 BF 和 BC 成直角. [Ⅰ.11]

取 BG 等于 A, [Ⅰ.3]

过 G 作 GH 平行于 BC, [Ⅰ.31]

且经过 D、E、C,作 DK、EL、CH 平行于 BG.

---

① 以后有的地方也将这里"rectangular parallelogram"称作"rectangle",即现在所谓的"矩形".由线段 BA 与 BC 所夹的矩形表示成"BA、BC"或"矩形 BAC".

② 下图中,用虚线表示的图形即拐尺形.

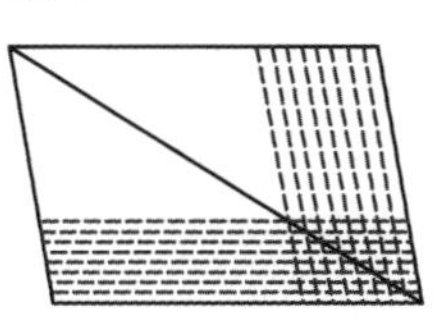

③ $a(b+c+d+\cdots)=ab+ac+ad+\cdots$.

则 BH 等于 BK、DL、EH 的和.

BH 是矩形 A、BC,因为它由 GB 和 BC 所夹的矩形,且 BG 等于 A.

BK 是矩形 A、BD,这是因为它由 GB 和 BD 所夹的矩形,且 BG 等于 A.

又,DL 是矩形 A、DE,这是因为 DK 即 BG 等于 A. [Ⅰ.34]

类似地,EH 也是矩形 A、EC.

所以,矩形 A、BC 等于矩形 A、BD 与矩形 A、DE 及矩形 A、EC 的和.

证完

命 题 2

如果任意两分一个线段,则这个线段与分成的两个线段分别所夹的矩形之和等于在原线段上作成的正方形①.

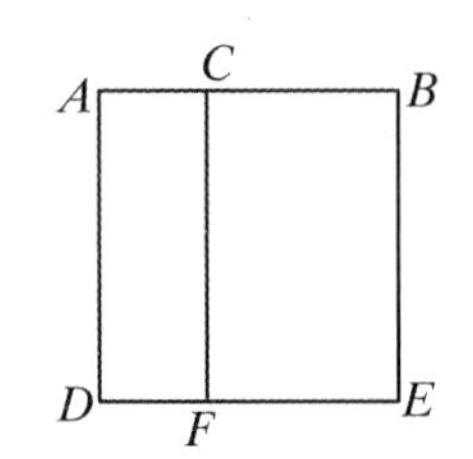

设任意两分线段 AB 于点 C.

则可证由 AB、BC 所夹的矩形与 BA、AC 所夹的矩形的和等于 AB 上的正方形.

因为,可设在 AB 上作成的正方形为 $ADEB$. [Ⅰ.46]

经过点 C 作 CF 平行于 AD 或 BE. [Ⅰ.31]

则 AE 等于 AF,CE 的和.

且 AE 是 AB 上的正方形,AF 是由 BA、AC 所夹的矩形,这是因为它是由 DA、AC 所夹的. 且 AD 等于 AB.

又,CE 是由 AB、BC 所夹的矩形,这是因为 BE 等于 AB.

所以,矩形 BA、AC 与矩形 AB、BC 的和等于 AB 上的正方形.

证完

命 题 3

如果任意两分一条线段,则由整个线段与小线段之一所夹的矩形等于两小线段与所夹的矩形与前面提到的小线段上的正方形的和②.

设任意两分线段 AB 于 C.

则可证由 AB、BC 所夹的矩形等于由 AC,CB 所夹的矩形与 BC 上的正方形的和.

在 CB 上作正方形 $CDEB$, [Ⅰ.46]

---

① $(a+b)a+(a+b)b=(a+b)^2$.

② $(a+b)a=a^2+ab$.

延长 ED 至 F，过 A 作 AF 平行于 CD 或者 BE. [Ⅰ.31]

则 AE 等于 AD 与 CE 的和.

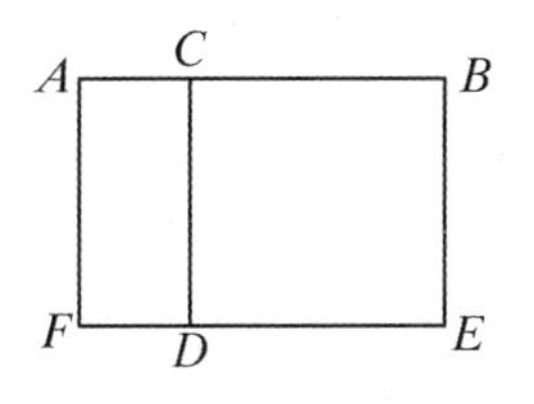

AE 是由 AB、BC 所夹的矩形，因为它是由 AB、BE 所夹的，且 BE 等于 BC.

AD 是矩形 AC、CB，因为 DC 等于 CB，且 DB 是 CB 上的正方形.

所以，由 AB，BC 所夹的矩形等于由 AC，CB 所夹的矩形与 BC 上正方形的和.

证完

命 题 4

如果任意两分一个线段，则在整个线段上的正方形等于各个小线段上的正方形的和加上两小线段所夹的矩形的二倍①.

设任意分线段 AB 于 C.

则可证 AB 上的正方形等于 AC 及 CB 上的正方形的和加上 AC，CB 所夹的矩形的二倍.

令 AB 上所作的正方形为 $ADEB$， [Ⅰ.46]

连接 BD，过点 C 作 CF 平行于 AD 或者 BE，且过 G 作 HK 平行于 AB 或者 DE. [Ⅰ.31]

那么，因为 CF 平行于 AD，且 BD 和它们都相交. 则同位角 CGB，ADB 是相等的. [Ⅰ.29]

但是，角 ADB 等于角 ABD，这是因为边 BA 等于边 AD. [Ⅰ.5]

所以，角 CGB 也等于角 GBC，这样边 BC 也等于边 CG. [Ⅰ.6]

但是，CB 等于 GK，且 CG 等于 KB. [Ⅰ.34]

所以，GK 也等于 KB，

所以 $CGKB$ 是等边的.

其次，又可证它也是直角的.

因为，CG 平行于 BK. 角 KBC、GCB 的和等于二直角. [Ⅰ.29]

但是，角 KBC 是直角，所以，角 BCG 也是直角，这样，对角 CGK 及 GKB 也是直角. [Ⅰ.34]

所以，$CGKB$ 是直角的，而且也已经证明了它是等边的，所以它是一个正方形；从而它是作在 CB 上的正方形.

同理，HF 也是正方形，它是作在 HG 上的，也就是作在 AC 上的正方形. [Ⅰ.34]

---

① $(a+b)^2=a^2+2ab+b^2$.

所以,正方形 HF,KC 是作在 AC,CB 上的正方形.

现在,因为 AG 等于 GE,且 AG 是矩形 AC、CB,因为 GC 等于 CB,所以 GE 也等于矩形 AC、CB.

所以,AG、GE 的和等于矩形 AC、CB 的二倍.

但是,正方形 HF,CK 的和也等于 AC,CB 上的正方形的和.

所以,四个面片,HF,CK,AG,GE 等于 AC,CB 上的正方形加上 AC、CB 所夹的矩形的二倍.

但是,HF,CK,AG,GE 的和是整体 ADEB,它就是 AB 上的正方形.

所以,AB 上的正方形等于 AC,CB 上的正方形的和加上 AC,CB 所夹的矩形的二倍.

证完

命题 5

如果把一条线段既分成相等的线段,再分成不相等的线段.则由二个不相等的线段所夹的矩形与两个分点之间一段上的正方形的和等于原来线段一半上的正方形①.

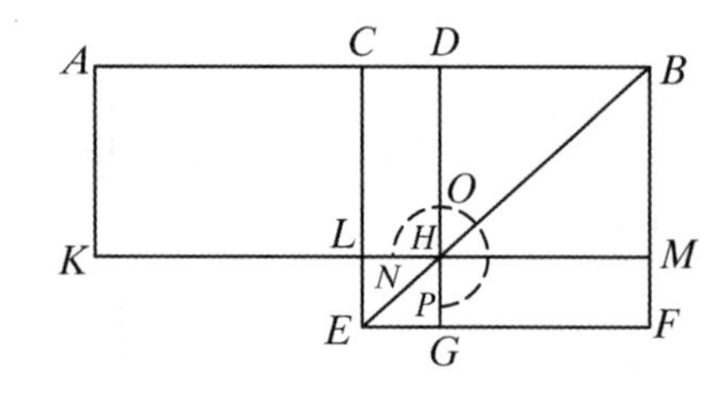

设由点 C 将线段 AB 分成相等的两线段,又由点 D 分成不相等的两线段.

则可证由 AD、DB 所夹的矩形加上 CD 上的正方形的和等于 CB 上的正方形.

设 CEFB 是作在 CB 上的正方形, [Ⅰ.46]

连接 BE,过 D 作 DG 平行于或者 CE 或者 BF,再过 H 作 KM 平行于或者 AB 或者 EF,又过 A 作 AK 平行于或者 CL 或者 BM. [Ⅰ.31]

则,补形 CH 等于补形 HF. [Ⅰ.43]

将 DM 加在以上两边,则整体 CM 等于整体 DF.

但是 CM 等于 AL,这是因为 AC 也等于 CB. [Ⅰ.36]

所以,AL 也等于 DF.

又将 CH 加在以上各边,则整个的 AH 等于拐尺形 NOP.

但是,AH 是矩形 AD、DB,因为 DH 等于 DB.

所以,拐尺形 NOP 也等于矩形 AD、DB.

LG 等于 CD 上的正方形,将它加在以上各边.

则拐尺形 NOP 与 LG 的和等于 AD、DB 所夹的矩形与 CD 上正方形的和.

---

① $ab+[\frac{1}{2}(a+b)-b]^2=[\frac{1}{2}(a+b)]^2$.

但是，拐尺形 NOP 与 LG 的和是 CB 上的整体正方形 $CEFB$.

所以，由 AD，DB 所夹的矩形与 CD 上的正方形的和等于 CB 上的正方形.

证完

命题 6

如果平分一个线段并且在同一个线段上给它加上一个线段. 则合成的线段与加上的线段所夹的矩形及原线段一半上的正方形的和等于原线段一半与加上的线段的和上的正方形①.

因为设点 C 平分线段 AB，并在同一直线上加上线段 BD.

则可证由线段 AD、DB 所夹的矩形与 CB 上的正方形的和等于 CD 上的正方形.

设 $CEFD$ 是在 CD 上所作的正方形. [Ⅰ.46]

连接 DE，过点 B 作 BG 平行于 CE 或者 DF，过点 H 作 KM 平行于 AB 或者 EF，过点 A 作 AK 平行于 CL 或者 DM. [Ⅰ.31]

这时因为，AC 等于 CB，AL 也等于 CH. [Ⅰ.36]

但是，CH 等于 HF， [Ⅰ.43]

因此 AL 也等于 HF，将 CM 加在各边，

则整个 AM 等于拐尺形 NOP. 但是，AM 是由 AD、DB 所夹的矩形，因为 DM 等于 DB，所以拐尺形 NOP 也等于矩形 AD、DB.

把 LG 加在以上各边，而它等于 BC 上的正方形.

故 AD，DB 所夹的矩形与 CB 上的正方形的和等于拐尺形 NOP 与 LG 的和. 但是，拐尺形 NOP 与 LG 是作在 CD 上的整体正方形 $CEFD$.

所以，由 AD、DB 所夹的矩形与 CB 上的正方形的和等于 CD 上的正方形.

证完

命题 7

如果任意分一个线段为两段，则整线段上的正方形与所分成的线段之一上的正方形的和等于整线段与该线段所夹的矩形的二倍与另一线段上正方

---

① $(a+b)b+(\frac{a}{2})^2=(\frac{a}{2}+b)^2$.

形的和①.

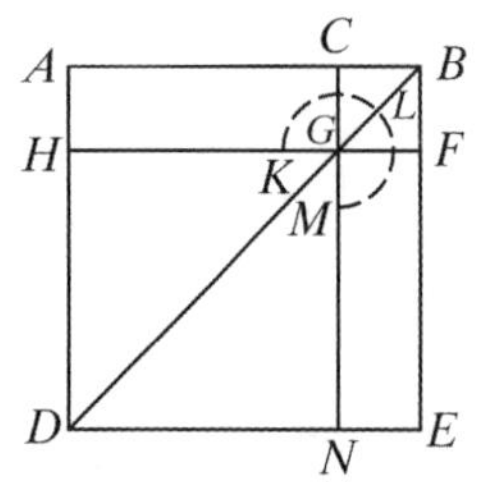

设线段 AB 被点 C 任意分为两段.

则可证 AB，BC 上的正方形的和等于 AB，BC 所夹的矩形的二倍与 CA 上正方形的和.

设在 AB 上所作的正方形为 ADEB， [Ⅰ.46]

并设该图已作出. [Ⅰ.46]

那么，由于 AG 等于 GE. [Ⅰ.43]

将 CF 加在以上各边，则整体 AF 等于整体 CE，所以 AF，CE 的和是 AF 的二倍.

但是，AF，CE 的和是拐尺形 KLM 与正方形 CF 的和.

所以，拐尺形 KLM 与正方形 CF 的和是 AF 的二倍.

但是，矩形 AB、BC 的二倍也是 AF 的二倍，因为 BF 等于 BC，所以，拐尺形 KLM 与正方形 CF 的和等于二倍的矩形 AB、BC.

将 DG 加在上面的各边，它是 AC 上的正方形. 故拐尺形 KLM 与正方形 BG、GD 的和等于 AB，BC 所夹的矩形的二倍与 AC 上正方形的和.

但是，拐尺形 KLM 与正方形 BG、GD 的和是整体 ADEB 与 CF 的和，它们是在 AB，BC 上所作的正方形.

所以，AB，BC 上的正方形的和等于 AB，BC 所夹的矩形的二倍与 AC 上的正方形的和.

证完

命题 8

如果任意分一个线段为两段，用整线段与所分成的两段之一所夹的矩形的四倍与另一线段上的正方形的和等于整线段与前一线段的和上的正方形②.

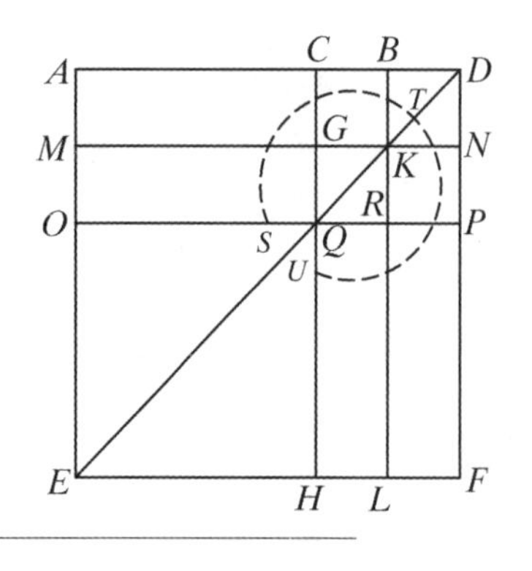

设线段 AB 被任意分于点 C.

则可证由 AB，BC 所夹的矩形的四倍与 AC 上的正方形的和等于 AB 与 BC 之和上的正方形.

延长线段 AB 至 D，使 BD 等于 CB，设画在 AD 上的正方形是 AEFD，且作出两个这样的图.

因为 CB 等于 BD，而 CB 等于 GK，且 BD 等于 KN，所以 GK 也等于 KN.

同理，QR 等于 RP.

又因为 BC 等于 BD，GK 等于 KN，故 CK 等于

① $(a+b)^2+a^2=2(a+b)a+b^2$.

② $4(a+b)a+b^2=(2a+b)^2$.

KD,GR 等于 RN. [Ⅰ.36]

但是,CK 等于 RN,因为它们是平行四边形 CP 的补形, [Ⅰ.43]

所以,KD 也等于 GR,四个面片 DK,CK,GR,RN 都彼此相等.

从而这四个的和是 CK 的四倍.

又因为,CB 等于 BD.

这里 BD 等于 BK,也是 CG,且 CB 等于 GK,也是 GQ,所以 CG 也等于 GQ.

又,因为 CG 等于 GQ,且 QR 等于 RP.

AG 也等于 MQ 且 QL 等于 RF, [Ⅰ.36]

但是,MQ 等于 QL,因为它们是平行四边形 ML 的补形. [Ⅰ.43]

故 AG 也等于 RF.

从而,四个面片 AG,MQ,QL,RF 彼此相等.

所以,这四个的和是 AG 的四倍.

但是,四个面片 CK,KD,GR,RN 已被证明了其和是 CK 的四倍. 故八个面片构成拐尺形 STU,是 AK 的四倍.

现在,AK 是矩形 AB、BD,因为 BK 等于 BD.

故四倍的矩形 AB、BD 是 AK 的四倍.

但拐尺形 STU 已被证明了是 AK 的四倍;所以,矩形 AB、BD 的四倍等于拐尺形 STU.

将 OH 加在以上各边,它等于 AC 上的正方形.

所以,矩形 AB、BD 的四倍与 AC 上的正方形的和等于拐尺形 STU 与 OH 的和.

但是,拐尺形 STU 与 OH 的和等于作在 AD 上的整体正方形 $AEFD$.

所以,四倍的矩形 AB、BD 与 AC 上的正方形的和等于 AD 上的正方形.

但是,BD 等于 BC,

故,四倍的矩形 AB、BC 与 AC 上的正方形的和等于 AD 上的正方形,即 AB 与 BC 的和上的正方形.

证完

命题 9

如果一条线段既被分成相等的两段,又被分成不相等的两段. 则在不相等的各线段上正方形的和等于原线段一半上的正方形与二个分点之间一段上正方形的和的二倍①.

设线段 AB 被点 C 分成相等的线段,又被点 D 分成不相等的线段.

则可证 AD,DB 上的正方形的和等于 AC,CD 上正方形的和的二倍.

---

① $(a-b)^2+b^2=2(\frac{a}{2})^2+2(\frac{a}{2}-b)^2$.

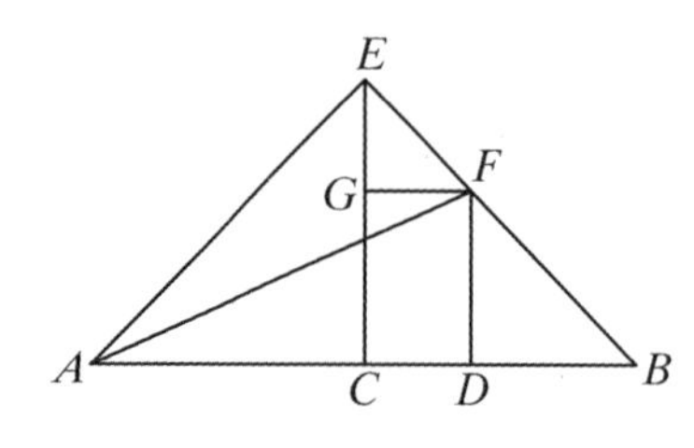

因为，由 AB 上的点 C 作 CE 和 AB 成直角，且它或者和 AC 相等，或者和 CB 相等. 连接 EA,EB. 经过点 D 作 DF 平行于 EC，且过 F 作 FG 平行于 AB，连接 AF. 因为 AC 等于 CE，角 EAC 也等于角 AEC.

又，因为在点 C 的角是直角，其余二角 EAC,AEC 的和等于直角， [Ⅰ.32]
且它们又相等，
故角 CEA,CAE 各是直角的一半.

同理，角 CEB,EBC 各是直角的一半.

所以，整体角 AEB 是直角.

又，因为 GEF 是直角的一半，角 EGF 是直角，因为它与角 ECB 是同位角. [Ⅰ.29]

其余的角 EFG 是直角的一半. [Ⅰ.32]

所以，角 GEF 等于角 EFG，

这样一来，边 EG 就等于边 GF. [Ⅰ.6]

又，因为在点 B 处的角是直角的一半，且角 FDB 是直角，因为它与角 ECB 是同位角. [Ⅰ.29]

其余的角 BFD 是直角的一半. [Ⅰ.32]

所以，在点 B 处的角等于角 DFB.

这样，边 FD 就等于边 DB. [Ⅰ.6]

现在，因为 AC 等于 CE，AC 上的正方形也等于 CE 上的正方形. 所以，AC、CE 上的正方形的和是 AC 上正方形的二倍.

但是，EA 上的正方形等于 AC,CE 上的正方形的和，因为角 ACE 是直角， [Ⅰ.47]
所以，EA 上的正方形是 AC 上正方形的二倍.

又，因为 EG 等于 GF；EG 上的正方形就等于 GF 上的正方形，所以，EG,GF 上的正方形的和等于 GF 上正方形的二倍.

但是，EF 上的正方形等于 EG,GF 上正方形的和；所以，EF 上正方形是 GF 上正方形的二倍.

但是，GF 等于 CD. [Ⅰ.34]

故 EF 上的正方形是 CD 上正方形的二倍.

但是 EA 上的正方形也是 AC 上正方形的二倍.

所以，AE,EF 上的正方形的和是 AC,CD 上正方形的和的二倍.

且 AF 上正方形等于 AE,EF 上正方形的和，这是因为角 AEF 是直角. [Ⅰ.47]
从而，AF 上的正方形是 AC,CD 上正方形的和的二倍.

但是，AD,DF 上正方形的和等于 AF 上的正方形，因为在点 D 的角是直角； [Ⅰ.47]

所以，AD,DF 上的正方形的和是 AC,CD 上正方形的和的二倍.

又，DF 等于 DB；所以，AD，DB 上正方形的和等于 AC，CD 上正方形的和的二倍.

证完

命 题 10

如果二等分一条线段，且在同一直线上再给原线段添加上一条线段，则合成线段上的正方形与添加线段上的正方形的和等于原线段一半上的正方形与一半加上添加线段之和上的正方形的和的二倍①.

将线段 AB 二等分于点 C，且在同一直线上给它添加上 BD.

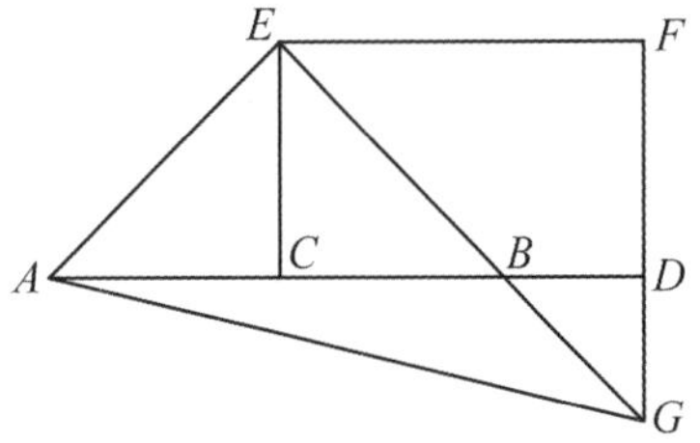

则可证 AD，DB 上正方形的和等于 AC，CD 上正方形的和的二倍.

设 CE 在 C 点和 AB 成直角， [Ⅰ.11]
并且使它等于 AC 或者 CB. [Ⅰ.3]

连接 EA，EB. 过点 E 作 EF 平行于 AD，过点 D 作 FD 平行于 EC. [Ⅰ.31]

则因直线 EF 和平行线 EC，FD 都相交，
角 CEF，EFD 的和等于二直角. [Ⅰ.29]

所以，角 FEB，EFD 的和小于二直角.

但是，直线在小于二直角的这一侧经延长后相交. [Ⅰ.公设 5]

所以，如果在同方向 B，D 延长 EB，FD 必相交.

设其交点为 G，且连接 AG.

其次，因 AC 等于 CE，角 EAC 也等于角 AEC. [Ⅰ.5]
在点 C 是直角.

所以，角 EAC，AEC 各是直角的一半. [Ⅰ.32]

同理，角 CEB，EBC 各是直角的一半，故角 AEB 是直角.

又，因角 EBC 是直角一半，角 DBG 也是直角一半. [Ⅰ.15]

但是，角 BDG 也是直角，这是因为它等于角 DCE，它们是内错角. [Ⅰ.29]

所以，其余的角 DGB 是直角的一半， [Ⅰ.32]
所以，角 DGB 等于角 DBG.

这样，边 BD 也等于边 GD. [Ⅰ.6]

又，因为角 EGF 是直角的一半，且在点 F 处的是直角，因为它等于在点 C 处的对角. [Ⅰ.34]

其余的角 FEG 是直角的一半， [Ⅰ.32]

① $(a+b)^2+b^2=2(\frac{a}{2})^2+2(\frac{a}{2}+b)^2$.

故角 EGF 等于角 FEG.

这样,也有边 GF 等于 EF. [Ⅰ.6]

因 EC 上的正方形等于 CA 上的正方形;EC,CA 上的正方形的和是 CA 上正方形的二倍.

但是,EA 上的正方形等于 EC,CA 上正方形的和, [Ⅰ.47]

所以,EA 上正方形是 AC 上正方形的二倍. [公理1]

又,因 FG 等于 EF,FG 上的正方形也等于 FE 上的正方形;

所以,GF,FE 上正方形的和是 EF 上正方形的二倍.

但是,EG 上的正方形等于 GF,FE 上正方形的和, [Ⅰ.47]

于是在 EG 上的正方形是在 EF 上的正方形的二倍,而 EF 等于 CD, [Ⅰ.34]

所以,EG 上的正方形是 CD 上正方形的二倍.

但是,已经证明了 EA 上的正方形是 AC 上正方形的二倍.

所以,AE,EG 上正方形的和是 AC,CD 上正方形的和的二倍.

又在 AG 上的正方形等于 AE,EG 上正方形的和. [Ⅰ.47]

所以,AG 上的正方形是 AC,CD 上正方形的和的二倍.

但是,AD,DG 上正方形的和等于 AG 上的正方形; [Ⅰ.47]

所以,AD,DG 上正方形的和是 AC,CD 上正方形的和的二倍.

又,DG 等于 DB,

所以,AD,DB 上正方形的和是 AC,CD 上正方形的和的二倍.

证完

命题 11

分给定的线段,使它和一条小线段所夹的矩形等于另一小段上的正方形.

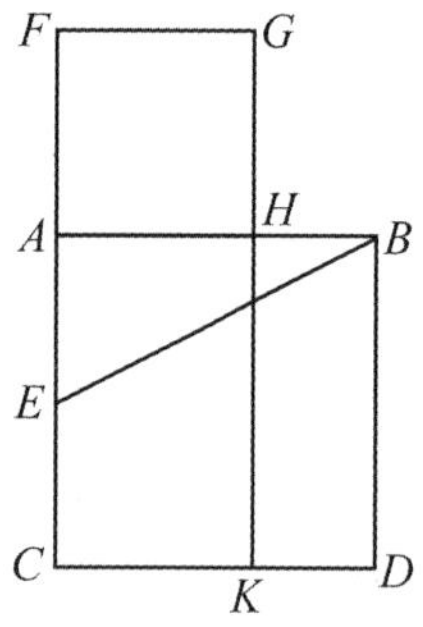

设 AB 是给定的线段,要求把 AB 分为两段,使得它和一小线段所夹的矩形等于另一小线段上的正方形.

设在 AB 上作正方形 $ABDC$. [Ⅰ.46]

又,AC 被二等分于点 E,且连接 BE,延长 CA 到 F,且取 EF 等于 BE.

设 FH 是作在 AF 上的正方形,延长 GH 至 K.

则可证点 H 就是 AB 上所要求作的点,它使 AB,BH 所夹的矩形等于 AH 上的正方形.

事实上,因为线段 AC 被点 E 平分,并给它加上 FA.

CF,FA 所夹的矩形与 AE 上正方形的和等于 EF 上的正方形. [Ⅱ.6]

但是,EF 等于 EB,

故,矩形 CF、FA 与 AE 上的正方形的和等于 EB 上的正方形.

但是,BA,AE 上正方形的和等于 EB 上的正方形,因为在点 A 的角是直角.

[Ⅰ.47]

故矩形 CF、FA 与 AE 上正方形的和等于 BA,AE 上的正方形的和.

由上面两边各减去 AE 上的正方形,

则余下的矩形 CF,FA 等于 AB 上的正方形.

矩形 CF,FA 的和是 FK,因为 AF 等于 FG,且 AB 上的正方形是 AD,所以 FK 等于 AD.

由上面两边各减去 AK,则余下的部分 FH 等于 HD.

又 HD 是矩形 AB、BH,因为 AB 等于 BD,且 FH 是 AH 上的正方形.

所以,由 AB、BH 所夹的矩形等于 HA 上的正方形.

从而,由点 H 分给定的 AB,使得 AB、BH 所夹的矩形等于 HA 上的正方形.

作完

命题Ⅱ.11 是用一点 H 分给定线段 AB,使 $AB \cdot BH = AH^2$. 由作图可知 $AH = \frac{\sqrt{5}-1}{2}AB$.

若设 AB 长为 a,$AH = x$. 那么该命题相当于二次方程 $x^2 = a(a-x)$,或 $x^2 + ax - a^2 = 0$ 的几何解.

$AH = \frac{\sqrt{5}-1}{2}AB$,也正是该二次方程的解.

命题Ⅵ.30"用一点 E 将给定线段 AB 分成中外比". 即 $AB : AE = AE : EB$(见Ⅵ.30 图).

命题Ⅱ.11 与卷命题Ⅵ.30 是同一问题的不同表述. 后人把它们叫做"黄金分割",欧几里得首先把命题Ⅱ.11 用于卷Ⅳ圆内接正五边形和正十边形的作图.

命题 12

在钝角三角形中,钝角所对的边上的正方形比夹钝角的二边上的正方形的和还大一个矩形的二倍. 即由一锐角向对边的延长线作垂线,垂足到钝角之间一段与另一边所夹的矩形.

设 ABC 是一个钝角三角形,角 BAC 为钝角. 由点 B 作 BD 垂直 CA,交延长线于点 D.

则可证 BC 上的正方形比 BA,AC 上的正方形的和还大 CA,AD 所夹的矩形的二倍.

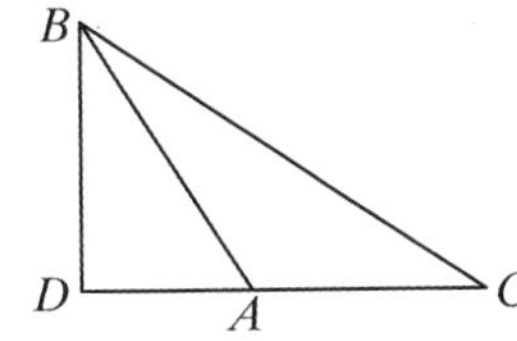

因为,点 A 任意分线段 CD,CD 上的正方形等于 CA,AD 上的正方形加上 CA,AD 所夹的矩形的二倍. [Ⅱ.4]

将 DB 上的正方形加在以上各边.

则 CD,DB 上正方形的和等于 CA,AD,DB 上正方形的和加上矩形 CA、AD 的二倍.

但是 CB 上正方形等于 CD,DB 上正方形的和. 这是因为在点 D 的角是直角,

[Ⅰ.47]

且 AB 上的正方形等于 AD,DB 上正方形的和. [Ⅰ.47]

所以 CB 上的正方形等于 CA,AB 上正方形的和加上 CA,AD 所夹的矩形的二倍;

于是 CB 上的正方形比 CA,AB 上正方形的和还大 CA,AD 所夹的矩形的二倍.

证完

在△ABC 中,若以∠A、∠B 和∠C 的对边分别用 a、b 和 c 表示,且∠A 为钝角,则有

$a^2=b^2+c^2+2b\cdot AD$.　AD 为 AB 在 AC 上的垂直射影.

命题 13

在锐角三角形中,锐角对边上的正方形比夹锐角二边上正方形的和小一个矩形的二倍. 即由另一锐角向对边作垂直线,垂足到原锐角顶点之间一段与该边所夹的矩形.

设 ABC 是一个锐角三角形,点 B 处的角为锐角,且设 AD 是由点 A 向 BC 所作的垂线.

则可证 AC 上的正方形比 CB,BA 上正方形的和小 CB、BD 所夹的矩形的二倍.

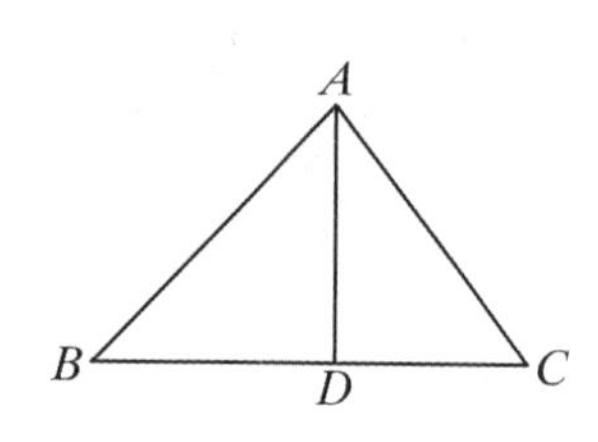

因为,点 D 任意分线段 CB,CB,BD 上的正方形的和等于由 CB,BD 所夹矩形的二倍与 DC 上正方形的和. [Ⅱ.7]

将 DA 上的正方形加在以上各边.

则 CB,BD,DA 上正方形的和等于 CB,BD 所夹的矩形的二倍加上 AD,DC 上正方形的和.

但是,AB 上的正方形等于 BD,DA 上正方形的和,这是因为在点 D 处的角是直角; [Ⅰ.47]

且 AC 上的正方形等于 AD,DC 上正方形的和,故 CB,BA 上正方形的和等于 AC 上正方形加上二倍的矩形 CB、BD.

所以,AC 上的正方形只能比 CB,BA 上正方形的和小 CB,BD 所夹的矩形的二倍.

证完

在△ABC 中,若以∠A、∠B 和∠C 的对边分别用 a、b 和 c 表示,且∠B 为锐角,则有

$b^2=a^2+c^2-2a\cdot BD$.　BD 为 AB 在 BC 上的垂直射影.

命题Ⅱ.13、Ⅱ.12 和Ⅰ.47 合称为"余弦定理".

现在余弦定理写为 $a^2=b^2+c^2-2bc\cos A$.

命题 14

作一个正方形等于给定的直线形.

设 A 是给定的直线形. 那么,要求作一个正方形等于直线形 A.

事实上,先假设作出了一个矩形 BD 等于直线形 A. [Ⅰ.45]

那么,如果 BE 等于 ED,则作图完毕. 这是因为正方形 BD 等于直线形 A.

但是,如果不是这样,即线段 BE,ED 其中之一较大.

设 BE 较大,且延长至点 F. 设 EF 等于 ED 且 BF 被二等分于点 G.

以 G 为心,且以 GB,GF 的一个为距离画半圆 BHF. 将 DE 延长至 H,连接 GH.

其次,因为线段 BF 被点 G 二等分,被点 E 分为不相等的两段.

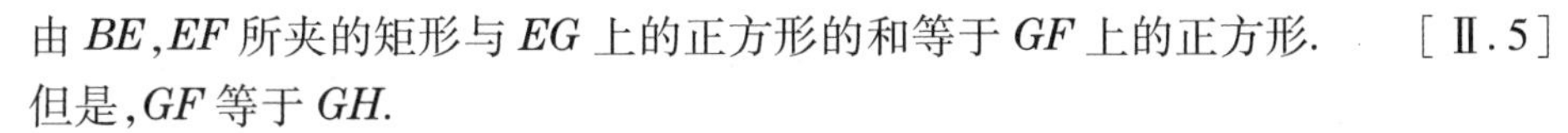

由 BE,EF 所夹的矩形与 EG 上的正方形的和等于 GF 上的正方形. [Ⅱ.5]

但是,GF 等于 GH.

则矩形 BE、EF 与 GE 上的正方形的和等于 GH 上的正方形.

但是,HE,EG 上的正方形的和等于 GH 上的正方形, [Ⅰ.47]

所以,矩形 BE、EF 加上 GE 上的正方形等于 HE,EG 上的正方形的和.

由以上各边减去 GE 上的正方形,

则余下的矩形 BE、EF 等于 EH 上的正方形.

但是,矩形 BE、EF 是 BD,这是因为 EF 等于 ED.

故,平行四边形 BD 等于 HE 上的正方形.

又,BD 等于直线形 A.

所以,直线形 A 也等于在 EH 上作出的正方形.

从而,在 EH 上作出了等于已知直线形 A 的正方形.

作完

命题Ⅱ.14 是二次方程 $x^2 = a \cdot b$ 的几何解(BE 长为 a,EF 长为 b).

其解为 $x = HE$,即 $x = \sqrt{ab}$. 是用勾股定理证明的.

第Ⅱ卷包括 14 个命题,是用几何处理代数问题的"几何代数学",前 10 个命题是用几何分别证明了 10 个代数的恒等式,Ⅱ.11 和Ⅱ.14 是用几何给出了二次方程的解. Ⅱ.12、Ⅱ.13 和Ⅰ.47 给出了余弦定理.

第III卷

定 义

1. **等圆**就是直径或半径相等的圆.

2. 一条直线叫做**切于一圆**,就是它和圆相遇,而延长后不与圆相交.

3. 两圆叫做彼此**相切**,就是彼此相遇,而不彼此相交.

4. 当圆心到圆内弦的垂线相等时,称这些弦有**相等的弦心距**.

5. 而且当垂线较长时,称这弦有**较大的弦心距**.

6. **弓形**是由一条弦和一段弧所围成的图形.

7. **弓形的角**是由一直线和一段圆弧所夹的角.

8. 在一段圆弧上取一点,连接这点和这段圆弧的底的两个端点的二直线所夹的角叫做**弓形角**.

9. 而且把这个弓形角叫做**张于这段弧上的弓形角**.

10. 由顶点在圆心的角的两边和这两边所截一段圆弧围成的图形叫做**扇形**.

11. **相似弓形**是那些含相等角的弓形,或者张在它们上的角是彼此相等的.

命 题

命题 1

找出给定的圆的圆心.

设 ABC 是所给定的圆,要求找出圆 ABC 的圆心.

任意作弦 AB,它被点 D 二等分.

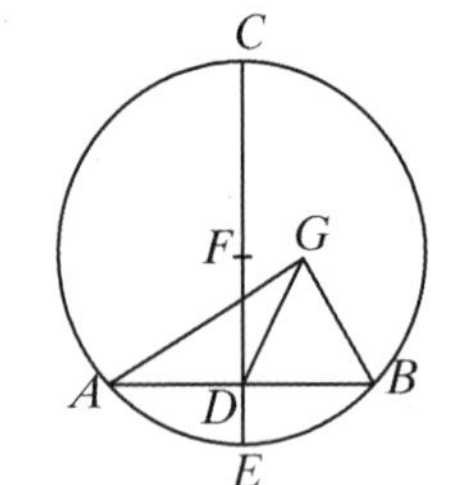

由点 D 作 DC 和 AB 成直角,且设 DC 经过点 E,将 CE 二等分于 F.

则可证 F 就是已知圆 ABC 的圆心.

因为假设 F 不是圆心,则可设 G 是圆心,连接 GA、GD、GB. 那么,因为 AD 等于 DB,且 DG 公用,两边 AD,DG 分别等于两边 BD,DG.

又底 GA 等于底 GB,因为它们都是半径.

所以,角 ADG 等于角 GDB. [I.8]

但是,当一条直线和另一条直线所成的邻角彼此相等时,他们每一个都是直角;
[Ⅰ.定义10]

所以角 GDB 是直角.

但是,角 FDB 也是直角,所以角 FDB 等于角 GDB,大的等于小的:这是不可能的.

所以,G 不是圆 ABC 的圆心.

类似地,我们可以证明除 F 以外,圆心也不可能是任何其他的点.所以,点 F 是圆 ABC 的圆心.

推论 由此,显然可得:如果在一个圆内一条直线把一条弦截成相等的两部分且交成直角.则这个圆的圆心在该直线上.

作完

命题 2

如果在一个圆的圆周上任意取两个点.则连接这两个点的线段落在圆内.

设 ABC 是一个圆,而且 A,B 是在它上任意取定的点.

则可证由 A 到 B 连成的线段落在圆内.

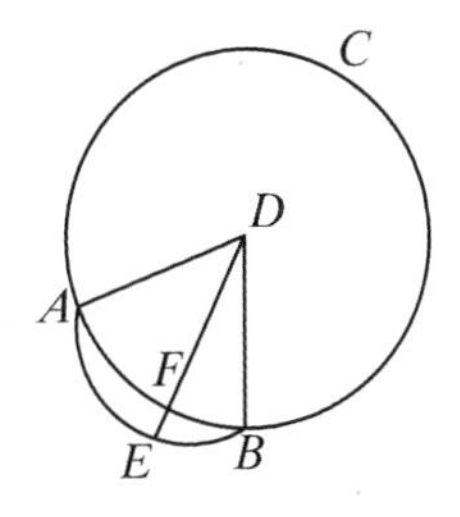

因为假设不落在圆内,如果这是可能的,则假设它落在圆外,是 AEB,设圆 ABC 的圆心可以求出. [Ⅲ.1]

设圆心为 D,连接 DA,DB.画直线 DFE,(交圆与线段 AB 于 F、E).

那么,因为 DA 等于 DB,角 DAE 也等于角 DBE. [Ⅰ.5]

又延长三角形 DAE 的一边 AEB,

则角 DEB 大于角 DAE. [Ⅰ.16]

但是,角 DAE 等于角 DBE,

所以,角 DEB 大于角 DBE.且大角对的边也大. [Ⅰ.19]

从而,DB 大于 DE.但 DB 等于 DF,

所以 DF 大于 DE,小的大于大的:这是不可能的.

所以,由 A 到 B 连接的线段不能落在圆的外边.

类似地,我们也可证明它也决不会落在圆周上.

所以,它落在圆内.

证完

命题 3

如果在一个圆中,一条经过圆心的直线二等分一条不经过圆心的弦,则它们交成直角;而且如果它们交成直角.则这直线二等分这一条弦.

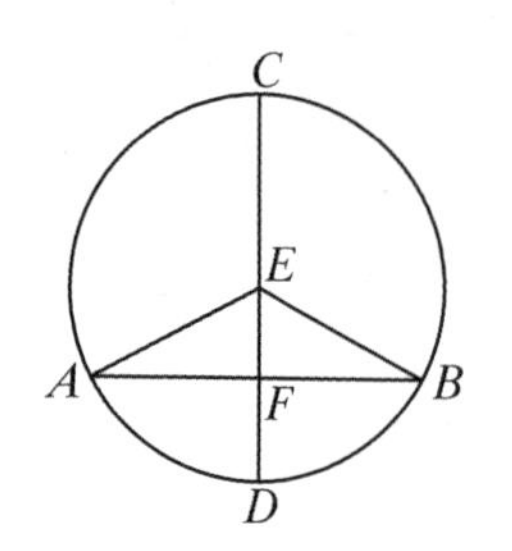

设 ABC 是一个圆，且在圆中有一直线 CD 经过圆心且二等分不过圆心的弦 AB 于点 F.

则可证它们交成直角.

因为可以求出圆 ABC 的圆心，设它是 E. 连接 EA,EB. 因 AF 等于 FB，且 FE 是公共的，两边等于两边；且底 EA 等于底 EB.

故，角 AFE 等于角 BFE. [Ⅰ.8]

但是，当一条直线和另一条直线交成两个彼此相等的邻角时，每一个等角都等于直角. [Ⅰ.定义10]

所以，角 AFE，角 BFE 都是直角.

于是，经过圆心的 CD 二等分不过圆心的 AB 时，它们交成直角.

又设 CD 和 AB 交成直角.

则可证 CD 二等分 AB，即 AF 等于 FB.

用同一个作图，由于 EA 等于 EB，角 EAF 也等于角 EBF. [Ⅰ.5]

但是，直角 AFE 等于直角 BFE，故 EAF,EBF 是两个角相等且有一条边相等的两个三角形，且 EF 是公共的，它对着相等的角.

从而，其余的边也等于其余的边， [Ⅰ.26]
于是 AF 等于 FB.

证完

命题 4

如果在一个圆中，有两条不经过圆心的弦彼此相交. 则它们不互相平分.

设 $ABCD$ 是一个圆，且在它里面有二条弦 AC,BD. 它们不经过圆心，彼此相交于 E.

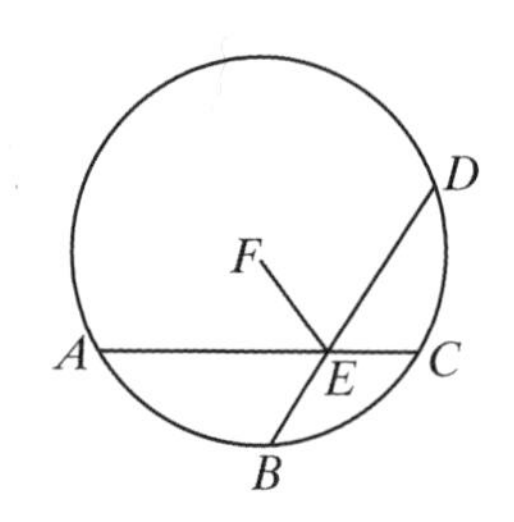

则可证它们彼此不二等分，

因为，如果可能，设它们彼此二等分，这样 AE 就等于 EC，且 BE 等于 ED，圆 $ABCD$ 的圆心可以求出. [Ⅲ.1]
设它是 F. 连接 FE.

那么，因为直线 FE 经过圆心，又二等分不经过圆心的直线 AC，则它们也交成直角. [Ⅲ.3]

故，角 FEA 为直角.

又，因直线 FE 二等分弦 BD，它们也交成直角， [Ⅲ.3]
所以，角 FEB 是直角.

但是，已经证明了角 FEA 是直角.

故，角 FEA 等于角 FEB，小的等于大的：这是不可能的.

所以，AC,BD 不互相平分.

证完

命题 5

如果两个圆彼此相交,则它们不同心.

设圆 ABC,CDG 彼此相交于点 B、C.

则可证它们不同心.

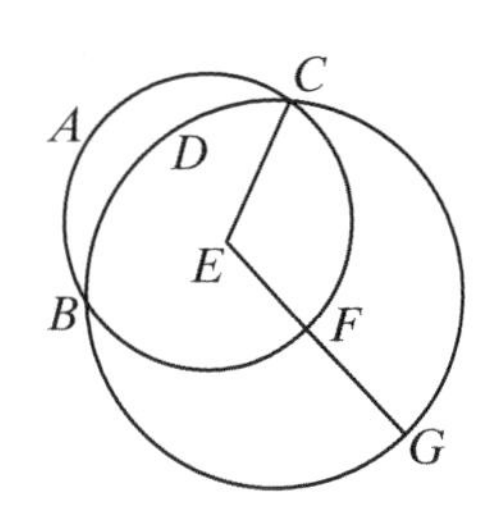

因为,如果可以同心,设心为 E. 连接 EC,任意作直线 EFG,

那么,因为点 E 是圆 ABC 的圆心,EC 等于 EF.

[Ⅰ. 定义 15]

又,因为点 E 是圆 CDG 的圆心,EC 等于 EG,但是,EC 已被证明了等于 EF,于是 EF 也等于 EG,小的等于大的:这是不可能的.

所以,点 E 不是圆 ABC,CDG 的圆心.

证完

命题 6

如果两个圆彼此相切,则它们不同心.

设二圆 ABC,CDE 彼此相切于点 C.

则可证它们没有共同的圆心.

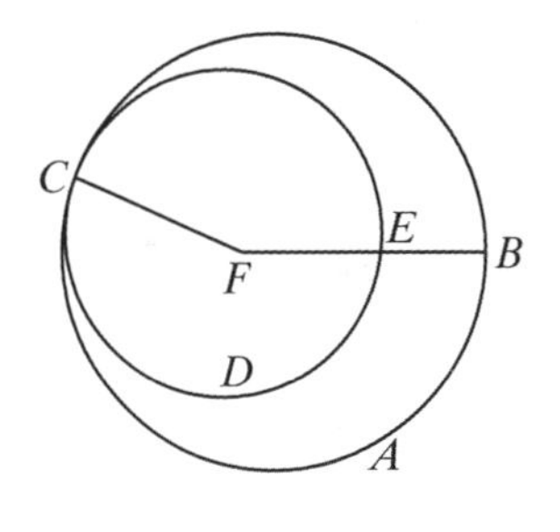

因为,如果它们有共同的圆心 F,连接 FC,且设经过 F 任意作 FEB.

那么,因为点 F 是圆 ABC 的圆心,则 FC 等于 FB.

又,因点 F 是圆 CDE 的圆心,则 FC 等于 FE.

但是,已经证明了 FC 等于 FB;

故,FE 也等于 FB. 小的等于大的:这是不可能的.

所以,F 不是圆 ABC,CDE 的圆心.

证完

命题 7

如果在一个圆的直径上取一个不是圆心的点,且由这点到圆上所引的线段中,圆心所在的一段最长,同一直径上余下的一段最短;而且在其余的线段中,靠近过圆心的线段较远离的为长;从这点到圆上可画出相等的线段只有两条,它们各在最短线段的一边.

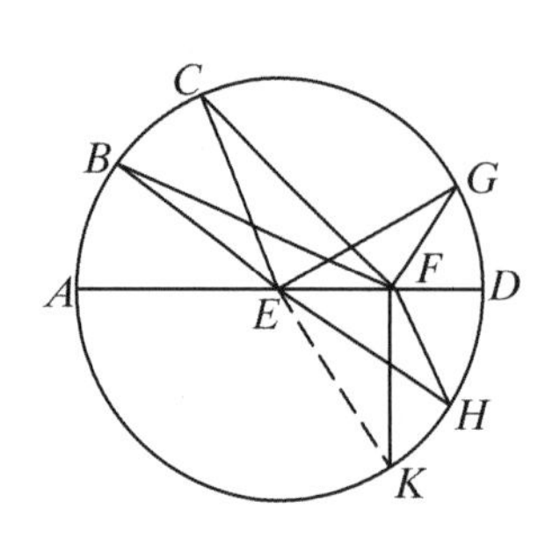

设 $ABCD$ 是一个圆,AD 是它的直径,在 AD 上取一个不是圆心的点 F,设 E 为圆心,FB,FC,FG 是由 F 向圆 $ABCD$ 上所引的线段.

则可证 FA 最大,FD 最小,其次 FB 大于 FC,FC 大于 FG,连接 BE,CE,GE.

因为在任何一个三角形中,两边之和大于其余一边. [Ⅰ.20]

故,EB,EF 的和大于 BF.

但是 AE 等于 BE,故 AF 大于 BF.

又,因为 BE 等于 CE,且 FE 是公共的,两边 BE,EF 等于两边 CE,EF.

但是,角 BEF 也大于角 CEF;故底 BF 大于底 CF. [Ⅰ.24]

同理,CF 也大于 FG.

又,因 GF、FE 的和大于 EG,且 EG 等于 ED;GF 与 EF 的和大于 ED.

由以上两边减去 EF;则余下的 GF 大于余下的 FD.

所以,FA 最大,FD 最小,且 FB 大于 FC,FC 大于 FG.

又可证,由点 F 到圆 $ABCD$ 上可画出相等的线段只有两条. 它们各在最短线段 FD 的一侧.

在线段 EF 上,且在它上面的点 E,作角 FEH 等于角 GEF. [Ⅰ.23]

连接 FH.

那么,因为 GE 等于 EH,且 EF 是公共的. 两边 GE,EF 等于两边 HE,EF. 且角 GEF 等于角 HEF.

故,底 FG 等于底 FH. [Ⅰ.4]

又可以证明由点 F 到圆上再没有等于 FG 的线段.

因为,如果可能有,设为 FK.

那么,因为 FK 等于 FG 且 FH 等于 FG,FK 也等于 FH,则离圆心较近的线段等于较远的线段:这是不可能的.

从而,由点 F 引到圆上等于 GF 的另外的线段是没有的.

所以,这样的线段只有一条.

证完

命题 8

如果在圆外取一点且从这点画通过圆的直线,其中之一过圆心而且其他的可任意画出. 那么,在凹圆弧上的连线中,以经过圆心的最长;这时靠近通过圆心的连线大于远离的连线. 但是,在凸圆弧上的连线中,在取定的点与直径之间的一条最短;这时靠近的连线短于远离的连线. 而且由这点到圆周上的连线,相等的连线中只有两条,它们各在最短连线的一侧.

设 ABC 是一个圆,且设 D 是在 ABC 外取定的点,从它画线段 DA,DE,DF,DC. 并设 DA 经过圆心.

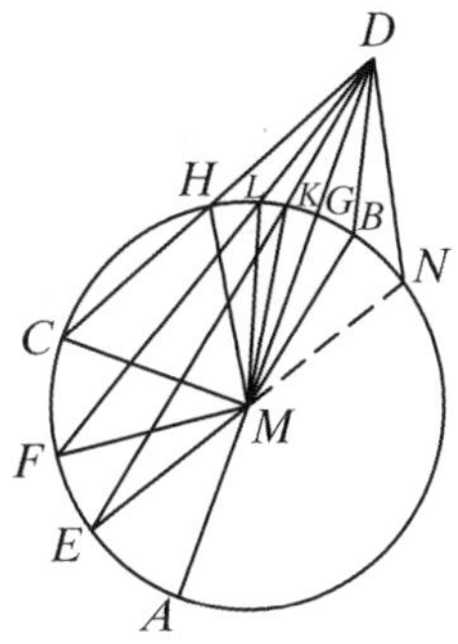

则可证在凹圆弧 $AEFC$ 上经过圆心的连线 DA 最长,DE 大于 DF 且 DF 大于 DC;但是,落在凸圆弧 $HLKG$ 上的连线中,在这点与直径 AG 之间的连线 DG 是最短的;而且靠近最短线 DG 的连线小于远离的连线,即 DK 短于 DL,且 DL 短于 DH.

D
H L K G B
N
C
M
F
E
A

因为设求出圆 ABC 的圆心, [Ⅲ.1]
为 M;连接 ME,MF,MC,MK,ML,MH.

其次,因为 AM 等于 EM,将 MD 加在它们各边;
则 AD 等于 EM 与 MD 的和. 但是,EM,MD 的和大于 ED, [Ⅰ.20]

故 AD 也大于 ED.

又,因 ME 等于 MF,且 MD 是公共的. 故 EM 与 MD 的和等于 FM 与 MD 的和.

又,角 EMD 大于角 FMD,故底 ED 大于底 FD. [Ⅰ.24]

类似地,我们可证 FD 大于 CD,故 DA 最大,而 DE 大于 DF,又 DF 大于 DC.

其次,因为 MK,KD 的和大于 MD, [Ⅰ.20]
且 MG 等于 MK,所以余下的 KD 大于余下的 GD.

这样一来,GD 小于 KD.

又,因为在三角形 MLD 的一边 MD 上,有两条直线 MK,KD 相交在此三角形内,故 MK,KD 的和小于 ML,LD 的和. [Ⅰ.21]

且 MK 等于 ML;故余下的 DK 小于余下的 DL.

类似地,我们可以证明 DL 也小于 DH.

故 DG 最小,而 DK 小于 DL,DL 小于 DH.

又可证由点 D 到圆所连接的相等的两条线段,它们各在最短的连线 DG 的一边.

在线段 MD 上取一点 M,作角 DMB 等于角 KMD,且连接 DB. 其次,因为 MK 等于 MB,且 MD 是公共的,两边 KM,MD 分别等于两边 BM,MD. 且角 KMD 等于角 BMD. 从而底 DK 等于底 DB. [Ⅰ.4]

又可证,由点 D 到圆上再没有另外的连线等于 DK.

因为,如果可能,设为 DN. 因 DK 等于 DN,而 DK 等于 DB,DB 也等于 DN,

那么靠近最短连线 DG 的等于远离的:这是不可能的.

所以,由点 D 起,落在圆 ABC 上的相等连线不能多于两条,这两条线段各在最短线 DG 的每一侧.

证完

命题 9

如果在圆内取一点,由这点到圆上所引相等的线段多于两条. 则这个点是该圆的圆心.

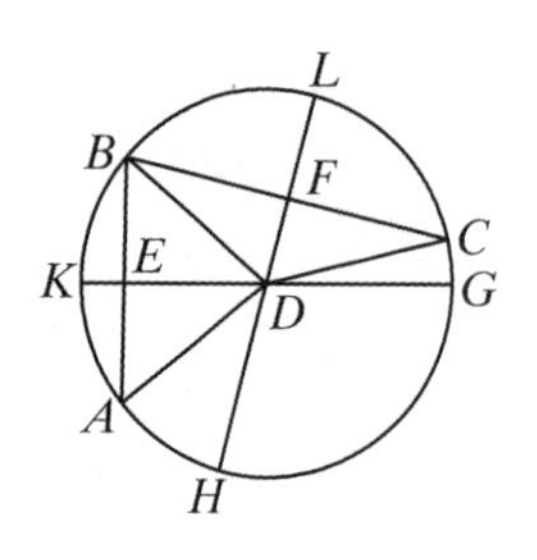

设 ABC 是一个圆,D 是在圆内取的点,且由点 D 到圆上可引多于两条相等的线段,即 DA,DB,DC.

则可证点 D 就是圆 ABC 的圆心.

因为,可连接 AB,BC 且平分它们于点 E,F;再连接 ED,FD 且使它们经过点 G,K,H,L.

那么,因为 AE 等于 EB,ED 是公共的,两边 AE,ED 等于两边 BE,ED,且底 DA 等于底 DB,

故,角 AED 等于角 BED. [Ⅰ.8]

从而,角 AED,BED 的每个都是直角. [Ⅰ.定义 10]

故 GK 分 AB 为相等两部分,且成直角.

又因为,如果在一个圆内一条直线截另一条线段成相等两部分,且交成直角,则圆心在前一条直线上. [Ⅲ.1,推论]

即圆心在 GK 上.

同理,圆 ABC 的圆心也在 HL 上,而且弦 GK,HL 除点 D 以外再没有公共点.

从而,点 D 是圆 ABC 的圆心.

证完

命题 10

一个圆截另一个圆,其交点不多于两个.

因为,如果可能的话,设圆 ABC 截圆 DEF 其交点多于两个,设为 B,G,F,H.

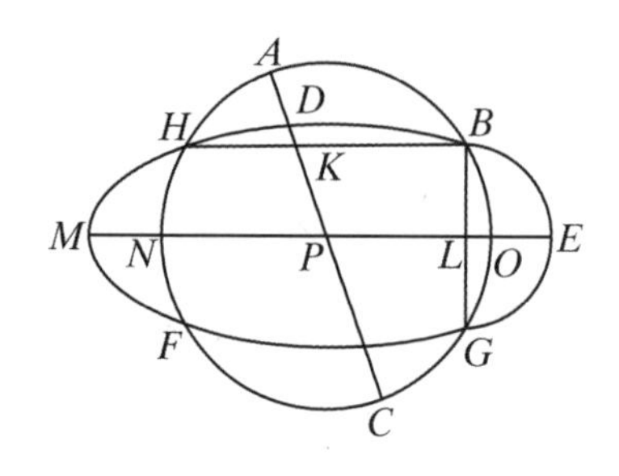

连接 BH,BG,且平分它们于点 K,L,又由 K,L 作 KC,LM 和 BH,BG 成直角,且使其通过点 A,E.

那么,因为在圆 ABC 内一条弦 AC 截另一条弦 BH 成相等两部分且成直角,那么圆 ABC 的圆心就在 AC 上. [Ⅲ.1,推论]

又因为,在同一圆 ABC 中,一弦 NO 截另一弦 BG 成相等两部分且成直角,则圆 ABC 的圆心在 NO 上.

但是已经证得它在 AC 上,且弦 AC,NO 除点 P 外不再有交点.

所以点 P 是圆 ABC 的圆心.

类似地,我们还可以证明点 P 也是圆 DEF 的圆心.

所以,两个圆 ABC,DEF 彼此相截时有一个共同的圆心 P:这是不可能的.

[Ⅲ.5]

证完

命题 11

如果两个圆互相内切，又给定它们的圆心，用直线连接这两个圆的圆心，如果延长这条直线，则它必过两圆的切点.

设两圆 ABC,ADE 相互内切于点 A，且给定圆 ABC 的圆心 F，及 ADE 的圆心 G.

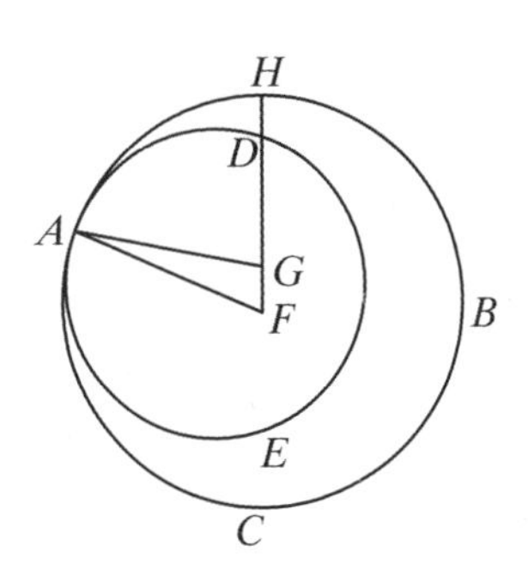

则可证连接 G,F 的直线必过点 A.

因为假若它们不是这样，如果这是可能的话，设连线为 FGH，且连接 AF,AG.

那么，因为 AG,GF 的和大于 FA，即大于 FH.

从以上各边减去 FG；则余下的 AG 大于余下的 GH.

但是，AG 等于 GD，故 GD 也大于 GH，小的大于大的：这是不可能的.

所以，F 与 G 的连线不能落在 FA 的外边.

从而，它一定经过切点 A.

证完

命题 12

如果两个圆相互外切，则连接它们圆心的直线通过切点.

设两圆 ABC,ADE 相互外切于点 A，且给定圆 ABC 的圆心为 F,ADE 的圆心为 G.

则可证连接 F 与 G 的直线通过切点 A.

因为，假设不是这样，但如果可能的话，设它通过 $FCDG$，连接 AF,AG.

那么，因为点 F 是圆 ABC 的圆心，FA 等于 FC.

又，因为点 G 是圆 ADE 的圆心，GA 等于 GD.

但是，已经证明了 FA 也等于 FC，

故，FA,AG 的和等于 FC,GD 的和.

这样，整体的 FG 大于 FA,AG 的和，但它也小于它们的和： [Ⅰ.20]

这是不可能的.

所以，从 F 到 G 所连的直线不会不经过切点 A，从而，它一定经过 A.

证完

命题 13

一个圆和另外一个圆无论是内切还是外切,其切点不多于一个.

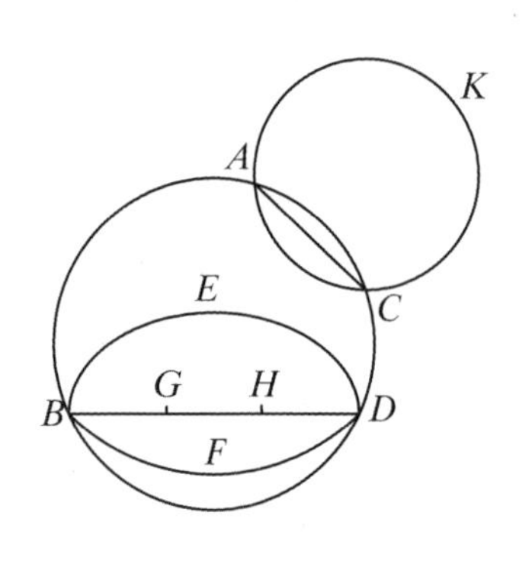

因为,如果可能的话,设圆 $ABDC$ 与圆 $EBFD$ 相切,其切点多于一个,即是 D、B,首先设它们内切.

设圆 $ABDC$ 的圆心是 G,且 $EBFD$ 的圆心是 H.

则连接从 G 到 H 的直线通过 B,D. [Ⅲ.11]

设其为 $BGHD$.

其次,因为点 G 是圆 $ABDC$ 的圆心,BG 等于 GD,故 BG 大于 HD;从而 BH 比 HD 更大.

又因为,点 H 是圆 $EBFD$ 的圆心,BH 等于 HD.

但是,已经证明了 BH 比 HD 更大:这是不可能的.

故,一个圆和另外一个圆内切时,切点不多于一个.

进一步可证外切时切点也不会多于一个.

因为,如果可能的话,设圆 ACK 与圆 $ABDC$ 的切点多于一个,设它们是 A、C,连接 AC.

那么,因为圆 $ABDC$,ACK 每个的圆周上已经任意取定了两个点 A、C. 它们的连线将落在每个圆的内部. [Ⅲ.2]

但是,它落在了圆 $ABDC$ 内部而且落在圆 ACK 的外部: [Ⅲ.定义3]

这是不合理的.

因此,一个圆与另一个圆外切时,切点不多于一个.

而且,也已证明了内切时也不可能.

证完

命题 14

在一个圆中等弦的弦心距也相等;反之,弦心距相等,则弦也彼此相等.

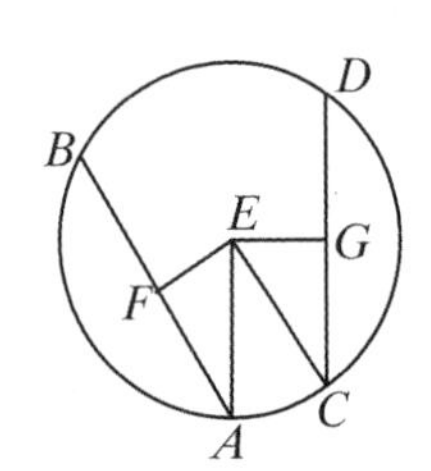

设 $ABDC$ 是一个圆;AB,CD 是其中相等的弦.

则可证 AB,CD 的弦心距相等.

因为,设圆 $ABDC$ 的圆心已取定. [Ⅲ.1]

设是 E;由 E 向 AB,CD 作垂线 EF,EG;且连接 AE,EC.

那么,因为通过圆心的直线 EF 交不经过圆心的直线 AB 成直角,它也二等分 AB. [Ⅲ.3]

所以 AF 等于 FB,于是 AB 是 AF 的二倍.

同理,CD 也是 CG 的二倍,又因 AB 等于 CD,故 AF 也等于 CG.

又,因为AE等于EC,AE上的正方形也等于EC上的正方形. 但是,AF,EF上的正方形的和等于AE上的正方形,这是因为在F处的是直角. 而且EG,GC上的正方形的和等于EC上的正方形,这是因为在G处的是直角. [Ⅰ.47]

所以,在AF,FE上的正方形的和等于CG,GE上的正方形的和,其中AF上的正方形等于CG上的正方形,这是因为AF等于CG.

于是余下的FE上的正方形等于EG上的正方形.

从而,EF等于EG.

但是,在一圆内,当由圆心向它们作的垂线相等时,这些弦叫做有相等弦心距的弦.

[Ⅲ.定义4]

于是AB,CD的弦心距相等.

其次,设弦AB,CD有相等的弦心距. 即EF等于EG.

则可证AB也等于CD.

因为,可用同样的作图,类似地,我们可以证明AB是AF的二倍,CD是CG的二倍.

又因为,AE等于CE,AE上的正方形等于CE上的正方形.

但是,EF,FA上的正方形的和等于AE上的正方形;而且EG,GC上正方形的和等于CE上的正方形. [Ⅰ.47]

所以EF,FA上的正方形的和等于EG,GC上正方形的和,其中EF上的正方形等于EG上的正方形,这是因为EF等于EG;所以,余下的AF上的正方形等于CG上的正方形;故AF等于CG.

但是,AB是AF的二倍,CD是CG的二倍.

所以AB等于CD.

证完

命题 15

在一个圆中的弦以直径最长,而且越靠近圆心的弦总是大于远离圆心的弦.

设$ABCD$是一个圆,AD是直径且E是圆心;设BC靠近直径AD,且FG较远.

则可证AD最长且BC大于FG.

由圆心E向BC,FG作垂线EH,EK.

因为BC是靠近圆心且FG是远离圆心的,EK大于EH.

[Ⅲ.定义5]

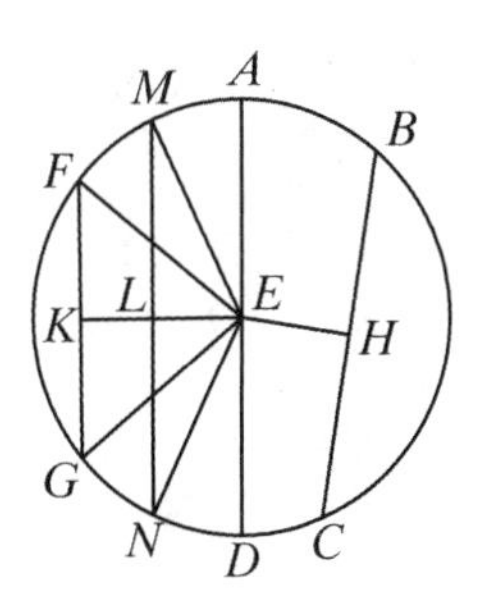

取EL使它等于EH,过L作LM使它和EK成直角且经过点N;连接ME,EN,FE,EG.

那么,因为EH等于EL,BC也等于MN. [Ⅲ.14]

又因为,AE等于EM且ED等于EN,AD等于ME与EN的和.

但是,ME,EN 的和大于 MN. [Ⅰ.20]

又 MN 等于 BC,故 AD 大于 BC.

又因为,两边 ME,EN 的和等于两边 FE,EG 的和,且角 MEN 大于角 FEG.

所以,底 MN 大于底 FG. [Ⅰ.24]

但是,已经证明了 MN 等于 BC.

所以,直径 AD 最大,BC 大于 FG.

证完

命题 16

由一个圆的直径的端点作直线与直径成直角.则该直线落在圆外,又在这个平面上且在这直线与圆周之间不能再插入另外的直线;而且半圆角大于任何锐直线角,而余下的角小于任何锐直线角.

设 ABC 是以 D 为心的圆,AB 是直径.

则可证由 AB 的端点 A 作与 AB 成直角的直线落在圆外.

因为,假设不是这样,但是如果可能的话,设它是 CA 且落在圆内,连接 DC,因为 DA 等于 DC,角 DAC 也等于角 ACD. [Ⅰ.5]

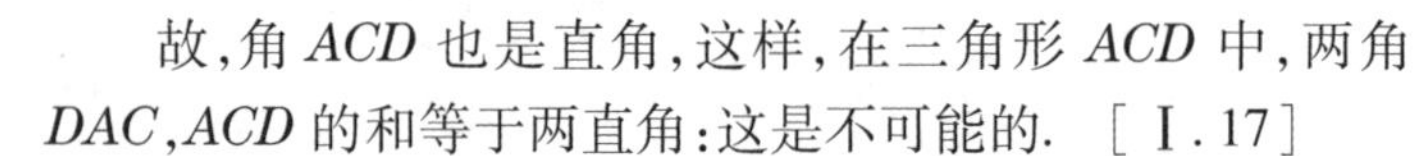

但是,角 DAC 是直角,

故,角 ACD 也是直角,这样,在三角形 ACD 中,两角 DAC,ACD 的和等于两直角:这是不可能的. [Ⅰ.17]

故,由点 A 作直线与 BA 成直角时,这直线不能落在圆内.

类似地,也可以证明这样的直线也决不落在圆周上,从而落在圆外.

设它落在 AE 处;

其次,可证在这个平面上,在直线 AE 和圆周 CHA 之间不能再插入其他直线.

因为,如果可能的话,设插入的直线是 FA,且由点 D 作 DG 垂直于 FA.

那么,因为角 AGD 是直角,而角 DAG 小于直角,

AD 大于 DG. [Ⅰ.19]

但是,DA 等于 DH,故 DH 大于 DG,小的大于大的:这是不可能的.

从而,在这个平面上,不能在直线与圆周之间再插入其他的直线.

进一步可证由弦 BA 与圆周 CHA 所夹的半圆角大于任何锐直线角,并且余下的由圆周 CHA 与直线 AE 所包含的角小于任何锐直线角.

因为,如果有某一直线角大于由直线 BA 与圆弧 CHA 包含的角,而且某一直线角小于由圆周 CHA 与直线 AE 包含的角.则在平面内,在圆弧与直线 AE 之间可以插入直线包含这样一个角,是由直线包含的,而它大于由直线 BA 和圆弧 CHA 包含的角,而且与直

线 AE 包含的其他的角都小于由圆弧 CHA 与直线 AE 包含的角.

但,这样的直线不能插入.

所以,没有由直线所夹的任何锐角大于由弦 BA 与圆弧 CHA 包含的角;也没有由直线所夹的任何锐角小于由圆弧 CHA 与直线 AE 所夹的角.

推论 由此容易得出,由圆的直径的端点作和它成直角的直线切于此圆.

证完

命题 17

由所给定的点作直线切于已知圆.

设 A 是所给定的点,BCD 是已知圆.

于是,要求由点 A 作一直线切于圆 BCD.

设取定圆心 E. [Ⅲ.1]

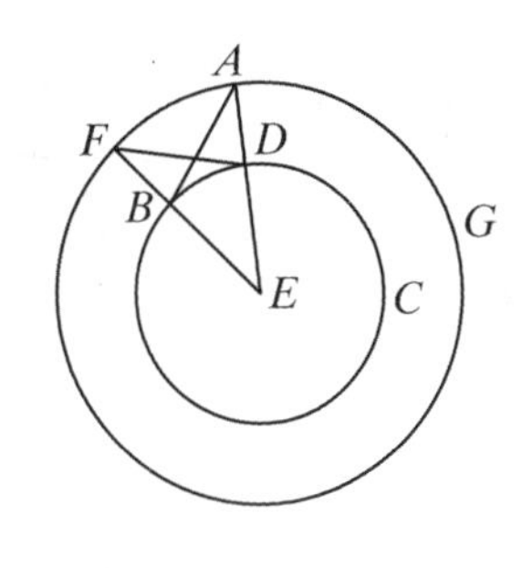

连接 AE,用圆心 E 和距离 EA 画圆 AFG,由 D 作 DF 和 EA 成直角,连接 EF,AB.

则可证由点 A 作出的 AB 是切于圆 BCD 的.

因为,E 是圆 BCD,AFG 的圆心,EA 等于 EF,且 ED 等于 EB. 故两边 AE,EB 等于两边 FE,ED,且它们包含着在点 E 处的公共角.

从而,底 DF 等于底 AB,且三角形 DEF 全等于三角形 BEA.

其余的角等于其余的角. [Ⅰ.4]

所以,角 EDF 等于角 EBA.

但是,角 EDF 是直角. 故角 EBA 也是直角.

现在,EB 是半径,且由圆的直径的端点所作直线和直径成直角,则直线切于圆. [Ⅲ.16,推论]

故,AB 切于圆 BCD.

所以,由所给定的点 A 作出了圆 BCD 的切线 AB.

作完

命题 18

如果一条直线切于一个圆. 则圆心到切点所连的直线垂直于切线.

设一直线 DE 切圆 ABC 于点 C,给定圆 ABC 的圆心 F,由 F 到 C 所连的直线为 FC.

则可证 FC 垂直于 DE.

因为,如果不垂直,设由 F 作垂直于 DE 的直线 FG. 因为角 FGC 是直角,角 FCG 是锐角, [Ⅰ.17]

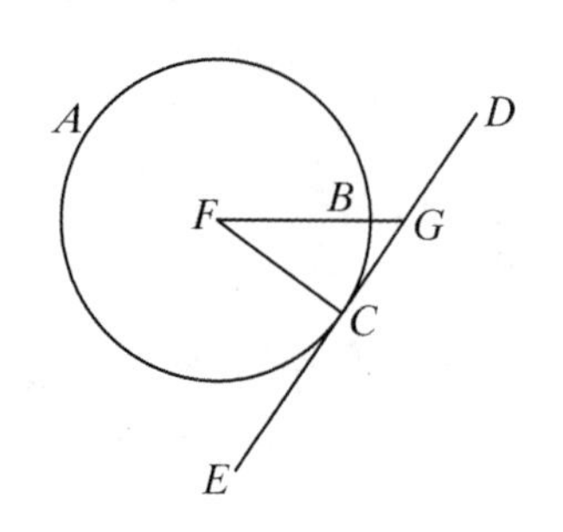

而且较大的角所对的边也较大. [Ⅰ.19]

所以,*FC* 大于 *FG*.

但是,*FC* 等于 *FB*,故 *FB* 也大于 *FG*. 小的大于大的.这是不可能的.

所以 *FG* 不垂直于 *DE*.

类似地,我们可以证明除 *FC* 之外,再没有其他的直线垂直于 *DE*.

所以,*FC* 垂直于 *DE*.

证完

命题 19

如果一条直线切于一个圆,而且从切点作一条与切线成直角的直线.则圆心就在这条直线上.

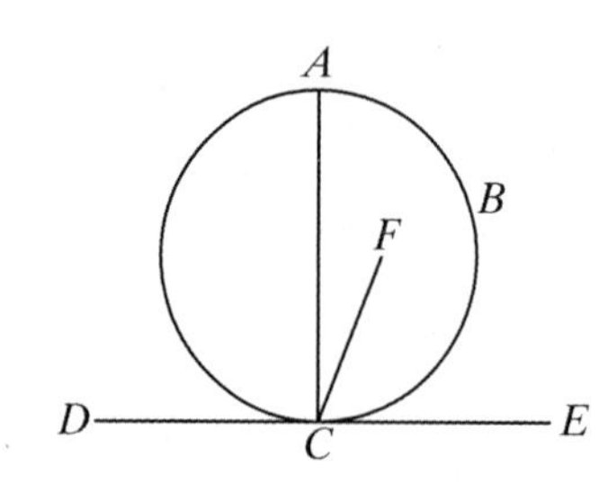

设直线 *DE* 切圆 *ABC* 于点 *C*,而且从 *C* 作 *CA* 与 *DE* 成直角.

则可证圆心在 *AC* 上.

假设它不是这样,但如果这假设是可能的,设 *F* 是圆心,连接 *CF*.

因为直线 *DE* 切于圆 *ABC*,且 *FC* 是由圆心到切点的连线,*FC* 垂直于 *DE*; [Ⅲ.18]

故角 *FCE* 是直角.

但是,角 *ACE* 也是直角,故角 *FCE* 等于角 *ACE*,小角等于大角:这是不可能的.

从而,*F* 不是圆 *ABC* 的圆心.

类似地,我们能证明除圆心在 *AC* 上以外,绝不会是其他的点.

证完

命题 20

在一个圆内,同弧上的圆心角等于圆周角的二倍.

设 *ABC* 是一个圆,角 *BEC* 是圆心角,而角 *BAC* 是圆周角,它们有一个以 *BC* 为底的弧.

则可证角 *BEC* 是角 *BAC* 的二倍.

连接 *AE* 且经过 *F*.

那么,因 *EA* 等于 *EB*,角 *EAB* 也等于 *EBA*;

[Ⅰ.5]

故角 EAB,EBA 的和是角 EAB 的二倍.

但是角 BEF 等于角 EAB 与 EBA 的和;

[Ⅰ.32]

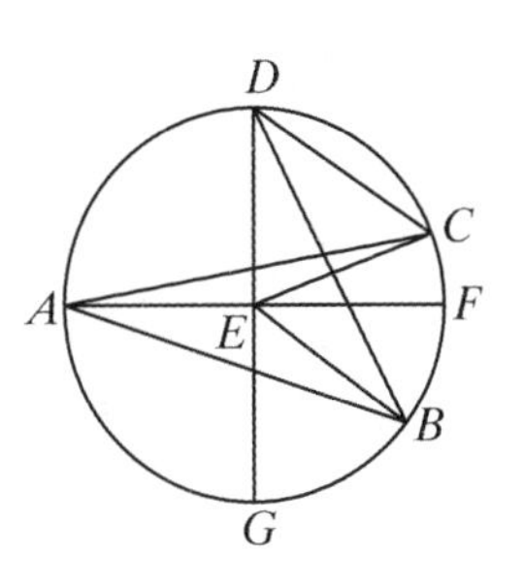

从而,角 BEF 也是角 EAB 的二倍.

同理,角 FEC 也是角 EAC 的二倍.

所以,整体角 BEC 是整体角 BAC 的二倍.

又,改变成另外的直线,也就有另外的角 BDC;连接 DE,并延长到 G.

类似地,我们能证明角 GEC 是角 EDC 的二倍,其中角 GEB 是角 EDB 的二倍.

所以,剩下的角 BEC 是角 BDC 的二倍.

证完

命题 21

在一个圆中,同一弓形上的角是彼此相等的.

设 $ABCD$ 是一个圆,且令角 BAD 与角 BED 是同一弓形 $BAED$ 上的角.

则可证角 BAD 与角 BED 是彼此相等的.

因为,可取定 $ABCD$ 的圆心,设其为 F;连接 BF,FD.

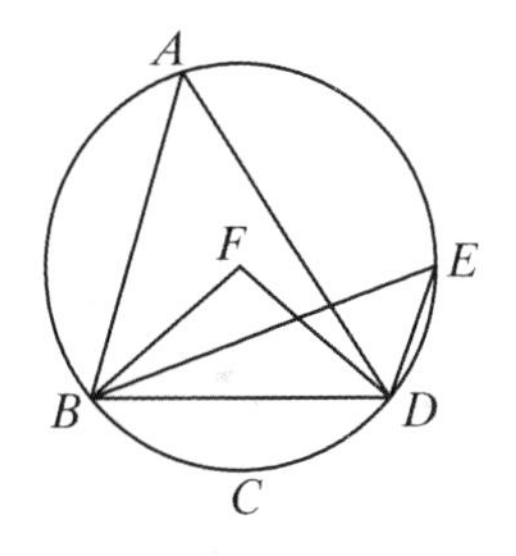

因为角 BFD 的顶点在圆心上,且角 BAD 的顶点在圆周上,它们以相同的弧 BCD 作为底.

故角 BFD 是角 BAD 的二倍. [Ⅲ.20]

同理,角 BFD 也是角 BED 的二倍.

所以角 BAD 等于角 BED.

证完

命题 22

内接于圆的四边形其对角的和等于两直角.

设 $ABCD$ 是一个圆,且令 $ABCD$ 是内接四边形.

则可证对角的和等于两直角.

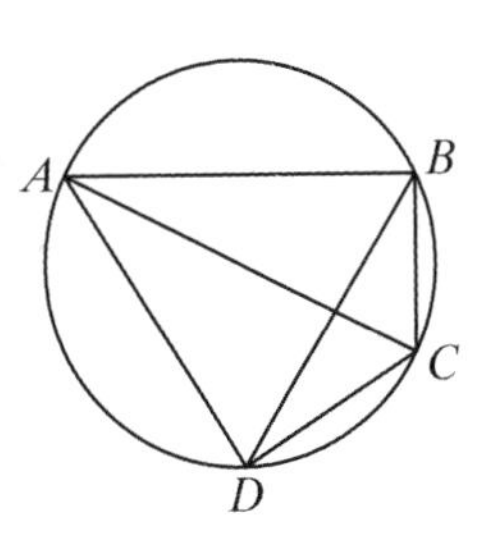

连接 AC,BD.

其次,因为在任何三角形中三个角的和等于两直角.

[Ⅰ.32]

三角形 ABC 的三个角 CAB,ABC,BCA 的和等于两直角.

但是,角 CAB 等于角 BDC,这是因为它们在同一弓形 $BADC$

上;　　　　[Ⅲ.21]

且角 ACB 等于角 ADB,这是因为它们在同一弓形 $ADCB$ 上;
故整体角 ADC 等于角 BAC 与角 ACB 的和.

将角 ABC 加在以上两边,则角 ABC,BAC,ACB 的和等于角 ABC 与角 ADC 的和. 但是角 ABC,BAC,ACB 的和等于两直角.

所以角 ABC 与角 ADC 的和也等于两直角.

类似地,我们能证明角 BAD,角 DCB 的和也等于两直角.

证完

命题 23

在同一线段上且在同一侧不能作出两个相似且不相等的弓形.

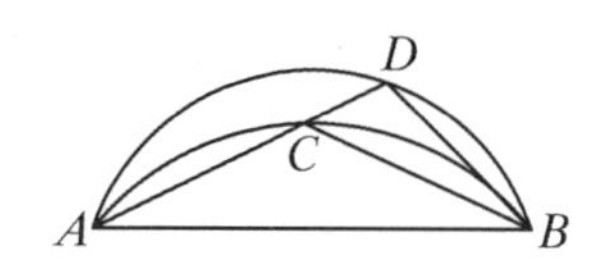

因为,如果可能的话,设在同一线段 AB 的同侧可以作出相似且不相等的弓形 ACB,ADB.

作 ACD 与二弓形相交,连接 CB,DB. 又,因为弓形 ACB 相似于弓形 ADB.

又相似的弓形有相等的角.　　　　[Ⅲ.定义 11]

角 ACB 等于角 ADB,即外角等于内对角:这是不可能的.

[Ⅰ.16]

证完

命题 24

在相等线段上的相似弓形是相等的.

因为,可设 AEB,CFD 是相等线段 AB,CD 上的相似弓形.

则可证弓形 AEB 等于弓形 CFD.

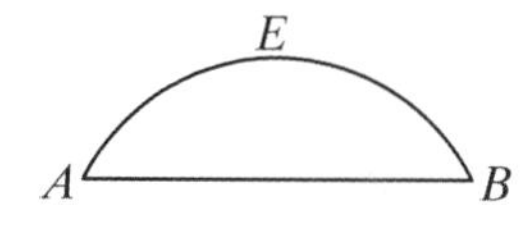

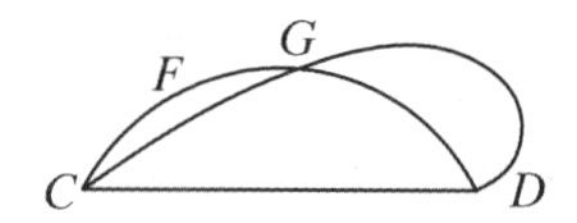

如果将弓形 AEB 移到 CFD,若点 A 落在 C 上以及 AB 落在 CD,点 B 也将与点 D 重合,这是因为 AB 等于 CD,并且 AB 重合于 CD,这段弓形 AEB 也将重合于弓形 CFD.

因为,如果线段 AB 与 CD 重合,但弓形 AEB 不与弓形 CFD 重合,它或者落在里面,或者外面,或者落在 CGD 的位置,则一个圆与另一个圆的交点多于两个:这是不可能的.

[Ⅲ.10]

因此,若线段 AB 移至 CD,弓形 AEB 必定也与弓形 CFD 重合.

所以,二弓形相重合,因而是相等的.

证完

命题 25

已知一个弓形,求作一个整圆,使其弓形为它的一个截段.

设 ABC 是所给定的弓形,求作一个整圆,使弓形 ABC 是它的一个截段.

设 AC 被二等分于点 D,由点 D 作 DB 和 AC 成直角. 连接 AB,

那么,角 ABD 大于,等于或小于角 BAD.

首先,设它大于角 BAD;且在直线 BA 上的点 A 处作角 BAE 等于角 ABD,延长 DB 到点 E. 连接 EC.

因为角 ABE 等于角 BAE,线段 EB 也等于 EA. [Ⅰ.6]

又因 AD 等于 DC,DE 是公共的.

两边 AD,DE 分别等于两边 CD,DE. 且角 ADE 等于角 CDE,因为每一个都是直角,

故底 AE 等于底 CE.

但是,已经证明了 AE 等于 BE,故 BE 也等于 CE. 从而,三条线段 AE,EB,EC 彼此相等.

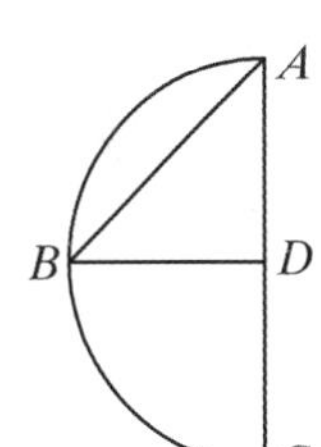

故以 E 为圆心,以线段 AE,EB,EC 之一为距离所画的圆,是可经过其余的点而得的整圆. [Ⅲ.9]

从而,已知一个弓形,其整圆可以作出.

又很明显的,弓形 ABC 小于半圆,因为圆心 E 在它的外面.

类似地,如果角 ABD 等于角 BAD,AD 等于 BD,DC 的每一个. 三条线段 DA,DB,DC 彼此相等,D 就是整圆的圆心. 明显的(弓形)ABC 是一个半圆.

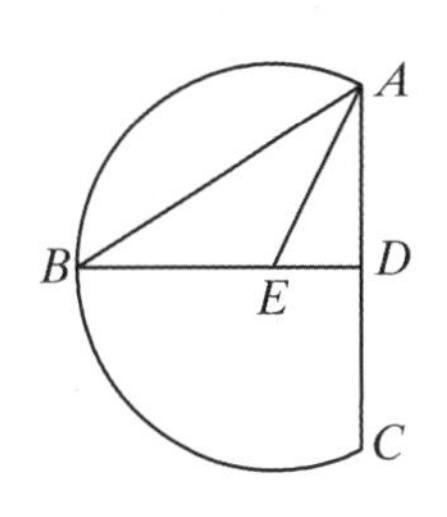

但是,如果角 ABD 小于角 BAD,且若我们在 BA 上的 A 点处作一个角等于 ABD,圆心落在 DB 上且在弓形 ABC 内,显然弓形 ABC 大于半圆.

于是,给定某个圆的一个弓形,它所在的整圆就可画出.

作完

命题 26

在等圆中相等的圆心角或者相等的圆周角所对的弧也是彼此相等的.

设 ABC,DEF 是相等的圆,且在它们中有相等的角. 即圆心角 BGC,EHF;圆周角

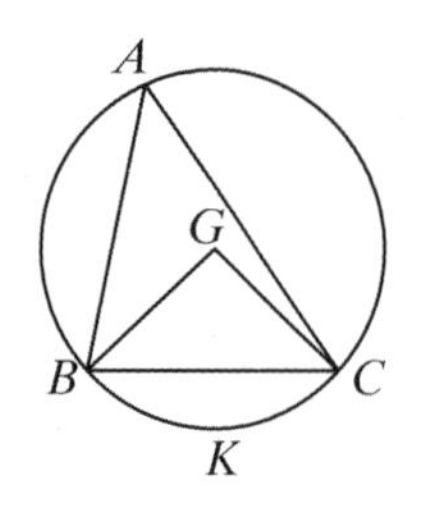

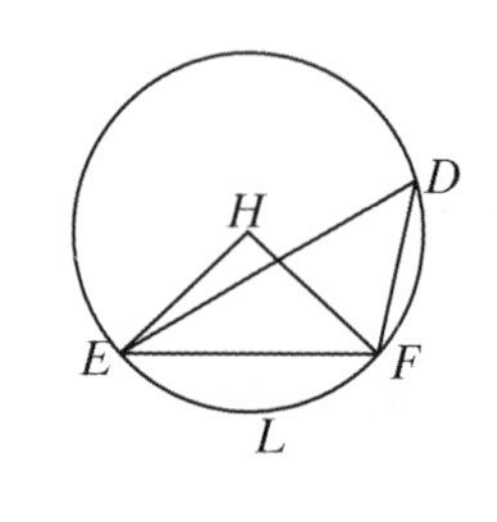

BAC,*EDF*.

则可证弧 *BKC* 等于弧 *ELF*.

连接 *BC*,*EF*.(设两圆圆心分别为 *G*、*H*.)

现在,因为圆 *ABC*,*DEF* 相等,它们的半径就相等.

这样,两线段 *BG*,*GC* 等于线段 *EH*,*HF*;且在 *G* 处的角等于在 *H* 处的角;

故底 *BC* 等于底 *EF*. [Ⅰ.4]

又,因为在 *A* 处的角等于在 *D* 处的角,弓形 *BAC* 相似于弓形 *EDF*. [Ⅲ.定义 11]

而且,它们是在相等的线段上.

但是,在相等线段上的相似弓形是彼此相等的. [Ⅲ.24]

故,弓形 *BAC* 等于弓形 *EDF*. 但是整体圆 *ABC* 也等于整体圆 *DEF*.

所以,余下的弧 *BKC* 等于余下的弧 *ELF*.

证完

命题 27

在等圆中等弧上的圆心角或者圆周角是彼此相等的.

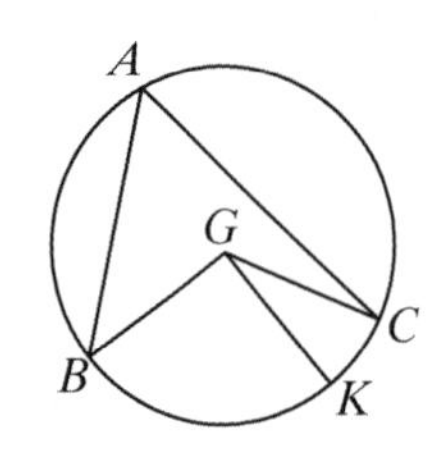

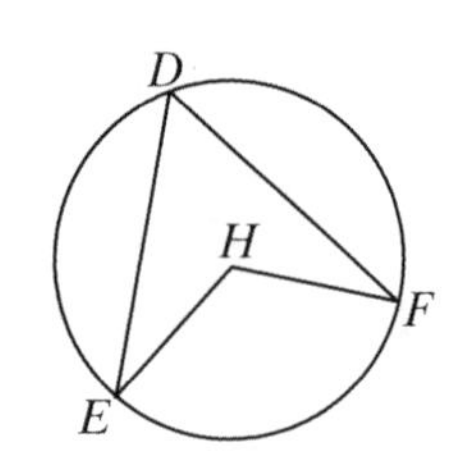

设在等圆 *ABC*,*DEF* 中,在等弧 *BC*,*EF* 上,角 *BGC*,角 *EHF* 是在圆心 *G* 和 *H* 处,且角 *BAC*,*EDF* 在圆周上.

则可证角 *BGC* 等于角 *EHF*,且角 *BAC* 等于角 *EDF*.

因为,若角 *BGC* 不等于角 *EHF*,它们中有一个较大,设角 *BGC* 是较大的:在线段 *BG* 上点 *G* 处,作角 *BGK* 等于角 *EHF*. [Ⅰ.23]

现在,当角在圆心处时,在等弧上的角相等. [Ⅲ.26]

故弧 *BK* 等于弧 *EF*.

但是弧 *EF* 等于弧 *BC*,

故弧 *BK* 也等于弧 *BC*. 小的等于大的:这是不可能的.

从而,角 *BGC* 不能不等于角 *EHF*,

于是它等于它. 又在点 *A* 处的角是角 *BGC* 的一半.

又,在点 *D* 处的角是角 *EHF* 的一半. [Ⅲ.20]

所以,在点 *A* 处的角也等于在点 *D* 处的角.

证完

命题 28

在等圆中等弦截出相等的弧，优弧等于优弧，劣弧等于劣弧.

设 ABC，DEF 是等圆，在这些圆中，设 AB，DE 是相等的弦，它们截出优弧 ACB，DFE 与劣弧 AGB，DHE.

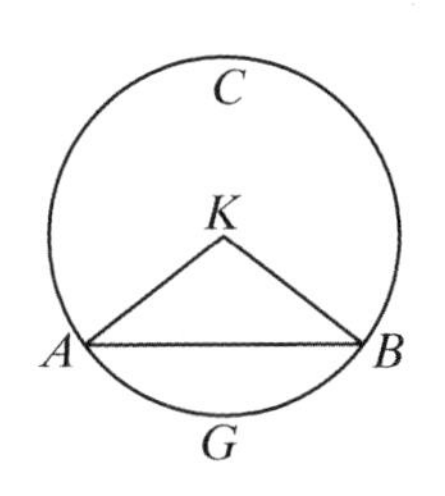

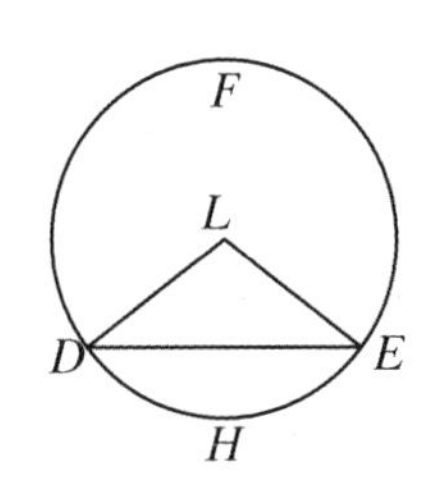

则可证优弧 ACB 等于优弧 DFE，而且劣弧 AGB 等于劣弧 DHE.

设圆心 K，L 是给定的，连接 AK，KB，DL，LE.

现在，因为圆是相等的，故半径也相等.

故，两边 AK，KB 等于两边 DL，LE；且底 AB 等于底 DE.

所以，角 AKB 等于角 DLE. [Ⅰ.8]

但是，当它们是圆心角时，与它们相对的弧相等. [Ⅲ.26]

所以，弧 AGB 等于 DHE.

又，整体圆 ABC 也等于整体圆 DEF；所以，余下的弧 ACB 等于余下的弧 DFE.

证完

命题 29

在等圆中，等弧所对的弦也相等.

设 ABC，DEF 是等圆，且在它们中截出等弧 BGC，EHF；连接弦 BC，EF.

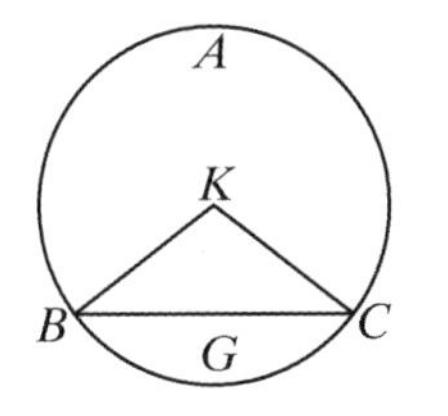

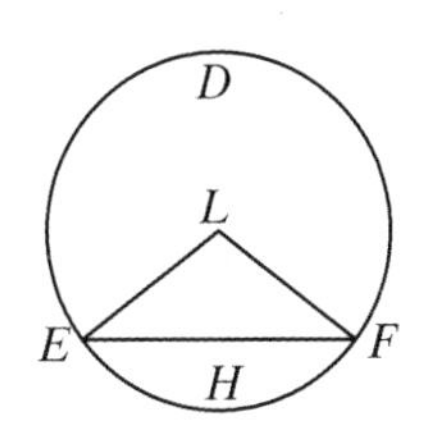

则可证 BC 等于 EF.

设圆心已给定，且它们是 K，L；连接 BK，KC，EL，LF.

现在，因为弧 BGC 等于弧 EHF.

角 BKC 也等于角 ELF. [Ⅲ.27]

又，因为圆 ABC，DEF 相等，半径也相等.

故，两边 BK，KC 等于两边 EL，LF. 且它们的夹角也相等.

所以，底 BC 等于底 EF. [Ⅰ.4]

证完

命题 30

二等分已知弧.

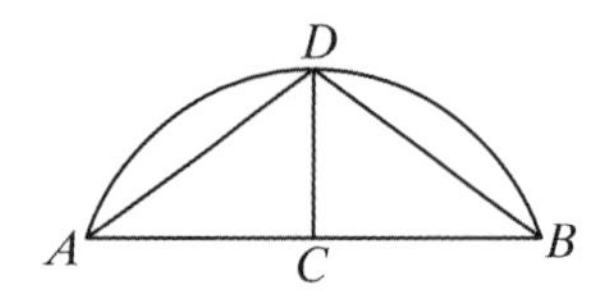

设 ADB 是给定的弧，于是要求二等分弧 ADB.

连接 AB 且二等分于 C，由点 C 向直线 AB 作 CD 交成直角，连接 AD，DB.

那么，因为 AC 等于 CB，且 CD 是公共的，两边 AC，CD 等于两边 BC，CD；角 ACD 等于角 BCD，这是因为它们每一个都是直角.

所以底 AD 等于底 DB. [Ⅰ.4]

但是，相等的弦截出相等的弧，优弧等于优弧，劣弧等于劣弧. [Ⅲ.28]

又弧 AD，DB 的每一个都小于半圆，
所以弧 AD 等于弧 DB.

从而，所给定的弧被点 D 二等分.

作完

命题 31

在一个圆内半圆上的角是直角；在大于半圆弓形上的角小于一直角；且在小于半圆弓形上的角大于一直角；大于半圆的弓形角大于一直角；小于半圆的弓形角小于一直角.

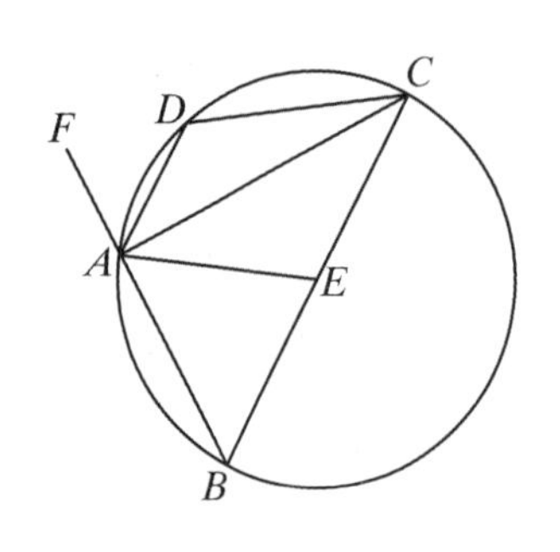

设 $ABCD$ 是一个圆，BC 是它的直径，E 是圆心，且连接 BA，AC，AD，DC.

则可证在半圆 BAC 上的角 BAC 是直角；在大于半圆的弓形 ABC 上的角 ABC 小于一直角；而且在小于半圆的弓形 ADC 上的角 ADC 大于一直角.

连接 AE，且把 BA 延长到 F.

于是，因为 BE 等于 EA，角 ABE 也等于角 BAE. [Ⅰ.5]

又，因为 CE 等于 EA，
角 ACE 也等于角 CAE. [Ⅰ.5]

故整体角 BAC 等于两角 ABC，ACB 的和.

但是，角 FAC 为三角形 ABC 的外角，它也等于两角 ABC，ACB 的和. [Ⅰ.32]

故，角 BAC 也等于角 FAC.

所以，每一个都是直角. [Ⅰ.定义 10]

从而,在半圆 BAC 上的角 BAC 是直角.

其次,因为在三角形 ABC 内两角 ABC,BAC 的和小于两直角. [Ⅰ.17]

而角 BAC 是直角,角 ABC 小于直角;且它是在大于半圆的弓形 ABC 上的角.

其次,因 $ABCD$ 是圆内接四边形,而在圆内接四边形中对角的和等于二直角. [Ⅲ.22]

这时角 ABC 小于一直角,

故余下的角 ADC 大于一个直角,且它是在小于半圆的弓形 ADC 上的角.

这时更可证较大的弓形角,亦即由弧 ABC 和弦 AC 构成的角大于一个直角;且较小的弓形角,亦即由弧 ADC 和弦 AC 所构成的角小于一直角.

这是显然的.

因为,由直线 BA,AC 构成的角是直角.

由弧 ABC 与弦 AC 所构成角大于一直角.

又,因为由弦 AC 及 AF 所构成的角是直角.

由弦 CA 与弧 ADC 所构成的角小于一直角.

证完

命题 32

如果一条直线切于一个圆,而且由切点作一条过圆内部的直线和圆相截,该直线和切线所成的角等于另一弓形上的角.

设直线 EF 切圆 $ABCD$ 于点 B,且由点 B 作过圆 $ABCD$ 内的直线 BD 和圆相交.

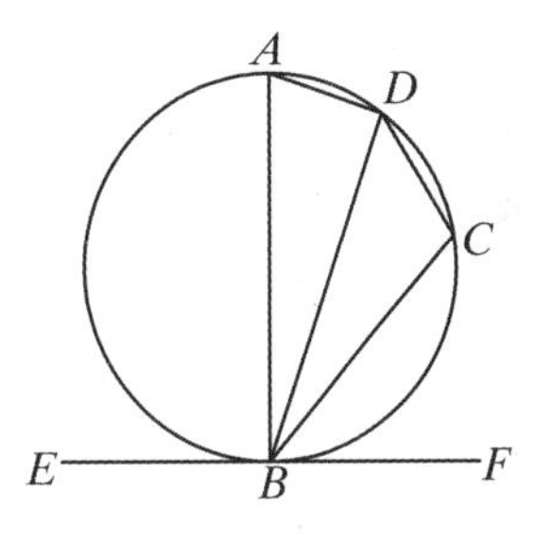

则可证 BD 和切线 EF 所成的角等于在另一个弓形上的角. 即角 FBD 等于在弓形上的角 BAD,而且角 EBD 等于弓形上的角 DCB.

因为,可由 B 作 BA 和 EF 成直角,在弧 BD 上任意取一点 C,连接 AD,DC,CB.

则因直线 EF 切圆 $ABCD$ 于 B,由切点作 BA 和切线成直角,则圆 $ABCD$ 的圆心在 BA 上. [Ⅲ.19]

故 BA 是圆 $ABCD$ 的直径.

所以,角 ADB 是半圆的角. [Ⅲ.31]

故,其余的角 BAD,ABD 的和等于一直角. [Ⅰ.32]

但是,角 ABF 也是直角,故角 ABF 等于角 BAD,ABD 的和.

由以上两边各减去角 ABD.

则余下的角 DBF 等于 BAD,而它在相对的弓形上.

其次,因为 $ABCD$ 是圆内接四边形,它的对角的和等于两直角. [Ⅲ.22]

但是,角 DBF,DBE 的和也等于两直角.

所以角 DBF,DBE 的和等于角 BAD,BCD 的和.

其中,已经证明了角 BAD 等于角 DBF;

所以,余下的角 DBE 等于相对弓形 DCB 上的角 DCB.

证完

命题 33

在给定的线段上作一个弓形,使它所含的角等于已知直线角.

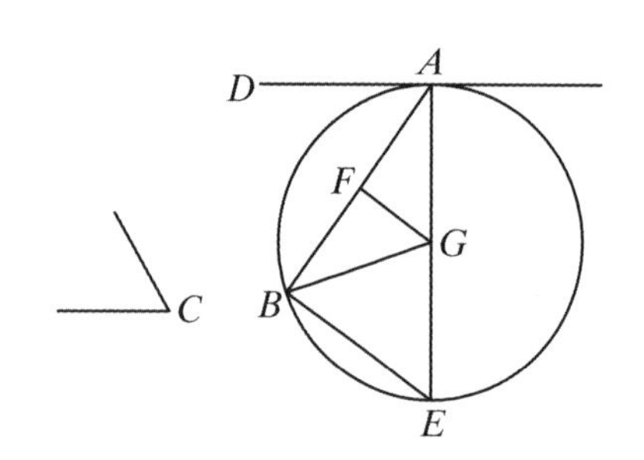

设 AB 为所给定的线段,且在 C 处的角是已知角. 那么,需要在所给定的线段 AB 上作一个弓形,使它所含的角等于点 C 处的角. C 处的角可以是锐角,或者直角,或者钝角.

首先,令它是锐角. 如在第 1 图中,在直线 AB 上的点 A 处作角 BAD 等于在 C 处的角.

因而角 BAD 也是锐角.

作 AE 和 DA 成直角,AB 被二等分于 F,由点 F 作 FG 和 AB 成直角. 连接 GB.

那么,因为 AF 等于 FB,且 FG 是公共的.

两边 AF,FG 等于两边 BF,FG,且角 AFG 等于角 BFG.

故,底 AG 等于底 BG. [Ⅰ.4]

所以,以 G 为心,GA 为距离,经过 B 作圆,这圆就是 ABE;连接 EB.

现在,因为由直径的端点 A 作 AD 和 AE 成直角.

故 AD 切于圆 ABE. [Ⅲ.16,推论]

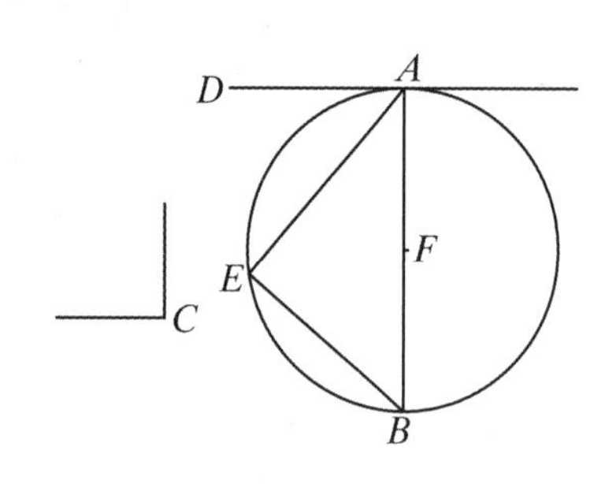

因为直线 AD 切于圆 ABE,且从切点 A 作一直线 AB 经过圆 ABE 内部;角 DAB 等于在相对弓形上的角 AEB. [Ⅲ.32]

但是,角 DAB 等于在 C 处的角,故在 C 处的角也等于角 AEB.

从而,在已知直线 AB 上可作出包含角 AEB 的弓形 AEB,使角 AEB 等于 C 处的已知角.

其次,设在 C 处是直角,又要求在 AB 上作一弓形使它所含的角等于点 C 处的直角.

设角 BAD 已被作出,它等于点 C 处的直角,如在第 2 图中.

设 AB 二等分于 F,且以 F 为心,以 FA 或 FB 为距离画圆 AEB. 则直线 AD 切于圆 ABE,因为在点 A 处的是直角. [Ⅲ.16,推论]

又,角 BAD 等于在弓形 AEB 上的角,后者是一直角,因为它是半圆上的角. [Ⅲ.31]

但是,角 BAD 也等于在 C 处的角.

故,角 AEB 也等于在 C 处的角.

从而,在 AB 上又可作出包含等于 C 处的角的弓形 AEB.

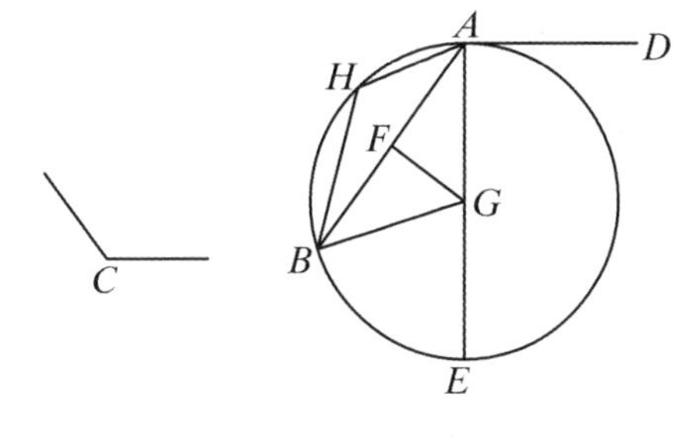

最后,设在 C 处的是钝角.

且在线段 AB 上点 A 作出角 BAD 等于 C 处的角,如在第 3 图中.

作 AE 和 AD 成直角,AB 又被二等分于 F,作 FG 与 AB 成直角,连接 GB.

则因 AF 又等于 FB,且 FG 是公共的.

两边 AF,FG 等于两边 BF,FG,且角 AFG 等于角 BFG.

故,底 AG 等于底 BG. [Ⅰ.4]

从而,以 G 为心,且以 GA 为距离作圆也过 B,即圆 AEB.

现在,因为由直径的端点作出的 AD 和直径 AE 成直角,故 AD 切于圆 AEB. [Ⅲ.16,推论]

而且,AB 是过切点 A 且与圆相交.

故角 BAD 等于作在相对弓形 AHB 上的角. [Ⅲ.32]

但是,角 BAD 等于 C 处的角. 故在弓形 AHB 上的角也等于 C 处的角.

所以,在所给定的线段 AB 上作出了包含等于 C 处角的弓形 AHB.

作完

命题 34

从一给定的圆截出包含等于已知直线角的弓形.

设 ABC 是所给定的圆,且在 D 的角是已知的直线角. 则要求由圆 ABC 截出包含等于在 D 处的已知直线角的弓形.

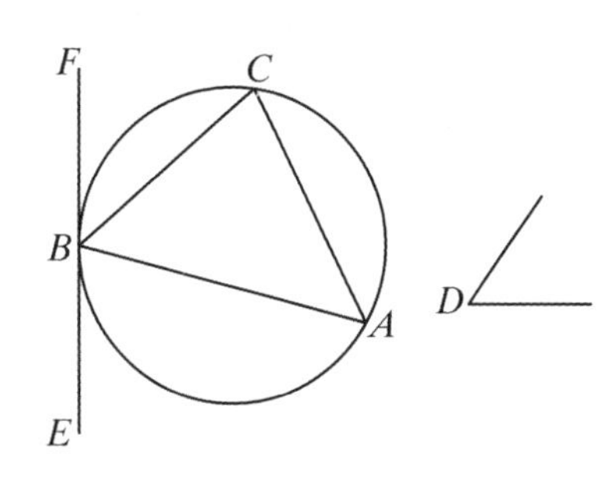

设 EF 在点 B 切于 ABC,且在直线 FB 上的点 B 处作角 FBC 等于在 D 处的角. [Ⅰ.23]

那么,因为直线 EF 切于圆 ABC.

且由切点 B 作出经过圆内的弦 BC,角 FBC 等于在相对弓形 BAC 的角. [Ⅲ.32]

但是,角 FBC 等于在 D 处的角,

故,在弓形 BAC 上的角等于点 D 处的角.

所以,由从所给定的圆 ABC 已经截出了包含等于在 D 处的已知直线角的弓形 BAC.

作完

命题 35

如果在一个圆内有两条相交的弦.把其中一条分成两段使其所夹的矩形等于另一条分成两段所夹的矩形.

设在圆 $ABCD$ 内两条弦 AC,BD 互相交于点 E.

则可证由 AE,EC 所夹的矩形等于由 DE,EB 所夹的矩形.

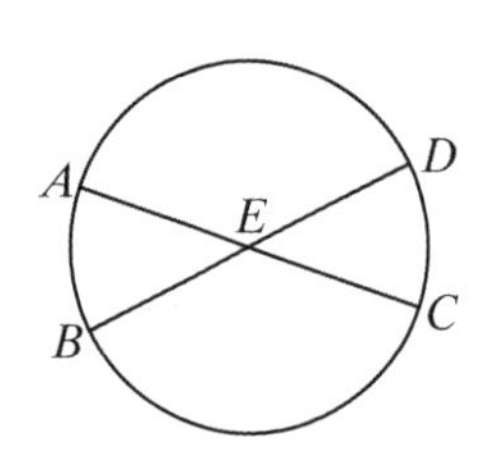

如果 AC,BD 经过圆心;设 E 是圆 $ABCD$ 的圆心,则很明显 AE,EC,DE,EB 相等.

由 AE,EC 所夹的矩形也等于由 DE,EB 所夹的矩形.

其次,设 AC,DB 不过圆心;设 F 为圆 $ABCD$ 的圆心.由 F 作 FG,FH 分别垂直于弦 AC,DB,而且连接 FB,FC,FE.

那么,因为直线 GF 经过圆心交一条不经过圆心的弦 AC 并与它交成直角,且二等分它; [Ⅲ.3]

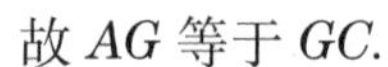

故 AG 等于 GC.

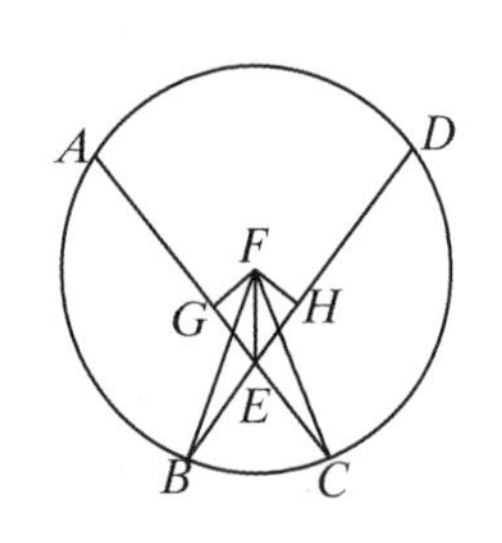

因为,弦 AC 被二等分于 G 且不等分于 E,由 AE,EC 所夹的矩形与 EG 上的正方形的和等于 GC 上的正方形. [Ⅱ.5]

将 GF 上的正方形加在以上两边,

则矩形 AE、EC 与 GE、GF,上的正方形的和等于 CG、GF 上正方形的和.

但是,FE 上的正方形等于 EG,GF 上的正方形的和,而且 FC 上的正方形等于 CG,GF 上的正方形的和. [Ⅰ.47]

故,矩形 AE、EC 与 FE 上的正方形的和等于 FC 上的正方形.

又,FC 等于 FB,

则矩形 AE、EC 与 EF 上的正方形和等于 FB 上的正方形.

同理也有,矩形 DE、EB 与 FE 上的正方形的和等于 FB 上的正方形.

但是,矩形 AE、EC 与 EF 上的正方形的和已被证明了等于 FB 上的正方形.

故,矩形 AE、EC 与 FE 上的正方形的和等于矩形 DE,EB 与 FE 上正方形的和.

由以上两边各减去 FE 上的正方形.

所以,余下的由 AE,EC 所夹的矩形等于由 DE,EB 所夹的矩形.

证完

命题 36

如果在一个圆外取一点,且由它向圆作两条直线,其中一条与圆相截而另一条相切.则由圆截得的整个线段与圆外定点和凸弧之间一段所夹的矩形,等于切线上的正方形.

为此,设在圆 ABC 外取一点 D,且由点 D 向圆上作两条直线 DCA,DB;DCA 截圆 ABC 而 BD 切于圆.

则可证由 AD,DC 所夹的矩形等于 DB 上的正方形.

那么,DCA 或者经过圆心或者不经过圆心.

首先,设它经过圆心,且设 F 是圆 ABC 的圆心. 连接 FB.

则角 FBD 是直角. [Ⅲ.18]

且因 AC 二等分于 F,CD 是加在它上的线段,
矩形 AD、DC 与 FC 上的正方形的和等于 FD 上的正方形.

[Ⅱ.6]

但是,FC 等于 FB,
所以,矩形 AD、DC 与 FB 上的正方形的和等于 FD 上的正方形.

又,FB,BD 上的正方形的和等于 FD 上的正方形. [Ⅰ.47]
从而,矩形 AD、DC 与 FB 上的正方形的和等于 FB,BD 上正方形的和.

设由以上两边各减去 FB 上的正方形,
则余下的矩形 AD、DC 等于切线 DB 上的正方形.

又设 DCA 不经过圆 ABC 的圆心,取定圆心 E,且由 E 作 EF 垂直 AC;连接 EB,EC,ED.

则角 EBD 是直角. [Ⅲ.18]

又因为,一条直线 EF 经过圆心,并交不经过圆心的弦 AC 成直角,且二等分它. [Ⅲ.3]

故 AF 等于 FC.

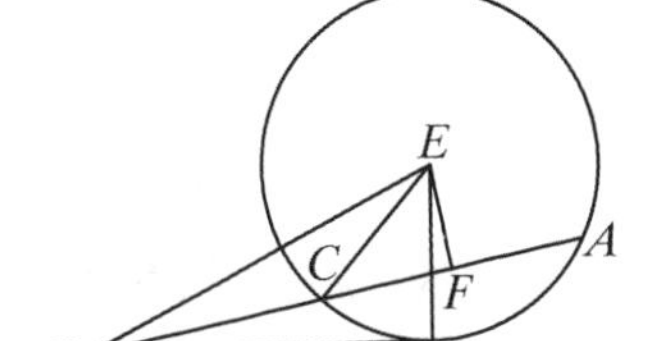

现在,因为线段 AC 被 F 二等分,把 CD 加在它上边. 由 AD,DC 所夹的矩形与 FC 上的正方形的和等于 FD 上的正方形. [Ⅲ.6]

将 FE 上的正方形加在以上各边.
则矩形 AD、DC 与 CF,FE 上的正方形的和等于 FD,FE 上正方形的和.

但是,EC 上正方形等于 CF,FE 上正方形的和,因为角 EFC 是直角. [Ⅰ.47]
又 ED 上正方形等于 DF,FE 上正方形的和;故矩形 AD、DC 与 EC 上正方形的和等于 ED 上的正方形.

又 EC 等于 EB,故矩形 AD、DC 与 EB 上正方形的和等于 ED 上的正方形.

但是,EB,BD 上正方形的和等于 ED 上正方形,因为角 EBD 是直角. [Ⅰ.47]
故矩形 AD、DC 与 EB 上的正方形的和等于 EB,BD 上正方形的和.

由以上两边各减去 EB 上的正方形.
则余下的矩形 AD、DC 等于 DB 上的正方形.

证完

命题 37

如果在圆外取一点，并且由这点向圆引两条直线，其中一条与圆相截，而另一条落在圆上. 假如由截圆的这条线段的全部和这条直线上由定点与凸弧之间圆外一段所夹的矩形等于落在圆上的线段上的正方形. 则落在圆上的直线切于此圆.

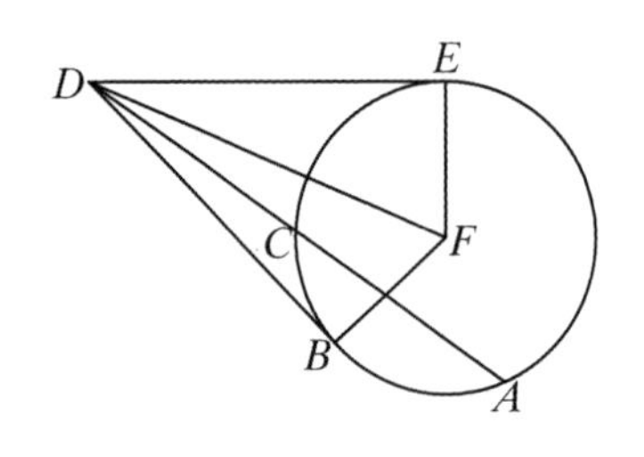

为此，设在 ABC 外取一点 D，由点 D 作两条直线 DCA，DB 落在圆 ACB 上；DCA 截圆，而 DB 落在圆上；

又设矩形 AD、DC 等于 DB 上的正方形.

则可证 DB 切于圆 ABC.

为此，作 DE 切于 ABC，取圆 ABC 的圆心，设其为 F；连接 FE，FB，FD.

那么，角 FED 是直角. [Ⅲ.18]

现在，因 DE 切圆 ABC 且 DCA 截此圆；矩形 AD、DC 等于 DE 上的正方形. [Ⅲ.36]

但是，矩形 AD、DC 也等于 DB 上的正方形.

故 DE 上的正方形等于 DB 上的正方形.

所以，DE 等于 DB.

又 FE 等于 FB，

故两边 DE，EF 等于两边 DB，BF；

且 FD 是三角形的公共底.

故，角 DEF 等于角 DBF. [Ⅰ.8]

但是，角 DEF 是直角，

故，角 DBF 也是直角.

又将 BF 延长成一直径，且由圆的直径的端点作一直线与该直径成直角. 则此直线切于圆. [Ⅲ.16，推论]

所以，DB 切于此圆.

类似地，可以证明圆心在 AC 上的情况.

证完

在数学史上“弓形的角”一词的意义，曾经引起过一些人的争论. 因为，它真正的意义不是很清楚的. 普罗克洛斯(Proclus)曾经说过，这个概念是“含混”的. 欧几里得尽管给出了这个定义，但在以后并没有用过，只是在本卷命题 16 中提到了“半圆角”这个词. 从命题 16 和第Ⅰ卷命题 5 的注释分析，“弓形的角”指的是如图所示的角 α 和角 β. 它们是由弦 AB 和 $\overset{\frown}{ABC}$ 构成的角. 命题 16 中所提到的：“半圆角”是直径和半圆弧构成的角，它是“弓形的角”的特殊情况. 如果真是指的这样的角，还不如称他为“月牙角”更形象一点.

本卷定义中没有给圆周角和圆心角下定义，在命题 20 中出现了这两种称法. 实际上，定义 8 的弓形角也称作圆周角，这是中学平面几何中的称法.

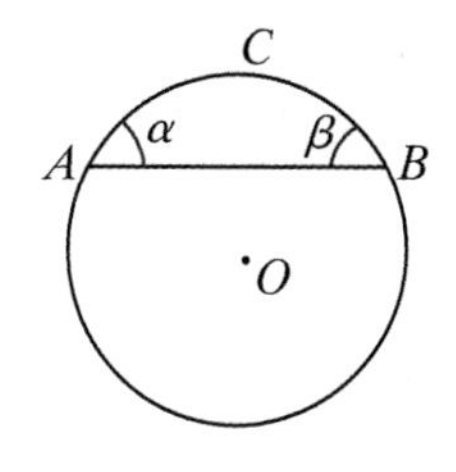

在圆这一部分，占着重要地位的交弦定理（命题 35）、圆幂定理（命题 36）和割线定理，在这一卷只出现了前两个定理. 命题 37 是圆幂定理的逆定理，值得注意的是命题 35、36 的证明方法用了第 Ⅱ 卷命题 6 的结果，而不是像现代初等几何通用的证明方法，主要用了相似三角形.

第IV卷

定 义

1. 当一个直线形的各角的顶点分别在另一个直线形的各边上时,这个直线形叫做**内接**于后一个直线形.

2. 类似地,当一个图形的各边分别经过另一个图形的各角的顶点时,前一个图形叫做**外接**于后一个图形.

3. 当一个直线形的各角的顶点都在一个圆周上时,这个直线形叫做**内接于圆**.

4. 当一个直线形的各边都切于一个圆周时,这个直线形叫做**外切于这个圆**.

5. 类似地,当一个圆在一个图形内,切于这个图形的每一条边时,称这个**圆内切于这个图形**.

6. 当一个圆经过一个图形的每个角的顶点时,称这个**圆外接于这个图形**.

7. 当一条线段的两个端点在圆周上时,则称这条**线段拟合**①**于圆**.

命 题

命题 1

已知一个线段不大于一个圆的直径,把这个线段拟合于这个圆.

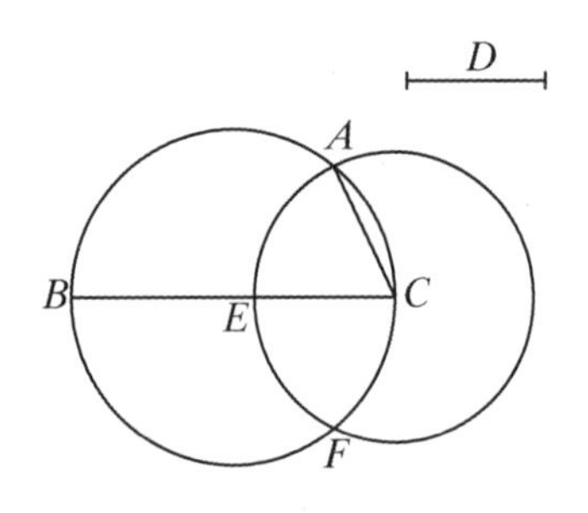

设给定的圆是 ABC,D 是不大于此圆直径的已知线段. 求作圆 ABC 的一条弦,使它等于线段 D.

作出圆 ABC 的直径 BC.

如果 BC 等于 D,就不必要再作此线段了,因为 BC 拟合于圆 ABC 且等于线段 D.

但是,如果 BC 大于 D.

取 CE 等于 D,以 C 为心,以 CE 为距离作圆 EAF. 连接 CA.

因为点 C 是圆 EAF 的圆心,CA 等于 CE.

但是 CE 等于 D,故 D 也等于 CA.

因此,在所给定的圆 ABC 内拟合了一条等于已知线段 D 的弦 CA. **作完**

---

① 拟合于圆的线段就是圆的弦.

命题2

在一个给定的圆内作一个与已知三角形等角的内接三角形.

设 ABC 是所给定的圆,且 DEF 是已知三角形,要求在圆 ABC 内作一个与三角形 DEF 等角的内接三角形.

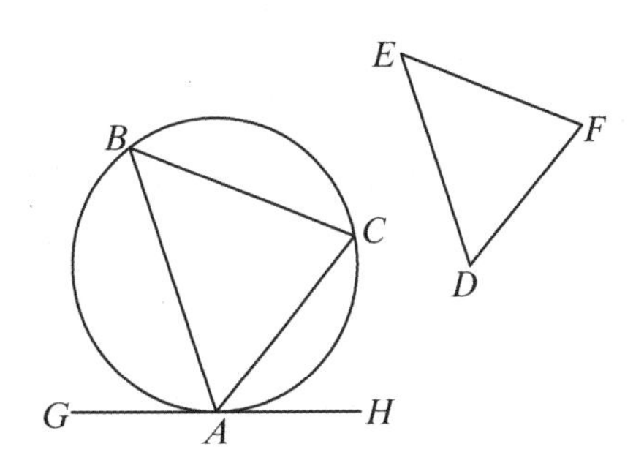

设在点 A 作 GH 切于圆 ABC; [Ⅲ.16,推论]

在直线 AH 上的点 A 作角 HAC 等于角 DEF,且在直线 AG 上的点 A 作角 GAB 等于角 DFE. [Ⅰ.23]

连接 BC.

则因直线 AH 切于圆 ABC,且由切点 A 作一直线 AC 经过圆的内部.

故角 HAC 等于相对弓形上的角 ABC. [Ⅲ.32]

但是,角 HAC 等于角 DEF,故角 ABC 也等于角 DEF.

同理,角 ACB 也等于角 DFE,

显然,余下的角 BAC 也等于余下的角 EDF. [Ⅰ.32]

所以,在所给定的圆内作出了与已知三角形等角的内接三角形.

作完

命题3

在一个给定的圆外作一个与已知三角形等角的外切三角形.

设 ABC 是所给定的圆,且 DEF 是已知三角形,要求作圆 ABC 的一个与三角形 DEF 等角的外切三角形.

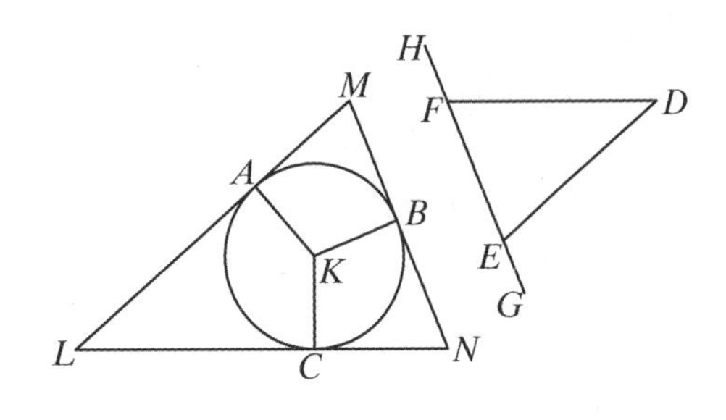

将 EF 向两端延长至 G,H.

设圆 ABC 的圆心为 K. [Ⅲ.1]

任意作直线 KB,在直线 KB 上的点 K 作角 BKA 等于角 DEG,且角 BKC 等于角 DFH; [Ⅰ.23]

又过点 A、B、C 作直线 LAM,MBN,NCL 切于圆 ABC. [Ⅲ.16,推论]

现在,因为 LM,MN,NL 切圆 ABC 于点 A,B,C;且由圆心 K 到点 A、B、C 连接 KA,KB,KC.

故在点 A、B、C 处的角等于直角. [Ⅲ.18]

因为四边形 $AMBK$ 可以分为两个三角形,因此 $AMBK$ 的四个角的和等于四直角.

又,角 KAM,KBM 是直角,

故,余下的角 AKB,AMB 的和等于两直角.

但是,角 DEG,DEF 的和也等于两直角. [Ⅰ.13]

故,AKB,AMB 的和等于角 DEG,DEF 的和,其中角 AKB 等于角 DEG.

故,余下的角 AMB 等于余下的角 DEF.

类似地,可以证明角 LNB 也等于角 DFE.

故,余下的角 MLN 等于角 EDF. [Ⅰ.32]

所以,三角形 LMN 与三角形 DEF 等角,且它外切于圆 ABC.

因此,对给定的圆作出了与已知三角形等角的外切三角形.

作完

命题 4

求作给定的三角形的内切圆.

设 ABC 是所给定的三角形,求作三角形 ABC 的内切圆.

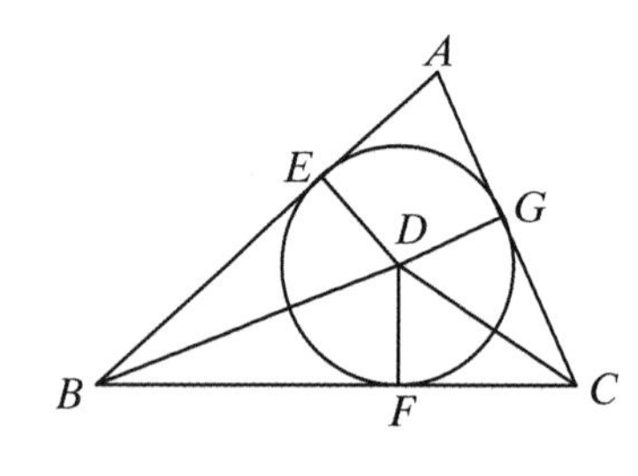

令角 ABC,ACB 各有二等分线 BD,CD. [Ⅰ.9]

并且 BD,CD 相交于一点 D,由点 D 作 DE,DF,DG 垂直于直线 AB,BC,CA.

现在,因为角 ABD 等于角 CBD,且直角 BED 等于直角 BFD;EBD,FBD 是两个三角形,有两双角相等,又有一条边等于一条边,即对着相等角的一边,它就是两三角形的公共边 BD;

所以其余的边也等于其余的边; [Ⅰ.26]

从而,DE 等于 DF.

同理,DG 也等于 DF.

于是三条线段 DE,DF,DG 彼此相等.

这样,以 D 为心,且以 DE,DF,DG 之一为距离画圆经过其余的点,且相切于直线 AB,BC,AC. 这是因为在点 E,F,G 处的角是直角.

事实上,如果圆不切于这些直线,而与它们相交,那么,过圆的直径的端点和直径成直角的直线就有一部分落在圆内. 已经证明了这是不合理的. [Ⅲ.16]

故以 D 为心,以线段 DE,DF,DG 之一为距离所作的圆不能与直线 AB,BC,CA 相交.

从而,圆 FGE 切于它们,即内切于三角形 ABC. [Ⅳ.定义 5]

令内切圆是 FGE.

所以,圆 EFG 内切于所给定的三角形 ABC.

作完

命题 5

求作给定的三角形的外接圆.

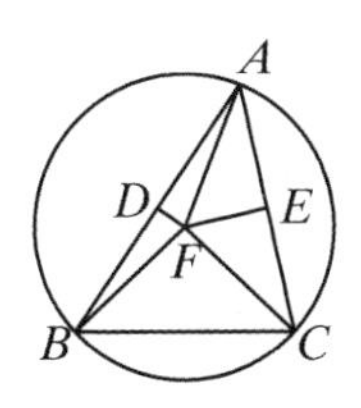

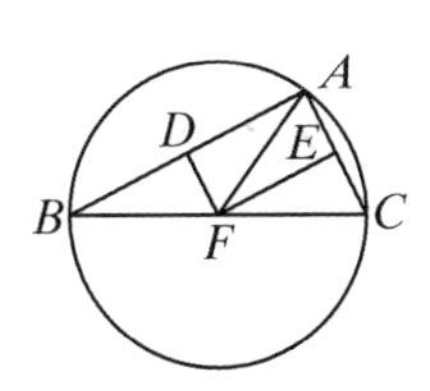

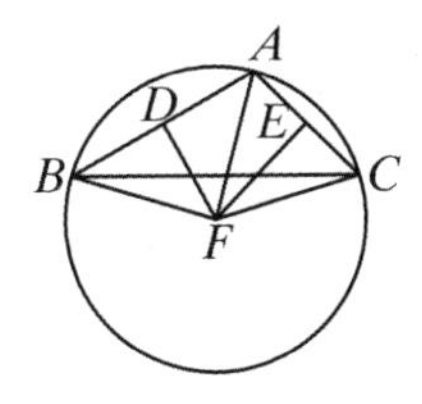

设 ABC 是所给定的三角形. 求作该三角形 ABC 的外接圆.

设二等分线段 AB,AC 于点 D,E. [Ⅰ.10]

且在点 D,E 作 DF,EF 与 AB,AC 成直角,它们相交在三角形 ABC 内,或者在直线 BC 上,或者在 BC 之外.

首先,设它们交在三角形内的点 F,连接 FB,FC,FA.

那么,因 AD 等于 DB,且 DF 是公共的,又成直角. 故,底 AF 等于底 FB. [Ⅰ.4]

类似地,我们能证明 CF 也等于 AF;这样 FB 也等于 FC.

所以,三线段 FA,FB,FC 彼此相等.

从而,以 F 为心,以线段 FA,FB,FC 之一为距离作圆也要经过其余的点,该圆外接于三角形 ABC.

于是作出了外接圆 ABC.

其次,设 DF,EF 相交在直线 BC 上的点 F,连接 AF.

那么,类似地,我们可以证明点 F 是三角形 ABC 的外接圆的圆心.

最后,设 DF,EF 相交在三角形外部的 F,连接 AF,BF,CF.

那么,因为 AD 等于 DB,且 DF 是公共的,又成直角;

所以,底 AF 等于底 BF. [Ⅰ.4]

类似地,我们能证明 CF 也等于 AF;这样,BF 也等于 FC.

所以,以 F 为心,以线段 FA,FB,FC 之一为距离画圆经过其他的点. 因而这圆将外接于三角形 ABC.

因此,我们作出了所给定的三角形的外接圆.

作完

明显的,当圆心落在三角形内时,角 BAC 在大于半圆的弓形内,它小于一直角;当圆心落在弦 BC 上时,角 BAC 在半圆上,是一直角;最后,当圆心落在三角形之外时,角 BAC 在小于半圆的弓形上,它大于一直角. [Ⅲ.31]

命 题 6

求作所给定的圆的内接正方形.

设 $ABCD$ 是所给定的圆. 要求作圆 $ABCD$ 的内接正方形.

作圆 $ABCD$ 的两条互成直角的直径 AC,BD. 连接 AB,BC,CD,DA,

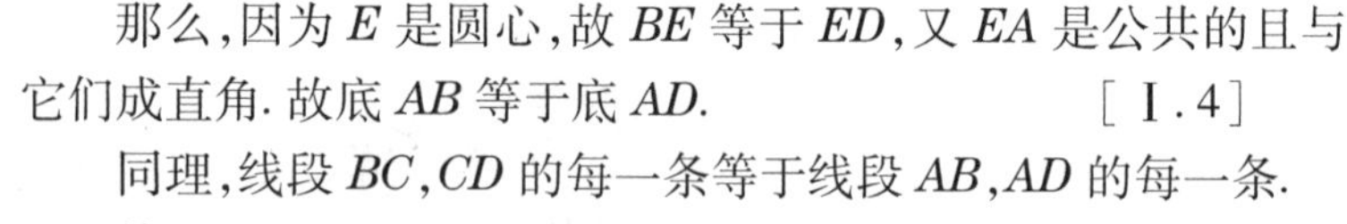

那么,因为 E 是圆心,故 BE 等于 ED,又 EA 是公共的且与它们成直角. 故底 AB 等于底 AD. [Ⅰ.4]

同理,线段 BC,CD 的每一条等于线段 AB,AD 的每一条.

故,四边形 $ABCD$ 是等边的.

其次,又可证它是直角的.

因为,线段 BD 是圆 $ABCD$ 的直径,故 BAD 是半圆,从而角 BAD 是直角. [Ⅲ.31]

同理,角 ABC,BCD,CDA 的每一个也是直角.

从而,四边形 $ABCD$ 是直角的.

但是,也已证明了它是等边的,
所以,它是一个正方形. [Ⅰ.定义 22]
且内接于圆 $ABCD$.

因此,我们在所给定的圆内作出了内接正方形 $ABCD$.

作完

命 题 7

求作给定的圆的外切正方形.

设 $ABCD$ 是给定的圆. 求作圆 $ABCD$ 的外切正方形.

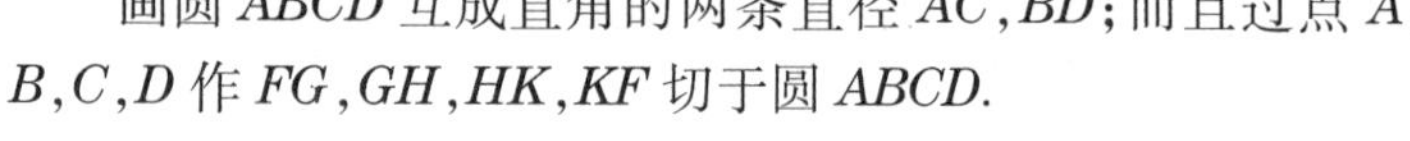

画圆 $ABCD$ 互成直角的两条直径 AC,BD;而且过点 A,B,C,D 作 FG,GH,HK,KF 切于圆 $ABCD$. [Ⅲ.16,推论]

则 FG 切于圆 $ABCD$,且由圆心 E 到切点 A 连接 EA,故在点 A 的角是直角. [Ⅲ.18]

同理,在点 B、C、D 的角也是直角.

现在,因为角 AEB 是直角,角 EBG 也是直角. 故 GH 平行于 AC.

同理,AC 也平行于 FK, [Ⅰ.28]
于是 GH 也平行于 FK. [Ⅰ.30]

类似地,我们可以证明直线 GF,HK 的每一条都平行于 BED.

所以,GK,GC,AK,FB,BK 是平行四边形,从而,GF 等于 HK,GH 等于 FK.

[Ⅰ.34]

又,因为 AC 等于 BD,且 AC 也等于线段 GH,FK 的每一条,这时 BD 也等于线段 GF,HK 的每一条, [Ⅰ.34]

从而,四边形 $FGHK$ 是等边的.

其次,可证它也是直角的.

事实上,因为 $GBEA$ 是平行四边形,且角 AEB 是直角. 故,角 AGB 也是直角.

[Ⅰ.34]

类似地,我们能证明在 H,K,F 处也是直角.

所以,$FGHK$ 是直角的.

但是,它已被证明是等边的,故它是一个正方形. 且外切于圆 $ABCD$.

从而,对所给定的圆作出了外切正方形.

作完

命题 8

求作给定的正方形的内切圆.

设 $ABCD$ 是所给定的正方形. 求作此正方形 $ABCD$ 的内切圆.

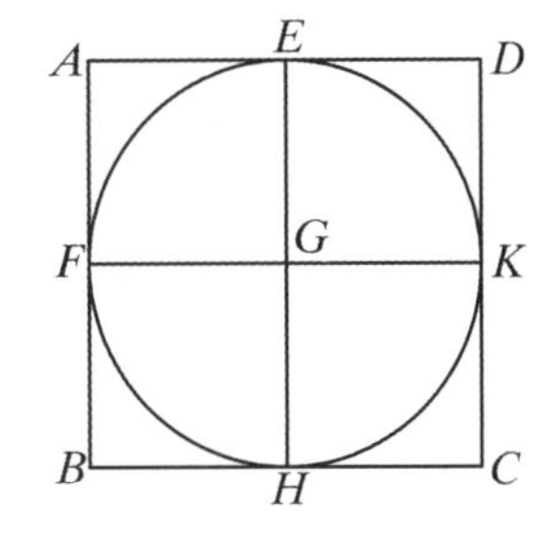

设线段 AD,AB 分别被二等分于 E,F. [Ⅰ.10]

过 E 作 EH 平行于 AB 或者 CD,且过 F 作 FK 平行于 AD 或者 BC. [Ⅰ.31]

所以,图形 AK,KB,AH,HD,AG,GC,BG,GD 的每一个都是平行四边形. 显然它们的对边相等. [Ⅰ.34]

现在,因为 AD 等于 AB,且 AE 是 AD 的一半,AF 是 AB 的一半.

故,AE 等于 AF,因为对边也相等;所以 FG 等于 GE.

类似地,我们能证明线段 GH,GK 的每一个等于线段 FG,GE 的每一个.

所以,四条线段 GE、GF、GH、GK 是彼此相等的.

所以,以 G 为心且以线段 GE,GF,GH,GK 之一为距离画圆必经过其余各点.

而且,它切于直线 AB,BC,CD,DA. 这是因为在点 E,F,H,K 的角是直角.

因为,如果圆截 AB,BC,CD,DA,则由圆的直径的端点作与直径成直角的这条线落在圆内:这是不合理的. [Ⅲ.16]

从而,以 G 为心,且以线段 GE,GF,GH,GK 之一为距离,所画的圆不与直线 AB,BC,CD,DA 相交.

所以,这个圆将切于它们,即内切于正方形 $ABCD$.

因此,在所给定的正方形内作出了它的内切圆.

作完

命题 9

求作给定的正方形的外接圆.

设 $ABCD$ 是所给定的正方形. 求作此正方形 $ABCD$ 的外接圆.

连接 AC,BD. 设它们交于 E. 因为 DA 等于 AB,AC 是公共的. 所以两边 DA,AC 等于两边 BA,AC,且底 DC 等于底 BC.

所以角 DAC 等于角 BAC. [Ⅰ.8]

从而,AC 二等分角 DAB.

类似地,我们可以证明角 ABC,BCD,CDA 的每一个被直线 AC,DB 二等分.

现在,因为角 DAB 等于角 ABC,且角 EAB 是角 DAB 的一半,又角 EBA 是角 ABC 的一半. 故角 EAB 也等于角 EBA;这样一来,边 EA 也等于边 EB. [Ⅰ.6]

类似地,我们能证明线段 EA,EB 的每一个等于线段 EC,ED 的每一个.

所以四条线段 EA,EB,EC,ED 彼此相等.

以 E 为心,且以线段 EA,EB,EC,ED 之一为距离画圆必经过其他各点;因而它外接于正方形 $ABCD$.

设外接圆是 $ABCD$.

所以,给一个所给定的正方形作出了它的外接圆.

作完

命题 10

求作一个等腰三角形,使它的底角的每一个都是顶角的二倍.

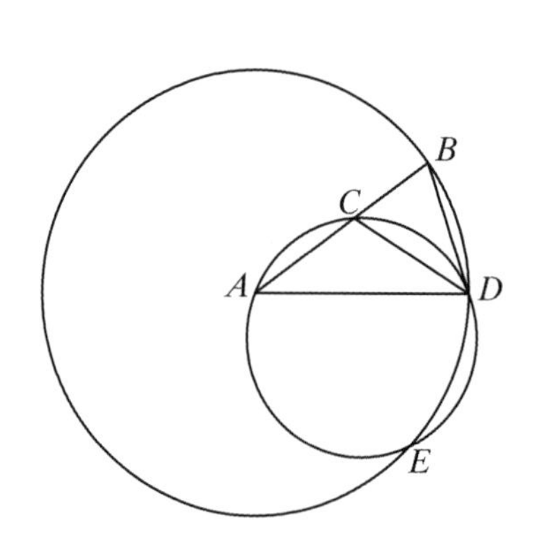

任意取定一条线段 AB,用点 C 分 AB 使 AB,BC 所夹的矩形等于 CA 上的正方形; [Ⅱ.11]

以 A 为心以及距离 AB 作圆 BDE,在圆 BDE 中作拟合线 BD 等于线段 AC,使它不大于圆 BDE 的直径. [Ⅳ.1]

连接 AD,DC,且令圆 ACD 外接于三角形 ACD. [Ⅳ.5]

由于矩形 AB、BC 等于 AC 上的正方形,且 AC 等于 BD,故矩形 AB、BC 等于 BD 上的正方形.

又,因为点 B 是在圆 ACD 的外面取的,过 B 作两条线段 BA,BD 与圆 ACD 相遇,且它们中的一条与圆相交,这时另一条落在圆上,由于矩形 *AB*、*BC* 等于 *BD* 上的正方形.

故,*BD* 切于圆 *ACD*. [Ⅲ.37]

由于 *BD* 与它相切.

DC 又是由切点 *D* 作的圆的拟合线,

故角 *BDC* 等于相对弓形上的角 *DAC*. [Ⅲ.32]

因为角 *BDC* 等于角 *DAC*,将角 *CDA* 加在它们各边. 故,整体角 *BDA* 等于两角 *CDA*、*DAC* 的和.

但是,外角 *BCD* 等于角 *CDA*、*DAC* 的和. [Ⅰ.32]

所以角 *BDA* 也等于角 *BCD*.

但是,角 *BDA* 等于角 *CBD*,因为边 *AD* 也等于 *AB*. [Ⅰ.5]

这样一来,角 *DBA* 也等于角 *BCD*.

故三个角 *BDA*、*DBA*、*BCD* 彼此相等.

又,因为角 *DBC* 等于角 *BCD*,

边 *BD* 也等于边 *DC*. [Ⅰ.6]

但是,已知 *BD* 等于 *CA*,故 *CA* 也等于 *CD*,

这样一来,角 *CDA* 也等于角 *DAC*. [Ⅰ.5]

所以,角 *CDA*,*DAC* 的和是角 *DAC* 的二倍.

但是,角 *BCD* 等于角 *CDA*,*DAC* 的和,故,角 *BCD* 也是角 *CAD* 的二倍.

但是,角 *BCD* 等于角 *BDA*,*DBA* 的每一个,

故,角 *BDA*,*DBA* 的每一个也是角 *DAB* 的二倍.

因此,我们作出了等腰三角形 *ABD*,它的底 *DB* 上的每个角都等于顶角的二倍.

作完

命题 11

求作给定的圆的内接等边且等角的五边形.

设 *ABCDE* 是所给定的圆. 要求在圆 *ABCDE* 内作一个等边且等角的五边形.

设等腰三角形 *FGH* 在 *G*,*H* 处的角的每一个都是 *F* 处角的二倍. [Ⅳ.10]

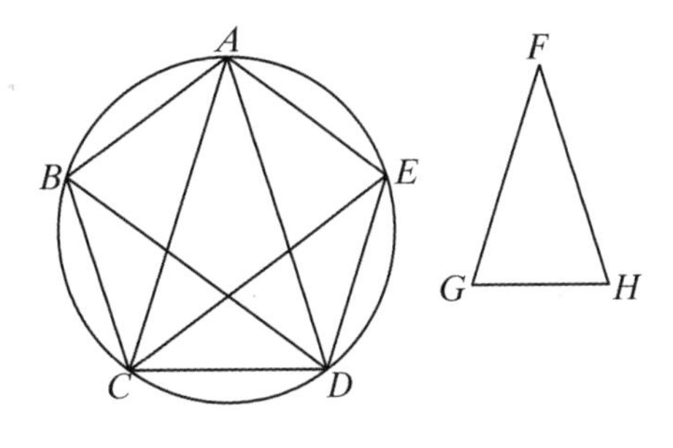

先在圆 *ABCDE* 内作一个和三角形 *FGH* 等角的三角形 *ACD*.

这样,角 *CAD* 等于在 *F* 的角,且在 *G*,*H* 的角分别等于角 *ACD*,*CDA*, [Ⅳ.2]

故角 *ACD*,*CDA* 的每一个也是角 *CAD* 的二倍.

现在,设角 *ACD*,*CDA* 分别被直线 *CE*,*DB* 二等分. [Ⅰ.9]

又连接 *AB*,*BC*,*DE*,*EA*.

那么,因为角 ACD,CDA 是角 CAD 的二倍,且它们被直线 CE,DB 二等分.
故五个角 DAC,ACE,ECD,CDB,BDA 彼此相等.

但是,等角所对的弧也相等. [Ⅲ.26]

故五段弧 AB,BC,CD,DE,EA 彼此相等.

但是,等弧所对的弦也相等. [Ⅲ.29]

所以,五条弦 AB,BC,CD,DE,EA 彼此相等.

故五边形 $ABCDE$ 是等边的.

其次,可证它也是等角的.

因为,弧 AB 等于弧 DE,给它们各边加上 BCD,则整体弧 $ABCD$ 等于整体的弧 $EDCB$.

又,角 AED 在弧 $ABCD$ 上,且角 BAE 在弧 $EDCB$ 上,故角 BAE 也等于角 AED. [Ⅲ.27]

同理,角 ABC,BCD,CDE 的每一个也等于角 BAE,AED 的每一个.

故五边形 $ABCDE$ 是等角的.

但是,已经证明了它是等边的.

因此,在所给定的圆内作出了一个内接等边且等角的五边形.

作完

命题 12

求作给定的圆的外切等边且等角的五边形.

设 $ABCDE$ 是所给定的圆. 求作圆 $ABCDE$ 的外切等边且等角的五边形.

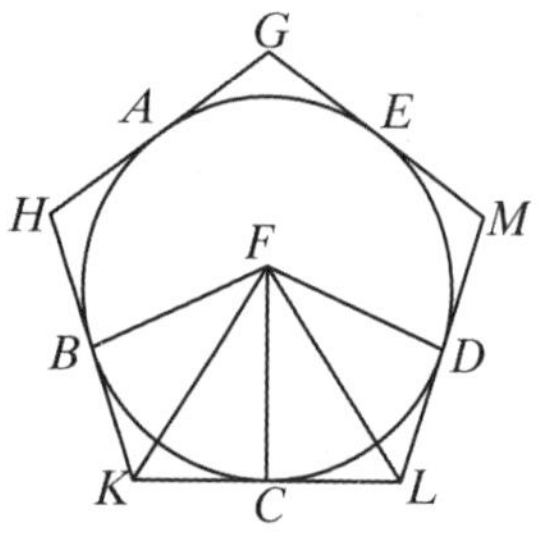

设 A、B、C、D、E 是内接五边形的顶点. 这样,弧 AB,BC,CD,DE,EA 相等. [Ⅳ.11]

经过点 A、B、C、D、E 作圆的切线 GH,HK,KL,LM,MG. [Ⅲ.16,推论]

设圆 $ABCDE$ 的圆心 F 已取定, [Ⅲ.1]

又连接 FB,FK,FC,FL,FD.

那么,因为直线 KL 切圆 $ABCDE$ 于 C.

又,由圆心 F 到切点 C 的连线为 FC,

则 FC 垂直于 KL. [Ⅲ.18]

故在点 C 的每个角都是直角.

同理,在点 B,D 的角也是直角.

又,因为角 FCK 是直角,

从而,在 FK 上的正方形等于 FC,CK 上的正方形的和. [Ⅰ.47]

同理,FK 上正方形也等于 FB,BK 上正方形的和;

由此,FC,CK 上正方形的和等于 FB,BK 上正方形的和.

其中在 FC 上的正方形等于 FB 上的正方形,故其余的 CK 上的正方形等于 BK 上的正方形.

所以 BK 等于 CK.

又,因为 FB 等于 FC,且 FK 是公共的,两边 BF,FK 等于两边 CF,FK,且底 BK 等于底 CK.

所以角 BFK 等于角 KFC, [Ⅰ.8]

且,角 BKF 等于角 FKC,

从而,角 BFC 是角 KFC 的二倍,以及角 BKC 是角 FKC 的二倍.

同理,角 CFD 也是角 CFL 的二倍,且角 DLC 也是角 FLC 的二倍.

现在,因为弧 BC 等于弧 CD,角 BFC 也等角 CFD. [Ⅲ.27]

又,角 BFC 是角 KFC 的二倍,且角 DFC 是角 LFC 的二倍.

于是角 KFC 也等于角 LFC.

但是,角 FCK 也等于角 FCL,

从而,在 FKC,FLC 两个三角形中,它们有两个角等于两个角,又有一边等于一边,即它们的公共边 FC;

故它们其余的边等于其余的边,其余的角等于其余的角. [Ⅰ.26]

所以,线段 KC 等于线段 CL,且角 FKC 等于角 FLC.

又,因为 KC 等于 CL,

从而,KL 是 KC 的二倍.

同理,可证 HK 也等于 BK 的二倍.

又,BK 等于 KC,于是 HK 也等于 KL.

类似地,线段 HG,GM,ML 的每一条也可以被证明等于线段 HK,KL 的每一条.

故,五边形 $GHKLM$ 是等边的.

其次,也可证得它是等角的.

因为,角 FKC 等于角 FLC,且已证明了角 HKL 是角 FKC 的二倍.

又,角 KLM 是 FLC 的二倍,故角 HKL 也等于角 KLM.

类似的,也可证得角 KHG,HGM,GML 的每一个也等于角 HKL,KLM 的每一个;从而五个角 GHK,HKL,KLM,LMG,MGH 彼此相等.

于是五边形 $GHKLM$ 是等角的.

前面已经证明了它是等边的,并且又外切于圆 $ABCDE$.

作完

命题 13

给定一个边相等且角相等的五边形,求作它的内切圆.

设 $ABCDE$ 是所给定的的等边且等角的五边形. 求作五边形 $ABCDE$ 的内切圆.

将角 BCD,CDE 分别用直线 CF,DF 二等分,且直线 CF,DF 相交于点 F.

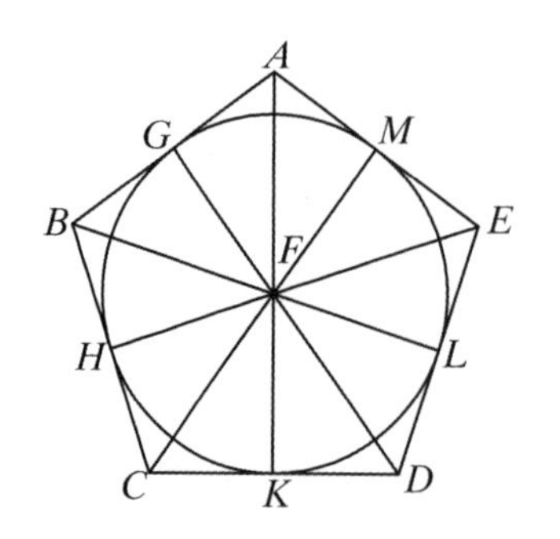

连接线段 FB,FA,FE.

于是 BC 等于 CD,且 CF 是公共的,两边 BC,CF 等于两边 DC,CF,且角 BCF 等于角 DCF.

故,底 BF 等于底 DF,三角形 BCF 全等于三角形 DCF,且其余的角等于其余的角. 即等边所对的角. [Ⅰ.4]

故,角 CBF 等于角 CDF.

又,因为角 CDE 是角 CDF 的二倍,且角 CDE 等于角 ABC. 然而,角 CDF 等于角 CBF. 从而角 CBA 也是角 CBF 的二倍.

故,角 ABF 等于角 FBC.

所以,角 ABC 被直线 BF 二等分.

类似地,可以证明角 BAE,AED 分别被直线 FA,FE 二等分.

现在,由点 F 作 FG,FH,FK,FL,FM 垂直于直线 AB,BC,CD,DE,EA.

则角 HCF 等于角 KCF,且直角 FHC 也等于角 FKC. 于是 FHC,FKC 是有两个角等于两个角且一条边等于一条边的两个三角形,即 FC 是它们的公共边,并且是等角所对的边.

故,它们的其余边也等于其余的边. [Ⅰ.26]

从而,垂线 FH 等于垂线 FK.

类似地,可以证明线段 FL,FM,FG 的每一条等于线段 FH,FK 的每一条,故五条线段 FG,FH,FK,FL,FM 彼此相等.

从而,以 F 为心,以线段 FG,FH,FK,FL,FM 之一为距离作圆,也经过其他各点,并且必定切于直线 AB,BC,CD,DE,EA. 这是因为在点 G,H,K,L,M 处的角是直角.

事实上,如果它不切于它们,而与它们相截,那么,过圆的直径的端点和直径成直角的直线就落在圆内:这是不合理的. [Ⅲ.16]

从而,以 F 为心且以线段 FG,FH,FK,FL,FM 之一为距离所作的圆与直线 AB,BC,CD,DE,EA 不相截,因而就相切.

设画出的内切圆是 $GHKLM$.

因此,在所给定的等边且等角的五边形内作出了内切圆.

作完

命 题 14

给定一个等边且等角的五边形,求作它的外接圆.

设 $ABCDE$ 是所给定的等边且等角的五边形.

求作五边形 $ABCDE$ 的外接圆.

设角 BCD,CDE 分别被直线 CF,DF 二等分,由二直线的交点 F 到点 B、A、E 连线段 FB、FA、FE.

则依照前面的方式,类似地可以证明角 CBA,BAE,AED 分别被直线 FB,FA,FE 二等分.

现在,因为角 BCD 等于角 CDE,且角 FCD 是角 BCD 的一半,又角 CDF 是角 CDE 的一半.

故,角 FCD 也等于角 CDF. 这样一来,边 FC 也等于边 FD. [Ⅰ.6]

类似地,可以证明线段 FB,FA,FE 的每一条也等于线段 FC,FD 的每一条.

故五条线段 FA,FB,FC,FD,FE 彼此相等.

从而,以 F 为心且以 FA,FB,FC,FD,FE 之一为距离作圆也经过其余的点,而且是外接的.

设这个外接圆是 $ABCDE$.

因此,对所给定的等边且等角的五边形,已作出了它的外接圆.

作完

命题 15

在给定的圆内求作一个等边且等角的内接六边形.

设 $ABCDEF$ 是所给定的圆. 在圆 $ABCDEF$ 内求作一个等边且等角的内接六边形.

作圆 $ABCDEF$ 的直径 AD;

设圆心为 G,又以 D 为心,且以 DG 为距离作圆 $EGCH$.

连接 EG, CG, 延长经过点 B, F, 又连接 AB, BC, CD, DE, EF,FA.

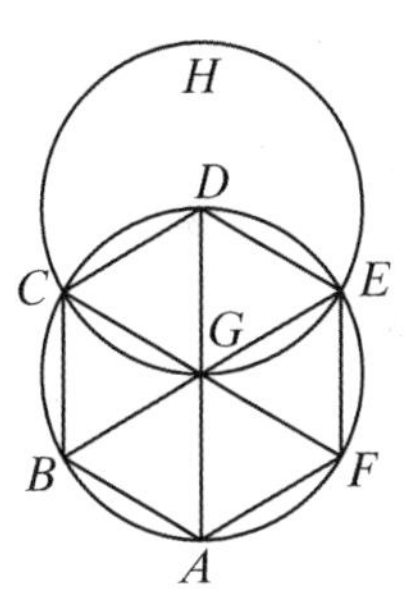

则可证六边形 $ABCDEF$ 是等边且等角的.

因为,点 G 是圆 $ABCDEF$ 的圆心,GE 等于 GD.

又,因为点 D 是圆 GCH 的圆心,DE 等于 DG.

但是,已经证明了 GE 等于 GD,故 GE 也等于 ED,
所以三角形 EGD 是等边的,
且它的三个角 EGD,GDE,DEG 是彼此相等的.
这是因为在等腰三角形中,底上的两个角是彼此相等的. [Ⅰ.5]

又由于三角形的三个角的和等于两直角. [Ⅰ.32]

故,角 EGD 是两直角的三分之一.

类似地,也可证明角 DGC 是两直角的三分之一.

又,因为直线 CG 与 EB 所成的邻角 EGC,CGB 的和等于两直角,所以,其余的角 CGB 也等于两直角的三分之一.

故,角 EGD,DGC,CGB 彼此相等,
由此,它们的顶角 BGA,AGF,FGE 相等. [Ⅰ.15]

故,六个角 EGD,DGC,CGB,BGA,AGF,FGE,彼此相等.

但是,等角所对的弧相等. [Ⅲ.26]

故六段弧 AB,BC,CD,DE,EF,FA 彼此相等.

又,等弧所对的弦相等. [Ⅲ.29]

故,六条弦彼此相等.

从而,六边形 $ABCDEF$ 是等边的.

其次,可证它也是等角的.

事实上,弧 FA 等于弧 ED,将弧 $ABCD$ 加在它们各边,

则整体 $FABCD$ 等于整体 $EDCBA$.

又,角 FED 对着弧 $FABCD$,且角 AFE 对着弧 $EDCBA$.

故这个角 AFE 等于角 DEF. [Ⅲ.27]

类似地,可以证明六边形 $ABCDEF$ 的其余的角也等于角 AFE,FED 的每一个.

故,六边形 $ABCDEF$ 是等角的.

但是,已经证明了它是等边的,且它也内接于圆 $ABCDEF$.

从而,在所给定的圆内作出了等边且等角的内接六边形.

作完

推论 明显地,由此可得,此六边形的边等于圆的半径.

并且同样像五边形的情况,如果经过圆上分点作圆的切线,就得到圆的一个等边且等角的外切六边形. 这和五边形情况的解释是一样的.

而且,根据类似五边形的情况,我们可以作出所给定的六边形的内切圆和外接圆.

作完

命题 16

在给定的圆内作一个等边且等角的内接十五角形.

设 $ABCD$ 是一个所给定的圆. 在圆 $ABCD$ 内求作一个等边且等角的内接十五角形.

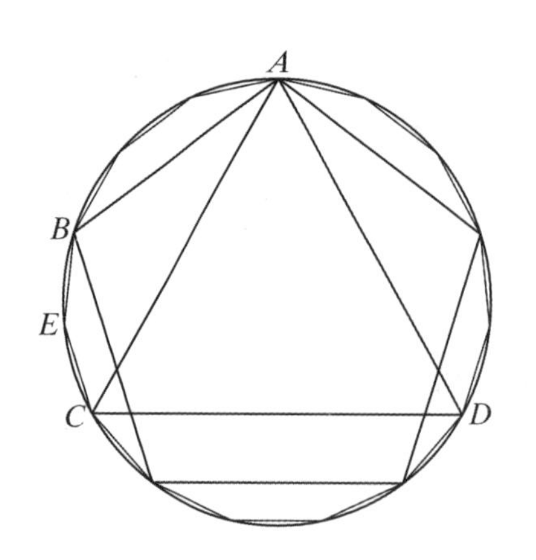

设 AC 为圆 $ABCD$ 内接等边三角形的一边,AB 为等边五边形的一边. 则在圆 $ABCD$ 内就有相等的线段十五条;在弧 ABC 上有五条,而此弧是圆的三分之一,且在弧 AB 上有三条,而此弧是圆的五分之一.

那么,余下的 BC 上有两条相等的弧. [Ⅲ.30]

令 E 二等分弧 BC,

则弧 BE,EC 的每一条是圆 $ABCD$ 的十五分之一.

如果连接 BE,EC,而且在圆 $ABCD$ 内适当的截出等于它们的线段,就可作出内接于它的边相等且

角相等的十五角形. **作完**

又,和五边形的情况相同,如果过圆上的分点作圆的切线,就可以作出圆的一个等边且等角的外切十五边形.

进一步,类似于五边形的情况,我们可以同时作出给定的一个[等边且等角的]十五角形的内切圆与外切圆.

本卷论述了圆的内接、外切正多边形,主要是几种正多边形的作法. 实际上,这是等分圆周问题. 这个问题,也和其他作图问题一样,作图工具只能用直尺和圆规. 从而,也存在作图“可能”与“不可能”两种情况. 在欧几里得之前,就逐渐形成了对作图工具的限制,这种限制是要把作图从实验提高到数学理论来研究. 这是作图问题的一大进步.

由于欧几里得以前已经发现了作图“难题”,如几何三大难题及其他. 当时,无法判断真正的“不能作”,还是暂时找不到作图方法. 欧几里得明确地将直尺圆规作了理论化的提高,用数学的语言把它们的效能写入公设(postulate)1、3. 这给以后作图问题代数化提供了理论基础. 他在这一卷仅谈了正三角形、正方形、正五边形、正六边形、正十五边形的作图,未提及其他正多边形的作法. 可见他已尝试着作过其他正多边形,碰到了“不能”作出的情形. 凡作不出者,干脆不提.

以后正多边形的作图问题,越来越引起人们的兴趣,高斯(Gauss, C. F. 1777 ~ 1855)在 1796 年 19 岁时,给出了正十七边形的尺规作图,并由此决定投身于数学,为了表彰他的这一发现,高斯去世后,在他的家乡不伦瑞克建立的纪念碑上面刻了一个正十七边形.

形如 $2^{2^n}+1$ 的数,叫做费马(P. D. Fermat, 1601 ~ 1665)数. 用 F_n 表示,即 $F_n=2^{2^n}+1$. 费马数是素数的叫做费马素数.

当 n 取 0,1,2,3,4 得到

$F_0=3, F_1=5, F_2=17, F_3=257, F_4=65537$ 都是费马素数. 除了这 5 个费马素数外,迄今还没有发现第 6 个费马素数.

高斯曾证明假如素数 p 是费马数,那么正 p 边形可以用圆规与直尺作出,反过来也成立. ①因此正 3 边形、正 5 边形、正 17 边形都可用尺规作出,但正 7 边形、正 11 边形、正 13 边形就不能用尺规作出.

① 熊全淹. 初等整数论. 湖北教育出版社(1984. 2) pp. 34 ~ 36.

第V卷

定　义

1. 当一个较小的量能量尽一个较大的量时，我们把较小量叫做较大量的**一部分**.

2. 当一个较大的量能被较小的量量尽时，我们把较大的量叫做较小的量的**倍量**.

3. 两个同类量彼此之间的一种大小关系叫做**比**.

4. 把一个量几倍以后能大于另外一个量时，则说这两个量彼此之间**有一个比**.

5. 有四个量，第一量比第二量与第三量比第四量叫做有**相同比**，如果对第一与第三个量取任意同倍数，又对第二与第四个量取任意同倍数，而第一与第二倍量之间依次有大于、等于或小于的关系，那么第三与第四倍量之间便有相应的关系①.

6. 有相同比的四个量叫做**成比例**的量.

7. 在四个量之间，第一、三两个量取相同的倍数，又第二、四两个量取另一相同的倍数，若第一个的倍量大于第二个的倍量，但是第三个的倍量不大于第四个的倍量时，则称第一量与第二量的**比大于**第三量与第四量的**比**②.

8. 一个比例至少要有三项③.

9. 当三个量成比例时，则称第一量与第三量的比是第一量与第二量的**二次比**④.

10. 当四个量成〈连〉比例时，则称第一量与第四量的比为第一量与第二量的**三次比**. 不论有几个量成连比都依此类推⑤.

---

① 设 a、b 是同类的两个量，c、d 也是同类的两个量，对任意的整数 m 与 n，若三个关系式 $ma \gtreqless nb$ 中之一成立时，必有三个关系式 $mc \gtreqless nd$ 中相应的一个成立. 则说 a 比 b 与 c 比 d 有相同的比. 即四个量成比例，称为 a 比 b 如同 c 比 d. 这就是欧几里得对四个量成比例所下的定义. 这个定义与现代对比例所下的定义是等价的. 在注释中将用 $a:b=c:d$ 表示四个量成比例.

希思在注释中用 $a:b=c:d$ 表示在欧多克索斯四个量成比例“*as A is to B, so is C to D*”（汉译 A 比 B 如同 C 比 D），这并不表示 $A:B$ 与 $C:D$ 的“相等”关系.《原本》中的 $A:B$ 与 $C:D$ 即不能作“加、减”运算，又不能作“乘、除”运算，因为 $A:B$ 与 $C:D$ 不看作是数，它们的“比例”仅与实数理论建立后的“比例”关系等价，而与“比例的运算”无关.

为了区分比例中的“如同”与实数的“相等”. 19 世纪、20 世纪初的教科书中曾把“比号与如同号”用“$A:B::C:D$”表示.（魏庚人. 数学教育文集. 河南教育出版社. 1991.4，p.107.）

② 设 a、b、c、d 是四个量，有某整数 m、n，使得 $ma>nb$，而 $mc \ngtr nd$，则说，a 比 b 大于 c 比 d，即 $a:b>c:d$.

③ 有三个量 a、b、c，其比例式为 $a:b=b:c$.

④ 当三个量 a、b、c，有 $a:b=b:c$ 时，有 $a:c=a^2:b^2$，则称 $a:c$ 为 $a:b$ 的二次比.

⑤ 当四个量 a、b、c、d 有 $a:b=b:c=c:d$ 时，有 $a:d=a^3:b^3$ 则称 $a:d$ 为 $a:b$ 的三次比. 依此类推.

11. 在成比例的四个量中,将前项与前项且后项与后项叫做**对应量**.

12. **更比**是前项比前项且后项比后项①.

13. **反比**是后项作前项,前项作后项②.

14. **合比**是前项与后项的和比后项③.

15. **分比**是前项与后项的差比后项④.

16. **换比**是前项比前项与后项的差⑤.

17. **首末比**指的是,有一些量又有一些与它们个数相等的量,若在各组中每取相邻二量作成相同的比例,则第一组量中首量比末量如同第二组中首量比末量⑥.

或者,换言之,这意思是取掉中间项,保留两头的项.

18. **波动比**是这样的,有三个量,又有另外与它们个数相等的三个量,在第一组量里前项比中项如同第二组量里中项比后项,这时,第一组量里的中项比后项如同第二组量里前项比中项⑦.

命 题

命题 1

如果有任意多个量,分别是同样多个量的同倍数⑧量.则无论这个倍数是多少,前者的和也是后者的和的同倍数量.

设量 AB,CD 分别是个数与它们相等的量 E,F 的同倍数量.

A——G——B　C——H——D

E——　F——

则可证无论 AB 是 E 的多少倍,则 AB,CD 的和也是 E,F 的和的同样的多少倍.

因为,AB 是 E 的倍量,CD 是 F 的倍量,其倍数相等,则在 AB 中有多少个等于 E 的量,也在 CD 中有同样多少个等于 F 的量.

---

① 如果 $a:b=c:d$,则其更比为 $a:c=b:d$.

② 如果 $a:b=c:d$,则其反比为 $b:a=d:c$.

③ 如果 $a:b=c:d$,则其合比为 $(a+b):b=(c+d):d$.

④ 如果 $a:b=c:d$,则其分比为 $(a-b):b=(c-d):d$.

⑤ 如果 $a:b=c:d$,则其换比为 $a:(a-b)=c:(c-d)$.

⑥ 如果四个量 a、b、c、d,又有四个量 e、f、g、h,且 $a:b=e:f,b:c=f:g,c:d=g:h$. 则 $a:d=e:h$. 把 $a:d=e:h$ 叫做首末比.

⑦ 设有三个量 a、b、c,又有三个量 d、e、f. 其波动比是:
$a:b=e:f$ 且 $b:c=d:e$.
由此可得 $a:c=d:f$. 证明见 V. 23.

⑧ B 是 A 的倍量,于是 $B=mA$,m 是正整数,把 m 叫做 A 的倍数.

设 AB 被分成等于 E 的量 AG、GB，并且 CD 被分成等于 F 的量 CH、HD. 那么，量 AG、GB 的个数等于量 CH、HD 的个数.

现在，因为 AG 等于 E，CH 等于 F，故 AG 等于 E，并且 AG、CH 的和等于 E、F 的和.

同理，GB 等于 E，且 GB、HD 的和等于 E、F 的和. 故在 AB 中有多少个等于 E 的量，于是在 AB、CD 的和中也有同样多少个量等于 E、F 的和.

所以，不论 AB 是 E 的多少倍，AB、CD 的和也是 E、F 的和的同样多少倍.

证完

如果 ma,mb,mc 分别是 a,b,c 的同倍量，则 $ma+mb+mc=m(a+b+c)$.

命 题 2

如果第一量是第二量的倍量，第三量是第四量的倍量，其倍数相等；又第五量是第二量的倍量，第六量是第四量的倍量，其倍数相等. 则第一量与第五量的和是第二量的倍量，第三量与第六量的和是第四量的倍量，其倍数相等.

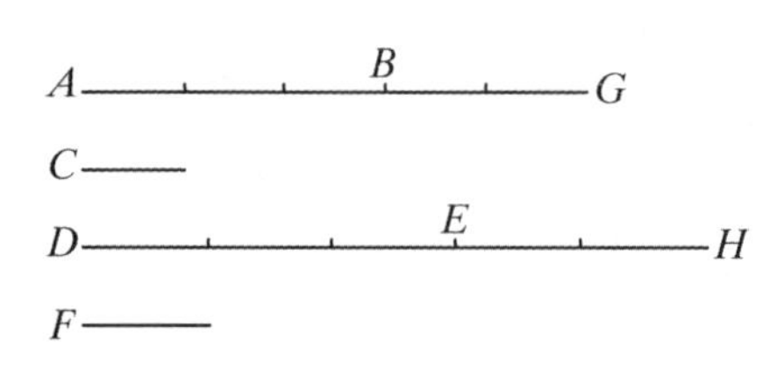

设第一量 AB 是第二量 C 的倍量，第三量 DE 是第四量 F 的倍量，其倍数相等；又第五量 BG 是第二量 C 的倍量，第六量 EH 是第四量 F 的倍量，其倍数相等.

则可证第一量与第五量的和 AG 是第二量 C 的倍量，第三量与第六量的和 DH 是第四量 F 的倍量，其倍数相等.

事实上，因为 AB 是 C 的倍量，DE 是 F 的倍量，其倍数相等. 故在 AB 中存在多少个等于 C 的量，则在 DE 中也存在同样多少个等于 F 的量.

同理，在 BG 中存在多少个等于 C 的量，则在 EH 中也存在同样多少个等于 F 的量.

因此，在整体 AG 中存在多少个等于 C 的量，在整体 DH 中也存在同样多少个等于 F 的量.

故无论 AG 是 C 的几倍，DH 也是 F 的几倍.

所以，第一与第五量的和 AG 是第二量 C 的倍量，第三量与第六量的和 DH 是第四量 F 的倍量，其倍数相等.

证完

设第一个量为 ma，第二个量为 a，第三个量为 mb，第四个量为 b，第五个量为 na，第六个量为 nb. 则 $ma+na=(m+n)a$，且 $mb+nb=(m+n)b$.

命 题 3

如果第一量是第二量的倍量，第三量是第四量的倍量，其倍数相等；如果再有同倍数的第一量及第三量. 则同倍后的这两个量分别是第二量及第四量的倍量,并且这两个倍数是相等的.

设第一量 A 是第二量 B 的倍量,第三量 C 是第四量 D 的倍量,其倍数相等. 又取定 A,C 的等倍量 EF,GH.

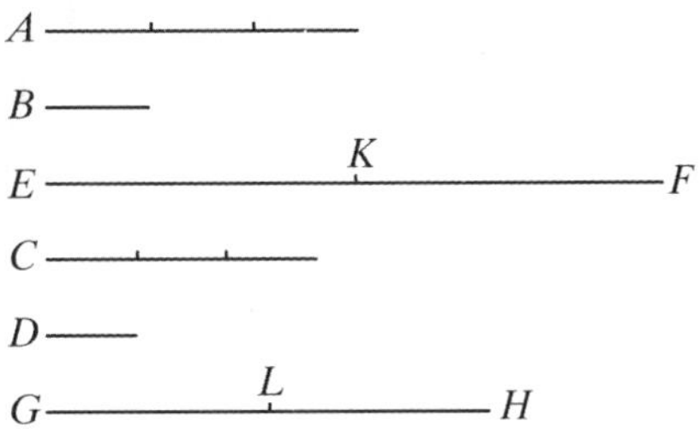

则可证 EF 是 B 的倍量,GH 是 D 的倍量,其倍数相等.

因为 EF 是 A 的倍量,GH 是 C 的倍量,其倍数相等,故在 EF 中存在多少个等于 A 的量,也在 GH 中存在同样多少个等于 C 的量.

设,EF 被分成等于 A 的量 EK,KF;又 GH 被分成等于 C 的量 GL,LH. 那么,量 EK,KF 的个数等于量 GL,LH 的个数.

又,因为 A 是 B 的倍量,C 是 D 的倍量,其倍数相等;这时 EK 等于 A,且 GL 等于 C,故 EK 是 B 的倍量,GL 是 D 的倍量,其倍数相等.

同理,KF 是 B 的倍量,LH 是 D 的倍量,其倍数相等.

那么,第一量 EK 是第二量 B 的倍量,第三量 GL 是第四量 D 的倍量,其倍数相等.

又第五量 KF 是第二量 B 的倍量,第六量 LH 是第四量 D 的倍量,其倍数也相等. 故第一量与第五量的和 EF 是第二量 B 的倍量,第三量与第六量的和 GH 是第四量 D 的倍量,其倍数相等. [Ⅴ.2]

证完

设有四个量 a、b、c、d,如果 $a=mb$,$c=md$,$e=na$,$f=nc$. 则 $e=mnb$,$f=mnd$.

命题 4

如果第一量比第二量与第三量比第四量有相同的比,那么取第一量与第三量的任意同倍数量,又取第二量与第四量的任意同倍数量. 则按原顺序它们仍有相同的比.

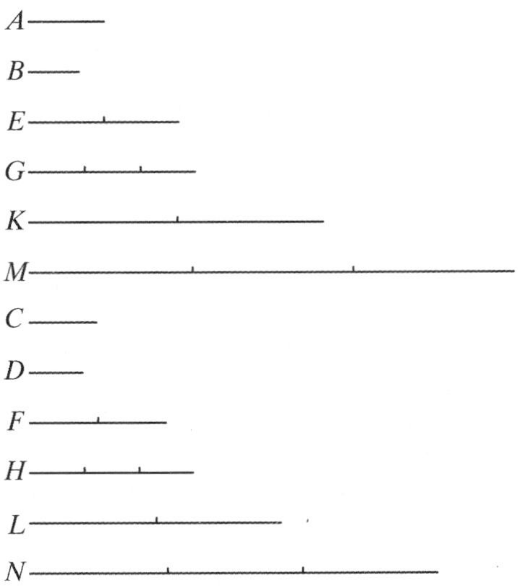

设第一量 A 比第二量 B 与第三量 C 比第四量 D 有相同的比.

取 A、C 的等倍数量为 E、F;又取 B、D 的等倍数量为 G、H.

则可证 E 比 G 如同 F 比 H.

事实上,令 E、F 的同倍量为 K、L;另外,G、H 的同倍量为 M、N.

因为，E 是 A 的倍量，F 的是 C 的倍量，其倍数相同. 又取定 E、F 的同倍量 K、L.

故 K 是 A 的倍量，L 是 C 的倍量，其倍数相同. [V.3]

同理，M 是 B 的倍量，N 是 D 的倍量，其倍数相同.

又因为 A 比 B 如同 C 比 D，且 K、L 是 A、C 的同倍量；

另外，M、N 是 B、D 的同倍量，

因而，如果 M 大于 K，N 也大于 L.

如果 M 等于 K，N 也等于 L；

如果 M 小于 K，N 也小于 L. [V.定义5]

又，K、L 是 E、F 的同倍量，

另外，M、N 是 G、H 的同倍量.

故 E 比 G 如同 F 比 H. [V.定义5]

证完

设有四个量 a、b、c、d，并且 $a:b=c:d$，对它们取倍量 ma、nb、mc、nd，则有 $ma:nb=mc:nd$.

命题5

如果一个量是另一个量的倍量，而且第一个量减去的部分是第二个量减去的部分的倍量，其倍数相等. 则剩余部分是剩余部分的倍量，整体是整体的倍量，其倍数相等.

设量 AB 是量 CD 的倍量，部分 AE 是部分 CF 倍量，其倍数相等.

则可证剩余量 EB 是剩余量 FD 的倍量，整体 AB 是整体 CD 的倍量，其倍数相等.

因为，无论 AE 是 CF 的多少倍，则设 EB 也是 CG 的同样多少倍.

于是 AE 是 CF 的倍量，EB 是 GC 的倍量，其倍数相等. 故 AE 是 CF 的倍量，AB 是 GF 的倍量，其倍数相等. [V.1]

但是，由假设，AE 是 CF 的倍量，AB 是 CD 的倍量，其倍数相等.

所以，AB 是量 GF，CD 的每一个的倍量，其倍数相等.

从而，GF 等于 CD.

设由以上每个减去 CF，

故余量 GC 等于余量 FD.

又，因为 AE 是 CF 的倍量，EB 是 GC 的倍量，其倍数相等. 且 GC 等于 DF.

故，AE 是 CF 的倍量，EB 是 FD 的倍量，其倍数相等.

但是，由假设，AE 是 CF 的倍量，AB 是 CD 的倍量，其倍数相等.

即，余量 EB 是余量 FD 的倍量，整体 AB 是整体 CD 的倍量，其倍数相等.

证完

这个命题对应于命题V.1，只是把加号换成了减号，该命题证明了公式 $ma-mb=m(a-b)$.

命题 6

如果两个量是另外两个量的相同的倍量,而且由前二量中减去后两个量的任何相同的倍量.则剩余的两个量或者与后两个量相等,或者是它们的同倍量.

设两个量 AB、CD 是两个量 E、F 的同倍量,由前二量减去 E、F 的同倍量 AG、CH.

则可证余量 GB、HD 或者等于 E、F,或者是它们的同倍量.

为此,首先可设 GB 等于 E,

则可证 HD 也等于 F.

因为可作 CK 等于 F.

因为 AG 是 E 的倍量,而 CH 是 F 的倍量,其倍数相等.这时,GB 等于 E 且 KC 等于 F,

故 AB 是 E 的倍量,而 KH 是 F 的倍量,其倍数相等. [V.2]

但是,由假设,AB 是 E 的倍量,而 CD 是 F 的倍量,其倍数相等,

所以,KH 是 F 的倍量,而 CD 是 F 的倍量,其倍数相等.

则量 KH、CD 的每一个都是 F 的同倍量.

故 KH 等于 CD.

由上面每个量减去 CH,

则余量 KC 等于余量 HD.

但是,F 等于 KC,

故 HD 也等于 F.

因此,如果 GB 等于 E,HD 也等于 F.

类似地,我们可以证明,如果 GB 是 E 的倍量.则 HD 也是 F 的同倍量.

证完

有六个量 ma,mb,na,nb,a,b.且 $n<m$,

则 $ma-na=(m-n)a,mb-nb=(m-n)b$.

这里 $m-n=1$ 或 $m-n>1$.这个命题对应于V.2,只是把加号换成减号.

命题 7

相等的量比同一个量,其比相同;同一个量比相等的量,其比相同.

设 A、B 是相等的量,且设 C 是另外的任意量.

则可证量 A、B 的每一个与量 C 相比,其比相同;且量 C 比量 A、B 的每一个,其比相同.

设取定 A、B 的等倍量 D、E，且另外一个量 C 的倍量为 F，

则，因为 D 是 A 的倍量，E 是 B 的倍量，其倍数相等；这时，A 等于 B，

故，D 等于 E.

但是，F 是另外的任意量.

如果，D 大于 F，E 也大于 F；如果前二者相等，后二者也相等；如果 D 小于 F，E 也小于 F.

又由于，D、E 是 A、B 的同倍量，这时，F 是量 C 的任意倍量，
故，A 比 C 如同 B 比 C. [V. 定义5]

其次，可证量 C 比量 A、B，其比相同.

因为，可用同样的作图，类似地，我们可以证明 D 等于 E；又 F 是某个另外的量.

如果，F 大于 D，F 也就大于 E；如果 F 等于 D，则 F 也等于 E；如果 F 小于 D，则 F 也小于 E.

又 F 是 C 的倍量，这时 D、E 是 A、B 另外的倍量；
故，C 比 A 如同 C 比 B. [V. 定义5]

证完

推论 由此容易得出，如果任意的量成比例，则其反比也成比例.

设 $a=b$，则有：(1) $a:c=b:c$； (2) $c:a=c:b$.

命题 8

有不相等的二量与同一量相比，较大的量比这个量大于较小的量比这个量；反之，这个量比较小的量大于这个量比较大的量.

设 AB、C 是不相等的量，且 AB 是较大者，而 D 是另外任意给定的量.

则可证 AB 与 D 的比大于 C 与 D 的比；且 D 与 C 的比大于 D 与 AB 的比.

因为，AB 大于 C，取 BE 等于 C.

那么，如果对量 AE，EB 中较小的一个量，加倍至一定倍数后它就大于 D. [V. 定义4]

[情况1]

首先设，AE 小于 EB，加倍 AE，并令 FG 是 AE 的倍量，它大于 D.

则无论 FG 是 AE 的几倍，就取 GH 为 EB 同样的倍数，且取 K 为 C 同样的倍数；

又令 L 是 D 的二倍，M 是它的三倍，而且一个接一个逐倍增加，直到 D 递加到首次

大于 K 为止. 设它已被取定,而且是 N,它是 D 的四倍. 这是首次大于 K 的倍量.

故 K 是首次小于 N 的量.

所以,K 不小于 M.

又,因为 FG 是 AE 的倍量,GH 是 EB 的倍量,其倍数相等. 故,FG 是 AE 的倍量,FH 是 AB 的倍量,其倍数相等. [V.1]

但是,FG 是 AE 的倍量,K 是 C 的倍量,其倍数相等,
故,FH 是 AB 的倍量,K 是 C 的倍量,其倍数相等,
从而,FH、K 是 AB、C 的同倍量.

又,因为 GH 是 EB 的倍量,K 是 C 的倍量,其倍数相等,且 EB 等于 C.

于是 GH 等于 K.

但是,K 不小于 M;故,GH 也不小于 M.

又,FG 大于 D,
于是整体 FH 大于 D 与 M 的和.

但是 D 与 M 的和等于 N,因此 M 是 D 的三倍. 且 M,D 的和是 D 的四倍,这时,N 也是 D 的四倍;因而得到 M,D 的和等于 N.

但是 FH 大于 M 与 D 的和.

故 FH 大于 N,
这时 K 不大于 N.

又 FH、K 是 AB、C 的同倍量,而 N 是另外任意取定的 D 的倍量.

故 AB 比 D 大于 C 比 D [V.定义7]

其次,可证 D 比 C 也大于 D 比 AB.

因为,用相同的作图,我们可以类似地证明 N 大于 K,这时 N 不大于 FH.

又 N 是 D 的倍量,
这时,FH、K 是 AB、C 的另外任意取定的同倍量.

故 D 比 C 大于 D 比 AB. [V.定义7]

[情况 2]

又设,AE 大于 EB.

则加倍较小的量 EB 到一定倍数,必定大于 D. [V.定义4]

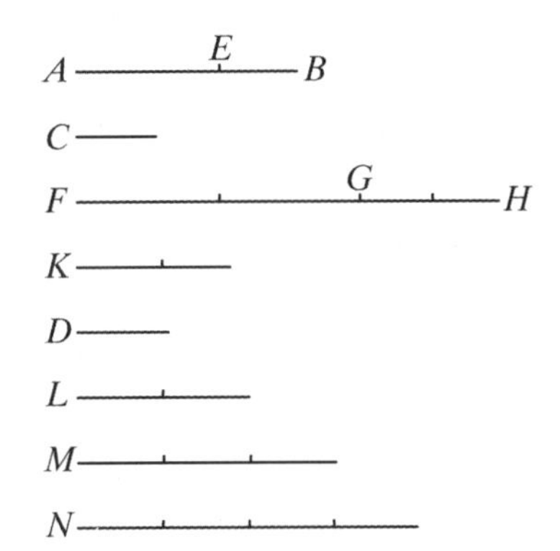

设加倍后的 GH 是 EB 的倍量且大于 D;
又无论 GH 是 EB 的多少倍,也取 FG 是 AE 的同样多少倍,K 是 C 的同样多少倍.

我们可以证明 FH、K 是 AB、C 的同倍量;
且类似地,设取定 D 的第一次大于 FG 的倍量 N,这样,FG 不再小于 M.

但是,GH 大于 D,
所以,整体 FH 大于 D、M 的和,即大于 N.

现在,K 不大于 N,因此 FG 也大于 GH,

即大于 K,而不大于 N.

用相同的方法,我们可以把以后的论证补充出来.

证完

设 a、b 和 c 三个量,且 $a>b$,则有(1)$a:c>b:c$; (2)$c:a<c:b$.

命题 9

几个量与同一个量的比相同,则这些量彼此相等;且同一量与几个量的比相同.则这些量相等.

A————

B————

C————

设量 A、B 各与 C 成相同的比.

则可证 A 等于 B.

因为,如果不是这样,那么,量 A、B 各与 C 的比不相同, [V.8]

但已知它们有相同的比,

故 A 等于 B.

又若 C 与量 A、B 的每一个成相同的比.则可证 A 等于 B.

因为,如果不是这样,即 C 与量 A、B 的每一个成不相同的比. [V.8]

但是,已知它们成相同的比,

于是 A 等于 B.

证完

若 $a:c=b:c$,或 $c:a=c:b$,则 $a=b$.

命题 10

一些量比同一量,比大者,该量也大;且同一量比一些量,比大者,该量较小.

A————

B————

C————

设 A 比 C 大于 B 比 C.

则可证 A 大于 B.

因为,如果不是这样,则或者 A 等于 B 或者 A 小于 B.

现在,设 A 等于 B,

因为,在这种情况下,已知量 A、B 的每一个比 C 有相同的比, [V.7]

但是,它们的比不相同;

所以,A 不等于 B.

又,A 也不小于 B,

因为,在这种情况下,A 比 C 小于 B 比 C. [V.8]

但是,已知不是这样,
所以,A 不小于 B.

但是,已经证明了又不相等.

所以 A 大于 B.

再设,C 比 B 大于 C 比 A.
则可证 B 小于 A.

因为,如果不是这样,则或者相等或者大于.

现在,设 B 不等于 A,
因为,在这种情况下,C 比量 A、B 的每一个有相同的比, [V.7]

但是,已知不是这样.

所以,A 不等于 B.

也不是 B 大于 A;
因为,在这种情况下,C 比 B 小于 C 比 A. [V.8]

但是,已知不是这样,

所以,B 不大于 A.

但是,已经证明了一个并不等于另一个,
所以,B 小于 A.

证完

命题 11

凡与同一个比相同的比,它们也彼此相同.

设 A 比 B 如同 C 比 D,
又设 C 比 D 如同 E 比 F.

则可证 A 比 B 如同 E 比 F.

A———— C———— E————

B———— D———— F————

G———————— H———————— K————————

L—————————— M—————————— N——————————

因为,可取 A、C、E 的同倍量为 G、H、K,又任意取定 B、D、F 的同倍量为 L、M、N.

那么,因为 A 比 B 如同 C 比 D;
又,因为已经取定了 A、C 的同倍量 G、H;
且另外任意取定了 B、D 的同倍量 L、M. 故,如果 G 大于 L,H 也大于 M;
如果前二者相等,则后二者也相等;
如果 G 小于 L,则 H 也小于 M.

又因为，C 比 D 如同 E 比 F，
而且已经取定了 C、E 的同倍量 H、K，
又另外，任意取定了 D、F 的同倍量 M、N.
故，如果 H 大于 M，则 K 也大于 N；
　　如果前二者相等，则后二者也相等；
如果 H 小于 M，则 K 也小于 N.

　　但是，我们看到，如果 H 大于 M，G 也大于 L；如果前二者相等，则后二者也相等；如果 H 小于 M，则 G 也小于 L.

　　这样一来，如果 G 大于 L，则 K 也大于 N；如果前二者相等，则后二者也相等，如果 G 小于 L，则 K 也小于 N.

　　又，G、K 是 A、E 的同倍量，
这时，L、N 是任意给定的 B、F 的同倍量.
　　所以，A 比 B 如同 E 比 F.

证完

若 $a:b=c:d$，并且 $c:d=e:f$，则 $a:b=e:f$.

命题 12

如果有任意多个量成比例，则其中一个前项比相应的后项如同所有前项的和比所有后项的和.

　　设任意多个量 A、B、C、D、E、F 成比例，即 A 比 B 如同 C 比 D，又如同 E 比 F.
　　则可证 A 比 B 如同 A、C、E 的和比 B、D、F 的和.
　　取 A、C、E 的同倍量 G、H、K.

A　B　C
D　E　F
G　L
H　M
K　N

　　且另外任意取 B、D、F 的同倍量 L、M、N.
　　因为，A 比 B 如同 C 比 D，也如同 E 比 F.
　　又，已取定了 A、C、E 的同倍量 G、H、K，
又，取定 B、D、F 的同倍量为 L、M、N.
　　故，如果 G 大于 L，H 也大于 M，K 也大于 N.
　　如果前二者相等，则后二者也相等；
如果 G 小于 L，则 H 也小于 M，K 也小于 N.

这样一来,进一步可得,

如果 G 大于 L,则 G,H,K 的和大于 L,M,N 的和.

如果前二者相等,则后二者和也相等;

如果 G 小于 L,则 G,H,K 的和小于 L,M,N 的和.

现在,G 与 G、H、K 的和是 A 与 A、C、E 的和的同倍量. 因为,如果有任意多个量,分别是同样多个量的同倍量,那么,无论哪些各别量的倍数是多少,前者的和也是后者的和的同倍量. [V.1]

同理,L 与 L、M、N 的和也是 B 与 B、D、F 的和的同倍量.

所以,A 比 B 如同 A、C、E 的和比 B、D、F 的和.

[V.定义 5]

证完

如果 $a:b=c:d=e:f$,则 $a:b=(a+c+e):(b+d+f)$.

命题 13

如果第一量比第二量与第三量比第四量有相同的比,又第三量与第四量的比大于第五量与第六量的比. 则第一量与第二量的比也大于第五量与第六量的比.

设第一量 A 比第二量 B 与第三量 C 比第四量 D,有相同的比,

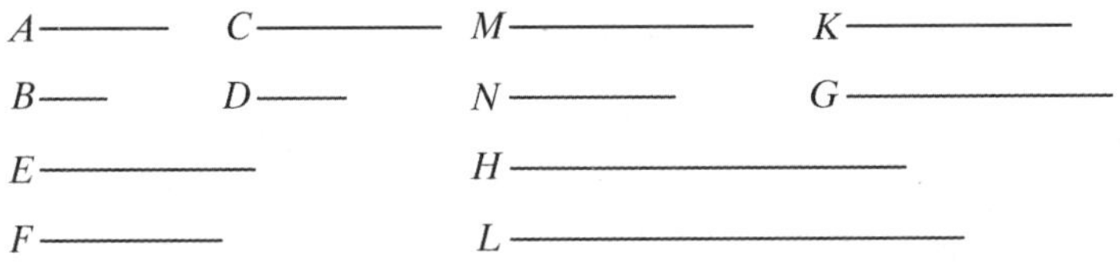

A C M K

B D N G

E H

F L

又设,第三量 C 比第四量 D,其比大于第五量 E 与第六量 F 的比.

则可证第一量 A 比第二量 B,其比也大于第五量 E 与第六量 F 的比.

因为,有 C、E 的某个同倍量,且 D、F 有另外任意给定的同倍量,使得 C 的倍量大于 D 的倍量.

而 E 的倍量不大于 F 的倍量. [V.定义 7]

设它们已经被取定,

且令 G、H 是 C、E 的同倍量,

又 K、L 是另外任意给定的 D、F 的同倍量.

由此,G 大于 K,但是 H 不大于 L.

又,无论 G 是 C 的几倍,设 M 也是 A 的几倍,

且,无论 K 是 D 的几倍,设 N 也是 B 的几倍.

现在,因为 A 比 B 如同 C 比 D.

又,已经取定 A、C 的同倍量 M、G,
且,另外任意给定 B、D 的同倍量 N、K.
故,如果 M 大于 N,G 也大于 K;
如果,前二者相等,则后二者也相等;
如果,M 小于 N,则 G 也小于 K. [V.定义5]
但是,G 大于 K,
于是,M 也大于 N.
但是,H 不大于 L,
且,M、H 是 A、E 的同倍量,
另外,N、L 正好也是 B、F 的同倍量.
所以,A 比 B 大于 E 比 F. [V.定义7]

证完

如果 $a:b=c:d$,且 $c:d>e:f$,则 $a:b>e:f$.
$\because c:d>e:f$,那么存在整数 s,t 使得
$sc>td$, (1) $se \ngtr tf$. (2) [V.定义7]
又$\because a:b=c:d$,由(1)式可得 $sa>tb$. (3) [V.定义5]
那么,对于 $a:b$ 与 $e:f$,由(3)及(2)可得 $a:b>e:f$. [V.定义7]

命题14

如果第一量比第二量与第三量比第四量有相同的比,且第一量大于第三量,则第二量也大于第四量;如果前二量相等,则后二量也相等,如果第一量小于第三量,则第二量也小于第四量.

因为,可令第一量 A 比第二量 B 与第三量 C 比第四量 D 有相同的比,又设 A 大于 C,

则可证 B 也大于 D.

A———— C————
B———— D————

因为,A 大于 C,且 B 是另外任意的量,故,A 比 B 大于 C 比 B. [V.8]
但是,A 比 B 如同 C 比 D,
故,C 比 D 大于 C 比 B, [V.13]
但是,同一量与二量相比,比大者,该量反而小, [V.10]
故,D 小于 B.
由此,B 大于 D.
类似地,我们可以证明,如果 A 等于 C,B 也等于 D;而且如果 A 小于 C,B 也小于 D.

证完

如果 $a:b=c:d$,且 $a \gtreqqless c$,则 $b \gtreqqless d$.

命题 15

部分与部分的比按相应的顺序与它们同倍量的比相同.

设 AB 是 C 的倍量,DE 是 F 的倍量,其倍数相同.

则可证 C 比 F 如同 AB 比 DE.

因为,AB 是 C 的倍量,DE 是 F 的倍量,其倍数相同. 因此,在 AB 中存在着多少个等于 C 的量,则在 DE 中也存在着同样多少个等于 F 的量.

设将 AB 分成等于 C 的量 AG,GH,HB.

且将 DE 分成等于 F 的量 DK,KL,LE.

又,因为量 AG,GH,HB 的个数等于量 DK,KL,LE 的个数.

又因为,AG,GH,HB 彼此相等,

且 DK,KL,LE 也彼此相等.

故,AG 比 DK 如同 GH 比 KL,也如同 HB 比 LE. [V.7]

所以,其中一个前项比一个后项如同所有前项的和比所有后项的和. [V.12]

故,AG 比 DK 如同 AB 比 DE.

但是,AG 等于 C 且 DK 等于 F.

所以,C 比 F 如同 AB 比 DE.

证完

$a:b=ma:mb$.

命题 16

如果四个量成比,则它们的更比也成立.

设 A、B、C、D 是四个成比例的量. 由此,A 比 B 如同 C 比 D.

则可证它们的更比也成立.

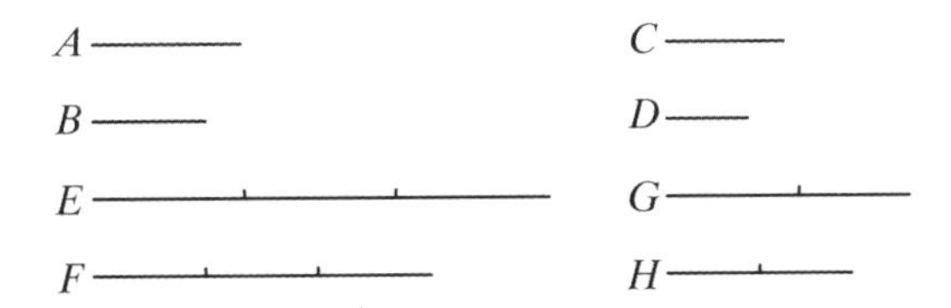

即,A 比 C 如同 B 比 D.

取定 A、B 的同倍量 E、F,

又,另外任意取定 C、D 的同倍量 G、H.

那么,因为 E 是 A 的倍量,F 是 B 的倍量,其倍数相同. 且部分与部分的比与它们同倍量的比相同. [V.15]

故,A 比 B 如同 E 比 F.

但是,A 比 B 如同 C 比 D,

所以也有,C 比 D 如同 E 比 F. [V.11]

又,因为 G、H 是 C、D 的同倍量,

故,C 比 D 如同 G 比 H. [V.15]

但是,C 比 D 如同 E 比 F,

所以也有,E 比 F 如同 G 比 H. [V.11]

但是,如果四个量成比例,且第一量大于第三量,

则第二量也大于第四量;

如果前二者相等,则后二者也相等;

如果第一量小于第三量,则第二量也小于第四量. [V.14]

因此,如果 E 大于 G,F 也大于 H;

如果前二者相等,则后二者也相等;

如果 E 小于 G,则 F 也小于 H.

现在,E、F 是 A、B 的同倍量.

且 G、H 是另外任意取的 C、D 的同倍量.

所以,A 比 C 如同 B 比 D. [V.定义5]

证完

若 $a:b=c:d$,则 $a:c=b:d$.

命题 17

如果几个量成合比,则它们的分比也成立.

设 AB,BE,CD,DF 成合比.

即,AB 比 BE 如同 CD 比 DF.

则可证它们的分比成立,即 AE 比 EB 如同 CF 比 DF.

A E B C F D
G H K O
L M N P

因为,可设 AE,EB,CF,FD 的同倍量各是 GH,HK,LM,MN,

又,另外任意取定 EB,FD 的同倍量 KO,NP.

那么,因为 GH 是 AE 的倍量,HK 是 EB 的倍量,其倍数相同.

故,GH 是 AE 的倍量,GK 是 AB 的倍量,其倍数相同. [V.1]

但是,GH 是 AE 的倍量,LM 是 CF 的倍量,其倍数相同,
故,GK 是 AB 的倍量,LM 是 CF 的倍量,其倍数相同.
又因为,LM 是 CF 的倍量,MN 是 FD 的倍量,其倍数相同,
故,LM 是 CF 的倍量,LN 是 CD 的倍量,其倍数相同. [V.1]
但是,LM 是 CF 的倍量,GK 是 AB 的倍量,其倍数相同,
故,GK 是 AB 的倍量,LN 是 CG 的倍量,其倍数相同.
从而,GK、LN 是 AB、CD 的等倍量.
又,因 HK 是 EB 的倍量,MN 是 FD 的倍量,其倍数相同,
且 KO 也是 EB 的倍量,NP 是 FD 的倍量,其倍数相同.
故,和 HO 也是 EB 的倍量,MP 是 FD 的倍量,其倍数相同. [V.2]
又,因为 AB 比 BE 如同 CD 比 DF.
且,已取定 AB、CD 的同倍量 GK、LN,
且,EB、FD 的同倍量为 HO、MP,
故,如果 GK 大于 HO,则 LN 也大于 MP.
如果前二者相等,则后二者也相等;
如果 GK 小于 HO,则 LN 也小于 MP.
令 GK 大于 HO,
那么,如果由以上每一个减去 HK,则 GH 也大于 KO.
但是,我们已经看到,如果 GK 大于 HO,LN 也大于 MP.
所以,LN 也大于 MP,
又,如果由它们每一个减去 MN,则 LM 也大于 NP;
由此,如果 GH 大于 KO,LM 也大于 NP.
类似地,我们可以证得,
如果,GH 等于 KO,则 LM 也等于 NP;
如果,GH 小于 KO,则 LM 也小于 NP.
又,GH、LM 是 AE、CF 的同倍量,
这时,KO、NP 是另外任意取的 EB、FD 的同倍量.
所以,AE 比 EB 如同 CF 比 FD.

证完

设 a、b、c、d 有 $(a+b):b=(c+d):d$,则 $a:b=c:d$.

命题 18

如果几个量成分比,则它们的合比也成立.
设 AE,EB,CF,FD 是成分比的量. 即,AE 比 EB 如同 CF 比 FD.
则可证它们的合比成立. 即,AB 比 BE 如同 CD 比 FD.
因为,如果 CD 比 DF 不相同于 AB 比 BE.

A——E——B

C————F G——D

那么,AB 比 BE 如同于 CD 比或者小于 DF 的量,或者大于 DF 的量.

首先,设在那个比中的量 DG 小于 DF.

则,因为 AB 比 BE 如同 CD 比 DG,
它们是成合比的量.

这样一来,它们也成分比. [V.17]

故,AE 比 EB 如同 CG 比 GD.
但是,由假设也有 AE 比 EB 如同 CF 比 FD.

故也有,CG 比 GD 如同 CF 比 FD. [V.11]

但是,第一量 CG 大于第三量 CF,
故,第二量 GD 也大于第四量 FD. [V.14]

但是,它也小于它:这是不可能的.

故,AB 比 BE 不相同于 CD 比一个较 FD 小的量.

类似地,我们还可证明也不是比一个较 FD 大的量.

所以,在那个比例中应是 FD 自身.

证完

设 a、b、c、d 有 $(a-b):b=(c-d):d$,则 $a:b=c:d$.

命题 19

如果整体比整体如同减去的部分比减去的部分. 则剩余部分比剩余部分如同整体比整体.

A——E——B

C——F——D

因为,可设整体 AB 比整体 CD 如同减去部分 AE 比减去部分 CF.

则可证剩余的 EB 比剩余的 FD 如同整体 AB 比整体 CD.

因为,AB 比 CD 如同 AE 比 CF,
其更比为,BA 比 AE 如同 DC 比 CF. [V.16]

又,因为这些量成合比,它们也成分比, [V.17]
即,BE 比 EA 如同 DF 比 CF.
又更比为,

BE 比 DF 如同 EA 比 FC. [V.16]

但是,由假设 AE 比 CF 如同整体 AB 比整体 CD.

故也有,剩余的 EB 比剩余的 FD 如同整体 AB 比整体 CD. [V.11]

[**推论** 由此,明显地可得,如果这些量成合比,则它们也成换比.]

证完

如果 $a:b=c:d$,且 $c<a$,$d<b$,
则 $(a-c):(b-d)=a:b$.

命题 20

如果有三个量,又有个数与它们相同的三个量,在各组中每取两个相应的量都有相同的比,如果首末项第一量大于第三量,则第四量也大于第六量;如果前二者相等,后二者也相等;如果第一量小于第三量,则第四量也小于第六量.

设有三个量 A、B、C;又有另外的量 D、E、F. 在各组中每取两个都有相同的比.

A——— D———
B—— E——
C——— F———

如,A 比 B 如同 D 比 E,

且 B 比 C 如同 E 比 F,

又设,A 大于 C,这是首末两项.

则可证 D 也大于 F;若 A 等于 C,则 D 也等于 F;若 A 小于 C,则 D 也小于 F.

又设,A 大于 C,且 B 是另外的量.

由于较大者与较小者和同一量相比,大者有较大的比. [V.8]

故,A 比 B 大于 C 比 B.

但是,A 比 B 如同 D 比 E,

且由逆比,C 比 B 如同 F 比 E.

故也有,D 比 E 大于 F 比 E. [V.13]

但是,一些量和同量相比,比大,则原来的量大. [V.10]

故,D 大于 F.

类似地,我们可以证明,如果 A 等于 C,则 D 也等于 F;

如果 F 小于 C,则 D 也小于 F.

证完

如果 $a:b=d:e$,且 $b:c=e:f$,则 $a:c=d:f$.

命题 21

如果有三个量,又有个数与它们相同的三个量,在各组中每取相应的两个量都有相同的比,而且它们成波动比. 那么,如果,首末项中第一量大于第三量,则第四量也将大于第六量;如果前二者相等,则后二者也相等;如果第一量小于第三量,则第四量也小于第六量.

设有三个量 A,B,C;又有另外三个量 D,E,F. 各取两个相应量都有相同的比,且它们成波动比,即

A 比 B 如同 E 比 F,

又，B 比 C 如同 D 比 E，且设，首末两项 A 大于 C.

则可证 D 也大于 F；若 A 等于 C，则 D 等于 F；若 A 小于 C，则 D 也小于 F.

因为，A 大于 C，且 B 是另外的量.

故，A 比 B 大于 C 比 B. [V.8]

但是，A 比 B 如同 E 比 F，

又由逆比例，C 比 B 如同 E 比 D，

故也有，E 比 F 大于 E 比 D. [V.13]

但是，同一量与一些量相比，其比较大者，则这个量小， [V.10]

故，F 小于 D，

从而，D 大于 F.

类似地，我们可以证明，

如果，A 等于 C，D 也等于 F；

如果，A 小于 C，D 也小于 F.

证完

如果 $a:b=e:f$，且 $b:c=d:e$，$a\gtreqqless c$ 则 $d\gtreqqless f$，即 $a:c=d:f$.

命题 22

如果有任意多个量，又有个数与它们相同的一些量，各组中每取两个相应的量都有相同的比. 则它们成首末比.

设有任意多个量 A,B,C；又另外有与它们个数相同的量 D,E,F. 各组中每取两个相应的量都有相同的比，使得

A 比 B 如同 D 比 E；

又，B 比 C 如同 E 比 F.

则可证它们也成首末比.

（即 A 比 C 如同 D 比 F）.

因为，可取定 A、D 的同倍量 G、H.

且另外对 B、E 任意取定它们的同倍量 K、L；

又，对 C、F 任意取定它们的同倍量 M、N.

由于，A 比 B 如同 D 比 E，

又,已经取定了 A、D 的同倍量 G、H,
且,另外任意给出 B、E 的同倍量 K、L.

故,G 比 K 如同 H 比 L. [V.4]

同理也有,
K 比 M 如同 L 比 N.

因为,这时有三个量 G、K、M;且另外有与它们个数相等的量 H、L、N;各组每取两个相应的量都有相同的比.

故取首末比,如果 G 大于 M,H 也大于 N;
如果 G 等于 M,则 H 也等于 N. [V.20]

如果 G 小于 M,则 H 也小于 N.

又,G、H 是 A、D 的同倍量,
且,另外任意给出 C、F 的同倍量 M、N.

所以,A 比 C 如同 D 比 F. [V.定义 5]

证完

如果 $a:b=d:e$,且 $b:c=e:f$,则 $a:c=d:f$.

命题 23

如果有三个量,又有与它们个数相同的三个量,在各组中每取两个相应的量都有相同的比,它们组成波动比,则它们也成首末比.

设有三个量 A、B、C,且另外有与它们个数相同的三个量 D、E、F. 从各组中每取两个相应的量都有相同的比,又设它们组成波动比,即

A 比 B 如同 E 比 F,

且,B 比 C 如同 D 比 E.

则可证 A 比 C 如同 D 比 F.

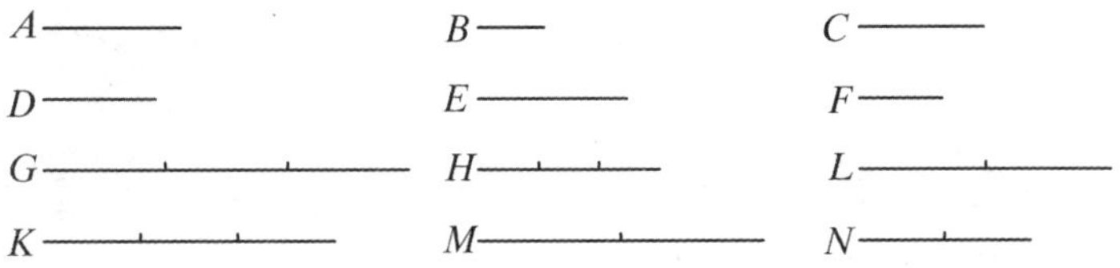

A B C
D E F
G H L
K M N

在其中取定 A,B,D 的同倍量 G,H,K.
且另外任意给出 C、E、F 的同倍量 L、M、N.

那么,因为 G、H 是 A、B 的同倍量,且部分对部分的比如同它们同倍量的比.

[V.15]

故,A 比 B 如同 G 比 H.

同理也有,E 比 F 如同 M 比 N.
且 A 比 B 如同 E 比 F,

故也有，G 比 H 如同 M 比 N. [V.11]

其次，因为 B 比 C 如同 D 比 E.

则更比例为，B 比 D 如同 C 比 E. [V.16]

又因为，H、K 是 B、D 的同倍量，

且部分与部分的比如同它们同倍量的比.

故，B 比 D 如同 H 比 K. [V.15]

但是，B 比 D 如同 C 比 E.

故也有，H 比 K 如同 C 比 E. [V.11]

又因为，L、M 是 C、E 的同倍量，

故，C 比 E 如同 L 比 M. [V.15]

但是，C 比 E 如同 H 比 K，

故也有，H 比 K 如同 L 比 M， [V.11]

且更比例为，H 比 L 如同 K 比 M. [V.16]

但是，已证明了 G 比 H 如同 M 比 N.

因为，有三个量 G、H、L，且另外有与它们个数相同的量 K、M、N. 各组每取两个量都有相同的比.

且使它们的这个比是波动比.

所以，是首末比，如果 G 大于 L，则 K 大于 N；

如果 G 等于 L，则 K 也等于 N；

如果 G 小于 L，则 K 也小于 N. [V.21]

又，G、K 是 A、D 的同倍量，

且 L、N 是 C、F 的同倍量.

所以，A 比 C 如同 D 比 F.

证完

如果 $a:b=e:f$，且 $b:c=d:e$，则 $a:c=d:f$.

命题 24

如果第一量比第二量与第三量比第四量有相同的比，且第五量比第二量与第六量比第四量有相同的比. 则第一量与第五量的和比第二量，第三量与第六量的和比第四量有相同的比.

设第一量 AB 比第二量 C 与第三量 DE 比第四量 F 有相同的比；且第五量 BG 比第二量 C 与第六量 EH 比第四量 F 有相同的比.

则可证第一量与第五量的和 AG 比第二量 C，第三量与第六量和 DH 比第四量 F 有相同的比.

A B G
C
D E H
F

因为，BG 比 C 如同 EH 比 F，其反比例为：C 比 BG 如同 F 比 EH.

因为，AB 比 C 如同 DE 比 F，
又，C 比 BG 如同 F 比 EH.

故，首末比为，AB 比 BG 如同 DE 比 EH. [Ⅴ.22]

又因为，这些量成比例，则它们也成合比. [Ⅴ.18]

从而，AG 比 GB 如同 DH 比 HE.

但是也有，BG 比 C 如同 EH 比 F.

故，首末比为，AG 比 C 如同 DH 比 F. [Ⅴ.22]

证完

如果有六个量 a、b、c、d、e、f，且 $a:b=c:d$，$e:b=f:d$.
则 $(a+e):b=(c+f):d$.

命题 25

如果四个量成比例，则最大量与最小量的和大于其余两个量的和.

设四个量 AB、CD、E、F 成比例，使得，AB 比 CD 如同 E 比 F. 且令 AB 是它们中最大的，而 F 是最小的.

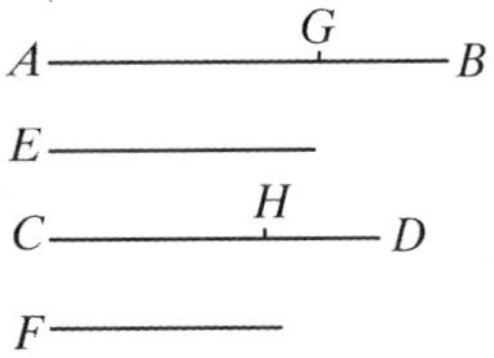

则可证 AB 与 F 的和大于 CD 与 E 的和.

因为可取 AG 等于 E，且 CH 等于 F.

因为，AB 比 CD 如同 E 比 F，且 E 等于 AG，F 等于 CH，
故，AB 比 CD 如同 AG 比 CH.

又因为，整体 AB 比整体 CD 如同减去的部分 AG 比减去的部分 CH.

剩余的 GB 比剩余的 HD 也如同整体 AB 比整体 CD. [Ⅴ.19]

但是，AB 大于 CD，
故，GB 也大于 HD.

又，因为 AG 等于 E，且 CH 等于 F.
故 AG，F 的和等于 CH，E 的和.

已证 GB，HD 不等；且 GB 较大；如果将 AG，F 加在 GB 上，且将 CH，E 加在 HD 上，因此可以得到 AB 与 F 的和大于 CD 与 E 的和.

证完

如果 $a:b=c:d$，且 a 最大，d 最小. 则 $a+d>b+c$.

本卷叙述了欧多克索斯(Eudoxus)的比例论.《几何原本》出现以后，人们将此比例论又叫做欧几里得比例论. 如，希尔伯特(Hilbert)在他的名著《几何基础》中就是这样称呼的. 本卷定义 5 所述四个量成比例的定义和近代的定义是等价的. 我们可以给出用现代定义证明定义 5 的过程，反过来的证明也容易.

设四个量 a、b、c、d 成比例，即 $a:b=c:d$，又设 m、n 为任意整数(依欧几里得的要求，$\frac{m}{n}$应为有理

数）

则可得 $ma:nb=mc:nd$.

由此可得若 $ma>nd$，则 $mc>nd$，

且若 $ma=nd$，则 $mc=nd$，

且若 $ma<nd$，则 $mc<nd$.

因此，若 $mn\gtreqless nb$，则 $mc\gtreqless nd$.

这就证明了定义 5.

在欧多克索斯的时代，极力避免和无理数接触（可以说躲躲闪闪）. 但是，他给出的比例的定义适合全体实数. 虽然如此，他对数域概念还是模糊的，欧几里得也是这样. 由于他把几何量与数没有建立起对应关系，他无法把量转化成数，把量和数分开讨论. 他建立了两个理论，一个是第Ⅴ卷关于量的理论，另一个是第Ⅶ卷关于数的理论. 实际上，如果能把定义 5 转化为公理的形式，那就与戴德金（Dedekind）分割成为等价命题，实数理论可以较早出现（由有理数出发给出无理数）. ①②

① В. КОСТИН 著，苏步青译《几何基础》1954 年，pp. 19 ~ 20.

② Б. В. КУТУЗОВ 著，董克诚译《几何学》1955 年，pp. 258 ~ 259.

第VI卷

定 义

1. 凡直线形,若它们的角对应相等且夹等角的边成比例. 则称它们是**相似直线形**.

2. 在两个直线形中,夹角的两边有如下的比例关系,第一形的一边比第二形的一边如同第二形的另一边比第一形的另一边,则称这两个直线形为**互逆相似图形**①.

3. 分一线段为二线段,当整体线段比大线段如同大线段比小线段时. 则称此线段被分为**中外比**.

4. 在一个图形中,由顶点到底边的垂线叫做**图形的高**.

命 题

命题 1

等高的三角形或平行四边形,它们彼此相比如同它们的底的比.

设 ABC,ACD 是等高的两个三角形,且 EC,CF 是等高的平行四边形.

则可证底 BC 比底 CD 如同三角形 ABC 比三角形 ACD,也如同平行四边形 EC 比平行四边形 CF.

向两个方向延长 BD 至 H,L. 且设[任意条线段]BG,GH 等于底 BC,又有任意条线段 DK,KL 等于底 CD. 连接 AG,AH,AK,AL.

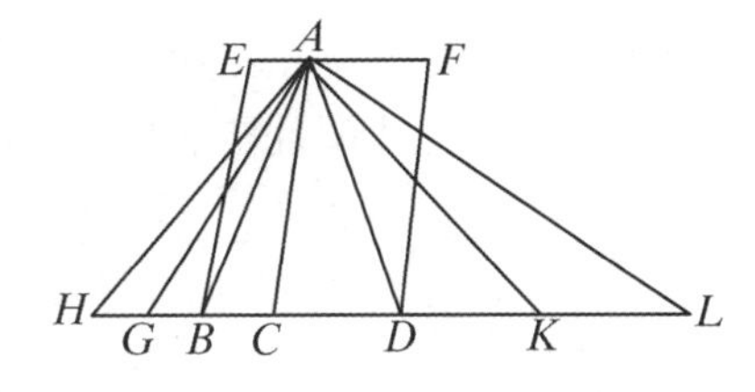

因为,CB,BG,GH 彼此相等.

三角形 ABC,AGB,AHG 也彼此相等. [Ⅰ.38]

从而,不管底 HC 是底 BC 的几倍,三角形 AHC 也是三角形 ABC 的同样几倍.

同理,不管底 LC 是底 CD 的几倍,三角形 ALC 也是三角形 ACD 的同样几倍;且若底 HC 等于底 CL,三角形 AHC 也等于三角形 ACL. [Ⅰ.38]

如果底 HC 大于底 CL,三角形 AHC 也大于三角形 ACL;如果底 HC 小于底 CL,三角形 AHC 也小于三角形 ACL.

---

① 原文为"Reciprocally related figures",称这种比例关系为"逆比".

由此,有四个量,两个底 BC,CD 和两个三角形 ABC,ACD,已经取定了底 BC 和三角形 ABC 的同倍量,即底 HC 和三角形 AHC.

又对底 CD 及三角形 ADC 取定任意的同倍量,
即底 LC 和三角形 ALC.

而且已经证明了,如果底 HC 大于底 CL,三角形 AHC 也大于三角形 ALC;如果底 HC 等于底 CL,三角形 AHC 也等于三角形 ALC;如果底 HC 小于底 CL,三角形 AHC 也小于三角形 ALC.

所以,底 BC 比底 CD 如同三角形 ABC 比三角形 ACD. [V.定义5]

其次,因为平行四边形 EC 是三角形 ABC 的二倍. [V.41]

且平行四边形 FC 是三角形 ACD 的二倍.

而部分比部分如同它们的同倍量比同倍量. [V.15]

故三角形 ABC 比三角形 ACD 如同平行四边形 EC 比平行四边形 FC.

因为,已经证明了底 BC 比 CD 如同三角形 ABC 比三角形 ACD. 又,三角形 ABC 比三角形 ACD 如同平行四边形 EC 比平行四边形 CF.

所以,底 BC 比底 CD 也如同平行四边形 EC 比平行四边形 FC. [V.11]

证完

命题 2

如果一条直线平行于三角形的一边,则它截三角形的两边成比例线段;又,如果三角形的两边被截成比例线段,则截点的连线平行于三角形的另一边.

因为,若作 DE 平行于三角形的一边 BC.

则可证 BD 比 DA 如同 CE 比 EA.

连接 BE,CD. 则三角形 BDE 等于三角形 CDE;
因为它们有同底 DE 且在平行线 DE,BC 之间. [I.38]

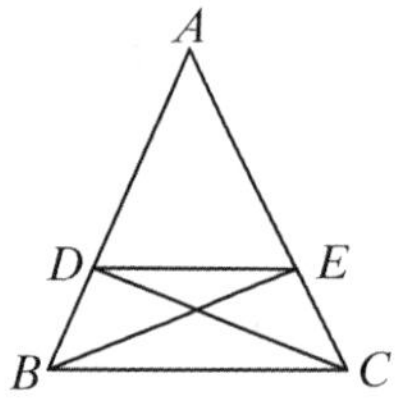

又,三角形 ADE 是另外一个面片,
但是,相等的量比同一量其比相同. [V.7]

故,三角形 BDE 比三角形 ADE 如同三角形 CDE 比三角形 ADE.

但是,三角形 BDE 比 ADE 如同 BD 比 DA;
因为,有同高,即由 E 到 AB 的垂线,它们彼此相比如同它们的底的比. [VI.1]

同理也有,三角形 CDE 比 ADE 如同 CE 比 EA.

故也有,BD 比 DA 如同 CE 比 EA. [V.11]

其次,设三角形 ABC 的边 AB,AC 被截成比例线段,使得,BD 比 DA 如同 CE 比 EA,又连接 DE.

则可证 DE 平行于 BC.

由于,可用同样的作图,

BD 比 DA 如同 CE 比 EA.

但是,BD 比 DA 如同三角形 BDE 比三角形 ADE.

又,CE 比 EA 如同三角形 CDE 比三角形 ADE. [VI.1]

故也有,三角形 BDE 比三角形 ADE 如同三角形 CDE 比三角形 ADE. [V.11]

于是三角形 BDE,CDE 的每一个比 ADE 有相同的比.

所以,三角形 BDE 等于三角形 CDE. [V.9]

且它们在同底 DE 上.

但是,在同底上相等的三角形,它们也在同平行线之间.

所以,DE 平行于 BC. [I.39]

证完

命题 3

如果二等分三角形的一个角,其分角线也截底成两线段,则这两线段的比如同三角形其他二边之比;又,如果分底成两线段的比如同三角形其他二边的比,则由顶点到分点的连线平分三角形的顶角.

设 ABC 为一个三角形,AD 二等分角 BAC.

则可证 BD 比 CD 如同 BA 比 AC.

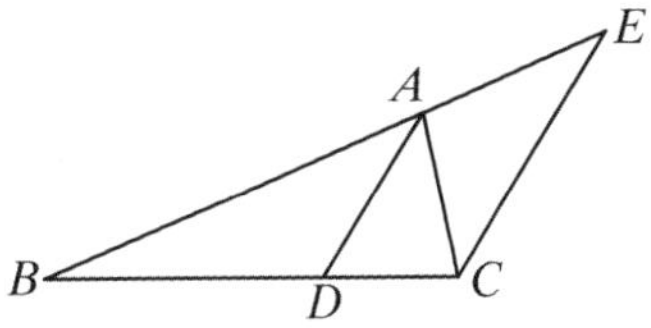

经过 C 作 CE 平行于 DA,且延长 AB 和它交于 E.

那么,因为 AC 和平行线 AD,EC 相交,角 ACE 等于角 CAD. [I.29]

但是,由假设,角 CAD 等于角 BAD,

故,角 BAD 也等于角 ACE.

又,因直线 BAE 和平行线 AD,EC 相交,

外角 BAD 等于内角 AEC. [I.29]

但是,也已经证明了角 ACE 等于角 BAD.

故,角 ACE 也等于角 AEC.

由此,边 AE 也等于边 AC. [I.6]

又,因为作出了 AD 平行于三角形 BCE 的一边 EC,

故有比例,

BD 比 DC 如同 BA 比 AE. [VI.2]

但是,AE 等于 AC.

故,BD 比 DC 如同 BA 比 AC.

又,设 BA 比 AC 如同 BD 比 DC,且连接 AD.

则可证直线 AD 二等分角 BAC.

用同样的作图,

因为,BD 比 DC 如同 BA 比 AC,

又有,BD 比 DC 如同 BA 比 AE:这是因为已经作出了 AD 平行于三角形 BCE 的一边 EC; [Ⅵ.2]

故也有,BA 比 AC 如同 BA 比 AE. [Ⅴ.11]

故 AC 等于 AE, [Ⅴ.9]

因此,角 AEC 也等于角 ACE. [Ⅰ.5]

但是,同位角 AEC 等于角 BAD, [Ⅰ.29]

又内错角 ACE 等于角 CAD. [Ⅰ.29]

故角 BAD 也等于角 CAD.

所以,直线 AD 二等分角 BAC.

证完

命题 4

在两个三角形中,如果各角对应相等,则夹等角的边成比例. 其中等角所对的边是对应边.

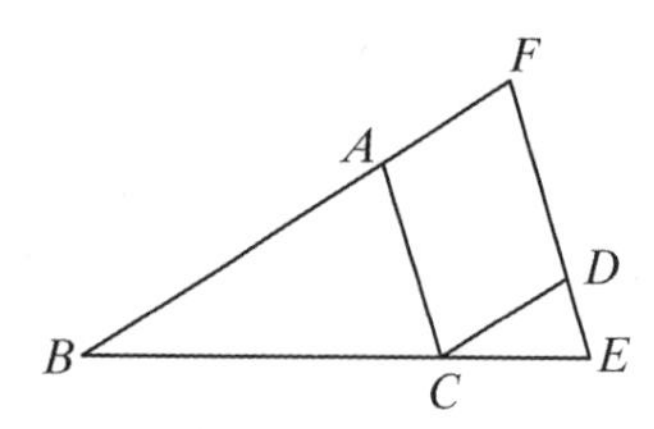

设 ABC,DCE 是各角对应相等的两个三角形,角 ABC 等于角 DCE,角 BAC 等于角 CDE,且角 ACB 等于角 CED.

则可证在三角形 ABC,DCE 中夹等角的边成比例. 其中等角所对的边是对应边.

设把 BC 和 CE 置于一条直线上.

那么,因为角 ABC,ACB 之和小于两直角, [Ⅰ.17]

且角 ACB 等于角 DEC,

故角 ABC,DEC 之和小于两直角.

从而,BA,ED 延长后必相交. [Ⅰ.公设5]

令 F 为它们的交点.

现在,因角 DCE 等于角 ABC,

故 BF 平行于 CD. [Ⅰ.28]

又因为角 ACB 等于角 DEC,

故 AC 平行于 FE. [Ⅰ.28]

于是 $FACD$ 是一个平行四边形;

所以,FA 等于 DC 且 AC 等于 FD. [Ⅰ.34]

又因为 AC 平行于三角形 FBE 的边 FE,

故,BA 比 AF 如同 BC 比 CE. [Ⅵ.2]

但是,AF 等于 CD,故,BA 比 CD 如同 BC 比 CE.

又,由更比例,AB 比 BC 如同 DC 比 CE. [Ⅴ.16]

又因 CD 平行于 BF,故,BC 比 CE 如同 FD 比 DE. [Ⅵ.2]

但是,FD 等于 AC,故,BC 比 CE 如同 AC 比 DE,

又由更比例,BC 比 CA 如同 CE 比 ED. [Ⅴ.16]

因为,已经证得 AB 比 BC 如同 DC 比 CE,

且 BC 比 CA 如同 CE 比 ED.

所以,由首末比,BA 比 AC 如同 CD 比 DE. [Ⅴ.22]

证完

命题 5

如果两个三角形它们的边成比例,则它们的角是相等的,即对应边所对的角相等.

设 ABC,DEF 是两个三角形. 它们的边成比例,即

AB 比 BC 如同 DE 比 EF,

BC 比 CA 如同 EF 比 FD,

且有 BA 比 AC 如同 ED 比 DF;

则可证三角形 ABC 与三角形 DEF 的角是对应相等的. 这些角是对应边所对的角,即角 ABC 等于角 DEF,角 BCA 等于角 EFD,及角 BAC 等于角 EDF.

因为,在线段 EF 上的点 E,F 处作角 FEG 等于角 ABC,且角 EFG 等于角 ACB. [Ⅰ.23]

故,剩下的在点 A 的角等于剩下的在点 G 的角. [Ⅰ.32]

从而,三角形 ABC 和三角形 GEF 是等角的.

故在三角形 ABC,GEF 中,夹等角的边成比例,且那些对着等角的边是对应边, [Ⅵ.4]

故 AB 比 BC 如同 GE 比 EF.

但是,由假设,AB 比 BC 如同 DE 比 EF,

故 DE 比 EF 如同 GE 比 EF. [Ⅴ.11]

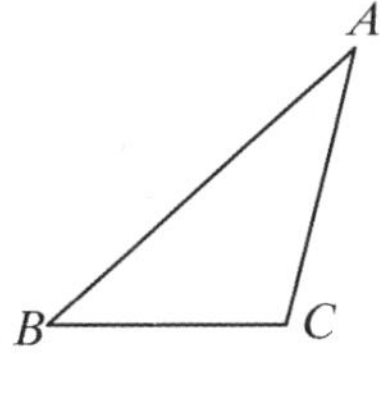

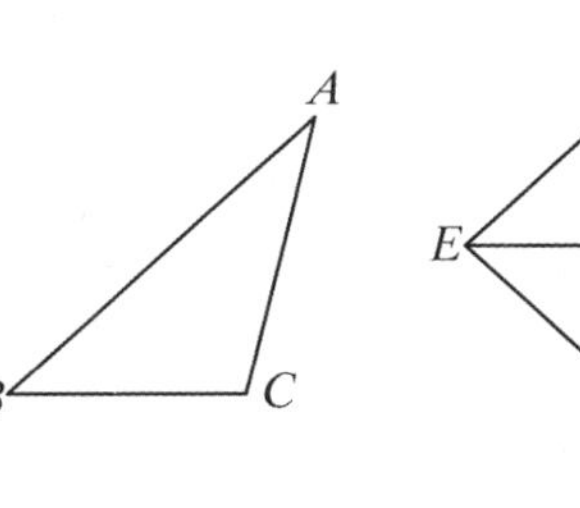

从而,线段 DE,GE 的每一条与 EF 相比有相同的比.

所以 DE 等于 GE. [Ⅴ.9]

同理,DF 也等于 GF.

因为,DE 等于 EG,且 EF 是公共的.

两边 DE,EF 等于两边 GE,EF,且底 DF 等于底 FG,

故,角 DEF 等于角 GEF, [Ⅰ.8]

且,三角形 DEF 全等于三角形 GEF,

又,其余的角等于其余的角,即等边所对的角, [Ⅰ.4]

故,角 *DFE* 也等于角 *GFE*,
且角 *EDF* 等于角 *EGF*.

又因为角 *FED* 等于角 *GEF*,
而角 *GEF* 等于角 *ABC*,故,角 *ABC* 也等于角 *DEF*.

同理,角 *ACB* 也等于角 *DFE*.

且更有,在点 *A* 的角等于在点 *D* 的角.

所以,三角形 *ABC* 与三角形 *DEF* 是等角的.

证完

命题 6

如果两个三角形有一个的一个角等于另一个的一个角,且夹这两角的边成比例.则这两个三角形是等角的,且这些等角是对应边所对的角.

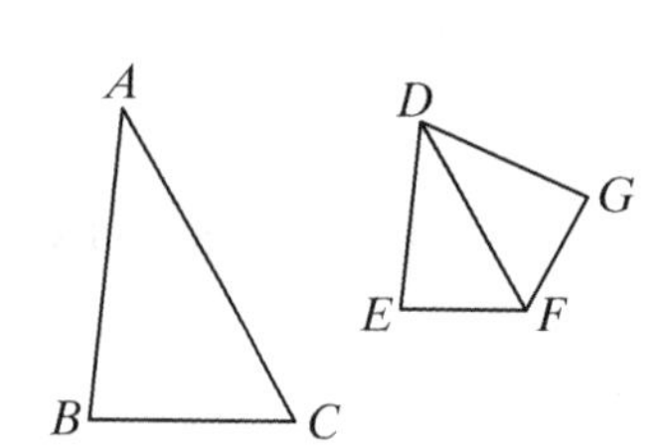

设在三角形 *ABC*,*DEF* 中,角 *BAC* 等于角 *EDF*,且夹这两个角的边成比例,即 *BA* 比 *AC* 如同 *ED* 比 *DF*.

则可证三角形 *ABC* 与三角形 *DEF* 的各角是相等的.即角 *ABC* 等于角 *DEF*,角 *ACB* 等于角 *DFE*.

因为,可在直线 *DF* 上的点 *D*、*F* 处作角 *FDG* 等于或者角 *BAC* 或者角 *EDF*,又角 *DFG* 等于角 *ACB*;[Ⅰ.23]
于是其余在 *B* 处的角等于在点 *G* 处的角. [Ⅰ.32]

从而,三角形 *ABC* 与三角形 *DGF* 的各角是相等的.

故成比例,*BA* 比 *AC* 如同 *GD* 比 *DF*. [Ⅵ.4]

但是,由假设,*BA* 比 *AC* 如同 *ED* 比 *DF*.
从而也有,*ED* 比 *DF* 如同 *GD* 比 *DF*. [Ⅴ.11]

于是 *ED* 等于 *DG*; [Ⅴ.9]
又 *DF* 是公共的;
故,两边 *ED*,*DF* 等于两边 *GD*,*DF*;且角 *EDF* 等于角 *GDF*.

于是底 *EF* 等于底 *GF*.

又,三角形 *DEF* 全等于三角形 *DGF*,并且其余的角等于其余的角.即它们的等边所对的角. [Ⅰ.4]

故,角 *DFG* 等于角 *DFE*,且角 *DGF* 等于角 *DEF*.

但是,角 *DFG* 等于角 *ACB*,故角 *ACB* 等于角 *DFE*.

又由假设,角 *BAC* 也等于角 *EDF*;
从而,其余在 *B* 的角等于在 *E* 的角. [Ⅰ.32]

所以,三角形 *ABC* 与三角形 *DEF* 的各角是相等的.

证完

命题7

如果在两个三角形中,有一个的一个角等于另一个的一个角,夹另外两个角的边成比例,其余的那两个角或者两者都小于或者都不小于直角. 则这两个三角形的各角相等,即成比例的边所夹的角也相等.

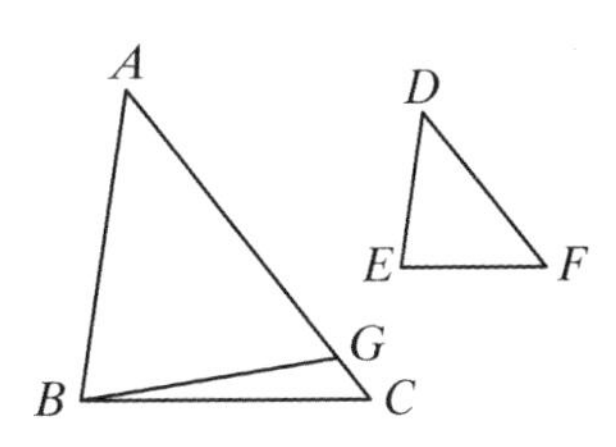

设 ABC,DEF 是各有一个角相等的两个三角形,角 BAC 等于角 EDF,夹另外角 ABC,DEF 的边成比例,即 AB 比 BC 如同 DE 比 EF. 且首先假设在 C,F 处的角都小于一个直角.

则可证三角形 ABC 与三角形 DEF 的各角相等,角 ABC 等于角 DEF. 且余下的角也相等,即在 C 处的角等于在 F 处的角.

假设,角 ABC 不等于角 DEF,它们中就有一个较大,

设较大者是角 ABC,

又,在线段 AB 上的点 B 处作角 ABG 等于角 DEF. [Ⅰ.23]

那么,因为角 A 等于角 D,

又角 ABG 等于角 DEF,

故余下的角 AGB 等于角 DFE. [Ⅰ.32]

故,三角形 ABG 与三角形 DEF 的各角是相等的.

从而,AB 比 BG 如同 DE 比 EF. [Ⅵ.4]

但是,由假设. DE 比 EF 如同 AB 比 BC,

从而,AB 比线段 BC、BG 的每一个有相同的比. [Ⅴ.11]

故,BC 等于 BG. [Ⅴ.9]

由此,在 C 处的角也等于角 BGC. [Ⅰ.5]

但是,由假设,在 C 处的角小于一个直角,

所以,角 BGC 也小于一直角.

由此,它的邻角 AGB 大于一直角. [Ⅰ.13]

又,它被证明了等于在 F 处的角,故,在 F 处的角也大于一个直角.

但是,由假设,它是小于一直角:这是不合理的.

故角 ABC 不是不等于角 DEF,从而,它等于角 DEF.

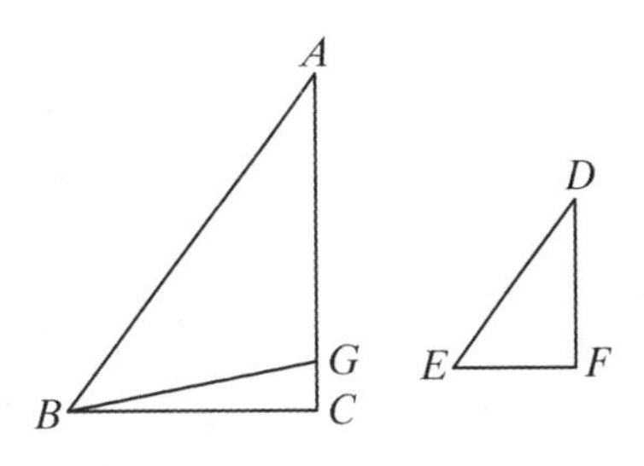

但是,在 A 处的角也等于在 D 处的角,

故,其余在 C 处的角等于在 F 处的角, [Ⅰ.32]

从而,三角形 ABC 与三角形 DEF 的各角相等.

但是,又设在 C,F 处的角,其每一个不小于一直角,则可证在此情况下三角形 ABC 仍然与三角形 DEF 的各角相等.

用同样的作图,类似地,我们可以证得

BC 等于 BG;

由此,在 C 处的角也等于角 BGC. [Ⅰ.5]

但是,在 C 处的角不小于一直角,

故,绝不是角 BGC 小于一直角.

由此,在三角形 BGC 中有两个角的和不小于两直角:这是不可能的. [Ⅰ.17]

所以,又有,角 ABC 不是不等于角 DEF,故它们相等.

但是,在 A 处的角也等于在 D 处的角,

故其余在 C 处的角等于在 F 处的角. [Ⅰ.32]

所以,三角形 ABC 与三角形 DEF 的各角是相等的.

证完

命题 8

如果在直角三角形中,由直角顶点向底作垂线,则与垂线相邻的两个三角形都与原三角形相似且它们两个彼此相似.

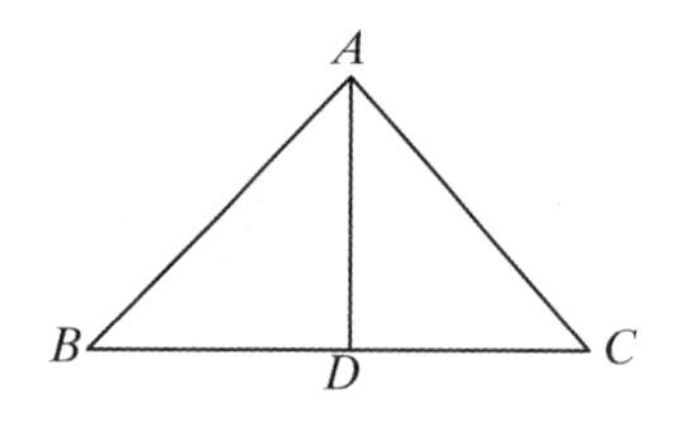

设 ABC 是一个有直角 BAC 的直角三角形,且令 AD 是由 A 向 BC 所作的垂线.

则可证三角形 ABD,ADC 的每个都和原三角形 ABC 相似,且它们也彼此相似.

因为,角 BAC 等于角 ADB,因为它们都是直角.

且在 B 的角是两三角形 ABC 和 ABD 的公共角.

故,其余的角 ACB 等于其余的角 BAD; [Ⅰ.32]

从而,三角形 ABC 和三角形 ABD 的各角相等.

故在三角形 ABC 中对直角的边 BC 比三角形 ABD 中对直角的边 BA 如同三角形 ABC 中对角 C 的边 AB 自身比三角形 ABD 中对等角 BAD 的边 BD,而且也如同 AC 比 AD,这是因为它们是这两三角形公共点 B 处的角的对边. [Ⅵ.4]

故,三角形 ABC 与三角形 ABD 是等角的且夹等角的边成比例.

从而,三角形 ABC 与三角形 ABD 相似. [Ⅵ.定义 1]

类似地,我们可以证得三角形 ABC 也相似于三角形 ADC.

故,三角形 ABD,ADC 的每一个都相似于原来三角形 ABC.

其次,可证三角形 ABD,ADC 也彼此相似.

因为,直角 BDA 等于直角 ADC,

故,其余在 B 处的角也等于角 DAC, [Ⅰ.32]

从而,三角形 ABD 和三角形 ADC 的各角相等.

故,在三角形 ABD 中与角 BAD 所对的边 BD 比在三角形 ADC 中的 DA,而它对着 C 点处的角等于 BAD 的角,这比如同在三角形 ABD 中在点 B 处的角的对边 AD 自身比在

三角形 ADC 中等于在 B 处角 DAC 所对的边 DC,也如同 BA 比 AC,因为这两边对着所在三角形中的直角. [Ⅵ.4]

所以,三角形 ABD 相似于三角形 ADC. [Ⅵ. 定义 1]

证完

推论 由此很明显,如果在一个直角三角形中,由直角向底作一垂线,则这垂线是底上两段的比例中项.

证完

命题 9

从一给定的线段上截取一段定长线段.

设 AB 是所给定的线段;

这样,要求在 AB 上截取线段等于定长. 假设那部分是[原长]的三分之一.

由点 A 作直线 AC 和 AB 成任意角,

在 AC 上任取一点 D,且令 DE,EC 等于 AD. [Ⅰ.3]

连接 BC,过 D 作 DF 平行于它. [Ⅰ.31]

则,FD 平行于三角形 ABC 的一边 BC,故按比例,CD 比 DA 如同 BF 比 FA. [Ⅵ.2]

但是,CD 是 DA 的二倍,

故,BF 也是 FA 的二倍,

从而,BA 是 AF 的三倍.

所以,在已知线段 AB 上截出了 AF 等于原长的三分之一.

作完

命题 10

分一给定的未分线段使它相似于已分线段.

设 AB 是所给定的未分线段,且已分线段 AC 被截于点 D、E,它们交成任意角.

连接 CB,过 D、E 作 DF、EG 平行于 BC,且过 D 作 DHK 平行于 AB. [Ⅰ.31]

故,图形 FH、HB 的每一个都是平行四边形;

所以,DH 等于 FG 且 HK 等于 GB. [Ⅰ.34]

现在,因为线段 HE 平行于三角形 DKC 的一边 KC,

故按比例,CE 比 ED 如同 KH 比 HD. [Ⅵ.2]

但是,KH 等于 BG,且 HD 等于 GF,故 CE 比 ED 如同 BG 比 GF.

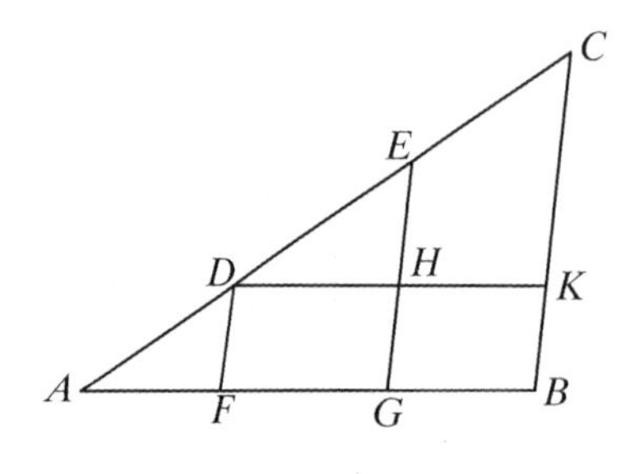

又,因为 FD 平行于三角形 AGE 的一边 GE,从而按比例 ED 比 DA 如同 GF 比 FA. [Ⅵ.2]

但是,已经证明了 CE 比 ED 如同 BG 比 GF.

故,CE 比 ED 如同 BG 比 GF.

又,ED 比 DA 如同 GF 比 FA,

从而,将已知未分线段 AB 分成与已知已分线段 AC 相似的线段.

作完

命题 11

求作已知二线段的第三比例项.

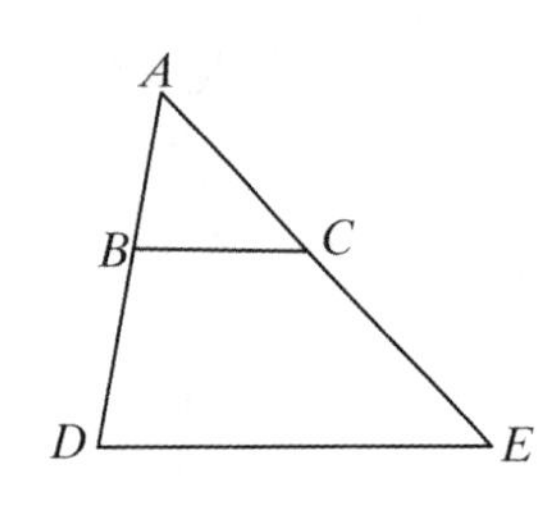

设 BA,AC 是两条已知线段,且设它们交成任意角.

那么,要求作 BA,AC 的第三比例项.

可延长它们到点 D,E,且令 BD 等于 AC; [Ⅰ.3]

连接 BC,并且经过 D 作 DE 平行于 BC. [Ⅰ.31]

因为 BC 平行于三角形 ADE 的一条边 DE,按比例有,AB 比 BD 如同 AC 比 CE. [Ⅵ.2]

但是,BD 等于 AC.

故 AB 比 AC 如同 AC 比 CE.

所以,对已知的二线段 AB,AC 作出了它们的第三比例项 CE.

作完

命题 12

求作给定的三线段的第四比例项.

设 A、B、C 是三条所给定的线段.

那么,求作 A、B、C 的第四比例项.

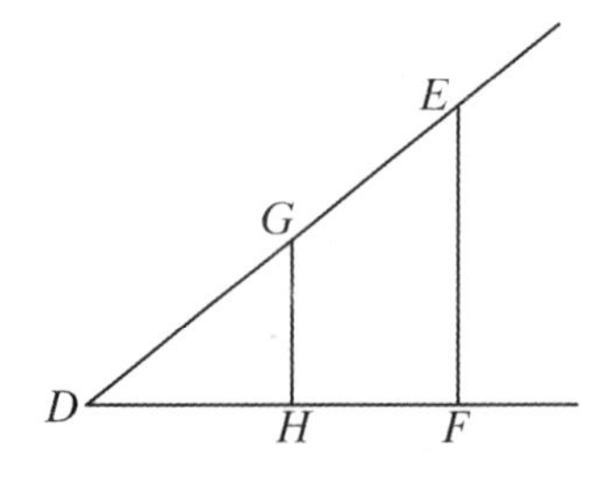

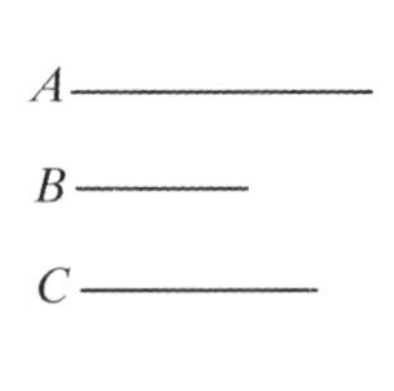

设二直线 DE、DF 交成任意角 EDF，取 DG 等于 A，GE 等于 B，且 DH 等于 C；连接 GH，且过 E 作 EF 平行于它. [Ⅰ.31]

因为，GH 平行于三角形 DEF 的一边 EF，
故 DG 比 GE 如同 DH 比 HF. [Ⅵ.2]

但是，DG 等于 A，GE 等于 B 且 DH 等于 C. 故 A 比 B 如同 C 比 HF.

所以，对所给定的三条线段 A、B、C 作出了第四比例项 HF.

作完

命题 13

求作两条给定的线段的比例中项.

设 AB、BC 是两条所给定的线段；那么，要求作 AB，BC 的比例中项.

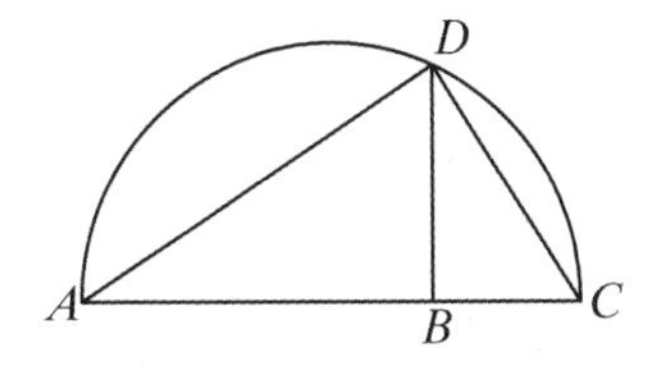

设它们在同一直线上，且在 AC 上作半圆 ADC，在点 B 处作 BD 和直线 AC 成直角.

又连接 AD，DC.

因为，角 ADC 是半圆上的内接角，故它是直角. [Ⅲ.31]

又因为，在直角三角形 ADC 中，DB 是由直角的顶点作到底边的垂线.

故，DB 是底 AB，BC 的比例中项. [Ⅵ.8，推论]

所以，对两条所给定的线段 AB，BC 作出了比例中项 DB.

作完

命题 14

在相等且等角的平行四边形中，夹等角的边成互反比例；在等角平行四边形中，若夹等角的边成互反比例，则它们相等.

设 AB，BC 是相等且等角的平行四边形，且在 B 处的角相等，又设 DB，BE 在同一直线上.

故，FB，BG 也在一直线上. [Ⅰ.14]

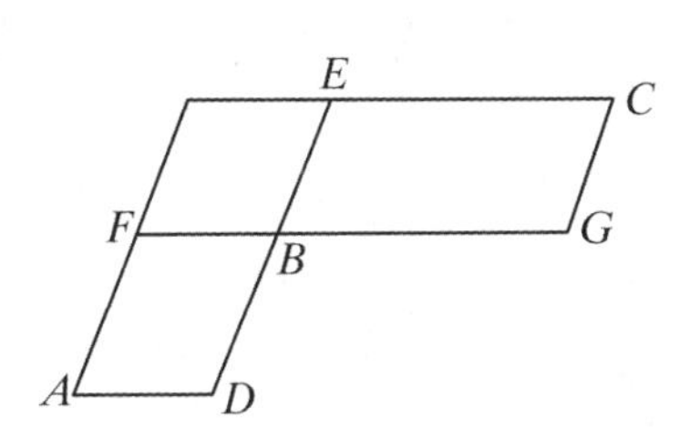

则可证在 AB，BC 中夹等角的边成互反比例，也就是说，DB 比 BE 如同 GB 比 BF.

若把平行四边形 FE 完全画出来.

因为，平行四边形 AB 等于平行四边形 BC，且 FE 是另一面片，

于是,*AB* 比 *FE* 如同 *BC* 比 *FE*, [Ⅴ.7]
但是,*AB* 比 *FE* 如同 *DB* 比 *BE*, [Ⅵ.1]
又,*BC* 比 *FE* 如同 *GB* 比 *BF*, [Ⅵ.1]
故也有,*DB* 比 *BE* 如同 *GB* 比 *BF*. [Ⅴ.11]

所以,在平行四边形 *AB*,*BC* 中夹等角的边成互反比.

其次,设 *BG* 比 *BF* 如同 *DB* 比 *BE*;
则可证平行四边形 *AB* 等于平行四边形 *BC*.

因为,*DB* 比 *BE* 如同 *GB* 比 *BF*,
这时,*DB* 比 *BE* 如同平行四边形 *AB* 比平行四边形 *FE*; [Ⅵ.1]
又,*BG* 比 *BF* 如同平行四边形 *BC* 比平行四边形 *FE*, [Ⅵ.1]
故也有,*AB* 比 *FE* 如同 *BC* 比 *FE*; [Ⅴ.11]
所以,平行四边形 *AB* 等于平行四边形 *BC*. [Ⅴ.9]

证完

命题 15

在相等的两个三角形中,各有一对角相等,那么,夹等角的边成互反比例;又,这两个三角形各有一对角相等,且夹等角的边成互反比例,那么,它们就相等.

设 *ABC*,*ADE* 是相等的三角形,且有一对角相等,即角 *BAC* 等于角 *DAE*.

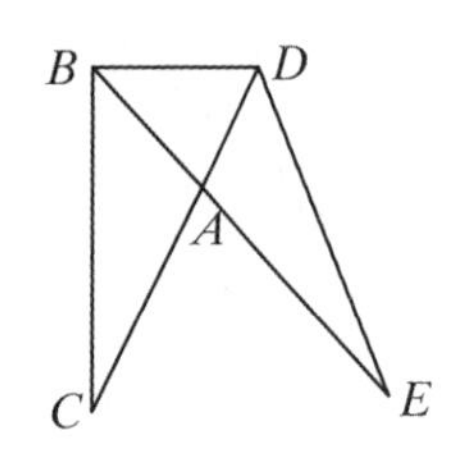

则可证在三角形 *ABC*,*ADE* 中,夹等角的边成互反比例. 那就是说,

CA 比 *AD* 如同 *EA* 比 *AB*.

因为,可令 *CA* 和 *AD* 在一直线上,故 *EA* 和 *AB* 也在一直线上. [Ⅰ.14]

连接 *BD*.

因为,三角形 *ABC* 等于三角形 *ADE*,且 *BAD* 是另一个面片,故三角形 *CAB* 比三角形 *BAD* 如同三角形 *EAD* 比三角形 *BAD*. [Ⅴ.7]

但是,*CAB* 比 *BAD* 如同 *CA* 比 *AD*, [Ⅵ.1]
又 *EAD* 比 *BAD* 如同 *EA* 比 *AB*. [同前]

所以也有,*CA* 比 *AD* 如同 *EA* 比 *AB*. [Ⅴ.11]

于是,在三角形 *ABC*,*ADE* 中,夹等角的边成互反比例.

其次,设三角形 *ABC*,*ADE* 的边成互反比例,那就是说,*EA* 比 *AB* 如同 *CA* 比 *AD*.
则可证三角形 *ABC* 等于三角形 *ADE*.

因为,如果再连接 *BD*,
因为,*CA* 比 *AD* 如同 *EA* 比 *AB*,
则,*CA* 比 *AD* 如同三角形 *ABC* 比三角形 *BAD*;

又,EA 比 AB 如同三角形 EAD 比三角形 BAD; [Ⅵ.1]

故,三角形 ABC 比三角形 BAD 如同三角形 EAD 比三角形 BAD. [Ⅴ.11]

故,三角形 ABC,EAD 的每一个与 BAD 有相同的比.

所以,三角形 ABC 等于三角形 EAD. [Ⅴ.9]

证完

命题 16

如果四条线段成比例,则两外项所夹的矩形等于两内项所夹的矩形;并且如果两外项所夹的矩形等于两内项所夹的矩形.则四条线段成比例.

设四条线段 AB,CD,E,F 成比例.这样,AB 比 CD 如同 E 比 F.

则可证由 AB、F 所夹的矩形等于由 CD、E 所夹的矩形.

设在点 A,C 处作 AG,CH 与直线 AB,CD 成直角,且取 AG 等于 F,及 CH 等于 E.

作平行四边形 BG,DH 成补形.

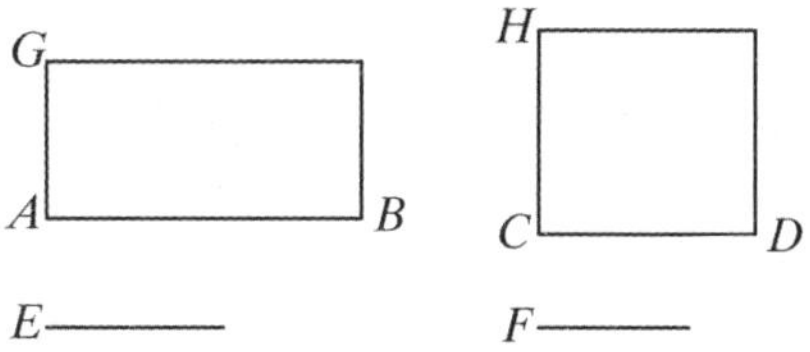

因为 AB 比 CD 如同 E 比 F.

这时,E 等于 CH,且 F 等于 AG,故,AB 比 CD 如同 CH 比 AG.

G H A B C D E F

从而,在平行四边形 BG,DH 中夹等角的边成互反比.

但是,在这两个等角平行四边形中,当夹等角的边成互反比时,是相等的; [Ⅵ.14]

故,平行四边形 BG 等于平行四边形 DH.

又,BG 是矩形 AB、F,这是因为 AG 等于 F;

且 DH 是矩形 CD、E,这是因为 E 等于 CH;

所以,由 AB、F 所夹的矩形等于 CD、E 所夹的矩形.

则可证四条线段成比例,即 AB 比 CD 如同 E 比 F.

用同样的作图,

因为,矩形 AB、F 等于矩形 CD、E;又矩形 AB、F 是 BG,这是因为 AG 等于 F;

又,矩形 CD、E 是 DH,这是因为 CH 等于 E;

故,BG 等于 DH,

又,它们是等角的.

但是,在相等且等角的平行四边形中,夹等角的边成互反比. [Ⅵ.14]

故,AB 比 CD 如同 CH 比 AG;

但是,CH 等于 E 且 AG 等于 F,

所以,AB 比 CD 如同 E 比 F.

证完

命题 17

如果三条线段成比例,则两外项所夹的矩形等于中项上的正方形;又如果两外项所夹的矩形等于中项上的正方形,则这三条线段成比例.

设三条线 A,B,C 成比例,即 A 比 B 如同 B 比 C.

则可证 A,C 所夹的矩形等于 B 上的正方形.

设取 D 等于 B.

那么,A 比 B 如同 B 比 C. 又,B 等于 D.

故,A 比 B 如同 D 比 C.

但是,如果四条线段成比例,则两外项所夹的矩形等于两中项所夹的矩形. [Ⅵ.16]

故,矩形 A、C 等于矩形 B、D.

但是,矩形 B、D 是 B 上的正方形,这是因为 B 等于 D.

所以,A,C 所夹的矩形等于 B 上的正方形.

其次,设矩形 A、C 等于 B 上的正方形.

则可证 A 比 B 如同 B 比 C.

可用同一个图形.

因为,矩形 A、C 等于 B 上的正方形,
这时,B 上的正方形是矩形 B、D,这是因为 B 等于 D;
故,矩形 A、C 等于矩形 B、D.

但是,如果两外项所夹的矩形等于两中项所夹的矩形,则这四线段成比; [Ⅵ.16]

故,A 比 B 如同 D 比 C.

但是,B 等于 D;
所以,A 比 B 如同 B 比 C.

证完

命题 18

在给定的线段上作一个直线形使它与某已知直线形相似且有相似位置.

设,AB 是所给定的线段且 CE 是已知直线形.

要求在线段 AB 上作一个与直线形 CE 相似且有相似位置的直线形.

连接 DF,且在线段 AB 上的点 A,B 处作角 GAB 使它等于点 C 处的角,且角 ABG 等于角 CDF. [Ⅰ.23]

则,余下的角 CFD 等于角 AGB; [Ⅰ.32]

故三角形 FCD 与三角形 GAB 是等角的.

从而,按比例,FD 比 BG 如同 FC 比 GA,又如同 CD 比 AB.

又,在线段 BG 上的点 B,G 处,作角 BGH 等于角 DFE,且角 GBH 等于角 FDE. [Ⅰ.23]

则余下的在 E 处的角等于在 H 处的角; [Ⅰ.32]

故三角形 FDE 与三角形 BGH 是各角分别相等的.

于是有比例,FD 比 BG 如同 FE 比 GH,又如同 ED 比 HB. [Ⅵ.4]

但是,已经证明了 FD 比 GB 如同 FC 比 GA,又如同 CD 比 AB;

故也有,FC 比 AG 如同 CD 比 AB,又如同 FE 比 GH,又如同 ED 比 HB.

又因为,角 CFD 等于角 AGB,且角 DFE 等于角 BGH. 故整体角 CFE 等于整体角 AGH.

同理,角 CDE 也等于角 ABH.

且在 C 处的角也等于在 A 处的角.

又在 E 处的角等于在 H 处的角.

从而,AH 与 CE 是各角分别相等的.

又,它们夹等角的边成比例,

故直线形 AH 相似于直线形 CE. [Ⅵ.定义1]

从而,在给定的线段 AB 上作出了直线形 AH 相似于已知直线形 CE 且有相似位置.

作完

命题 19

相似三角形互比如同其对应边的二次比.

设 ABC,DEF 是相似三角形,在 B 处的角等于在 E 处的角,使得,AB 比 BC 如同 DE 比 EF. 因此,BC 对应 EF. [Ⅴ.定义11]

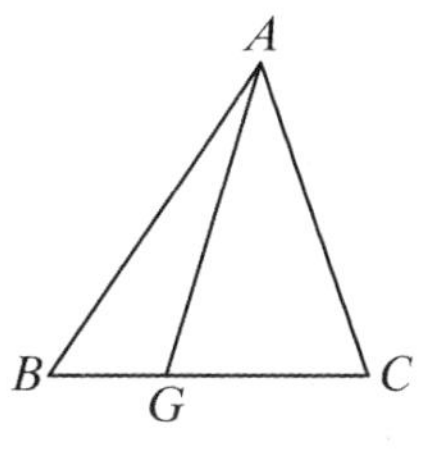

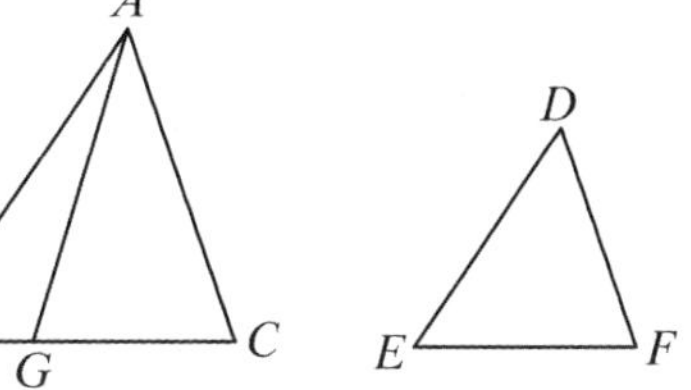

则可证三角形 ABC 比三角形 DEF 如同 BC 与 EF 的二次比.

因为,可取 BC,EF 的比例第三项为 BG,也就是 BC 比 EF 如同 EF 比 BG. [Ⅵ.11]

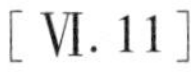

连接 AG.

由于,AB 比 BC 如同 DE 比 EF,故取更比,AB 比 DE 如同 BC 比 EF. [Ⅴ.16]

但是,BC 比 EF 如同 EF 比 BG,

故也有,AB 比 DE 如同 EF 比 BG, [Ⅴ.11]

从而,在三角形 ABG,DEF 中,夹等角的边成互反比例.

但是,这些三角形中各有一个角相等,而且夹等角的边成互反比例:它们就是相等的; [Ⅵ.15]

于是三角形 ABG 等于三角形 DEF.

因为,BC 比 EF 如同 EF 比 BG,

而且,如果三条线段成比例,则第一条与第三条的比如同第一条与第二条的二次比. [Ⅴ.定义9]

故 BC 与 BG 的比如同 BC 与 EF 的二次比.

但是,BC 比 BG 如同三角形 ABC 比三角形 ABG; [Ⅵ.1]

故,三角形 ABC 比三角形 ABG 是 BC 对 EF 的二次比.

但是三角形 ABG 等于三角形 DEF;

故,三角形 ABC 比三角形 DEF 也是 BC 对 EF 的二次比.

证完

推论 由此显然得出,如果三条线段成比例,则第一条比第三条如同画在第一条上的图形比画在第二条上与它相似且有相似位置的图形.

命题 20

将两个相似多边形分成同样多个相似三角形,且对应三角形的比如同原形的比;又原多边形与多边形的比如同对应边与对应边的二次比.

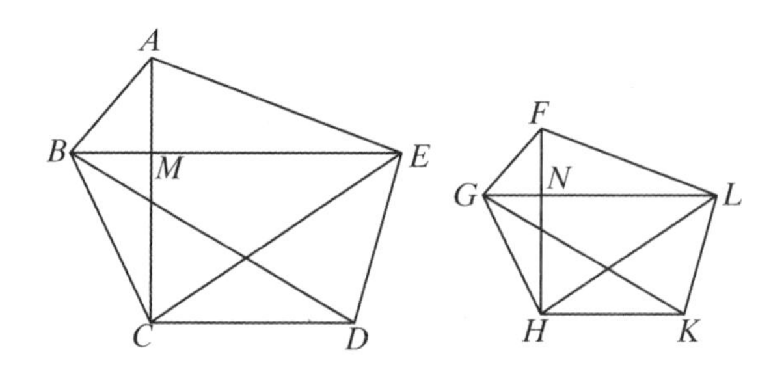

设 $ABCDE$,$FGHKL$ 是相似多边形,且令 AB 与 FG 对应.

则可证多边形 $ABCDE$,$FGHKL$ 可分成同样多个相似三角形;且相似三角形的比如同原形的比;又多边形 $ABCDE$ 与多边形 $FGHKL$ 之比如同 AB 与 FG 的二次比.

连接 BE,EC,GL,LH.

因为,多边形 $ABCDE$ 相似于多边形 $FGHKL$,角 BAE 等于角 GFL;

又,BA 比 AE 如同 GF 比 FL. [Ⅵ.定义1]

由此,ABE,FGL 是具有一个角与一个角相等的两个三角形,且夹等角的边成比例,那么,三角形 ABE 与三角形 FGL 是等角的. [Ⅵ.6]

因此,也是相似的.

故,角 ABE 等于角 FGL.

但是，整个角 ABC 也等于整个角 FGH，这是因为多边形是相似的；
故，余下的角 EBC 等于角 LGH.

又因为，三角形 ABE，FGL 是相似的，故

EB 比 BA 如同 LG 比 FG.

加之，多边形又相似，故

AB 比 BC 如同 FG 比 GH.

故有首末比，EB 比 BC 如同 LG 比 GH. [Ⅴ.22]
即，夹等角 EBC，LGH 的边成比例.
故，三角形 EBC 与三角形 LGH 的各角相等. [Ⅵ.6]

因此，三角形 EBC 也相似于三角形 LGH. [Ⅵ.4 和定义1]

同理，三角形 ECD 也相似于三角形 LHK.

故，相似多边形 ABCDE 与 FGHKL 被分成同样个数的相似三角形.

又可证它们的比如同原形的比，即在这种情况三角形成比例，且 ABE，EBC，ECD 是前项，这时 FGL，LGH，LHK 是它们的后项；又，多边形 ABCDE 与多边形 FGHKL 的比如同对应边与对应边的二次比，即 AB 与 FG 的二次比.

连接 AC，FH.

因为，多边形是相似的，故角 ABC 等于角 FGH. 且，AB 比 BC 如同 FG 比 GH，
三角形 ABC 与三角形 FGH 的各角相等. [Ⅵ.6]

故，角 BAC 等于角 GFH，
且角 BCA 等于角 GHF.

又因为，角 BAM 等于角 GFN，且角 ABM 也等于角 FGN， [Ⅰ.32]
故余下的角 AMB 也等于角 FNG；
所以，三角形 ABM 与三角形 FGN 的各角相等.

类似地，我们可以证明三角形 BMC 与三角形 GNH 的各角相等.

故有比例，AM 比 MB 如同 FN 比 NG.

且，BM 比 MC 如同 GN 比 NH，
因此，又有首末比，

AM 比 MC 如同 FN 比 NH.

但是，AM 比 MC 如同三角形 ABM 比 MBC，
且如同 AME 比 EMC；这是因为它们彼此的比如同其底的比， [Ⅵ.1]
所以也有，前项之一比后项之一如同所有前项的和比所有后项的和. [Ⅴ.12]

故，三角形 AMB 比 BMC 如同 ABE 比 CBE.

但是，AMB 比 BMC 如同 AM 比 MC，
故也有，AM 比 MC 如同三角形 ABE 比三角形 EBC.

同理，也有 FN 比 NH 如同三角形 FGL 比三角形 GLH.

又，AM 比 MC 如同 FN 比 NH，
故也有，三角形 ABE 比三角形 BEC 如同三角形 FGL 比三角形 GLH；
又由更比例，三角形 ABE 比三角形 FGL 如同三角形 BEC 比三角形 GLH.

类似地我们可以证明,如果连接 BD,GK,那么,三角形 BEC 比三角形 LGH 也如同三角形 ECD 比三角形 LHK.

又因为,三角形 ABE 比三角形 FGL 如同 EBC 比 LGH,且如同 ECD 比 LHK.
从而也有,前项之一比后项之一如同所有前项的和比所有后项的和; [V.12]
故,三角形 ABE 比三角形 FGL 如同多边形 $ABCDE$ 比多边形 $FGHKL$.

但是,三角形 ABE 比三角形 FGL 的比如同对应边 AB 与 FG 的二次比. 这是因为相似三角形之比如同对应边的二次比. [Ⅵ.19]

故多边形 $ABCDE$ 比多边形 $FGHKL$ 也如同对应边 AB 与 FG 的二次比.

证完

推论 类似地,可以证明:有关四边形的情况,形与形之比如同对应边的二次比;前边也已证明了三角形的情况. 所以一般地,相似直线形之比是其对应边的二次比.

命题 21

与同一直线形相似的图形,它们彼此也相似.

设直线形 A,B 的每一个都与 C 相似.

则可证 A 也与 B 相似.

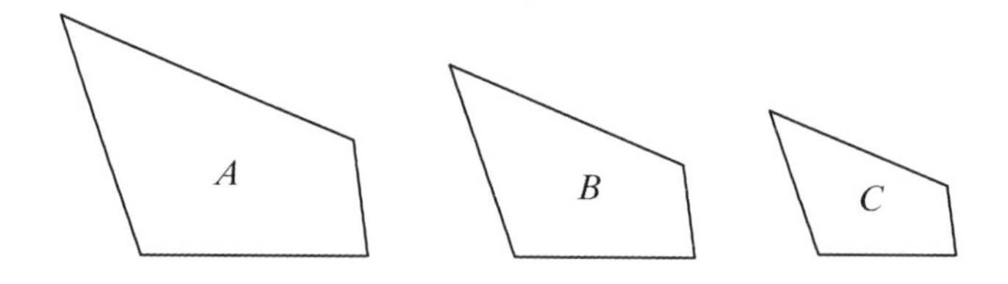

因为,A 与 C 相似,它们的各角分别相等且夹等角的边成比例; [Ⅵ.定义1]
又因为 B 与 C 相似,它们的各角相等且夹等角的边成比例.

故,图形 A,B 的每一个的角都与 C 的各角相等且夹等角的边成比例.

所以,A 与 B 相似.

证完

命题 22

如果四条线段成比例,则在它们上面作的相似且有相似位置的直线形也成比例;又如果在各线段上所作的相似且有相似位置的直线形成比例,则这些线段也成比例.

设四线段 AB,CD,EF,GH 成比例,
因此,AB 比 CD 如同 EF 比 GH.

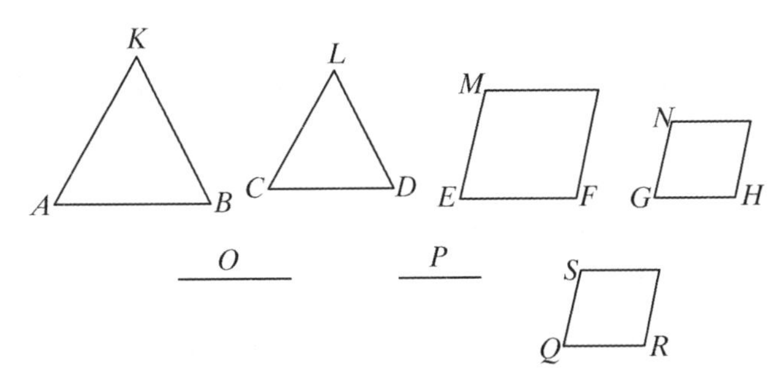

且在 AB,CD 上作相似且有相似位置的直线形 KAB,LCD,又在 EF,GH 上作相似且有相似位置的直线形 MF,NH.

则可证 KAB 比 LCD 如同 MF 比 NH.

对 AB,CD 取定其比例第三项 O,
且对 EF,GH 取定其比例第三项 P. [Ⅵ.11]

已知,AB 比 CD 如同 EF 比 GH,
且,CD 比 O 如同 GH 比 P,
所以,取首末比,即 AB 比 O 如同 EF 比 P. [Ⅴ.22]

但是,AB 比 O 如同 KAB 比 LCD, [Ⅵ.19,推论]
且 EF 比 P 如同 MF 比 NH.
故也有,KAB 比 LCD 如同 MF 比 NH. [Ⅴ.11]

其次,设 MF 比 NH 如同 KAB 比 LCD;
则也可证 AB 比 CD 如同 EF 比 GH.

因为,如果 EF 比 GH 不同于 AB 比 CD.

设 EF 比 QR 如同 AB 比 CD. [Ⅵ.12]

且在 QR 上作直线形 SR 和两个直线形 MF,NH 的任何一个既相似又有相似位置. [Ⅵ.18]

由此,AB 比 CD 如同 EF 比 QR.
又在 AB,CD 上作相似且有相似位置的图形 KAB,LCD,
又在 EF,QR 上作相似且有相似位置的图形 MF,SR,
故,KAB 比 LCD 如同 MF 比 SR.

但是又由假设,KAB 比 LCD 如同 MF 比 NH.

故也有,MF 比 SR 如同 MF 比 NH. [Ⅴ.11]

所以,MF 比图形 NH、SR 的每一个有相同的比;
从而,NH 等于 SR. [Ⅴ.9]

但是,这也是相似且有相似位置的.

故,GH 等于 QR.

又,因为 AB 比 CD 如同 EF 比 QR.

而 QR 等于 GH.

所以,AB 比 CD 如同 EF 比 GH.

证完

命题23

各角相等的平行四边形相比如同它们边的比的复比.

设等角平行四边形 AC,CF 的角 BCD 等于角 ECG;

则可证平行四边形 AC 比平行四边形 CF 如同边的比的复比.

因为,可置 BC 和 CG 在一条直线上,

使得,DC 和 CE 也在一条直线上.

将平行四边形 DG 完全画出;

又,由线段 K 出发,设法找出线段 BC 比 CG 如同 K 比 L,且 DC 比 CE 如同 L 比 M. [Ⅵ.12]

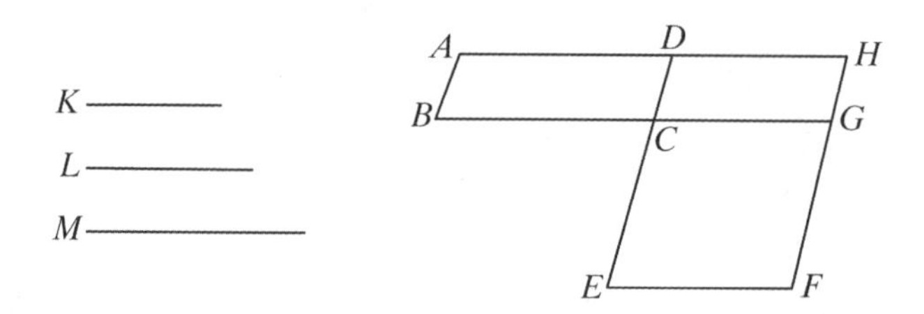

那么,K 比 L 与 L 比 M 的比如同边与边的比,即 BC 比 CG 与 DC 比 CE.

但是,K 比 M 如同 K 比 L 和 L 比 M 的复比;

由此,K 比 M 是边与边的比的复比.

现在,因为 BC 比 CG 如同平行四边形 AC 比平行四边形 CH, [Ⅵ.1]

在这个比例中,BC 比 CG 如同 K 比 L,

故也有,K 比 L 如同 AC 比 CH. [Ⅴ.11]

又因为,DC 比 CE 如同平行四边形 CH 比 CF, [Ⅵ.1]

而 DC 比 CE 如同 L 比 M,

所以也有,L 比 M 如同平行四边形 CH 比平行四边形 CF, [Ⅴ.11]

因此证明了,K 比 L 如同平行四边形 AC 比平行四边形 CH.

又,L 比 M 如同平行四边形 CH 比平行四边形 CF,故有首末比,K 比 M 如同平行四边形 AC 比平行四边形 CF.

但是,K 与 M 的比如同边与边的比的复比;

所以,AC 比 CF 也是边与边的比的复比.

证完

命题 24

在任何平行四边形中与它有共同对角线的平行四边形都相似于原平行四边形,并且也彼此相似.

设 $ABCD$ 是平行四边形,AC 是它的对角线;又令 EG,HK 是跨在 AC 两头的两个小平行四边形;

则可证平行四边形 EG,HK 的每一个都相似于平行四边形 $ABCD$,且它们彼此相似.

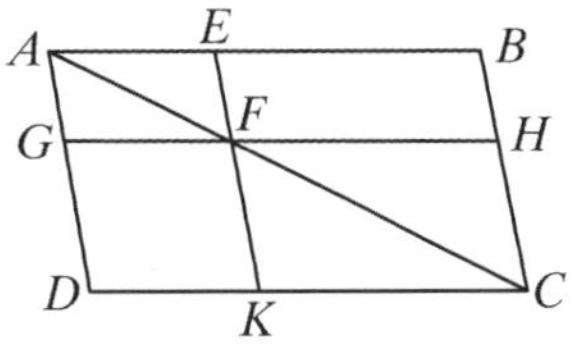

因为,EF 平行于 BC,它是三角形 ABC 的一条边,则有比例,BE 比 EA 如同 CF 比 FA. [Ⅵ.2]

又因为 FG 平行于 CD,它是三角形 ACD 的一条边,有比例,CF 比 FA 如同 DG 比 GA. [Ⅵ.2]

但是,已经证明了 CF 比 FA 如同 BE 比 EA;

故也有,BE 比 EA 如同 DG 比 GA.

且由合比,BA 比 AE 如同 DA 比 AG, [Ⅴ.18]

又取更比例,BA 比 AD 如同 EA 比 AG. [Ⅴ.16]

故,在平行四边形 $ABCD$ 与 EG 中,夹公共角 BAD 的四个边成比例.

又因为,GF 平行于 DC,角 AFG 等于角 DCA,且角 DAC 是三角形 ADC 与 AGF 的公共角;

故三角形 ADC 与三角形 AGF 的各角相等.

同理,三角形 ACB 也与三角形 AFE 的各角相等,

且整体平行四边形 $ABCD$ 和平行四边形 EG 的各角也是相等的.

故有比例,

AD 比 DC 如同 AG 比 GF,

DC 比 CA 如同 GF 比 FA,

AC 比 CB 如同 AF 比 FE,

更有,CB 比 BA 如同 FE 比 EA.

又因为已经证明了

DC 比 CA 如同 GF 比 FA,

且 AC 比 CB 如同 AF 比 FE,

故,有首末比例,DC 比 CB 如同 GF 比 FE. [Ⅴ.22]

从而,在平行四边形 $ABCD$ 与 EG 中,夹着等角的四个边成比例,

故平行四边形 $ABCD$ 相似于平行四边形 EG. [Ⅵ.定义 1]

同理,平行四边形 $ABCD$ 也相似于平行四边形 KH,

故平行四边形 EG,HK 的每一个都相似于 $ABCD$.

但是,相似于同一直线形的图形也彼此相似, [Ⅵ.21]

所以,平行四边形 EG 也相似于平行四边形 HK.

证完

命题 25

求作一个图形相似于一个已知直线形且等于另外一个已知的直线形.

设 ABC 是已知直线形,求作一个图形与它相似且等于另一个图形 D,

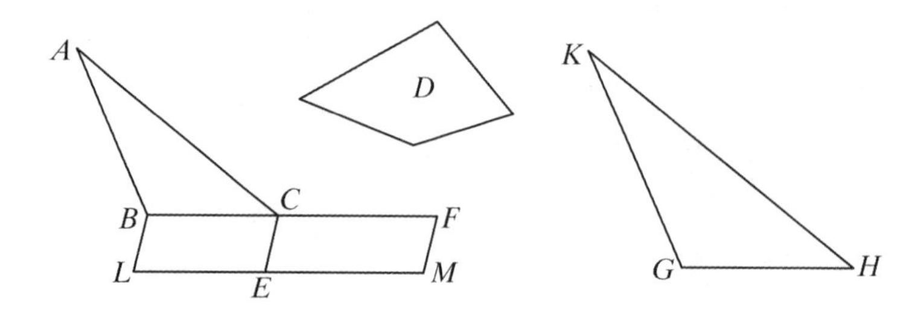

这样,就要求作一个图形使它既相似于 ABC 又等于 D.

对 BC 贴合一平行四边形 BE 等于三角形 ABC, [Ⅰ.44]

又对 CE 贴合一平行四边形 CM 使它等于 D,其中角 FCE 等于角 CBL. [Ⅰ.45]

故 BC 与 CF 在一条直线上,且 LE 和 EM 在一条直线上,

现在,取 GH 使它成为 BC、CF 的比例中项, [Ⅵ.13]

且在 GH 上作 KGH 相似于 ABC 且有相似位置. [Ⅵ.18]

那么,BC 比 GH 如同 GH 比 CF,

又,如果三条线段成比例,第一个比第三个如同第一个上的图形比在第二个上与它相似且有相似位置的图形, [Ⅵ.19,推论]

故,BC 比 CF 如同三角形 ABC 比三角形 KGH.

但是,BC 比 CF 也如同平行四边形 BE 比平行四边形 EF. [Ⅵ.1]

故也有,三角形 ABC 比三角形 KGH 如同平行四边形 BE 比平行四边形 EF;

故取更比,三角形 ABC 比平行四边形 BE 如同三角形 KGH 比平行四边形 EF. [Ⅴ.16]

但是,三角形 ABC 等于平行四边形 BE;

故三角形 KGH 也等于平行四边形 EF.

但是,平行四边形 EF 等于 D,

故,KGH 也等于 D.

又,KGH 也相似于 ABC.

所以,同一个图形 KGH 既相似于已知直线形 ABC,又等于另一个已知图形 D.

作完

命题 26

如果由一个平行四边形中取掉一个与原形相似且有相似位置又有一个公共角的平行四边形．则它将与原平行四边形有共线的对角线.

由平行四边形 $ABCD$ 取掉一个平行四边形 AF，它相似于 $ABCD$ 且有相似位置，

它们又有公共角 DAB；

则可证 $ABCD$ 与 AF 有共线的对角线.

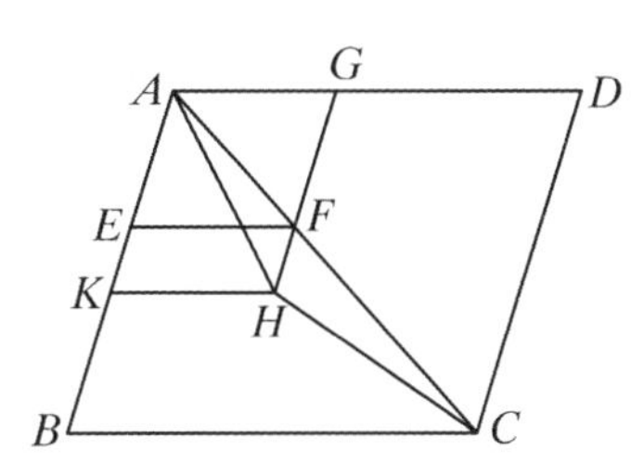

因为，假设不是这样，如果这是可能的，令 AHC 是〈$ABCD$ 的〉对角线，延长 GF 至 H，且过 H 作 HK 平行于直线 AD，BC 的一条. ［Ⅰ.31］

从而，$ABCD$ 与 KG 有共线的对角线，故 DA 比 AB 如同 GA 比 AK. ［Ⅵ.24］

但是，因为 $ABCD$ 与 EG 相似，故

DA 比 AB 如同 GA 比 AE；

故也有，GA 比 AK 如同 GA 比 AE. ［Ⅴ.11］

所以，GA 与 AK，AE 的每一个相比有相同的比.

从而，AE 等于 AK； ［Ⅴ.9］

较小的等于较大的：这是不可能的.

故，$ABCD$ 与 AF 不能没有共线的对角线.

所以，平行四边形 $ABCD$ 与平行四边形 AF 有共线的对角线.

证完

命题 27

任一贴合于同一线段上的所有平行四边形中，亏缺一个与作在原线段一半上的平行四边形相似且相似位置的图形．则在所作诸图形中以作在原线段一半上的那个平行四边形为最大，并且它相似于取掉的图形.

设 AB 是一条线段且二等分于 C；对线段 AB 的一半上所贴合的平行四边形 AD 是亏缺在 AB 一半 CB 上的平行四边形 DB 以后而成的.

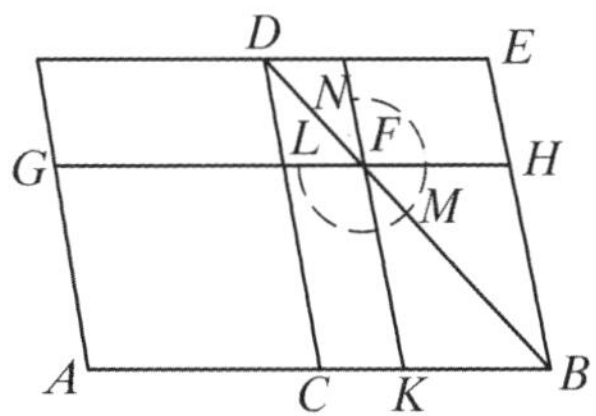

则可证所有贴合于 AB 线上的那种平行四边形中以亏缺相似且有相似位置于 DB 的平行四边形 AD 最大.

设在 AB 上所贴合的平行四边形 AF，它是亏缺着相似且有相似位置于 DB 的平行四边形的图形 FB 而成的；

则可证 AD 大于 AF.

因为,平行四边形 DB 相似于平行四边形 FB,它们有共线的对角线. [Ⅵ.26]

设已画出了它们的对角线 DB,且设图形已作好.

那么,因为 CF 等于 FE, [Ⅰ.43]

且,FB 是公共的.

故整体 CH 等于整体 KE.

但是,CH 等于 CG,这是因为 AC 也等于 CB. [Ⅰ.36]

故,GC 也等于 EK.

将 CF 加在以上各边;

所以,整体 AF 等于拐尺形 LMN;

因此,平行四边形 DB,即 AD,大于平行四边形 AF.

证完

《几何原本》中,有些几何命题可转换为二次方程,那么几何命题的结论就是对应方程的解;反之亦然. Ⅵ.27、Ⅵ.28 和Ⅵ.29 正是如此,正如Ⅱ.11(黄金分割)所述那样.

对于Ⅵ.27. 设 $AB=a, AE=b, BF=x$.

则 $KB:x=\frac{a}{2}:b, KB=\frac{a}{2b}x, AK=a-\frac{a}{2b}x$, (1)

设平行四边形 AD、KF 的面积分别为 W 和 Q,则有 $W:Q=b^2:x^2$, (2) [Ⅵ.20]

设平行四边形 AG 的面积为 S,则有 $S:Q=AK:KB$. (3) [Ⅵ.1]

由(1)、(2)和(3)可得 $Wx^2-2bWx+b^2S=0$.

这个二次方程有实根的充要条件是判别式非负,即

$4b^2W^2-4Wb^2S\geqslant 0$,即 $S\leqslant W$. 这正是命题的结论.

命题 28

对一给定线段上贴合一个等于一已知直线形的平行四边形,且亏缺一个相似于某个已知图形的平行四边形:这个已知直线形必须不大于在原线段一半上的平行四边形并且这个平行四边形相似于取掉的图形.

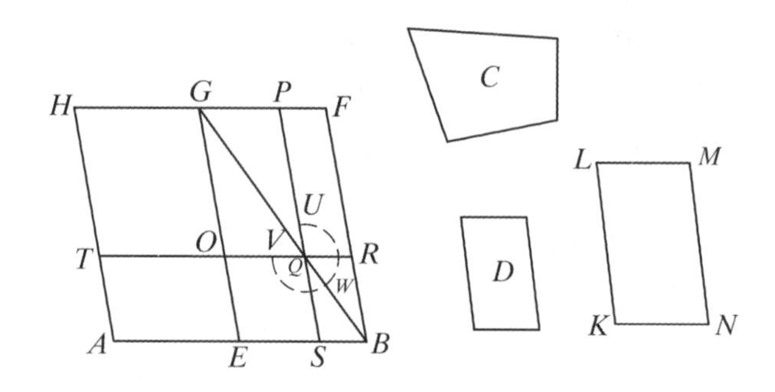

设 AB 是所给定的线段,C 是已知直线形,所求贴合于 AB 上一个和 C 相等的平行四

边形,C 不大于在 AB 一半上作的平行四边形,这平行四边形又相似于亏缺的图形,这亏缺的图形又相似于已知的平行四边形 D;

因此,要求用所给定的线段 AB 作一个平行四边形等于已知直线形 C,并且这平行四边形也是亏缺一个相似于 D 的平行四边形.

点 E 二等分 AB,且在 EB 上作相似于 D 且有相似位置的 $EBFG$; [Ⅵ.18]
将平行四边形 AG 画出.

如果 AG 等于 C,那么,就完成了作图.

因为,在给定的线段 AB 上有平行四边形 AG,它等于已知直线形 C 且它是由亏缺相似于 D 的平行四边形的图形 BG 而成的.

但是,如果不是这样,设 HE 大于 C,
现在,HE 等于 GB,故 GB 也大于 C.
作 $KLMN$ 等于 GB 与 C 的差,并且相似于 D,又与 D 有相似位置. [Ⅵ.25]

但是,D 相似于 GB,
故,KM 也相似于 GB, [Ⅵ.21]

令,KL 对应于 GE,且 LM 对应于 GF.

现在,因为 GB 等于 C、KM 的和,
故 GB 大于 KM;
故也有 GE 大于 KL,且 GF 大于 LM.

取 GO 等于 KL,且 GP 等于 LM,
又将平行四边形 $OGPQ$ 画出,
故它等于且相似于 KM.

从而,GQ 也相似于 GB; [Ⅵ.21]
故 GQ 与 GB 有共线的对角线. [Ⅵ.26]

令 GQB 是它们的对角线,且设图形已画好.

那么,因为 BG 等于 C、KM 的和.
又在它们中 GQ 等于 KM,
所以,其余的部分,即拐尺形 UWV 等于其余部分 C.

又,因为 PR 等于 OS,将 QB 加在以上各边,
则整体 PB 等于整体 OB;

但是,OB 等于 TE,因为边 AE 也等于边 EB. [Ⅰ.36]

故,TE 也等于 PB.

将 OS 加在以上各边;
从而,整体 TS 等于整体拐尺形 VWU.

但是,已经证明了拐尺形 VWU 等于 C;
故,TS 也等于 C.

所以,对给定的线段 AB 贴合了等于已知直线形 C 且由亏缺相似于 D 的平行四边形 QB 而成的平行四边形 ST.

作完

命题 29

对一给定的线段上贴合一个等于已知直线形的平行四边形，并且超出一个平行四边形相似于一个已知平行四边形.

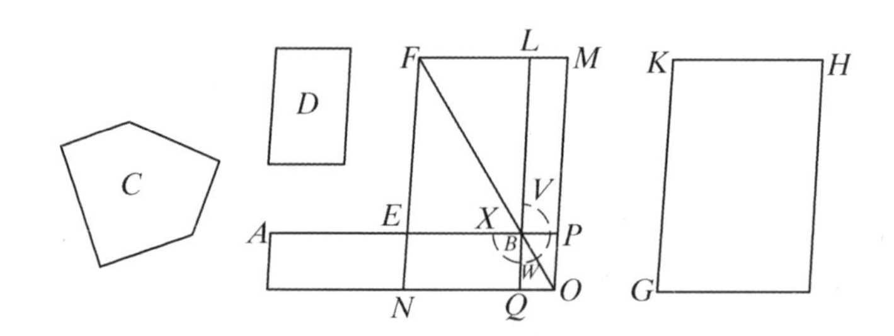

设 AB 是所给定的线段，C 是直线形，在 AB 上贴合一个平行四边形，使得这个图形等于 C；而在超出的平行四边形相似于平行四边形 D.

由此，要求在线段 AB 上贴合一个平行四边形使它等于直线形 C，并且在超出部分上的平行四边形相似于 D.

设将 AB 平分于 E.

又在 EB 上作相似于 D 且与它有相似位置的平行四边形 BF，又作 GH 等于 BF 与 C 的和，同时 GH 与 D 相似且有相似位置. [Ⅵ.25]

令 KH 对应于 FL 且 KG 对应于 FE.

现在，因为 GH 大于 FB，故，KH 也大于 FL，且 KG 大于 FE.

延长 FL，FE，令 FLM 等于 KH，且 FEN 等于 KG，
将平行四边形 MN 画出.

故，MN 等于且相似于 GH.

但是，GH 相似于 EL，

所以，MN 也相似于 EL； [Ⅵ.21]

从而，EL 与 MN 有共线的对角线. [Ⅵ.26]

于是作出了它们的对角线 FO，且图形已作出.

因为，GH 等于 EL 与 C 的和，
这时，GH 等于 MN，
故，MN 也等于 EL 与 C 的和.

又由以上各边减去 EL；
那么，余下的，拐尺形 XWV 等于 C.

现在，因为 AE 等于 EB，
AN 也等于 NB[Ⅰ.36]，即等于 LP， [Ⅰ.43]
将 EO 加在以上各边；

则整体 AO 等于拐尺形 VWX.

但是,拐尺形 VWX 等于 C;
故,AO 也等于 C.

所以,对所给定的线段 AB 已贴合了一个平行四边形 AO,它等于已知直线形 C,而且超出了一个平行四边形 QP 相似于 D,因为 PQ 也相似于 EL. [Ⅵ.24]

作完

命题 30

将一个给定的线段分成中外比.

设 AB 是所给定的线段.

要求分 AB 成中外比.

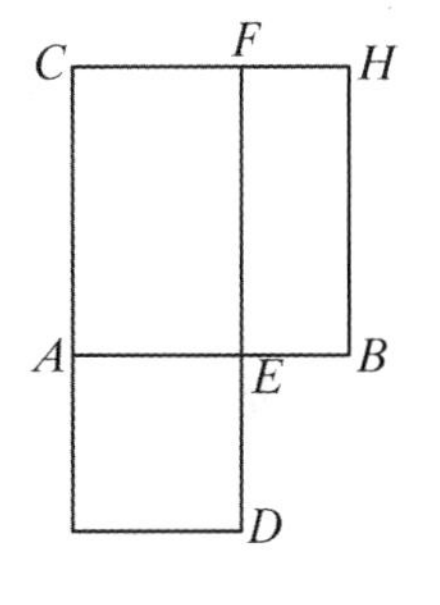

在 AB 上作正方形 BC,而且在 AC 及其延线上作平行四边形 CD 等于正方形 BC,并且在延线上的图形 AD 相似于 BC. [Ⅵ.29]

现在 BC 是正方形;
故 AD 也是正方形.

又因为正方形 BC 等于矩形 CD,
由各边减去矩形 CE,则余量 BF 等于余量 AD.

但是它们的各角相等.
故在 BF,AD 中夹等角的边成互反比例, [Ⅵ.14]
于是,FE 比 ED 如同 AE 比 EB.

但是 FE 等于 AB,且 ED 等于 AE,
故,BA 比 AE 如同 AE 比 EB.

又,AB 大于 AE,从而,AE 也大于 EB.

所以,线段 AB 被点 E 分成中外比,AE 是较大的线段.

作完

命题 31

在直角三角形中,直角对的边上所作的图形等于夹直角边上所作与前图形相似且有相似位置的二图形的和.

设 ABC 是具有直角 BAC 的直角三角形;
则可证在 BC 上的图形等于在 BA,AC 上所作与前图形相似且有相似位置的二图形的和.

设 AD 是垂线. 因此,在直角三角形 ABC 内,AD 是从直角顶点 A 到底 BC 的垂线.

三角形 ABD,ADC 在垂线两边,都和 ABC 相似,它们也彼此相似. [Ⅵ.8]

又,因为 ABC 相似于 ABD,

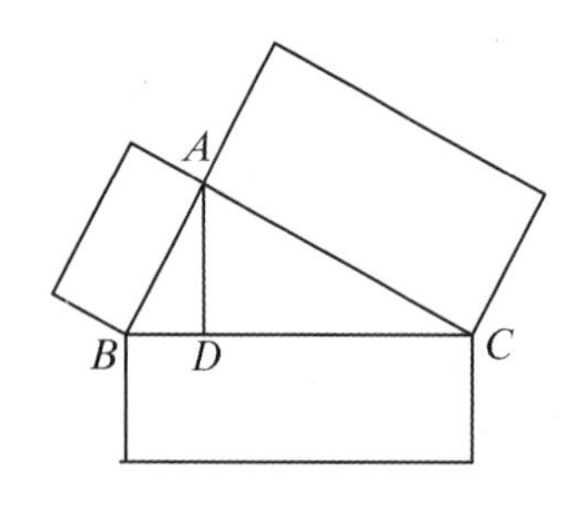

故,*CB* 比 *BA* 如同 *AB* 比 *BD*. [Ⅵ.定义1]

又,因为三条线段成比例,

第一条比第三条如同第一条上的图形比作在第二条上与它相似且有相似位置的图形, [Ⅵ.19,推论]

故,*CB* 比 *BD* 如同 *CB* 上的图形比作在 *BA* 上与它相似且有相似位置的图形.

同理也有,*BC* 比 *CD* 如同 *BC* 上的图形比 *CA* 上的图形;

因此,更有 *BC* 比 *BD*、*DC* 的和如同 *BC* 上的图形比在 *BA*、*AC* 上并且与 *BC* 上图形相似且有相似位置的图形的和.

但是 *BC* 等于 *BD*,*DC* 的和;

所以,*BC* 上的图形也等于 *BA*、*AC* 上与前图形相似且有相似位置的图形的和.

证完

命题 32

如果在两个三角形中,一个三角形中的一个角的两边与另一个三角形的一个角的两边成比例,且两三角形连接于一角,并且对应边也平行. 则这两个三角形的第三边在同一条直线上.

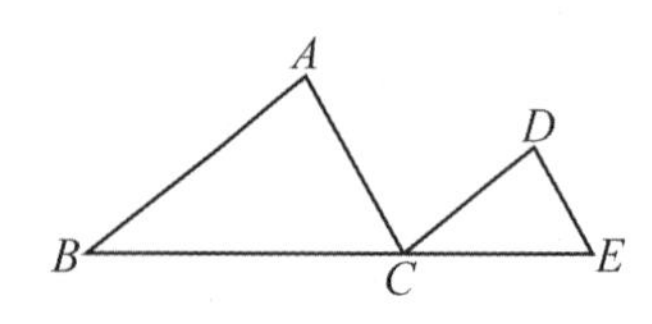

设 *ABC*,*DCE* 是两个三角形,它们的两边 *BA*、*AC* 与两边 *DC*、*DE* 成比例,即,*AB* 比 *AC* 如同 *DC* 比 *DE*,且 *AB* 平行于 *DC*,*AC* 平行于 *DE*;

则可证 *BC* 与 *CE* 在同一直线上.

因为,*AB* 平行于 *DC*,

又,直线 *AC* 与它们相交;

则内错角 *BAC*,*ACD* 彼此相等. [Ⅰ.29]

同理,角 *CDE* 也等于角 *ACD*;

因此,角 *BAC* 等于角 *CDE*.

又,因为 *ABC*,*DCE* 是两个三角形,它们的一个角等于一个角,在 *A* 处的角等于在 *D* 处的角,且夹等角的边成比例,因此,*BA* 比 *AC* 如同 *CD* 比 *DE*.

故三角形 *ABC* 与三角形 *DCE* 的各角相等. [Ⅵ.6]

从而,角 *ABC* 等于角 *DCE*.

但是,已经证明了角 *ACD* 等于角 *BAC*,

故整体角 *ACE* 等于两个角 *ABC*,*BAC* 的和;

将角 *ACB* 加在以上各边;则角 *ACE*,*ACB* 的和等于角 *BAC*,*ACB*,*CBA* 的和.

但是,角 *BAC*,*ABC*,*ACB* 的和等于两直角, [Ⅰ.32]

故角 *ACE*,*ACB* 的和也等于两直角,所以,在直线 AC 上的 C 点处,有两直线 BC,CE 不在 AC 的同侧而成邻角 ACE 与 ACB,其和等于两直角;

从而,BC 与 CE 在一直线上. [Ⅰ.14]

证完

克拉维乌斯(C. Clavius)及其他一些数学家已指出该命题的题设表述不甚明确,该命题至少有一种情况,满足题设条件但第三边并不在一直线上.

如若将图上的边 ED 延长到 F 点,且使 $DF=DE$,连接 CF,那么 $\triangle ABC$ 与 $\triangle DCF$ 满足题设条件,但两三角形的第三边 BC 与 CF 并不在一直线上.

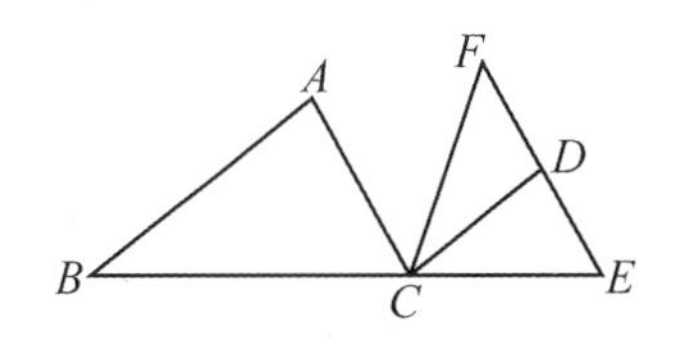

命题 33

在等圆中的圆心角或圆周角的比如同它们所对弧的比.

设 ABC,DEF 是等圆,且设角 BGC,EHF 是圆心 G,H 处的角,又角 BAC,EDF 是圆周角;

则可证弧 BC 比弧 EF 如同角 BGC 比角 EHF,也如同角 BAC 比角 EDF.

因为,可取等于弧 BC 的任意多个相邻的弧 CK,KL,也可取等于弧 EF 的任意多个相邻的弧 FM,MN. 又,连接 GK,GL,HM,HN.

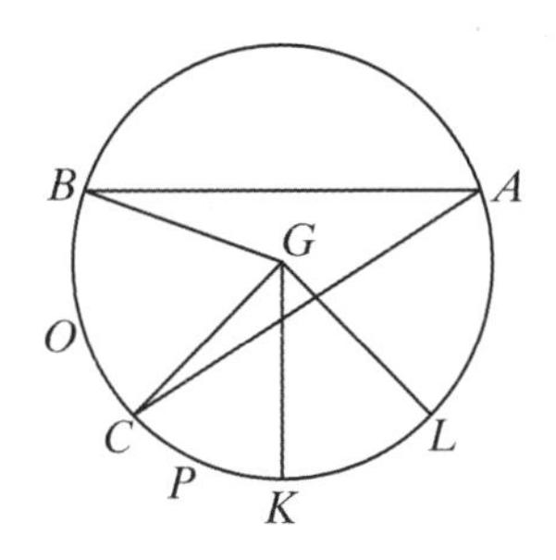

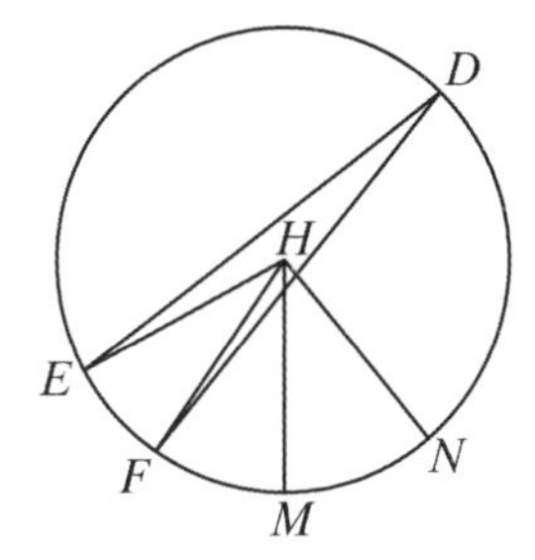

则,因为弧 BC,CK,KL 彼此相等,

角 BGC,CGK,KGL 也彼此相等; [Ⅲ.27]

故无论弧 BL 是 BC 的几倍,则角 BGL 也是角 BGC 的同样多倍.

同理也有,

无论弧 NE 是 EF 的几倍,则角 NHE 也是角 EHF 的同样多少倍.

如果弧 BL 等于弧 EN,则角 BGL 也等于角 EHN; [Ⅲ.27]

如果弧 BL 大于弧 EN,则角 BGL 也大于角 EHN;

如果弧 BL 小于弧 EN,则角 BGL 也小于角 EHN.

则有四个量,两个弧 BC,EF 及两个角 BGC,EHF,

已经取定了弧 BC 及角 BGC 的同倍量,它们是弧 BL 及角 BGL.

又,取定了弧 EF 及角 EHF 的同倍量,即弧 EN 与角 EHN.

我们已经证明了,如果弧 BL 大于弧 EN,则角 BGL 也大于角 EHN;
如果弧 BL 等于弧 EN,则角 BGL 也等于角 EHN;
如果弧 BL 小于弧 EN,则角 BGL 也小于角 EHN.

故,弧 BC 比 EF 如同角 BGC 比角 EHF. [V. 定义 5]

但是,角 BGC 比角 EHF 如同角 BAC 比角 EDF,因为它们分别是二倍的关系.

所以也有,弧 BC 比弧 EF 如同角 BGC 比角 EHF,又如同角 BAC 比角 EDF.

证完

第VII卷

定义

1. 每一个事物都是作为一个**单位**而存在,并称之为1.

2. 一个**数**是由许多单位合成的.

3. 一个较小数为一个较大数的**一部分**,当它能量尽较大者[①].

4. 一个较小数为一个较大数的**几部分**,当它量不尽较大者[②].

5. 较大数若能为较小数量尽,则它为较小数的**倍数**.

6. **偶数**是能被分为相等两部分的数.

7. **奇数**是不能被分为相等两部分的数,或者它和一个偶数相差一个单位.

8. **偶倍偶数**是用一个偶数量尽它得偶数的数[③].

9. **偶倍奇数**是用一个偶数量尽它得奇数的数.

10. **奇倍奇数**是用一个奇数量尽它得奇数的数.

11. **素数**是只能为单位1所量尽者.

12. **互素的数**是只能被作为公度的一个单位所量尽的几个数.

13. **合数**是能被某数所量尽者.

14. **互为合数的数**是能被作为公度的某数所量尽的几个数.

15. 所谓一个数**乘**一个数,就是被乘数自身相加多少次而得出的某数,这相加的个数是另一数中单位的个数.

16. 两数相乘得出的数称为**面数**,其**两边**就是相乘的两数.

17. 三数相乘得出的数称为**体数**,其**三边**就是相乘的三数.

18. **平方数**是两相等数相乘所得之数,或者是由两相等数所构成的.

19. **立方数**是两相等数相乘再乘此等数而得的数,或者是由三相等数所构成的.

20. 当第一数是第二数的某倍、某一部分或某几部分,与第三数是第四数的同一倍、同一部分或相同的几部分,称这四个数是**成比例的**[④].

---

① 这里所谓一部分是指若干分之一,例如2是6的三分之一.

② 这里所谓几部分是指若干分之几,如6是9的三分之二.

③ 有的数仅是偶倍偶数,有的数仅是偶倍奇数,有的是既是偶倍偶数又是偶倍奇数.以上分别参看[X.32]、[IX.33]和[IX.34].

④ 对此定义举例说明:
设有四个数8、4、6、3,8是4的2倍,6也是3的2倍,这四个数成比例,注释时记作8∶4=6∶3;
又设有四个数2、6、3、9,2是6的三分之一,3也是9的三分之一,这四个数成比例.注释时记作2∶6=3∶9;
又设有四个数4、6、20、30,4是6的三分之二,20也是30的三分之二,这四个数成比例.注释时记作4∶6=20∶30.

21. 两**相似面数**以及两**相似体数**是它们的边成比例的数.

22. **完全数**是等于它自身所有部分的和①的数.

命 题

命题 1

设有不相等的二数,若依次从大数中不断地减去小数,若余数总是量不尽它前面一个数,直到最后的余数为一个单位,则该二数互素.

设有不相等的二数 AB,CD,从大数中不断地减去小数,设余数总量不尽它前面一个数,直到最后的余数为一个单位.

则可证 AB,CD 是互素的,即只有一个单位量尽 AB,CD.

因为,如果 AB,CD 不互素,则有某数量尽它们,设量尽它们的数为 E.

现在用 CD 量出 BF,其余数 FA 小于 CD.

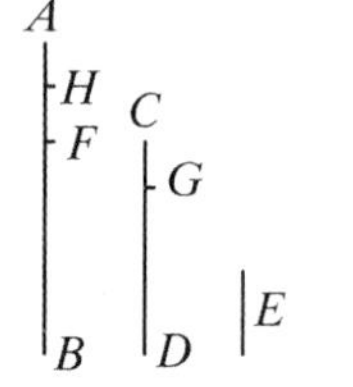

又设 AF 量出 DG,其余数 GC 小于 AF,以及用 GC 量出 FH,这时余数为一个单位 HA.

于是,由于 E 量尽 CD,且 CD 量尽 BF,所以 E 也量尽 BF.

因为 E 也量尽整体 BA,所以它也量尽余数 AF.

但是 AF 量尽 DG,所以 E 也量尽 DG.

然而 E 也量尽整体 DC,所以它也量尽余数 CG.

由于 CG 量尽 FH,于是 E 也量尽 FH.

但证得 E 也量尽整体 FA,所以它也量尽余数,即单位 AH,然而 E 是一个数;这是不可能的.

因此没有数可以同时量尽 AB,CD,因而 AB,CD 是互素的.

[Ⅶ. 定义 12]

证完

此命题为求两正整数 a,b 的最大公因数的欧几里得算法——辗转相除法.

有两个正整数 a,b,若 $a>b$,用以下方式表述运算过程:

---

① 完全数是等于其所有真因数之和,如

$6=1+2+3$,

$28=1+2+4+7+14$.

所以 6,28 都是完全数.

	a	b	p	
	pb	qc		
q	c	d	r	$(c<b),(d<c)$
	rd	sg		
s	g	o		$(g<d)$

那么 a,b 的最大公因数是 g,用记号$(a,b)=g$ 表示. 当 $g=1$ 时,a,b 互素,这就是命题 1;若 $g\neq1$ 时,就是命题 2.

命题 1 是用反证法证明的,若 a,b 不互素,那么就有一正整数 $e(e\neq1)$ 整除 a、b,于是 e 也整除 $a-pb$,即整除 c.

又因为 e 整除 b、c,那么它也整除 $b-qc$,即整除 d,又因为 e 整除 c、d,那么它也整除 $c-rd$,即 e 整除 1:这是不可能的,于是命题得证.

此处欧几里得假定了一个法则,即若 a,b 同时被 c 整除,则 $a-pb$ 也被 c 整除,在下一个命题他还假定若 a,b 同时被 c 整除,则 $a+pb$ 也被 c 整除(a,b,c,p 都是正整数,以后三卷如不特别声明,一般数均指正整数).

命 题 2

给定两个不互素的数,求它们的最大公度数.

设 AB,CD 是不互素的两数.

求 AB,CD 的最大公度数.

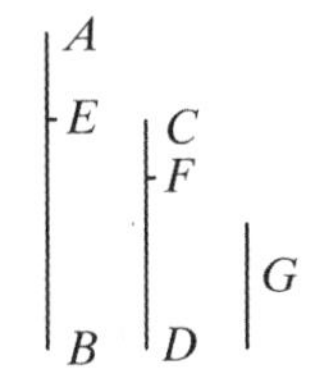

如果 CD 量尽 AB,这时它也量尽它自己,那么 CD 就是 CD,AB 的一个公度数.

且显然 CD 也是最大公度数,这是因为没有比 CD 大的数能量尽 CD.

但是,如果 CD 量不尽 AB,那么从 AB,CD 中的较大者中不断地减去较小者,如此,将有某个余数能量尽它前面一个.

这最后的余数不是一个单位,否则 AB,CD 就是互素的, [Ⅶ. 1]

这与假设矛盾.

所以某数将是量尽它前面的一个余数.

现在设 CD 量出 BE,余数 EA 小于 CD,设 EA 量出 DF,余数 FC 小于 EA,又设 CF 量尽 AE.

这样,由于 CF 量尽 AE,以及 AE 量尽 DF,所以 CF 也量尽 DF.

但是它也量尽它自己,所以它量尽整体 CD.

然而 CD 量尽 BE,所以 CF 也量尽 BE.

但是 CF 也量尽 EA,所以它也量尽整体 BA.

然而 CF 也量尽 CD,所以 CF 量尽 AB,CD.

所以 CF 是 AB,CD 的一个公度数.

其次可证它也是最大公度数.

因为,如果 CF 不是 AB,CD 的最大公度数,
那么必有大于 CF 的某数将量尽 AB,CD.

设量尽它们的那样的数是 G.

现在,由于 G 量尽 CD,而 CD 量尽 BE,那么 G 也量尽 BE.

但是它也量尽整体 BA,所以它也量尽余数 AE.

但是 AE 量尽 DF,所以 G 也量尽 DF.

然而它也量尽整体 DC,
所以它也量尽余数 CF,即较大的数量尽较小的数:这是不可能的.

所以没有大于 CF 的数能量尽 AB,CD.

因而 CF 是 AB,CD 的最大公度数.

推论 由此很显然,如果一个数量尽两数,那么它也量尽两数的最大公度数.

证完

命题 3

给定三个不互素的数,求它们的最大公度数.

设 A,B,C 是所给定的三个不互素的数.

我们来求 A,B,C 的最大公度数.

设 D 为两数 A,B 的最大公度数. [Ⅶ.2]
那么 D 或者量尽或者量不尽 C.

首先设 D 量尽 C.

但是它也量尽 A,B,所以 D 量尽 A,B,C,即 D 是 A,B,C 的一个公度数.

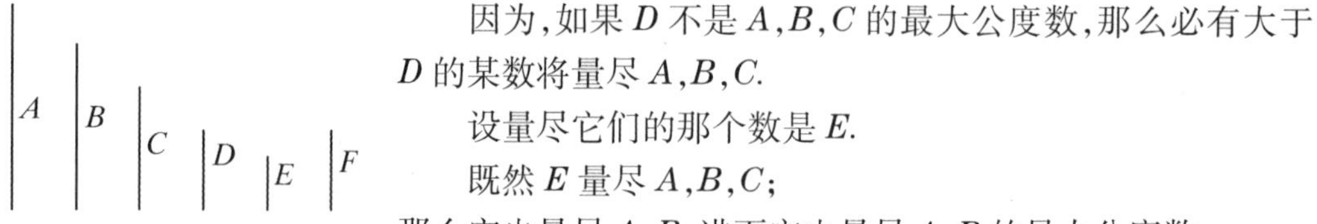

还可证它也是最大公度数.

因为,如果 D 不是 A,B,C 的最大公度数,那么必有大于 D 的某数将量尽 A,B,C.

设量尽它们的那个数是 E.

既然 E 量尽 A,B,C;
那么它也量尽 A,B,进而它也量尽 A,B 的最大公度数. [Ⅶ.2,推论]

但是 A,B 的最大公度数是 D,
所以 E 量尽 D,因而较大数量尽较小数:这是不可能的.

所以没有大于 D 的数能量尽数 A,B,C.

因而 D 是 A,B,C 的最大公度数.

其次设 D 量不尽 C.

首先证明 C,D 不互素.

因为 A,B,C 既然不互素,就必有某数量尽它们.

现在量尽 A,B,C 的某数也量尽 A,B;
并且它量尽 A,B 的最大公度数 D. [Ⅶ.2,推论]

但是它也量尽 C.

于是这个数同时量尽数 D,C;从而 D,C 不互素.

然后设已得到它们的最大公度数 E. [Ⅶ.2]

这样,由于 E 量尽 D,而 D 量尽 A,B;
所以 E 也量尽 A,B.

但是它也量尽 C,所以 E 量尽 A,B,C,
所以 E 是 A,B,C 的一个公度数.

再其次证明 E 也是最大公度数.

因为,如果 E 不是 A,B,C 的最大公度数,那么必有大于 E 的某数 F 量尽数 A,B,C.

现在,F 量尽 A,B,C,那么它也量尽 A,B,所以它也量尽 A,B 的最大公度数.
[Ⅶ.2,推论]

然而 A,B 的最大公度数是 D,所以 F 量尽 D.

且它也量尽 C,这就使得它同时量尽 D,C,进而量尽 D,C 的最大公度数.
[Ⅶ.2,推论]

但是,D,C 的最大公度数是 E,
所以 F 量尽 E,较大数量尽较小数:这是不可能的.

所以没有大于 E 的数量尽 A,B,C.

故 E 是 A,B,C 的最大公度数.

证完

求 a,b,c 的最大公因数,是先求出其中两数的最大公因数,如 $(a,b)=d$,再求出它与第三个数的最大公因数,如 $(d,c)=e$,本命题证明 e 就是三数的最大公因数.

命题 4

较小的数是较大的数的一部分或几部分.

设 A,BC 是两数,且 BC 是较小者.

则可证 BC 是 A 的一部分或几部分.

因为 A,BC 或者互素,或者不互素.

首先设 A,BC 是互素的.

这样,如果分 BC 为若干单位,在 BC 中的每个单位是 A 的一部分,于是 BC 是 A 的几部分.

A B E F C D

其次设 A,BC 不互素,那么 BC 或者量尽或者量不尽 A.

如果 BC 量尽 A,BC 是 A 的一部分.

但是,如果 BC 量不尽 A,
则可求得 A,BC 的最大公度数是 D,

[Ⅶ.2]

且使 BC 被分为等于 D 的一些数,即 BE,EF,FC.

现在,因为 D 量尽 A,那么 D 是 A 的一部分.

但是 D 等于数 BE,EF,FC 的每一个;

所以 BE,EF,FC 的每一个也是 A 的一部分,于是 BC 是 A 的几部分.

证完

命题 5

若一小数是一大数的一部分,且另一小数是另一大数的具有同样的部分,那么两小数之和也是两大数之和的一部分,且与小数是大数的部分相同.

设数 A 是 BC 的一部分,且另一数 D 是另一数 EF 的一部分与 A 是 BC 的部分相同.

则可证 A,D 之和也是 BC,EF 之和的一部分,且与 A 是 BC 的部分相同.

因为无论 A 是 BC 怎样的一部分,D 也是 EF 的同样的一部分.

A B G C D E H F

所以在 BC 中有多少个等于 A 的数,那么在 FE 中就有同样多少个等于 D 的数.

将 BC 分为等于 A 的数,即 BG,GC,又将 EF 分为等于 D 的数,即 EH,HF,

这样 BG,GC 的个数等于 EH,HF 的个数.

又,由于 BG 等于 A,以及 EH 等于 D,所以 BG,EH 之和也等于 A,D 之和.

同理,GC,HF 之和也等于 A,D 之和.

所以在 BC 中有多少个等于 A 的数,那么在 BC,EF 之和中就有同样多少个等于 A,D 之和的数.

所以,无论 BC 是 A 的多少倍数,BC 与 EF 之和也是 A 与 D 之和的同样倍数.

因此,无论 A 是 BC 怎样的一部分,也有 A,D 的和是 BC,EF 之和的同样的一部分.

证完

若 $a=\frac{1}{n}b,c=\frac{1}{n}d$,则 $a+c=\frac{1}{n}(b+d)$.

命题 6

若一个数是一个数的几部分,且另一个数是另一个数的同样的几部分,则其和也是和的几部分与一个数是一个数的几部分相同.

为此,设数 AB 是数 C 的几部分,且另一数 DE 是另一数 F 的几部分与 AB 是 C 的几部分相同.

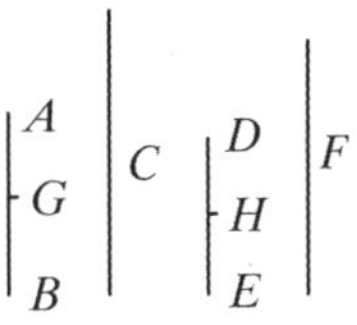

则可证 AB,DE 之和也是 C,F 之和的几部分,且与 AB 是 C 的几部分相同.

因为无论 AB 是 C 的怎样的几部分,DE 也是 F 的同样的几部分,

所以在 AB 中有多少个 C 的一部分,那么在 DE 中有同样多个 F 的一部分.

将 AB 分为 C 的几个一部分,即 AG,GB;

又将 DE 分为 F 的几个一部分,即 DH,HF,这样 AG,GB 的个数将等于 DH,HF 的个数.

且因为 AG 是 C 的无论怎样的一部分,那么 DH 也是 F 的同样的一部分.

所以 AG 是 C 无论怎样的一部分,那么 AG,DH 之和也是 C,F 之和的同样的一部分. [Ⅶ.5]

同理,无论 GB 是 C 的怎样的一部分,那么 GB,HE 之和也是 C,F 之和的同样的一部分.

故无论 AB 是 C 的怎样的几部分,那么 AB,DE 之和也是 C,F 之和的同样的几部分.

证完

若 $a=\frac{m}{n}b$,$c=\frac{m}{n}d$,则 $a+c=\frac{m}{n}(b+d)$.

命题7

如果一个数是另一个数的一部分与其一减数是另一减数的一部分相同,则余数也是另一余数的一部分且与整个数是另一整个数的一部分相同.

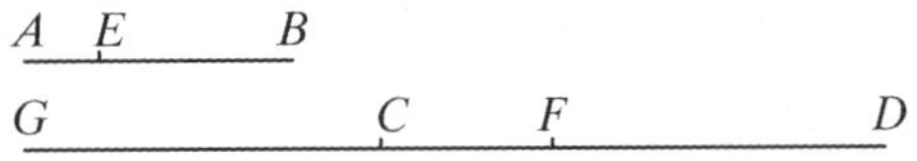

为此,设数 AB 是 CD 的一部分,这一部分与减数 AE 是减数 CF 的一部分相同.

则可证余数 EB 也是余数 FD 的一部分与整个数 AB 是整个数 CD 的一部分相同.

因为无论 AE 是 CF 怎样的一部分,可设 EB 也是 CG 同样的一部分.

现在,由于无论 AE 是 CF 的怎样的一部分,那么 EB 也是 CG 同样的一部分,所以无论 AE 是 CF 的怎样的一部分,那么 AB 也是 GF 同样的一部分. [Ⅶ.5]

但是,由假设无论 AE 是 CF 怎样的一部分,那么 AB 也是 CD 同样的一部分.

所以无论 AB 是 GF 的怎样的一部分,那么它也是 CD 同样的一部分,故 GF 等于 CD.

设从以上每个中减去 CF,于是余数 GC 等于余数 FD.

现在,由于无论 AE 是 CF 的怎样的一部分,那么 EB 也是 GC 的同样的一部分.

而 GC 等于 FD,所以无论 AE 是 CF 的怎样的一部分,那么 EB 也是 FD 的同样的一部分.

但是,无论 AE 是 CF 的怎样的一部分,那么 AB 也是 CD 同样的一部分.

所以余数 EB 也是余数 FD 的一部分与整个数 AB 是整个数 CD 的一部分相同.

证完

若 $a=\frac{1}{n}b, c=\frac{1}{n}d$,则 $a-c=\frac{1}{n}(b-d)$.

证明　取一个数 e,使得 $a-c=\frac{1}{n}e$ 成立,

又由假设 $c=\frac{1}{n}d$,所以 $a=\frac{1}{n}(d+e)$.　[Ⅶ.5]

又由题设可得 $d+e=b$,于是 $e=b-d$,

从而得到 $a-c=\frac{1}{n}(b-d)$.

命题 8

如果一个数是另一个数的几部分与其一减数是另一减数的几部分相同,则其余数也是另一余数的几部分与整个数是另一整个数的几部分相同.

C　F　D

G　M K　N H

A　L　E　B

为此,设数 AB 是 CD 的几部分与减数 AE 是减数 CF 的几部分相同.

则可证余数 EB 是余数 FD 的几部分,且与整个 AB 是整个 CD 的几部分相同.

为此取 GH 等于 AB.

于是,无论 GH 是 CD 的怎样的几部分,那么 AE 也是 CF 的同样的几部分.

设分 GH 为 CD 的几个部分,即 GK,KH,且分 AE 为 CF 的几个一部分,即 AL,LE;于是 GK,KH 的个数等于 AL,LE 的个数.

现在,由于无论 GK 是 CD 的怎样的一部分,那么 AL 也是 CF 同样的一部分.

而 CD 大于 CF,所以 GK 也大于 AL.

作 GM 等于 AL.

于是无论 GK 是 CD 的怎样的一部分,那么 GM 也是 CF 同样的一部分.

所以余数 MK 是余数 FD 的一部分与整个数 GK 是整个数 CD 的一部分相同.

[Ⅶ.7]

又,由于无论 KH 是 CD 的怎样的一部分,EL 也是 CF 同样的一部分.

而 CD 大于 CF,所以 KH 也大于 EL.

作 KN 等于 EL.

于是,无论 KH 是 CD 的怎样的一部分,那么 KN 也是 CF 同样的一部分.

所以余数 NH 是余数 FD 的一部分与整个 KH 是整个 CD 的一部分相同.

[Ⅶ.7]

但是,已证余数 MK 是余数 FD 的一部分与整个 GK 是整个 CD 的一部分相同,所以 MK,NH 之和是 DF 的几部分与整个 HG 是整个 CD 的几部分相同.

但是,MK,NH 的和等于 EB,又 HG 等于 BA.

所以余数 EB 是余数 FD 的几部分与整个 AB 是整个 CD 的几部分相同.

证完

若 $a=\frac{m}{n}b, c=\frac{m}{n}d, (m<n)$,则 $a-c=\frac{m}{n}(b-d)$.

命题 9

如果一个数是一个数的一部分,而另一个数是另一个数的同样的一部分,则取更比例后,无论第一个是第三个的怎样的一部分或几部分,那么第二个也是第四个同样的一部分或几部分.

为此,设数 A 是数 BC 的一部分,且另一数 D 是另一数 EF 的一部分与 A 是 BC 的一部分相同.

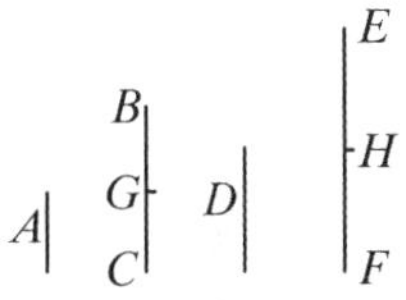

则可证取更比后,无论 A 是 D 的怎样的一部分或几部分,那么 BC 也是 EF 的同样的一部分或几部分.

因为,由于无论 A 是 BC 的怎样的一部分,D 也是 EF 的相同的一部分;

所以在 BC 中有多少个等于 A 的数,在 EF 中也就有多少个等于 D 的数.

设分 BC 为等于 A 的数,即 BG,GC,又分 EF 为等于 D 的数,即 EH,HF,于是 BG,GC 的个数等于 EH,HF 的个数.

现在,由于数 BG,GC 彼此相等,且数 EH,HF 也彼此相等,而 BG,GC 的个数等于 EH,HF 的个数.

所以,无论 BG 是 EH 的怎样的一部分或几部分,那么 GC 也是 HF 的同样的一部分或几部分.

所以,还有无论 BG 是 EH 的怎样的一部分或几部分,那么和 BC 也是和 EF 的同样的一部分或几部分. [Ⅶ.5,6]

但是 BG 等于 A,以及 EH 等于 D.

所以无论 A 是 D 的怎样的一部分或几部分,那么 BC 也是 EF 的同样的一部分或几部分.

证完

若 $a=\frac{1}{n}b$,且 $c=\frac{1}{n}d$,则若 $a=\frac{1}{m}c$,就有 $b=\frac{1}{m}d$;或者若 $a=\frac{p}{m}c$,就有 $b=\frac{p}{m}d, (p<m)$.

命题 10

如果一个数是一个数的几部分,且另一个数是另一数的同样的几部分,则取更比后，无论第一个是第三个的怎样的几部分或一部分，那么第二个也是第四个同样的几部分或一部分.

为此，设数 AB 是数 C 的几部分，且另一数 DE 是另一数 F 的同样的几部分.

则可证取更比，无论 AB 是 DE 怎样的几部分或一部分，那么，C 也是 F 的同样的几部分或一部分.

因为，由于无论 AB 是 C 的怎样的几部分，那么 DE 也是 F 的同样的几部分.

所以，正如在 AB 中有 C 的几个一部分，在 DE 中也有 F 的几个一部分.

将 AB 分为 C 的几个一部分，即 AG,GB，又将 DE 分为 F 的几个一部分，即 DH,HE；于是 AG,GB 的个数等于 DH,HE 的个数.

现在，由于无论 AG 是 C 的怎样的一部分，那么 DH 也是 F 的同样的一部分.

变更后也有，无论 AG 是 DH 的怎样的一部分或几部分，那么 C 也是 F 的同样的一部分或几部分. [Ⅶ.9]

同理也有，无论 GB 是 HE 的怎样的一部分或几部分，那么 C 也是 F 的同样的一部分或几部分.

于是，还有无论 AB 是 DE 怎样的几部分或一部分，那么 C 也是 F 的同样的几部分或一部分. [Ⅶ.5,6]

证完

若 $a=\frac{m}{n}b$，且 $c=\frac{m}{n}d$，则若 $a=\frac{p}{q}c$，就有 $b=\frac{p}{q}d$；或者若 $a=\frac{1}{q}c$，就有 $b=\frac{1}{q}d$，$(p<q)$.

命题 11

如果整个数比整个数如同减数比减数，则余数比余数也如同整个数比整个数.

设整个数 AB 比整个数 CD 如同减数 AE 比减数 CF.

则可证余数 EB 比余数 FD 也如同整个数 AB 比整个数 CD.

由于 AB 比 CD 如同 AE 比 CF，那么无论 AB 是 CD 的怎样的一部分或几部分，AE 也是 CF 的同样的一部分或几部分. [Ⅶ.定义 20]

所以，也有余数 EB 是余数 FD 的一部分或几部分也与 AB 是 CD 的一部分或几部分相同. [Ⅶ.7,8]

故 EB 比 FD 如同 AB 比 CD. [Ⅶ.定义 20]

证完

若 $a:b=c:d$，$(a>c,b>d)$，则 $(a-c):(b-d)=a:b$.

命题 12

如果有成比例的许多数,则前项之一比后项之一如同所有前项的和比所有后项的和.

设 A,B,C,D 是成比例的一些数,即 A 比 B 如同 C 比 D.

则可证 A 比 B 如同 A,C 的和比 B,D 的和.

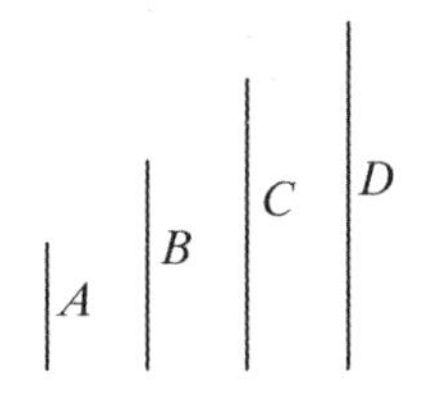

因为,A 比 B 如同 C 比 D,
所以无论 A 是 B 怎样的一部分或几部分,那么 C 也是 D 的同样的一部分或几部分.

[Ⅶ. 定义 20]

所以 A,C 之和是 B,D 之和的一部分或几部分与 A 是 B 的一部分或几部分相同. [Ⅶ. 5,6]

故 A 比 B 如同 A,C 之和比 B,D 之和. [Ⅶ. 定义 20]

证完

如果 $a:a'=b:b'=c:c'=\cdots=r:r'$,

则 $a:a'=b:b'=c:c'=\cdots=r:r'=(a+b+c+\cdots+r):(a'+b'+c'+\cdots+r')$.

命题 13

如果四个数成比例,则它们的更比也成立.

设四个数 A,B,C,D 成比例,即 A 比 B 如同 C 比 D

则可证它们的更比成立,

即 A 比 C 如同 B 比 D.

因为,由于 A 比 B 如同 C 比 D.

所以无论 A 是 B 的怎样的一部分或几部分,
那么 C 也是 D 的具有同样的一部分或几部分. [Ⅶ. 定义 20]

于是,取更比,无论 A 是 C 的怎样的一部分或几部分,那么 B 也是 D 的同样的一部分或几部分. [Ⅶ. 10]

故 A 比 C 如同 B 比 D. [Ⅶ. 定义 20]

证完

若 $a:b=c:d$,则 $a:c=b:d$.

命题 14

如果有任意多的数，另外有和它们个数相等的一些数，且每组取两个作成的比相同，则它们首末比也相同.

A
B
C
D
E
F

设有一些数 A,B,C 和与它们个数相等的数 D,E,F，且每组取两个作成相同的比，即

A 比 B 如同 D 比 E，

B 比 C 如同 E 比 F.

则可证取首末比，A 比 C 如同 D 比 F.

因为，由于 A 比 B 如同 D 比 E，

所以取更比，

A 比 D 如同 B 比 E. [Ⅶ.13]

又由于，B 比 C 如同 E 如 F，

所以取更比，

B 比 E 如同 C 比 F. [Ⅶ.13]

但是，B 比 E 如同 A 比 D，

所以也有，A 比 D 如同 C 比 F.

于是，取更比，A 比 C 如同 D 比 F. [Ⅶ.13]

证完

若 $a:b=d:e$，

且 $b:c=e:f$.

则取首末比，$a:c=d:f$.

命题 15

若一个单位量尽任一数与另一数与量尽另外一数的次数相同. 则取更比后，单位量尽第三数与第二数量尽第四数有相同的次数.

A
B G H C
D
E K L F

设单位 A 量尽一数 BC 与另一数 D 量尽另外一数 EF 的次数相同.

则可证取更比后，单位 A 量尽数 D 与 BC 量尽 EF 的次数相同.

因为，由于单位 A 量尽数 BC 与 D 量尽 EF 的次数相同，

所以在 BC 中有多少个单位，那么在 EF 中也就有同样多少个等于 D 的数.

设分 BC 为单位 BG,GH,HC，

又分 EF 为等于 D 的数 EK,KL,LF.

这样 BG,GH,HC 的个数等于 EK,KL,LF 的个数.

又,由于各单位 BG,GH,HC 彼此相等,

而各数 EK,KL,LK 也彼此相等,而单位 BG,GH,HC 的个数等于数 EK,KL,LF 的个数.

所以单位 BG 比数 EK 如同单位 GH 比数 KL,又如同单位 HC 比数 LF.

所以也有,前项之一比后项之一等于所有前项和比所有后项和, [Ⅶ.12]

故单位 BG 比数 EK 如同 BC 比 EF.

但是单位 BG 等于单位 A,且数 EK 等于数 D.

故单位 A 比数 D 如同 BC 比 EF.

所以单位 A 量尽 D 与 BC 量尽 EF 的次数相同.

证完

如此的四数为 $1,m,a,ma$.

命题 16

如果二数彼此相乘得二数,则所得二数彼此相等.

设 A,B 是两数,又设 A 乘 B 得 C 且 B 乘 A 得 D.

则可证 C 等于 D.

因为,由于 A 乘 B 得 C,所以 B 依照 A 中的单位数量尽 C.

但是单位 E 量尽 A,也是依照 A 中的单位数.

所以用单位 E 量尽 A,与用数 B 量尽 C 的次数相同.

于是取更比,单位 E 量尽 B 与 A 量 C 的次数相同. [Ⅶ.15]

A——

B——

C——

D——

E——

又,由于 B 乘 A 得 D,所以依照 B 中的单位数,A 量尽 D.

但是单位 E 量尽 B 也是依照 B 中的单位数.

所以用单位 E 量尽数 B 与用 A 量尽 D 的次数相同.

但是用单位 E 量尽数 B 与用 A 量尽 C 的次数相同.

所以 A 量尽数 C,D 的每一个有相同的次数.

故 C 等于 D.

证完

用 ab 表示 a 倍的 b,用 ba 表示 b 的 a,要求证明 $ab=ba$.

由Ⅶ定义.20,$1:a=b:ab$.

由更比,$1:b=a:ab$, [Ⅶ.13]

又 $1:b=a:ba$, [Ⅶ.定义 20]

所以 $a:ab=a:ba$.

于是有 $ab=ba$.

命题 17

如果一个数乘两数得某两数,则所得两数之比与被乘的两数之比相同.

为此,设数 A 乘两数 B,C 得 D,E.

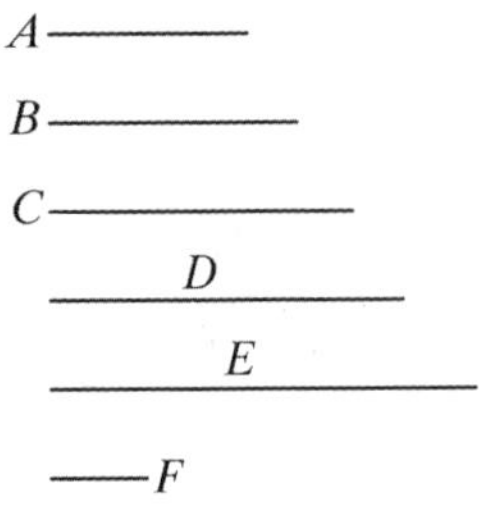

则可证 B 比 C 如同 D 比 E.

因为,由于 A 乘 B 得 D,

所以依照 A 中之单位数,B 量尽 D.

但是单位 F 量尽数 A 也是依照 A 中的单位数,

所以用单位 F 量尽数 A 与用 B 量尽 D 有相同的次数.

故单位 F 比数 A 如同 B 比 D. [Ⅶ. 定义 20]

同理,单位 F 比数 A 也如同 C 比 E;

所以也有,B 比 D 如同 C 比 E.

故取更比例,B 比 C 如同 D 比 E. [Ⅶ. 13]

证完

要求证明 $b:c=ab:ac$.

证明如下,由Ⅶ. 定义 20, $1:a=b:ab$,

以及 $1:a=c:ac$,

所以 $b:ab=c:ac$,

故取更比 $b:c=ab:ac$. [Ⅶ. 13]

命题 18

如果两数各乘任一数得某两数,则所得两数之比与两乘数之比相同.

为此,设两数 A,B 乘任一数 C 得 D,E.

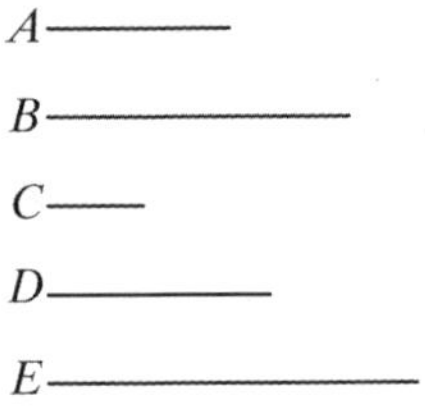

则可证 A 比 B 如同 D 比 E.

因为,由于 A 乘 C 得 D,

所以 C 乘 A 也得 D. [Ⅶ. 16]

同理也有,C 乘 B 得 E.

所以数 C 乘两数 A,B 得 D,E.

所以,A 比 B 如同 D 比 E. [Ⅶ. 17]

证完

命题 19

如果四个数成比例,则第一个数和第四个数相乘所得的数等于第二个数和第三个数相乘所得的数;又如果第一个数和第四个数相乘所得的数等于第二个数和第三个数相乘所得的数,则这四个数成比例.

为此,设 A,B,C,D 四个数成比例,即

A 比 B 如同 C 比 D,

又设 A 乘 D 得 E,以及 B 乘 C 得 F.

则可证 E 等 F.

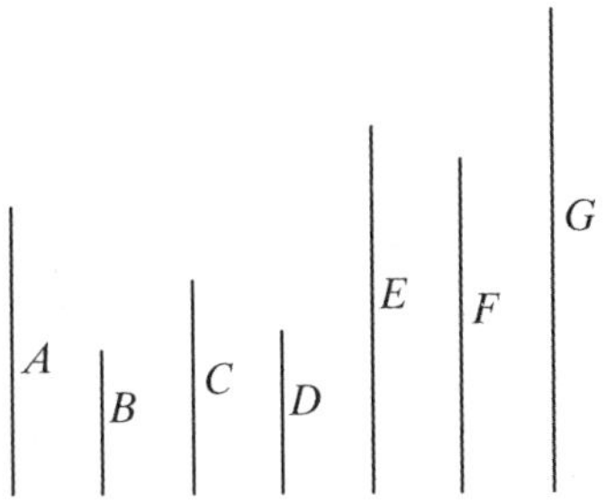

为此,设 A 乘 C 得 G.

这时,由于 A 乘 C 得 G,且 A 乘 D 得 E,于是数 A 乘两数 C,D 得 G,E.

A B C D E F G

所以,C 比 D 如同 G 比 E. [Ⅶ.17]

但是,C 比 D 如同 A 比 B,

所以也有 A 比 B 如同 G 比 E.

又,由于 A 乘 C 得 G,

但是,还有 B 乘 C 得 F,于是两数 A,B 乘以一确定的数 C 得 G,F.

所以,A 比 B 如同 G 比 F. [Ⅶ.18]

但是还有,A 比 B 也如同 G 比 E;

所以也有,G 比 E 如同 G 比 F.

故 G 与两数 E,F 每一个有相同比,

所以 E 等于 F. [参看Ⅴ.9]

又若令 E 等于 F.

则可证 A 比 B 如同 C 比 D. 为此,用上述的作图.

因为 E 等于 F,

所以 G 比 E 如同 G 比 F. [参看Ⅴ.7]

但是 G 比 E 如同 C 比 D, [Ⅶ.17]

且 G 比 F 如同 A 比 B. [Ⅶ.18]

所以也有,A 比 B 如同 C 比 D.

证完

(1)如果 $a:b=c:d$,则 $ad=bc$,(2)若 $ad=bc$,则 $a:b=c:d$.

证明如下:

(1)因 $ac:ad=c:d$, [Ⅶ.17]

又 $ac:bc=a:b$,

但是 $a:b=ac:bc$, [Ⅶ.18]

所以 $ac:ad=ac:bc$,因而 $ad=bc$.

(2)因为$ad=bc$,

于是　$ac:ad=ac:bc$,

但是　$ac:ad=c:d$.　[Ⅶ.17]

以及　$ac:bc=a:b$.　[Ⅶ.18]

故　$a:b=c:d$.

命题 20

用有相同比的数对中最小的一对数,分别量其他数对,则大的量尽大的,小的量尽小的,且所得的次数相同.

为此,设 CD,EF 是与 A,B 有相同比的数对中最小的一对数.

则可证 CD 量尽 A 与 EF 量尽 B 有相同的次数.

此处 CD 不是 A 的几部分.

因为,如果可能的话,设它是这样,EF 是 B 的几部分与 CD 是 A 的几部分相同.　[Ⅶ.13 和定义 20]

所以,在 CD 中有 A 的多少个一部分,则在 EF 中也有 B 的同样多少个一部分.

将 CD 分为 A 的一部分,即 CG,GD,且 EF 分为 B 的一部分,即 EH,HF.

这样 CG,GD 的个数等于 EH,HF 的个数.

现在,由于 CG,GD 彼此相等,且 EH,HF 彼此相等,而 CG,GD 的个数等于 EH,HF 的个数.

所以,CG 比 EH 如同 GD 比 HF.

所以也有,前项之一比后项之一如同所有前项之和比所有后项之和.　[Ⅶ.12]

于是 CG 比 EH 如同 CD 比 EF.

故 CG,EH 与小于它们的数 CD,EF 有相同比:这是不可能的,
因为由假设 CD,EF 是和它们有相同比中的最小两数.

所以 CD 不是 A 的几部分,
因而 CD 是 A 的一部分.　[Ⅶ.4]

又 EF 是 B 的一部分与 CD 是 A 的一部分相同.　[Ⅶ.13 和定义 20]

所以 CD 量尽 A 与 EF 量尽 B 有相同的次数.

证完

设 a,b 是与$\frac{a}{b}$有相同比的数对中最小的一对数,如果 $a:b=c:d$,则 $a=\frac{1}{n}c$,和 $b=\frac{1}{n}d$.

证明如下,$\because a<c$,那么 $a=\frac{1}{n}c$ 或 $a=\frac{m}{n}c(1<m<n)$,

若　$a=\frac{m}{n}c$,那么也有 $b=\frac{m}{n}d$,　[Ⅶ.13 和定义 20]

这样 a,b 均有$\frac{1}{m}$的部分.

于是 $\frac{1}{m}a:\frac{1}{m}b=a:b$. [Ⅶ.12]

但是 $\frac{1}{m}a,\frac{1}{m}b$ 分别小于 a,b. 这与假设矛盾. 所以仅有

$a=\frac{1}{n}c$,那么也有 $b=\frac{1}{n}d$. [Ⅶ.13 和定义 20]

命题 21

互素的两数是与它们有同比数对中最小的.

设 A,B 是互素的数.

则可证 A,B 是与它们有相同比的数对中最小的.

因为,如果不是这样,将有与 A,B 同比的数对小于 A,B,设它们是 C,D.

这时,由于有相同比的最小一对数,分别量尽与它们有相同比的数对,所得的次数相同,

即前项量尽前项与后项量尽后项的次数相同. [Ⅶ.20]

所以 C 量尽 A 的次数与 D 量尽 B 的次数相同.

现在,C 量尽 A 有多少次,就设在 E 中有多少单位.

于是,依照 E 中单位数,D 也量尽 B.

又由于依照 E 中单位数 C 量尽 A,

所以依照 C 中单位数,E 也量尽 A. [Ⅶ.16]

同理,依照 D 中单位数,E 也量尽 B. [Ⅶ.16]

所以 E 量尽互素的数 A,B:这是不可能的.

于是没有与 A,B 同比且小于 A,B 的数对.

所以 A,B 是与它们有同比的数对中最小的一对.

A B C D E

证完

设$(a,b)=1$,则 a,b 是与它们有同比的数对中最小的.

证明,否则,设 c,d 是与 a,b 有同比的数对中最小的.

于是 $a:b=c:d,c<a,d<b$.

所以 $a=mc,b=md,m>1$. [Ⅶ.20]

于是 $a=mc,b=dm$. [Ⅶ.16]

因而 m 是 a,b 的公度量. 也就是说 a,b 不互素. 此与假设矛盾,命题得证.

命题 22

有相同比的一些数对中的最小一对数是互素的.

设 A,B 是与它们有同比的一些数对中最小数对.

则可证 A,B 互素.

因为,如果它们不互素,那么就有某个数能量尽它们.

设能量尽它们的数是 C.

又 C 量尽 A 有多少次,就设在 D 中有多少个单位.

而且,C 量尽 B 有多少次,就设 E 中有多少个单位.

由于依照 D 中单位数,C 量尽 A,

所以 C 乘 D 得 A. [Ⅶ. 定义 15]

同理也有,C 乘 E 得 B.

这样,数 C 乘两数 D,E 各得出 A,B.

所以,D 比 E 如同 A 比 B, [Ⅶ. 17]

因此 D,E 与 A,B 有相同的比,且小于它们:这是不可能的.

于是没有一个数能量尽数 A,B.

故 A,B 互素.

证完

命题 23

如果两数互素,则能量尽其一的数必与另一数互素.

设 A,B 是两互素的数,又设数 C 量尽 A.

则可证 C,B 也是互素的.

因为,如果 C,B 不互素,那么,有某个数量尽 C,B.

设量尽它们的数是 D.

因为 D 量尽 C 且量尽 A,所以 D 也量尽 A.

但是它也量尽 B.

所以 D 量尽互素的 A,B:这是不可能的. [Ⅶ. 定义 12]

所以没有数能量尽数 C,B.

故 C,B 互素.

证完

若 $(a,mb)=1$,那么 $(a,b)=1$. 否则,若 d 能量尽 a 和 b,那么它也将量尽 a 和 mb,这与假设矛盾.

命题 24

如果两数与某数互素,则它们的乘积与该数也是互素的.

设两数 A,B 与数 C 互素,又设 A 乘 B 得 D.

则可证 C,D 互素.

因为,如果 C,D 不互素,那么有一个数将量尽 C,D.

设量尽它们的数是 E.

现在,由于 C,A 互素,且确定了数 E 量尽 C,
所以 A,E 是互素的. [Ⅶ.23]

A B C D E F

这时,E 量尽 D 有多少次,就设在 F 中有多少单位.

所以依照在 E 中有多少单位 F 也量尽 D. [Ⅶ.16]

于是,E 乘 F 得 D. [Ⅶ.定义 15]

但还有,A 乘 B 也得 D.

所以 E,F 的乘积等于 A,B 的乘积.

但是,如果两外项之积等于内项之积,那么这四个数成比例. [Ⅶ.19]

所以,E 比 A 如同 B 比 F.

但是 A,E 互素,
而互素的两数也是与它们有同比的数对中的最小数对. [Ⅶ.21]

因为有相同比的一些数对中最小的一对数,其大,小两数分别量尽具有同比的大小两数,
则所得的次数相同,即前项量尽前项和后项量尽后项; [Ⅶ.20]
所以 E 量尽 B.

但是,它也量尽 C.

于是 E 量尽互素的二数 B,C:这是不可能的. [Ⅶ.定义 12]

所以没有数能量尽数 C,D.

故 C,D 互素.

证完

若 $(a,c)=1,(b,c)=1$,那么$(ab,c)=1$,证明仍用归谬法,如果不是这样,设$(ab,c)=d,d\neq 1$.
于是设 $ab=md,c=nd$.

现在,由于 $ab=md$,所以 $d:a=b:m$. [Ⅶ.19]

又$(d,a)=1$,所以 $b=pd$. [Ⅶ.23]

但是 $c=nd$. [Ⅶ.20]

由此得 b,c 不互素,此与假设矛盾.

命题 25

如果两数互素,则其中之一的自乘积与另一个数是互素的.

设 A,B 两数互素,且设 A 自乘得 C.

则可证 B,C 互素.

因为,若取 D 等于 A.

由于 A,B 互素,且 A 等于 D,所以 D,B 也互素,

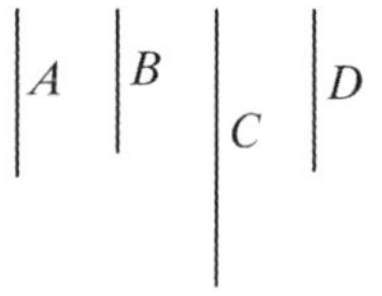

于是两数 D,A 的每一个与 B 互素.

所以 D,A 之乘积也与 B 互素. [Ⅶ.24]

但 D,A 之乘积是 C.

故,C,B 互素.

证完

若$(a,b)=1$,则$(a^2,b)=1$.

命题 26

如果两数与另两数的每一个都互素,则两数乘积与另两数的乘积也是互素的.

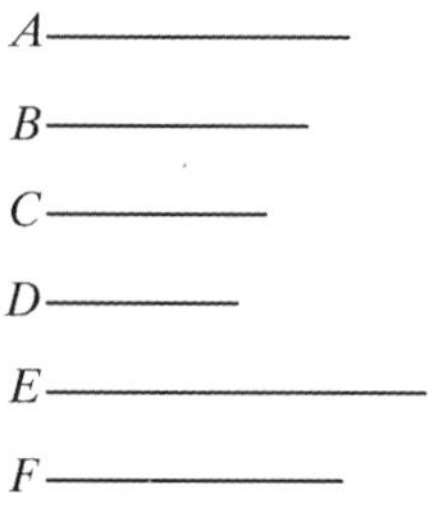

为此,设两数 A,B 与两数 C,D 的每一个都互素,又设 A 乘 B 得 E,C 乘 D 得 F.

则可证 E,F 互素.

因为,由于数 A,B 的每一个与 C 互素,所以,A,B 的乘积也与 C 互素. [Ⅶ.24]

但是 A,B 的乘积是 E,所以 E,C 互素.

同理,E,D 也是互素的.

于是数 C,D 的每一个与 E 互素.

所以 C,D 的乘积也与 E 互素. [Ⅶ.24]

但是 C,D 的乘积是 F.

故 E,F 互素.

证完

对于 a,b 和 c,d,若$(a,c)=1$,$(b,c)=1$,又$(a,d)=1$,$(b,d)=1$,则$(ab,cd)=1$.

证明因为$(a,c)=1$,$(b,c)=1$,所以$(ab,c)=1$. [Ⅶ.24]

又因为$(a,d)=1$,$(b,d)=1$,所以$(ab,d)=1$.

故$(ab,cd)=1$. [Ⅶ.24]

命题 27

如果两数互素,且每个自乘得一确定的数,则这些乘积是互素的;又原数乘以乘积得某数,这最后乘积也是互素的[依此类推].

设 A,B 两数互素,又设 A 自乘得 C,且 A 乘 C 得 D,且设 B 自乘得 E,B 乘 E 得 F.

则可证 C 与 E 互素,D 与 F 互素.

因为 A,B 互素,且 A 自乘得 C,所以 C,B 互素.

由于,这时 C,B 互素,且 B 自乘得 E,

所以 C,E 互素. [Ⅶ. 25]

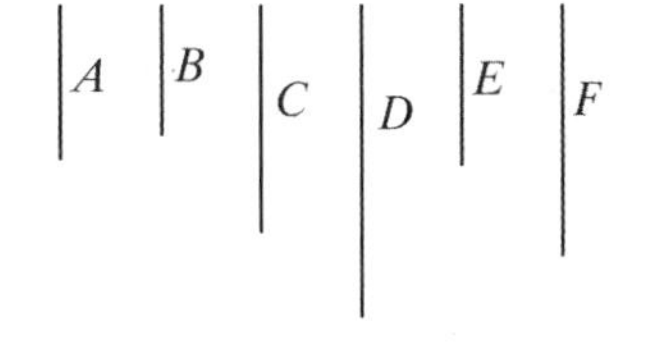

又,由于 A,B 互素,且 B 自乘得 E,

所以 A,E 互素. [Ⅶ. 25]

由于这时,两数 A,C 与两数 B,E 的每一个互素,

所以 A,C 之积与 B,E 之积也互素. [Ⅶ. 26]

且 A,C 的乘积是 D;B,E 的乘积是 F.

故 D,F 互素.

证完

若 $(a,b)=1$, 则 $(a^2,b^2)=1$;$(a^3,b^3)=1,\cdots,(a^n,b^n)=1$.

命题 28

如果两数互素,则其和与它们的每一个也互素;又如果两数之和与它们任一个互素,则原二数也互素.

为此,设互素的两数 AB,BC 相加.

则可证其和 AC 与数 AB,BC 每一个也互素.

因为,如果 AC,AB 不互素,那么将有某数量尽 AC,AB.

设量尽它们的数是 D.

这时,由于 D 量尽 AC,AB,

所以它也量尽余数 BC.

但是它也量尽 AB,

所以 D 量尽互素的二数 AB,BC:这是不可能的. [Ⅶ. 定义 12]

所以没有数量尽 AC,AB.

所以 AC,AB 互素.

同理,AC,BC 也互素.

所以 AC 与数 AB,BC 的每一个互素.

又设 AC,AB 互素.

则可证 AB,BC 也互素.

因为,如果 AB,BC 不互素,那么有某数量尽 AB,BC.

设量尽它们的数是 D.

这时,由于 D 量尽数 AB,BC 的每一个,那么它也要量尽整个数 AC.

但是它也量尽 AB;所以,D 量尽互素二数 AC,AB:这是不可能的.

[Ⅶ. 定义 12]

于是没有数可以量尽 AB,BC.

所以 AB,BC 互素.

证完

若$(a,b)=1$,则$(a+b,a)=1$, $(a+b,b)=1$;其逆命题也成立.

因为假设$(a+b)$,a不互素,那么它们有一个公度d,

于是d也将量尽$(a+b)-a$,即b,这说明a,b不互素,此与假设矛盾.

所以$(a+b,a)=1$.类似地亦有$((a+b),b)=1$.

用同样的方法可证明逆命题.

命题29

任一素数与用它量不尽的数互素.

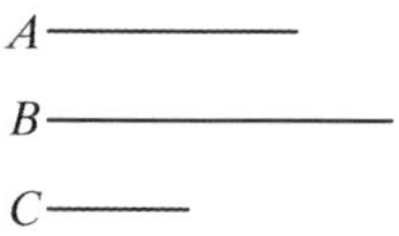

设A是一个素数,且它量不尽B.

则可证B,A互素.

因为,如果B,A不互素,则将有某数量尽它们.

设C量尽它们.

由于C量尽B,且A量不尽B,于是C与A不相同.

现在,由于C量尽B,A,所以C也量尽与C不同的素数A:这是不可能的.

所以没有数量尽B,A.

于是A,B互素.

证完

命题30

如果两数相乘得某数,且某一素数量尽该乘积,则它也必量尽原来两数之一.

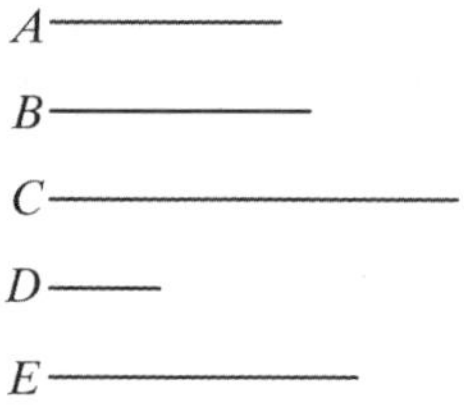

为此,设两数A,B相乘得C,又设素数D量尽C.

则可证D量尽A,B之一.

为此设D量不尽A.

由于D是素数,所以A,D互素. [Ⅶ.29]

又D量C有多少次数,就设在E中有同样多少个单位.

这时,由于依照E中单位的个数,D量尽C,

所以D乘E得C. [Ⅶ.定义15]

还有,A乘B也得C.

所以D,E的乘积等于A,B的乘积.

于是,D比A如同B比E. [Ⅶ.19]

但是D,A互素,

而互素的二数是具有相同比的数对中最小的一对, [Ⅶ.21]

且它的大,小两数分别量尽具有同比的大小两数,所得的次数相同,即前项量尽前项和后

项量尽后项， [Ⅶ.20]

所以 D 量尽 B.

类似地，我们可以证明，如果 D 量不尽 B，则它将量尽 A.

故 D 量尽 A，B 之一.

证完

设素数 c 量尽 ab，那么 c 量尽 a 或者 b.

假若 c 不量尽 a，就有 $(a,c)=1$. [Ⅶ.29]

设 $ab=mc$， [Ⅶ.19]

那么 $c:a=b:m$，于是 c 量尽 b. [Ⅶ.20,21]

类似地，如果 c 不量尽 b，那么它一定量尽 a. 所以 c 量尽 a，b 之一.

命题 31

任一合数可被某个素数量尽.

设 A 是一个合数.

则可证 A 可被某一素数量尽.

因为，由于 A 是合数，那么将有某数量尽它.

设量尽它的数是 B.

现在，如果 B 是素数，那么所要证的已经完成了.

但是，如果它是一个合数，就将有某数量尽它.

设量尽它的数是 C.

这样，因为 C 量尽 B，且 B 量尽 A，所以 C 也量尽 A.

又，如果 C 是素数，那么所要证的已经完成了.

但是，如果 C 是合数，就将有某个数量尽它.

这样，继续用这种方法推下去，就会找到某一个素数量尽它前面的数，它也就量尽 A.

因为，如果找不到，那么就会得出一个无穷数列中的数都量尽 A，而且其中每一个小于其前面的数：而这在数里是不可能的.

故可找到一个素数将量尽它前面的一个，它也量尽 A.

所以任一合数可被某一素数量尽.

A

B

C

证完

命题 32

任一数或者是素数或者可被某个素数量尽.

设 A 是一个数.

则可证 A 或者是素数或者可被某素数量尽.

这时,如果 A 是素数,那么需要证的就已经完成了.

但是,如果 A 是合数,那么必有某素数能量尽它. [Ⅶ. 31]

所以,任一数或者是素数或者可被某一素数量尽.

证完

命题 33

给定几个数,试求与它们有同比的数组中的最小数组.

设 A、B、C 是给定的几个数,我们来找出与 A、B、C 有相同比的数组中最小数组.

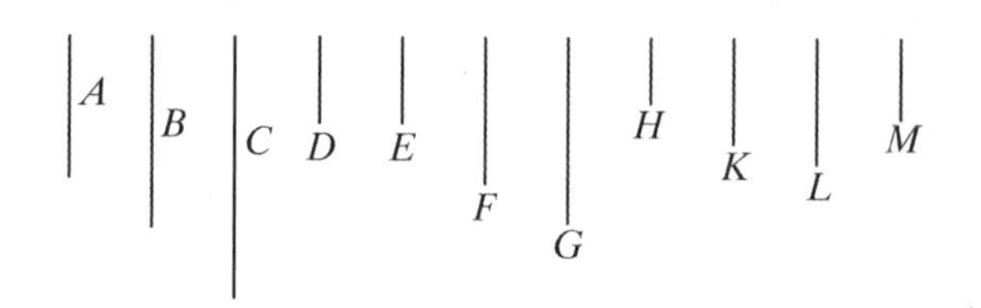

A,B,C 或者互素或者不互素.

现在,如果 A,B,C 互素,那么它们是与它们有同比的数组中最小数组. [Ⅶ. 21]

但是,如果它们不互素,

设 D 是所取的 A,B,C 的最大公度数, [Ⅶ. 3]

而且,依照 D 分别量 A,B,C 各有多少次,就分别设在 E,F,G 中有同样多少个单位.

所以按照 D 中的单位数,E,F,G 分别量尽 A,B,C. [Ⅶ. 16]

所以 E,F,G 分别量 A,B,C 所得的次数相同.

从而 E,F,G 与 A,B,C 有相同比. [Ⅶ. 定义 20]

其次可证它们是有这些比的最小数组.

因为,如果 E,F,G 不是与 A,B,C 有相同比的数组中最小数组,那么就有小于 E,F,G 且与 A,B,C 有相同比的数.

设它们是 H,K,L.

于是 H 量尽 A 与 K,L 分别量尽数 B,C 有相同的次数.

现在,H 量尽 A 有多少次数,就设在 M 中有同样多少单位.

所以依照 M 中的单位数,K,L 分别量尽 B,C.

又,因为依照 M 中的单位数,H 量尽 A,

所以依照 H 中的单位数,M 也量尽 A. [Ⅶ. 16]

同理,分别依照在数 K,L 中的单位数,M 也量尽数 B,C.

所以 M 量尽 A,B,C.

现在,由于依照 M 中的单位数,H 量尽 A,

所以 H 乘 M 得 A. [Ⅶ. 定义 15]

同理也有 E 乘 D 得 A.

所以,E,D 之乘积等于 H,M 之乘积.

故,E 比 H 如同 M 比 D. [Ⅶ. 19]

但是 E 大于 H,所以 M 也大于 D.

又它量尽 A,B,C:

这是不可能的,因为由假设 D 是 A,B,C 的最大公度数.

所以没有任何小于 E,F,G 且与 A,B,C 同比的数组.

故 E,F,G 是与 A,B,C 有相同比的数组中最小的数组.

证完

命题 34

给定二数,求它们能量尽的数中的最小数.

设 A,B 是两给定的数,我们来找出它们能量尽的数中的最小数.

A———
B————
C————————
D——————
E———
F——

现在,A,B 或者互素或者不互素.

首先设 A,B 互素,且设 A 乘 B 得 C. 所以 B 乘 A 也得 C. [Ⅶ. 16]

故 A,B 量尽 C.

其次可证它也是被 A,B 量尽的最小数.

因为,如果不然,A,B 将量尽比 C 小的数.

设它们量尽 D.

于是,不论 A 量尽 D 有多少次数,就设 E 中有同样多少单位,且不论 B 量尽 D 有多少次数,就设 F 中有同样多少单位.

所以 A 乘 E 得 D,且 B 乘 F 得 D. [Ⅶ. 定义 15]

所以 A,E 之乘积等于 B,F 之乘积.

故 A 比 B 如同 F 比 E. [Ⅶ. 19]

但是 A,B 互素,

从而也是同比数对中的最小数对, [Ⅶ. 21]

且最小数对的大小两数分别量尽具有同比的大小两数,所得的次数相同, [Ⅶ. 20]

所以后项 B 量尽后项 E.

又,由于 A 乘 B,E 分别得 C,D,

所以 B 比 E 如同 C 比 D. [Ⅶ. 17]

但是 B 量尽 E.

所以 C 也量尽 D,即大数量尽小数:这是不可能的.

所以 A,B 不能量尽小于 C 的任一数.

从而 C 是被 A,B 量尽的最小数.

A B C D F E G H

其次,设 A,B 不互素.

且设 F,E 为与 A,B 同比的数对中的最小数对. [Ⅶ. 33]

于是,A,E 之乘积等于 B,F 之乘积. [Ⅶ. 19]

又设 A 乘 E 得 C,所以也有 B 乘 F 得 C.

于是 A,B 量尽 C.

其次可证它也是被 A,B 量尽的数中的最小数.

因为,如若不然,A,B 将量尽小于 C 的数.

设它们量尽 D.

而且依照 A 量尽 D 有多少次数,就设 G 中有同样多少单位,而依照 B 量尽 D 有多少次数,就设 H 中有同样多少单位.

所以 A 乘 G 得 D,B 乘 H 得 D.

于是 A,G 之乘积等于 B,H 之乘积.

故,A 比 B 如同 H 比 G. [Ⅶ. 19]

但是,A 比 B 如同 F 比 E.

所以也有,F 比 E 如同 H 比 G.

但是 F,E 是最小的,而且最小数对中其大,小两数量尽有同比数对中的大,小两数,所得次数相同, [Ⅶ. 20]
所以 E 量尽 G.

又,由于 A 乘 E,G 各得 C,D,
所以,E 比 G 如同 C 比 D. [Ⅶ. 17]

但是 E 量尽 G,
所以 C 也量尽 D,即较大数量尽较小数:
这是不可能的.
所以 A,B 将量不尽任何小于 C 的数.

故 C 是被 A,B 量尽数中的最小数.

证完

这是一个求两数 a,b 的最小公倍数的命题. a,b 的最小公倍数用 $[a,b]$ 表示.

证明分如下两步:

(1)若 $(a,b)=1$, 那么最小公倍数就是 ab.

因为否则将有小于 ab 的某数 d 为最小公倍数.

那么 $d=ma=nb$. m,n 是正整数.

于是 $a:b=n:m$, [Ⅶ. 19]

因为 $(a,b)=1$,所以 b 量尽 m. [Ⅶ. 20,21]

但是 $b:m=ab:am$ [Ⅶ. 17]

$=ab:d$.

所以 ab 量尽 d,这是不可能的.

(2)如果 a,b 不互素,求与 $a:b$ 有同比的最小数对,设为 m,n. [Ⅶ. 33]

这样 $a:b=m:n$.

且 $an=bm$,那么 $c=an=bm$ 就是 a,b 的最小公倍数.

因为否则将有小于 c 的某数 d 是最小公倍数.

那么 $ap=bq=d$， p,q 是正整数.

于是 $a:b=q:p$， 因此 $m:n=q:p$,因而 n 量尽 p. [Ⅶ.20,21]

又 $n:p=an:ap=c:d$.

于是 c 量尽 d:这是不可能的,故 c 为所求.

命题 35

如果两数量尽某数,则被它们量尽的最小数也量尽这个数.

设两数 A,B 量尽一数 CD,又设 E 是它们量尽的最小数.

则可证 E 也量尽 CD.

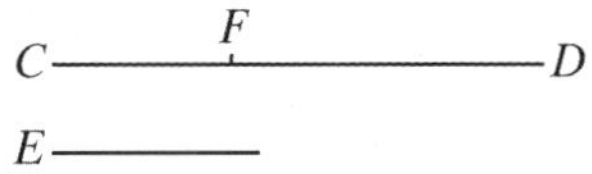

因为,如果 E 量不尽 CD,

设 E 量出 DF,其余数 CF 小于 E.

现在,由于 A,B 量尽 E,而 E 量尽 DF.

所以 A,B 也量尽 DF.

但是它们也量尽整个 CD,

所以它们也量尽小于 E 的余数 CF:

这是不可能的.

所以 E 不可能量不尽 CD.

因此 E 量尽 CD.

A———
B———
C———F———D
E———

证完

此命题为两数的任一公倍数是该两数最小公倍数的倍数.

命题 36

给定三个数,求被它们所量尽的最小数.

设 A,B,C 是三个给定的数,我们来求出被它们量尽的最小数.

设 D 为被二数 A,B 量尽的最小数. [Ⅶ.34]

那么 C 或者量尽 D 或者量不尽 D.

首先,设 C 量尽 D.

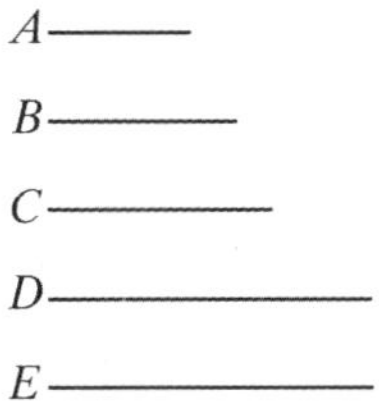

但是 A,B 也量尽 D,所以 A,B,C 量尽 D.

其次,可证 D 也是被它们量尽的最小数.

因为,如其不然,A,B,C 量尽小于 D 的某数.

设它们量尽 E.

因为 A,B,C 量尽 E,所以也有 A,B 也量尽 E.

于是被 A,B 所量尽的最小数也量尽 E. [Ⅶ.35]

A———
B———
C———
D———
E———

但是 D 是被 A,B 量尽的最小数.

所以 D 量尽 E,较大数量尽较小数:这是不可能的.

于是 A,B,C 将不能量尽小于 D 的数,

故 D 是 A,B,C 所量尽的最小数.

又设 C 量不尽 D,且取 E 为被 C,D 所量尽的最小数. [Ⅶ.34]

因为 A,B 量尽 D,且 D 量尽 E,

所以 A,B 也量尽 E.

但是 C 也量尽 E,所以 A,B,C 也量尽 E.

其次,可证明 E 也是它们量尽的最小数.

因为,如其不然,设 A,B,C 量尽小于 E 的某数.

设它们量尽 F.

因为 A,B,C 量尽 F,所以 A,B 也量尽 F,

所以被 A,B 量尽的最小数也量尽 F. [Ⅶ.35]

但是 D 是被 A,B 量尽的最小数,所以 D 量尽 F.

但是 C 也量尽 F,所以 D,C 量尽 F.

因此,被 D,C 所量尽的最小数也量尽 F.

但是 E 是被 C,D 所量尽的最小数,

所以 E 量尽 F,较大数量尽较小数:

这是不可能的.

A——
B——
C——
D——
E——
F——

所以 A,B,C 将量不尽任一小于 E 的数.

故 E 是被 A,B,C 量尽的最小数.

证完

此命题为求三个数 a,b,c 的最小公倍数的问题,先求 a,b 的最小公倍数,设为 d,再求 d,c 的最小公倍数. 设为 e,则 e 为该三数 a,b,c 的最小公倍数,即 $[a,b,c]=e$.

命题 37

如果一个数被某数量尽,则被量的数有一个称为与量数的一部分同名的一部分.

设数 A 被某一数 B 量尽.

则可证 A 有一个称为与 B 的一部分同名的一部分.

因为依照 B 量尽 A 有多少次数,就设 C 中有多少个单位.

因为依照 C 中的单位数,B 量尽 A;

而且依照 C 中的单位数,单位 D 量尽数 C.

所以单位 D 量尽数 C 与 B 量尽 A 有相同的次数.

A——
B——
C——
D——

从而,取更比,单位 D 量尽数 B 与 C 量尽 A 有相同的次数. [Ⅶ.15]

于是无论单位 D 是 B 的怎样的一部分,那么 C 也是 A 的同样的一部分.

但是单位 D 是数 B 的被称为 B 的一部分同名的一部分.

所以 C 也是 A 的被称为 B 的一部分同名的一个部分.

即 A 有一个被称为 B 的一部分同名的一个部分 C.

证完

如果数 a 被 b 量尽的次数是 m,那么 b 是 a 的一部分. 而 1 是 m 的 m 分之一,b 也是 a 的 m 分之一.

设 $a=mb$, 又 $m=m\cdot 1$.

于是 $1,m,b,a$ 满足Ⅶ.15 的条件,所以 m 量尽 a 与 1 量尽 b 有相同的次数.

但是,1 是 b 的$\frac{1}{b}$部分. 所以,m 是 a 的$\frac{1}{b}$部分.

故 m 是 a 的一部分与 1 是 b 的一部分同名.

命题 38

如果一个数有着无论怎样的一部分,它将被与该一部分同名的数所量尽.

设数 A 有一个一部分 B,又设 C 是与一部分 B 同名的一个数.

则可证 C 量尽 A.

因为,由于 B 是 A 的被称为与 C 同名的一部分,且单位 D 也是 C 的被称为与 C 同名的一部分.

所以无论单位 D 是数 C 怎样的一部分,那么 B 也是 A 同样的一部分.

A——
——B
——C
——D

所以,单位 D 量尽 C 与 B 量尽 A 有相同的次数.

于是,取更比,单位 D 量尽 B 与 C 量尽 A 有相同的次数. [Ⅶ.15]

故 C 量尽 A.

证完

这个命题实际是前个命题的再现. 它断言,如果 b 是 a 的$\frac{1}{m}$部分,即 $b=\frac{1}{m}a$,那么 m 量尽 a.

因为 $b=\frac{1}{m}a,1=\frac{1}{m}m$.

所以 $1,m,b,a$ 满足Ⅶ.15 的条件,于是 m 量尽 a 与 1 量尽 b 的次数相同.

即 $m=\frac{1}{b}a$.

命题 39

求有着给定的几个一部分的最小数.

设 A,B,C 是所给定的几个一部分,要求出有几个一部分 A,B,C 的最小数.

设 D,E,F 是被称为与几个一部分 A,B,C 同名的数,且设取 G 是被 D,E,F 量尽的

A B C

D E

F

G

H

最小数. [Ⅶ.36]

所以 G 有被称为与 D,E,F 同名的几个一部分. [Ⅶ.37]

但是 A,B,C 是被称为与 D,E,F 同名的几个一部分,

所以 G 有几个一部分 A,B,C.

其次可证 G 也是含这几个一部分 A,B,C 的最小数.

因为,如其不然,将有某数 H 有这几个一部分 A,B,C,且小于 G.

由于 H 有着这几个一部分 A,B,C,

所以 H 就将被称为与这几个一个部分 A,B,C 同名的数所量尽. [Ⅶ.38]

但是,D,E,F 是被称为与这几个一部分 A,B,C 同名的数.

所以 D,E,F 量尽 H.

而且 H 小于 G:这是不可能的.

故没有一个数有这几个一部分 A,B,C 且还小于 G.

证完

这个命题实际是求最小公倍数的另一种形式.求一个数具有$\frac{1}{a}$,$\frac{1}{b}$和$\frac{1}{c}$的部分.

设 d 是 a,b,c 的最小公倍数,

那么 d 有$\frac{1}{a}$,$\frac{1}{b}$和$\frac{1}{c}$的部分.

如果 d 不是有上述部分的最小数,设 e 是如此的最小数.

于是 e 被 a,b,c 量尽,且 $e<d$:这是不可能的.

第Ⅷ卷

命 题

命题 1

如果有几个数成连比例，而且它们的两外项互素，则这些数是与它们有相同比的数组中最小数组.

设一些数 A,B,C,D 成连比例，又设它们的两外项 A,D 互素.

则可证 A,B,C,D 是与它们有相同比的数组中最小的数组.

因为，如其不然，可设 E,F,G,H 分别小于 A,B,C,D，且与它们有同比.

A——— E———
B———— F———
C————— G————
D—————— H—————

现在，因为 A,B,C,D 与 E,F,G,H 有相同比，而且 A,B,C,D 的个数与 E,F,G,H 的个数相等.

所以，取首末比，

A 比 D 如同 E 比 H. [Ⅶ.14]

但是 A,D 互素，

而互素的两数也是与它们有同比的数对中最小的， [Ⅶ.21]

并且有相同比的数中最小一对数分别量其他的数对，大的量大的，小的量小的，且有相同的次数. 即前项量前项，后项量后项，量得的次数相同. [Ⅶ.20]

所以 A 量尽 E，较大的量尽较小的：这是不可能的.

所以，小于 A,B,C,D 的 E,F,G,H 与它们没有相同的比.

故 A,B,C,D 是与它们有同比的最小数组.

证完

欧几里得所谓的成连比例数组 $a,b,c,d,e,\cdots$ 指的是 $a:b=b:c=c:d=d:e=\cdots$. 事实上，这就是我们称之为几何数列（或等比数列）的一组数.

这个命题证明了，如果 $a,b,c,\cdots,k$ 成连比例，又 $(a,k)=1$，那么它们就是与之有同比的数组中最小数组.

因为，如果 $a',b',c',\cdots,k'$ 是与之有同比的数组.

那么 $a:k=a':k'$ [Ⅶ.14]

因为 $(a,k)=1$，所以 a,k 分别量尽 a',k'，即 a',k' 分别大于 a,k.

命题 2

按预定的个数,求出成连比例的且有已知比的最小数组.

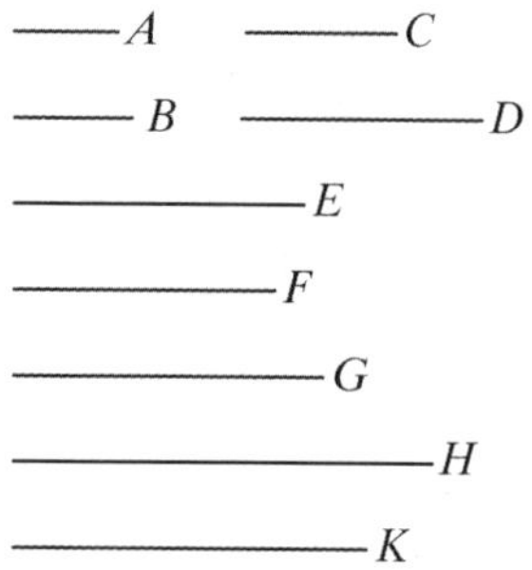

设 A,B 是有已知比的最小的数对,我们来按预定的个数求出成连比例的最小数组,且使得它们的比与 A,B 的比相同.

设预定个数为四,设 A 自乘得 C,A 乘以 B 得 D,B 自乘得 E.

还有,设 A 乘以 C,D,E 分别得 F,G,H,且 B 乘 E 得 K.

现在,由于 A 自乘得 C,且 A 乘 B 得 D,

所以 A 比 B 如同 C 比 D. [Ⅶ.17]

又由于 A 乘 B 得 D,而 B 自乘得 E,

所以数 A,B 乘 B 分别得 D,E.

所以,A 比 B 如同 D 比 E. [Ⅶ.18]

但是,A 比 B 如同 C 比 D,

所以也有 C 比 D 如同 D 比 E.

又由于 A 乘 C,D 得 F,G.

所以 C 比 D 如同 F 比 G. [Ⅶ.17]

但是 C 比 D 如同 A 比 B.

所以也有 A 比 B 如同 F 比 G.

又由于 A 乘 D,E 得 G,H,

所以 D 比 E 如同 G 比 H. [Ⅶ.17]

但是 D 比 E 如同 A 比 B.

所以也有,A 比 B 如同 G 比 H.

又,由于 A,B 乘 E 得 H,K,

所以 A 比 B 如同 H 比 K. [Ⅶ.18]

但是,A 比 B 如同 F 比 G,及 G 比 H.

所以也有,F 比 G 如同 G 比 H,及 H 比 K.

所以 C,D,E 以及 F,G,H,K 皆成连比例,且其比为 A 比 B.

其次可证它们是成已知比的最小者.

因为,由于 A,B 是与它们有同比的最小者,且有同比的最小数是互素的. [Ⅶ.22]

所以 A,B 是互素的.

又数 A,B 分别自乘得 C,E;A,B 分别乘 C,E 得 F,K;

所以 C,E 和 F,K 分别是互素的. [Ⅶ.27]

但是,如果有许多成连比例的数,而且它们的两外项互素,则这些数是与它们有相同

比的数组中最小的数组. [Ⅷ. 1]

因此,C,D,E 以及 F,G,H,K 是与 A,B 有同比数组中最小的数组.

证完

推论 由此容易得出,如果成连比的三个数是与它们有相同比的最小者,则它们的两外项是平方数;且如果是成连比的四个数是与它们有相同比的最小者,则它们的两外项是立方数.

故 C,D,E 和 F,G,H,K 成连比例,它们是与 A,B 有相同比的最小数组.

这是求给定个数的具有已知比的一个几何数列,并且要求它是具有同比数组中最小的数组.

如果设具有已知比的数对中最小数对比 a,b,那么具有 n 个数,且有 $a:b$ 的几何数列就为

$a^{n-1},a^{n-2}b,a^{n-1}b^2,\cdots,ab^{n-2},b^{n-1}$ (1)

显然相邻前后两项之比为 $a:b$,

因为 $(a,b)=1$,那么 $(a^2,b^2)=1\cdots,(a^{n-1},b^{n-1})=1$. [Ⅶ. 27]

于是由[Ⅷ. 1]就知(1)是具有同比的 n 个数组中最小的数组.

命题 3

如果成连比的几个数是与它们有相同比的数中的最小者,则它们的两外项是互素的.

设成连比例的几个数 A,B,C,D 是与它们有同比的数组中最小者.

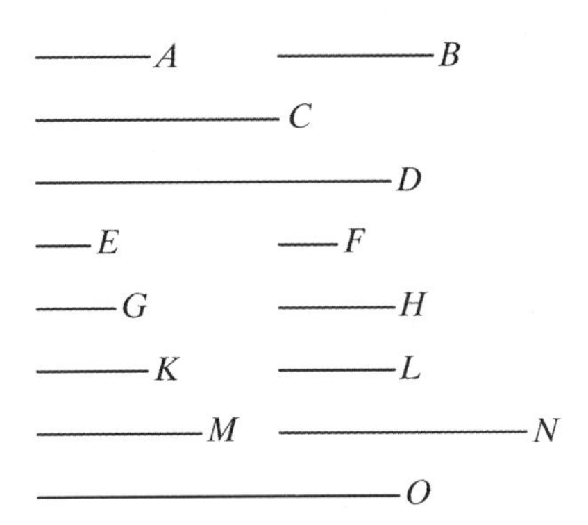

则可证它们的两外项 A,D 互素.

设取数 E,F 是与 A,B,C,D 有相同比的数组中的最小数组. [Ⅶ. 33]

然后取有相同性质的另三个数 G,H,K;

其余的,逐次多一个,依此类推, [Ⅷ. 2]

直至个数等于数 A,B,C,D 的个数.

设所取的数是 L,M,N,O.

现在,由于 E,F 是与它们有同比中的最小者,那么它们是互素的. [Ⅶ. 22]

又,由于数 E,F 分别自乘得数 G,K,又 E,F 分别乘以 G,K 得数 L,O,

[Ⅷ.2 推论]

所以两者 G,K 和 L,O 分别是互素的. [Ⅶ.27]

又,因为 A,B,C,D 是与它们有同比的数组中最小者,而 L,M,N,O 是与 A,B,C,D 有同比的数组中的最小者.

又数 A,B,C,D 的个数等于数 L,M,N,O 的个数.

所以数 A,B,C,D 分别等于 L,M,N,O.

故 A 等于 L,且 D 等于 O.

又 L,O 是互素的.

故 A,D 也是互素的.

证完

这是Ⅷ.1 的逆命题, 如果 $a,b,c,\cdots,k$ (1)

是 n 个有公比 $a:b$ 的几何数列,且它是有同比数组中最小数组. 那么 $(a,k)=1$.

证明如下:设 α,β 是具有 $a:b$ 的数对中最小数对. 于是 $(\alpha,\beta)=1$.

那么由Ⅶ.2 就有

$\alpha^{n-1},\alpha^{n-2}\beta,\alpha^{n-3}\beta^2,\cdots,\alpha\beta^{n-2},\beta^{n-1}$ (2)

就是具有 n 项,公比为 $a:b$,且是有同比数组中最小数组.

由于(1),(2)两数组相同,那么就有

$$a=\alpha^{n-1},\quad k=\beta^{n-1}.$$

$\because\quad (\alpha^{n-1},\beta^{n-1})=1,\quad \therefore\quad (a,k)=1.$

命题 4

已知由最小数给出的几个比,求连比例的几个数,它们是有已知比的数中的最小数组.

设由最小数给出的几个比是 A 比 B,C 比 D 和 E 比 F.

我们来求出连比例的最小数组,使得它们的比是 A 比 B,C 比 D 以及 E 比 F.

设 G 是被 B,C 量尽的最小数. [Ⅶ.34]

且 B 量尽 G 有多少次,就设 A 量尽 H 有多少次;

又,C 量尽 G 有多少次,就设 D 量尽 K 有多少次.

现在 E 或者量尽或者量不尽 K.

首先,设它量尽 K.

A—— B——
C—— D——
E—— F——
N—— G
O—— H
M—— K
P—— L

又 E 量尽 K 有多少次,就设 F 量尽 L 也有多少次.

这时,由于 A 量尽 H 与 B 量尽 G 的次数相同,

所以 A 比 B 如同 H 比 G. [Ⅶ. 定义 20, Ⅶ. 13]

同理, C 比 D 如同 G 比 K,

还有 E 比 F 如同 K 比 L.

所以 H,G,K,L 是依 A 比 B, C 比 D 及 E 比 F 为连比例的数组.

其次可证它们也是有这个性质的最小数组.

因为, 如果 H,G,K,L 只是依 A 比 B, C 比 D 和 E 比 F 为连比例的但不是最小数组, 那么设最小数组是 N,O,M,P.

这时, 由于 A 比 B 如同 N 比 O, 而 A,B 是最小的.

且有相同比的一对最小数分别量尽其他数对, 大的量尽大的, 小的量尽小的有相同的次数. 即前项量尽前项与后项量尽后项的次数相同,

所以 B 量尽 O. [Ⅶ. 20]

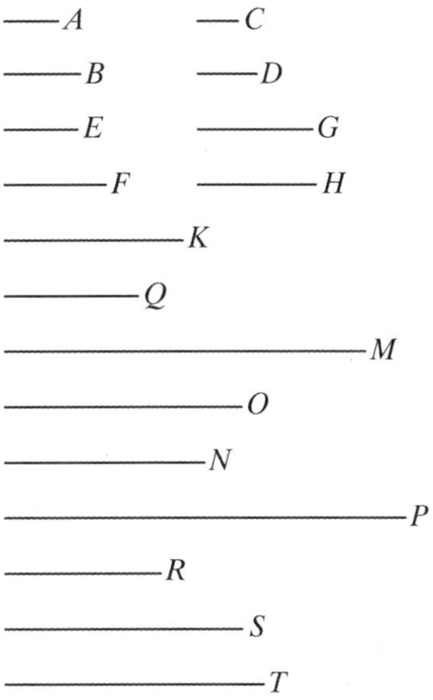

同理, C 也量尽 O,

于是 B,C 量尽 O,

于是被 B,C 量尽的最小数也量尽 O. [Ⅶ. 35]

但是 G 是被 B,C 量尽的最小数.

所以 G 量尽 O, 较大数量尽较小数: 这是不可能的.

因而没有比 H,G,K,L 还小的数组的连比例能依照 A 比 B, C 比 D 和 E 比 F.

其次, 设 E 量不尽 K.

设 M 是被 E,K 量尽的最小数.

又, K 量尽 M 有多少次, 就设 H,G 分别量 N,O 有多少次.

且 E 量尽 M 有多少次, 就设 F 量尽 P 也有多少次.

A C B D E G F H K Q M O N P R S T

由于 H 量尽 N 与 G 量尽 O 有相同的次数,

故 H 比 G 如同 N 比 O. [Ⅶ. 13 和定义 20]

但是 H 比 G 如同 A 比 B,

所以也有, A 比 B 如同 N 比 O.

同理也有, C 比 D 如同 O 比 M.

又, 由于 E 量尽 M 与 F 量尽 P 有相同的次数,

所以, E 比 F 如同 M 比 P, [Ⅶ. 13 和定义 20]

因此 N,O,M,P 是依照 A 比 B, C 比 D 以及 E 比 F 为连比例.

其次可证它们也是依照 A 比 B, C 比 D 以及 E 比 F 为连比例的最小数组.

因为, 如其不然, 将有某些数小于 N,O,M,P 而依照 A 比 B, C 比 D 以及 E 比 F 成连比例.

设它们是 Q,R,S,T.

现在, 因为 Q 比 R 如同 A 比 B.

而A,B是最小的,

且有相同比的一对最小数,分别量其他数对,大的量尽大的,小的量尽小的,量得的次数相同,即前项量尽前项与后项量尽后项的次数相同. [Ⅶ.20]

所以B量尽R.

同理,C也量尽R,所以B,C量尽R.

于是被B,C量尽的最小数也将量尽R. [Ⅶ.35]

但是G是被B,C量尽的最小数,所以G量尽R.

又,G比R如同K比S,

所以K也量尽S. [Ⅶ.13]

但是E也量尽S,所以E,K量尽S.

于是被E,K量尽的最小数也将量尽S. [Ⅶ.35]

但是M是被E,K量尽的最小数,

所以M量尽S,较大数量尽较小数:这是不可能的.

因为,没有小于N,O,M,P且依照A比B,C比D以及E比F成连比例的一些数.

故N,O,M,P是依照A比B,C比D以及E比F成连比例的最小数组.

证完

设给定了几个比,如$a_1:b_1$,$c_1:d_1$,$e_1:f_1$,要求出四个数x,y,z,u满足$x:y=a_1:b_1$,$y:z=c_1:d_1$,$z:u=e_1:f_1$,且是同比中最小数组.

作法如下:设$a,b;c,d;e,f$分别具有$a_1:b_1$,$c_1:d_1$,$e_1:f_1$的最小数对.

设$[b,c]=l_1$,于是有$l_1=mb=nc$.

又设$[nd,e]=l_2$,于是有$l_2=pnd=qe$.

可证得pma,$pmb(=pnc)$,$pnd=(qe)$,qf这四个数为之所求.

命题5

面数互比是它们边比的复比.

设A,B是面数,且数C,D是A的边,数E,F是B的边.

则可证A与B的比是它们边比的复比.

因为C比E和D比F已给定,设取依照C比E和D比F成连比例的最小数为G,H,K,即

C比E如同G比H,

及 D比F如同H比K. [Ⅷ.4]

又设D乘E得L.

现在,由于D乘C得A,和D乘E得L,

所以,C比E如同A比L. [Ⅶ.17]

但是,C比E如同G比H,

所以也有,G比H如同A比L.

A

B

C　D

E　F

G

H

K

L

又,由于 E 乘 D 得 L,而且还有 E 乘 F 得 B,

所以 D 比 F 如同 L 比 B. [Ⅶ. 17]

但是,D 比 F 如同 H 比 K,

所以也有,H 比 K 如同 L 比 B.

但已证得 G 比 H 如同 A 比 L,

所以取首末比,G 比 K 如同 A 比 B. [Ⅶ. 14]

但是,G 与 K 之比为这些边比的复比.

所以 A 与 B 之比也是这些边比的复比.

证完

若 $a:b=l:m, c:d=m:n$,那么把 $l:n$ 就叫做 $a:b$ 和 $c:d$ 的复比.

该命题为,如果 $a=cd, b=ef$,那么 a 比 b 等于 $c:e$ 和 $d:f$ 的复比.

先求出具有上述两已知比的成连比例的三个数,且是有同比数组中最小数组.

设$[e,d]=l$,且 $l=me=nd$. 于是得到三个数

$mc, me(=nd), nf$. [Ⅷ. 4]

又 $dc:de=c:e=mc:me=mc:nd$, [Ⅶ. 17]

也有 $ed:ef=d:f=nd:nf$,

所以由首末比得 $cd:ef=mc:nf$.

即 a 比 b 等于 $c:e$ 和 $d:f$ 的复比.

命 题 6

如果有几个成连比例的数,而且第一个量不尽第二个,则任何一个也量不尽其他任一个.

设有几个成连比例的数 A,B,C,D,E,

且设 A 量不尽 B.

则可证任何一个数都量不尽其他任何一个数.

现在,显然知 A,B,C,D,E 依次相互量不尽,

因为 A 量不尽 B.

这时,可证任何一个量不尽其他任何一个.

因为如果可能,设 A 量尽 C.

于是,无论有几个数 A,B,C,就取多少个数 F,G,H,且设它们是与 A,B,C 有相同比中的最小数组. [Ⅶ. 33]

现在,由于 F,G,H 与 A,B,C 有相同比,且数 A,B,C 的个数等于 F,G,H 的个数.

故取首末比,A 比 C 如同 F 比 H. [Ⅶ. 14]

又由于,A 比 B 如同 F 比 G,

A
B
C
D
E
F
G
H

而 A 量不尽 B，
所以 F 也量不尽 G，　　[Ⅶ. 定义 20]
所以 F 不是一个单位，因为单位能量尽任何数.

现在，F，H 是互素的.　　[Ⅷ. 3]

又，F 比 H 如同 A 比 C，
故 A 也量不尽 C.

类似地，我们能够证明任何一个数量不尽其他任何一个数.

证完

设 $a,b,c,\cdots,k$ 是一几何数列，且 a 不整除 b，则可证前一数量不尽它以后的任一数.
（a 量尽 b，用符号 $a|b$ 表示，a 量不尽 b 用 $a\nmid b$ 表示）
因为，否则设 a 量尽此数列中某数 f.
取 x,y,z,u,v,w 为与 a,b,c,d,e,f 成同比的最小数组.
因为 $x:y=a:b$
且 $a\nmid b$，所以 $x\nmid y$，因而 x 不是 1.
由首末比 $x:w=a:f$.
此处 $(x,w)=1$.
所以 $a\nmid f$.
同理可证数列中任一数量不尽其他任一数.

命 题 7

如果有几个成连比例的数，且第一个量尽最后一个. 则它也量尽第二个.

A——
B———
C————
D——————

设几个数 A，B，C，D 成连比例，且设 A 量尽 D.

则可证 A 也量尽 B.

因为，如果 A 量不尽 B，
则这些数中任何一个量不尽其他任何一个.　　[Ⅷ. 6]

但是，A 量尽 D，
所以 A 也量尽 B.

证完

命 题 8

如果在两数之间插入几个与它们成连比例的数. 则无论插入在它们之间有多少个成连比例的数，那么在与原来两数有同比的两数之间也能插入多少个成连比例的数.

设插在两数 A，B 之间的数 C，D 与它们成连比例，
又设 E 比 F 如同 A 比 B.

则可证在 A,B 间插入多少个成比例的数，也就在 E,F 之间能插入同样多少个成连比例的数.

因为，有多少个数 A,B,C,D，就取多少个数 G,H,K,L，使其为与 A,C,D,B 有同比的数中最小数组，［Ⅶ.33］

所以它们的两端 G,L 是互素的.［Ⅷ.3］

现在，因为 A,C,D,B 与 G,H,K,L 有同比，且数 A,C,D,B 的个数等于数 G,H,K,L 的个数，

所以取首末比，A 比 B 如同 G 比 L.［Ⅶ.14］

但是，A 比 B 如同 E 比 F，

A E
C M
D N
B F
G K
H L

所以也有，G 比 L 如同 E 比 F.

然而，G,L 互素，而互素的数是同比中最小者，［Ⅶ.21］

且有相同比的数中最小一对，分别量其他各数对，大的量尽大的，小的量尽小的，且有相同的次数.

即前项量尽前项与后项量尽后项的次数相同.［Ⅶ.20］

所以 G 量 E 与 L 量 F 的次数相同.

其次，G 量 E 有多少次，就设 H,K 分别量 M,N 也有多少次，

所以，G,H,K,L 量尽 E,M,N,F 有同样多的次数.

所以 G,H,K,L 与 E,M,N,F 有相同的比.［Ⅶ.定义20］

但是 G,H,K,L 与 A,C,D,B 有相同的比，

所以 A,C,D,B 也与 E,M,N,F 有相同的比.

但是 A,C,D,B 成连比例，

所以 E,M,N,F 也成连比例.

故，在 A,B 之间插入多少个与它们成连比例的数，那么，也在 E,F 之间插入多少成连比例的数.

证完

若 $a:d=A:D$，且在 a,d 之间有数 b,c，使 a,b,c,d 成几何数列，那么在 A,D 之间也有同数的几何中项数.

设 α,β,ν,δ 是与 a,b,c,d 有同比的最小数组，那么 $(\alpha,\delta)=1$.［Ⅷ.3］

于是有 $\alpha:\delta=a:d=A:D$.

所以 $A=m\alpha, D=m\delta$.

于是数 $m\alpha(=A), m\beta, m\nu, m\delta(=D)$ 为几何数列.

因而 $m\beta, m\nu$ 就是 A,D 之间的几何中项数.

命题9

如果两数互素,且插在它们之间的一些数成连比例. 那么无论这样一些成连比例的数有多少个,在互素两数的每一个数和单位之间同样有多少个成连比例的数.

设 A,B 是互素的两数,且设 C,D 是插在它们之间的成连比例的数,又设单位为 E.

则可证在 A,B 之间成连比例的数有多少个,则在数 A,B 的每一个与单位 E 之间成连比例的数有同样多少个.

因为,设两数 F,G 是与 A,C,D,B 有相同比中的最小者.
又取有同样性质的三个数 H,K,L.

且依次类推,直至它们的个数等于 A,C,D,B 的个数. [Ⅷ.2]

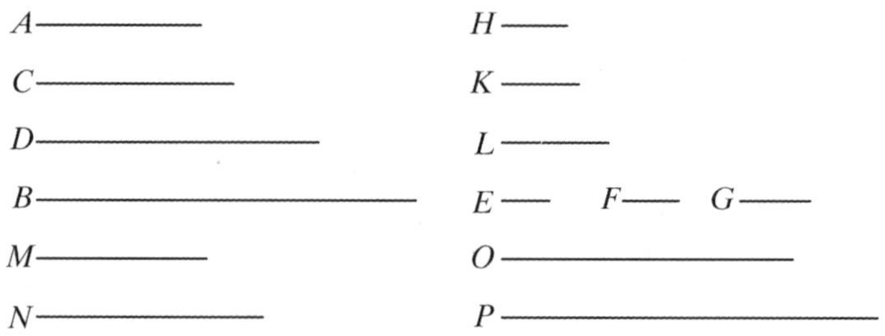

A——— H——
C——— K——
D——— L——
B——— E— F— G—
M——— O———
N——— P———

设已求得的是 M,N,O,P.

显然,F 自乘得 H,且 F 乘 H 得 M,而 G 自乘得 L,
且 G 乘 L 得 P. [Ⅷ.2,推论]

又,由于 M,N,O,P 是与 F,G 有相同比中的最小者,
且 A,C,D,B 也是与 F,G 有相同比中的最小者, [Ⅷ.1]
而数 M,N,O,P 的个数等于数 A,C,D,B 的个数.

所以 M,N,O,P 分别等于 A,C,D,B.

于是 M 等于 A,且 P 等于 B.

现在,由于 F 自乘得 H,
所以依照 F 中的单位数,F 量尽 H.

但是依照 F 中的单位数,单位 E 也量尽 F,故单位 E 量尽数 F 与 F 量尽数 H 的次数相同.

所以单位 E 比数 F 如同 F 比 H. [Ⅶ.定义20]

又,由于 F 乘 H 得 M,
所以,依照 F 中的单位个数,H 量尽 M.

但是依照 F 中的单位个数,单位 E 也量尽数 F,
所以单位 E 量尽数 F 与 H 量尽数 M 的次数相同.

从而,单位 E 比数 F 如同 H 比 M.

但也已证明,单位 E 比数 F 如同 F 比 H,
所以也有,单位 E 比数 F 如同 F 比 H,也如同 H 比 M.

但是 M 等于 A,所以单位 E 比数 F 如同 F 比 H,也如同 H 比 A.

同理也有,单位 E 比数 G 如同 G 比 L,也如同 L 比 B.

故,插在 A,B 之间有多少个成连比例的数,那么插在 A,B 每一个与单位 E 之间成连比例的数也有同样多少个.

证完

若 $(a,b)=1$,假设在 a,b 之间有 n 个几何中项数,那么在 1 与 a 之间和 1 和 b 之间也有 n 个几何中项数.

若 $c,d,\cdots,f$ 是 a 与 b 之间的 n 个几何中项数.

于是 $a,c,d,\cdots,f,b$ 就是与之有同比的最小数组.

由Ⅷ.2 的推论知,对于 $n+2$ 个数的几何数列就有 $a=\alpha^{n+1}$, $b=\beta^{n+1}$.

于是有 $1,\alpha,\alpha^2,\cdots,\alpha^n,\alpha^{n+1}(=a)$,

$1,\beta,\beta^2,\cdots,\beta^n,\beta^{n+1}=(b)$.

因而在 1 与 a 和 1 与 b 之间就有 n 个几何中项数.

命 题 10

如果插在两个数中的每一个与一个单位之间的一些数成连比例. 那么无论插在这两数的每一个与单位之间有多少个数成连比例,则插在这两数之间也有同样多少个数成连比例.

因为,设 D,E 和 F,G 分别是插在两数 A,B 与单位 C 之间的成连比例的数.

则可证插在数 A,B 间的每一个与单位 C 之间有多少成连比例的数,则插在 A,B 之间也有多少个成连比例的数.

C——　　A——
D——　　B——
E——　　H——
F——　　K——
G——　　L——

为此,设 D 乘 F 得 H,且数 D,F 分别乘 H 得 K,L.

现在,由于单位 C 比数 D 如同 D 比 E,
所以单位 C 量尽数 D 与 D 量尽 E 有相同的次数. [Ⅶ.定义 20]

但是依照 D 中的单位数,C 量尽 D,
所以依照 D 中的单位数,数 D 也量尽 E,于是 D 自乘得 E.

又由于,C 比数 D 如同 E 比 A,

所以单位 C 量尽数 D 与 E 量尽 A 的次数相同.

但是依照 D 中的单位数,单位 C 量尽数 D,

所以依照 D 中的单位数,E 也量尽 A,

所以 D 乘 E 得 A.

同理也有,F 自乘得 G,且 F 乘 G 得 B.

又,因为 D 自乘得 E,且 D 乘 F 得 H,

所以 D 比 F 如同 E 比 H. [Ⅶ.17]

同理也有,D 比 F 如同 H 比 G. [Ⅶ.18]

所以也有 E 比 H 如同 H 比 G.

又,由于 D 乘数 E,H 分别得 A,K,

所以,E 比 H 如同 A 比 K. [Ⅶ.17]

但是,E 比 H 如同 D 比 F,

所以也有,D 比 F 如同 A 比 K.

又,由于数 D,F 乘 H 分别得 K,L,

所以,D 比 F 如同 K 比 L. [Ⅶ.18]

但是,D 比 F 如同 A 比 K.

所以也有,A 比 K 如同 K 比 L.

还有,F 乘数 H,G 分别得 L,B,

所以 H 比 G 如同 L 比 B. [Ⅶ.17]

但是,H 比 G 如同 D 比 F,

于是也有,D 比 F 如同 L 比 B.

但是已证明,

D 比 F 如同 A 比 K,也如同 K 比 L,

所以也有,A 比 K 如同 K 比 L,也如同 L 比 B.

故 A,K,L,B 成连比例.

从而插在 A,B 的每一个与单位 C 之间有多少个成连比例的数,那么插在 A,B 之间也有多少个成连比例的数.

证完

这是前一命题的逆命题,如果在 1 与 a 之间和 1 与 b 之间有 n 个几何中项数,那么在 a 与 b 之间也有 n 个几何中项数.

由Ⅷ.2 的推论知 $(1,a)=1$,那么 $a=\alpha^{n+1}$,

同理 $b=\beta^{n+1}$.

于是数列 $a=\alpha^{n+1},\alpha^{n}\beta,\alpha^{n-1}\beta^{2},\cdots,\alpha\beta^{n},\beta^{n+1}=b$ 就是以 a,b 为首末项且中间有 n 个几何中项的几何数列.

命题 11

在两个平方数之间有一个比例中项数,且两平方数之比如同它们的边与边的二次比.

设 A,B 是两平方数,且设 C 是 A 的边,D 是 B 的边.

则可证在 A,B 之间有一个比例中项数,且 A 比 B 如同 C 与 D 的二次比.

A——
B——
C——
D——
E——

为此,设 C 乘 D 得 E.

现在,由于 A 是平方数,且 C 是它的边,

所以 C 自乘得 A.

同理也有,D 自乘得 B.

由于这时 C 乘数 C,D 分别得 A,E,

所以,C 比 D 如同 A 比 E. [Ⅶ.17]

同理也有,C 比 D 如同 E 比 B, [Ⅶ.18]

所以也有,A 比 E 如同 E 比 B.

于是 A,B 之间有一个比例中项数.

其次可证 A 比 B 如同 C 与 D 的二次比.

因为,由于 A,E,B 是三个成比例的数,

所以 A 比 B 如同 A 与 E 的二次比. [Ⅴ.定义9]

但是,A 比 E 如同 C 比 D.

所以,A 比 B 如同边 C 与 D 的二次比.

证完

命题 12

在两个立方数之间有两个比例中项数,且两立方数之比如同它们的边与边的三次比.

设 A,B 是两立方数,且设 C 是 A 的边,D 是 B 的边.

则可证在 A,B 之间有两个比例中项数,且 A 与 B 的比如同 C 与 D 的三次比.

A——
B——
C—— E——
D—— F——
H—— G——
K——

为此,设 C 自乘得 E,C 乘 D 得 F.

设 D 自乘得 G,又设数 C,D 乘 F 分别得 H,K.

现在,由于 A 是立方数,且 C 是它的边,以及 C 自乘得 E.

所以 C 自乘得 E,C 乘 E 得 A.

同理也有,D 自乘得 G,且 D 乘 G 得 B.

又,由于 C 乘数 C,D 分别得 E,F,

所以,C 比 D 如同 E 比 F. [Ⅶ.17]

同理也有,C 比 D 如同 F 比 G. [Ⅶ.18]

又,由于 C 乘数 E,F 分别得 A,H,

所以,E 比 F 如同 A 比 H.　[Ⅶ.17]

但是,E 比 F 如同 C 比 D.

所以也有,C 比 D 如同 A 比 H.

又,由于数 C,D 乘 F 分别得 H,K,

所以,C 比 D 如同 H 比 K.　[Ⅶ.18]

又,由于 D 乘 F,G 分别得 K,B,

所以,F 比 G 如同 K 比 B.　[Ⅶ.17]

但是,F 比 G 如同 C 比 D,

于是也有,C 比 D 如同 A 比 H,如同 H 比 K,又如同 K 比 B.

于是,H,K 是 A,B 之间的两比例中项数.

其次可证也有 A 比 B 如同 C 与 D 的三次比.

因为,由于 A,H,K,B 是四个成连比例的数,

所以 A 比 B 如同 A 与 H 的三次比.　[V.定义 10]

但是,A 比 H 如同 C 比 D.

所以 A 比 B 也如同 C 与 D 的三次比.

证完

命题 13

如果有一些数成连比例,且每个自乘得某数,则这些乘积成连比例,又如果原来这些数再乘这些乘积得某些数,则最后这些数也成连比例.

设有几个数 A,B,C 成连比例,即 A 比 B 如同 B 比 C,

又设 A,B,C 自乘得 D,E,F,且 A,B,C 分别乘 D,E,F 得 G,H,K.

A——　G——
B——　H——
C——　K——
D——
E——　M——
F——　N——
L——　P——
O——　Q——

则可证 D,E,F 和 G,H,K 分别成连比例.

为此,设 A 乘 B 得 L,又设数 A,B 分别乘 L 得 M,N.

又设 B 乘 C 得 O,且设数 B,C 乘 O 分别得 P,Q.

于是,类似前面所述,我们能够证明 D,L,E 和 G,M,N,H 都是依照 A 与 B 之比而构

成连比例，
且还有，E,O,F 和 H,P,Q,K 都是依照 B 与 C 之比而构成连比例.

这时，A 比 B 如同 B 比 C，
所以 D,L,E 与 E,O,F 有相同比，
且还有 G,M,N,H 与 H,P,Q,K 有相同比.

又 D,L,E 的个数等于 E,O,F 的个数，且 G,M,N,H 的个数等于 H,P,Q,K 的个数.

所以，取首末比，
D 比 E 如同 E 比 F，
G 比 H 如同 H 比 K. [Ⅶ.14]

证完

如果 a,b,c 是几何数列，则 $a^2,b^2,c^2;a^3,b^3,c^3$ 也都是几何数列.
因为 $a:b=b:c$，那么 $a^2:ab=a:b=b:c=b^2:bc$.
又 $ab:b^2=a:b=b:c=bc:c^2$. 于是有 $a^2:b^2=b^2:c^2$.
一般地，如果 $a,b,c,d,\cdots$，成几何数列，那么 $a^2,b^2,c^2,d^2,\cdots$ 也是几何数列.
因为 $a^n,a^{n-1}b,a^{n-2}b^2,\cdots,ab^{n-1},b^n$ 是以 $a:b$ 为公比的几何数列.
$b^n,b^{n-1}c,b^{n-2}c,\cdots,bc^{n-1},c^n$ 是以 $b:c$ 为公比的几何数列.
因为 $a:b=b:c$.
于是 $a^n:a^{n-1}b=a:b=b:c=b^n:b^{n-1}c$.
同理 $a^{n-1}b:a^{n-2}b=b^{n-1}c:b^{n-2}bc$.
……
$ab^{n-1}:b^n=bc^{n-1}:c^n$.
由首末等比 $a^n:b^n=b^n:c^n$.
同样对于 b,c,d 亦有 $b^n:c^n=c^n:d^n$.
依此类推可得 $a^n,b^n,c^n,d^n,\cdots$成几何数列.

命题 14

如果一个平方数量尽另一个平方数，则其一个的边也量尽另一个的边；又如果两平方数的一个的边量尽另一个的边，则其一平方数也量尽另一平方数.

为此，设 A,B 是平方数，且 C,D 是它们的边，又设 A 量尽 B.

则可证 C 也量尽 D.

设 C 乘 D 得 E，所以 A,E,B 依照 C 与 D 的比成连比例. [Ⅷ.11]

又，由于 A,E,B 成连比例，且 A 量尽 B，所以 A 也量尽 E. [Ⅷ.7]

又，A 比 E 如同 C 比 D.
故 C 也量尽 D. [Ⅶ.定义 20]

A———
B—————
C——　D———
E————

又,若 C 量尽 D,则可证 A 也量尽 B.

因为,用同样的作图,我们能够以类似的方法证明 A,E,B 依照 C 与 D 之比成连比例.

又由于,C 比 D 如同 A 比 E,
且 C 量尽 D,所以 A 也量尽 E.

[Ⅶ.定义 20]

又 A,E,B 成连比例.所以 A 也量尽 B.

证完

如果 $a^2|b^2$,则 $a|b$,又若 $a|b$,则 $a^2|b^2$.
因为 $a^2|b^2$,而 $a^2|ab$. [Ⅷ.7]
但是 $a^2:ab=a:b$.
所以 $a|b$,
又若 $a|b$,那么 $ab|b^2$.
又 $a^2|ab$,于是 $a^2|b^2$.

命题 15

如果一个立方数量尽另一个立方数,则其一个的边也量尽另一个的边;又如果两立方数的一个的边量尽另一个的边,则那个立方数也量尽另一个立方数.

A——　C——
B————————
D——　H————
E——　K————————
G————　F————

为此设立方数 A 量尽立方数 B,又设 C 是 A 的边,D 是 B 的边.

则可证 C 量尽 D.

设 C 自乘得 E,D 自乘得 G,又设 C 乘 D 得 F,并设 C,D 分别乘 F 得 H,K.

现在,显然 E,F,G 和 A,H,K,B 都是依照 C 与 D 之比成连比例. [Ⅷ.11,12]

又,由于 A,H,K,B 成连比例,且 A 量尽 B,
所以它也量尽 H. [Ⅷ.7]

又,A 比 H 如同 C 比 D.

所以 C 也量尽 D. [Ⅶ.定义 20]

其次,设 C 量尽 D,则可证 A 也将量尽 B.

为此,用同样作图,我们类似地能够证明 A,H,K,B 依照 C 与 D 之比成连比例.

又由于 C 量尽 D,且 C 比 D 如同 A 比 H,
所以 A 也量尽 H. [Ⅶ.定义 20]

因此,A 也量尽 B.

证完

若 $a^3|b^3$,则 $a|b$,又若 $a|b$,则 $a^3|b^3$.现在仅就命题前部分证明如下.

因为 a^3, a^2b, ab^2, b^3 为以 $a:b$ 为公比的几何数列.
即 $a^3:a^2b = a^2b:ab^2 = ab^2:b^3 = a:b$.
又因为 $a^3 \mid b^3$,那么 $a^3 \mid a^2b$. [Ⅷ.7]
因此 $a \mid b$.

命题 16

如果一平方数量不尽另一平方数,则其一个的边也量不尽另一个的边;又如果两平方数的一个的边量不尽另一个的边,则其一平方数也量不尽另一平方数.

设 A,B 是平方数,且 C,D 是它们的边,又设 A 量不尽 B.
则可证 C 也量不尽 D.
因为,如果 C 量尽 D,那么 A 也量尽 B. [Ⅷ.14]
但是 A 量不尽 B.
故 C 也量不尽 D.
又设 C 量不尽 D,则可证 A 也量不尽 B.
因为,如果 A 量尽 B,那么 C 也量尽 D. [Ⅷ.14]
但是 C 量不尽 D.
所以 A 也量不尽 B.

A
B
C
D

证完

若 $a^2 \nmid b^2$,则 $a \nmid b$;又如果 $a \nmid b$,则 $a^2 \nmid b^2$.
这命题的前后两部分,分别是Ⅷ.14 的后部分和前部分的逆否命题,因而它们都成立.
此命题的证明是借助于Ⅷ.14 用反证法证明的.
命题 17 的前后两部分,分别也是Ⅷ.15 的后部分和前部分的逆否命题,因而它们都成立.

命题 17

如果一个立方数量不尽另一个立方数,则其一个的边也量不尽另一个的边;又如果两立方数的一个的边量不尽另一个的边,则其一立方数也量不尽另一个立方数.

为此,设立方数 A 量不尽立方数 B,又设 C 是 A 的边和 D 是 B 的边.
则可证 C 也量不尽 D.
因为,如果 C 量尽 D,那么 A 也量尽 B. [Ⅷ.15]
但是 A 量不尽 B.
故 C 也量不尽 D.

A
B
C
D

又设 C 量不尽 D,则可证 A 也量不尽 B.

因为,如果 A 量尽 B,那么 C 也将量尽 D. [Ⅷ.15]

但是 C 量不尽 D.

所以 A 也将量不尽 B. **证完**

命题 18

在两个相似面数之间必有一个比例中项数,又这两个面数之比如同两对应边的二次比.

设 A,B 是两相似面数,且设数 C,D 是 A 的两边,E,F 是 B 的两边.

A——— C——

B——————————

D—— E——

G————— F———

现在,由于相似面数的两边对应成比例, [Ⅶ.定义21]

所以 C 比 D 如同 E 比 F.

则可证在 A,B 之间必有一个比例中项数,且 A 比 B 如同 C 对 E 的二次比或如同 D 对 F 的二次比,即两对应边的二次比.

现在,由于 C 比 D 如同 E 比 F,

所以,由更比,C 比 E 如同 D 比 F. [Ⅶ.13]

又,由于 A 是面数,且 C,D 是它的边,

所以 D 乘 C 等于 A.

同理也有,E 乘 F 等于 B.

现在设 D 乘 E 得 G.

于是,因为 D 乘 C 得 A,且 D 乘 E 得 G,

所以,C 比 E 如同 A 比 G. [Ⅶ.17]

但是,C 比 E 如同 D 比 F,

所以也有,D 比 F 如同 A 比 G.

又,由于 E 乘 D 得 G,E 乘 F 得 B,

所以,D 比 F 如同 G 比 B. [Ⅶ.17]

但已证明,D 比 F 如同 A 比 G,

所以也有,A 比 G 如同 G 比 B.

于是 A,G,B 成连比例.

故在 A,B 之间有一个比例中项数.

其次也可证 A 比 B 如同它们对应边的二次比,即如同 C 与 E 或 D 与 F 的二次比.

因为,由于 A,G,B 成连比例.

A 比 B 如同 A 比 G 的二次比. [Ⅴ.定义9]

又,A 比 G 如同 C 比 E,也如同 D 比 F.

所以也有,A 比 B 如同 C 与 E 或 D 与 F 的二次比.

证完

设 ab, cd 是相似面数,即,$a:b=c:d$,那么 ab, cd 有一个比例中项数,且 $ab:cd=a^2:c^2=b^2:d^2$.

因为 $a:b=c:d$.

所以 $a:c=b:d$. [Ⅶ.13]

所以 $ab:bc=bc:cd$. [Ⅶ.17,16]

于是 bc(或者 ad)是 ab, cd 的比例中项.

又 $ab:cd=ab\cdot ab:ab\cdot cd=ab\cdot ab:bc\cdot bc$

$=(ab)^2:(bc)^2=a^2:c^2$.

或者 $ab:cd=b^2:d^2$.

命题 19

在两个相似体数之间,必有两个比例中项数,且两相似体数之比等于它们对应边的三次比.

设 A, B 是两个相似体数,又设 C, D, E 是 A 的边,F, G, H 是 B 的边.

现在,由于相似体数的边对应成比例, [Ⅶ.定义 21]

所以,C 比 D 如同 F 比 G.

且 D 比 E 如同 G 比 H.

则可证在 A, B 之间必有两个比例中项数,且 A 比 B 如同 C 与 F 或 D 与 G 或 E 与 H 的三次比.

A C D B E F N G H O K L M

为此,设 C 乘 D 得 K,又设 F 乘 G 得 L.

这时,由于 C, D 与 F, G 有相同比,

且 K 是 C, D 的乘积,以及 L 是 F, G 的乘积,

K, L 是相似面数; [Ⅶ.定义 21]

所以在 K, L 之间有一个比例中项数. [Ⅷ.18]

设它是 M.

所以,M 等于 D, F 的乘积,正如在这个之前的命题中所证明的. [Ⅷ.18]

这时,由于 D 乘 C 得 K,且 D 乘 F 得 M,

所以,C 比 F 如同 K 比 M. [Ⅶ.17]

但是,K 比 M 如同 M 比 L.

所以 K, M, L 依照 C 与 F 的比成连比例.

又,由于 C 比 D 如同 F 比 G,

则由更比,C 比 F 如同 D 比 G. [Ⅶ.13]

同理也有,

D 比 G 如同 E 比 H.

所以 K,M,L 是依照 C 与 F 的比,D 与 G 之比,也以 E 与 H 之比成连比例.

其次,设 E,H 乘 M 分别得 N,O.

这时,由于 A 是一个体数,且 C,D,E 是它的边,
所以 E 乘 C,D 之积得 A.

但是 C,D 之积是 K,所以 E 乘 K 得 A.

同理也有,H 乘 L 得 B.

于是,因为 E 乘 K 得 A,且还有 E 乘 M 得 N,
所以 K 比 M 如同 A 比 N. [Ⅶ.17]

但是,K 比 M 如同 C 比 F,D 比 G,也如同 E 比 H.

所以也有,C 比 F,D 比 G,以及 E 比 H 如同 A 比 N.

又,由于 E,H 乘 M 分别得 N,O,
所以,E 比 H 如同 N 比 O. [Ⅶ.18]

但是,E 比 H 如同 C 比 F 及 D 比 G,
所以也有,C 比 F,D 比 G,以及 E 比 H 如同 A 比 N 和 N 比 O.

又由于,H 乘 M 得 O,且还有 H 乘 L 得 B,
所以,M 比 L 如同 O 比 B. [Ⅶ.17]

但是,M 比 L 如同 C 比 F 及 D 比 G 也如同 E 比 H.

所以也有,C 比 F,D 比 G 及 E 比 H 不仅如同于 O 比 B,而且也如同 A 比 N 和 N 比 O.

故 A,N,O,B 依前边的比成连比例.

其次可证 A 比 B 如同它们对应边的三次比,即 C 与 F 或者 D 与 G 以及 E 与 H 的三次比.

因为 A,N,O,B 是四个成连比例的数,
所以 A 比 B 如同 A 与 N 的三次比. [Ⅶ.定义.10]

但是,已经证明了 A 比 N 如同 C 比 F,D 比 G 及 E 比 H.

所以,A 比 B 如同它们对应边的三次比,也就是 C 与 F,D 与 G,以及 E 与 H 的三次比.

证完

如果 $a:b:c=d:e:f$,那么在 abc 与 def 之间有两个比例中项数,且
$abc:def=a^3:d^3=b^3:e^3=e^3:f^3$.

因为 $a:d=d:e$,于是 $ab,bd(=ea),de$ 这几何数列,其公比为 $a:d$ 或者 $b:e$.

$$\left.\begin{aligned}&\text{又 } abc:cbd=ad:bd=a:d\\&\text{同理 } cbd:fbd=c:f\\&\qquad fbd:def=b:e\end{aligned}\right\}\quad [Ⅶ.17]$$

且 $a:d=b:e=c:f$.

所以 abc,cbd,fbd,def 为几何数列.

又 $abc:cbd=a:d=a^3:a^2d$,

$cdb:fbd=a:d=a^2d:ad^2$,以及

$fbd:def=a:d=ad^2:d^3$.

取首末比,$abc:def=a^3:d^3$.

同理亦有,$abc:def=b^3:e^3=c^3:f^3$.

命题 20

如果在两个数之间有一个比例中项数,则这两个数是相似面数.

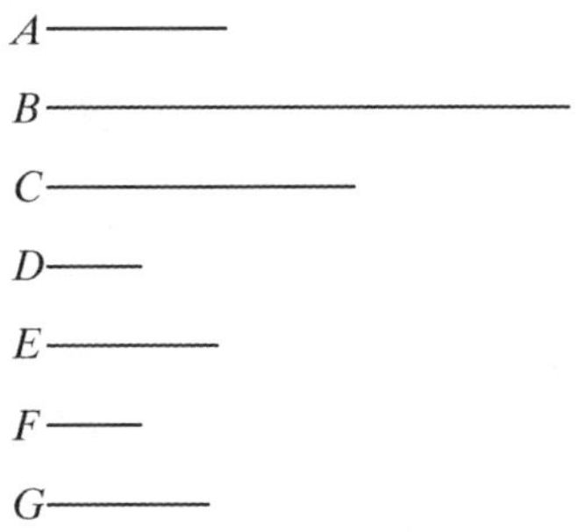

设在两个数 A,B 之间有一个比例中项数 C.

则可证 A,B 是相似面数.

为此,设取 D,E 是与 A,C 有相同比中的最小数对, [Ⅶ.33]

所以 D 量尽 A 与 E 量尽 C 有相同的次数. [Ⅶ.20]

这时,D 量尽 A 有多少次数,就设在 F 中有多少个单位,

所以 F 乘 D 得 A,因此,A 是面数,且 D,F 是它的边.

又因为 D,E 是与 C,B 同比中最小数对,

所以,D 量尽 C 与 E 量尽 B 有相同的次数. [Ⅶ.20]

于是,依照 E 量尽 B 有多少次,就设 G 中有多少单位,

于是,依照 G 中的单位数,E 量尽 B,所以 G 乘 E 得 B.

所以 B 是一个面数,且 E,G 是它的边.

故 A,B 是面数.

其次可证它们也是相似的.

因为,F 乘 D 得 A,且 F 乘 E 得 C.

所以,D 比 E 如同 A 比 C,即如同 C 比 B. [Ⅶ.17]

又,由于 E 乘 F,G 分别得 C,B,

所以,F 比 G 如同 C 比 B. [Ⅶ.17]

但是,C 比 B 如同 D 比 E,

所以也有,D 比 E 如同 F 比 G.

又由更比例,D 比 F 如同 E 比 G. [Ⅶ.13]

故 A,B 是相似面数;因为它们的边成比例.

证完

如果 a,c,b 是几何数列,那么 a,b 是相似面数.

设α,β 是有 $a:c$ 的最小数对,于是

$a=m\alpha$,$c=m\beta$,

$c=n\alpha$,$b=n\beta$.

$\alpha:\beta=a:c=c:b=m:n$. [Ⅶ.18]

于是 $\alpha:m=\beta:n$.

所以 $a(=m\alpha)$,$b(=n\beta)$是相似面数.

命题 21

如果在两个数之间有两个比例中项数，则这两个数是相似体数.

设在两个数 A,B 之间有两个比例中项数 C,D.

则可证 A,B 是相似体数.

设取三个数 E,F,G 是与 A,C,D 有相同比中的最小数组. [Ⅶ.33 或Ⅷ.2]

所以它们的两端 E,G 是互素的.

这时，由于插在 E,G 之间有一个比例中项数 F，所以 E,G 是相似面数. [Ⅷ.20]

又设 H,K 是 E 的边，且 L,M 是 G 的边.

于是，显然由前述命题的 E,F,G 是以 H 与 L 以及 K 与 M 的比成连比例.

这时，由于 E,F,G 是与 A,C,D 有相同比中最小数组，且数 E,F,G 的个数等于数 A,C,D 的个数，

所以取首末比，E 比 G 如同 A 比 D. [Ⅶ.14]

但是，E,G 是互素的，互素的数也是同比中最小的， [Ⅶ.21]

且有相同比的数对中的最小一对数能分别量尽其他数对，较大的量尽较大的，较小的量尽较小的，即前项量尽前项，后项量尽后项，而且量得的次数相同， [Ⅶ.20]

所以 E 量尽 A 与 G 量尽 D 有相同的次数.

现在，E 量 A 有多少次，就设在 N 中有多少个单位.

于是，N 乘 E 得 A.

但是 E 是 H,K 的乘积，所以 N 乘 H,K 的积得 A.

故 A 是体数，且 H,K,N 是它的边.

又，由于 E,F,G 是与 C,D,B 有相同比中的最小数组，

所以 E 量尽 C 与 G 量尽 B 有相同的次数，

这时，E 量尽 C 有多少次，就设 O 中有多少个单位.

于是依照 O 中的单位数，G 量尽 B，所以 O 乘 G 得 B.

但是 G 是 L,M 的乘积，

所以 O 乘 L,M 的积得 B.

所以 B 是体数，且 L,M,O 是它的边.

故 A,B 是体数.

其次可证它们也是相似的.

因为 N,O 乘 E 得 A,C.

所以，N 比 O 如同 A 比 C，即如同 E 比 F. [Ⅶ.18]

但是，E 比 F 如同 H 比 L 和 K 比 M.

所以也有,H 比 L 如同 K 比 M 和 N 比 O.

又 H,K,N 是 A 的边,而 O,L,M 是 B 的边.

所以 A,B 是相似体数.

证完

命题 22

如果三个数成连比例,且第一个是平方数,则第三个也是平方数.

设 A,B,C 是三个成连比例的数,而且第一个数 A 是平方数.

则可证第三个数 C 也是平方数.

因为在 A,C 之间有一个比例中项数 B,所以 A,C 是相似面数. [Ⅷ.20]

A———

B————

C——————

但是 A 是平方数.

故 C 也是平方数.

证完

该命题是当Ⅷ.20 中相似面数之一是平方数时的特殊情况.

命题 23

如果四个数成连比例,而且第一个是立方数,则第四个也是立方数.

设 A,B,C,D 是四个成连比例的数,且 A 是立方数.

则可证 D 也是立方数.

因为,A,D 之间有两个比例中项数 B,C.

所以 A,D 是相似体数. [Ⅷ.21]

但是 A 是立方数.

所以 D 也是立方数.

A———

B————

C—————

D———————

证完

该命题是当Ⅷ.21 中相似体数之一是立方数时的特殊情况.

命题 24

如果两个数相比如同两个平方数相比,且第一个数是平方数,则第二个数也是平方数.

设两个数 A,B 相比如同平方数 C 比平方数 D,且设 A 是平方数.

则可证 B 也是平方数.

A——

B——

C——

D——

因为 C,D 是平方数,那么 C,D 是相似面数.

所以在两数 C,D 之间有一个比例中项数. [Ⅷ.18]

又,C 比 D 如同 A 比 B,

所以在 A,B 之间也有一个比例中项数. [Ⅷ.8]

又 A 是平方数,

所以 B 也是平方数. [Ⅷ.22]

证完

如果 $a:b=c^2:d^2$,且 a 是一个平方数,则 b 也是一个平方数.

因为 c^2,d^2 有一个比例中项数 cd. [Ⅷ.18]

所以与 $c^2:d^2$ 有同比的 a,b 也有一个比例中项数. [Ⅷ.8]

又因为 a 是平方数,那么 b 也必然是一个平方数. [Ⅷ.22]

命题 25

如果两个数相比如同两立方数相比,且第一个数是立方数,则第二个数也是立方数.

设两数 A,B 相比如同立方数 C 比立方数 D,又设 A 是立方数.

A——

B——

C——

D——

E——

F——

则可证 B 也是立方数.

因为 C,D 是立方数,那么 C,D 是相似体数.

所以在 C,D 之间有两个比例中项数. [Ⅷ.19]

又,在 C,D 之间有多少个成连比例的数,那么就在与它们有相同比的数之间也有多少个成连比例的数, [Ⅷ.18]

所以在 A,B 之间也有两个比例中项数.

设它们是 E,F.

其次,由于四个数 A,E,F,B 成连比例,且 A 是立方数.

故 B 也是立方数. [Ⅷ.23]

证完

如果 $a:b=c^3:d^3$,且 a 是一个立方数,则 b 也是一个立方数.

因为 c^3,d^3 有两个比例中项数 c^2d,cd^2. [Ⅷ.19]

所以 a,b 也有两个比例中项数. [Ⅷ.8]

又 a 是一个立方数,所以 b 也是一个立方数. [Ⅷ.23]

命题 26

相似面数相比如同平方数相比.

设 A,B 是相似面数.

则可证 A 比 B 如同一个平方数比一个平方数.

因为 A,B 是相似面数,所以在 A,B 之间有一个比例中项数,

[Ⅷ.18]

设这个数是 C.

又取 D,E,F 是与 A,C,B 有相同比中的最小数组. [Ⅶ.33 或Ⅷ.2]

所以它们的两端 D,F 是平方数.

[Ⅷ.2,推论]

又,由于 D 比 F 如同 A 比 B,且 D,F 是平方数.

所以 A 比 B 如同一个平方数比一个平方数.

A——
B——
C——
D——
E——
F——

证完

如果 a,b 是相似面数,设 c 是它们的比例中项数. [Ⅷ.18]

取 α,β,γ 是 a,c,b 有相同比中的最小数组.

于是 α,γ 是平方数, [Ⅶ.33 或Ⅷ.2]

所以 a,b 是两平方数之比.

命题 27

相似体数相比如同立方数相比.

设 A,B 是相似体数.

则可证 A 比 B 如同一个立方数比一个立方数.

因为 A,B 是相似体数,所以在 A,B 之间有两个比例中项数. [Ⅷ.19]

设它们是 C,D.

且取 E,F,G,H 是与 A,C,D,B 有相同比中的最小数组,而且它们的个数相等, [Ⅶ.33 或Ⅷ.2]

所以它们的两端 E,H 是立方数. [Ⅷ.2,推论]

又,E 比 H 如同 A 比 B.

所以也有,A 比 B 如同一个立方数比一个立方数.

A——
B——
C——
D——
E—— F—— G——
H——

证完

第IX卷

命题

命题1

如果两个相似面数相乘得某数，则这个乘积是一个平方数．

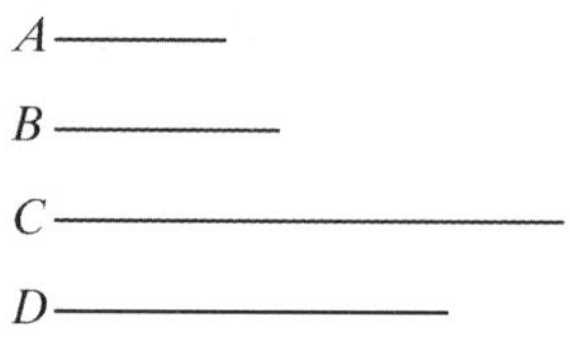

设 A,B 是两个相似面数，且设 A 乘 B 得 C．

则可证 C 是平方数．

为此设 A 自乘得 D，故 D 是平方数．

这时，由于 A 自乘得 D，且 A 乘以 B 得 C，

所以 A 比 B 如同 D 比 C．　　[Ⅶ．17]

又，由于 A,B 是相似面数，

所以在 A,B 之间有一个比例中项数．　　[Ⅷ．18]

但是，如果在两个数之间有多少个数成连比例，就在与那些有相同比的数之间也有多少个数成连比例，　　[Ⅷ．8]

这样也在 D,C 之间有一个比例中项数．

又，D 是平方数，

所以 C 也是平方数．　　[Ⅷ．22]

证完

两个相似面数 a,b 的乘积是一个平方数．

因为 $a:b=a^2:ab$，　　[Ⅶ．17]

且在 a,b 之间有一个比例中项数．　　[Ⅷ．18]

所以在 a^2,ab 之间也有一个比例中项数．　　[Ⅷ．8]

又 a^2 是平方数，那么 ab 也是平方数．　　[Ⅷ．22]

命题2

如果两数相乘得一个平方数，则它们是相似面数．

设 A,B 是两个数，且设 A 乘以 B 得平方数 C．

则可证 A,B 是相似面数．

为此，可设 A 自乘得 D，

于是 D 是平方数.

现在,由于 A 自乘得 D,且 A 乘 B 得 C,

所以,A 比 B 如同 D 比 C. [VII. 17]

又,由于 D 是平方数,且 C 也是平方数,

所以 D,C 都是相似面数.

于是,在数 D,C 之间有一个比例中项数. [VIII. 18]

又,D 比 C 如同 A 比 B,

所以,在 A,B 之间也有一个比例中项数, [VIII. 8]

但是,如果在两个数之间有一个比例中项数,

则它们是相似面数, [VIII. 20]

所以 A,B 是相似面数.

A

B

C

D

证完

这是IX. 1 的逆命题,如果 ab 是一个平方数,则 a,b 是相似面数.

因为 $a:b=a^2:ab$. [VII. 17]

又 a^2,ab 都是平方数,于是它们是相似面数,因而它们有一个比例中项. [VIII. 18]

所以 a,b 也有一个比例中项. [VIII. 8]

因此 a,b 是相似面数. [VIII. 20]

命 题 3

如果一个立方数自乘得某一数,则乘积是立方数.

设立方数 A 自乘得 B.

则可证 B 是立方数.

为此,设 C 是 A 的边,且 C 自乘得 D.

于是显然有 C 乘 D 得 A.

现在,由于 C 自乘得 D,

所以依照 C 中的单位数 C 量尽 D.

但是依照 C 中的单位数,单位也量尽 C,

所以,单位比 C 如同 C 比 D. [VII. 定义 20]

又,由于 C 乘以 D 得 A,

所以,依照 C 中的单位数,D 量尽 A.

但依照 C 中的单位数,单位量尽 C,

所以,单位比 C 如同 D 比 A.

而单位比 C 如同 C 比 D,

所以也有单位比 C 如同 C 比 D,也如同 D 比 A.

于是在单位与数 A 之间有成连比例的两个比例中项数 C,D.

又,由于 A 自乘得 B,

A

B

C

D

所以依照 A 中的单位数，A 尽量 B.

但是，依照 A 中的单位数，单位也量尽 A，

所以，单位比 A 如同 A 比 B. [Ⅶ. 定义 20]

但在单位与 A 之间有两个比例中项数，

所以在 A，B 之间也有两个比例中项数. [Ⅷ. 8]

然而，如果在两个数之间有两个比例中项数，且第一个是立方数，则第二个也是立方数. [Ⅷ. 23]

又知 A 是立方数，所以，B 也是立方数.

证完

证明 $a^3 \cdot a^3$ 是一个立方数.

因为 $1:a = a:a^2 = a^2:a^3$.

所以在 1 与 a^3 之间有两个比例中项数.

又 $1:a^3 = a^3:a^3 \cdot a^3$.

所以在 a^3 与 $a^3 \cdot a^3$ 之间有两个比例中项数. [Ⅷ. 8]

而 a^3 是一个立方数，所以 $a^3 \cdot a^3$ 也是立方数. [Ⅷ. 22]

命题 4

如果一个立方数乘一个立方数得某个数，则这个乘积也是立方数.

A ———
B ————
C ————————
D —————

设立方数 A 乘以立方数 B 得 C.

则可证 C 是立方数.

为此，可设 A 自乘得 D，

于是，D 是立方数. [Ⅸ. 3]

又，由于 A 自乘得 D，且 A 乘以 B 得 C，

所以，A 比 B 如同 D 比 C. [Ⅶ. 17]

又，由于 A，B 是立方数，那么 A，B 是相似体数.

于是在 A，B 之间有两个比例中项数， [Ⅷ. 19]

这样在 D，C 之间也有两个比例中项数. [Ⅷ. 8]

已知 D 是立方数，

所以 C 也是立方数. [Ⅷ. 23]

证完

证明 $a^3 \cdot b^3$ 是一个立方数.

因为 $a^3:b^3 = a^3 \cdot a^3:a^3 \cdot b^3$. [Ⅶ. 17]

于是在相似立体数 a^3，b^3 之间有两个比例中项数. [Ⅷ. 19]

所以在 $a^3 \cdot a^3$，$a^3 \cdot b^3$ 之间有两个比例中项数. [Ⅷ. 8]

但是 $a^3 \cdot a^3$ 是一个立方数， [Ⅸ. 3]

所以 $a^3 \cdot b^3$ 也是一个立方数. [Ⅷ. 23]

命题 5

如果一个立方数乘以一个数得一个立方数,则这个被乘数也是一个立方数.

设立方数 A 乘以一数 B 得立方数 C.

则可证 B 是立方数.

为此,设 A 自乘得 D,于是 D 是立方数. [IX.3]

现在,由于 A 自乘得 D,且 A 乘以 B 得 C,

所以,A 比 B 如同 D 比 C. [VII.17]

因 D,C 是立方数,于是它们是相似体数.

所以在 D,C 之间有两个比例中项数. [VIII.19]

又,D 比 C 如同 A 比 B,

所以在 A,B 之间也有两个比例中项数. [VIII.8]

已知 A 是立方数,所以 B 也是立方数. [VIII.23]

证完

A
B
C
D

若 $a^3 \cdot b$ 是一个立方数,则 b 是立方数.

因为 $a^3 \cdot b^3$ 是一个立方数. [IX.3]

又 $a^3 \cdot a^3 : a^3 \cdot b = a^3 : b$ [VII.17]

两相似立体数 $a^3 \cdot a^3$,$a^3 \cdot b$ 之间有两个比例中项数. [VIII.19]

所以在 a^3,b 之间也有两个比例中项数. [VIII.8]

而 a^3 是立方体,所以 b 也是立方数. [VIII.23]

命题 6

如果一个数自乘得一个立方数,则它本身也是立方数.

设数 A 自乘得立方数 B.

则可证 A 也是立方数.

为此,设 A 乘以 B 得 C.

此时,由于 A 自乘得 B,且 A 乘以 B 得 C,

所以 C 是立方数.

又,由于 A 自乘得 B,

所以依照 A 中的单位数,A 量尽 B.

但是依照 A 中的单位数,单位也量尽 A.

所以,单位比 A 如同 A 比 B. [VII.定义 20]

又,因为 A 乘以 B 得 C,

A
B
C

所以依照 A 中的单位数, B 量尽 C.

但依照 A 中的单位数,单位也量尽 A.

所以,单位比 A 如同 B 比 C. [Ⅶ. 定义 20]

但是,单位比 A 如同 A 比 B,

所以也有, A 比 B 如同 B 比 C.

又由于 B, C 是立方数,于是它们是相似体数.

所以在 B, C 之间有两个比例中项数. [Ⅷ. 19]

又, B 比 C 如同 A 比 B.

所以在 A, B 之间也有两个比例中项数. [Ⅷ. 8]

又 B 是立方数,

所以, A 也是立方数. [Ⅷ. 23]

证完

如果 a^2 是一个立方数,则 a 也是一个立方数.

因为 $1:a=a:a^2=a^2:a^3$.

且 a^2, a^3 是两立方数,那么在它们之间有两个比例中项数. [Ⅷ. 19]

所以在 a, a^2 之间有两个比例中项数. [Ⅷ. 8]

而 a^2 是一个立方数,所以 a 也是一个立方数. [Ⅷ. 23]

命题 7

如果一个合数乘一数得某数,则这个乘积是体数.

A——
B——
C——
D—— E——

设合数 A 乘一数 B 得 C.

则可证 C 是体数.

因为,由于一个合数 A 能被某数 D 量尽. [Ⅶ. 定义 13]

设数 D 量尽 A 的次数为 E,

于是 D 乘以 E 得 A,

所以 A 是 D, E 的乘积.

而且,依照 D 量尽 A 有多少次,就设 E 中有同样多少单位.

这时,由于依照 E 中的单位个数, D 量尽 A,

所以 E 乘 D 得 A. [Ⅶ. 定义 15]

又由于 A 乘以 B 得 C,又 A 是 D, E 的乘积.

所以 D, E 的乘积乘以 B 得 C.

因此, C 是体数,且 D, E, B 分别是它的边.

证完

命 题 8

如果从单位开始任意给定成连比例的若干个数,那么由单位起的第三个是平方数,且以后每隔一个就是平方数;第四个是立方数,以后每隔两个就是立方数;第七个既是立方数也是平方数,且以后每隔五个既是立方数也是平方数.

设由单位开始有一些数 A,B,C,D,E,F 成连比例.

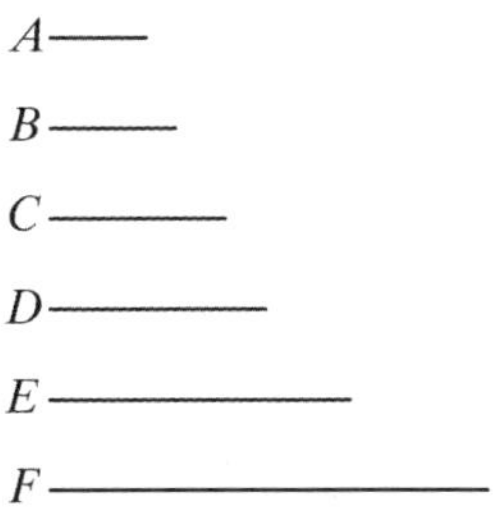

则可证由单位起的第三个数 B 是平方数,以后每隔一个就是平方数;C 是第四个数,它是立方数,以后每隔两个就是立方数;F 是第七个数,它既是立方数也是平方数,以后每隔五个既是立方数也是平方数.

A——
B——
C——
D——
E——
F——

因为,由于单位比 A 如同 A 比 B,
所以,单位量尽 A 与 A 量尽 B 有相同的次数.
[Ⅺ. 定义 20]

但依照 A 中的单位数,单位量尽 A,
所以,依照 A 中的单位数,A 也量尽 B.

所以 A 自乘得 B,
于是,B 是平方数.

又由于 B,C,D 成连比例,且 B 是平方数,
所以 D 也是平方数. [Ⅷ. 22]

同理,F 也是平方数.

类似地,我们可以证明,每隔一个数就是一个平方数.

其次可证 C 是由单位起的第四个数,它是立方数,以后每隔两个都是立方数.

因为单位比 A 如同 B 比 C.
所以单位量尽数 A 与 B 量尽 C 有相同的次数.

但依照 A 中的单位数,单位量尽 A,
所以依照 A 中的单位数,B 量尽 C.

于是 A 乘以 B 得 C.

这时,由于 A 自乘得 B,且 A 乘 B 得 C,
所以 C 是立方数.

又由于 C,D,E,F 成连比例,且 C 是立方数,
所以 F 也是立方数. [Ⅷ. 23]

但它已被证明也是平方数.

所以,由单位起第七个数既是立方数也是平方数.

类似地,我们可以证明以后所有那些每隔五个数的数既是平方数也是立方数.

证完

如果 $1,a,a_2,a_3,\cdots$ 是几何数列，则 $a_2,a_4,a_6,\cdots$ 都是平方数；$a_3,a_6,a_9,\cdots$ 都是立方数；$a_6,a_{12},\cdots$ 每一个既是平方数也是立方数.

因为 $a:1=a:a_2$，所以 $a_2=a^2$，a_2 是一个平方数.

又因为 a_2,a_3,a_4 是几何数列，a_2 是平方数，那么 a_4 也是平方数. [Ⅷ.22]

类似地，$a_6,a_8,\cdots$ 也都是平方数.

其次，因为 $1:a=a_2:a_3=a^2:a_3$，因此 $a_3=a^3$，a_3 是一个立方数.

又因为 a_3,a_4,a_5,a_6 是几何数列，a_3 是一个立方数，那么 a_6 也是一个立方数. [Ⅷ.23]

类似地，$a_9,a_{12},\cdots$ 也都是立方数.

显然，$a_6,a_{12},a_{18},\cdots$ 每一个既是平方数也是立方数.

由上面的结果，上述的几何数列可以写成

$1,a,a^2,a^3,\cdots,a^n$.

命题 9

由单位开始给定成连比例的任意多个数，如果单位后面的数是平方数，则所有其余的数也是平方数. 如果单位后面的数是立方数，则所有其余的数也是立方数.

A——
B——
C——
D——
E——
F——

设由单位起给定成连比例的几个数 A,B,C,D,E,F，且设单位后面的数 A 是平方数.

则可证所有其余的数也是平方数.

现在已证明了，由单位起第三个数 B 是平方数，而且以后每隔一个数也是平方数， [Ⅸ.8]

则可证所有其余的数也是平方数.

因为 A,B,C 成连比例，且 A 是平方数，

所以，C 也是平方数， [Ⅷ.22]

又，因为 B,C,D 成连比例，且 B 是平方数，

D 也是平方数. [Ⅷ.22]

类似地，我们可证明所有其余的数也是平方数.

其次，设 A 是立方数，

则可证所有其余的数也是立方数.

现在，已证明了由单位起第四个数 C 是立方数，以后每隔两个都是立方数， [Ⅸ.8]

则可证所有其余的数也是立方数.

因为，由于单位比 A 如同 A 比 B，

所以，单位量尽 A 与 A 量尽 B 有相同的次数.

但依照 A 中的单位数，单位量尽 A.

所以依照 A 中的单位数，A 也量尽 B.

所以 A 自乘得 B.

又 A 是立方数.

但是,如果一个立方数自乘得某个数,其乘积也是立方数. [Ⅸ.3]

所以 B 也是立方数.

又,由于 A,B,C,D 成连比例,且 A 是立方数,
于是 D 也是立方数. [Ⅷ.23]

同理,E 也是立方数,类似地,所有其余的数也是立方数.

证完

如果 $1,a^2,a_2,a_3,a_4,\cdots$ 是一个几何数列,那么 $a_2,a_3,a_4,\cdots$ 也都是平方数;又如果 $1,a^3,a_2,a_4,\cdots$ 是一个几何数列,那么 a_2,a_3,a_4 也都是立方数.

把上述结论可以写成

$1,a^2,a^4,a^6,a^8,\cdots,a^{2n}$,

和 $1,a^3,a^9,a^{12},a^{15},\cdots,a^{3n}$.

命题 10

由单位开始给定成连比例的任意多个数,如果单位后面的数不是平方数,那么除去由单位起的第三个和每隔一个数以外,其余的数都不是平方数. 又,如果单位后面的数不是立方数,那么,除去由单位起第四个和每隔两个数以外,其余的数都不是立方数.

设由单位开始有成连比例的几个数 A,B,C,D,E,F,且设单位后面的数 A 不是平方数.

A——
B——
C——
D——
E——
F——

则可证除由单位起第三个和每隔一个数以外的任何其余的数都不是平方数.

因为,如果可能,设 C 是平方数,
但 B 也是平方数. [Ⅸ.8]

[于是 B,C 相比如同一个平方数比一个平方数].

又,B 比 C 如同 A 比 B,
所以 A,B 相比如同一个平方数比一个平方数.

这样 A,B 是相似平面数. [Ⅷ.26.逆命题]

又 B 是平方数,所以 A 也是平方数:这与假设矛盾.

所以 C 不是平方数.

类似地,我们能证明除由单位起的第三个和每隔一个以外的任何其余的数都不是平方数.

其次,设 A 不是立方数.

则可证除由单位起第四个和每隔两个数以外的任何其余的数都不是立方数.

因为,如果可能,设 D 是立方数.

现在 C 也是立方数,因为它是由单位起的第四个. [Ⅸ.8]

又,C 比 D 如同 B 比 C,
所以,B 比 C 如同一个立方数比一个立方数.

且 C 是立方数,所以 B 也是立方数. [Ⅷ.25]

因为单位比 A 如同 A 比 B,
又依照 A 中的单位数,单位量尽 A,
所以依照 A 中的单位数,A 量尽 B.

这样 A 自乘得立方数 B.

但是,如果一个数自乘得一个立方数,它自己也是立方数. [Ⅸ.6]

所以,A 也是立方数:这与假设矛盾.

于是 D 不是立方数.

类似地,我们能证明由单位起的第四个和以后每隔两个数以外的任何其余的数都不是立方数.

证完

如果 $1,a,a_2,a_3,a_4,\cdots$ 是一个几何数列,那么(1)若 a 不是平方数,则除去 $a_2,a_4,a_6,\cdots$ 外都不是平方数;(2)若 a 不是立方数,则除去 $a_3,a_6,a_9,\cdots$ 外都不是立方数.

证明如下:(1)若 a_3 是一个平方数.

因为 $a:a_2=a_2:a_3$,

但 a_2 是平方数. [Ⅸ.8]

于是 a 比 a_2 等于一个平方数比一个平方数.所以由Ⅷ.4,a 是平方数,这与假设矛盾,所以 a_3 不是平方数.

类似地,可证明 $a_5,a_7,\cdots$ 都不是平方数.

(2)若 a_4 是一个立方数,因为 $a_2:a_3=a_3:a_4$.

但 a_3 是一个立方数. [Ⅸ.8]

于是 a_2 比 a_3 等于一立方数比一个立方数.

而 a_3 是一个立方数,所以由Ⅷ.25,a_2 是一个立方数,这与假设矛盾.

所以 a_4 不是一个立方数.

类似地,可证明 $a_2,a_4,a_5,a_7,a_8,\cdots$ 都不是立方数.

命题 11

如果由单位开始给定成连比例的任意多个数,则依照所给成连比例中某一个,较小数量尽较大数.

设由单位 A 起,数 B,C,D,E 成连比例.

则可证用 B,C,D,E 中的最小数 B 量尽 E,所依照的是数 C,D 中的一个.

因为单位 A 比 B 如同 D 比 E,
所以单位 A 量尽数 B 与 D 量尽 E 有相同的次数,
所以由更比,单位 A 量尽 D 与 B 量尽 E 有相同的次数. [Ⅶ.15]

但依照 D 中的单位数,A 量尽 D,

所以依照 D 中的若干单位数,B 量尽 E.

这样,则依照所给成连比例中某一个数 D,较小数 B 量尽较大数 E.

推论 明显地,由单位开始的成连比例的数中任一数量它以后某数得到一数,此数是被量数以前的某一数.

证完

A——
B——
C——
D——
E——

该命题和推论可叙述为,如果 $1,a,a_2,\cdots,a_n$ 是一个几何数列,那么 a_r 整除 a_n,其商为 $a_{n-r}(r<n)$.

欧几里得仅对 $a_n=a\cdot a_{n-1}$ 作了如下的证明.

因为 $1:a=a_{n-1}:a_n$.

所以 1 量尽 a 与 a_{n-1} 量尽 a_n 的次数相同. [Ⅶ.15]

即 $a_n=a\cdot a_{n-1}$.

现在我们对推论证明如下:

因为 $1:a=a_r:a_{r+1}$,

$a:a_2=a_{r+1}:a_{r+2}$

$\cdots$

$a_{n-r-1}:a_{n-r}=a_{n-1}:a_n$.

由首末比,$1:a_{n-r}=a_r:a_n$. [Ⅶ.14]

由前面相同的结论,有 $a_n=a_r\cdot a_{n-r}$. 同样有 $a_s=a_r\cdot a_{s-r}(r<s<n)$

用现在证法,我们可以得到同底数幂相乘的指数定理,即

$$a^{m+n}=a^m\cdot a^n.$$

命题 12

如果由单位起有任意个成连比例的数,无论有多少个素数量尽最后一个数,则同样的素数也量尽单位之后的那个数.

设由单位起有成连比例的几个数 A,B,C,D.

则可证不论有几个量尽 D 的素数,A 也被同样的素数所量尽.

A—— E——
B—— F——
C—— G——
D—— H——

设 D 被某个素数 E 量尽,则可证 E 量尽 A.

为此假设它量不尽 A.

现在 E 是素数,又任何素数与它量不尽的数是互素的, [Ⅶ.29]

所以 E,A 是互素的.

又,由于 E 量尽 D,设依照 F,E 量尽 D,

所以 E 乘以 F 得 D.

又,由于依照 C 中的单位数,A 量尽 D, [Ⅸ.11 和推论]

所以 A 乘以 C 得 D.

但是还有，E 乘以 F 得 D，
所以 A,C 的乘积等于 E,F 的乘积.
于是，A 比 E 如同 F 比 C. [Ⅶ.19]
但 A,E 是互素的，
互素的数也是最小的. [Ⅶ.21]
且有相同比的数中的最小者以同样的次数量尽那些数，即前项量尽前项且后项量尽后项， [Ⅶ.20]
所以，设依照数 G，E 量尽 C，所以 E 乘以 G 得 C.
但，由前述的命题，
A 乘以 B 也得 C. [Ⅸ.11 和推论]
所以 A,B 的乘积等于 E,G 的乘积.
所以，A 比 E 如同 G 比 B. [Ⅶ.19]
但 A,E 是互素的，
而互素的数也是最小的， [Ⅶ.21]
且有相同比的数中的最小者，以同样的次数量尽那些数，即前项量尽前项且后项量尽后项， [Ⅶ.20]
所以 E 量尽 B，设依照 H，E 量尽 B，所以 E 乘以 H 得 B.
但还有 A 自乘也得 B. [Ⅸ.8]
所以 E,H 的积等于 A 的平方.
所以 E 比 A 如同 A 比 H. [Ⅶ.19]
但 A,E 是互素的，
互素的数也是最小的， [Ⅶ.21]
且有相同比的数中最小者量那些数时有相同次数，即前项量尽前项且后项量尽后项， [Ⅶ.20]
所以 E 量尽 A，即前项量尽前项.
但，已假定 E 量不尽 A：这是不可能的.
所以 E,A 不是互素的.
因此，它们是互为合数的.
但是互为合数时可被某一数量尽. [Ⅶ.定义 14]
又，由于按假设 E 是素数，且素数是除自己外，不被任何数量尽.
所以 E 量尽 A,E，这样 E 量尽 A.
但它也量尽 D，于是 E 量尽 A,D.
类似地，我们能证明，无论有几个素数能量尽 D，A 也将被同一素数量尽.

证完

如果 $1,a,a_2,a_3,\cdots,a_n$ 是一个几何数列，p 是素数，若 $p|a_n$，则 $p|a$.
因为，否则设 $p\nmid a$.
那么 $(p,a)=1$. [Ⅶ.29]
设 $a_n=mp$. [Ⅸ.11]

又 $a_n = a \cdot a_{n-1}$,

所以 $a \cdot a_{n-1} = mp$,于是 $a : p = m : a_{n-1}$. [Ⅶ.19]

而 $(a,p)=1$,所以 $p | a_{n-1}$. [Ⅶ.20,21]

用同样方法,可证得 $p|a_{n-2}$,$p|a_{n-3}$,…一直最后得出 $p|a$. 这与假设 $(p,a)=1$ 矛盾.

因此,p,a 不互素,因而它们有一个共同的因子. [Ⅶ.定义 4]

但是 p 仅 p 量尽它,所以 $p|a$.

命题 13

如果由单位开始有任意多个成连比例的数,而且单位后面的数是素数,那么,除这些成比例的数以外,任何数都量不尽其中最大的数.

设由单位起给定成连比例的几个数 A,B,C,D,且单位后面的数 A 是素数.

A———— E——
B———— F————
C———— G———
D———— H————

则可证除 A,B,C 以外任何其他的数都量不尽它们中最大的数 D.

因为,如果可能,设它被 E 量尽,且 E 不同于 A,B,C 中任何一个,

显然 E 不是素数.

因为,如果 E 是素数,而且量尽 D,

它也量尽素数 A, [Ⅸ.12]

然而它不同于 A:这是不可能的.

所以 E 不是素数,因而它是合数.

但是任何合数都要被某一个素数量尽, [Ⅶ.31]

所以 E 被某一素数量尽.

其次可证除 A 外它不被任何另外的素数量尽.

因为,如果 E 被另外的素数量尽,而 E 量尽 D.

则这个另外的数也将量尽 D.

这样,它也量尽素数 A, [Ⅸ.12]

然而它不同于 A:这是不可能的.

所以 A 量尽 E.

而且,因为 E 量尽 D,设 E 依照 F 量尽 D.

则可证 F 不同于数 A,B,C 中任何一个.

因为,如果 F 与数 A,B,C 中一个相同,依照 E 量尽 D,则数 A,B,C 中之一也依照 E 量尽 D.

但数 A,B,C 中之一依照数 A,B,C 之一量尽 D, [Ⅸ.11]

所以 E 也须与 A,B,C 中之一相同:这与假设矛盾.

于是 F 不同于 A,B,C 中任何一个.

类似地,我们能证明 F 被 A 所量尽,现只需再证明 F 不是素数.

因为,如果它是素数,且量尽 D,

它也量尽素数 A, [Ⅸ.12]

然而它不同于 A:这是不可能的.

于是 F 不是素数,因此它是合数.

但是任何合数都要被某一个素数量尽, [Ⅶ.31]

于是 F 被某一个素数量尽.

其次可证除 A 以外 F 不能被任何另外的素数所量尽.

因为,如果有另外的素数量尽 F,且 F 量尽 D,那么这个另外的素数也可量尽 D,这样它也量尽素数 A, [Ⅸ.12]

然而它不同于 A:这是不可能的.

于是 A 量尽 F.

于是依照 F,E 量尽 D,所以 E 乘以 F 得 D.

但,还有 A 乘以 C 也得 D, [Ⅸ.11]

所以 A,C 的乘积等于 E,F 的乘积.

所以有比例,A 比 F 如同 F 比 C. [Ⅶ.19]

但 A 量尽 E,所以 F 也量尽 C.

设它依照 G 量尽它.

类似地,我们能证明 G 不同于 A,B 中的任何一个,且 A 量尽它.

又,因为 F 依照 G 量尽 C,所以 F 乘以 G 得 C.

但,还有,A 乘以 B 也得 C, [Ⅸ.11]

所以 A,B 的乘积等于 F,G 的乘积.

于是,有比例,A 比 F 如同 G 比 B. [Ⅶ.19]

但 A 量尽 F,所以 G 也量尽 B.

设它依照 H 量尽它.

类似地,我们能证明 H 与 A 不同.

又,由于 G 依照 H 量尽 B,所以 G 乘以 H 得 B.

但,还有 A 自乘得 B, [Ⅸ.8]

所以 H,G 的乘积等于 A 的平方.

于是,H 比 A 如同 A 比 G. [Ⅶ.19]

但 A 量尽 G,所以 H 也量尽素数 A,尽管 H 不同于 A:这是不合理的.

所以除 A,B,C 以外任何另外的数量不尽最大的数 D.

证完

如果 $1,a,a_2,a_3,\cdots,a_n$ 是几何数列,a 是素数,则除该数列 a_n 以前各项外,没有数整除 a_n.

否则,若有不同于数列 a_n 以前各数的 b,且 $b|a_n$.

而 b 不能是素数,否则 $b|a$. [Ⅸ.12]

所以 b 是一个合数,设它被某一个素数 p 整除. [Ⅶ.31]

于是 $p|a_n$, $p|a$. [Ⅸ.12]

因而 p 就是 a,又 b 不能被除 a 以外的素数所整除.

假设 $a_n = b \cdot c$.

现在 c 与 $a, a_2, a_3, \cdots, a_{n-1}$ 中任一个是不同的,因为否则 b 将与它们中某一个相同: [IX.11]

这是与假设矛盾的.

现在我们像证明 b 一样证明 c 不是素数,且 c 不能被除 a 外的任何素数所整除.

由于 $b \cdot c = a \cdot a_{n-1}$,

因而 $a : b = c : a_{n-1}$,

因为 $a | b$,所以 $c | a_{n-1}$,

设 $a_{n-1} = c \cdot d$

同上证法,可以得到 d 不是一个素数,且与 a, a_2, a_3, a_{n-2} 中任一个都不相同,也不能被除 a 外的任何素数所整除,因而也就得到

$$d | a_{n-1}.$$

按这个步骤继续进行下去,我们就得到一个小的因子 k,它整除 a,且不同于 a.

这是不合理的,因为 a 是素数.

于是原来假定 a_n 能被不同于 $a, a_2, a_3, \cdots, a_{n-1}$ 的一个数整除是不正确的. 因而命题得证.

命题 14

如果一个数是被一些素数能量尽的最小者,那么,除原来量尽它的素数外任何另外的素数量不尽这个数.

A———— B——
E———— C——
F———— D——

设数 A 是被素数 B, C, D 量尽的最小数.

则可证除 B, C, D 以外任何另外的素数都量不尽 A.

因为,如果可能,设素数 E 能量尽它,且 E 和 B, C, D 中任何一个不相同.

现在,因为 E 量尽 A,设它依照 F 量尽 A,

所以得 E 乘 F 得 A.

又 A 被素数 B, C, D 量尽.

但,如果两个数相乘得某数,且任一素数量尽这个乘积,它也量尽原来两数中的一个, [VII.30]

所以 B, C, D 量尽数 E, F 中的一个.

现在它们量不尽 E,

因为 E 是素数且不同于数 B, C, D 中的任何一个.

于是它们量尽 F,而 F 小于 A:这是不可能的,因为假设 A 是被 B, C, D 量尽的最小数.

所以除 B, C, D 外没有素数量尽 A.

证完

换句话说,一个数仅一种方法被分解为素因数之积,这就是算术基本定理.

设 a 是被素数 $b, c, d, \cdots, k$ 的每一个整除的最小数.

如果可能,假设 a 有一个不同于 $b, c, d, \cdots, k$ 的素因数 p,

设 $a = p \cdot m$.

因为 $b,c,d,\cdots,k$ 整除 a,那么它必然整除两因子 p,m 之一. [Ⅶ.30]

而由假设,它们不整除 p.

所以它们必整除小于 a 的数 m:这是与假设矛盾的.

因而 a 除 $b,c,d,\cdots,k$ 外,再无其他素因子.

命题 15

如果成连比例的三个数是那些与它们有相同比的数中最小数组,则它们中任何两个的和与其余一数互素.

A——
B———
C————
D—E—F

设三个成连比例的数 A,B,C 是与它们有相同比中的最小者.

则可证数 A,B,C 中任何两个的和与其余一个数互素,

即 A,B 之和与 C 互素;B,C 之和与 A 互素及 A,C 之和与 B 互素.

为此,设二数 DE,EF 是给定的与 A,B,C 有相同比的数中最小者. [Ⅷ.2]

显然,DE 自乘得 A,且 DE 乘以 EF 得 B,且还有 EF 自乘得 C. [Ⅷ.2]

现在,由于 DE,EF 是最小的,

它们是互素的. [Ⅶ.22]

但是,如果两个数是互素的,

它们的和也与每一个互素, [Ⅶ.28]

于是 DF 也与数 DE,EF 每一个互素.

但是还有 DE 也与 EF 互素,

所以 DF,DE 与 EF 互素.

但是,如果两个数与任一数互素,

它们的乘积也与该数互素, [Ⅶ.24]

这样 DF,DE 的积与 EF 互素.

因此 FD,DE 的乘积也与 EF 的平方互素. [Ⅶ.25]

但是 FD,DE 的乘积是 DE 的平方与 DE,EF 乘积的和, [Ⅱ.3]

所以 DE 的平方与 DE,EF 的乘积的和与 EF 的平方互素.

又,DE 的平方是 A;DE,EF 的乘积是 B;而 EF 的平方是 C.

所以 A,B 的和与 C 互素.

类似地,我们能证明 B,C 的和与 A 互素.

其次可证 A,C 的和也与 B 互素.

因为 DF 与 DE,EF 中的每一个互素,

所以 DF 的平方也与 DE,EF 的乘积互素. [Ⅶ.24,25]

但是 DE,EF 的平方加上 DE,EF 乘积的二倍等于 DF 的平方, [Ⅱ.4]

所以 DE,EF 的平方加上 DE,EF 乘积的二倍与 DE,EF 的乘积互素.

取分比，DE，EF 的平方与 DE，EF 乘积的和与 DE，EF 的乘积互素.

因此，再取分比，DE，EF 的平方和与 DE，EF 的乘积互素.

又 DE 的平方是 A，DE，EF 的乘积是 B，
而 EF 的平方是 C.

所以 A，C 的和与 B 互素.

证完

如果 a,b,c 成几何数列，且是与它们有同比数组中最小数组，那么 $(b+c)$，$(c+a)$，$(a+b)$ 分别与 a,b,c 互素.

设 α,β 是有公比 $a:b$ 的最小数对，于是几何数列变为

$\alpha^2,\alpha\beta,\beta^2$；即 $\alpha^2=a,\alpha\beta=b,\beta^2=c$. [Ⅷ.2]

因为 $(\alpha,\beta)=1$，
于是 $((\alpha+\beta),\alpha)=1,((\alpha+\beta),\beta)=1$， [Ⅶ.28]
所以 $(\alpha+\beta)$，都与 α,β 互素.

因此 $((\alpha+\beta)\alpha,\beta^2)=1$， [Ⅶ.24]
即 $((\alpha^2+\alpha\beta),\beta^2)=1$.

或者 $((a+b),c)=1$.

类似地，$((\alpha\beta+\beta^2),\alpha^2)=1$. 即

$((b+c),a)=1$.

最后，因为 $((\alpha+\beta),\alpha)=1,((\alpha+\beta),\beta)=1$，所以

$((\alpha+\beta)^2,\alpha\beta)=1$. [Ⅶ.24,25]

或者为 $((\alpha^2+2\alpha\beta+\beta^2),\alpha\beta)=1$.

可得 $((\alpha^2+\beta^2),\alpha\beta)=1$.

即 $((a+c),b)=1$.

命题 16

如果两数是互素的，则第一个数比第二个数不同于第二个与任何另外的数相比.

设两数 A，B 互素.

则可证 A 比 B 不同于 B 比任何另外的数.

因为，如果可能，设 A 比 B 如同 B 比 C.

现在 A，B 是互素的，
互素的数也是最小的， [Ⅶ.21]
且有相同比的数中的最小者以相同的次数量尽其他的数，前项量尽前项且后项量尽后项， [Ⅶ.20]
于是作为前项量尽前项，A 量尽 B.

但它也量尽自身，
于是 A 量尽互素的数 A，B：这是不合理的.

A———
B————
C—————

于是 A 比 B 不同于 B 比 C.

证完

如果 $(a,b)=1$,则不存在第三比例项.

因为,否则设 $a:b=b:x$,x 为正整数.

那么由Ⅶ.20,21 可得 $a|b$,此与 a,b 互素矛盾.

命题 17

如果有任意多个数成连比例,而且它们的两端是互素的.那么,第一个比第二个不同于最后一个比任何另外一个数.

A——　B——

C——

D——

E——

设有成连比例的数 A,B,C,D,且设它们的两端 A,D 互素.

则可证 A 比 B 不同于 D 比任何另外的数.

因为,如果可能,设 A 比 B 如同 D 比 E,

由更比例,A 比 D 如同 B 比 E. [Ⅶ.13]

但 A,D 是互素的.

互素的数也是最小的. [Ⅶ.21]

并且有相同比的数中最小者量其他数有相同的次数,即前项量尽前项,后项量尽后项. [Ⅶ.20]

由于 A 量尽 B.

又 A 比 B 如同 B 比 C.

所以 B 也量尽 C,这样 A 也量尽 C.

又由于,B 比 C 如同 C 比 D,且 B 量尽 C,

所以 C 也量尽 D.

但 A 也量尽 C,这样 A 也量尽 D.

但它也量尽自己,

所以 A 量尽互素的 A,D:这是不可能的.

所以 A 比 B 不同于 D 比任何另外的数.

证完

如果 $a,a_2,a_3,\cdots,a_n$,是几何数列,且 $(a,a_n)=1$,则对于 a,a_2,a_n 不存在第四比例项.

因为,否则设 $a:a_2=a_n:x$.　x 为正整数.

所以 $a:a_n=a_2:x$.

因此由Ⅶ.20.21 得 $a|a_2$.

所以 $a_2|a_3$. [Ⅶ.定义 20]

于是有 $a|a_3$,且最后得到 $a|a_n$,此与 a,a_n 互素矛盾.

命题 18

给定两个数,研究对它们是否可能求出第三比例数.

设 A,B 是给定的两个数,我们来研究它们是否可能求出第三个比例数.

现在 A,B 互素或者不互素.

A———　　D———

B———　　C————————————

如果它们是互素的,已经证明过不可能找到和它们成比例的第三个数.

[IX.16]

其次,设 A,B 不互素,且设 B 自乘得 C.

那么,A 量尽 C 或者量不尽 C.

首先,设 A 依照 D 量尽 C,则 A 乘 D 得 C.

但还有,B 自乘得 C,那么 A,D 的乘积等于 B 的平方.

所以 A 比 B 如同 B 比 D. [VII.19]

于是对 A,B 已经求到了第三个比例数 D.

接着设 A 量不尽 C,

则可证对 A,B 求第三个比例数是不可能的.

因为,如果可能,设已求到第三个比例数 D.

于是 A,D 的乘积等于 B 的平方.

但 B 的平方等于 C,所以 A,D 的乘积等于 C.

因此,A 乘以 D 等于 C,

所以依照 D,A 量尽 C.

但是由假设,A 量不尽 C:这是不合理的.

于是,当 A 量不尽 C 时,对数 A,B 不可能找到第三个比例数.

证完

已知两数 a,b,求它们有第三比例项的条件.

(1)a,b 不互素. [IX.16]

(2)a 必整除 b^2,因为如果 a,b,c 成连比例,那么 $ac=b^2$,所以 $a|b^2$.

条件(2)包含条件(1),因为如果 $b^2=ma$,那么 a 和 b 就不互素.

由此结果,容易得到三个成连比例的数为

$$a,a\cdot\frac{b}{a},a\left(\frac{b}{a}\right)^2.$$

命题 19

给定三个数,试研究对它们如何能找到第四比例数.

A———
B———
C————
D—————
E———————

设 A,B,C 是三个给定的数,我们来研究对它们如何可以找到第四比例数.

现在,或者它们不是连比例,而它们的两端是互素的;或者它们成连比例,而它们的两端不是互素的;或者它们既不成连比例,两端也不是互素的;或者它们成连比例,而且它们的两端是互素的.

如果,这时 A,B,C 成连比例,而且它们的两端 A,C 是互素的.

则已经证明了对它们不可能找到第四比例数. [Ⅸ.17]

其次,设 A,B,C 不构成连比例,而两端仍然是互素的.

则可证在这种情形里,对它们也不可能找到第四比例数.

因为,如果可能,设第四比例数 D 已找到,使得

A 比 B 如同 C 比 D,

而且设找出 E,使得 B 比 C 如同 D 比 E.

现在,由于 A 比 B 如同 C 比 D,且 B 比 C 如同 D 比 E,

那么,取首末比,A 比 C 如同 C 比 E. [Ⅶ.14]

但 A,C 是互素的,互素的数也是最小的, [Ⅶ.21]

而且有相同比的数中的最小者,以相同倍数量尽其余的数,即前项量尽前项,而且后项量尽后项. [Ⅶ.20]

所以作为前项量尽前项,A 量尽 C.

但它也量尽它自己,所以 A 量尽互素的数 A,C:这是不可能的.

故这时对 A,B,C 不可能找到第四比例数.

接着,设 A,B,C 构成连比例,但设 A,C 不是互素的.

则可证对它们可能找到第四比例数.

为此,设 B 乘以 C 得 D,那么 A 或者量尽 D 或者量不尽 D.

首先,设 A 依照 E 量尽 D,所以 A 乘 E 得 D.

但,还有,B 乘以 C 也得 D.

所以 A,E 的乘积等于 B,C 的乘积.

于是有 A 比 B 如同 C 比 E. [Ⅶ.19]

所以对 A,B,C 已经找到第四比例数 E.

其次,设 A 量不尽 D,

则可证对 A,B,C 不可能找到第四比例数.

因为,如果可能,设 E 已被找到,

所以 A,E 的乘积等于 B,C 的乘积. [VII. 19]

但 B,C 的乘积是 D,于是 A,E 的乘积也等于 D.

所以 A 乘以 E 得 D,于是 A 依照 E 量尽 D,
这样 A 量尽 D. 而已设 A 量不尽 D:这是不合理的.

于是当 A 量不尽 D 时,对 A,B,C 不可能找到第四比例数.

接着,设 A,B,C 既不成连比例,两端也不是互素的.

又设 B 乘以 C 得 D.

类似地,这时可证明,如果 A 量尽 D,对它们能找到第四比例数,但是,如果 A 量不尽 D,这时就不可能找到第四比例数.

证完

已知三个数 a,b,c 求它们有第四比例数的条件.

这个命题的证明是有缺陷的,欧几里得分四种情况加以讨论:

(1) a,b,c 不成连比例,且 $(a,c)=1$;

(2) a,b,c 成连比例,且 $(a,c)\neq 1$;

(3) a,b,c 不成连比例,且 $(a,c)\neq 1$;

(4) a,b,c 成连比例,且 $(a,c)=1$;

第(4)种情况,由 IX. 17 知,没有第四比例数.

第(1)种情况,可证没有第四比例数,否则,设有第四比例数为 d,即

$$a:b=c:d.$$

又设 $\quad b:c=d:e.$

于是 $\quad a:c=c:e.$

因为 $(a,c)=1$,前项量尽前项,所以 $a|c$. [VII. 20,21]

又因 $(a,c)=1$,这是不可能的.

但是,这里没有证明不能找到第四比例数,它仅证明了如果 d 是一个第四比例数,则没有一个正整数 e 满足方程 $\quad b:c=d:e$,
否则,由 IX. 16 就得出矛盾,其反例如 $\quad 2:4=5:10$.

第(2),(3)种情况证明是正确的,$a|bc$,就有第四比例数;
$a\nmid bc$,就没有第四比例数.

事实上,对以上四种情况任一种,$a|bc$ 是 a,b,c 有第四比例数的充分条件.

命题 20

预先给定任意多个素数,则有比它们更多的素数.

设 A,B,C 是预先给定的素数.

则可证有比 A,B,C 更多的素数.

为此,取能被 A,B,C 量尽的最小数,并设它为 DE,再给 DE 加上单位 DF.

那么 EF 或者是素数或者不是素数.

首先,设它是素数.

A——
B——
C———
G————
E———————D—F

那么已找到多于 A,B,C 的素数 A,B,C,EF.

其次,设 EF 不是素数,那么 EF 能被某个素数量尽.

[Ⅶ. 31]

设它被素数 G 量尽.

则可证 G 与数 A,B,C 任何一个都不相同.

因为,如果可能,设它是这样.

现在 A,B,C 量尽 DE,所以 G 也量尽 DE.

但它也量尽 EF.

所以 G 作为一个数,将量尽其剩余的数, 即量尽单位 DF:这是不合理的.

所以 G 与数 A,B,C 任何一个都不同.

又由假设它是素数.

因已经找到了素数 A,B,C,G,它们的个数多于预先给定的 A,B,C 的个数.

证完

这是一个很重要的命题,它指出素数有无穷多.

此命题的证明方法常见于我们现在的数论教程之中,设 $a,b,c,\cdots,k$ 是一些素数,那么它们的乘积加 1,即 $abc\cdots k+1$ 或者是素数或者不是素数.

(1)如果它是素数,那么就给已知素数又添了一个素数;

(2)如果它不是素数,那么它就有一个素数因子 p. [Ⅶ. 31]

那么 p 就不同于 $a,b,c,\cdots,k$ 中的任何一个,因为否则设它是 $a,b,c,\cdots,k$ 其中之一,由于它整除 $abc\cdots k$,于是它就整除 1,这是不可能的.

所以在任何情况下,我们可获得一个新的素数.

用此方法,就可得到无穷多个素数.

命题 21

如果把任意多的偶数相加,则其总和是偶数.

A—B—C—D—E

设把几个偶数 AB,BC,CD,DE 相加.

则可证其总和 AE 是偶数.

因为,由于数 AB,BC,CD,DE 的每一个都是偶数,它有一个半部分. [Ⅶ. 定义 6]

这样总和 AE 也有一个半部分.

但是,可以被分成相等的两部分的数是偶数. [Ⅶ. 定义 6]

所以 AE 是偶数.

证完

命题 22

如果把任意多奇数相加，而且它们的个数是偶数，则其总和将是偶数.

设有偶数个奇数 AB，BC，CD，DE，把它们加在一起.

A B C D E

则可证总和 AE 是偶数.

因为，由于数 AB，BC，CD，DE 每一个都是奇数，如果从每一个减去一个单位，那么，每个余数将是偶数，　　[Ⅶ. 定义 7]

这样它们的总和是偶数.　　[Ⅸ. 21]

但单位的个数也是偶数个.

所以总和 AE 也是偶数.　　[Ⅸ. 21]

证完

命题 23

如果把一些奇数相加，而且它们的个数是奇数，则全体也是奇数.

设把一些奇数 AB，BC，CD 加在一起，它们的个数是奇数.

则可证总和 AD 是奇数.

设从 CD 中减去单位 DE，则余数 CE 是偶数.　　[Ⅶ. 定义 7]

但 CA 也是偶数.　　[Ⅸ. 22]

所以总和 AE 也是偶数.　　[Ⅸ. 21]

又 DE 是一个单位.

所以 AD 是奇数.　　[Ⅶ. 定义 7]

证完

命题24

如果从偶数中减去偶数,则其余数是偶数.

设从偶数 AB 减去偶数 BC.

则可证余数 CA 是偶数.

A———C—B

因为,AB 是偶数,它有一个半部分. [Ⅶ.定义6]

同理 BC 也有一个半部分.

这样余数 CA 也有一个半部分,从而余数 AC 也是偶数.

证完

命题25

如果从一个偶数减去一个奇数,则余数是奇数.

设从偶数 AB 减去奇数 BC.

则可证余数 CA 是奇数.

A———C—D—B

为此设从 BC 减去单位 CD,所以 DB 是偶数. [Ⅶ.定义7]

但是 AB 也是偶数;所以余数 AD 也是偶数. [Ⅸ.24]

又 CD 是一个单位.

所以 CA 是奇数. [Ⅶ.定义7]

证完

命题26

如果从一个奇数减去一个奇数,则余数将是偶数.

设从奇数 AB 减去奇数 BC.

则可证余数 CA 是偶数.

A———C—D—B

因为,由于 AB 是奇数,设从它中减去单位 BD,

所以余数 AD 是偶数. [Ⅶ.定义7]

同理,CD 也是偶数. [Ⅶ.定义7]

这样余数 CA 也是偶数. [Ⅸ.24]

证完

命题 27

如果从一个奇数减去一个偶数,则余数是奇数.

设从奇数 AB 减去偶数 BC.

则可证余数 CA 是奇数.

设从奇数 AB 减去单位 AD,那么 DB 是偶数.

[VII. 定义 7]

但是 BC 也是偶数.

所以余数 CD 是偶数. [IX. 24]

故 CA 是奇数. [VII. 定义 7]

A D C B

证完

命题 28

如果一个奇数乘一个偶数,则此乘积将是偶数.

设奇数 A 乘以偶数 B 得 C,

则可证 C 是偶数.

因为,由于 A 乘以 B 得 C,

所以在 A 中有多少单位,C 也就由多少个等于 B 的数相加.

[VII. 定义 15]

且 B 是偶数,所以,C 是一些偶数的和.

但是,如果一些偶数加在一起,其总和是偶数. [IX. 21]

所以 C 是偶数.

A
B
C

证完

命题 29

如果一个奇数乘一个奇数,其乘积将仍是奇数.

设奇数 A 乘以奇数 B 得 C.

则可证 C 是奇数.

因为,A 乘以 B 得 C.

所以在 A 中有多少个单位,C 也就由多少个等于 B 的数相加. [VII. 定义 15]

A
B
C

又,数 A,B 的每一个是奇数,所以,C 是奇数个奇数的和.

故 C 是奇数. [IX.23]

证完

命题 30

如果一个奇数量尽一个偶数,则这个奇数也量尽它的一半.

A——

B——————

C———

设奇数 A 量尽偶数 B.

则可证 A 也量尽 B 的一半.

因为,由于 A 量尽 B,设 A 量尽 B 得 C,则可证 C 不是奇数.

因为,如果可能,设它是奇数.

那么,因为 A 量尽 B 得 C,所以 A 乘以 C 得 B.

于是 B 是奇数个奇数之和.

所以 B 是奇数:这是不合理的, [IX.23]
因为由假设它是偶数.

于是,C 不是奇数,而是偶数.

这样,A 偶数次量尽 B.

由此它也量尽 B 的一半.

证完

命题 31

如果一个奇数与某数互素,则这个奇数与某数的二倍互素.

A————

B——————

C————————————

D——

设奇数 A 与数 B 互素,且设 C 是 B 的二倍.

则可证 A 与 C 互素.

因为,如果它们不互素,则有某一数量尽它们,设这数是 D.

现在 A 是奇数,于是 D 也是奇数,又,由于 D 是量尽 C 的奇数,又,C 是偶数.

所以 D 也量尽 C 的一半, [IX.30]
但 B 是 C 的一半,所以 D 量尽 B.

但它也量尽 A,所以 D 量尽互素的数 A,B:这是不可能的.

所以 A 不得不与 C 互素.

所以 A,C 是互素的.

证完

命题 32

从二开始,连续二倍起来的数列中的每一个数仅是偶倍偶数.

设 B,C,D 是从 A 为二开始连续二倍起来的数.

则可证 B,C,D 仅是偶倍偶数.

显然,B,C,D 的每一个是偶倍偶数,因为它是从二开始被加倍的,

进一步还可证它们每一个也仅是偶倍偶数.

A ——
B ——
C ——
D ——

因为,设从一个单位开始.

由于从单位开始的几个成连比例的数,且单位后面的一个数 A 是素数.

所以数 A,B,C,D 中最大者 D,除 A,B,C 外没有任何数量尽它. [IX. 13]

又数 A,B,C 每一个是偶数.

所以 D 仅是偶倍偶数. [VII. 定义 8]

类似地,我们能够证明数 B,C 的每一个也仅是偶倍偶数.

证完

命题 33

如果一个数的一半是奇数,则它仅是偶倍奇数.

设数 A 的一半是奇数.

则可证 A 仅是偶倍奇数.

A

现在,显然它是偶倍奇数,因为它的一半是奇数,此奇数量尽原数的次数为偶数. [VII. 定义 9]

其次可证它也仅是偶倍奇数.

因为,如果 A 也是偶倍偶数,

那么它被一个偶数量尽的次数是偶数. [VII. 定义 8]

于是,虽然它的一半是奇数,而它的一半也将被一个偶数量尽:这是不合理的.

故 A 仅是偶倍奇数.

证完

命题 34

如果一个数既不是从二开始连续二倍起来的数,它的一半也不是奇数,

那么它既是偶倍偶数也是偶倍奇数.

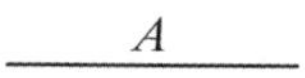

设数 A 既不是从二开始连续二倍起来的数,它的一半也不是奇数.

则可证 A 既是偶倍偶数也是偶倍奇数.

显然 A 是偶倍偶数.

因为它的一半不是奇数. [Ⅶ.定义8]

其次可证它也是偶倍奇数.

因为,如果平分 A,然后平分它的一半,而且继续这样作下去,我们就将得到某一个奇数,它量尽 A 的次数是偶数.

因为,否则,我们将得到二,从而 A 是从二开始连续二倍起来的数中的数:这与假设矛盾.

于是它是偶倍奇数.

但已证明了它也是偶倍偶数.

故 A 既是偶倍偶数也是偶倍奇数.

证完

命题 35

如果给出成连比例的任意个数,又从第二个与最后一个减去等于第一个的数,则从第二个数得的余数比第一个数如同从最后一个数得的余数比最后一个数以前各项之和.

设有从最小的 A 开始的一些数 A,BC,D,EF 构成连比例,又设从 BC 和 EF 中减去等于 A 的数 BG,FH.

则可证 GC 比 A 如同 EH 比 A,BC,D 之和.

为此,设 FK 等于 BC,且 FL 等于 D.

那么,由于 FK 等于 BC,且其中部分 FH 等于部分 BG.

所以余数 HK 等于余数 GC.

又由于,EF 比 D 如同 D 比 BC,且如同 BC 比 A,

而 D 等于 FL,BC 等于 FK,以及 A 等于 FH.

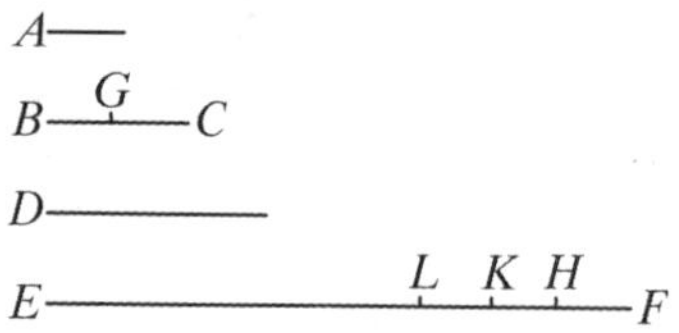

所以 EF 比 FL 如同 LF 比 FK,又如同 FK 比 FH.

由分比,EL 比 LF 如同 LK 比 FK,又如同 KH 比 FH. [Ⅶ.11.13]

所以也有,前项之一比后项之一如同所有前项的和比所有后项的和. [Ⅶ.12]

所以,KH 比 FH 如同 EL,LK,KH 之和比 LF,FK,HF 之和.

但 KH 等于 CG,FH 等于 A,以及 LF,FK,HF 之和等于 D,BC,A 之和.

所以 CG 比 A 如同 EH 比 D,BC,A 的和.

故从第二个数得的余数比第一个数如同从最后一个数得的余数比最后一个数以前所有数之和.

证完

设 $a_1, a_2, a_3, \cdots, a_n, a_{n+1}$ 是一个几何数列,则有

$(a_2 - a_1) : a_1 = (a_{n+1} - a_1) : (a_1 + a_2 + \cdots + a_n)$.

因为 $\frac{a_2}{a_1} = \frac{a_3}{a_2} = \cdots = \frac{a_{n+1}}{a_n}$

由分比,有 $\frac{a_2 - a_1}{a_1} = \frac{a_3 - a_2}{a_2} = \cdots = \frac{a_{n+1} - a_n}{a_n}$,

由分比,有 $\frac{a_2 - a_1}{a_1} = \frac{a_{n+1} - a_1}{a_1 + a_2 + \cdots + a_n}$,于是命题得证.

如果把几何数列写为

$$a, ar, ar^2, \cdots, ar^{n-1}, ar^n,$$

设 $S_n = a + ar + ar^2 + \cdots + ar^{n-1}$,

于是有 $\frac{ar - a}{a} = \frac{ar^n - a}{S_n}$,

或者 $S_n = \frac{a(r^n - 1)}{r - 1}$.

命题 36

设从单位起有一些连续二倍起来的连比例数,若所有数之和是素数,则这个和乘最后一个数的乘积将是一个完全数.

为此,设从单位起数 A, B, C, D 是连续二倍起来的连比例数,且所有的和是素数,设 E 等于其和,设 E 乘 D 得 FG.

则可证 FG 是完全数.

因为,无论 A, B, C, D 有多少个,就设有同样多个数 E, HK, L, M 为从 E 开始连续二倍起来的连比例数,

于是,取首末比,A 比 D 如同 E 比 M. [Ⅶ. 14]

所以 E, D 的乘积等于 A, M 的乘积. [Ⅶ. 19]

A—— B—— C——
D—— ——E
L—— H——N——K
M——
F——O——————G
P—— Q——

又 E,D 的乘积是 FG，因而 A,M 的乘积也是 FG.

由于 A 乘 M 得 FG，所以依照 A 中单位数，M 量尽 FG.

又 A 是二，所以 FG 是 M 的二倍.

但是 M,L,HK,E 是彼此连续二倍起来的数，
所以 E,HK,L,M,FG 是连续二倍起来的连比例数.

现在，设从第二个 HK 和最后一个 FG 减去等于第一个 E 的数 HN,FO，
所以，从第二个得的余数比第一个如同从最后一个数得的余数比最后一个数以前所有数之和. [Ⅸ. 35]

所以 NK 比 E 如同 OG 比 M,L,HK,E 之和.

而 NK 等于 E，所以 OG 等于 M,L,HK,E 之和.

但是 FO 也等于 E，又 E 等于 A,B,C,D 与单位之和.

所以整体 FG 等于 E,HK,L,M 与 A,B,C,D 以及单位之和，且 FG 被它们所量尽.

也可以证明，除 A,B,C,D,E,HK,L,M 以及单位以外任何其他的数都量不尽 FG.

因为，如果可能，可设某数 P 量尽 FG.

且设 P 与数 A,B,C,D,E,HK,L,M 中任何一个都不相同.

又，不论 P 量尽 FG 有多少次，就设在 Q 中有多少个单位，于是 Q 乘 P 将得 FG.

但是，还有 E 乘 D 也得 FG.
所以，E 比 Q 如同 P 比 D. [Ⅶ. 19]

而且，由于 A,B,C,D 是由单位起的连比例数.

所以除 A,B,C 外，任何其他的数量不尽 D. [Ⅸ. 13]

又由假设，P 不同于数 A,B,C 任何一个.

所以 P 量不尽 D.

但是 P 比 D 如同 E 比 Q，
所以 E 也量不尽 Q. [Ⅶ. 定义 20]

又，E 是素数，
且任一素数与它量不尽的数是互素的. [Ⅶ. 29]

所以，E,Q 互素.

但是互素的数也是最小的. [Ⅶ. 21]

且有相同比的数中最小数，以相同的次数量尽其他的数，即前项量尽前项，后项量尽后项， [Ⅶ. 20]
又，E 比 Q 如同 P 比 D.

所以 E 量尽 P 与 Q 量尽 D 有相同的次数.

但是，除 A,B,C 外，任何其他的数都量不尽 D，
所以 Q 与 A,B,C 中的一个相同.

设它与 B 相同.

又，无论有多少个 B,C,D，就设从 E 开始也取同样多个数 E,HK,L.

现在 E,HK,L 与 B,C,D 有相同比.

于是取首末比，B 比 D 如同 E 比 L. [Ⅶ. 14]

所以 B,L 的乘积等于 D,E 的乘积.

但是 D,E 的乘积等于 Q,P 的乘积. [Ⅶ. 19]

所以 Q,P 的乘积也等于 B,L 的乘积.

所以 Q 比 B 如同 L 比 P. [Ⅶ. 19]

又 Q 与 B 相同,所以 L 也与 P 相同:

这是不可能的,因由假设 P 与给定的数中任何一个都不相同.

所以,除 A,B,C,D,E,HK,L,M 和单位外,没有数量尽 FG,

又证明了 FG 等于 A,B,C,D,E,HK,L,M 以及单位的和.

又一个完全数等于它自己所有部分的和的数. [Ⅶ. 定义 22]

故 FG 是完全数.

证完

该卷最后一个命题证明了数论中一个著名的定理.

若几何数列 $1,2,2^2,\cdots,2^{n-1}$ 之和 2^n-1 是素数,则 $2^{n-1}(2^n-1)$ 是完全数.

设 $2^n-1=S_n$ 是素数,可以证明 $2^{n-1}S_n$ 的所有真因数是:

$1,2,2^2,\cdots,2^{n-1},S_n,2S_n,2^2S_n,\cdots,2^{n-2}S_n$,其和为

$$1+2+2^2+\cdots+2^{n-1}+S_n+2S_n+2^2S_n+\cdots+2^{n-2}S_n=S_n+S_n(1+2+2^2+\cdots+2^{n-2})$$
$$=S_n+S_n(2^{n-1}-1)=2^{n-1}S_n=2^{n-1}(2^n-1).$$

于是得 $2^{n-1}(2^n-1)$ 是完全数. [Ⅶ. 定义 20]

头 4 个完全数是 6,28,496 和 8128.

第 5 个完全数 $2^{12}(2^{13}-1)=33550336$ 是 1456 年得到的,发现者不详.

找 2^n-1 形的素数,其必要条件是"n"为素数,将当 p 为素数,形如 2^p-1 的数叫做梅森(M. Mersenne, 1588 ~ 1648)数,梅森数是素数的称为梅森素数.

1772 年瑞士数学家欧拉(Euler. L. 1707 ~ 1783)在双目失明的情况下靠心算证明了第 8 个梅森素数 $2^{31}-1=2\ 147\ 483\ 647$. 欧拉还证明了Ⅸ36 的逆定理:**所有的偶完全数都具有 $2^{p-1}(2^p-1)$ 的形式,其中 2^p-1 是素数,**这表明梅森数和偶完全数是一一对应的.

从第 13 个梅森素数起都是 1952 年以后借助电子计算机陆续发现的.

互联网梅森素数大搜索(GIMPS)项目宣布发现第 51 个梅森素数 $2^{82\ 589\ 933}-1$,共有 24 862 048 位. 它也是迄今最大的素数. 发现者是 GIMPS 志愿者美国人帕特里克 · 罗什(Pathick Laroche),时间是 2018 年 12 月 7 日. ①

这样,由此也就得到了第 51 个偶完全数 $2^{82\ 589\ 932}(2^{82\ 589\ 933}-1)$.

但是,偶完全数是否有限(或者说梅森素数是否有限)、奇完全数是否存在都是迄今数论未解决的难题.

① 张翔,第 51 个梅森素数成功被找到. 北京日报. 2019 年 1 月 2 日,13 版.

第X卷

定 义 I

1. 能被同一量量尽的那些量叫做**可公度的量**,而不能被同一量量尽的那些量叫作**不可公度的量**.

2. 当一些线段上的正方形能被同一个面所量尽时,这些线段叫做**正方可公度的**. 当一些线段上的正方形不能被同一面量尽时,这些线段叫做**正方不可公度的**.

3. 由这些定义,可以证明,与给定的线段分别存在无穷多个可公度的线段与无穷多个不可公度的线段,一些仅是长度不可公度,而另外一些也是正方不可公度. 这时把给定的线段叫做**有理线段**,凡与此线段是长度,也是正方可公度或仅是正方可公度的线段,都叫做**有理线段**;而凡与此线段在长度和正方形都不可公度的线段叫做**无理线段**.

4. 又设把给定一线段上的正方形叫做**有理的**,凡与此面可公度的叫做**有理的**;凡与此面不可公度的叫做**无理的**,并且构成这些无理面的线段叫做**无理线段**,也就是说,当这些面为正方形时即指其边,当这些面为其他直线形时,则指与其面相等的正方形的边.

这一卷主要讨论无理线段以及它们之间的关系,定义 3、4 给出了四个概念,即有理线段、无理线段、有理面和无理面.

首先给定一个标准线段,把它叫做有理线段,记作 ρ;把 ρ 上正方形叫做有理面,用 ρ^2 表示.

从定义知有理线段分为两类:

1. 凡与 ρ 是长度可公度的线段叫做有理线段.

若一线段 σ 可用 ρ"有理的"表示,即

$\sigma=\frac{m}{n}\rho$,其中 m,n 为正整数,那么 σ 就是有理线段;

2. 线段 σ 与 ρ 是长度不可公度,但分别以 σ,ρ 为边的正方形(面)是可公度的,把 σ 也叫做有理的线段. 更确切地说叫做仅正方可公度的有理线段.

若 $\sigma^2=\frac{m}{n}\rho^2$,或 $\sigma=\sqrt{\frac{m}{n}}\rho$,其中 m,n 为正整数,$\sqrt{\frac{m}{n}}$ 不是"有理数",那么 σ 就是仅正方可公度的有理线段.

显然,长度可公度的两线段,也是正方形可公度的,当然正方形不可公度的两线段,也必然是长度不可公度的.

无理线段:线段 ε 为边的正方形和以 ρ 为边的正方形不可公度,那么把 ε 叫做无理线段.

有理面:与 ρ^2 可公度的面叫做有理面.

无理面:与 ρ^2 不可公度的面叫做无理面.

显然与无理面相等的正方形的边(或无理面的边)是无理线段.

命 题

命题 1

给出两个不相等的量，若从较大的量中减去一个大于它的一半的量，再从所得的余量中减去大于这个余量一半的量，并且连续这样进行下去，则必得一个余量小于较小的量.

设 AB，C 是不相等的两个量，其中 AB 是较大的.

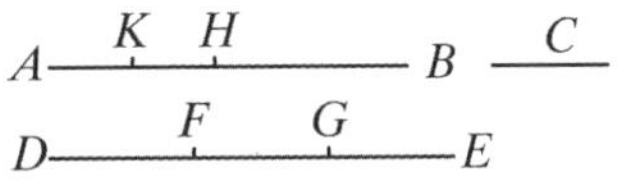

则可证若从 AB 减去一个大于它的一半的量，再从余量中减去大于这余量的一半的量，而且若连续地进行下去，则必得一个余量，它将比量 C 更小.

因为 C 的若干倍总可以大于 AB.

[参看V.定义4]

设 DE 是 C 的若干倍，且 DE 大于 AB；

将 DE 分成等于 C 的几部分 DF，FG，GE，

从 AB 中减去大于它一半的 BH，又从 AH 减去大于它的一半的 HK，

并且使这一过程连续进行下去，一直到分 AB 的个数等于 DE 划分的个数.

然后，设被分得的 AK，KH，HB 的个数等于 DF，FG，GE 的个数.

现在，因为 DE 大于 AB，又从 DE 减去小于它一半的 EG，又从 AB 减去大于它一半的 BH，所以余量 GD 大于余量 HA.

又由于 GD 大于 HA，且从 DG 减去了它的一半 GF，又从 HA 减去大于它一半的 HK，所以余量 DF 大于余量 AK.

但是 DF 等于 C；所以 C 也大于 AK，于是 AK 小于 C.

所以量 AB 的余量 AK 小于原来给定的较小量 C.

证完

类似地可以证明，如果从大量中依次减所余之半，命题也成立.

这是一个很重要的命题，它是不可公度量存在的理论基础(X.2)，另外它也是欧多克索斯(公元前408～前355年)穷竭法的理论基础，欧几里得用穷竭法证明了XII.2(两圆面积的比等于两圆直径上正方形之比). 也证明了一些与极限有关的命题. 如XII.5(等高的两个三棱锥体积之比等于它们两底面积之比)等. 有关穷竭法的应用将在XII卷中看到.

在X.1的证明中，欧几里得引用了"一个量的若干倍总可以大于另一量"的论断. 虽然他在V.定义4中也引用过，但这是直观的承认，这就是以后所谓的"阿基米德公理"，事实上在欧几里得之前，亚里士多德(公元前384～前322年)就说过"用连续加一个有限量，将超任一确定的量，并且类似地用连续从它中减一个有限量，我们将得到比它小的量".

命题 2

如果从两不等量的大量中连续减去小量，直到余量小于小量，再从小量中连续减去余量直到小于余量，这样一直作下去，当所余的量总不能量尽它前面的量时，则原两个量是不可公度的.

为此，设有两个不等量 AB，CD，且 AB 是较小者，从较大量中连续减去较小的量直到余量小于小量，再从小量中连续减去余量直到小于余量，这样一直进行下去，所余的量不能量尽它前面的量.

则可证两量 AB，CD 是不可公度的.

因为，如果它们是可公度的，则有某个量量尽它们.

设量尽它们的量是 E.

设 AB 量 CD 得 FD，余下的 CF 小于 AB.

又 CF 量 AB 得 BG，余下的 AG 小于 CF，并且这个过程连续地进行，直到余下某一量小于 E.

假设这样做了以后，有余量 AG 小于 E.

于是，由于 E 量尽 AB，而 AB 量尽 DF，
所以 E 也量尽 FD.

但是它也量尽整个 CD，所以它也量尽余量 CF.

但 CF 量尽 BG；
所以 E 也量尽 BG.

但是它也量尽整个 AB；所以它也量尽余量 AG，
较大量量尽较小量：这是不可能的.

因此，没有任何一个量能量尽 AB，CD；
所以量 AB，CD 是不可公度的. [X. 定义 1]

证完

这个命题是沿用求两量的最大公度量的方法，正如类似Ⅶ. 1，2 的证明那样，在X. 2 中，假设这个"辗转相减"过程没有终了. 要求证明两量 a，b($a>b$)在这种情况下不能有一个公度量.

否则，设 f 是一个公度量，并且假设这个过程继续到余量 e 小于 f.

p	b	a	
	qc	pb	
r	d	c	q
		rd	
		e	

于是,因为 f 量尽 a、b,它也量尽 $a-pb(=c)$.

因为 f 量尽 b、c,它也量尽 $b-qc(=d)$.

又因为 f 量尽 c、d,它也量尽 $c-rd(=e)$:这是不可能的,因为 $e<f$.

欧几里得把若 f 量尽 a、b,它也量尽 $ma\pm nb$ 假定是自明的(m,n 是正整数).

当然,实际上,要这个过程没有终止,常常是不必要的,例如"如果线段 AB 在 C 点被分为中外比,那么 AC 与 BC 是不可公度的".

设 $AC>CB$,从 AC 中减去等于 BC 的 CD,则余下的 $AD<DC$,且 AC 在 D 点被分为中外比,(见Ⅱ.11 注释的推论.)我们连续如此从大量中减去小量,每次仍得到更小线段上的中外比.且这个过程不能够停止,所以由X.2 知,AC 与 BC 是不可公度的.

命题 3

已知两个可公度的量,求它们的最大公度量.

设两个已知可公度的量是 AB,CD,且 AB 是较小的;这样所要求的便是找出 AB,CD 的最大公度量.

现在,量 AB 或者量尽 CD 或者量不尽 CD.

于是,如果 AB 量尽 CD,而 AB 也量尽它自己,则 AB 是 AB,CD 的一个公度量.

又显然它也是最大的;

因为大于 AB 的量不能量尽 AB.

其次,设 AB 量不尽 CD.

这时,如果连续从大量中减去小量直到余量小于小量,再从小量中连续减去余量直到小于余量,这样一直作下去,则将有一余量量尽它前面的一个,因为 AB,CD 不是不可公度的. [参看X.2]

设 AB 量 CD 得 ED,余下的 EC 小于 AB;

又设 EC 量 AB 得 FB,余下的 AF 小于 CE;并设 AF 量尽 CE.

于是,由于 AF 量尽 CE,而 CE 量尽 FB,所以 AF 也量尽 FB.

但是 AF 也量尽它自己;所以 AF 也将量尽整体 AB.

然而 AB 量尽 DE;所以 AF 也量尽 ED.

但是它也量尽 CE;所以它也量尽整体 CD.

所以 AF 是 AB,CD 的一个公度量.

其次,可证它也是最大的.

因为,如果不是这样,有量尽 AB,CD 的某个量大于 AF,设它是 G.

这时,因为 G 量尽 AB,而 AB 量尽 ED,所以 G 也量尽 ED.

但是它也量尽整体 CD;所以 G 也将量尽余量 CE.

而 CE 量尽 FB;所以 G 也量尽 FB.

但是它也量尽整个 AB,所以它也将量尽余量 AF,较大的量尽较小的:这是不可能的.

所以没有大于 AF 的量能量尽 AB,CD;从而 AF 是 AB,CD 的最大公度量.

于是我们求出了两个已知可公度的量 AB,CD 的最大公度量.

证完

推论 由此显然可得,如果一个量能量尽两个量,则它也量尽它们的最大公度量.

我们可以看出,对于两个可公度量的这个命题正是对应于Ⅶ.2 对于两个数的命题,证法步骤几乎相同,而且推论也正对应着Ⅶ.2 的推论.

命题 4

已知三个可公度的量,求它们的最大公度量.

设 A,B,C 是三个已知的可公度的量,求 A,B,C 的最大公度量.

A———

B———

C———

D——— E——— F———

设两量 A,B 的最大公度量已得到,设它是 D. [X.3]

这时 D 或者量尽 C 或者量不尽 C.

首先,设它能量尽 C.

因为 D 量尽 C;而它也量尽 A,B;所以,D 是 A,B,C 的一个公度量.

显然,它也是最大公度量,因为任何大于 D 的量不能量尽 A、B.

其次,设 D 量不尽 C.

则首先可证,C,D 是可公度的.

因为 A,B,C 是可公度的,必有某个量可量尽它们,当然它也量尽 A,B;于是它也将量尽 A,B 的最大公度量 D. [X.3,推论]

但是它也量尽 C;于是所述的量量尽 C,D;所以 C,D 是可公度的.

现在设 C,D 的最大公度量已得到,设它是 E. [X.3]

这时,由于 E 量尽 D,而 D 量尽 A,B,所以 E 也将量尽 A,B,但是它也量尽 C;所以 E 量尽 A,B,C,所以 E 是 A,B,C 的一个公度量.

其次可证,E 也是最大的.

因为,如果可能的话,将有一个大于 E 的量 F,能量尽 A,B,C.

这时,因为 F 量尽 A,B,C,它也量尽 A,B,则 F 量尽 A,B 的最大公度量. [X.3,推论]

而 A,B 的最大公度量是 D,所以 F 量尽 D.

但 F 也量尽 C;所以 F 量尽 C,D;因此 F 也量尽 C,D 的最大公度量 E.

[X.3,推论]

这样以来,较大的量能量尽较小的量:这是不可能的.

于是没有一个大于 E 的量能量尽 A,B,C;
所以,如果 D 量不尽 C,则 E 便是 A,B,C 的最大公度量,若 D 量尽 C,D 就是最大公度量.

于是我们求出了已知的三个可公度量的最大公度量.

推论 显然,由此可得,如果一个量量尽三个量,则它也量尽它们的最大公度量.

类似地,我们能求出更多个可公度量的最大公度量.

又可证,任何多个量的公度量也能量尽它们的最大公度量.

证完

命题 5

两个可公度量的比如同一个数与一个数的比.

设 A,B 是可公度的两个量.

则可证 A 与 B 的比如同一数与另一数的比.

因为,由于 A,B 是可公度的,
则有某个量可量尽它们,设此量是 C.

A B C D E

而且 C 量尽 A 有多少次,就设在数 D 中有多少个单位以及 C 量尽 B 有多少次,就设在数 E 中有多少个单位.

因为按照 D 中若干单位,C 量尽 A,而按照 D 中若干单位,单位也量尽 D,所以单位量尽数 D 的次数与 C 量尽 A 的次数相同;所以 C 比 A 如同单位比 D.

[Ⅶ.定义 20]

因此,由反比,A 比 C 如同 D 比单位.

[参看Ⅴ.7,推论]

又因为按照 E 中若干单位,C 量尽 B,而按照 E 中若干单位,单位也量尽 E.

所以单位量尽 E 的次数与 C 量尽 B 的次数相同;
所以 C 比 B 如同单位比 E.

但已经证明了 A 比 C 如同数 D 比单位;
所以,取首末比,

A 比 B 如同数 D 比数 E.

[Ⅴ.22]

于是两个可公度的量 A 比 B 如同数 D 比另一个数 E.

证完

这个命题的证明如下:若 a,b 是两个可公度量,它们有一个公度量 c,并且

$$a = mc,\quad b = nc,\quad m,n \text{ 都是正整数}.$$

得出 $$c:a = 1:m, \tag{1}$$

由反比　$a:c=m:1$,
又有　　$c:b=1:n$,
于是,取首末比,　　$a:b=m:n$.

在陈述(1)中,我们看到欧几里得仅叙述 a 是 c 的倍量相同于 m 是1的倍数这个事实,换句话说,他根据Ⅶ.定义20对比例定义的叙述,然而,这仅适用于四个数,但 a,b 不是数而是量.因此这种论述不尽合理,除非能够证明在Ⅶ.定义20意义下成比例也是Ⅴ.定义5意义下成比例.或者数的比例被包含在量的比例之中,而作为量的比例的一种特殊情况.

西摩松(simson)在他书中Ⅴ卷命题C中如下证明了这个问题

(见Vol,11.pp.126~8).

如果　$a=mb$,

$c=md$.

现在Ⅴ.定义5的意义下就有 $a:b=c:d$,
取 a,c 的任一等倍量 pa,pc,取 b,d 的任一等倍量 qb,qd.
那么　$pa=pmb$,

$pc=pmd$.

但是由　$pmb\gtreqqless qb$,就有　$pmd\gtreqqless qd$.
所以由　$pa\gtreqqless qb$,就有　$pc\gtreqqless qd$.
并且 pa,pc 是 a,c 的任一等倍量,以及 qb,qd 是 b,d 的任一等倍量.

所以由Ⅴ.定义5就有 $a:b=c:d$.

命题6

若两个量的比如同一个数比一个数,则这两个量将是可公度的.

A　　B
C　　D
E　　F

为此,设两个量 A 比 B 如同数 D 比数 E.

则可证 A,B 是可公度的.

设在 D 中有若干单位就把 A 分为若干相等的部分,并设 C 等于其中的一个.

又设数 E 中有若干单位,取 F 为若干个等于 C 的量.

因为在 D 中有多少单位,则在 A 中就有多少个等于 C 的量,所以无论单位是 D 怎样的一部分,C 也是 A 的一部分,所以 C 比 A 如同单位比 D.　[Ⅶ.定义20]

但是单位量尽数 D;所以 C 也量尽 A.

又,由于 C 比 A 如同单位比 D.

所以,由反比,A 比 C 如同数 D 比单位.　[参看Ⅴ.7推论]

又,由于 E 中有多少个单位,在 F 中就有多少个等于 C 的量,所以 C 比 F 如同单位比 E.　[Ⅶ.定义20]

但是也已证明,A 比 C 如同 D 比单位,
所以取首末比,
A 比 F 如同 D 比 E.　[Ⅴ.22]

但是,D 比 E 如同 A 比 B;所以有,A 比 B 也如同 A 比 F. [V.11]

于是 A 与量 B,F 的每一个有相同的比,因此 B 等于 F. [V.9]

但是 C 量尽 F,所以它也量尽 B.

而且还有,它也量尽 A,所以 C 量尽 A,B.

因此 A 与 B 是可公度的.

推论 由这个命题显然可得出,如果有两数 D,E 和一个线段 A,则可作出一线段 F 使得已知线段 A 比 F 如同数 D 比数 E.

而且,如果取 A,F 的比例中项为 B,则 A 比 F 如同 A 上正方形比 B 上正方形,即第一线段比第三线段将如同第一线段上的图形比第二线段上与之相似的图形.

[Ⅵ.19 推论]

但是 A 比 F 如同数 D 比数 E;
所以也就作出了数 D 与数 E 之比如同线段 A 上图形与线段 B 上图形之比.

证完

此命题推论如下:

假设 $a:b=m:n$, m,n 是正整数.

分 a 为 m 份,每份等于 c.

于是 $a=mc$.

取 $d=nc$.

所以有 $a:c=m:1$, $c:d=1:n$.

取首末比,$a:d=m:n$,又 $m:n=a:b$.

所以 $b=d=nc$.

于是 c 用 n 次量尽 b,所以 a,b 是可公度的.

命题后面的推论常被用在以后的命题中.

(1)如果 a 是一个已知线段,并且 m,n 是两任意数,则一个线段 x 能被求出,使其有 $a:x=m:n$.

(2)我们能找到一个线段 y,使其 $a^2:y^2=m:n$. 因为我们可取 y 为 a,x 的比例中项,于是就有 $a^2:y^2=a:x=m:n$.

命题 7

不可公度的两个量的比不同于一个数比另一个数.

设 A,B 是不可公度的量.

则可证 A 与 B 的比不同于一个数比另一个数.

A ———

B ———

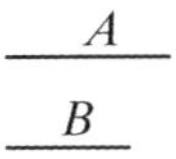

因为,如果 A 比 B 如同一个数比另一个数,
则 A 与 B 是可公度的. [X.6]

但是并不是这样的,所以 A 比 B 不同于一个数比一个数.

证完

命 题 8

如果两个量的比不可能如同于一个数比另一个数,则这两个量不可公度.

设两个量 A 与 B 之比不可能如同一个数比另一个数.

则可证两量 A,B 不可公度.

因为,如果它们是可公度的,则 A 比 B 如同一个数比另一个数.

[X.5]

但是并不是这样的.

所以量 A,B 是不可公度的.

证完

命 题 9

两个长度可公度的线段上正方形之比如同一个平方数比一个平方数;若两正方形的比如同一个平方数比另一个平方数,则两正方形的边长是长度可公度的.但是两长度不可公度的线段上正方形的比不同于一个平方数比另一个平方数;若两个正方形之比不同于一个平方数比另一个平方数,则它们的边也不是长度可公度的.

设 A,B 是长度可公度的两线段.

则可证 A 上正方形比 B 上正方形如同一个平方数比一个平方数.

因为,由于 A 与 B 是长度可公度的,所以 A 与 B 之比如同一个数比另一个数.

设这两个数之比是 C 比 D.

于是 A 比 B 如同 C 比 D,

而 A 上正方形与 B 上正方形的比如同 A 与 B 的二次比.

因为相似图形之比如同它们对应边的二次比; [Ⅳ.20 推论]

且 C 的平方与 D 的平方之比如同 C 与 D 的二次比.

因为在两个平方数之间有一个比例中项数,且平方数比平方数如同它们边与边的二次比. [Ⅷ.11]

所以也有,A 上正方形比 B 上正方形如同 C 的平方数与 D 的平方数之比.

其次,设 A 上正方形比 B 上正方形如同 C 的平方数比 D 的平方数.

则可证 A 与 B 是长度可公度的.

因为,由于 A 上正方形比 B 上正方形如同 C 的平方数比 D 的平方数,而 A 上正方形比

B 上正方形如同 A 与 B 的二次比，且 C 的平方数与 D 的平方数的比如同 C 与 D 的二次比，所以也有，A 比 B 如同 C 比 D.

所以 A 与 B 之比如同数 C 比数 D；因此 A 与 B 是长度可公度的. [X.6]

再次，设 A 与 B 是长度不可公度的.

则可证 A 上正方形与 B 上正方形之比不同于一个平方数比一个平方数.

因为，如果 A 上正方形与 B 上正方形之比如同一个平方数比一个平方数，则 A 与 B 是可公度的.

但是并不是这样；
所以 A 上正方形与 B 上正方形之比不同于一个平方数比一个平方数.

最后，设 A 上正方形与 B 上正方形之比不同于一个平方数比一个平方数.

则可证 A 与 B 是长度不可公度的.

因为，如果 A 与 B 是可公度的，则 A 上正方形与 B 上正方形之比如同一个平方数比一个平方数.

但是并不是这样的；
所以 A 与 B 不是长度可公度的.

证完

推论 从上述证明中得知，长度可公度的两线段也总是正方可公度的，但是正方形可公度的线段不一定是长度可公度的.

[**引理** 在算术书中已证得两相似面数之比如同一个平方数比一个平方数，

[Ⅷ.26]

而且，如果两数之比如同一个平方数比另一个平方数，则它们是相似面数.

[Ⅷ.26 的逆命题]

从这些命题显然可知，若数不是相似面数，即那些不与它们的边成比例的数，它们之比不同于一个平方数比一个平方数.

因为，如果它们有这样的比，它们就是相似面数：这与假设矛盾.

所以不是相似面数的数之比不同于一个平方数比一个平方数.]

命题 10

求与一个给定的线段不可公度的两个线段，一个是仅长度不可公度，另一个也在正方形上与之不可公度.

设 A 是所给定的线段，求与 A 不可公度的两线段，一个是仅长度不可公度，另一个也在正方形上与之不可公度.

取两数 B, C，使其比不同于一个平方数比另一个平方数，即它们不是相似面数.

而且设作出了如下比例，使 B 比 C 如同 A 上正方形比 D 上正方形. 因为我们知道如何作出. [X.6 推论]

所以 A 上正方形与 D 上正方形可公度. [X.6]

A——
D——
E——
B——
C——

又因为 B 与 C 的比不同于一个平方数比一个平方数,
所以 A 上正方形比 D 上正方形也不同于一个平方数比一个平方数;
所以 A 与 D 是长度不可公度的. [X.9]
设取 E 为 A,D 的比例中项;
所以 A 比 D 如同 A 上正方形比 E 上正方形. [V.定义9]
但是 A 与 D 是长度不可公度的,
所以 A 上正方形与 E 上正方形也是不可公度的; [X.8]
所以 A 与 E 是正方形上与之不可公度的.

这样求出了与指定线段 A 不可公度的两线段 D,E;
D 是仅长度上不可公度,E 在长度与正方形上都不可公度.

证完

为了以后书写方便起见,我们把两量可公度用符号"⌒"表示;
把两量不可公度用符号"⌣"表示;
如果两线段不可公度,而它们正方形可公度,即是"仅正方形可公度"(或仅长度不可公度)用符号"∽"表示.

命题 11

如果四个量成比例,且第一量与第二量是可公度的,则第三量与第四量也是可公度的;若第一量与第二量是不可公度的,则第三量与第四量也是不可公度的.

A——
B——
C——
D——

设 A,B,C,D 是四个成比例的量,即,A 比 B 如同 C 比 D,
且设 A 与 B 是可公度的.
则可证 C 与 D 也将是可公度的.
因为 A 与 B 是可公度的,所以 A 与 B 之比如同一个数比一个数. [X.5]
又 A 比 B 如同 C 比 D,
所以 C 与 D 之比如同一个数比另一个数,
所以 C 与 D 是可公度的. [X.6]

其次,设 A 与 B 不可公度.
则可证 C 与 D 也将是不可公度的.
因为,由于 A 与 B 不可公度,所以 A 与 B 之比不同于一个数比另一个数. [X.7]
又 A 比 B 如同 C 比 D,
所以 C 与 D 之比不同于一个数比一个数,
所以 C 与 D 不可公度. [X.8]

证完

若 $a:b=c:d$,

(1)如果 $a\frown b$,那么$a:b=m:n$, m,n 为正整数. [X.5]

因此 $c:d=m:n$,

所以 $c\frown d$.

(2)如果 $a\smile b$,那么 $a:b\neq m:n$, [X.7]

于是 $c:d\neq m:n$,

所以 $c\smile d$. [X.8]

命题 12

与同一量可公度的两量,彼此也可公度.

设量 A,B 的每一个与 C 可公度.

则可证 A 与 B 也是可公度的.

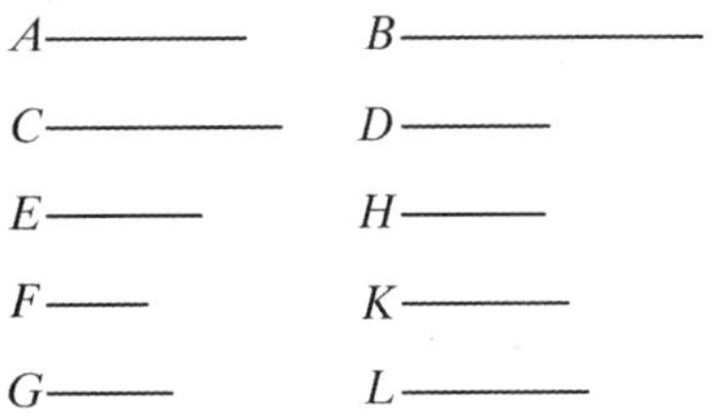

因为,由于 A 与 C 可公度,

所以 A 与 C 之比如同一个数比一个数. [X.5]

设这个比是 D 比 E.

又因为,C 与 B 可公度,

所以 C 与 B 之比如同一个数比一个数, [X.5]

设这个比是 F 比 G.

现在对已知一些相比中的数,即 D 比 E 及 F 比 G.

可取数 H,K,L 使它们以已知比成连比例, [参看Ⅷ.4]

即,D 比 E 如同 H 比 K,且,F 比 G 如同 K 比 L.

因为,A 比 C 如同 D 比 E,

而 D 比 E 如同 H 比 K,

所以也有 A 比 C 如同 H 比 K. [V.11]

又,由于 C 比 B 如同 F 比 G,

而 F 比 G 如同 K 比 L.

所以也有,C 比 B 如同 K 比 L. [V.11]

但是也有,A 比 C 如同 H 比 K;

所以取首末比例,A 比 B 如同 H 比 L. [V.22]

所以 A 与 B 之比如同一个数比一个数,

所以 A 与 B 是可公度的. [X.6]

证完

设 $a\frown c,b\frown c$,则 $a\frown b$.

因为 $a\frown c$,所以 $a:c=m:n$, [X.5]

因为 $b\frown c$,所以 $c:b=p:q$.

由 $m:n=mp:np$ 及 $p:q=np:nq$,

所以　$a:c=mp:np$，　$c:b=np:nq$.

由首末比，　$a:b=mp:nq$.

所以　$a \frown b$.

命题 13

若两个量是可公度的，其中一量与某量不可公度，那么另一量也与此量不可公度.

设 A，B 是两个可公度的量，且其中的一量 A 与另一量 C 是不可公度的.

则可证 B 与 C 也不可公度.

因为，如果 B 与 C 是可公度的，而 A 与 B 也是可公度的，那么 A 与 C 也是可公度的.　　[Ⅹ.12]

但是 A 与 C 也是不可公度的：这是不可能的.

所以 B 与 C 不是可公度的，因此 B 与 C 是不可公度的.

证完

引　理

求作一线段，使得这线段上的正方形等于给定的大小不等的两线段上的正方形的差.

设 AB，C 是已知的两个不等线段，且 AB 是大线段；

求作一正方形，使得等于 AB 上正方形超过 C 上正方形所得之差.

以 AB 为直径作半圆，在半圆上作弦 AD 等于 C，连接 DB.　　[Ⅳ.1]

显然，角 ADB 是直角，　　[Ⅲ.31]

于是，AB 上正方形与 AD 上正方形之差为 DB 上正方形.

[Ⅰ.47]

类似地也有，如果已知两线段，同法可求出一个线段，使得这线段上的正方形等于两已知线段上正方形的和.

设 AD，BD 是两条已知线段，求作一线段，使它上的正方形等于 AD 与 BD 上两正方形的和.

设用 AD，DB 组成一个直角，连接 AB.

显然，AB 上的正方形等于 AD，DB 上的两正方形的和.

证完

命题 14

如果四个线段成比例,且第一条线段上的正方形比第二条线段上的正方形超过一条线段上的正方形,这条线段与第一条线段是可公度的,则第三条线段上的正方形也比第四条线段上的正方形超过一条线段上的正方形,这条线段与第三条线段也可公度.

又,如果第一条上的正方形比第二条上的正方形超过一条线段上的正方形,这条线段与第一条线段是不可公度的,则第三条上的正方形也比第四条上的正方形也超过一条线段上的正方形,这条线段与第三条也不可公度.

设 A,B,C,D 是四个成比例的线段,即 A 比 B 如同 C 比 D,且设 A 上正方形与 B 上正方形之差等于 E 上正方形,又设 C 上正方形与 D 上正方形之差等于 F 上正方形.

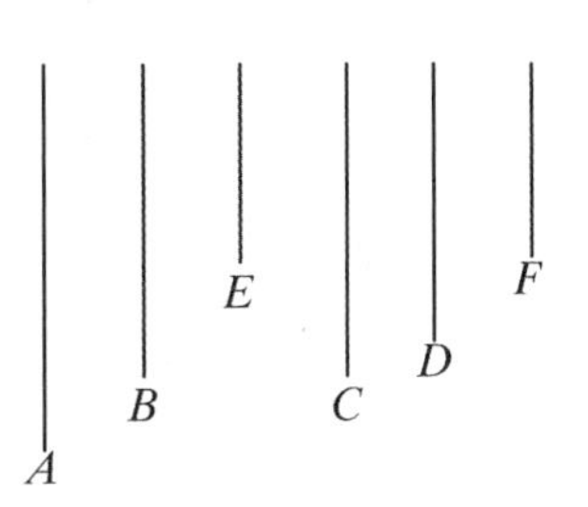

则可证若 A 与 E 可公度,
则 C 与 F 也可公度,
若 A 与 E 不可公度,则 C 与 F 也不可公度.

因为,A 比 B 如同 C 比 D,
所以也有,A 上正方形比 B 上正方形如同 C 上正方形比 D 上正方形. [Ⅵ.22]

但是,E,B 上正方形之和等于 A 上正方形,
且 D,F 上正方形之和等于 C 上正方形.

所以 E,B 上上正方形之和比 B 上正方形如同 D,F 上正方形之和比 D 上正方形;
所以由分比例,E 上正方形比 B 上正方形如同 F 上正方形比 D 上正方形. [Ⅴ.17]

所以也有,E 比 B 如同 F 比 D; [Ⅵ.22]
故由反比例,B 比 E 如同 D 比 F.

但是 A 比 B 如同 C 比 D.

于是取首末比,有 A 比 E 如同 C 比 F. [Ⅴ.22]

所以,如果 A 与 E 可公度,则 C 与 F 亦可公度,
又,如果 A 与 E 不可公度,则 C 与 F 也不可公度.

证完

设 $a:b=c:d$.

由Ⅵ.22 就有 $a^2:b^2=c^2:d^2$. (1)

于是 $[(a^2-b^2)+b^2]:b^2=[(c^2-d^2)+d^2]:d^2$,

由分比例, $(a^2-b^2):b^2=(c^2-d^2):d^2$ [Ⅴ.17]

由反比例, $b^2:(a^2-b^2)=d^2:(c^2-d^2)$.

于是与(1)取首末比例,得

$a^2:(a^2-b^2)=c^2:(c^2-d^2)$. (2) [Ⅴ.22]

因此　$a:\sqrt{a^2-b^2}=c:\sqrt{c^2-d^2}$.　[Ⅵ.22]

因而由Ⅹ.11知,若$a\frown\sqrt{a^2-b^2}$,则$c\frown\sqrt{c^2-d^2}$;

若$a\smile\sqrt{a^2-b^2}$,则$c\smile\sqrt{c^2-d^2}$.

由(1)到(2),欧几里得证明了"若四个量成比例,则换比例成立",虽然他在Ⅴ.19推论中也提到过.

命题15

如果把两个可公度的量相加,其和也与原来二量都可公度;若二量之和与二量之一可公度,则原来二量也可公度.

设两个可公度的量是AB,BC,将它们相加.

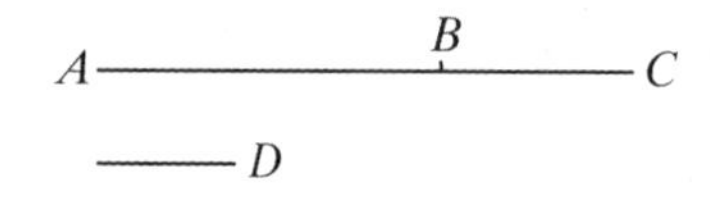

则可证整体AC也与AB,BC每一个可公度.

因为AB,BC是可公度的,

所以有一个量能量尽它们.

设量尽它们的量是D.

因为D量尽AB,BC,那么它也量尽整体AC.

但是它也量尽AB,BC,所以D量尽AB,BC,AC;

所以AC与AB,BC的每一个是可公度的.　[Ⅹ.定义1]

其次,设AC与AB是可公度的.

则可证AB,BC也是可公度的.

因为,由于AC,AB是可公度的,

则有一个量能量尽它们,设量尽它们的是D.

这时,由于D量尽CA,AB,那么它也量尽余量BC.

但是它也量尽AB;

所以D也量尽AB,BC;所以AB,BC是可公度的.　[Ⅹ.定义1]

证完

(1)若$a\frown b$,设c是它们的公度量,于是有两个整数m,n使$a=mc$,$b=nc$.

于是$a+b=(m+n)c$.

所以$(a+b)\frown a$,$(a+b)\frown b$.

(2)若$(a+b)\frown a$(或$(a+b)\frown b$),设c是$a+b$与a的公度量,于是存在m,n使$a+b=mc$,$a=nc$,

所以$(a+b)-a=mc-nc=(m-n)c$,

即$b=(m-n)c$,所以　$a\frown b$.

命题16

如果把两个不可公度的量相加,其和必与原来二量都不可公度;如果两

个量之和与两个量之一不可公度，则两个量也不可公度.

把两个不可公度量 AB,BC 相加.

则可证整体 AC 与 AB,BC 都不可公度.

因为，如果 CA,AB 不是不可公度的，那么有一个量能量尽它们.

设量尽它们的量为 D.

这时，由于 D 量尽 CA,AB，
所以它也将量尽其余量 BC.

但是它也量尽 AB；所以 D 量尽 AB,BC.

于是 AB,BC 是可公度的.

但是由假设，它们也是不可公度的：这是不可能的.

因此没有一个量能量尽 CA,AB；
所以 CA,AB 是不可公度的. [X. 定义 1]

A B C D

类似地，我们能够证明 AC,CB 也是不可公度的.

所以 AC 与 AB,BC 的每一个不可公度.

其次，设 AC 与两量 AB,BC 之一不可公度.

首先，设 AC 与 AB 不可公度.

则可证 AB,BC 也不可公度.

因为，如果它们是可公度的，
则有一个量量尽它们. 设量尽它们的量是 D.

因为 D 量尽 AB,BC，所以 D 也量尽整体 AC.

但是它也量尽 AB；所以 D 量尽 CA,AB.

于是 CA,AB 是可公度的.

但是由假设，它们也是不可公度的：这是不可能的.

于是没有一个量能量尽 AB,BC；
因此 AB,BC 是不可公度的. [X. 定义 1]

证完

引 理

如果在一条线段上贴合上一个缺少正方形的矩形[①]，则这个矩形等于因作图而把原线段所分成的两段所夹的矩形.

设在线段 AB 上贴合上一个缺少正方形 DB 的矩形 AD.

---

① 该引理希思的叙述是"如果在一条线段上作一个缺少正方形的平行四边形(parallelogram)，则这个平行四边形等于因作图而把原线段所分成的两段为边的矩形". 而实际作的是矩形，因而我们(译者)将平行四边形改为矩形，以后的命题也如此处理.

如果 a 是已知线段，x 是正方形的边，则这个矩形等于 $x(a-x)$.

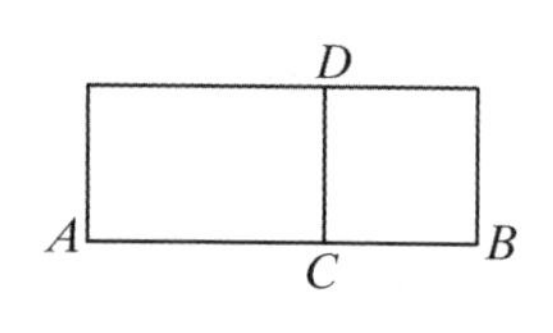

则可证 AD 等于以 AC,CB 为边的矩形.

显然,因为 DB 是正方形,DC 等于 CB;且 AD 是矩形 AC、CD,即矩形 AC、CB.

矩形贴合于一个线段是把矩形的底放在该线段上,使其底的一个端点与线段的一个端点重合.

命题 17

如果有两条不相等的线段,在大线段贴合上一个矩形等于小线段上正方形的四分之一而缺少一个正方形,且大线段被分成长度可公度的两部分,则原来大线段上正方形比小线段上正方形大一个与大线段是可公度的线段上的正方形.

又,如果大线段上正方形比小线段上正方形大一个与大线段是可公度的线段上的正方形,且在大线段贴合上一个矩形等于小线段上正方形的四分之一,而且缺少一个正方形,则大线段被分成的两部分是长度可公度的.

设 A,BC 是两个不相等的线段,其中 BC 是较大者,在 BC 上贴合一个矩形等于 A 上正方形的四分之一,即等于 A 的一半上的正方形,且缺少一个正方形,设它就是矩形 BD、CD,

[参看引理]

且设 BD 与 CD 是长度可公度的.

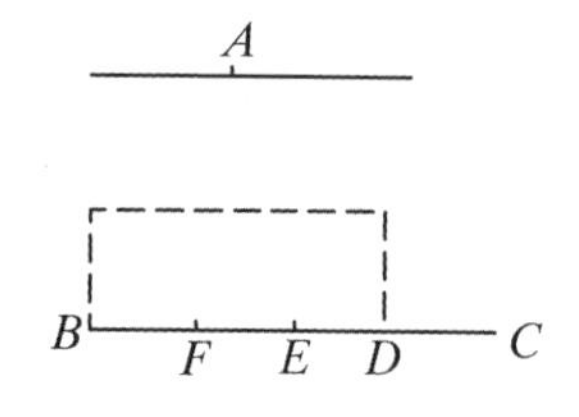

则可证 BC 上正方形比 A 上正方形大一个与 BC 是可公度的线段上的正方形.

为此平分 BC 于点 E,取 EF 等于 DE.

所以余量 DC 等于 BF.

又,由于线段 BC 被点 E 分为相等的两部分,被 D 分为不相等的两部分,所以由 BD,CD 所夹的矩形与 ED 上正方形的和等于 EC 上正方形.

[Ⅱ.5]

把它们四倍后同样正确,所以四倍矩形 BD、DC 与四倍 DE 上正方形的和等于 EC 上正方形的四倍.

但是 A 上正方形等于四倍的矩形 BD、CD;

而 DF 上正方形等于四倍的 DE 上正方形,因为 DF 是 DE 的二倍.

又 BC 上正方形等于四倍 EC 上正方形,因为 BC 是 CE 的二倍.

所以 A,DF 上正方形的和等于 BC 上正方形.

这样 BC 上正方形比 A 上正方形大一个 DF 上正方形.

可证 BC 与 DF 也是可公度的.

因为 BD 与 DC 是长度可公度的,

所以 BC 与 CD 也是长度可公度的.

[Ⅹ.15]

但是 CD 与 CD,BF 的和是长度可公度的，
这是由于 CD 等于 BF. [X.6]

所以 BC 与 BF,CD 的和也是长度可公度的. [X.12]

因此 BC 与余量 FD 也是长度可公度的. [X.15]

所以 BC 上正方形比 A 上正方形大一个与 BC 是可公度的线段上的正方形.

其次，设 BC 上正方形比 A 上正方形大一个与 BC 是可公度的线段上的正方形，在线段 BC 上贴合一个矩形，等于 A 上正方形的四分之一且缺少一个正方形，设它是矩形 BD、DC.

则可证 BD 与 DC 是长度可公度的.

用同一个图，类似地，可以证明 BC 上正方形比 A 上正方形大一个 FD 上正方形.

但是 BC 上正方形比 A 上正方形大一个与 BC 是可公度的线段上的正方形.

所以 BC 与 FD 是长度可公度的，
因此 BC 也与余量，即 BF,DC 的和，也是长度可公度的. [X.5]

但是 BF,DC 之和与 DC 可公度， [X.6]
因此 BC 与 CD 也是长度可公度的， [X.12]
因而，由分比，BD 与 DC 是长度可公度的. [X.15]

证完

设两线段 a、b，$(a>b)$，且 $x(a-x)=\frac{b^2}{4}$.

(1)若 $(a-x)\frown x$，则 $\sqrt{a^2-b^2}\frown a$；

(2)若 $\sqrt{a^2-b^2}\frown a$，则 $(a-x)\frown x$.

证明如下：

由Ⅱ.5，有 $x(a-x)+(\frac{a}{2}-x)^2=\frac{a^2}{4}$，即

$$4x(a-x)+4(\frac{a}{2}-x)^2=a^2,$$

$$\because\ x(a-x)=\frac{b^2}{4},\quad \therefore b^2+(a-2x)^2=a^2 \text{ 或}$$

$$a^2-b^2=(a-2x)^2,$$

于是 $\sqrt{a^2-b^2}=a-2x$.

(1) $\because\ (a-x)\frown x, a\frown x$. [X.15]

但是 $x\frown 2x$， [X.6]

所以 $a\frown 2x$， [X.12]

$a\frown(a-2x)$， [X.15]

于是 $a\frown\sqrt{a^2-b^2}$.

(2) $\because\ a\frown\sqrt{a^2-b^2}, a\frown(a-2x)$，

因此 $a\frown 2x$. [X.15]

但是 $2x\frown x$， [X.6]

所以 $a\frown x$. [X.12]

$\therefore\ (a-x)\frown x$. [X.15]

以上结果可用以下方程表示，$\begin{cases} xy = \dfrac{b^2}{4}, \\ x + y = a. \end{cases}$

(1)若 $x \frown y$，则 $a \frown \sqrt{a^2 - b^2}$，

(2)若 $a \frown \sqrt{a^2 - b^2}$，则 $x \frown y$.

命题 18

设有两条不相等的线段，在大线段贴合上一个等于小线段上正方形四分之一且缺少一个正方形的矩形，若分大线段为不可公度的两部分，则原来大线段上正方形比小线段上正方形大一个与大线段不可公度的线段上的正方形.

又，如果大线段上正方形比小线段上正方形大一个与大线段不可公度的线段上的正方形，且在大线段贴合上等于小线段上正方形的四分之一且缺少一个正方形的矩形. 则大线段被分为不可公度的两部分.

设 A，BC 是两条不相等的线段，其中 BC 是较大者，在 BC 贴合上等于 A 上正方形的四分之一且缺少一正方形的矩形，设它就是矩形 BD、DC，

[参看X.17 前引理]

B F E D C A

又设 BD 与 DC 是长度不可公度的.

则可证 BC 上的正方形较 A 上正方形大一个与 BC 是不可公度的线段上的正方形.

利用前面作图，类似地，我们能够证明 BC 上正方形比 A 上正方形大一个 FD 上正方形，

现在证明 BC 与 DF 是长度不可公度的.

由于 BD 与 DC 是长度不可公度的，

所以 BC 与 CD 在长度上也是不可公度的. [X.16]

但是 DC 与 BF，DC 的和是可公度的， [X.6]

所以 BC 与 BF，DC 的和是不可公度的， [X.13]

因此 BC 与余量 FD 在长度上也是不可公度的. [X.16]

而 BC 上正方形比 A 上正方形大一个 FD 上正方形，

所以 BC 上正方形比 A 上正方形大一个与 BC 是不可公度的线段上的正方形.

又设 BC 上正方形比 A 上正方形大一个与 BC 是不可公度的线段上的正方形；

而且对 BC 贴合上等于 A 上正方形的四分之一且缺少一个正方形的矩形，

而它就是矩形 BD、DC.

现在来证明 BD 与 DC 是长度不可公度的.

为此，用同一图，类似地，我们能够证明 BC 上正方形较 A 上正方形大一个 FD 上正方形.

但是 BC 上正方形比 A 上正方形大一个与 BC 是不可公度的线段上的正方形，所以 BC 与 FD 是长度不可公度的，

于是 BC 与余量，即 BF，DC 的和是不可公度的.　　[X.16]

但是 BF，DC 的和与 DC 是长度可公度的，　　[X.6]

所以 BC 与 DC 也是长度可公度的，　　[X.13]

因此由分比，BD 与 DC 是长度不可公度的.　　[X.16]

证完

设两线段 a、b，$(a>b)$，且 $x(a-x)=\frac{b^2}{4}$.

(1)若 $(a-x)\smile x$，则 $\sqrt{a^2-b^2}\smile a$；

(2)若 $\sqrt{a^2-b^2}\smile a$，则 $(a-x)\smile x$.

或者用方程表示 $\begin{cases} xy=\frac{b^2}{4}; \\ x+y=a. \end{cases}$

(1)若 $x\smile y$，则 $a\smile\sqrt{a^2-b^2}$；

(2)若 $a\smile\sqrt{a^2-b^2}$，则 $x\smile y$.

[**引理**　已证得长度可公度的线段也总是正方可公度的. 可是正方可公度的线段不一定是长度可公度的，那么它必然是长度可公度的或者不可公度的，如果一个线段与一个已知有理线段是长度可公度的，称它为有理的，且与已知有理线段不仅是长度也是正方可公度的，因为凡线段长度可公度，也必然是正方可公度的.

但是，如果任一线段与已知的有理线段是正方可公度的，也是长度可公度的，在这种情况下也称它是有理的，而且是长度和正方两者都可公度的；但是，如果任一线段与一有理线段是正方可公度的，且是长度不可公度的，在这种情况下也称它有理的，但是仅正方可公度.]

命题 19

由长度可公度的两有理线段所夹的矩形是有理的.

为此，设矩形 AC 是以长度可公度的有理线段 AB，BC 所夹的.

则可证 AC 是有理的.

因为，可在 AB 上作一个正方形 AD，那么 AD 是有理的.　　[X.定义4]

又，由于 AB 与 BC 是长度可公度的，而 AB 等于 BD，所以 BD 与 BC 是长度可公度的.

又，BD 比 BC 如同 DA 比 AC.　　[VI.1]

所以 DA 与 AC 是可公度的.　　[X.11]

但是 DA 是有理的；所以 AC 也是有理的.　　[X.定义4]

证完

设ρ是有理线段(由X. 定义3所确定的),则与ρ是长度可公度的线段的形式为$\frac{m}{n}\rho$(m,n为正整数),或者用$k\rho$表示($k=\frac{m}{n}$).

于是以ρ和$k\rho$为边的矩形为$k\rho^2$.

又 $\rho^2:k\rho^2=\rho:k\rho$,即

ρ^2与$k\rho^2$可公度. 而ρ^2为有理面,所以$k\rho^2$为有理面.

命题20

如果在一个有理线段贴合上一个有理面,则产生作为宽的线段是有理的,且与原线段是长度可公度的.

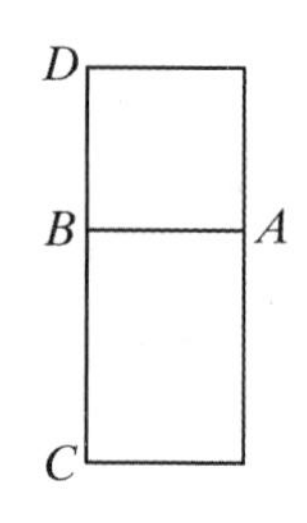

为此,用前面方法,在有理线段AB贴合上一个有理矩形AC,产生的BC作为宽.

则可证BC是有理的,且与BA是长度可公度的.

在AB上画出一个正方形AD,所以AD是有理的. [X. 定义4]

但是AC也是有理的;

所以DA与AC是可公度的.

又DA比AC如同DB比BC. [Ⅵ. 1]

所以DB与BC也是可公度的, [X. 11]

而DB等于BA,所以AB与BC也是可公度的.

但是AB是有理的;

所以BC也是有理的,且与AB是长度可公度的.

证完

若ρ是有理线段,那么任一有理矩形的形式可为$k\rho^2$.

那么与$k\rho^2$相等的矩形一边为ρ,则矩形另一边为$k\rho$. 显然ρ与$k\rho$是长度可公度的.

命题21

由仅是正方可公度的两有理线段所夹的矩形是无理的,且与此矩形相等的正方形的边也是无理的,我们称后者为**中项线**.

为此,设矩形AC是由仅正方可公度的两有理线段AB,BC所夹的矩形.

则可证矩形AC是无理的,且与AC相等的正方形边也是无理的,把后者称**中项线**.

在AB上作正方形AD,于是AD是有理的. [X. 定义4]

AB与BC是长度不可公度的,这是因为由假设,它们仅是正方可公度的,而AB等于BD,

所以 DB 与 BC 也是长度不可公度的.

又,DB 比 BC 如同 AD 比 AC; [Ⅵ.1]

所以 DA 与 AC 是不可公度的. [X.11]

但是 DA 是有理的;所以 AC 是无理的,

因此,等于 AC 的正方形的边也是无理的. [X.定义 4]

我们称后者为**中项线**.

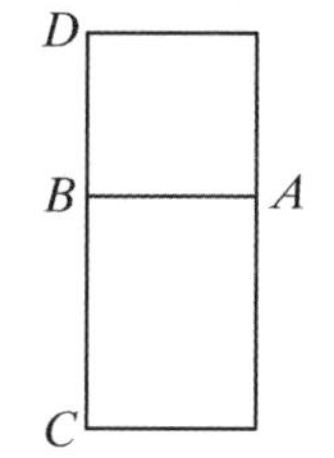

证完

仅正方可公度的两有理线段可表示为 ρ 和 $\sqrt{k}\rho$(k 开方后不为 $\frac{m}{n}$ 形式,m,n 为正整数).

因而中项线为 ρ 和 $\sqrt{k}\rho$ 的比例中项,即

$$\sqrt{\sqrt{k}\rho^2}=k^{\frac{1}{4}}\rho.$$

又 $\rho^2:\sqrt{k}\rho^2=\rho:\sqrt{k}\rho.$

由 X.11,ρ^2 与 $\sqrt{k}\rho^2$ 是不可公度的,因而 $\sqrt{k}\rho^2$ 是一个无理面,由 X.4 知,$k^{\frac{1}{4}}\rho$ 也是无理线段.

引 理

如果有两条线段,那么,第一线段比第二线段如同第一线段上正方形比以这两线段所夹的矩形.

设 FE,EG 是两线段.

则可证 FE 比 EG 如同 FE 上正方形比矩形 FE、EG.

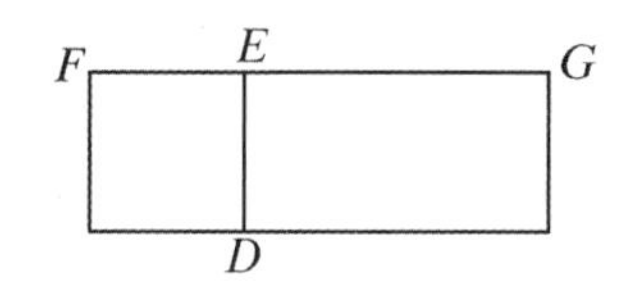

因为,若在 FE 上画正方形 DF,又作矩形 GD.

这时,由于 FE 比 EG 如同 FD 比 DG, [Ⅵ.1]

且 FD 是 FE 上正方形,DG 是矩形 DE、EG,即是矩形 FE、EG,

所以,FE 比 EG 如同 FE 上正方形比矩形 FE、EG.

类似地也有,矩形 GE、EF 比 EF 上正方形,即 GD 比 FD 如同 GE 比 EF.

证完

如果 a,b 为两个线段,则有 $a:b=a^2:ab$.

命 题 22

如果对一个有理线段贴合上一个与中项线上正方形相等的矩形,则产生出作为宽的线段是有理的,且与原有理线段是长度不可公度的.

设 A 是中项线,CB 是有理线段,

又设在 BC 上贴合一矩形 BD 等于 A 上正方形,产生出作为宽的 CD.

则可证 CD 是有理的,且与 CB 是长度不可公度的.

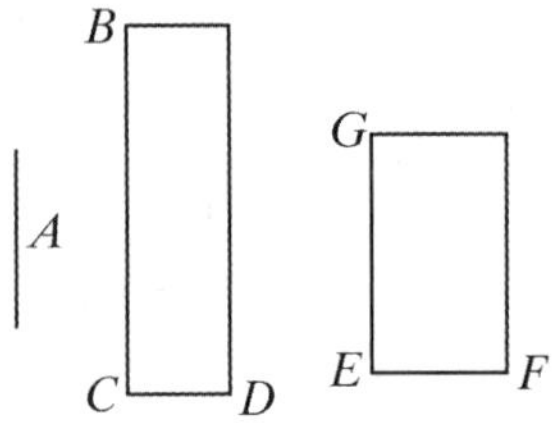

因为 A 是中项线，那么 A 上正方形等于仅是正方可公度的两有理线段所夹的矩形. [X. 21]

设 A 上正方形等于矩形 GF.

但是 A 上正方形也等于 BD，所以 BD 等于 GF.

但是 BD 与 GF 也是等角的，

在相等且等角的两矩形中，夹等角的两边成反比，

[Ⅵ. 14]

所以，有比例，BC 比 EG 如同 EF 比 CD.

所以也有，BC 上正方形比 EG 上正方形如同 EF 上正方形比 CD 上正方形.

[Ⅵ. 22]

但是 CB 上正方形与 EG 上正方形是可公度的，这是因为 CB，EG 的每一个是有理的；

所以 EF 上正方形与 CD 上正方形也是可公度的. [X. 11]

但是 EF 上正方形是有理的，所以 CD 上正方形也是有理的； [X. 定义 4]

所以 CD 是有理的.

且因为，EF 与 FG 是长度不可公度的，因为它们是仅正方可公度的.

又，EF 比 EG 如同 EF 上正方形比矩形 FE、EG， [引理]

所以 EF 上正方形与矩形 FE、EG 是不可公度的. [X. 11]

但是 CD 上正方形与 EF 上正方形是可公度的，

因为这些线段在正方形上是有理的.

又矩形 DC、CB 与矩形 FE、EG 是可公度的，

因为它们都等于 A 上正方形，

所以 CD 上正方形与矩形 DC、CB 也是不可公度的. [X. 13]

但是，CD 上正方形比矩形 DC、CB 如同 DC 比 CB； [引理]

所以 DC 与 CB 是长度不可公度的. [X. 11]

于是 CD 是有理的，且与 CB 是长度不可公度的.

证完

设 ρ 为有理线段，那么中项线可写为 $k^{\frac{1}{4}}\rho$.

此命题我们用代数方法加以证明.

设 $x \cdot \rho = (k^{\frac{1}{4}}\rho)^2$，

所以 $x = k^{\frac{1}{2}}\rho$.

显然 ρ 与 $k^{\frac{1}{2}}\rho$ 是仅正方可公度的，即 $\rho \sim k^{\frac{1}{4}}\rho$.

因 ρ 为有理线段，那么 $k^{\frac{1}{4}}\rho = x$ 亦为有理线段. [X. 定义 3]

当然 ρ 与 x 是长度不可公度的.

命题 23

与中项线可公度的线段也是中项线.

设 A 是中项线,又设 B 与 A 是可公度的.

则可证 B 也是中项线.

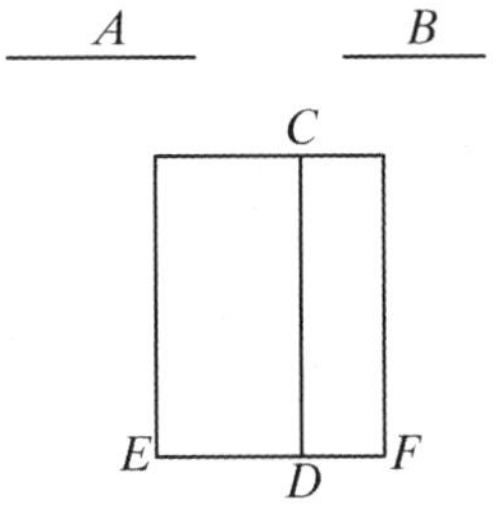

设 CD 是给定的一个有理线段,在 CD 贴合上一个矩形 CE,使它等于 A 上正方形,产生出 ED 作为宽;所以 ED 是有理的,且与 CD 是长度不可公度的.

又在 CD 贴合上一个矩形 CF,使它等于 B 上正方形,产生出 DF 作为宽.

因为 A 与 B 是可公度的,所以 A 上正方形与 B 上正方形也是可公度的.

但是 EC 等于 A 上正方形,CF 等于 B 上正方形,所以两矩形 EC 与 CF 是可公度的.

又,EC 比 CF 如同 ED 比 DF; [Ⅵ. 1]

所以 ED 与 DF 是长度可公度的. [X. 11]

但是 ED 是有理的,且与 DC 是长度不可公度的,

所以 DF 也是有理的, [X. 定义 3]

且与 DC 是长度不可公度的. [X. 13]

所以 CD,DF 都是有理的,且仅正方可公度.

但是一个线段上正方形等于以仅正方可公度的两有理线段所夹的矩形,则此线段是中项线; [X. 21]

所以与矩形 CD、DF 相等的正方形边是中项线.

又 B 是与矩形 CD、DF 相等的正方形的边;

所以 B 是中项线.

证完

推论 显然由此可得,与中项面可公度的面是中项面.

[又关于中项线,用在有理的情况下,同样的方法可以解释如下[X. 18 之后的引理],与一中项线是长度可公度的线段称为中项线,且不仅是长度也是正方可公度的,因为,一般地,凡线段是长度可公度必然是正方可公度.

但是,如果一些线段与中项线是正方可公度的,也是长度可公度的,则称这些线段是长度且正方可公度的中项线,但是如果是仅正方可公度,则称它们是仅正方可公度的中项线.]

以中项线为边的正方形叫做中项面.

对 X. 23 我们用代数方法加以证明:

设中项线为 $k^{\frac{1}{4}}\rho$,与它可公度的线段 x 分为:

(1)$x \frown k^{\frac{1}{4}}\rho$;　　(2)$x \frown\!\!- k^{\frac{1}{4}}\rho$.

在(1)情况下,$x=\lambda k^{\frac{1}{4}}\rho$. 即 $x=(\lambda^4 k)^{\frac{1}{4}}\rho$,
因而 x 是中项线;

在(2)情况下,$x=\lambda^{\frac{1}{2}}k^{\frac{1}{4}}\rho$,即 $x=(\lambda^2 k)^{\frac{1}{4}}\rho$,
因而 x 是中项线.

命题 24

由长度可公度的两中项线所夹的矩形是中项面.

为此,设矩形 AC 是由长度可公度的两中项线 AB,BC 所夹的矩形.

则可证 AC 是中项面.

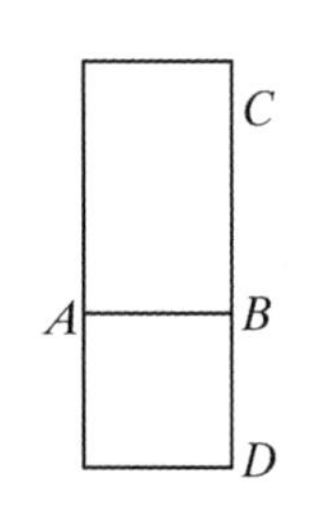

因为,若在 AB 上作一正方形 AD,则 AD 是中项面.

又因为,AB 与 BC 是长度可公度的,而 AB 等于 BD,所以 DB 与 BC 也是长度可公度的,于是 DA 与 AC 也是可公度的面.　　[Ⅵ.1,Ⅹ.11]

但是 DA 是中项面,

所以 AC 也是中项面.　　[Ⅹ.23 推论]

证完

因为 $k^{\frac{1}{4}}\rho \frown \lambda k^{\frac{1}{4}}\rho$,那么

$$k^{\frac{1}{4}}\rho \cdot \lambda k^{\frac{1}{4}}\rho=\lambda k^{\frac{1}{2}}\rho^2=\lambda k^{\frac{2}{4}}\rho^2=[(\lambda^2 k)^{\frac{1}{4}}\rho]^2$$

因为$(\lambda^2 k)^{\frac{1}{4}}\rho$ 是中项线,所以$[(\lambda^2 k)^{\frac{1}{4}}\rho]^2$ 是中项面.

命题 25

由仅正方可公度的两中项线所夹的矩形或者是有理面或者是中项面.

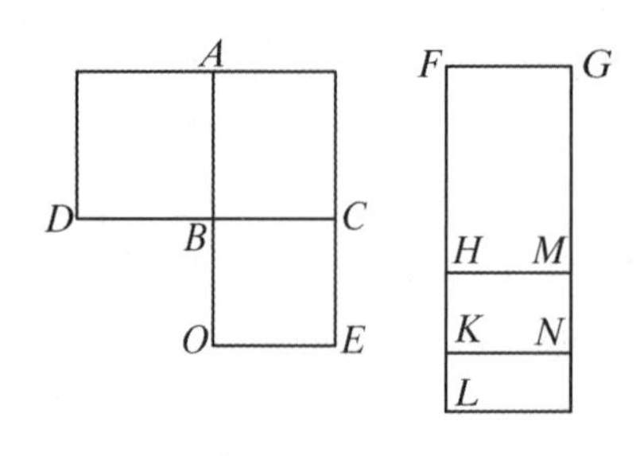

为此,设矩形 AC 是由仅正方可公度的两中项线 AB,BC 所夹的矩形.

则可证 AC 是有理面或者是中项面.

因为,若在 AB,BC 上分别作出正方形 AD,BE,所以两正方形 AD,BE 都是中项面.

设给定一个有理线段 FG,在 FG 贴合上一个矩形 GH 等于 AD,产生出作为宽的 FH;

在 HM 上贴合一个矩形 MK 等于 AC,产生出作为宽的 HK;

类似地,在 KN 上贴合一个矩形 NL 等于 BE,产生出作为宽的 KL,

于是 *FH*,*HK*,*KL* 在一直线上.

这时,由于正方形 *AD*,*BE* 每一个都是中项面,且 *AD* 等于 *GH*,*BE* 等于 *NL*,所以矩形 *GH*,*NL* 的每一个也是中项面.

又它们都是贴合于有理线段 *FG* 上的,所以线段 *FH*,*KL* 每一个是有理的,且与 *FG* 是长度不可公度的. [X.22]

又因为,*AD* 与 *BE* 是可公度的,
所以 *GH* 与 *NL* 也是可公度的.

又 *GH* 比 *NL* 如同 *FH* 比 *KL*; [Ⅵ.1]
所以 *FH* 与 *KL* 是长度可公度的. [X.11]

所以 *FH*,*KL* 是长度可公度的两有理线段;所以矩形 *FH*、*KL* 是有理的. [X.19]

又因为 *DB* 等于 *BA*,*OB* 等于 *BC*,
所以,*DB* 比 *BC* 如同 *AB* 比 *BO*.

但是,*DB* 比 *BC* 如同 *DA* 比 *AC*, [Ⅵ.1]
而且 *AB* 比 *BO* 如同 *AC* 比 *CO*,
所以 *DA* 比 *AC* 如同 *AC* 比 *CO*.

但是 *AD* 等于 *GH*,*AC* 等于 *MK* 以及 *CO* 等于 *NL*,
所以,*GH* 比 *MK* 如同 *MK* 比 *NL*;
于是也有,*FH* 比 *HK* 如同 *HK* 比 *KL*. [Ⅵ.1,Ⅴ.11]

所以矩形 *FH*、*KL* 等于 *HK* 上正方形. [Ⅵ.17]

但是,矩形 *FH*、*KL* 是有理的;
所以 *HK* 上正方形也是有理的,因此 *HK* 是有理的.

又如果,*HK* 与 *FG* 是长度可公度的,
于是,*HN* 是有理的, [X.19]
但是,如果 *HK* 与 *FG* 是长度不可公度的,*KH*,*HM* 是仅正方可公度的两有理线段,因而 *HN* 是中项面. [X.21]

因此 *HN* 是有理面或者是中项面.

但是 *HN* 等于 *AC*,
所以 *AC* 是有理面或者是中项面.

证完

仅正方可公度的两中项线 $k^{\frac{1}{4}}\rho,\sqrt{\lambda}k^{\frac{1}{4}}\rho$ 为边的矩形为$k^{\frac{1}{4}}\rho \cdot \sqrt{\lambda}k^{\frac{1}{2}}\rho^2=(\lambda k)^{\frac{1}{2}}\rho^2$. 一般说来,它是一个中项面;但是,若$\sqrt{\lambda}=k'\sqrt{k}$时,则该矩形为 $k'k\rho^2$,它显然是一个有理矩形.

命题 26

一个中项面不会比一个中项面大一个有理面.

因为,如果可能,若设中项面 *AB* 比中项面 *AC* 大一个有理面 *DB*. 取有理线段 *EF*,在

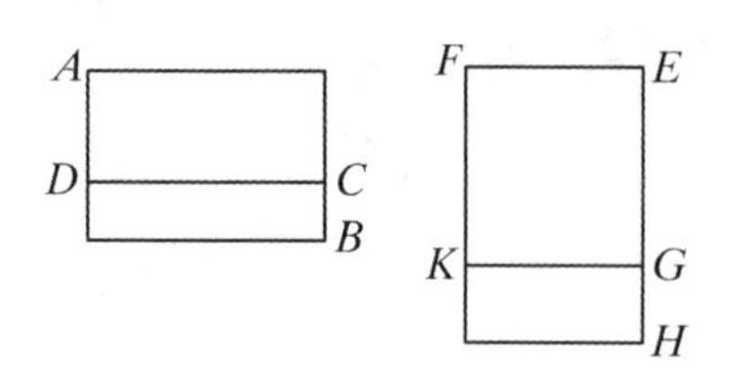

EF 上贴合一个矩形 FH 等于 AB，产生出 EH 作为宽.

截出等于 AC 的矩形 FG，
所以余量 BD 等于余量 KH.

但是 DB 是有理的；所以 HK 也是有理的.

这时，由于两矩形 AB，AC 每一个都是中项面，而且 AB 等于 FH，AC 等于 FG.

所以两矩形 FH，FG 每一个也都是中项面.

又因为它们都是贴合于有理线段 EF 上，
所以每个线段 HE，EG 都是有理的，且与 EF 是长度不可公度的.　［X.22］

又因为，DB 是有理面且等于 KH，所以 KH 也是有理面，且它也是贴合于有理线段 EF 上，
所以 GH 是有理的，且与 EF 是长度可公度的.　［X.20］

但是 EG 也是有理的，且它与 EF 是长度不可公度的，
所以 EG 与 GH 是长度不可公度的.　［X.13］

又，EG 比 GH 如同 EG 上正方形比矩形 EG、GH；
所以 EG 上正方形与矩形 EG、GH 是不可公度的.　［X.11］

但是 EG，GH 上两正方形的和与 EG 上正方形是可公度的，因为两个都是有理的；
又两倍矩形 EG、GH 与矩形 EG、GH 是可公度的，因为它是它的二倍，　［X.6］
又 EG，GH 上两正方形与二倍矩形 EG、GH 是不可公度的，　［X.13］
所以 EG，GH 上两正方形之和加二倍矩形 EG、GH，即 EH 上正方形，它与 EG，GH 上两正方形是不可公度的.　［X.16］

但 EG，GH 上两正方形都是有理面，　［X.定义4］
于是 EH 上的正方形是无理的.

但它也是有理的：这是不可能的.

证完

两中项面可以写为 $k^{\frac{1}{2}}\rho^2$，$\lambda^{\frac{1}{2}}\rho^2$. 命题断言

$k^{\frac{1}{2}}\rho^2-\lambda^{\frac{1}{2}}\rho^2=(k^{\frac{1}{2}}-\lambda^{\frac{1}{2}})\rho^2$ 不是有理面. 即 $(\sqrt{k}-\sqrt{\lambda})$ 不等于 $\frac{m}{n}$（m，n 为正整数），这在代数中是容易证明的.

命题 27

求仅正方可公度的两中项线，使它们夹一个有理矩形.

给定仅正方可公度的两有理线段 A 和 B，取 C 为 A，B 的比例中项，　［Ⅵ.13］
又作出 A 比 B 如同 C 比 D.　［Ⅵ.12］

那么，由于 A，B 是仅正方可公度的两有理线段，则矩形 A、B，即 C 上正方形［Ⅵ.17］，是中项面.　［X.21］

所以 C 是中项线. [X.21]

又,由于 A 比 B 如同 C 比 D,而且 A,B 是仅正方可公度的,所以 C,D 也是仅正方可公度的. [X.11]

又 C 是中项线,

所以 D 也是中项线. [X.23 附注]

所以 C,D 是仅正方可公度的两中项线.

还可证,以它们所夹的矩形是一个有理面.

因为,由于 A 比 B 如同 C 比 D,

所以由更比例,A 比 C 如同 B 比 D. [V.16]

但是 A 比 C 如同 C 比 B,所以也有 C 比 B 如同 B 比 D,

因此矩形 C、D 等于 B 上正方形.

但是 B 上正方形是有理的;

所以矩形 C、D 也是有理的.

于是我们求出了仅正方可公度的两中项线,它们所夹的是有理矩形.

证完

欧几里得的作法是,先求出正方可公度的两有理线段 $\rho,k^{\frac{1}{2}}\rho$ 的比例中项 $k^{\frac{1}{4}}\rho$. 再求出 x 使其满足

$$\rho:k^{\frac{1}{2}}\rho=k^{\frac{1}{4}}\rho:x, \quad (1)$$

于是 $x=k^{\frac{3}{4}}\rho$.

因为 $k^{\frac{1}{4}}\rho$ 是中项线. 由(1),因为 $\rho\sim k^{\frac{1}{2}}\rho$.

所以 $k^{\frac{1}{4}}\rho\sim k^{\frac{3}{4}}\rho$. 于是 $k^{\frac{3}{4}}$ 也是中项线.

且 $k^{\frac{1}{4}}\rho\cdot k^{\frac{3}{4}}\rho=k\rho^2$,它是有理的.

因而 $k^{\frac{1}{4}}\rho,k^{\frac{3}{4}}\rho$ 为之所求.

命题 28

求仅正方可公度的两中项线,使它们所夹的矩形为中项面.

A

B D

C E

给定仅正方可公度的三个有理线段 A,B,C;

设 D 是 A、B 的比例中项, [VI.13]

又作出 E,使得 B 比 C 如同 D 比 E. [VI.12]

由于 A,B 是仅正方可公度的有理线段,

所以 A、B,即 D 上正方形[VI.17],是中项面, [X.21]

所以 D 是中项线. [X.21]

又,由于 B、C 是仅正方可公度的,
且 B 比 C 如同 D 比 E,
所以 D,E 也是仅正方可公度的. [X.11]

但是 D 是中项线,所以 E 也是中项线. [X.23 附注]

于是 D,E 是仅正方可公度的两中项线.

其次可证,以它们所夹的矩形是一个中项面.

因为,由于 B 比 C 如同 D 比 E,
所以由更比,B 比 D 如同 C 比 E. [V.16]

但是,B 比 D 如同 D 比 A,
所以也有,D 比 A 如同 C 比 E,
所以矩形 A、C 等于矩形 D、E. [V.16]

但是矩形 A、C 是中项面,所以矩形 D、E 也是中项面.

于是求出了仅正方可公度的两中项线,且它们所夹的矩形是中项面.

证完

欧几里得取仅正方公度的三个有理线段,ρ,$k^{\frac{1}{2}}\rho$,$\lambda^{\frac{1}{2}}\rho$,$\rho$ 与 $k^{\frac{1}{2}}\rho$ 的比例中项为 $k^{\frac{1}{4}}\rho$,取 x 满足

$$k^{\frac{1}{2}}\rho:\lambda^{\frac{1}{2}}\rho=k^{\frac{1}{4}}\rho:x,\text{于是 } x=\lambda^{\frac{1}{2}}\rho/k^{\frac{1}{4}}.$$

可证明,$k^{\frac{1}{4}}$,$\lambda^{\frac{1}{2}}\rho/k^{\frac{1}{4}}$ 是所求的两中项线.

引理 1

试求二平方数,使其和也是平方数.

给出两数 AB,BC,它们或都是偶数或都是奇数.

A——D——C——B

于是,由于无论从偶数减去偶数或者从奇数减去奇数,其余数都是偶数. [IX.24.26]

所以余数 AC 是偶数.

设 D 平分 AC.

再设 AB,BC 都是相似面数或者都是平方数,而平方数本身也是相似面数.

现在因为 AB,BC 的乘积与 CD 的平方相加等于 BD 的平方. [II.6]

又 AB,BC 的乘积是一个平方数,
因为已经证明了两相似面数的乘积是平方数. [IX.1]

因此两个平方数,即 AB,BC 的乘积和 CD 的平方被求出,当它们相加时,得到 BD 的平方.

显然又同时求出了两个平方数,即 BD 上的正方形和 CD 上的正方形,又发现它们的差,即 AB,BC 的乘积是一个平方数,这时无论 AB,BC 是怎样的相似面数.

但是它们不是相似面数时,已求得的两平方数,即 BD 的平方与 BC 的平方,其差为 AB,BC 的乘积并不是平方数.

证完

取两数 mnp^2,mnq^2,求它们同时为偶数或同时为奇数,于是由Ⅱ.6可得出

$$mnp^2 \cdot mnq^2 + \left(\frac{mnp^2 - mnq^2}{2}\right)^2 = \left(\frac{mnp^2 + mnq^2}{2}\right)^2,$$

因而 $m^2n^2p^2q^2$,$\left(\frac{mnp^2 - mnq^2}{2}\right)^2$ 为之所求.

引理 2

试求二平方数,使其和不是平方数.

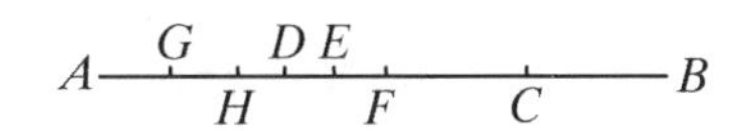

为此,设 AB,BC 的乘积如前所说的那样是一个平方数,又设 CA 是偶数,再设 D 平分 CA.

显然 AB,BC 的乘积加 CD 的平方等于 BD 的平方. [引理1]

在 BD 上减去单位 DE,

于是 AB,BC 的乘积加 CE 的平方小于 BD 的平方.

则可证得,AB,BC 的乘积加 CE 的平方不是平方数.

因为,如果它是平方数,

则它等于 BE 的平方或者小于 BE 的平方,但不能大于,因单位不能再分.

首先,若可能,设 AB,BC 的乘积与 CE 的平方的和等于 BE 的平方,又设 GA 是单位 DE 的二倍.

因为 AC 是 CD 的二倍,其中 AG 是 DE 的二倍,

所以余数 GC 也是余数 EC 的二倍,所以 GC 被 E 平分.

于是 GB,BC 的乘积加 CE 的平方等于 BE 的平方. [Ⅱ.6]

但是由假设 AB,BC 的乘积与 CE 的平方的和等于 BE 的平方;

所以 GB,BC 的乘积加 CE 的平方等于 AB,BC 的乘积与 CE 的平方的和.

又,如果减去共同的 CE 的平方,就得到 AB 等于 GB:这是不合理的.

所以 AB,BC 的乘积与 CE 的平方的和不等于 BE 的平方.

其次可证它不小于 BE 的平方.

因为,若可能,设它等于 BF 的平方,

又设 HA 是 DF 的二倍.

于是得到 HC 是 CF 的二倍;

即是 CH 在 F 点被平分,

同理 HB,BC 的乘积加 FC 的平方等于 BF 的平方. [Ⅱ.6]

但是由假设,AB,BC 的乘积与 CE 的平方的和也等于 BF 的平方.

于是 HB,BC 的乘积加 CF 的平方等于 AB,BC 的乘积加 CE 的平方:这是不合理的.

所以 AB,BC 的乘积加 CE 的平方不小于 BE 的平方.

又已证明了它不等于 BE 的平方.

所以 AB,BC 的乘积加 CE 的平方不是平方数. **证完**

设两个数 mp^2,mq^2,同时为偶数或同时为奇数,那么由引理 1 可知

$$mp^2 \cdot mq^2 + \left(\frac{mp^2 - mq^2}{2}\right)^2 = \left(\frac{mp^2 + mq^2}{2}\right)^2,$$

即两平方数之和等于一个平方数.

欧几里得证明了,

$$mp^2 \cdot mq^2 + \left(\frac{mp^2 - mq^2}{2} - 1\right)^2 \text{ 不是平方数.}$$

命题 29

求仅正方可公度的二有理线段,并且使大线段上正方形比小线段上正方形大一个与大线段是长度可公度的线段上的正方形.

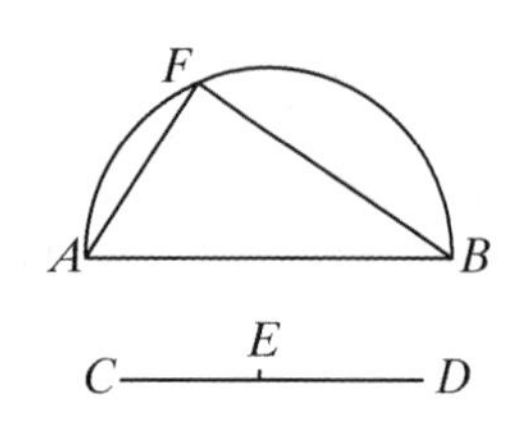

为此,给出一个有理线段 AB 及两平方数 CD,DE,使得它们的差 CE 不是平方数. [引理 1]

在 AB 上画出半圆 AFB,并设法找出圆弧上一点 F,使得 DC 比 CE 如同 BA 上正方形比 AF 上正方形. [X.6,推论]

连接 FB.

由于 BA 上正方形比 AF 上正方形如同 DC 比 CE,
所以 BA 上正方形与 AF 上正方形的比如同数 DC 与数 CE 的比;
于是 BA 上正方形与 AF 上正方形是可公度的. [X.6]

但是 AB 上正方形是有理的, [X.定义 4]
所以 AF 上正方形也是有理的, [同上]
从而 AF 也是有理的.

又,由于 DC 与 CE 的比不同于一个平方数与一个平方数的比,
则 BA 上正方形与 AF 上正方形的比也不同于一个平方数与一个平方数的比;
所以 AB 与 AF 是长度不可公度的. [X.9]

于是 BA,AF 是仅正方可公度的两有理线段.

又,由于 DC 比 CE 如同 BA 上正方形比 AF 上正方形,
所以,由换比,CD 比 DE 如同 AB 上正方形比 BF 上正方形.
[V.19,推论,Ⅲ.31,Ⅰ.47]

但是,CD 比 DE 如同两平方数之比;
所以也有 AB 上正方形与 BF 上正方形的比如同一个平方数与一个平方数之比,
所以 AB 与 BF 是长度可公度的. [X.9]

又 AB 上正方形等于 AF,FB 上正方形的和.

所以 AB 上正方形比 AF 上正方形大一个与 AB 是可公度的线段 BF 上的正方形.

于是找出了仅正方可公度的两条有理线段 BA,AF,
且大线段 AB 上正方形比小线段 AF 上正方形大一个与 AB 是长度可公度的 BF 上的正

方形.

证完

取一个有理线 ρ 和两数 m^2,n^2 且 (m^2-n^2) 不是平方数.

求一线段 x 使得满足比例式

$$m^2:(m^2-n^2)=\rho^2:x^2 \tag{1}$$

因此 $x=\frac{m^2-n^2}{m^2}\rho^2$, 或 $x=\rho\sqrt{1-k^2}$, $k=\frac{n}{m}$.

于是所求的两线段为 $\rho,\rho\sqrt{1-k^2}$,

因为由(1)可知 $x^2\frown\rho^2$,于是 x 为有理线段,且 $x\smile\rho$.

从(1)由换比例,$m^2:n^2=\rho^2:(\rho^2-x^2)$.

因而 $\rho\frown\sqrt{\rho^2-x^2}$.

命题 30

求仅是正方可公度的两有理线段,并且大线段上正方形比小线段上正方形大一个与大线段是长度不可公度的线段上的正方形.

给出一个有理线段 AB 及两个平方数 CE,ED,使得它们的和 CD 不是平方数.

[引理 2]

在 AB 上画出半圆 AFB,并设法找出圆弧上一点 F,使得 DC 比 CE 如同 AB 上正方形比 AF 上正方形. [X.6,推论]

连接 FB.

类似于前面进行的方式可以证明,BA,AF 是仅正方可公度的两有理线段.

又,由于 DC 比 CE 如同 BA 上正方形比 AF 上正方形,

所以,由换比,CD 比 DE 如同 AB 上正方形比 BF 上正方形.

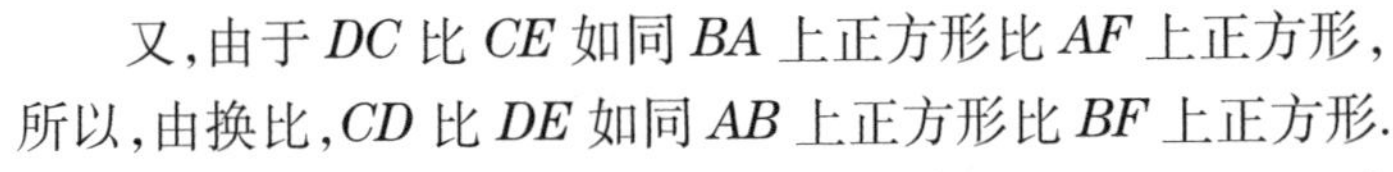

[V.19,推论,Ⅲ.31,Ⅰ.47]

但是 CD 与 DE 的比不同于一个平方数比一个平方数,

所以 AB 上正方形与 BF 上正方形的比也不同于一个平方数比一个平方数;

所以 AB 与 BF 是长度不可公度的. [X.9]

又 AB 上正方形比 AF 上正方形大一个与 AB 是不可公度的 FB 上正方形.

于是 AB,AF 是仅正方可公度的两有理线段,且 AB 上正方形比 AF 上正方形大一个与 AB 是不可公度的 FB 上正方形.

证完

取一个有理线段 ρ 和两数 m^2,n^2,且 (m^2+n^2) 不是平方数.

求一线段 x,使得满足

$$(m^2+n^2):m^2=\rho^2:x^2, \tag{1}$$

因此 $x=\frac{\rho}{\sqrt{1+k^2}}$, $k=\frac{m}{n}$.

于是所求的两线段为 $\rho, \frac{\rho}{\sqrt{1+k^2}}$.

因为由(1)可知 $x^2 \frown \rho^2$，于是 x 为有理线段，且 $x \smile \rho$.

从(1)由换比例，　$(m^2+n^2):n^2=\rho^2:(\rho^2-x^2)$.

因 m^2+n^2 不是平方数，所以 $\rho \smile \sqrt{\rho^2-x^2}$.

命题 31

求仅正方可公度的两中项线夹一个有理矩形，使得大线段上正方形比小线段上正方形大一个与大线段是长度可公度的一个线段上的正方形.

设给出仅正方可公度的两条有理线段 A，B，使得大线段 A 上正方形比 B 上正方形大一个与 A 是长度可公度的一个线段上的正方形.

[X.29]

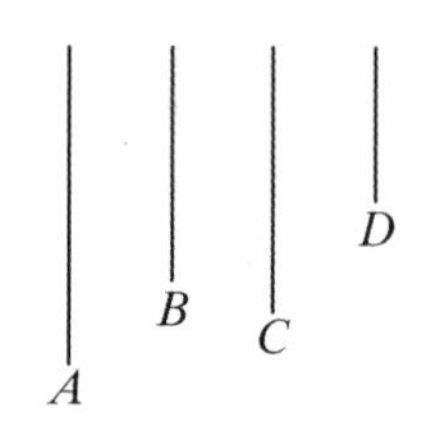

又设 C 上正方形等于矩形 A、B.

于是矩形 A、B 是中项面； [X.21]

所以 C 上正方形也是中项面，于是 C 也是中项线.

设矩形 C、D 等于 B 上正方形.

现在 B 上正方形是有理的；

所以矩形 C、D 也是有理的.

又，由于 A 比 B 如同矩形 A、B 比 B 上正方形，

可是 C 上正方形等于矩形 A、B，

而矩形 C、D 等于 B 上正方形，

所以，A 比 B 如同 C 上正方形比矩形 C、D.

但是，C 上正方形比矩形 C、D 如同 C 比 D；

所以也有，A 比 B 如同 C 比 D. 但是 A 与 B 是仅正方可公度的.

所以 C 与 D 也是仅正方可公度的. [X.11]

又 C 是中项线；

所以 D 也是中项线. [X.23，附注]

又，由于 A 比 B 如同 C 比 D，

且 A 上正方形比 B 上正方形大一个与 A 是可公度的线段上的正方形.

所以也有 C 上正方形比 D 上正方形大一个与 C 是可公度的线段上的正方形.

[X.14]

于是，已找出仅正方可公度的两中项线 C、D，

由它们所夹的矩形是有理的，且 C 上正方形比 D 上正方形大一个与 C 是长度可公度的线段上的正方形.

类似地，也可以证明，当 A 上的正方形比 B 上的正方形大一个与 A 是不可公度线段上的正方形时，则 C 上正方形比 D 上正方形大一个与 C 也是不可公度的线段上的正

方形.

证完

设$\rho,\rho\sqrt{1-k^2}$为X.29所求的仅正方可公度的两有理线段,其比例中项为$\rho(1-k^2)^{\frac{1}{4}}$,由X.21知$\rho(1-k^2)^{\frac{1}{4}}$为中线项.

求一线段x,使得满足

$$\rho(1-k^2)^{\frac{1}{4}}:\rho\sqrt{1-k^2}=\rho\sqrt{1-k^2}:x,$$

因此　　$x=\rho(1-k^2)^{\frac{3}{4}}$.

我们现在用代数证明$\rho(1-k^2)^{\frac{1}{4}},\rho(1-k^2)^{\frac{3}{4}}$就是本命题所求的两线段.

因为$\rho(1-k^2)^{\frac{3}{4}}=\rho(1-k^2)^{\frac{1}{4}}(1-k^2)^{\frac{1}{2}}$,由X.29知

$$\rho(1-k^2)^{\frac{1}{4}}\frown\rho(1-k^2)^{\frac{3}{4}},$$

而$\rho(1-k^2)^{\frac{1}{4}}$是中项线,所以$\rho(1-k^2)^{\frac{3}{4}}$也是中项线.

又$\sqrt{[\rho(1-k^2)^{\frac{1}{4}}]^2-[\rho(1-k^2)^{\frac{3}{4}}]^2}=\rho(1-k^2)^{\frac{1}{4}}\cdot k$.

显然$\rho(1-k^2)^{\frac{1}{4}}\frown\rho(1-k^2)^{\frac{1}{4}}k$.

命题最后所求的线段为

$$\frac{\rho}{\rho(1-k^2)^{\frac{1}{4}}},\quad\frac{\rho}{(1+k^2)^{\frac{3}{4}}}.$$

命 题 32

求仅正方可公度的两中项线,它们夹一个中项矩形,且大线段上的正方形比小线段上正方形大一个与大线段是可公度的线段上的正方形.

设取仅正方可公度的三个有理线段A,B,C,并使A上正方形比C上正方形大一个与A是可公度的线段上的正方形.　　[X.29]

又设D上正方形等于矩形A、B.

那么D上正方形是中项面,

所以D也是中项线;　　[X.21]

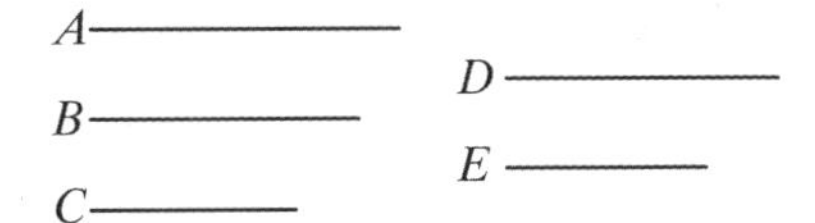

设矩形D、E等于矩形B、C.

那么矩形A、B比矩形B、C如同A比C,

而D上正方形等于矩形A、B,矩形D、E等于矩形B、C.

所以,A比C如同D上正方形比矩形D、E.

但是,D上正方形比矩形D、E如同D比E;

所以也有,A比C如同D比E.

但是A与C是仅正方可公度的;

所以D与E也是仅正方公度的.　　[X.11]

但是D是中项线;

所以 E 也是中项线. [X. 23,附注]

又,由于 A 比 C 如同 D 比 E,

而 A 上正方形比 C 上正方形大一个与 A 是可公度的线段上的正方形,

所以也有,D 上正方形比 E 上正方形大一个与 D 是可公度的线段上的正方形. [X. 14]

其次,可以证明矩形 D、E 也是中项面.

因为矩形 B、C 等于矩形 D、E,而矩形 B、C 是中项面,

所以矩形 D、E 是中项面. [X. 21]

于是已求出了仅正方可公度的两中项线 D,E,且矩形 D、E 是中项面,以及大线段上正方形比小线段上正方形大一个与大线段是可公度的线段上的正方形.

类似地又可证明,当 A 上正方形比 C 上正方形大一个与 A 不可公度的线段上正方形时,则 D 上正方形比 E 上正方形大一个与 D 也是不可公度的线段上的正方形. [X. 30]

证完

取三个仅正方可公度的线段 $\rho,\rho\sqrt{\lambda},\rho\sqrt{1-k^2}$,前两个的比例中项为 $\rho\lambda^{\frac{1}{4}}$. 由 X. 21 知 $\rho\lambda^{\frac{1}{4}}$ 是中项线.

求一线段 x,使得满足

$$\rho\lambda^{\frac{1}{4}}:\rho\lambda^{\frac{1}{2}}=\rho\sqrt{1-x^2}:x,$$

因此 $$x=\rho\lambda^{\frac{1}{4}}\sqrt{1-k^2}.$$

我们现在用代数证明 $\rho\lambda^{\frac{1}{4}},\rho\lambda^{\frac{1}{4}}\sqrt{1-k^2}$ 就是本命题所求的两线段.

由 X. 29 $\rho\lambda^{\frac{1}{4}}\frown\rho\lambda^{\frac{1}{4}}\sqrt{1-k^2}$,因为 $\rho\lambda^{\frac{1}{4}}$ 是中项线,所以 $\rho\lambda^{\frac{1}{4}}\sqrt{1-k^2}$ 也是中项线.

(1) $\rho\lambda^{\frac{1}{4}}\cdot\rho\lambda^{\frac{1}{4}}\sqrt{1-k^2}=\{\rho[\lambda(1-k^2)]^{\frac{1}{4}}\}^2$,

由 X. 21 知 $\rho[\lambda(1-k^2)]^{\frac{1}{4}}]$ 为中项线,于是 $\rho\lambda^{\frac{1}{4}}\cdot\rho\lambda^{\frac{1}{4}}\sqrt{1-k^2}$ 为中项面.

(2) $\sqrt{(\rho\lambda^{\frac{1}{4}})^2-(\rho\lambda^{\frac{1}{4}}\sqrt{1-k^2})^2}=\rho\lambda^{\frac{1}{4}}k$,

显然 $\rho\lambda^{\frac{1}{4}}\frown\rho\lambda^{\frac{1}{4}}k$.

命题最后所得的两线段为 $\rho\lambda^{\frac{1}{4}},\dfrac{\rho\lambda^{\frac{1}{4}}}{\sqrt{1+k^2}}$.

引 理

设 ABC 是直角三角形,A 是直角,AD 是所画出的垂线.

则可证矩形 CB、BD 等于 BA 上正方形,矩形 BC、CD 等于 CA 上正方形,矩形 BD、DC 等于 AD 上正方形,更有矩形 BC、AD 等于矩形 BA、AC.

首先证矩形 CB、BD 等于 BA 上正方形.

因为,由于在直角三角形中,AD 是从直角顶向底边引的垂线,

所以两三角形 ABD,ADC 都相似于三角形 ABC,且它们彼此相似. [VI. 8]

又,由于三角形 ABC 相似于三角形 ABD,

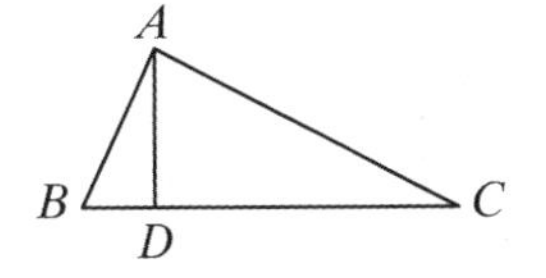

所以,CB 比 BA 如同 BA 比 BD; [Ⅵ.4]

所以矩形 CB、BD 等于 AB 上正方形. [Ⅵ.17]

同理,矩形 BC、CD 也等于 AC 上正方形.

又由于,如果在一个直角三角形中,从直角顶向底边作垂线,

则垂线是所分底边两段的比例中项, [Ⅵ.8,推论]

所以 BD 比 DA 如同 DA 比 DC;

所以矩形 BD、DC 等于 AD 上正方形. [Ⅵ.17]

还可证矩形 BC、AD 也等于矩形 BA、AC.

因为,像我们说过的,由于 ABC 相似于 ABD,

所以,BC 比 CA 如同 BA 比 AD. [Ⅵ.4]

于是矩形 BC、AD 等于矩形 BA、AC. [Ⅵ.16]

证完

命题 33

求正方不可公度的两线段,使得在它们上正方形的和是有理的,而它们所夹的矩形是中项面.

给出仅正方可公度的两有理线段 AB,BC,且使大线段 AB 上正方形较小线段 BC 上正方形大一个与 AB 是不可公度的线段上的正方形. [X.30]

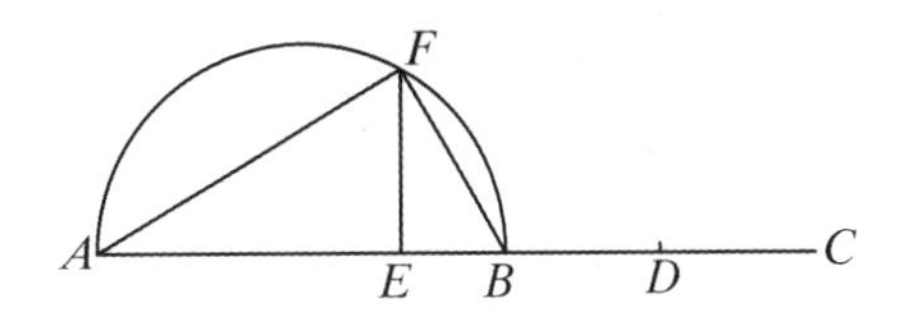

设 D 平分 BC.

在 AB 上贴合一个等于 BD,DC 之一上正方形的矩形且缺少一个正方形,设它是矩形 AE、EB. [Ⅵ.28]

在 AB 上画出半圆 AFB,作 EF 与 AB 成直角,连接 AF,FB.

这时,由于 AB,BC 不相等,且 AB 上正方形比 BC 上正方形大一个与 AB 不可公度的线段上的正方形,

已经在 AB 上贴合一个等于 BC 上正方形的四分之一,即 AB 一半上的正方形的矩形,

此为矩形 AE、EB,

所以,AE 与 EB 是不可公度的. [X.18]

又,AE 比 EB 如同矩形 BA、AE 比矩形 AB、BE,

而矩形 BA、AE 等于 AF 上正方形,矩形 AB、BE 等于 BF 上正方形,

所以 AF 上正方形与 FB 上正方形是不可公度的.

所以 AF,FB 是正方不可公度的.

又,由于 AB 是有理的,所以 AB 上正方形也是有理的;
于是 AF,FB 上正方形的和也是有理的. [I.47]

又因为,矩形 AE、EB 等于 EF 上正方形,
由假设,矩形 AE、EB 也等于 BD 上正方形,所以 FE 等于 BD,
所以 BC 是 FE 的二倍,于是矩形 AB、BC 与矩形 AB、EF 也是可公度的.

但是矩形 AB、BC 是中项面; [X.21]
所以矩形 AB、EF 也是中项面. [X.23,推论]

由于矩形 AB、EF 等于矩形 AF、FB, [引理]
故矩形 AF、FB 也是中项面.

但是已经证明这些线段上正方形的和是有理的.

所以我们求出了正方不可公度的两线段 AF,FB,使得它们上正方形的和是有理的,而由它们所夹的矩形是中项面.

证完

取X.30所求的仅正方可公度的两有理线段 $\rho,\frac{\rho}{\sqrt{1+k^2}}$. 如果 x,y 是

方程 $\begin{cases} x+y=\rho; \\ xy=\dfrac{\rho^2}{\sqrt{1+k^2}}, \end{cases}$ (1)

的解,那么满足方程 $\begin{cases} u^2=\rho x; \\ v^2=\rho y, \end{cases}$ (2)

解方程(1),若 $x>y$,我们得到

$$x=\frac{\rho}{2}\left(1+\frac{k}{\sqrt{1+k^2}}\right),\qquad y=\frac{\rho}{2}\left(1-\frac{k}{\sqrt{1+k^2}}\right),$$

于是 $$u=\frac{\rho}{\sqrt{2}}\sqrt{1+\frac{k}{\sqrt{1+k^2}}},\qquad v=\frac{\rho}{\sqrt{2}}\sqrt{1-\frac{k}{\sqrt{1+k^2}}}.$$

欧几里得证明如下:

1. 因为(1)中的常量满足X.18的条件,所以 $x\smile y$,但是 $x:y=u^2:v^2$,所以 $u^2\smile v^2$. 即 u,v 是正方不可公度.

2. $u^2+v^2=\rho^2$,即 u^2+v^2 是有理矩形.

3. 由(1) $\sqrt{xy}=\dfrac{\rho}{2\sqrt{1+k^2}}$,由(2) $uv=\rho\cdot\sqrt{xy}=\dfrac{\rho^2}{2\sqrt{1+k^2}}$,

而 $\dfrac{\rho^2}{\sqrt{1+k^2}}$ 是中项面,所以 uv 也是中项面.

命题 34

求正方不可公度的两线段,使其上正方形的和是中项面,而由它们所夹的矩形是有理面.

设给出仅正方可公度的两中项线 AB,BC,由它们所夹的矩形是有理的,且 AB 上正

方形比 BC 上正方形大一个与 AB 是不可公度的线段上的正方形，

[X.31]

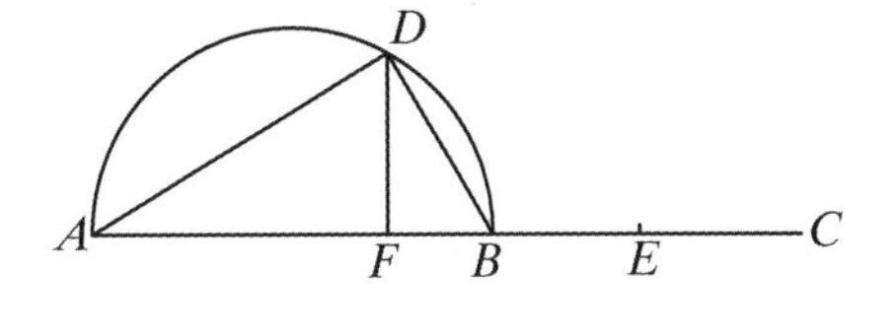

在 AB 上画出半圆 ADB，设 BC 被 E 平分，

在 AB 贴合上一个等于 BE 上的正方形的矩形且缺少一个正方形，即矩形 AF、FB， [Ⅵ.28]

所以 AF 与 FB 是长度不可公度的. [X.18]

从点 F 作 FD 和 AB 成直角.

D 在 AB 的半圆上，连接 AD，DB.

因为 AF 与 FB 是长度不可公度的，

所以矩形 BA、AF 与矩形 AB、BF 也是不可公度的. [X.11]

但是矩形 AB、AF 等于 AD 上正方形，矩形 AB、BF 等于 DB 上正方形；

所以 AD 上正方形与 DB 上正方形也是不可公度的.

又，由于 AB 上正方形是中项面，

所以 AD，DB 上正方形之和也是中项面. [Ⅲ.31，Ⅰ.47]

又因为，BC 是 DF 的二倍，

所以矩形 AB、BC 也是矩形 AB、FD 的二倍.

但是矩形 AB、BC 是有理的；

所以矩形 AB、FD 也是有理的. [X.6]

但是矩形 AB、FD 等于矩形 AD、DB， [引理]

于是矩形 AD、DB 也是有理的.

于是已求出是正方不可公度的两线段 AD，DB，

使得在它们上的正方形之和是中项面，

但由它们所夹的矩形是有理面.

证完

取X.31 最后所求的两中项线 $\frac{\rho}{(1+k^2)^{\frac{1}{4}}}$，$\frac{\rho}{(1+k^2)^{\frac{3}{4}}}$，如果 x，y 是方程

$$\begin{cases} x+y=\dfrac{\rho}{(1+k^2)^{\frac{1}{4}}}; \\ xy=\dfrac{\rho^2}{4(1+k^2)^{\frac{3}{4}}}, \end{cases} \tag{1}$$

的解. 欧几里得类似前命题证明了满足方程

$$\begin{cases} u^2=\dfrac{\rho}{(1+k^2)^{\frac{1}{4}}}\cdot x \\ v^2=\dfrac{\rho}{4(1+k^2)^{\frac{3}{4}}}\cdot y \end{cases} \tag{2}$$

的 u，v 就是所求的两线段.

由(1)，(2)当 $x>y$，解得

$$u=\frac{\rho}{\sqrt{2(1+k^2)}}\sqrt{\sqrt{1+k^2}+k},$$

$$v=\frac{\rho}{\sqrt{2(1+k^2)}}\sqrt{\sqrt{1+k^2}-k}.$$

命 题 35

求正方不可公度的两线段，使其上正方形的和为中项面，且由它们所夹的矩形为中项面，而且此矩形与上述两正方形的和不可公度.

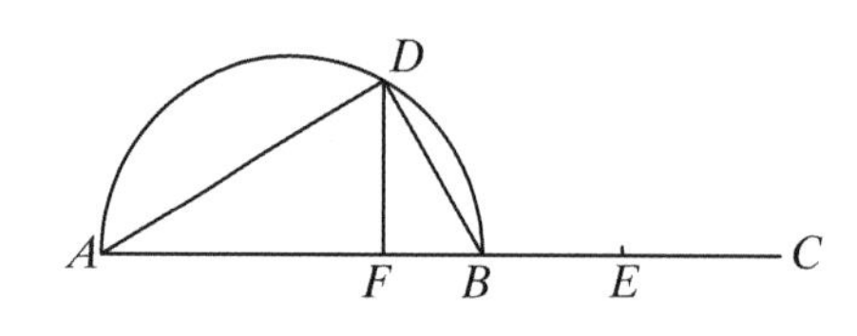

设给出仅正方可公度的两中项线 AB,BC，且由它们所夹的矩形是中项面，

而 AB 上正方形比 BC 上正方形大一个与 AB 不可公度的线段上的正方形. [X.32]

在 AB 上画出半圆 ADB，并如前作出图的其余部分.

于是 AF 与 FB 是长度不可公度的. [X.18]

AD 与 DB 在正方形上也是不可公度的. [X.11]

又，由于 AB 上正方形是中项面，

所以 AD,DB 上正方形的和也是中项面. [Ⅲ.31，Ⅰ.17]

又，由于矩形 AF、FB 等于线段 BE,DF 之一上正方形，

所以 BE 等于 DF，故 BC 是 FD 的二倍，

于是矩形 AB、BC 也是矩形 AB、FD 的二倍，

但是矩形 AB、BC 是中项面，

所以矩形 AB、FD 也是中项面. [X.32]

又，它等于矩形 AD、DB； [X.32 后引理]

所以矩形 AD、DB 也是中项面.

又因 AB 与 BC 是长度不可公度的，

而 CB 与 BE 是可公度的，

所以 AB 与 BE 也是长度不可公度的， [X.13]

于是 AB 上正方形与矩形 AB、BE 也是不可公度的. [X.11]

但是 AD,DB 上正方形的和等于 AB 上正方形， [Ⅰ.47]

而矩形 AB、FD，即矩形 AD、DB，等于矩形 AB、BE；

所以 AD,DB 上正方形的和与矩形 AD、DB 是不可公度的.

于是已求出是正方不可公度的两线段 AD,DB，

使得它们上的正方形的和是中项面，

它们所夹的矩形是中项面，以及该矩形与它们上正方形和是不可公度的.

证完

X.32 第二部分所求的两中项线是 $\rho\lambda^{\frac{1}{4}}$，$\frac{\rho\lambda^{\frac{1}{4}}}{\sqrt{1+k^2}}$，如果 x、y 是方程

$$\begin{cases} x+y=\rho\lambda^{\frac{1}{4}}; \\ xy=\dfrac{\rho^2\sqrt{\lambda}}{4(1+k^2)} \end{cases} \tag{1}$$

的解,欧几里得证明了满足方程

$$\begin{cases} u^2=\rho\lambda^{\frac{1}{4}}\cdot x \\ v^2=\rho\lambda^{\frac{1}{4}}\cdot y \end{cases} \tag{2}$$

的 u,v 就是所求的线段.

由(1)、(2)解得

$$u=\frac{\rho\lambda^{\frac{1}{4}}}{\sqrt{2}}\sqrt{1+\frac{k}{\sqrt{1+k^2}}},$$

$$v=\frac{\rho\lambda^{\frac{1}{4}}}{\sqrt{2}}\sqrt{1-\frac{k}{\sqrt{1+k^2}}}.$$

命题 36

如果把仅正方可公度的两有理线段相加,则其和是无理的,称此线段为**二项线**.

设仅正方可公度的两有理线段 AB,BC 相加.

则可证整体的 AC 是无理的.

因为,由于 AB 与 BC 是长度不可公度的,这是由于它们是仅正方可公度的.

A——B——C

又,AB 比 BC 如同矩形 AB、BC 比 BC 上正方形,

所以矩形 AB、BC 与 BC 上正方形是不可公度的. [X.11]

但是二倍的矩形 AB、BC 与矩形 AB、BC 是可公度的. [X.6]

且 AB,BC 上正方形之和与 BC 上正方形是可公度的,

这是因为 AB,BC 是仅正方可公度的两有理线段. [X.15]

所以二倍矩形 AB、BC 与 AB,BC 上正方形的和是不可公度的. [X.13]

又由合比,二倍矩形 AB、BC 与 AB,BC 上正方形相加,

即 AC 上正方形[Ⅱ.4]与 AB,BC 上正方形的和是不可公度的. [X.16]

但是 AB,BC 上正方形的和是有理的;

所以 AC 上正方形是无理的,于是 AC 也是无理的. [X.定义4]

称 AC 为**二项线**.

证完

此处开始涉及关于合成无理线段的首批六个命题,即用适合条件的两个线段之和而得出的六类无理线段. 与此相对应的有适合条件的两个线段之差所得出的另六类线段(X.73 ~ X.78)我们在以后的命题中将得到有关无理线段以及它们之间的关系,为了以后叙述方便,对于线段 x,y,我们总假定 x 为长线段.

设 x、y 分别为命题中 $\rho, k^{\frac{1}{2}}\rho$. 要证明 $x+y$ 为无理线段.

因为 $x \frown y$，于是 $x \smile y$.

又 $x:y=x^2:xy$，于是 $x^2 \frown xy$.

但是 $x^2 \frown (x^2+y^2)$，$xy \frown 2xy$；

所以 $(x^2+y^2) \smile 2xy$.

因此 $(x^2+y^2+2xy) \smile (x^2+y^2)$.

但是 x^2+y^2 是有理的，所以 x^2+y^2+2xy 是无理面. 因而 $x+y$ 是无理线段. 即 $\rho+k^{\frac{1}{2}}\rho$ 为无理线段. 我们把它叫做二项线.

命题 37

如果以两个仅正方可公度的中项线所夹的矩形是有理的，则两中项线的和是无理的，称此线段为**第一双中项线**.

A——B——C

为此，设仅正方可公度的中项线 AB，BC，且由它们所夹的矩形是有理面，将两线段相加.

则可证，整个的 AC 是无理的.

因为，由于 AB 与 BC 是长度不可公度的，

所以 AB，BC 上正方形之和与二倍的矩形 AB、BC 也是不可公度的， [参看Ⅹ.36]

又由合比，AB，BC 上正方形与二倍的矩形 AB、BC 的和，

即 AC 上的正方形[Ⅱ.4]，与矩形 AB、BC 是不可公度的. [Ⅹ.16]

但是，矩形 AB、BC 是有理的，因为由假设 AB，BC 是所夹有理矩形的两线段，

所以 AC 上正方形是无理的；

因而 AC 是无理的. [Ⅹ.定义4]

称此线段为**第一双中项线**.

证完

我们在Ⅹ.27 已求得适合命题的两线段 x、y 分别具有形式 $k^{\frac{1}{4}}\rho$ 和 $k^{\frac{3}{4}}\rho$. 要求证明 $x+y$ 为无理线段.

前命题最后证明了 $(x^2+y^2) \smile 2xy$，因此 $(x+y)^2 \smile 2xy$. 但是 xy 是有理矩形，所以 $(x+y)^2$ 是无理的，因而 $x+y$ 是无理线段，即 $k^{\frac{1}{4}}\rho+k^{\frac{3}{4}}\rho$ 为无理线段. 我们把它叫做第一双中项线.

命题 38

如果以两个仅正方可公度的中项线所夹的矩形是中项面，则两中项线的和是无理的，称此线段为**第二双中项线**.

为此，设 AB，BC 为仅正方可公度的两中项线，且由它们所夹的矩形是中项面，将两线段相加.

则可证 AC 是无理的.

给定一个有理线段 DE,并在 DE 上贴合一个等于 AC 上正方形的矩形 DF,产生出 DG 作为宽. [Ⅰ.44]

因为 AC 上正方形等于 AB,BC 上正方形与二倍矩形 AB、BC 的和. [Ⅱ.4]

设 EH 为在 DE 上贴合一个等于 AB,BC 上正方形的和;
所以余量 HF 等于二倍的矩形 AB、BC.

又,由于 AB,BC 每一个都是中项线,
所以 AB,BC 上正方形是中项面.

但由假设,二倍矩形 AB、BC 也是中项面.

而且 EH 等于 AB,BC 上正方形的和,
而 FH 等于二倍矩形 AB、BC;
所以矩形 EH,HF 都是中项面.

因为它们是贴合于有理线段 DE 上的;
所以线段 DH、HG 都是有理的且与 DE 是长度不可公度的. [X.22]

因为 AB 与 BC 是长度不可公度的,
而且 AB 比 BC 如同 AB 上正方形比矩形 AB、BC,
所以 AB 上正方形与矩形 AB、BC 是不可公度的. [X.11]

但是 AB,BC 上正方形的和与 AB 上正方形是可公度的, [X.15]
而二倍矩形 AB、BC 与矩形 AB、BC 是可公度的. [X.6]

所以 AB,BC 上正方形的和与二倍矩形 AB、BC 是不可公度的. [X.13]

但是 EH 等于 AB,BC 上正方形的和,
而 HF 等于二倍矩形 AB、BC.

所以 EH 与 HF 是不可公度的,
于是 DH 与 HG 也是长度不可公度的. [Ⅵ.1,X.11]

所以 DH,HG 是仅正方可公度的两有理线段;
所以面 DG 是无理的. [X.36]

但是 DE 是有理的;且由一个无理线段和一个有理线段所夹的矩形是无理面; [X.20]
所以面 DF 是无理的,
而与 DF 相等的正方形的边是无理的. [X.定义4]

但是 AC 是等于 DF 的正方形的边,所以 AC 是无理线段.

称此线段为**第二双中项线**.

证完

我们在X.28 已求得适合命题的两线段 x,y 分别具有形式 $k^{\frac{1}{4}}\rho$,$\lambda^{\frac{1}{2}}\rho/k^{\frac{1}{4}}$.
由假设以及X.15,X.23 可证得 x^2+y^2 为中项面,又 $2xy$ 也为中项面.
设 σ 是一有理线段. 又设

$$x^2+y^2=\sigma u,$$
$$2xy=\sigma v.$$

于是$\sigma u,\sigma v$都是中项面.

所以u,v都是有理的且与σ不可公度. (1)

又$x\smile y$,所以$x^2\smile xy$.

但$x^2\frown(x^2+y^2)$,$xy\frown 2xy$,

所以$(x^2+y^2)\smile 2xy$,或者$\sigma u\smile\sigma v$,因此$u\smile v$. (2)

由X.20用反正法可证得$(u+v)\sigma$为无理面,因此$(x+y)^2$是无理的,因而$x+y$是无理线段.即$k^{\frac{1}{4}}\rho+\frac{\lambda^{\frac{1}{2}}\rho}{k^{\frac{1}{4}}}$是无理线段,把它叫做第二双中项线.

命题 39

如果正方不可公度的二线段上正方形的和是有理的,且由它们所夹的矩形是中项面,则由它们相加所得到的整个线段是无理的,称此线段为**主线**.

A——B——C

为此,设AB,BC是正方不可公度的两线段,且满足[X.33]中的条件,把两线段相加.

则可证AC是无理线段.

因为,由于矩形AB、BC是中项面,

于是二倍的矩形AB、BC也是中项面. [X.6和23,推论]

但是AB,BC上正方形的和是有理的;

所以二倍矩形AB、BC与AB、AC上正方形的和是不可公度的,

于是AB,BC上正方形与二倍矩形AB、BC相加,

即AC上正方形与AB、BC上正方形的和也是不可公度的, [X.16]

所以AC上正方形是无理的,

于是AC也是无理的. [X.定义4]

称此线段为**主线**.

证完

我们在X.33已求得适合命题的两线段x,y分别具有形式

$$\frac{\rho}{\sqrt{2}}\sqrt{1+\frac{k}{\sqrt{1+k^2}}}\text{和}\frac{\rho}{\sqrt{2}}\sqrt{1-\frac{k}{\sqrt{1+k^2}}}.$$

由假设x^2+y^2是有理面,xy是中项面.

所以 $(x^2+y^2)\smile 2xy$.

因此 $(x^2+y^2)^2\smile(x^2+y^2)$.

于是$(x^2+y^2)^2$是无理的,因而$x+y$是无理线段.

即$\frac{\rho}{\sqrt{2}}\sqrt{1+\frac{k}{\sqrt{1+k^2}}}+\frac{\rho}{\sqrt{2}}\sqrt{1-\frac{k}{\sqrt{1+k^2}}}$是无理线段,把它叫做主线.

命题 40

如果正方不可公度的二线段上正方形的和是中项面,且由它们所夹的矩形是有理的,则二线段的和是无理的,称此线为**中项面有理面和的边**.

为此,设 AB,BC 是正方形不可公度的两线段,且满足[X.34]中的条件,把两线段相加.

A———B——C

则可证 AC 是无理的.

因为 AB,BC 上正方形的和是中项面,而二倍矩形 AB、BC 是有理面,

所以 AB、BC 上正方形的和与二倍矩形 AB、BC 是不可公度的,

于是 AC 上正方形与二倍矩形 AB、BC 也是不可公度的. [X.16]

但是二倍矩形 AB、AC 是有理的;

所以 AC 上正方形是无理的.

所以 AC 是无理的. [X.定义 4]

称此线段为**中项面有理面和的边**.

证完

我们在X.34已求得适合命题的两线段 x,y 分别具有形式

$$\frac{\rho}{\sqrt{2(1+k^2)}}\sqrt{\sqrt{1+k^2}+k}\text{和}\frac{\rho}{\sqrt{2(1+k^2)}}\sqrt{\sqrt{1+k^2}-k},$$

由假设 x^2+y^2 是中项面,xy 是有理矩形,于是

$$(x^2+y^2)\smile 2xy,$$

所以 $(x+y)^2\smile 2xy$.

因为 $2xy$ 是有理面,所以 $(x+y)^2$ 是无理的,因而 $x+y$ 是无理线段,

即 $$\frac{\rho}{\sqrt{2(1+k^2)}}\sqrt{\sqrt{1+k^2}+k}+\frac{\rho}{\sqrt{2(1+k^2)}}\sqrt{\sqrt{1+k^2}-k}$$

是无理线段,把它叫做中项面有理面和的边.

命题 41

如果正方不可公度的二线段上正方形的和是中项面,由它们所夹的矩形也是中项面,且它与二线段上正方形的和不可公度,则二线段和是无理的,称它为**两中项面和的边**.

为此,设 AB,BC 是正方不可公度的两线段,且满足[X.35]中的条件,把两线段相加.

则可证 AC 是无理的.

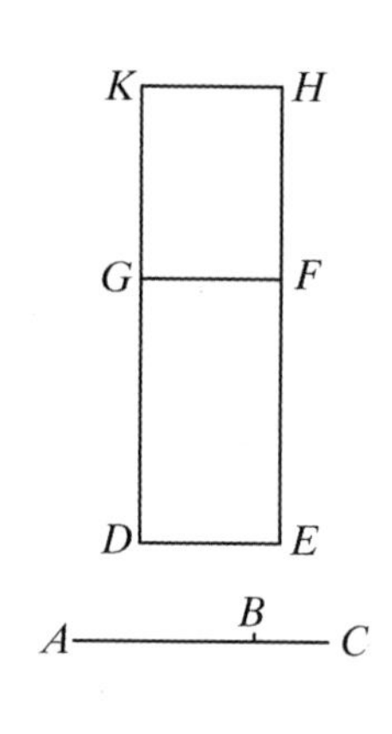

给出一个有理线段 DE,在 DE 上贴合一个矩形 DF 等于 AB,BC 上正方形的和,再作矩形 GH 等于二倍矩形 AB、BC;

所以 DH 等于 AC 上正方形. [Ⅱ.4]

现在,由于 AB,BC 上正方形的和是中项面,且等于 DF,所以 DF 也是中项面.

又它是贴合于有理线段 DE 上的;

所以 DG 是有理的,且与 DE 是长度不可公度的. [X.22]

同理,GK 也是有理的,且与 GF,即 DE,是长度不可公度的.

又,由于 AB,BC 上正方形的和与二倍矩形 AB、BC 是不可公度的,即 DF 与 GH 是不可公度的,

于是 DG 与 GK 也是不可公度的. [Ⅵ.1,X.11]

且它们是有理的;

所以 DG,GK 是仅正方可公度的两有理线段.

所以 DK 是称为二项线的无理线段. [X.36]

但是 DE 是有理的;

所以 DH 是无理的,且与它相等的正方形边是无理的. [X.定义4]

但是 AC 是等于 HD 上的正方形的边;

所以 AC 是无理的.

称此线段为**两中项面的和的边**.

证完

我们在X.35已求得适合命题的两线段 x,y 分别具有形式

$$\frac{\rho\lambda^{\frac{1}{4}}}{\sqrt{2}}\sqrt{1+\frac{k}{\sqrt{1+k^2}}} \quad 和 \quad \frac{\rho\lambda^{\frac{1}{4}}}{\sqrt{2}}\sqrt{1-\frac{k}{\sqrt{1+k^2}}},$$

由假设 x^2+y^2 和 $2xy$ 都是中项面. 且

$$(x^2+y^2)\smile 2xy \tag{1}$$

设 σ 是一个有理线段,又设

$$\begin{cases} x^2+y^2=\sigma u; \\ 2xy=\sigma v. \end{cases} \tag{2}$$

因为 σu 和 σv 都是中项面,σ 是有理的,所以 u,v 都是有理的且 $\smile\sigma$.

由(1),(2) $\sigma u\smile\sigma v$,于是 $u\smile v$.

因而 u,v 都是有理的,且 $u\frown v$.

所以由X.36知 $u+v$ 是称为中项线的无理线段,因此 $(x+y)^2$ 是无理的,

因而 $x+y$ 是无理线段,

即 $\frac{\rho\lambda^{\frac{1}{4}}}{\sqrt{2}}\sqrt{1+\frac{k}{\sqrt{1+k^2}}}+\frac{\rho\lambda^{\frac{1}{4}}}{\sqrt{2}}\sqrt{1-\frac{k}{\sqrt{1+k^2}}}$

是无理线段,把它叫做两中项面和的边.

引　理

前所说到的无理线段都只有一种方法被分为两个线段. 它是它们的和, 这种划分方式也产生出问题的各个类型,现在我们将在叙述如下的引理作为前提之后作出证明.

给出线段 AB,由两点 C,D 的每一个分 AB 为不等的两部分,且设 AC 大于 DB.

则可证,AC,CB 上正方形的和大于 AD,DB 上正方形的和.

为此,设 E 平分 AB.

这时,由于 AC 大于 DB,若从它们中减去 DC,则余量 AD 大于余量 CB.

但是 AE 等于 EB;所以 DE 小于 EC,即 C,D 两点与中点距离不等.

又,由于矩形 AC、CD 连同 EC 上正方形等于 EB 上正方形, [Ⅱ.5]

且还有,矩形 AD、DB 连同 DE 上正方形等于 EB 上正方形, [Ⅱ.5]

所以矩形 AC、CB 连同 EC 上正方形等于矩形 AD、DB 连同 DE 上正方形.

其中 DE 上正方形小于 EC 上正方形;

所以余量,即矩形 AC、CB,也小于矩形 AD、DB,

因此二倍矩形 AC、CB 小于二倍矩形 AD、DB.

于是余量,即 AC,CB 上正方形的和也大于 AD,DB 上正方形的和.

证完

我们用代数方法容易证明:

$$AC^2+CB^2=\left(\frac{AB}{2}+CE\right)^2+\left(\frac{AB}{2}-CE\right)^2=\frac{AB^2}{2}+2CE^2,$$

$$AD^2+BD^2=\left(\frac{AB}{2}+DE\right)^2+\left(\frac{AB}{2}-DE\right)^2=\frac{AB^2}{2}+2DE^2.$$

$\because CE>DE$,

$\therefore AC^2+CB^2>AD^2+BD^2$.

命题 42

一个二项线仅在一点被分为它的两段.

设 AB 是一个二项线,且它在 C 点被分为它的两段;

所以 AC,CB 是仅正方可公度的两有理线段. [X.36]

则可证 AB 在另外的点不能被分为仅正方可公度的两有理线段.

A——D—C——B

因为,如果可能,设它在 D 点被分,AD,DB 也是仅正方可公度的两有理线段.

显然 AC 与 DB 不相同,否则,AD 也与 CB 相同,
因而 AC 比 CB 将如同 BD 比 DA,
于是点 D 分 AB 与点 C 分 AB 的方法相同,这和假设相反.

所以 AC 与 DB 不相同.

由于这一理由,点 C,D 离中点不相等.

所以 AC,CB 上正方形之和与 AD,DB 上正方形之和的差即是二倍矩形 AD、DB 与二倍矩形 AC、CB 的差,
这是因为 AC,CB 上正方形加二倍矩形 AC、CB 与 AD,DB 上正方形加二倍矩形 AD、DB 都等于 AB 上的正方形. [Ⅱ.4]

但是 AC,CB 上正方形的和与 AD,DB 上正方形的和的差是有理面;因为两者都是有理面,
所以二倍矩形 AD、DB 与二倍矩形 AC、CB 的差也是有理矩形,然而它们是中项面: [Ⅹ.21]
这是不合理的,因为一个中项面不会比一个中项面大一个有理面. [Ⅹ.26]

所以一个二项线不可能在不同点被分为它的两段,所以它只能被一点分为它的两段.

证完

此命题用反证法加以证明:若 $x+y=x'+y'$. 又 $x,y,x'y'$ 均为有理线段,$x\frown y$,$x'\frown y'$,且 x,y 不同于 x',y'(或 y',x').

显然 $(x^2+y^2)-(x'^2+y'^2)=2x'y'-2xy$.

因 x^2+y^2,$x'^2+y'^2$ 都是有理面,但是 $2x'y'$,$2xy$ 都是中项面. 于是两中项面之差是有理面:这是不可能的. 命题得证.

命题 43

一个第一双中项线,仅在一点被分为它的两段.

A——D—C——B

设一个第一双中项线 AB 在 C 点被分,使得 AC,CB 是仅正方可公度的两中项线,且由它们所夹的矩形是有理的. [Ⅹ.37]

则可证再无另外的点分 AB 为如此二段.

因为,如果可能,设它在 D 点也被分为两段,
使得 AD,DB 也是仅正方可公度的两中项线,
且由它们所夹的矩形是有理的矩形.

这时,由于二倍矩形 AD、DB 与二倍矩形 AC、CB 的差等于 AC,CB 上正方形的和与 AD,DB 上正方形和的差,

而二倍矩形 AD、DB 与二倍矩形 AC、CB 的差是有理面，因为它们都是有理面.

所以 AC，BC 上正方形的和与 AD，DB 上正方形的和的差也是有理面，
然而它们是中项面：这是不合理的. [X.26]

所以第一双中项线在不同的点不能分为它的两段，因此它仅在一点分为它的两段.

证完

若 $x+y=x'+y'$，x,y,x',y' 都是中项线，$x\frown y$，$x'\frown y'$，
且 xy，$x'y'$ 都是有理的，而 x,y 不同于 x',y'（或 y',x'）.
那么 x^2+y^2，$x'^2+y'^2$ 都是中项面.
于是两中项面之差为有理矩形：这是不可能的.

命题 44

一个第二双中项线仅在一点被分为它的两段.

设一个第二双中项线 AB 在 C 点被分，使得 AC，CB 是仅正方可公度的两中项线，且由它们所夹的矩形是中项面. [X.38]

于是，显然 C 不是 AB 的平分点，因为它们不是长度可公度的.

则可证没有其他的点分 AB 为如此的两段.

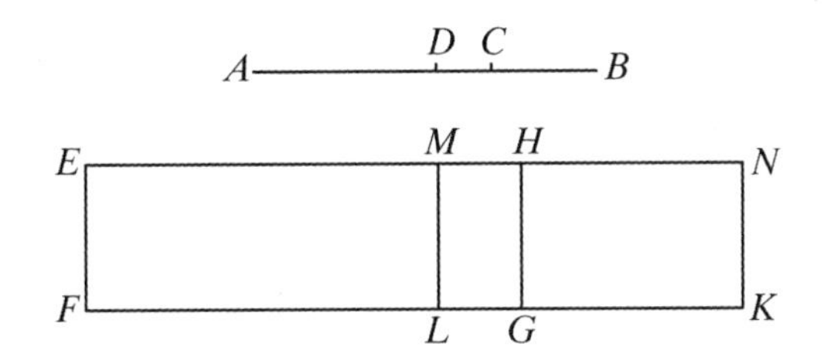

因为，如果可能，设 D 点也分 AB 为它的两段，
那么 AC 与 DB 不相同，假设 AC 是较大的；
很清楚，按照上面[引理]证明过的，AD，DB 上正方形的和小于 AC，CB 上正方形的和，
又假设 AD，DB 是仅正方可公度的两中项线，
且由它所夹的矩形是中项面.

现给出一条有理线段 EF，在 EF 上贴合一矩形 EK 等于 AB 上正方形，又减去等于 AC，CB 上正方形的和的 EG，
所以余量 HK 等于二倍的矩形 AC、CB. [Ⅱ.4]

又设减去等于 AD，DB 上正方形的和的 EL，
已证得它小于 AC，CB 上正方形的和， [引理]
所以余量 MK 等于二倍矩形 AD、DB.

现在，由于 AC，CB 上正方形都是中项面，
所以 EG 是中项面.

又它是贴合在有理线段 *EF* 上的，

所以 *EH* 与 *EF* 是长度不可公度的有理线段. [X.22]

同理，*HN* 也是与 *EF* 长度不可公度的有理线段.

又因为 *AC*，*CB* 是仅正方可公度的中项线，

所以 *AC* 与 *CB* 是长度不可公度的.

但是 *AC* 比 *CB* 如同 *AC* 上正方形比矩形 *AC*、*CB*；

所以 *AC* 上正方形与矩形 *AC*、*CB* 是不可公度的. [X.11]

但是 *AC*，*CB* 上正方形之和与 *AC* 上正方形是可公度的；

因为 *AC*，*CB* 是正方可公度的. [X.15]

又二倍矩形 *AC*、*CB* 与矩形 *AC*、*CB* 是可公度的. [X.6]

所以 *AC*，*CB* 上正方形也与二倍矩形 *AC*、*CB* 是不可公度的. [X.13]

但是 *EG* 等于 *AC*，*CB* 上正方形的和，而 *HK* 等于二倍的矩形 *AC*、*CB*；

所以 *EG* 与 *HK* 不可公度，

于是 *EH* 与 *HN* 也是长度不可公度的. [Ⅵ.1，X.11]

而它们是有理的，

所以 *EH*，*HN* 是仅正方可公度的两有理线段.

但是，仅正方可公度的两有理线段的和是称为二项线的无理线段. [X.36]

所以 *EN* 是在点 *H* 被分的二项线.

用同样的方法可证，*EM*，*MN* 也是仅正方可公度的两有理线段，且 *EN* 是在不同的点 *H* 和 *M* 所分的二项线.

又 *EH* 与 *MN* 不相同.

因为 *AC*，*CB* 上正方形的和大于 *AD*，*DB* 上正方形的和.

但是 *AD*，*DB* 上正方形的和大于二倍矩形 *AD*，*DB*.

而 *AC*，*CB* 上正方形的和，即 *EG*，

更大于二倍矩形 *AD*、*DB*，即 *MK*，于是 *EH* 也大于 *MN*.

所以 *EH* 与 *MN* 不相同.

证完

若 $x+y=x'+y'$；x,y,x',y'都是中项线，$x\frown\!\!\sim y$，$x'\frown\!\!\sim y'$，且 xy，$x'y'$都是中项面，而 x,y 不同于 x'，y'(或 y'，x').

设 σ 是一个有理线段，又设 $x^2+y^2=\sigma u$，$2xy=\sigma v$.

因为 x^2+y^2，$2xy$ 是中项面，所以 σu，σv 也是中项面.

所以 u,v 是有理的，且$\frown\!\!\sim\sigma$， (1)

又 $x\smile y$，所以 $x^2\smile xy$.

且 $x^2\frown(x^2+y^2)$，$xy\frown 2xy$. 所以$(x^2+y^2)\smile 2xy$，或者 $\sigma u\smile\sigma v$.

因此 $u\smile v$. (2)

由(1)，(2)，u,v 是有理线段，且 $u\smile v$，所以 $u+v$ 是一个中项线.

类似地，若 $x'^2+y'^2=\sigma u'$，$2x'y'=\sigma v'$，可证 $u'+v'$也是一个中项线.

因为$(x+y)^2=(x'+y')^2$，所以 $u+v=u'+v'$，这样，一个中项线在不同点被分为它的两段：这是不可能的. [X.42]

命题 45

一个主线仅在一点被分为它的两段.

设一个主线 AB 在 C 点被分,使得 AC,CB 是正方不可公度的,且 AC,CB 上正方形的和是有理面,但是由它们所夹的矩形是中项面.

则可证没有另外的点分 AB 为如此的两段.

因为,如果可能,设它在 D 点也被分,
于是 AD,DB 也是正方不可公度的,且 AD,DB 上正方形的和是有理面,
但是由它们所夹的矩形是中项面.

于是,由于 AC,CB 上正方形的和与 AD,DB 上正方形的和的差等于二倍矩形 AD、DB 与二倍矩形 AC、CB 的差.

而 AC,CB 上正方形的和与 AD,DB 上正方形的和的差是有理面,因为二者都是有理的.

所以二倍矩形 AD、DB 与二倍矩形 AC、CB 的差是有理面,
然而它们是中项面:这是不可能的. [X.26]

所以一个主线在不同点不能分为它的两段.

所以一个主线仅在一点被分为它的两段.

证完

由前命题知:$(x^2+y^2)-(x'^2+y'^2)=2x'y'-2xy$,而由本命题假设$(x^2+y^2)$,$(x'^2+y'^2)$是有理面,$2xy$,$2x'y'$是中项面.

因而两中项面之差为有理面:这是不可能的. [X.26]

命题 46

一个中项面有理面和的边仅在一点被分为它的两段.

设 AB 是中项面有理面和的边在 C 点被划分为它的两段,使得 AC,CB 是正方不可公度的,且 AC,CB 上正方形的和是中项面,而二倍的矩形 AC、CB 是有理的. [X.40]

则可证没有另外的点分 AB 为如此的两段.

因为,如果可能,设它也在点 D 被分为两段,使得 AD,DB 也是正方不可公度的,且 AD,DB 上正方形的和是中项面,而二倍矩形 AD、DB 是有理面.

因为二倍矩形 AC、CB 与二倍矩形 AD、DB 的差等于 AD,DB 上正方形的和与 AC,CB 上正方形和的差.

而二倍矩形 AC、CB 与二倍矩形 AD、DB 的差是有理面，
所以 AD,DB 上正方形的和与 AC,CB 上正方形的和的差是有理面，
然而它们是中项面：这是不可能的. [X.26]

所以中项面有理面和的边在不同的点不能分为它的两段.

因此它仅在一点被分为它的两段.

证完

如前，我们用同样记法

$$(x^2+y^2)-(x'^2+y'^2)=2x'y'-2xy.$$

由假设可得等式左端为无理面（X.26），等式右端为有理面：这是不可能的.

命题 47

一个两中项面和的边仅在一点被分为它的两段.

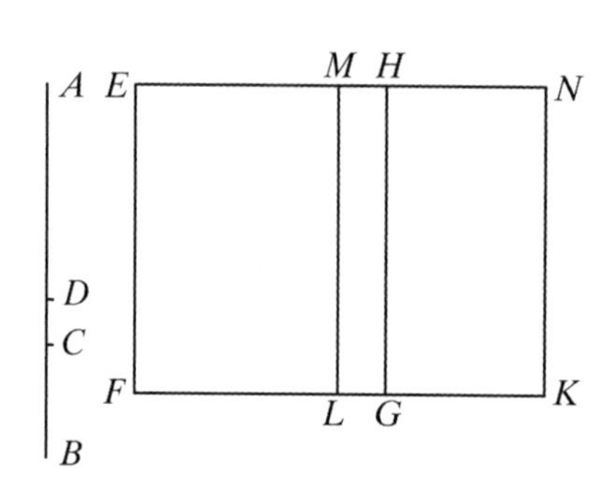

设 AB 分于 C 点，使得 AC,CB 是正方不可公度的，且 AC,CB 上正方形的和是中项面，矩形 AC、CB 是中项面，又此矩形与 AC,CB 上正方形的和也是不可公度的.

则可证没有另外的点分 AB 为两段，适合给定的条件.

因为，如果可能，设它在点 D 被分，且 AC 不同于 BD，设 AC 是较大者.

给定一个有理线段 EF，在 EF 上贴合一个矩形 EG 等于 AC,CB 上正方形的和，再作矩形 HK 等于二倍的矩形 AC、CB；
所以 EK 等于 AB 上正方形. [II.4]

再在 EF 上贴合一个 EL 等于 AD,DB 上正方形的和，
所以余量，即二倍矩形 AD、DB 等于余量 MK.

又由假设，AC,CB 上正方形的和是中项面，所以 EG 也是中项面.

又，它是贴合于有理线段 EF 上，所以 HE 是有理的，且与 EF 是长度不可公度的. [X.22]

同理，HN 也是有理的，且与 EF 是长度不可公度的.

又，由于 AC,CB 上正方形的和与二倍矩形 AC、CB 是不可公度的，所以 EG 与 GN 也是不可公度的，因此 EH 与 HN 也是不可公度的. [VI.1，X.11]

而它们是有理的；
所以 EH,HN 是仅正方可公度的两有理线段，
所以 EN 是被分于 H 点的二项线. [X.36]

类似地，也能够证明 EN 是被分于 M 点的二项线.

而 EH 不同于 MN，因此一个二项线有不同分点：

这是不可能的.

所以一个两中项面和的边在不同点不能分为它的两段.

因此它仅在一点被分为它的两段.

证完

若 $x+y=x'+y'$.

设 σ 是一个有理线段,且 $x^2+y^2=\sigma u, 2xy=\sigma v$.

与X.44 所证一样. u,v 是有理的. 且 $u \frown v$,所以 $u+v$ 是一个二项线.

类似地,若 $x'^2+y'^2=\sigma u', 2x'y'=\sigma v'$,可证 $u'+v'$ 也是一个二项线.

但是 $u+v=u'+v'$,这样一个二项线在不同的点被分为它的两段:这是不可能的.

定 义 Ⅱ

1. 给定一个有理线段和一个二项线,并把二项线分为它的两段,使长线段上正方形比短线段上正方形大一个与长线段是长度可公度的线段上的正方形,如果长线段与给定的有理线段为长度可公度的,则把原二项线称为**第一二项线**;

2. 但若短线段与所给的有理线段是长度可公度的,则称原二项线为**第二二项线**;

3. 若二线段与所给的有理线段都不是长度可公度的,则称原二项线为**第三二项线**;

4. 若长线段上正方形比短线段上正方形大一个与长线段为长度不可公度的线段上的正方形,如果长线段与给定的有理线段为长度可公度,则称原二项线为**第四二项线**;

5. 如果短线段与给定的有理线段是长度可公度的,则称此二项线为**第五二项线**;

6. 如果两线段与给定的有理线段都不是长度可公度的,则称此二项线为**第六二项线**.

命 题

命题 48

求第一二项线.

给出两数 AC, CB,且它们的和 AB 与 BC 之比如同一个平方数比一个平方数,但它们的和与 AC 之比不同于一个平方数比一个平方数.

[X.28 后之引理 1]

给定任一有理线段 D,且设 EF 与 D 是长度可公度的.

所以 EF 也是有理的.

设作出以下比例,

使得数 BA 比 AC 如同 EF 上正方形比 FG 上正方形.

[X.6 推论]

但是 AB 与 AC 之比如同一个数比一个数,

D H E F G A C B

所以 EF 上正方形与 FG 上正方形之比也如同一个数比一个数，
于是 EF 上正方形与 FG 上正方形是可公度的. [X.6]

又 EF 是有理的；所以 FG 也是有理的.

又，由于 BA 与 AC 之比不同于一个平方数比一个平方数.

所以，EF 上正方形与 FG 上正方形之比不同于一个平方数比一个平方数.
从而 EF 与 FG 是长度不可公度的. [X.9]

于是 EF，FG 是仅正方可公度的两有理线段；
所以 EG 是二项线. [X.36]

又可证 EG 是第一二项线.

因为，由于数 BA 比 AC 如同 EF 上正方形比 FG 上正方形，而 BA 大于 AC，
所以 EF 上正方形也大于 FG 上正方形.

于是设 FG，H 上正方形之和等于 EF 上正方形.

现在，由于 BA 比 AC 如同 EF 上正方形比 FG 上正方形，
于是由换比例，
AB 比 BC 如同 EF 上正方形比 H 上正方形. [V.19，推论]

但是 AB 与 BC 之比如同一个平方数比一个平方数，
所以 EF 上正方形与 H 上正方形之比也如同一个平方数比一个平方数.

所以 EF 与 H 是长度可公度的， [X.9]
因此 EF 上正方形比 FG 上正方形大一个与 EF 是可公度的线段上的正方形.

且 EF，FG 都是有理的，而且 EF 与 D 是长度可公度的.

所以 EG 是一个第一二项线.

证完

设 $k\rho$ 与已知有理线段 ρ 是长度可公度的. 取两数 m,n 使 m^2-n^2 不是平方数.

求一线段 x 使得满足比例式

$$m^2:(m^2-n^2)=k^2p^2:x^2.$$

于是 $$x=k\rho\frac{\sqrt{m^2-n^2}}{m}=k\rho\sqrt{1-\lambda^2}.$$

此命题证明了 $k\rho+k\rho\sqrt{1-\lambda^2}$ 是一个第一二项线.

命 题 49

求第二二项线.

给出两数 AC，CB，且它们的和 AB 与 BC 之比如同一个平方数比一个平方数，但 AB 与 AC 之比不同于一个平方数比一个平方数，
给定一个有理线段 D 与线段 EF 是长度可公度的，从而 EF 是有理的.

于是，设作出以下比例，
使得数 CA 比 AB 如同 EF 上正方形比 FG 上正方形， [X.6，推论]

所以 EF 上正方形与 FG 上正方形是可公度的. [X.6]

于是 FG 也是有理的.

现在,由于数 CA 与 AB 之比不同于一个平方数比一个平方数,所以 EF 上正方形与 FG 上正方形之比不同于一个平方数比一个平方数.

于是 EF 与 FG 是长度不可公度的; [X.9]

从而 EF,FG 是仅正方可公度的两有理线段;

所以 EG 是二项线. [X.36]

其次可证明它是第二二项线.

因为,由反比,数 BA 比 AC 如同 GF 上正方形比 FE 上正方形,

而 BA 大于 AC,

所以 GF 上正方形大于 FE 上正方形.

设 EF,H 上正方形之和等于 GF 上正方形;

所以由换比例,AB 比 BC 如同 FG 上正方形比 H 上正方形. [X.19,推论]

但是 AB 与 BC 之比如同一个平方数比一个平方数,

所以 FG 上正方形与 H 上正方形之比如同一个平方数比一个平方数.

于是 FG 与 H 是长度可公度的, [X.9]

因此 FG 上正方形比 FE 上正方形大一个与 FG 是可公度的线段上的正方形.

又 FG,FE 是仅正方可公度的两有理线段,且短线段 EF 与所给有理线段 D 是长度可公度的.

所以 EG 是第二二项线.

证完

设 $k\rho$ 是与已知有理线段 ρ 长度可公度的,取两正整数 m,n,使 m^2-n^2 不是平方数.

求一线段 x 使得满足比例式

$$\rho(m^2-n^2):\rho m^2=k^2\rho^2:x^2.$$

于是
$$x=k\rho\frac{m}{\sqrt{m^2-n^2}}=k\rho\frac{1}{\sqrt{1-\lambda^2}}.$$

此命题证明了 $\frac{k\rho}{\sqrt{1-\lambda^2}}+k\rho$ 就是所求的第二二项线.

命题 50

求第三二项线.

给出两数 AC,CB,使它们的和 AB 与 BC 的比如同一个平方数比一个平方数,但 AB 与 AC 之比不同于一个平方数比一个平方数.

又取另一个非平方数 D,并设 D 与 BA,AC 的每一个的比不同于一个平方数比一个平方数.

给定任一有理线段 E，作出比例，
使得 D 比 AB 如同 E 上正方形比 FG 上正方形； [X.6，推论]
所以 E 上正方形与 FG 上正方形是可公度的. [X.6]

而 E 是有理的；所以 FG 也是有理的.

又，由于 D 与 AB 之比不同于一个平方数比一个平方数，
所以 E 上正方形与 FG 上正方形之比不同于一个平方数比一个平方数，
所以 E 与 FG 是长度不可公度的. [X.9]

其次，设作出比例，
使得数 BA 比 AC 如同 FG 上正方形比 GH 上正方形， [X.6，推论]
所以 FG 上正方形与 GH 上正方形是可公度的. [X.6]

但 FG 是有理的；所以 GH 也是有理的.

又，由于 BA 与 AC 之比不同于一个平方数比一个平方数，
于是 FG 上正方形与 HG 上正方形之比不同于一个平方数比一个平方数，.
所以 FG 与 GH 是长度不可公度的. [X.9]

因此 FG，GH 是仅正方可公度的两有理线段，
所以 FH 是二项线. [X.36]

其次可证它也是第三二项线.

因为，由于 D 比 AB 如同 E 上正方形比 FG 上正方形；
又 BA 比 AC 如同 FG 上正方形比 GH 上正方形，
所以取首末比，D 比 AC 如同 E 上正方形比 GH 上正方形. [V.22]

但 D 与 AC 之比不同于一个平方数比一个平方数，
所以 E 上正方形与 GH 上正方形之比不同于一个平方数比一个平方数；所以 E 与 GH 是长度不可公度的. [X.9]

又，由于 BA 比 AC 如同 FG 上正方形比 GH 上正方形，
所以 FG 上正方形大于 GH 上正方形.

于是，设 GH，K 上正方形的和等于 FG 上正方形；
所以由换比例，AB 比 BC 如同 FG 上正方形比 K 上正方形. [V.19，推论]

但是 AB 与 BC 之比如同一个平方数比一个平方数，
所以 FG 上正方形与 K 上正方形的比也如同一个平方数比一个平方数，
因此 FG 与 K 是长度可公度的. [X.9]

于是 FG 上正方形比 GH 上正方形大一个与 FG 是可公度的线段 K 上的正方形.

又 FG，GH 是仅正方可公度的两有理线段，
而它们的每一个与 E 是长度不可公度的.

所以 FH 是第三二项线.

证完

设 ρ 是一个有理线段，取两数 $q(m^2-n^2)$，qn^2 使 m^2-n^2 不是平方数，又设 p 不是平方数，且它与 qm^2，$q(m^2-n^2)$ 每一个的比不等于两平方数之比.

求一线段 x，使得满足比例式

$$p : qm^2 = \rho^2 : x^2, \tag{1}$$

另求一线段 y,使得满足比例式

$$qm^2 : q(m^2 - n^2) = x^2 : y^2, \tag{2}$$

由(1),(2)得, $x = \rho \dfrac{m\sqrt{q}}{\sqrt{p}}$, $y = \rho \dfrac{\sqrt{m^2 - n^2} \cdot \sqrt{q}}{\sqrt{p}}$.

命题证明了 $x + y = \rho \sqrt{\dfrac{q}{p}}(m + \sqrt{m^2 - n^2})$,

即 $m\sqrt{k}\rho + m\sqrt{k}\rho\ \sqrt{1-\lambda^2}$ 是所求的第三二项线.

命题 51

求第四二项线.

给出两数 AC,CB,且它们的和 AB 与 BC 及与 AC 的比都不同于一个平方数比一个平方数.

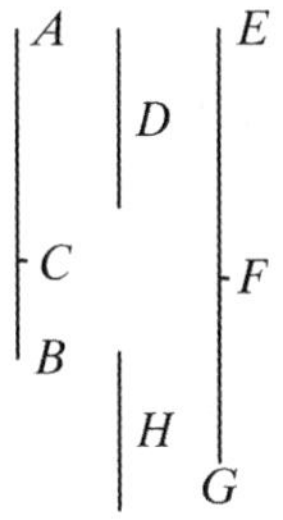

给出一个有理线段 D,并设 EF 与 D 是长度可公度的;所以 EF 也是有理的.

设作出比例,
使得数 BA 比 AC 如同 EF 上正方形比 FG 上正方形, [X.6,推论]

所以 EF 上正方形与 FG 上正方形是可公度的, [X.6]
所以 FG 也是有理的.

现在,因为 BA 与 AC 之比不同于一个平方数比一个平方数,
因此 EF 上正方形与 FG 上正方形之比不同于一个平方数比一个平方数;
所以 EF 与 FG 是长度不可公度的. [X.9]

所以 EF,FG 是仅正方可公度的两有理线段,
因而 EG 是二项线.

其次可证 EG 也是一个第四二项线.

因为,由于 BA 比 AC 如同 EF 上正方形比 FG 上正方形,
所以 EF 上正方形大于 FG 上正方形.

于是设 FG,H 上正方形的和等于 EF 上正方形;
所以由换比例,数 AB 比 BC 如同 EF 上正方形比 H 上正方形. [V.19,推论]

但是 AB 与 BC 之比不同于一个平方数比一个平方数,
所以 EF 上正方形与 H 上正方形之比不同于一个平方数比一个平方数.

所以 EF 与 H 是长度不可公度的, [X.9]
于是 EF 上正方形比 GF 上正方形大于一个与 EF 是不可公度的线段 H 上的正方形.

又 EF,FG 是仅正方可公度的两有理线段,
且 EF 与 D 是长度可公度的.

所以 EG 是一个第四二项线.

证完

设 ρ 是有理线段,取两数 m,n 且 $(m+n)$ 与 m,n 每一个的比不等于两平方数的比.

求一线段 x,使得满足比例式

$$(m+n):m=k^2\rho^2:x^2,$$

于是 $$x=k\rho\cdot\sqrt{\frac{m}{m+n}}=\frac{k\rho}{\sqrt{1+\lambda}}.$$

命题证明了 $k\rho+\dfrac{k\rho}{\sqrt{1+\lambda}}$ 就是所求的第四二项线.

命题 52

求第五二项线.

给出两数 AC,CB,且 AB 与它们每一个的比不同于一个平方数比一个平方数.

给出一有理线段 D,设 EF 与 D 是可公度的,所以 EF 是有理的.

设作出比例,

使得 CA 比 AB 如同 EF 上正方形比 FG 上正方形. [X.6,推论]

但是 CA 与 AB 之比不同于一个平方数比一个平方数;

所以 EF 上正方形与 FG 上正方形的比也不同于一个平方数比一个平方数.

所以 EF,FG 是仅正方可公度的两有理线段. [X.9]

所以 EG 是二项线. [X.36]

其次可证 EG 也是第五二项线.

因为,由于 CA 比 AB 如同 EF 上正方形比 FG 上正方形,

由反比,BA 比 AC 如同 FG 上正方形比 FE 上正方形,

所以 GF 上正方形大于 EF 上正方形.

设 EF,H 上正方形的和等于 GF 上正方形,

所以由换比例,数 AB 比 BC 如同 GF 上正方形比 H 上正方形. [V.19,推论]

但是 AB 与 BC 的比不同于一个平方数比一个平方数,

所以 FG 上正方形与 H 上正方形的比也不同于一个平方数比一个平方数.

所以 FG 与 H 是长度不可公度的, [X.9]

因此 FG 上正方形比 FE 上正方形大一个与 FG 是不可公度的线段 H 上的正方形.

又 GF,FE 是仅正方可公度的两有理线段,

且短线段 EF 与所给有理线段 D 是长度可公度的.

所以 EG 是一个第五二项线.

证完

如上题所设,现求一线段 x,使得满足比例式

$$m:(m+n)=k^2\rho^2:x^2,$$

于是 $$x=k\rho\sqrt{\frac{m+n}{m}}=k\rho\sqrt{1+\lambda}.$$

命题证明了 $k\rho\sqrt{1+\lambda}+k\rho$ 就是所求的第五二项线.

命题 53

求第六二项线.

给出两数 AC,CB,且它们的和 AB 与它们每一个的比都不同于一个平方数比一个平方数,且又给出一个非平方数 D,而 D 与数 BA,AC 每一个的比都不同于一个平方数比一个平方数.

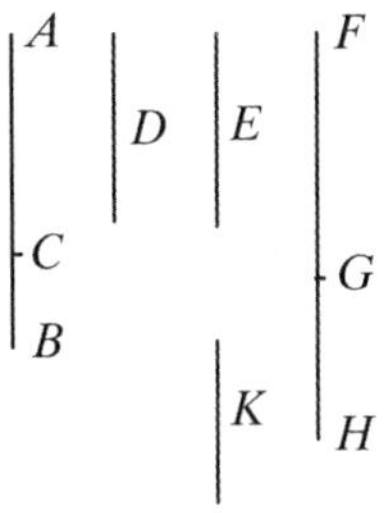

又给出一个有理线段 E,作出比例,

使得 D 比 AB 如同 E 上正方形比 FG 上正方形;

[X.6,推论]

所以 E 上正方形与 FG 上正方形是可公度的. [X.6]

又 E 是有理的,所以 FG 也是有理的.

现在,由于 D 与 AB 的比不同于一个平方数比一个平方数,

于是 E 上正方形与 FG 上正方形的比也不同于一个平方数比一个平方数,

所以 E 与 FG 是长度不可公度的. [X.9]

又作出比例,BA 比 AC 如同 FG 上正方形比 GH 上正方形. [X.6,推论]

所以 FG 上正方形与 HG 上正方形是可公度的. [X.6]

从而 HG 上正方形是有理的,所以 HG 是有理的.

又,由于 BA 与 AC 的比不同于一个平方数比一个平方数,

因而 FG 上正方形与 GH 上正方形的比也不同于一个平方数比一个平方数;

所以 FG 与 GH 是长度不可公度的. [X.9]

于是 FG,GH 是仅正方可公度的两有理线段;

故 FH 是二项线. [X.36]

其次,可证 FH 也是一个第六二项线.

因为,由于 D 比 AB 如同 E 上正方形比 FG 上正方形,

还有,BA 比 AC 如同 FG 上正方形比 GH 上正方形,

所以取首末比,D 比 AC 如同 E 上正方形比 GH 上正方形, [V.22]

但是 D 与 AC 的比不同于一个平方数比一个平方数,

所以 E 上正方形与 GH 上正方形的比也不同于一个平方数比一个平方数,

所以 E 与 GH 是长度不可公度的. [X.9]

但是已证明了 E 与 FG 不可公度;

所以两线段 FG,GH 的每一个与 E 是长度不可公度的.

又,由于 BA 比 AC 如同 FG 上正方形比 GH 上正方形,

所以 FG 上正方形大于 GH 上正方形.

于是设 GH,K 上正方形的和等于 FG 上正方形;

由换比例,AB 比 BC 如同 FG 上正方形比 K 上正方形. [V.19,推论]

但是 AB 与 BC 的比不同于一个平方数比一个平方数,

从而 FG 上正方形与 K 上正方形的比也不同于一个平方数比一个平方数.

所以 FG 与 K 是长度不可公度的, [X.9]

所以 FG 上正方形比 GH 上正方形大于一个与 FG 是不可公度的线段 K 上的正方形,

又 FG,GH 是仅正方可公度的两有理线段,

且它们每一个与给定的有理线段 E 是长度不可公度的.

所以 FH 是一个第六二项线.

证完

取两数 m,n. 且 $(m+n)$ 与它们每一个的比不等于两平方数之比. 再给出一个非平方数 p. 且它与 $(m+n)$,m 每一个的比不等于两平方数之比.

求两线段 x,y. 使得满足两比例式

$$p:(m+n)=\rho^2:x^2, \tag{1}$$

$$(m+n):m=x^2:y^2. \tag{2}$$

由(1),(2)两式得, $x=\rho\cdot\sqrt{\dfrac{m+n}{p}}=\rho\sqrt{k}$,

$$y=\rho\cdot\sqrt{\frac{m}{p}}=\rho\sqrt{\lambda}.$$

命题证明了 $\sqrt{k}\rho+\sqrt{\lambda}\rho$ 就是所求的第六二项线.

引 理

设有两个正方形 AB,BC,使它们的边 DB 与边 BE 在同一直线上,因而 FB 与 BG 也在同一直线上.

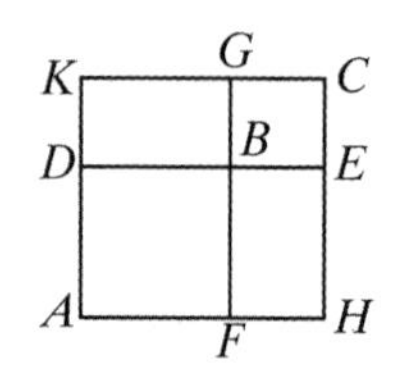

作出平行四边形 AC.

则可证 AC 是正方形,且 DC 是 AC,BC 的比例中项,

而 DC 是 AC,CB 的比例中项.

因为,DB 等于 BF,BE 等于 BG,

所以整体 DE 等于整体 FG.

但是 DE 等于线段 AH,KC 的每一个,

且 FG 等于线段 AK,HC 的每一个, [I.34]

所以线段 AH,KC 每一个也等于线段 AK,HC 每一个.

所以 AC 是一个等边的平行四边形,

且它也是一个直角的,

所以 AC 是一个正方形.

又,由于 FB 比 BG 如同 DB 比 BE.

而 FB 比 BG 如同 AB 比 DG,
又 DB 比 BE 如同 DG 比 BC, [Ⅵ.1]
所以也有,AB 比 DG 如同 DG 比 BC. [Ⅴ.11]
于是 DG 是 AB,BC 的比例中项.
其次可证 DC 也是 AC,BC 的比例中项.
因为,由于 AD 比 DK 如同 KG 比 GC,由于它们分别相等,
由合比,AK 比 KD 如同 KC 比 CG. [Ⅴ.18]
而 AK 比 KD 如同 AC 比 CD,
且 KC 比 CG 如同 DC 比 CB, [Ⅵ.1]
所以也有,AC 比 DC 如同 DC 比 BC. [Ⅴ.11]
所以 DC 是 AC,CB 的比例中项.
这正是所要求证明的.

证完

命题 54

若一有理线段与第一二项线所夹一个面[矩形],则此面的"边"①是称为二项线的无理线段.

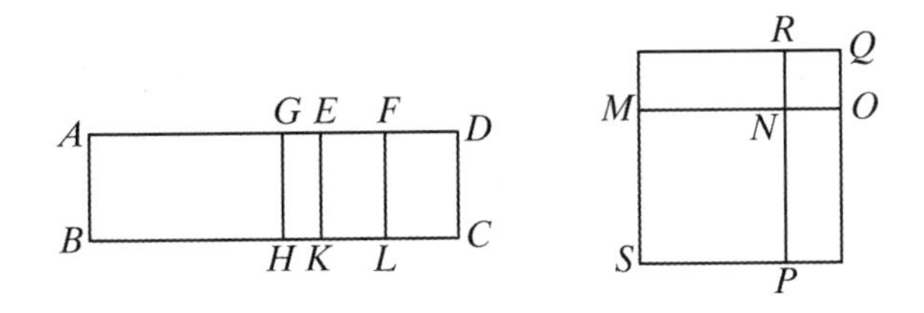

为此,设有理线段 AB 和第一二项线 AD 夹一个面 AC.
则可证,面 AC 的边是称为二项线的无理线段.
因为,由于 AD 是一个第一二项线,设点 E 把它分为它的两段,且设 AE 是长段.
于是,显然 AE,ED 是仅正方可公度的两有理线段,
而且 AE 上正方形比 ED 上正方形大一个与 AE 是可公度的线段上的正方形,
而且 AE 与给出的有理线段 AB 是长度可公度的. [X.定义Ⅱ.1]
设点 F 平分 ED.
因为 AE 上正方形比 ED 上正方形大一个与 AE 是可公度的线段上的正方形.
如果在大线段 AE 上贴合一个等于 ED 上正方形的四分之一,即等于 EF 上的正方形,且缺少一个正方形的矩形,

① 所谓一个面的边,指的是与此面相等的正方形的边.

则 AE 被分为长度可公度的两段. [X.17]

为此在 AE 上贴合一个矩形 AG、GE 等于 EF 上正方形,

所以 AG 与 EG 是长度可公度的.

从 G,E,F 分别画出平行于 AB,CD 的线段 GH,EK,FL,

作出正方形 SN 等于矩形 AH,和正方形 NQ 等于 GK, [Ⅱ.14]

且设 MN 与 NO 在一直线上;

所以 RN 与 NP 也在一直线上.

完全画出平行四边形 SQ;于是 SQ 是正方形. [引理]

现在,由于矩形 AG、GE 等于 EF 上正方形,

所以,AG 比 EF 如同 FE 比 EG, [Ⅵ.17]

于是也有,AH 比 EL 如同 EL 比 KG, [Ⅵ.1]

所以 EL 是 AH,GK 的比例中项.

但是 AH 等于 SN,GK 等于 NQ;

所以 EL 是 SN,NQ 的比例中项.

但是 MR 同样也是相同的 SN,NQ 的比例中项; [引理]

所以 EL 等于 MR,于是它也等于 PO.

但是 AH,GK 分别等于 SN,NQ;

所以整体 AC 等于整体 SQ,即 MO 上正方形,

所以 MO 是 AC 的边.

其次可证 MO 是二项线.

因为,由于 AG 与 GE 是可公度的,

所以 AE 与线段 AG,GE 每一个也是可公度的. [X.15]

但由假设,AE 与 AB 也是可公度的.

所以 AG,GE 与 AB 也是可公度的. [X.12]

又 AB 是有理的;

所以线段 AG,GE 的每一个也是有理的,

所以矩形 AH,GK 每一个是有理的. [X.19]

从而 AH 与 GK 是可公度的.

但是 AH 等于 SN,GK 等于 NQ;

所以 SN,NQ,即 MN,NO 上正方形,都是有理的且是可公度的.

又,由于 AE 与 ED 是长度不可公度的,

而 AE 与 AG 是可公度的,DE 与 EF 是可公度的,

所以 AG 与 EF 也是不可公度的, [X.13]

因此 AH 与 EL 也是不可公度的. [Ⅵ.1,X.11]

但是 AH 等于 SN,EL 等于 MR;

所以 SN 与 MR 也是不可公度的.

又,SN 比 MR 如同 PN 比 NR, [Ⅵ.1]

所以 PN 与 NR 是不可公度的.

但是 PN 等于 MN，NR 等于 NO；
所以 MN 与 NO 是不可公度的.

又 MN 上正方形与 NO 上正方形是可公度的，
且每一个都是有理的，
所以 MN，NO 是仅正方可公度的有理线段.

所以 MO 是二项线[X.36]，且它是 AC 的"边".

证完

设 ρ 为有理线段，而第一二项线为 $k\rho+k\rho\sqrt{1-\lambda^2}$. [X.48]

求证 $\sqrt{\rho(k\rho+k\rho\sqrt{1-\lambda^2})}$ 为一个二项线.

我们用代数方法加以证明.

$$\sqrt{\rho(k\rho+k\rho\sqrt{1-\lambda^2})}=\rho\sqrt{\frac{k}{2}(\sqrt{1+\lambda}+\sqrt{1-\lambda})^2}$$
$$=\rho\sqrt{\frac{k}{2}(1+\lambda)}+\rho\sqrt{\frac{k}{2}(1-\lambda)}.$$

显然 $\rho\sqrt{\frac{k}{2}(1+\lambda)}\sim\rho\sqrt{\frac{k}{2}(1-\lambda)}$.

故 $\sqrt{\rho(k\rho+k\rho\sqrt{1-\lambda^2})}$ 是一个二项线. [X.36]

命题 55

若由一个有理线段与第二二项线夹一个面，则此面的"边"是称为第一双中项线的无理线段.

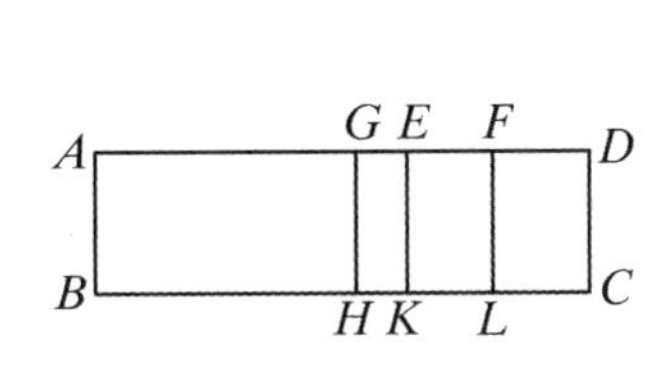

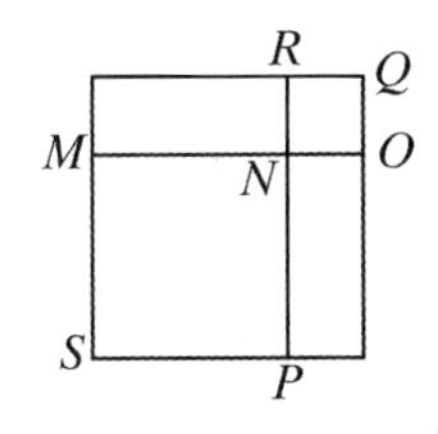

为此，设有理线段 AB 和第二二项线 AD 夹面 $ABCD$.

则可证面 AC 的边是一个第一双中项线.

因为，由于 AD 是一个第二二项线，设点 E 分 AD 为它的两段，且 AE 是长段.

这时 AE，ED 是仅正方可公度的两有理线段，
且 AE 上正方形比 ED 上正方形大一个与 AE 是可公度的线段上的正方形，
且短线段 ED 与 AB 是长度可公度的. [X.定义Ⅱ.2]

设点 F 平分 ED，又在 AE 上贴合缺少一个正方形的矩形 AG、GE，使其等于 EF 上正方形，
所以 AG 与 GE 是长度不可公度的. [X.17]

通过 G,E,F 引 GH,EK,FL 平行于 AB,CD,
画出正方形 SN 等于平行四边形 AH,正方形 NQ 等于 GK,
且设 MN 与 NO 在一直线上,于是 RN 与 NP 也在一直线上.

完全画出正方形 SQ.

显然,由前面的证明,MR 是 SN,NQ 的比例中项,且等于 EL,而且 MO 是面 AC 的边.

现在证明 MO 是第一双中项线.

由于 AE 与 ED 是长度不可公度的,
而 ED 与 AB 是不可公度的,
所以 AE 与 AB 也是不可公度的. [X.13]

又因为,AG 与 EG 是可公度的,
那么 AE 与两线段 AG,GE 每一个也是可公度的. [X.15]

但是 AE 与 AB 是长度不可公度的,
所以 AG,GE 与 AB 也都是不可公度的. [X.13]

因此 BA,AG 和 BA,GE 是两对仅正方可公度的有理线段,
所以两矩形 AH,GK 都是中项面. [X.21]

因此两正方形 SN,NQ 也都是中项面.

所以 MN,NO 都是中项线.

又,由于 AG 与 GE 是长度可公度的,
于是 AH 与 GK 也是可公度的, [Ⅵ.1,X.11]
即 SN 与 NQ 是可公度的,
即 MN 上正方形与 NO 上正方形可公度.

又,由于 AE 与 ED 是长度不可公度的,
而 AE 与 AG 是可公度的,ED 与 EF 是可公度的,
所以 AG 与 EF 是不可公度的. [X.13]

因此 AH 与 EL 是不可公度的,
即 SN 与 MR 不可公度,即 PN 与 NR 不可公度, [Ⅵ.1,X.11]
即 MN 与 NO 是长度不可公度的.

但是已证 MN,NO 是两中项线,且是正方可公度的;
所以 MN,NO 是仅正方可公度的两中项线.

其次可证由 MN,NO 所夹的矩形是有理面.

因为由假设,DE 与两线段 AB,EF 每一个是可公度的,
所以 EF 与 EK 也是可公度的. [X.12]

又它们都是有理的,
所以 EL,即 MR 是有理的. [X.19]
且 MR 是矩形 MN、NO.

但是,当以两个仅正方可公度的中项线所夹的矩形是有理的,
则两中项线的和是无理的,称此线为第一双中项线. [X.37]

于是 MO 是一个第一双中项线.

证完

设 ρ 为有理线段,而且由 X. 49 知第二二项线是 $\dfrac{k\rho}{\sqrt{1-\lambda^2}}+k\rho$.

求证 $\sqrt{\rho\left(\dfrac{k\rho}{\sqrt{1-\lambda^2}}+k\rho\right)}$ 为一个第一双中项线.

因为 $\sqrt{\rho\left(\dfrac{k\rho}{\sqrt{1-\lambda^2}}+k\rho\right)}=\dfrac{1}{(1-\lambda^2)^{\frac{1}{4}}}\sqrt{\rho(k\rho+k\rho\sqrt{1-\lambda^2})}$

$$=\rho\sqrt{\frac{k}{2}\left(\frac{1+\lambda}{1-\lambda}\right)^{\frac{1}{2}}}+\rho\sqrt{\frac{k}{2}\left(\frac{1-\lambda}{1+\lambda}\right)^{\frac{1}{2}}}.$$

我们容易验证 $\rho\sqrt{\dfrac{k}{2}\left(\dfrac{1+\lambda}{1-\lambda}\right)^{\frac{1}{2}}}+\rho\sqrt{\dfrac{k}{2}\left(\dfrac{1-\lambda}{1+\lambda}\right)^{\frac{1}{2}}}$ 是一个第一双中项线.

命 题 56

若由一个有理线段和第三二项线夹一个面,则此面的“边”是一个称为第二双中项线的无理线段.

为此,设有理线段 AB 和第三二项线 AD 所夹面 $ABCD$,且 E 分 AD 为它的两段,AE 是大段.

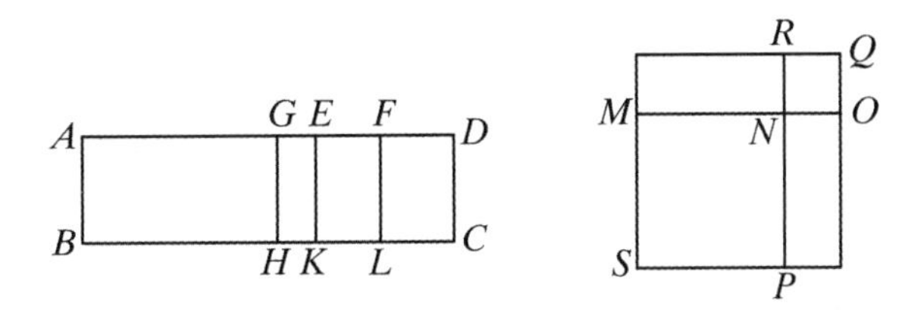

则可证面 AC 的边是一个称为第二双中项线的无理线段.

仿前面的作图.

现在,由于 AD 是一个第三二项线,所以 AE,ED 是仅正方可公度的两有理线段,且 AE 上正方形比 ED 上正方形大一个与 AE 是可公度的线段上的正方形,又 AE,ED 每一个与 AB 是长度不可公度的. [X. 定义Ⅱ.3]

于是依照前面类似地可以证明 MO 是面 AC 的边,且 MN,NO 是仅正方可公度的两中项线,所以 MO 是一个双中项线.

其次可证明 MO 也是一个第二双中项线.

因为 DE 与 AB,即 DE 与 EK 是长度不可公度的,

且 DE 与 EF 是可公度的,

所以 EF 与 EK 是长度不可公度的. [X. 13]

又它们都是有理的,

所以 FE,EK 是仅正方可公度的两有理线段,

所以 EL 即 MR,是中项面. [X.21]

而它是由 MN,NO 所夹的,

所以矩形 MN、NO 是中项面.

于是,MO 是一个第二双中项线. [X.38]

证完

设 ρ 为有理线段,由X.50知第三二项线的形式是 $\sqrt{k}\rho+\sqrt{k}\rho\ \sqrt{1-\lambda^2}$.

求证 $\sqrt{\rho(\sqrt{k}\rho+\sqrt{k}\rho\ \sqrt{1-\lambda^2})}$ 为一个第二双中项线.

因为 $\sqrt{\rho(\sqrt{k}\rho+\sqrt{k}\rho\ \sqrt{1-\lambda^2})}=\rho\sqrt{\frac{\sqrt{k}}{2}(1+\lambda)}+\rho\sqrt{\frac{\sqrt{k}}{2}(1-\lambda)}$.

我们可验证得 $\rho\sqrt{\frac{\sqrt{k}}{2}(1+\lambda)}+\rho\sqrt{\frac{\sqrt{k}}{2}(1-\lambda)}$ 是一个第二双中项线.

命题57

若由一个有理线段与第四二项线夹一个面,则此面的“边”是称为主线的无理线段.

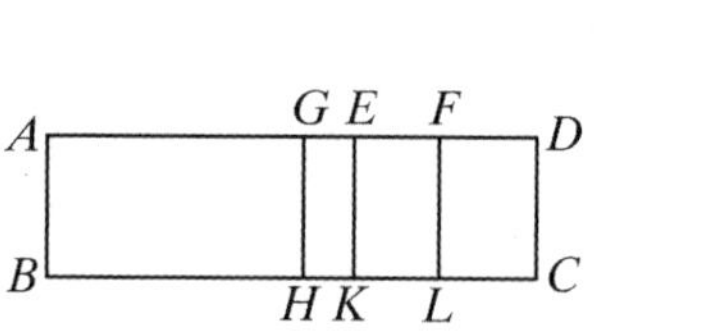

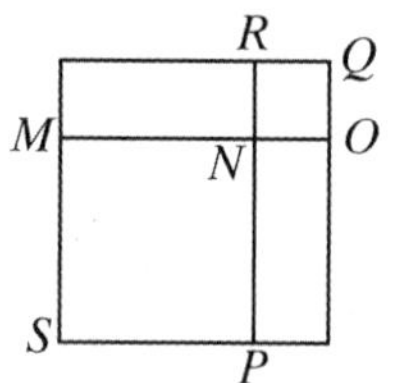

为此,设由有理线段 AB 和第四二项线 AD 所夹的面 AC,且 E 是分 AD 为它的两段,AE 是大段.

则可证面 AC 的“边”是称为主线的无理线段.

因为,由于 AD 是一个第四二项线,所以 AE,ED 是仅正方可公度的两有理线段,且 AE 上正方形比 ED 上正方形大一个与 AE 是不可公度的线段上的正方形,

又 AE 与 AB 是长度可公度的. [X.定义Ⅱ.4]

设 F 平分 DE,

在 AE 上贴合矩形 AG、GE 等于 EF 上正方形,

所以 AG 与 GE 是长度不可公度的. [X.18]

引 GH,EK,FL 平行于 AB,

且其余作图如前,于是,明显地 MO 是 AC 的边.

其次可证 MO 是称为主线的无理线段.

由于 AG 与 EG 是不可公度的,

所以 AH 与 GK 也是不可公度的，即 SN 与 NQ 不可公度； [Ⅵ.1，X.11]
所以 MN，NO 是正方不可公度的.

又，由于 AE 与 AB 是可公度的，
于是 AK 是有理面； [X.19]
且它等于 MN，NO 上正方形的和，
所以 MN，NO 上正方形的和也是有理的.

又，由于 DE 与 AB，即 DE 与 EK，是长度不可公度的，
而 DE 与 EF 可公度，
所以 EF 与 EK 是长度不可公度的. [X.13]

因此 EK，EF 是仅正方不可公度的两有理线段，
所以 LE，即 MR 是中项面. [X.21]

又，它是由 MN，NO 所夹的，
所以矩形 MN、NO 是中项面. 又 MN，NO 上正方形的和是有理面，
且 MN，NO 是正方不可公度.

但是，如果正方不可公度的两线段上的正方形的和是有理的，且由它们所夹的矩形是中项面，
这二线段的和是无理的，称此线为主线. [X.39]

于是 MO 是称为主线的无理线段，且它是面 AC 的“边”.

证完

这个命题是求证式 $\rho\left(k\rho+\dfrac{k\rho}{\sqrt{1+\lambda}}\right)$ 的平方根是一个主线（参看[X.51]）.

因为 $\sqrt{\rho\left(k\rho+\dfrac{k\rho}{\sqrt{1+\lambda}}\right)}=\rho\cdot\sqrt{\dfrac{k}{2}\left(1+\sqrt{\dfrac{\lambda}{1+\lambda}}\right)}+\rho\cdot\sqrt{\dfrac{k}{2}\left(1-\sqrt{\dfrac{\lambda}{1+\lambda}}\right)}$.

我们可以验证 $\rho\cdot\sqrt{\dfrac{k}{2}(1+\sqrt{\dfrac{\lambda}{1+\lambda}})}$ 与 $\rho\cdot\sqrt{\dfrac{k}{2}\left(1-\sqrt{\dfrac{\lambda}{1+\lambda}}\right)}$
满足X.39的条件，所以它们的之和是主线.

命题 58

若由一有理线段与第五二项线夹一个面，则此面的“边”是一个称为中项面有理面和的边的无理线段.

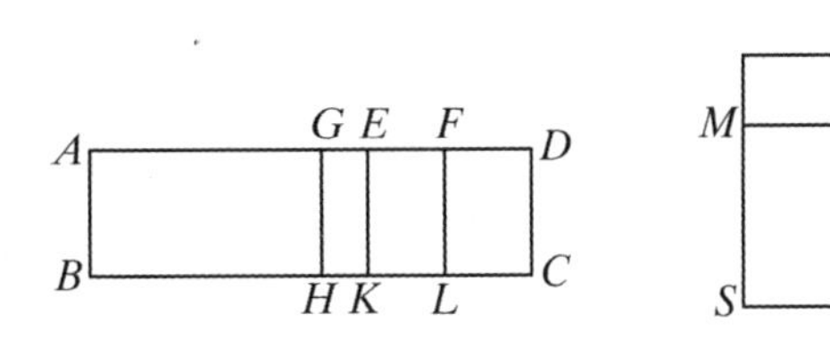

为此,设由有理线段 AB 和第五二项线 AD 所夹面 AC,且 E 是 AD 被分为它的两段的分点,AE 是大段.

则可证面 AC 的"边"是称为中项面有理面和的"边"的无理线段.

和以前的作图一样,显然 MO 是面 AC 的边.

那么要证明 MO 是一个中项面有理面和的边.

因为,由于 AG 与 GE 是不可公度的, [X.18]

所以 AH 与 HE 也是不可公度的, [Ⅵ.1,X.11]

即 MN 上正方形与 NO 上正方形是不可公度的,

所以 MN,NO 是正方不可公度的.

又,由于 AD 是一个第五二项线,且 ED 是小段,

所以 ED 与 AB 是长度不可公度的. [X.定义Ⅱ.5]

但是 AE 与 ED 不可公度,

所以 AB 与 AE 也是长度不可公度的. [X.13]

因此 AK,即 MN,NO 上正方形的和是中项面. [X.21]

又因为,DE 与 AB,即与 EK,是长度不可公度的,

而 DE 与 EF 是可公度的,

所以 EF 与 EK 也是可公度的. [X.12]

又 EK 是有理的;

所以 EL,即 MR,即矩形 MN、NO 也是有理的. [X.19]

于是 MN,NO 是正方不可公度的线段,

且它们上正方形的和是中项面,但由它们所夹的矩形是有理面.

所以 MO 是中项面有理面和的边[X.40],且它们是面 AC 的"边".

证完

这个命题是求式 $\rho(k\rho+k\rho\sqrt{1+\lambda})$ 的平方根是一个中项面有理面和的边.

因为 $\rho(k\rho+k\rho\sqrt{1+\lambda})=\rho\sqrt{\frac{k}{2}(\sqrt{1+\lambda}+\sqrt{\lambda})}+\rho\sqrt{\frac{k}{2}(\sqrt{1+\lambda}-\sqrt{\lambda})}$.

我们可以验证 $\rho\sqrt{\frac{k}{2}(\sqrt{1+\lambda}+\sqrt{\lambda})}$ 与 $\rho\sqrt{\frac{k}{2}(\sqrt{1+\lambda}-\sqrt{\lambda})}$ 满足 X.40 的条件,所以它们之和是中项面有理面和的"边".

命题 59

若由一有理线段与第六二项线夹一个面,则此面的"边"是称为两中项面和的边的无理线段.

为此,设由有理线段 AB 和第六二项线 AD 夹面 $ABCD$,且点 E 分 AD 为它的两段,AE 是大段.

则可证 AC 的边是两中项面和的边.

和以前作图一样.

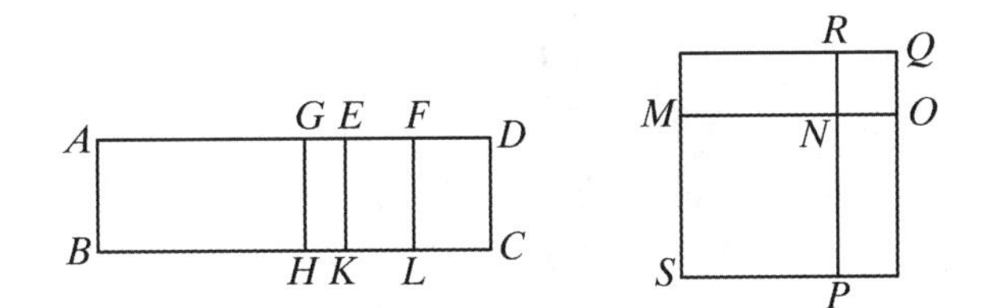

于是明显地,MO 是 AC 的边,且 MN 与 NO 是正方不可公度的.

现在,由于 EA 与 AB 是长度不可公度的,
所以 EA,AB 是仅正方可公度的两有理线段,
所以 AK,即 MN,NO 上正方形之和,是中项面. [X.21]

又由于 ED 与 AB 是长度不可公度的,
所以 FE 与 EK 也是不可公度的, [X.13]

所以 FE,EK 是仅正方可公度的两有理线段,
所以 EL,即 MR,即矩形 MN、NO 是中项面. [X.21]

又由于,AE 与 EF 是不可公度的,
于是 AK 与 EL 也是不可公度的. [Ⅵ.1,X.11]

但是 AK 是 MN,NO 上正方形的和,
且 EL 是矩形 MN、NO,所以 MN,NO 上正方形的和与矩形 MN、NO 是不可公度的.

而它们都是中项面,且 MN,NO 是正方不可公度的.

所以 MO 是两中项面和的边[X.41],且它是 AC 的"边".

证完

这个命题是求证(参看[X.53])$\rho(\sqrt{k}\rho+\sqrt{\lambda}\rho)$ 的平方根是一个两中项面和的边.

因为 $\sqrt{\rho(\sqrt{k}\rho+\sqrt{\lambda}\rho)}=\rho\sqrt{\frac{1}{2}(\sqrt{k}+\sqrt{k-\lambda})}+\rho\sqrt{\frac{1}{2}(\sqrt{k}-\sqrt{k-\lambda})}$.

我们可以验证 $\rho\sqrt{\frac{1}{2}(\sqrt{k}+\sqrt{k-\lambda})}$ 与 $\rho\sqrt{\frac{1}{2}(\sqrt{k}-\sqrt{k-\lambda})}$
满足X.41 的条件,所以它们之和是两中项面和的"边".

引 理

如果一个线段分为不相等的两段,则两段上正方形的和大于由两段夹的矩形的二倍.

设 AB 是一个线段,它被点 C 分为两不等线段,AC 是大段.

A D C B

则可证 AC,CB 上正方形的和大于二倍的矩形 AC、CB.

为此使 D 平分 AB.

这时,由于一线段在点 D 被分为相等的两段,
又在点 C 被分为不等的两段,
所以矩形 AC、CB 加 CD 上正方形等于 AD 上正方形, [Ⅱ.5]
于是矩形 AC、CB 小于 AD 上正方形;
所以二倍的矩形 AC、CB 小于 AD 上正方形的二倍.

但是 AC,CB 上正方形的和等于 AD,DC 上正方形的和的二倍,
所以 AC,CB 上正方形的和大于二倍的矩形 AC、CB. [Ⅱ.9]

证完

命 题 60

如果对一个有理线段上贴合一矩形使其与一个二项线上的正方形相等,则所产生的宽是第一二项线.

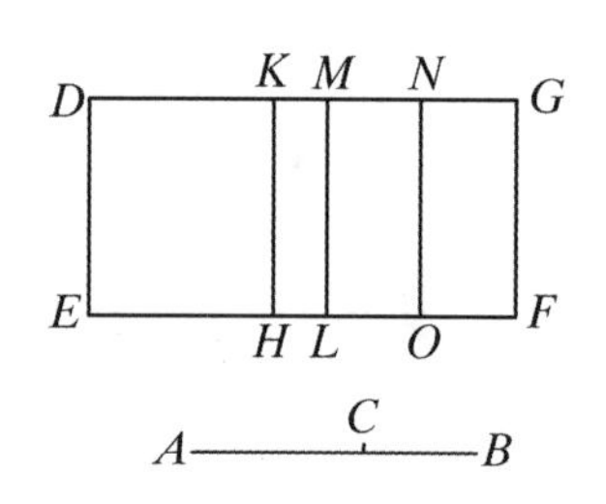

设 AB 是一个二项线,C 分 AB 为它的两段,且 AC 是大段,给出有理线段 DE,在 DE 上贴合一矩形 $DEFG$ 等于 AB 上的正方形,产生出 DG 作为宽.

则可证 DG 是第一二项线.

因为,若在 DE 上贴合矩形 DH 使其等于 AC 上正方形,KL 等于 BC 上正方形,则余量,即二倍矩形 AC、CB 等于 MF.

设 N 平分 MG,又设 NO 平行于 ML 或 GF.

这样一来,两矩形 MO,NF 的每一个等于矩形 AC、CB.

现在,由于 AB 是一个二项线,且 C 分 AB 为它的两段,
所以 AC,CB 是仅正方可公度的两有理线段, [Ⅹ.36]
所以 AC、CB 上正方形都是有理的且彼此可公度,
从而 AC、CB 上正方形的和也是有理的. [Ⅹ.15]

这个和等于 DL;所以 DL 是有理的.

且它是贴合于有理线段 DE 上的;
所以 DM 是有理的,且与 DE 是长度可公度的. [Ⅹ.20]

又由于 AC,CB 是仅正方可公度的两有理线段,所以二倍的矩形 AC、CB,即 MF,是中项面. [Ⅹ.21]

又它是贴合于有理线段 ML 上;
所以 MG 也是有理的,且与 ML,即 DE,是长度不可公度的. [Ⅹ.22]

但是 MD 也是有理的,且与 DE 是长度可公度的,
所以 DM 与 MG 是长度不可公度的. [Ⅹ.13]

而它们都是有理的;
所以 DM,MG 是仅正方可公度的两有理线段,因此 DG 是二项线. [Ⅹ.36]

其次可证明 DG 也是一个第一二项线.

由于矩形 AC、CB 是 AC,CB 上两正方形的比例中项, [X.53 后之引理]

所以 MO 也是 DH,KL 的比例中项.

所以,DH 比 MO 如同 MO 比 KL,

即,DK 比 MN 如同 MN 比 MK; [Ⅵ.1]

所以矩形 DK、KM 等于 MN 上正方形. [Ⅵ.17]

又,由于 AC,CB 上的两正方形是可公度的,

于是 DH 与 KL 也是可公度的,

因而 DK 与 KM 也是可公度的. [Ⅵ.1,X.11]

又,由于 AC,CB 上正方形的和大于二倍矩形 AC、CB, [引理]

所以 DL 也大于 MF,于是 DM 大于 MG. [Ⅵ.1]

又矩形 DK、KM 等于 MN 上正方形,

即等于 MG 上正方形的四分之一,且 DK 与 KM 是可公度的.

但是,如果有两不等线段,在大线段上贴合一个缺少一正方形且等于小线段上正方形的四分之一的矩形,若分大线段之两部分是长度可公度的,则大线段上正方形比小线段上正方形大一个与大线段是可公度的线段上的正方形. [X.17]

所以 DM 上正方形比 MG 上正方形大一个与 DM 是可公度的线段上的正方形.

又 DM,MG 都是有理的,

而大线段 DM 与已给的有理线段 DE 是长度可公度的.

所以 DG 是一个第一二项线. [X.定义Ⅱ.1]

证完

从此命题开始的以下六个命题,分别是X.54~59 的逆命题.我们求证X.36~41 的无理线段上的正方形分别等于一个有理线段和第一、第二、第三、第四、第五以及第六二项线构成的矩形.

X.60 为若 σ 为有理线段,$\rho+\sqrt{k\rho}$ 为二项线[X.36],求证

$$\frac{(\rho+\sqrt{k}\rho)^2}{\sigma}\ \text{为第一二项线.}$$

取三个线段 x,y,z 使得满足:

$$\sigma x=\rho^2;\ \sigma y=k\rho^2;\ \sigma\cdot 2z=2\sqrt{k}\cdot\rho^2.$$

$\rho^2,k\rho^2$ 显然为原二项线两段的平方,而 $2\sqrt{k}\cdot\rho^2$.是两段构成的矩形的二倍.

于是 $$(x+y)+2z=\frac{(\rho+\sqrt{k}\rho)^2}{\sigma}.$$

欧几里得分两步证明,首先证 $(x+y)+2z$ 是一个二项线,再证它是一个第一二项线.

1. 因为 $\rho\frown\sqrt{k}\rho$,于是 $\rho^2,k\rho^2$ 是有理的且可公度,所以 $\rho^2+k\rho^2$ 或者 $\sigma(x+y)$ 是一个有理面.

因此 $(x+y)$ 是有理的且 $(x+y)\frown\sigma$. (1)

其次 $2\rho\cdot\sqrt{k}\rho$ 是一个中项面,于是 $\sigma\cdot 2z$ 是中项面.

因此 $2z$ 是有理的,但 $2z\smile\sigma$. (2)

由(1),(2),$(x+y)$,$2z$ 是仅正方形可公度的两有理线段. (3)

所以 $(x+y)+2z$ 是一个二项线. [X.36]

2. 因为 $\rho^2:\sqrt{k}\rho^2=\sqrt{k}\rho^2:k\rho^2$,

于是 $\sigma x:\sigma z=\sigma z:\sigma y$,

$x:z=z:y$,

或者 $xy=z^2=\frac{1}{4}(2z)^2$. (4)

而 $\rho^2,k\rho^2$ 是可公度的,于是 $\sigma x,\sigma y$ 是可公度的,所以 $x\frown y$. (5)

由引理 $\rho^2+k\rho^2>2\sqrt{k}\rho^2$ 即 $x+y>2z$, (6)

但是 $x+y=\frac{\rho^2+k\rho^2}{\sigma}$ (7)

所以由(4),(5),(7)和X.17有

$\sqrt{(x+y)^2-(2z)^2}\frown(x+y)$ (8)

由(3),(6),(8),(1)知,$(x+y)+2z$ 是一个第一二项线.

$(x+y)+2z$ 的实际形式为 $\frac{\rho^2}{\sigma}(1+k+2\sqrt{k})$.

命题 61

如果对一个有理线段贴合一矩形与一个第一双中项线上的正方形相等,则所产生的宽是第二二项线.

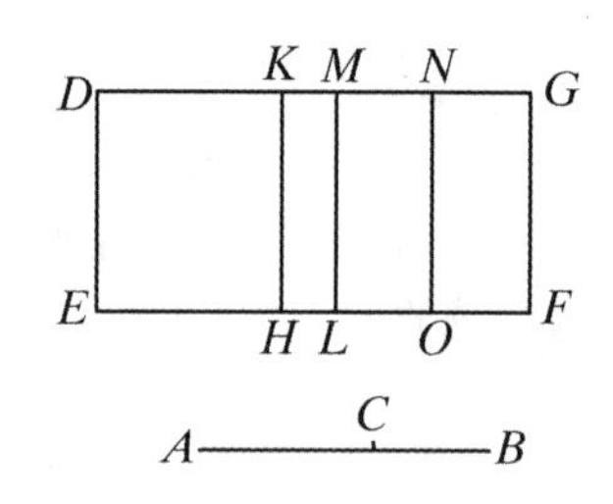

设 AB 是一个第一双中项线,点 C 分 AB 为它的两段,AC 是大段,又给出有理线段 DE,在 DE 上贴合矩形 DF 等于 AB 上的正方形,产生出的 DG 作为宽.

则可证,DG 是一个第二二项线.

按照前面作同样的图.

这时,由于 AB 是分于点 C 的一个第一双中项线,所以 AC,CB 是仅正方形可公度的二中项线,

且它们构成一个有理矩形, [X.37]

于是 AC,CB 上正方形也是中项面. [X.21]

所以 DL 是中项面. [X.15 和 23,推论]

又它被贴合于有理线段 DE 上;

所以 MD 是有理的且与 DE 是长度不可公度的. [X.22]

另外,因为二倍的矩形 AC、CB 是有理的,

于是 MF 也是有理的.

又它是作在有理线段 ML 上;

所以 MG 也是有理的且与 ML,即 DE,是长度可公度的; [X.20]

所以 DM 与 MG 是长度不可公度的. [X.13]

又它们是有理的;

所以 DM,MG 是仅正方可公度的有理线段;

于是 DG 是二项线. [X.36]

其次可证明 DG 也是一个第二二项线.

因为,由于 AC,CB 上正方形的和大于二倍的矩形 AC、CB,
于是 DL 也大于 MF,从而 DM 也大于 MG. [Ⅵ.1]

又,由于 AC 上正方形与 CB 上正方形是可公度的,DH 与 KL 也是可公度的,
因此 DK 与 KM 也是可公度的. [Ⅵ.1,X.11]

又矩形 DK、KM 等于 MN 上正方形,
所以 DM 上正方形比 MG 上正方形大一个与 DM 是可公度的线段上的正方形. [X.17]

又 MG 与 DE 是长度可公度的.

所以 DG 是一个第二二项线. [X.定义Ⅱ.2]

证完

若 σ 为有理线段,$(k^{\frac{1}{4}}\rho + k^{\frac{3}{4}}\rho)$ 是一个第一双中项线 [X.37]

求证 $\dfrac{(k^{\frac{1}{4}}\rho + k^{\frac{3}{4}}\rho)^2}{\sigma}$ 是一个第二二项线.

因为 $$\frac{(k^{\frac{1}{4}}\rho + k^{\frac{3}{4}}\rho)^2}{\sigma} = \frac{\rho^2}{\sigma}[\sqrt{k}(1+k)+2k]. \quad (1)$$

欧几里得证明了 $\dfrac{\rho^2}{\sigma}\sqrt{k}(1+k)$ 与 $\dfrac{\rho^2}{\sigma}\cdot 2k$ 是仅正方可公度的有理线段,
因而它们的和是二项线;其次可证明(1)中的两部分以及 σ 适合 X.定义Ⅱ.2 的条件,因而它也是第二二项线.

命 题 62

如果对一个有理线段贴合一矩形与一个第二双中项线上的正方形相等,则所产生的宽是第三二项线.

设 AB 是一个第二双中项线,点 C 分 AB 为两段,AC 是大段,又设 DE 为有理线段,在 DE 上贴合矩形 DF 等于 AB 上的正方形,产生出的 DG 作为宽.

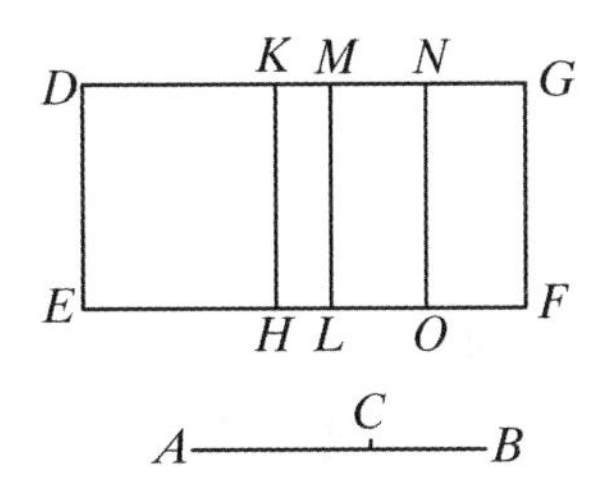

则可证 DG 是一个第三二项线.

按照前面同样的作图.

于是,由于 AB 是分于点 C 的第二双中项线,
所以 AC,CB 是仅正方可公度的二中项线,
且它们所夹的矩形是中项面, [X.38]
于是 AC,CB 上正方形的和也是中项面. [X.15 和 23,推论]

而,它等于 DL;所以 DL 也是中项面.

又它是作在有理线段 DE 上,
所以 MD 也是有理的,且与 DE 是长度不可公度的. [X.22]

同理,MG 也是有理的,且与 ML,即与 DE,是长度不可公度的;
所以线段 DM,MG 的每一个是有理的,且与 DE 是长度不可公度的.

又,由于 AC 与 CB 是长度不可公度的,
且 AC 比 CB 如同 AC 上正方形比矩形 AC、CB,
所以 AC 上正方形与矩形 AC、CB 也是不可公度的, [X.11]

因此 AC,CB 上正方形的和与二倍的矩形 AC、CB 是不可公度的, [X.12,13]
也就是,DL 与 MF 是不可公度的,
因此 DM 与 MG 也是不可公度的. [Ⅵ.1,X.11]

而,它们是有理的;
所以 DG 是二项线.

其次可证明它也是第三二项线.

在此,类似前述,我们可以断定 DM 大于 MG,
且 DK 与 KM 是可公度的.

又,矩形 DK、KM 等于 MN 上正方形;
所以 DM 上正方形比 MG 上正方形大一个与 DM 是可公度的线段上的正方形.

而且线段 DM,MG 的每一个与 DE 都不是长度可公度的.

所以 DG 是一个第三二项线. [X.定义Ⅱ.3]

证完

若 σ 为有理线段,$\left(k^{\frac{1}{4}}\rho+\frac{\lambda^{\frac{1}{2}}\rho}{k^{\frac{1}{4}}}\right)$是一个第二双中项线[X.38],

求 $\frac{1}{\sigma}\left(k^{\frac{1}{4}}\rho+\frac{\lambda^{\frac{1}{2}}\rho}{k^{\frac{1}{4}}}\right)^2$ 是一个第三二项线.

因为
$$\frac{1}{\sigma}\left(k^{\frac{1}{4}}\rho+\frac{\lambda^{\frac{1}{2}}\rho}{k^{\frac{1}{4}}}\right)^2=\frac{\rho^2}{\sigma}\left\{\frac{k+\lambda}{\sqrt{k}}+2\sqrt{\lambda}\right\}. \tag{1}$$

欧几里得证明了$\frac{\rho^2(k+\lambda)}{\sigma\sqrt{k}}$ 与 $\frac{2\sqrt{\lambda}\rho^2}{\sigma}$是仅正方可公度的有理线段,因而它们的和是二项线;还证明了(1)的两部分以及有理线段.适合X.定义Ⅱ.3 的条件,因而它还是第三二项线.

命题 63

如果对一个有理线段上贴合一矩形与一个主线上的正方形相等,则所产生的宽是第四二项线.

设 AB 是一个主线,点 C 分 AB 为它的两段,AC 大于 CB,又设 DE 是一个有理线段,在 DE 上贴合一矩形 DF 等于 AB 上正方形,产生出的 DG 作为宽.

则可证 DG 是第四二项线.

按照前面同样的作图.

于是,由于 AB 是分于点 C 的一个主线,所以 AC,CB 是正方不可公度的两线段,且

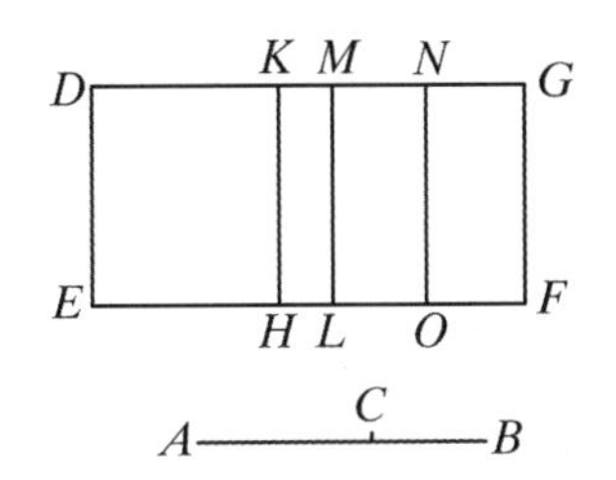

它们上正方形的和是有理的，而由它们所夹的矩形是中项面.

[X.39]

由于这时 AC,CB 上正方形的和是有理的，
所以 DL 是有理的；
所以 DM 也是有理的且与 DE 是长度可公度的.

[X.20]

又，由于二倍的矩形 AC、CB，即 MF，是中项面，
且它是贴合于有理线段 ML 上的，
所以 MG 也是有理的且与 DE 是长度不可公度的； [X.22]
所以 DM 与 MG 是长度不可公度的. [X.13]

所以 DM,MG 是仅正方可公度的有理线段.
因此 DG 是二项线. [X.36]

其次可证明 DG 也是一个第四二项线.

类似前面的方法，我们能够证明 DM 大于 MG，且矩形 DK、KM 等于 MN 上正方形.

由于，这时 AC 上正方形与 CB 上正方形是不可公度的，
所以 DH 与 KL 也是不可公度的，
因此 DK 与 KM 也是不可公度的. [Ⅵ.1,X.11]

但是，如果有两个不相等的线段，且在大线段贴合一缺少一个正方形且等于小线段上正方形的四分之一的矩形，且它分它为不可公度的两部分，
则大线段上正方形比小线段上正方形大一个与大线段不可公度的线段上的正方形；

[X.18]

所以 DM 上正方形比 MG 上正方形大一个与 DM 是不可公度的线段上的正方形.

又 DM,MG 是仅正方可公度的两有理线段，
而 DM 与所给定的有理线段 DE 是可公度的.

所以 DG 是一个第四二项线. [X.定义Ⅱ.4]

证完

若 σ 为有理线段，$\frac{\rho}{\sqrt{2}}\sqrt{1+\frac{k}{\sqrt{1+k^2}}}+\frac{\rho}{\sqrt{2}}\sqrt{1-\frac{k}{\sqrt{1+k^2}}}$

是一个主线[X.39]. 求证 $\frac{1}{\sigma}\left(\frac{\rho}{\sqrt{2}}\sqrt{1+\frac{k}{\sqrt{1+k^2}}}+\frac{\rho}{\sqrt{2}}\sqrt{1-\frac{k}{\sqrt{1+k^2}}}\right)^2$

是一个第四二项线.

因为
$$\frac{1}{\sigma}\left(\frac{\rho}{\sqrt{2}}\sqrt{1+\frac{k}{\sqrt{1+k^2}}}+\frac{\rho}{\sqrt{2}}\sqrt{1-\frac{k}{\sqrt{1+k^2}}}\right)^2$$
$$=\frac{\rho^2}{\sigma}\left(1+\frac{1}{\sqrt{1+k^2}}\right). \tag{1}$$

欧几里得证明了 $\frac{\rho^2}{\sigma}$ 与 $\frac{\rho^2}{\sigma\sqrt{1+k^2}}$ 是仅正方可公度的有理线段，因而它们的和是二项线；还证明了(1)的两部分以及有理线段 σ 适合X.定义Ⅱ.4 的条件，因而它还是第四二项线.

命题 64

如果对一个有理线段贴合一矩形与一个中项面有理面和的边上的正方形相等，则所产生的宽是第五二项线.

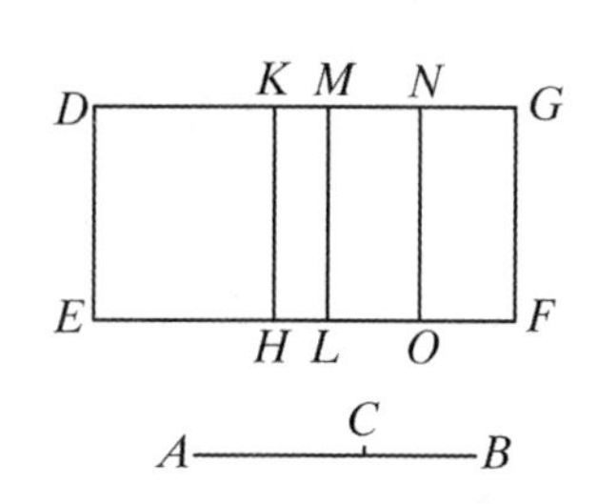

设 AB 是一个中项面有理面和的边，点 C 分 AB 为它的两段，AC 大于 CB，又设 DE 是一个有理线段，在 DE 上贴合矩形 DF 等于 AB 上正方形，产生出的 DG 作为宽.

则可证 DG 是一个第五二项线.

按照前面同样的作图.

于是，由于 AB 是分于 C 点的中项有理面的边，所以 AC，CB 是正方形不可公度的两线段，它们上正方形的和是中项面，但是由它们所夹的矩形是有理的. [X. 40]

这时，由于 AC，CB 上正方形的和是中项面. 所以 DL 是中项面，所以 DM 是有理的且与 DE 是长度不可公度的. [X. 22]

又，由于二倍的矩形 AC、CB，即 MF，是有理的.
所以 MG 是有理的且与 DE 可公度. [X. 20]

于是 DM 与 MG 是不可公度的. [X. 13]
所以 DM，MG 是仅正方可公度的两有理线段；
因此 DG 是二项线. [X. 36]

其次可证明它也是一个第五二项线.

因为类似地能够证明矩形 DK、KM 等于 MN 上正方形，且 DK 与 KM 是长度不可公度的；
所以 DM 上正方形比 MG 上正方形大一个与 DM 是不可公度的线段上的正方形. [X. 18]

而 DM，MG 是仅正方可公度的，且小线段 MG 与 DE 是长度可公度的.

所以 DG 是一个第五二项线. [X. 定义Ⅱ. 5]

证完

若 σ 为有理线段，$\frac{\rho}{\sqrt{2(1+k^2)}}\sqrt{\sqrt{1+k^2}+k}+\frac{\rho}{\sqrt{2(1+k^2)}}\sqrt{\sqrt{1+k^2}-k}$
是一个中项有理面的边，求证

$$\frac{1}{\sigma}\left(\frac{\rho}{\sqrt{2(1+k^2)}}\sqrt{\sqrt{1+k^2}+k}+\frac{\rho}{\sqrt{2(1+k^2)}}\sqrt{\sqrt{1+k^2}-k}\right)^2$$

是一个第五二项线.

因为 $$\frac{1}{\sigma}\left(\frac{\rho}{\sqrt{2(1+k^2)}}\sqrt{\sqrt{1+k_2}+k}+\frac{\rho}{\sqrt{2(1+k^2)}}\sqrt{\sqrt{1+k^2}-k}\right)^2$$

$$=\frac{\rho^2}{\sigma}\left(\frac{1}{\sqrt{1+k^2}}+\frac{1}{1+k^2}\right). \tag{1}$$

欧几里得证明了$\frac{\rho^2\sqrt{\lambda}}{\sigma(1+k^2)}$与$\frac{\rho^2}{\sigma(1+k^2)}$是仅正方可公度的有理线段,因而它们的和是二项线;还证明了(1)的两部分以及有理线段σ适合X.定义Ⅱ.5的条件,因而它还是第五二项线.

命题65

如果对一个有理线段贴合一矩形与一个两中项面和的边上的正方形相等,则所产生的宽是第六二项线.

设AB是一个两中项面和的边,点C分AB为两段,又设DE是有理线段,且在DE上贴合矩形DF等于AB上正方形,产生出的DG作为宽.

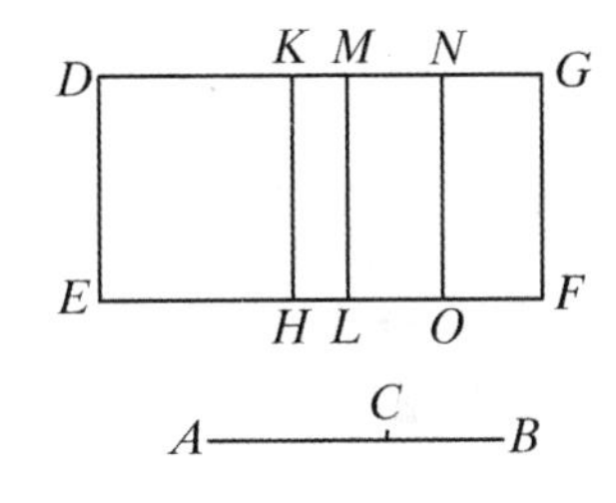

则可证DG是第六二项线.

按照前面同样的作图.

于是,由于AB是分于点C的两中项面和的边,所以AC,CB是正方不可公度的两线段,它们上正方形的和是中项面,由它们所夹的矩形是中项面,且更有,它们上正方形的和与以它们所夹的矩形是不可公度的, [X.41]

因此,依照以前的证明,两矩形DL,MF都是中项面.

又它们是贴合于有理线段DE上的,

所以每一个线段DM,MG是有理的且与DE是长度不可公度的. [X.22]

又,由于AC,CB上正方形的和与二倍的矩形AC、CB是不可公度的,所以DL与MF是不可公度的.

因而DM与MG也是不可公度的; [Ⅵ.1,X.11]

所以DM,MG是仅正方可公度的两有理线段;

因此DG是二项线. [X.36]

其次可证明它也是一个第六二项线.

类似地,我们又能证明矩形DK、KM等于MN上正方形,且DK与KM是长度不可公度的.

同理,DM上正方形比MG上正方形大一个与DM是长度不可公度的线段上的正方形.

又线段DM,MG两者与所给定的有理线段DE都不是长度可公度的.

所以DG是一个第六二项线. [X.定义Ⅱ.6]

证完

若σ为有理线段,$\frac{\rho\lambda^{\frac{1}{4}}}{\sqrt{2}}\sqrt{1+\frac{k}{\sqrt{1+k^2}}}+\frac{\rho\lambda^{\frac{1}{4}}}{\sqrt{2}}\sqrt{1-\frac{k}{\sqrt{1+k^2}}}$

是一个两中面和的边,求证

$$\frac{1}{\sigma}\left(\frac{\rho\lambda^{\frac{1}{4}}}{\sqrt{2}}\sqrt{1+\frac{k}{\sqrt{1+k^2}}}+\frac{\rho\lambda^{\frac{1}{4}}}{\sqrt{2}}\sqrt{1-\frac{k}{\sqrt{1+k^2}}}\right)^2$$

是一个第六二项线.

因为 $$\frac{1}{\sigma}\left(\frac{\rho\lambda^{\frac{1}{4}}}{\sqrt{2}}\sqrt{1+\frac{k}{\sqrt{1+k^2}}}+\frac{\rho\lambda^{\frac{1}{4}}}{\sqrt{2}}\sqrt{1-\frac{k}{\sqrt{1+k^2}}}\right)^2$$

$$=\frac{\rho^2}{\sigma}\left(\sqrt{\lambda}+\frac{\sqrt{\lambda}}{\sqrt{1-k^2}}\right). \quad (1)$$

欧几里得证明了$\frac{\rho\sqrt{\lambda}}{\sigma}$ 与 $\frac{\rho^2\sqrt{\lambda}}{\sigma\sqrt{1+k^2}}$ 是仅正方可公度的有理线段,因而它们的和是二项线;还证明了(1)的两部分以及有理线段 σ 适合X.定义Ⅱ.6的条件,因而它还是第六二项线.

命题 66

与一个二项线是长度可公度的线段本身也是二项线,且是同级的.

设 AB 是一个二项线,且 CD 与 AB 是长度可公度的.

则可证 CD 是二项线且与 AB 是同级的.

因为,由于 AB 是一个二项线,设在点 E 分 AB 为它的两段,且 AE 是大段.

于是 AE,EB 是仅正方可公度的两有理线段, [X.36]

作出比例,AB 比 CD 如同 AE 比 CF, [Ⅵ.12]

所以也有,余量 EB 比余量 FD 如同 AB 比 CD. [Ⅴ.19]

但是 AB 与 CD 是长度可公度的,

所以也有 AE 与 CF,EB 与 FD 也都是长度可公度的. [X.11]

而 AE,EB 是有理的,所以 CF,FD 也是有理的.

又 AE 比 CF 如同 EB 比 FD. [Ⅴ.11]

所以由更比,AB 比 EB 如同 CF 比 FD. [Ⅴ.16]

但是 AE,EB 是仅正方可公度的,

所以 CF,FD 也是仅正方可公度的. [X.11]

又它们是有理的,所以 CD 是二项线. [X.36]

其次可证明它与 AB 是同级的.

因为 AE 上正方形比 EB 上正方形大一个与 AE 或者是可公度的或者是不可公度的线段上的正方形.

如果,这时 AE 上正方形比 EB 上正方形大一个与 AE 是可公度的线段上的正方形.

则 CF 上正方形也将比 FD 上正方形大一个与 CF 也是可公度的线段上的正方形. [X.14]

又如果 AE 与给定的有理线段是可公度的,那么 CF 与给定的有理线段也是可公度的. [X.12]

因此线段 AB,CD 皆为第一二项线,即它们是同级的. [X.定义Ⅱ.1]

但是,如果 EB 与给定的有理线段是可公度的,则 FD 与给定的有理线段也是可公度的. [X.12]

因此 CD 与 AB 是同级的,
它们都是第二二项线. [X.定义Ⅱ.2]

但是,如果线段 AE,EB 的每一个与所设有理线段都不是可公度的,则线段 CF、FD 每一个与所设有理线段也是不可公度的, [X.13]
由此 AB,CD 都是第三二项线. [X.定义Ⅱ.3]

但是,如果 AE 上正方形比 EB 上正方形大一个与 AE 是不可公度的线段上的正方形,
则 CF 上正方形比 FD 上正方形也大一个与 CF 是不可公度的线段上的正方形. [X.14]

又,如果 AE 与所设有理线段是可公度的,
那么 CF 与所设有理线段也是可公度的,
因而 AB,CD 都是第四二项线. [X.定义Ⅱ.4]

但是,如果 EB 与所设有理线段是可公度的,那么 FD 也是如此,从而两线段 AB,CD 都是第五二项线. [X.定义Ⅱ.5]

因此与二项线是长度可公度的线段是同级的二项线.

证完

命题 67

与一个双中项线是长度可公度的线段本身也是双中项线,且是同级的.

设 AB 是双中项线,又 CD 与 AB 是长度可公度的.

则可证 CD 是双中项线,且与 AB 是同级的.

A———E———B
C———F———D

因为,由于 AB 是双中项线,设它在点 E 被分为它的两个中项线,所以 AE,EB 是仅正方可公度的两中项线. [X.37,38]

作出比例,使得 AB 比 CD 如同 AE 比 CF;
所以也有余量 EB 比余量 FD 如同 AB 比 CD. [V.19]

但是 AB 与 CD 是长度可公度的,
所以 AE,EB 分别与 CF,FD 是可公度的. [X.11]

但是 AE,EB 是中项线,
所以 CF,FD 也是中项线. [X.23]

又因为,AE 比 EB 如同 CF 比 FD, [V.11]
而 AE,EB 是仅正方可公度的,
那么 CF,FD 也是仅正方可公度的. [X.11]

但是,已证明了它们是中项线;

所以 CD 是双中项线.

其次可证它与 AB 也是同级的.

因为,AE 比 EB 如同 CF 比 FD.

所以也有,AE 上正方形比矩形 AE、EB 如同 CF 上正方形比矩形 CF、FD;

由更比例,有 AE 上正方形比 CF 上正方形如同矩形 AE、EB 比矩形 CF、FD.

[V.16]

但是 AE 上正方形与 CF 上正方形是可公度的,

所以矩形 AE、EB 与矩形 CF、FD 也是可公度的.

如果矩形 AE、EB 是有理的,

则矩形 CF、FD 也是有理的,

[又因为,CD 是一个第一双中项线;] [X.37]

但是,如果矩形 AE、EB 是中项面,

则矩形 CF、FD 也是中项面. [X.23,推论]

因此 AB,CD 都是第二双中项线. [X.38]

由于这个理由,CD 与 AB 是同级的双中项线.

证完

命题 68

与一主线可公度的线段本身也是主线.

设 AB 是一个主线,又 CD 与 AB 是可公度的.

则可证 CD 是主线.

设 AB 在点 E 分为它的两段,

A C F E D B

所以 AE,EB 是正方不可公度的两线段,而它们上正方形之和是有理的,但是由它们所夹的矩形是中项面.

[X.39]

按照前面同样的作图.

于是,因为 AB 比 CD 如同 AE 比 CF,且如同 EB 比 FD,

所以也有,AE 比 CF 如同 EB 比 FD. [V.11]

但是 AB 与 CD 是可公度的,

所以 AE,EB 分别与 CF,FD 也是可公度的. [X.11]

又,由于 AE 比 CF 如同 EB 比 FD,

由更比,有 AE 比 EB 如同 CF 比 FD, [V.16]

由合比,有 AB 比 BE 如同 CD 比 FD, [V.18]

所以也有,AB 上正方形比 BE 上正方形如同 CD 上正方形比 DF 上正方形. [VI.20]

类似地,能够证明,AB 上正方形比 AE 上正方形也如同 CD 上正方形比 CF 上正方形.

所以也有,AB 上正方形比 AE,EB 上正方形的和如同 CD 上正方形比 CF,FD 上正方形的和,

由更比,有 AB 上正方形比 CD 上正方形如同 AE,EB 上正方形的和比 CF,FD 上正方形的和. [V.16]

但是 AB 上正方形与 CD 上正方形是可公度的,

所以 AE,EB 上正方形的和与 CF,FD 上正方形的和也是可公度的.

又 AE,EB 上正方形的和是有理的, [X.39]

所以 CF,FD 上正方形的和是有理的.

类似地,也有二倍的矩形 AE、EB 与二倍的矩形 CF、FD 是可公度的.

又二倍的矩形 AE、EB 是中项面,

所以二倍的矩形 CF、FD 也是中项面. [X.23,推论]

所以 CF,FD 是正方不可公度的两线段,同时,它们上正方形的和是有理的,且由它们所夹的矩形是中项面;

所以整体 CD 是称为主线的无理线段. [X.39]

所以与主线可公度的线段是主线.

证完

命题 69

与一中项面有理面和的边可公度的线段也是中项面有理面和的边.

设 AB 是中项面有理面和的边,又 CD 与 AB 可公度.

则可证 CD 也是中项面有理面和的边.

设 AB 在点 E 被分为它的两线段,

所以 AE,EB 是正方不可公度的线段,

且它们上正方形的和是中项面,

但是由它们所夹的矩形是有理面. [X.40]

按照前面同样的作图.

能够类似地证明 CF,FD 是正方不可公度的,

且 AE,EB 上正方形的和与 CF,FD 上正方形的和是可公度的,

又矩形 AE、EB 与矩形 CF、FD 是可公度的.

所以 CF,FD 上正方形的和也是中项面,

以及矩形 CF、FD 是有理的.

所以 CD 是一个中项面有理面和的边.

证完

命题 70

与一两中项面和的边可公度的线段也是两中项面和的边.

设 AB 是两中项面和的边,且 CD 与 AB 是可公度的.

则可证 CD 也是一个两中项面和的边.

因为,由于 AB 是两中项面和的边,设它在点 E 分为它的两段,所以 AE,EB 是正方不可公度的两线段,且它们上正方形的和是中项面,由它们所夹的矩形是中项面,而且 AE,EB 上正方形的和与矩形 AE、EB 是不可公度的. [X. 41]

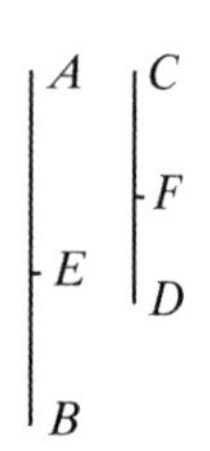

按照前面同样的作图.

可以类似地能够证明 CF,FD 也是正方不可公度的,而 AE,EB 上正方形的和与 CF,FD 上正方形的和是可公度的,

又,矩形 AE、EB 与矩形 CF、FD 是可公度的;

于是 CF,FD 上正方形的和及矩形 CF、FD 都是中项面.

此外 CF,FD 上正方形的和与矩形 CF、FD 是不可公度的.

所以 CD 是一个两中项面和的边.

证完

命题 71

如果一有理面和一中项面相加,则可产生四个无理线段,即一个二项线或者一个第一双中项线或者一个主线或者一个中项面有理面和的边.

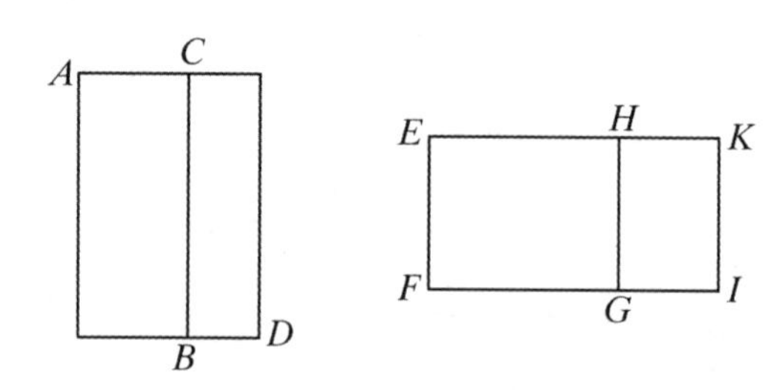

设 AB 是有理面,CD 是中项面.

则可证 AD 面的"边"是一个二项线或者是第一双中项线或者是一个主线或者是一个中项面有理面和的边.

因为 AB 大于或小于 CD.

首先,设 AB 大于 CD.

给定一个有理线段 EF,在 EF 上贴合一个矩形 EG 等于 AB,产生出作为宽的 EH;又在 EF 上贴合一个矩形 HI 等于 DC,产生出作为宽的 HK.

这时,由于 AB 是有理面,且等于 EG,
所以 EG 也是有理面.

又它是贴合于 EF 上的,产生出作为宽的 EH,
所以 EH 是有理的,且与 EF 是长度可公度的. [X.20]

又因为 CD 是中项面,且等于 HI,
所以 HI 也是中项面.

又它是贴合在有理线段 EF 上,产生出作为宽的 HK;
所以 HK 是有理的,且与 EF 是长度不可公度的. [X.22]

又由于,CD 是中项面,而 AB 是有理面,所以 AB 与 CD 是不可公度的,
于是 EG 与 HI 也是不可公度的.

但是,EG 比 HI 如同 EH 比 HK; [Ⅵ.1]
所以 EH 与 HK 也是长度不可公度的. [X.11]

又二者都是有理的;
所以 EH,HK 是仅正方可公度的两有理线段,
所以 EK 是一个被分于点 H 的二项线. [X.36]

又由于 AB 大于 CD,而 AB 等于 EG,CD 等于 HI,
所以 EG 也大于 HI;所以 EH 也大于 HK.

于是 EH 上正方形比 HK 上正方形大一个与 EH 或是长度可公度的或者是不可公度的线段上的正方形.

首先设 EH 上正方形比 HK 上正方形大一个与 EH 是长度可公度的线段上的正方形.

现在因为大线段 HE 与给定有理线段 EF 是长度可公度的,
所以 EK 是一个第一二项线. [X.定义Ⅱ.1]

但 EF 是有理的;
又如果由一个有理线段与第一二项线夹一个矩形面,则此面的"边"是二项线. [X.54]

所以 EI 的"边"是二项线,因此 AD 的"边"也是二项线.

其次,设 EH 上正方形比 HK 上正方形大一个与 EH 是不可公度的线段上的正方形.

因为大线段 EH 与给出的有理线段 EF 是长度可公度的,
所以 EK 是一个第四二项线. [X.定义Ⅱ.4]

但是 EF 是有理的,
又如果由有理线段和第四二项线夹一个矩形面,则此面的"边"是称为主线的无理线段. [X.57]

所以面 EI 的"边"是主线;
因此面 AD 的"边"也是主线.

其次,设 AB 小于 CD;

从而 EG 也小于 HI,于是 EH 也小于 HK.

现在 HK 上正方形比 EH 上正方形大一个与 HK 或是可公度的或是不可公度的线段上的正方形.

首先,设 HK 上正方形比 EH 上正方形大一个与 HK 是长度可公度的线段上的正方形.

现在小线段 EH 与给出的有理线段 EF 是长度可公度的;

所以 EK 是一个第二二项线. [X. 定义Ⅱ.2]

但是 EF 是有理的,

又如果由有理线段和第二二项线夹一个矩形面,

则此面的"边"是一个第一双中项线, [X.55]

所以面 EI 的"边"是一个第一双中项线.

于是面 AD 的"边"也是一个第一双中项线.

其次,设 HK 上正方形比 HE 上正方形大一个与 HK 是不可公度的线段上的正方形.

现在小线段 EH 与给出的有理线段 EF 是可公度的;

所以 EK 是一个第五二项线. [X. 定义Ⅱ.5]

但是 EF 是有理的;

又如果由有理线段和第五二项线夹一个矩形面,则此面的"边"是一个中项面有理面和的边. [X.58]

所以面 EI 的"边"是一个中项面有理面和的边,于是面 AD 的"边"也是中项面有理面和的边.

以上就是本命题所要证的.

证完

命题 72

若把两个彼此不可公度的中项面相加,则可产生两个无理线段,即或者是一个第二双中项线或者是一个两中项面和的边.

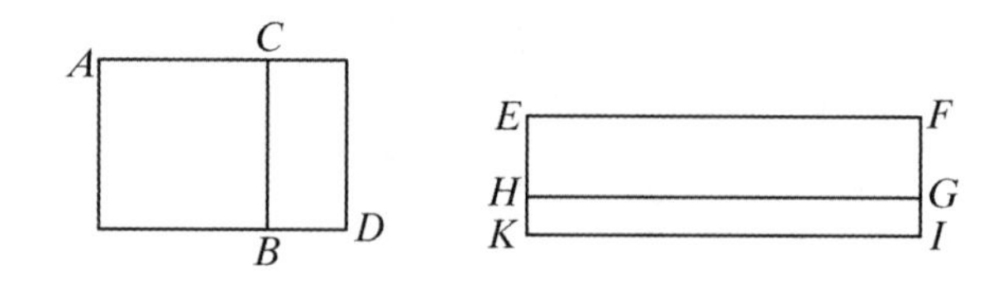

为此,设彼此不可公度的两中项面 AB 与 CD 相加.

则可证面 AD 的"边"或者是一个第二双中项线或者是一个两中项面和的边.

因为 AB 大于或者小于 CD.

首先,设 AB 大于 CD.

给出有理线段 EF,且在 EF 上贴合一个矩形 EG 等于 AB,产生出作为宽的 EH,且矩形 HI 等于 CD,产生出作为宽的 HK.

现在,由于面 AB,CD 都是中项面,
所以面 EG,HI 也都是中项面.

且它们都是贴合于有理线段 FE 上的矩形,产生出作为宽的 EH,HK.
所以线段 EH,HK 的每一个是有理的,且与 EF 是长度不可公度的. [X.22]

又因为 AB 与 CD 不可公度,且 AB 等于 EG,CD 等于 HI,
所以 EG 与 HI 也是不可公度的.

但是,EG 比 HI 如同 EH 比 HK; [VI.1]
所以 EH 与 HK 是长度不可公度的. [X.11]

于是 EH,HK 是仅正方可公度的两有理线段;
所以 EK 是二项线. [X.36]

但是,EH 上正方形比 HK 上正方形大一个与 EH 或者是可公度的或者是不可公度的线段上的正方形.

首先,设 EH 上正方形比 HK 上正方形大一个与 EH 是长度可公度的线段上的正方形.

现在线段 EH,HK 的每一个与所给出的有理线段 EF 是长度不可公度的,
所以 EK 是一个第三二项线. [X.定义II.3]

但是 EF 是有理的;
又如果由有理线段和第三二项线夹一个矩形面,则此面的"边"是一个第二双中项线; [X.56]
所以与 EI,即 AD,的"边"是一个第二双中项线.

其次设 EH 上正方形比 HK 上正方形大一个与 EH 是不可公度的线段上的正方形.

现在线段 EH,HK 每一个与 EF 是长度不可公度的,
所以 EK 是一个第六二项线. [X.定义II.6]

但是,如果由有理线段和第六二项线夹一个矩形面,
则该面的"边"是一个两中项面和的边, [X.59]
因此面 AD 的"边"也是一个两中项面和的边.

证完

二项线和它以后的无理线段既不同于中项线,又彼此不相同.

因为如果在一个有理线段上贴合一个与中项线上正方形相等的矩形,则产生出的宽是有理的,且与原有理线段是长度不可公度的. [X.22]

但是,如果在一个有理线段上贴合一个与二项线上正方形相等的矩形,则产生出的宽是第一二项线. [X.60]

如果在有理线段上贴合一个与第一双中项线上正方形相等的矩形,则产生出作为宽的线段是第二二项线. [X.61]

如果在有理线段上贴合一个与第二双中项线上正方形相等的矩形,则产生出作为宽的线段是第三二项线. [X.62]

如果在有理线段上贴合一个与主线上正方形相等的矩形,则产生出作为宽的线段是第四二项线. [X.63]

如果在有理线段上贴合一个与中项面有理面和的边上正方形相等的矩形,则矩形另一边是第五二项线. [X.64]

如果在有理线段上贴合一个与两中项面和的边上正方形相等的矩形,则产生出作为宽的线段是第六二项线. [X.65]

同时上面所述的那些产生出作为宽的线段既与第一个有理线段不同,且又彼此不同;与第一个有理线段不同,是由于它是有理的,且又彼此不同,是因为它们不同级;因此所得的这些无理线段是彼此不同的.

命题 73

若从一有理线段减去一与此线仅正方可公度的有理线段,则余线段为无理线段,称为**余线**.

为此从有理线段 AB 减去与 AB 仅正方可公度的有理线段 BC.

A——C——B

则可证余量 AC 是称其为余线的无理线段.

因为,由于 AB 与 BC 是长度不可公度的,

而且 AB 比 BC 如同 AB 上正方形比矩形 AB、BC,

所以 AB 上正方形与矩形 AB、BC 是不可公度的. [X.11]

但是 AB,BC 上正方形的和与 AB 上正方形是可公度的. [X.15]

而二倍的矩形 AB、BC 与矩形 AB、BC 是可公度的. [X.6]

又由于,AB,BC 上正方形的和等于二倍矩形 AB、BC 连同 CA 上正方形的和, [Ⅱ.7]

所以 AB、BC 上正方形的和与余量 AC 上正方形是不可公度的. [X.13,16]

但是 AB,BC 上正方形的和是有理的,

所以 AC 是无理的. [X.定义4]

它称为**余线**.

证完

设 x,y 为有理线段,且 $x \frown y$.

于是 $x \smile y$,因为 $x:y = x^2:xy$,

但是 $x^2 \frown (x^2+y^2)$,和 $xy \frown 2xy$,

所以 $x^2+y^2 \smile 2xy$,因此 $(x^2-y^2) \smile (x^2+y^2)$.

而 x^2+y^2 是有理的,所以 $(x-y)^2$ 以及 $(x-y)$ 都是无理的.

余线 $x-y$ 的形式为 $\rho-\sqrt{k}\rho$,它和二项线 $\rho+\sqrt{k}\rho$ 是方程

$$x^2-2(1+k)\rho^2x^2+(1-k^2)\rho^4=0$$

的根.

命 题 74

若从一中项线减去与此线仅正方可公度的中项线，且以这两中项线所夹的矩形是有理面，则所得余量是无理的，称为**第一中项余线**.

A——C——B

为此从中项线 AB 减去与 AB 仅正方可公度的中项线 BC，且矩形 AB、BC 是有理的.

则可证余量 AC 是无理的，并称其为第一中项余线.

因为 AB，BC 是中项线，
所以 AB，BC 上正方形也都是中项面.

但是二倍的矩形 AB、BC 是有理的；
所以 AB，BC 上正方形的和与二倍矩形 AB、BC 是不可公度的；
所以二倍矩形 AB、BC 与余量 AC 上正方形也是不可公度的， [参看Ⅱ.7]
由于，如果整个的和与二量之一不可公度，
则原来二量是不可公度的. [X.16]

但是二倍矩形 AB、BC 是有理的；
所以 AC 上正方形是无理的，所以 AC 是无理的. [X.定义.4]

它被称为**第一中项余线**.

证完

这里 x，y 有X.27 中所求得的形式，分别为 $k^{\frac{1}{4}}\rho$，$k^{\frac{3}{4}}\rho$. 欧几里得证明了 $k^{\frac{1}{4}}\rho-k^{\frac{3}{4}}\rho$ 是一个无理线段，把它称为第一中项余线.

它和第一双中项线 $k^{\frac{1}{4}}\rho+k^{\frac{1}{4}}\rho$ 是方程

$$x^2-2\sqrt{k}(1+k)\rho^2x^2+k(1-k)^2\rho^4=0$$

的根.

命 题 75

若从一个中项线减去一个与此中项线仅正方可公度又与原中项线所夹的矩形为中项面的中项线，则所得余量是无理的，称为**第二中项余线**.

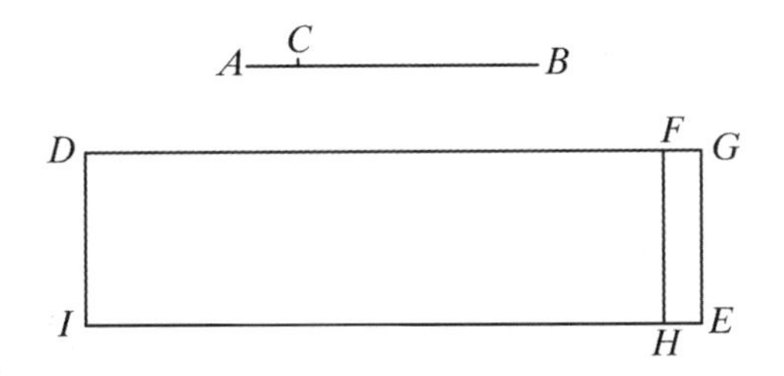

为此从中项线 AB 减去一个与 AB 仅正方可公度的中项线 CB,且矩形 AB、BC 是中项面. [X.28]

则可证余量 AC 是无理的,并称其为第二中项余线.

为此,给定一个有理线段 DI,在 DI 上贴合一矩形 DE 等于 AB,BC 上正方形的和,产生出作为宽的 DG,

又在 DI 上贴合 DH 等于二倍的矩形 AB、BC,产生作为宽的 DF,

所以余量 FE 等于 AC 上正方形. [Ⅱ.7]

现在,由于 AB,BC 上正方形都是中项面而且是可公度的,

所以 DE 也是中项面. [X.15,23,推论]

又它是贴合于有理线段 DI 上的矩形,产生出作为宽的 DG,

所以 DG 是有理的且与 DI 是长度不可公度的. [X.22]

又由于矩形 AB、BC 是中项面,

所以二倍的矩形 AB、BC 也是中项面. [X.23,推论]

且它等于 DH;所以 DH 也是中项面.

又它是贴合于有理线段 DI 上,产生出作为宽的 DF,

所以 DF 是有理的,而与 DI 是长度不可公度的. [X.22]

又因为 AB,BC 是仅正方可公度的,

所以 AB 与 BC 是长度不可公度的;

因之 AB 上正方形与矩形 AB、BC 也是不可公度的. [X.11]

但是 AB,BC 上正方形的和与 AB 上正方形是可公度的. [X.15]

且二倍的矩形 AB、BC 与矩形 AB、BC 是可公度的; [X.6]

所以二倍的矩形 AB、BC 与 AB,BC 上正方形的和是不可公度的. [X.13]

但是 DE 等于 AB,BC 上正方形的和,

且 DH 等于二倍矩形 AB、BC;

所以 DE 与 DH 是不可公度的.

但是 DE 比 DH 如同 GD 比 DF, [Ⅵ.1]

所以 GD 与 DF 是不可公度的. [X.11]

又 GD,DF 都是有理的;

所以 GD,DF 是仅正方可公度的两有理线段,所以 FG 是一个余线. [X.73]

但是,DI 是有理的,

而由有理线段和无理线段所夹的矩形是无理的, [从X.20推出]

且其"边"是无理的.

又 AC 是 FE 的"边",所以 AC 是无理的.

AC 被称为**第二中项余线**.

证完

这里 x,y 有X.28中所求得的形式,分别为 $k^{\frac{1}{4}}\rho,\lambda^{\frac{1}{2}}\rho/k^{\frac{1}{4}}$. 欧几里得证明了 $k^{\frac{1}{4}}\rho-\lambda^{\frac{1}{2}}\rho/k^{\frac{1}{4}}$ 是一个无理线段,把它称为第二中项余线.

它和第二双中项线 $k^{\frac{1}{4}}\rho+\lambda^{\frac{1}{2}}\rho/k^{\frac{1}{4}}$ 是方程

$$x^4-2\frac{k+\lambda}{\sqrt{k}}\rho^2x^2+\frac{(k-\lambda)^2}{k}\rho^4=0$$

的根.

命题 76

若从一个线段上减去一个与它是正方不可公度的线段,且它们上正方形的和是有理的,但是以它们所夹的矩形是中项面,则所得余量是无理的,称为**次线**.

为此从线段 AB 减去与 AB 是正方不可公度的线段 BC,且满足假定的条件. [X.33]

A——C——B

则可证余量 AC 是称做次线的无理线段.

因为,由于 AB,BC 上正方形的和是有理的,而二倍矩形 AB、BC 是中项面,

所以 AB,BC 上正方形的和与二倍矩形 AB、BC 是不可公度的.

又,变更后,AB,BC 上正方形的和与余量,

即 AC 上正方形,是不可公度的. [Ⅱ.7,X.16]

但是 AB,BC 上正方形都是有理的;

所以 AC 上正方形是无理的;

所以余量 AC 是无理的.

它被称为**次线**.

证完

x,y 有在[X.33]中所求得的形式,即

$$\frac{\rho}{\sqrt{2}}\sqrt{1+\frac{k}{\sqrt{1+k^2}}},\ \frac{\rho}{\sqrt{2}}\sqrt{1-\frac{k}{\sqrt{1+k^2}}}.$$

欧几里得证明了 $\frac{\rho}{\sqrt{2}}\sqrt{1+\frac{k}{\sqrt{1+k^2}}}-\frac{\rho}{\sqrt{2}}\sqrt{1-\frac{k}{\sqrt{1+k^2}}}$ 是一个无理线段. 把它称为次线.

它和主线

$$\frac{\rho}{\sqrt{2}}\sqrt{1+\frac{k}{\sqrt{1+k^2}}}+\frac{\rho}{\sqrt{2}}\sqrt{1-\frac{k}{\sqrt{1+k^2}}}$$ 是方程

$$x^4-2\rho^2x^2+\frac{k^2}{1+k^2}\rho^4=0$$

的根.

命题 77

若从一个线段上减去一个与此线段正方不可公度的线段,且该线段与原

线段上正方形的和是中项面，但以它们所夹的矩形的二倍是有理的，则余量是无理的，称其为**中项面有理面差的边**.

为此从线段 AB 上减去一个与 AB 是正方方不可公度的线段 BC，且满足所给的条件. [X.34]

A
C
B

则可证余量 AC 是上述的无理线段.

因为，由于 AB,BC 上正方形的和是中项面，而二倍矩形 AB、BC 是有理的，

所以 AB,BC 上正方形的和与二倍的矩形 AB、BC 是不可公度的；

所以余量，即 AC 上正方形，与二倍的矩形 AB、AC 也是不可公度的. [Ⅱ.7，X.16]

又两倍的矩形 AB、BC 是有理的；
所以 AC 上正方形是无理的；
所以 AC 是无理的.

把 AC 称为**中项面有理面差的边**.

证完

这里 x,y 是X.34 中所求的形式，即

$$\frac{\rho}{\sqrt{2(1+k^2)}}\sqrt{\sqrt{1+k^2}+k}\ ,\ \frac{\rho}{\sqrt{2(1+k^2)}}\sqrt{\sqrt{1+k^2}-k}\ .$$

欧几里得证明了

$\frac{\rho}{\sqrt{2(1+k^2)}}\sqrt{\sqrt{1+k^2}+k}-\frac{\rho}{\sqrt{2(1+k^2)}}\sqrt{\sqrt{1+k^2}-k}$ 是一个无理线段，把它称为中项面有理面差的边.

它和中项面有理面和的边是方程

$$x^4-\frac{2}{\sqrt{1+k^2}}\rho^4\cdot x^2+\frac{k^2}{(1+k^2)^2}\rho^4=0$$

的根.

命题 78

若从一个线段减去与此线段是正方不可公度的线段，且该线段与原线段上正方形的和是中项面，又由它们所夹的矩形的二倍亦为中项面，而且它们上正方形的和与由它们所夹的矩形的二倍是不可公度的，则余量是无理的，称为**两中项面差的边**.

为此从线段 AB 减去与 AB 是正方不可公度的线段 BC，且满足所给的条件. [X.35]

则可证余量 AC 称为两中项面差的边的无理线段.

给定一个有理线段 DI，

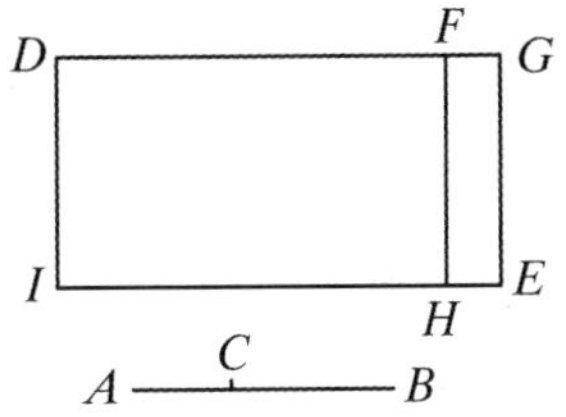

在 DI 上贴合一 DE 等于 AB,BC 上正方形的和,产生出作为宽的 DG,

又矩形 DH 等于二倍矩形 AB、BC.

所以余量 FE 等于 AC 上正方形, [Ⅱ.7]

于是 AC 是等于 EF 的正方形的边.

现在,由于 AB,AC 上正方形的和是中项面且等于 DE,

所以 DE 是中项面.

又它是贴合于有理线段 DI 上,产生出作为宽的 DG;

所以 DG 是有理的,且与 DI 是长度不可公度的. [X.22]

又因为二倍的矩形 AB、BC 是中项面且等于 DH,

所以 DH 是中项面.

又它是贴合于有理线段 DI 上的,产生出作为宽的 DF;

所以 DF 也是有理的,且与 DI 是长度不可公度的. [X.22]

又,由于 AB,BC 上正方形的和与二倍矩形 AB,BC 是不可公度的,所以 DE 与 DH 也是不可公度的.

但是 DE 比 DH 也如同 DG 比 DF; [Ⅵ.1]

所以 DG 与 DF 是不可公度的. [X.11]

又两者都是有理的;

所以 GD,DF 是仅正方可公度的两有理线段.

因此 FG 是一个余线. [X.73]

又 FH 是有理的,

但是由一个有理线段和一个余线夹的矩形是无理的, [从X.20,推出]

且它的"边"是无理的.

又 AC 是 FE 的"边",

所以 AC 是无理线段.

它被称为**两中项面差的边**.

证完

这里 x,y 是X.35 中所求的形式,即

$$\frac{\rho\lambda^{\frac{1}{4}}}{\sqrt{2}}\sqrt{1+\frac{k}{\sqrt{1+k^2}}},\ \frac{\rho\lambda^{\frac{1}{4}}}{\sqrt{2}}\sqrt{1-\frac{k}{\sqrt{1+k^2}}}.$$

欧几里得证明了 $\frac{\rho\lambda^{\frac{1}{4}}}{\sqrt{2}}\sqrt{1+\frac{k}{\sqrt{1+k^2}}}-\frac{\rho\lambda^{\frac{1}{4}}}{\sqrt{2}}\sqrt{1-\frac{k}{\sqrt{1+k^2}}}$ 是一个无理线段,把它称为两中项面差的边.

它和两中项面和的边 $\frac{\rho\lambda^{\frac{1}{4}}}{\sqrt{2}}\sqrt{1+\frac{k}{\sqrt{1+k^2}}}+\frac{\rho\lambda^{\frac{1}{4}}}{\sqrt{2}}\sqrt{1-\frac{k}{\sqrt{1+k^2}}}$是方程

$$x^4-2\sqrt{\lambda}\cdot x^2\rho^2+\lambda\frac{k^2}{1+k^2}\rho^4=0$$

的根.

命题 79

仅有一个有理线段可以附加到一个余线上,能使此有理线段与全线段是仅正方可公度的.

A——B——C——D

设 AB 是一个余线,且 BC 是加到 AB 上的附加线段;所以 AC,CB 是仅正方可公度的两有理线段. [X.73]

则可证没有别的有理线段可以附加到 AB 上,使得此有理线段与全线段仅正方可公度.

如果可能,设 BD 是附加的线段,
所以 AD,DB 也是仅正方可公度的两有理线段. [X.73]

现在,由于 AD,DB 上正方形的和比二倍矩形 AD、DB 所超过的量也是 AC,CB 上正方形之和比二倍矩形 AC、CB 所超过的量,
因为二者超出同一个量,即 AB 上正方形,
所以,变更后,AD,DB 上正方形的和比 AC,CB 上正方形的和所超过的量是二倍的矩形 AD、DB 比二倍的矩形 AC、CB 所超过的量.

但 AD,DB 上正方形的和比 AC,CB 上正方形的和超出一个有理面,这是因为两者都是有理面,
所以两倍矩形 AD、DB 比二倍矩形 AC、CB 所超过的量也为一个有理面:这是不可能的,
因为两者都是中项面, [X.21]
又一个中项面与一个中项面之差不是有理面. [X.26]

所以没有另外有理线段附加到 AB 上,使得此有理线段与全线段是仅正方可公度的.

所以仅有一个有理线段附加到一个余线上,能使得此有理线段与全线段是仅正方可公度的.

证完

加在余线上的有理线段,使得此线与二线之和为仅正方可公度的,称所加的线段为余线的附加线段,余线与附加线段的和为全线段. 以下命题类似理解.

这个命题的证明等价于众所周知的不尽根的理论,即如果 $a-\sqrt{b}=x-\sqrt{y}$,
那么,$a=x$,$b=y$ 以及如果 $\sqrt{a}-\sqrt{b}=\sqrt{x}-\sqrt{y}$,那么 $a=x$,$b=y$.

证明的方法对应于 X.42 的证明. 以下 X.80 ~ X.84 也都类似地采用以下方法.

若一个余线能用两种形式表示,即 $x-y$ 和 $x'-y'$,其中 x,y 是仅正方可公度的两有理线段,x',y' 也是如此.

因为 $x-y=x'-y'$,

所以 $x^2+y^2-(x'^2+y'^2)=2xy-2x'y'$.

但是(x^2+y^2),$(x'^2+y'^2)$都是有理的,于是它们的差是有理面.

另一方面,$2xy$,$2x'y'$都是中项面,
所以两中项面的差是有理的:这是不可能的. [X.26]

因而命题得证.

命题 80

仅有一个中项线可以附加到一个中项线的第一余线上，能使此中项线与全线段是仅正方可公度的，且它们所夹的矩形是有理的.

为此，设 AB 是一个中项线的第一余线，又设 BC 是加到 AB 上的附加线段，

所以 AC，CB 是仅正方可公度的两中项线，且矩形 AC、CB 是有理面. [X.74]

则可证没有另外的中项线加到 AB 上，能使得中项线与全线段是仅正方可公度的，且它们所夹的矩形是有理面.

如果可能，设 DB 也是这样地附加上去的线段，

所以 AD，DB 也是仅正方可公度的两中项线，且矩形 AD、DB 是有理面. [X.74]

现在，由于 AD，DB 上正方形的和比二倍的矩形 AD、DB 所超过的量也是 AC，CB 上正方形的和比二倍的矩形 AC、CB 所超过的量，

因为它们超出同一个量，即 AB 上正方形， [Ⅱ.7]

所以，变更后，AD，DB 上正方形的和比 AC，CB 上正方形的和所超过的量也是二倍的矩形 AD、DB 比二倍的矩形 AC、CB 所超过的量.

但是二倍矩形 AD、DB 比二倍矩形 AC、CB 超出一个有理面，

又因为两者都是有理面.

所以 AD，DB 上正方形的和比 AC，CB 上正方形的和也超过一个有理面：这是不可能的，

因为两者都是中项面， [X.15 和 23，推论]

且一个中项面不会比一个中项面大一个有理面. [X.26]

从而命题得证.

证完

命题 81

仅有一个中项线附加到一个中项线第二余线上，能使此中项线和全线段是仅正方可公度，且它们所夹的矩形是一个中项面.

设 AB 是一个中项线的第二余线，且 BC 是加到 AB 上的附加线段，所以 AC，CB 是仅正方可公度的两中项线，又矩形 AC、CB 是一个中项面. [X.75]

则可证没有另外的中项线附加到 AB 上，使得此中项线与全线段是仅正方可公度的，且由它们夹的矩形是一个中项面.

如果可能，设 BD 也是这样地附加上去的，

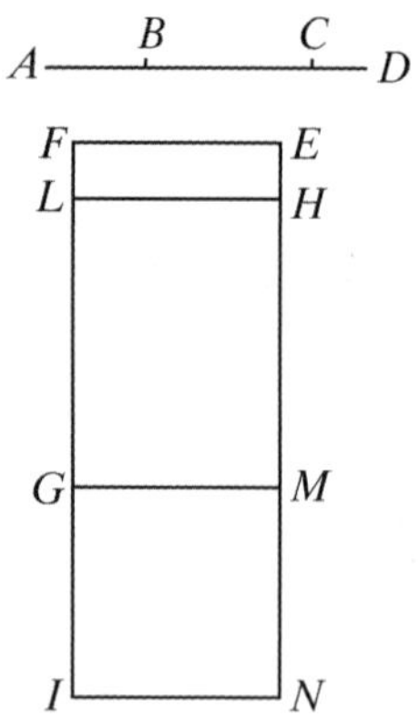

所以 AD,DB 也是仅正方可公度的两中项线,
这样矩形 AD、DB 是中项面. [X.75]

给定一个有理线段 EF,且在 EF 上贴合一个等于 AC,CB 上正方形的和的矩形 EG,产生出作为宽的 EM;
又从中减去 HG 等于二倍矩形 AC、CB,产生出作为宽的 HM,
所以余量 EL 等于 AB 上正方形, [Ⅱ.7]
因此 AB 是 EL 的"边".

又设在 EF 上贴合一个 EI 等于 AD,DB 上正方形的和,产生出作为宽的 EN.

但是 EL 也等于 AB 上正方形,
所以余量 HI 等于二倍矩形 AD、DB. [Ⅱ.7]

现在,因为 AC,CB 都是中项线,
所以 AC,CB 上正方形也都是中项面.

且它们的和等于 EG,
所以 EG 也是中项面. [X.15 和 23,推论]

而它是贴合于有理线段 EF 上,产生出作为宽的 EM;
所以 EM 是有理的且与 EF 是长度不可公度的. [X.22]

又由于矩形 AC、CB 是中项面,
二倍的矩形 AC、CB 也是中项面. [X.23,推论]

又它等于 HG;所以 HG 也是中项面,
又它是贴合于有理线段 EF 上,产生出作为宽的 HM,
所以 HM 也是有理的,且与 EF 是长度不可公度的. [X.22]

又由于,AC,CB 是仅正方可公度的,
所以 AC 与 CB 是长度不可公度的.

但是,AC 比 CB 如同 AC 上正方形比矩形 AC,CB;
所以 AC 上正方形与矩形 AC,CB 是不可公度的. [X.11]

但是,AC,CB 上正方形的和与 AC 上正方形是可公度的,
而二倍的矩形 AC、CB 与矩形 AC、CB 是可公度的, [X.6]
所以 AC,CB 上正方形的和与二倍矩形 AC、CB 是不可公度的. [X.13]

又 EG 等于 AC,CB 上正方形的和,而 GH 等于二倍矩形 AC、CB;所以 EG 与 HG 是不可公度的,
但是,EG 比 HG 如同 EM 比 HM, [Ⅵ.1]
所以 EM 与 MH 是长度不可公度的. [X.11]

且两者都是有理的;
所以 EM,MH 是仅正方可公度的两有理线段;
所以 EH 是一个余线,且 HM 是附加在其上的线段, [X.73]

类似地,我们能够证明 HN 也是附加在 EH 上的线段.

所以有不同的线段附加到一个余线上,且它们与所得的全线段是仅正方可公度的:

这是不可能的.

证完

命题 82

仅有一个线段附加到一个次线上,能使此线与全线段是正方不可公度的,且它们上的正方形的和是有理的,而以它们所夹的矩形的二倍是中项面.

设 AB 是一个次线,BC 是附加到 AB 上的,

所以 AC,CB 是正方不可公度的,又它们上的正方形的和是有理的. 而且以它们所夹的矩形的二倍是中项面.

[X.76]

A B C D

则可证没有另外的线段附加到 AB 上,能满足同样的条件.

如果可能,设 BD 是如此附加的线段,

所以 AD,DB 也是满足前述条件的正方不可公度的两线段. [X.76]

现在,因为 AD,DB 上正方形的和比 AC,CB 上正方形的和所超过的量也是二倍矩形 AD,DB 比二倍矩形 AC,CB 所超过的量,

而 AD,DB 上正方形的和比 AC,CB 上正方形之和超过的量为一个有理面.

因为两者都是有理面,

所以二倍矩形 AD、DB 也超过二倍矩形 AC、CB 的量为一个有理面:

这是不可能的,因为两者都是中项面. [X.26]

所以仅有一个线段附加到一个次线上,能使此线段与全线段是正方不可公度的,且它们上的正方形的和是有理的,而以它们所夹的矩形的二倍是中项面.

证完

命题 83

仅有一个线段附加到一个中项面有理面差的边上,能使该线段与全线段是正方不可公度的,且在它们上的正方形的和是中项面,而以它们所夹的矩形的二倍是有理面.

设 AB 是一个中项面有理面差的边,BC 是附加到 AB 上的线段;

所以 AC,CB 是正方不可公度的两线段,且满足前述条件.

[X.77]

A B C D

则可证没有另外的线段能附加到 AB 上,且满足同样的条件.

因为如果可能,设 BD 是如此附加的线段,

所以 AD,DB 也是正方不可公度的,且满足已给条件. [X.77]

于是,如像前面的情况一样,AD,DB 上的正方形的和比 AC,CB 上的正方形的和所超过的量也是二倍矩形 AD、DB 比二倍矩形 AC、CB 所超过的量,
而二倍矩形 AD、DB 比二倍矩形 AC、CB 所超过的量为一个有理面,
因为二者都是有理的,
所以 AD,DB 上正方形的和比 AC,CB 上正方形的和的超过量也为一个有理面:这是不可能的,因为两者都是中项面. [X.26]

所以没有别的线段附加到 AB 上,且该线段与全线段是正方不可公度的,又它与整个线段满足前述的条件;
所以仅有一个线段能这样的附加上去.

证完

命题 84

仅有一个线段附加到一个两中项面差的边上,能使该线段与全线段是正方不可公度的,且它们上的正方形的和是中项面,以它们所夹的矩形的二倍既是中项面,又与它们上正方形的和不可公度.

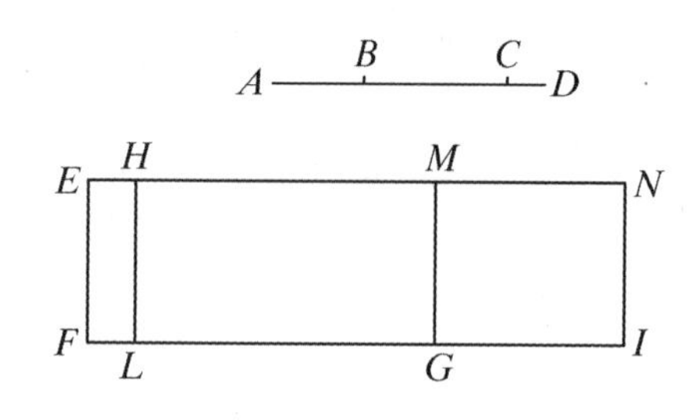

设 AB 是一个两中项面差的边,且 BC 是附加到 AB 上的线段,
所以 AC,CB 是正方不可公度的两线段,且满足前述的条件. [X.78]

则可证没有另外的线段附加到 AB 上,且满足前述条件.

因为,如果可能,设 BD 是如此附加的线段,
所以 AD,DB 也是正方不可公度的;
且 AD、DB 上正方形的和是中项面,二倍的矩形 AD、DB 是中项面,又 AD,DB 上正方形的和与二倍的矩形 AD、DB 也是不可公度的. [X.78]

给定一个有理线段 EF,在 EF 上贴合 EG 等于 AC,CB 上正方形的和,产生出作为宽的 EM;
又在 EM 上贴合于 HG 等于二倍的矩形 AC、CB,产生出作为宽的 HM;
所以余量,即 AB 上正方形[II.7],等于 FL;
所以 AB 是与 LE 相等的正方形的边.

又,在 EF 上贴合于 EI 等于 AD,DB 上正方形的和,产生出作为宽的 EN.

但是,AB 上正方形也等于 EL,
所以余量,即二倍的矩形 AD、DB[II.7],等于 HI.

现在,因为 AC,CB 上正方形的和是中项面且等于 EG,
所以 EG 也是中项面.

又,它是贴合于有理线段 EF 上的,产生出作为宽的 EM;

所以 EM 是有理的,且与 EF 是长度不可公度的. [X.22]

又因为二倍的矩形 AC、CB 是中项面,且等于 HG,

所以 HG 也是中项面.

又,它是贴合于有理线段 EF 上,产生出作为宽的 HM,

所以 HM 是有理的,且与 EF 是长度不可公度的. [X.22]

因为 AC,CB 上正方形的和与二倍的矩形 AC、CB 是不可公度的,EG 与 HG 也是不可公度的,

于是 EM 与 MH 也是长度不可公度的. [Ⅵ.1,X.11]

又两者都是有理的;

所以 EM,MH 是仅正方可公度的有理线段,

所以 EH 是一个余线,且 HM 是附加到它上的线段. [X.73]

类似地,我们能够证明 EH 也是一个余线,且 HN 是附加到它上的.

所以有不同的有理线段附加到一个余线上,且与全线段是仅正方可公度的:这已经证明是不可能的. [X.79]

因此没有另外线段能附加到 AB 上.

所以仅有一个线段能附加到 AB 上,且该线段与全线段是正方不可公度的,且它们上正方形的和是中项面,以它们所夹的矩形的二倍是中项面,且它们上正方形的和与由它们所夹的矩形的二倍是不可公度的. **证完**

定 义 Ⅲ

1. 给定一个有理线段和一个余线,如果全线段上正方形比附加上去的线段上正方形大一个与全线段是长度可公度的一个线段上的正方形,且全线段与给定的有理线段是长度可公度的,把此余线称为**第一余线**.

2. 但若附加线段与给定的有理线段是长度可公度的,而全线段上正方形比附加线段上正方形大一个与全线段可公度的一个线段上的正方形,把此余线称为**第二余线**.

3. 但若全线段及附加线段两者与给定的有理线段都是长度不可公度的,且全线段上正方形比附加线段上正方形大一个与全线段可公度的一个线段上的正方形,把此余线称为**第三余线**.

4. 又若全线段上正方形比附加线段上正方形大一个与全线段不可公度的一个线段上的正方形,此外,如果全线段与给定的有理线段是长度可公度的,把此余线称为**第四余线**.

5. 若附加线段与已知有理线段是长度可公度的,把此余线称为**第五余线**.

6. 若全线段及附加线段两者与给定有理线段都是长度不可公度的,把此余线称为**第六余线**.

余线的附加线段与全线段的意义参看X.79后的注.

命 题

命 题 85

求第一余线.

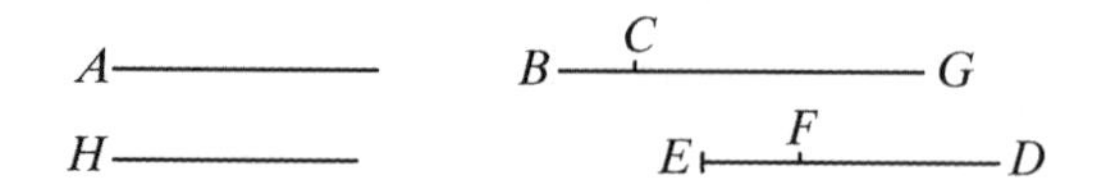

设给定一个有理线段 A,并设 BG 与 A 是长度可公度的;所以 BG 也是有理的.

给定两个平方数 DE,EF,又它们的差 FD 不是平方数;于是 ED 与 DF 的比不同于一个平方数比一个平方数.

设作出比例,ED 比 DF 如同 BG 上正方形比 GC 上正方形; [X.6,推论]
所以 BG 上正方形与 GC 上正方形是可公度的. [X.6]

但是 BG 上正方形是有理的;
所以 GC 上正方形也是有理的;从而 GC 也是有理的.

又,由于 ED 比 DF 不同于一个平方数比一个平方数;
所以 BG 上正方形与 GC 上正方形的比也不同于一个平方数比一个平方数,
所以 BG 与 GC 是长度不可公度的. [X.9]

又两者都是有理的,
所以 BG、GC 是仅正方可公度的两有理线段;
因此 BC 是一个余线. [X.73]

其次可证它也是一个第一余线.

为此,设 H 上正方形是 BG 上正方形与 GC 上正方形的差.

现在,由于 ED 比 FD 如同 BG 上正方形比 GC 上正方形,
所以由换比得,DE 与 EF 如同 GB 上正方形比 H 上正方形.

但是,DE 与 EF 的比如同一个平方数比一个平方数,
因为每一个是平方数;
所以 GB 上正方形与 H 上正方形之比如同一个平方数比一个平方数;
于是 BG 与 H 是长度可公度的. [X.9]

又 BG 上正方形比 GC 上正方形大一个与 BG 是长度可公度的一个线段上的正方形.

又全线段 BG 与给定的有理线段 A 是长度可公度的.

所以 BC 是一个第一余线. [X.定义Ⅲ.1]

于是第一余线已求出.

证完

取 $k\rho$ 与已知有理线段 ρ 是长度可公度的.

设 m^2,n^2 是平方数,而 m^2-n^2 不是平方数.

令 x 满足 $m^2:(m^2-n^2)=k^2\rho^2:x^2$, (1)

于是 $$x=k\rho\frac{\sqrt{m^2-n^2}}{m}=k\rho\sqrt{1-\lambda^2}.$$

那么 $k\rho-x=k\rho-k\rho\sqrt{1-\lambda^2}$是一个第一余线.

因为 1. 由(1)知 x 是有理的,但与 $k\rho$ 不可公度,因此 $k\rho$,x 都是有理的且仅正方可公度,于是$(k\rho-x)$是一个余线.

2. 如果 $y^2=k^2\rho^2-x^2$,那么由(1)得 $m^2:n^2=k^2\rho^2:y^2$.

从而 $y=\sqrt{k^2\rho^2-x^2}$与 $k\rho$ 是长度可公度的.

又 $k\rho\frown\rho$.

所以 $k\rho-x=k\rho-k\rho\sqrt{1-\lambda^2}$ 是一个第一余线.

显然它和第一二项线 $k\rho+k\rho\sqrt{1-\lambda^2}$ [X.48]是方程

$$x^2-2k\rho x+\lambda^2k^2\rho^2=0$$

的根.

命题 86

求第二余线.

设给定一个有理线段 A,并设 GC 与 A 是长度可公度的,

所以 GC 是有理的.

给出两个平方数 DE,EF,

又它们的差 DF 不是平方数.

设作出比例,FD 比 DE 如同 CG 上正方形比 GB 上正方形. [X.6,推论]

A
B C G
H
E F D

所以 CG 上正方形与 GB 上正方形是可公度的, [X.6]

但是 CG 上正方形是有理的;

所以 GB 上正方形也是有理的;所以 BG 也是有理线段.

又,由于 GC 上正方形与 GB 上正方形的比不同于一个平方数比一个平方数,

于是 CG 与 GB 是长度不可公度的. [X.9]

而两者都是有理的,

所以 CG,GB 是仅正方可公度的两有理线段,

于是 BC 是一个余线. [X.73]

其次可证它也是一个第二余线.

设 H 上正方形是 BG 上正方形比 GC 上正方形所超过的量.

这时,由于 BG 上正方形比 GC 上正方形如同数 ED 比数 DF,
所以由换比,BG 上正方形比 H 上正方形如同 DE 比 EF. [V.19,推论]

且两数 DE,EF 都是平方数,所以 BG 上正方形与 H 上正方形的比如同一个平方数比一个平方数,
因此 BG 与 H 是长度可公度的. [X.9]

而 BG 上正方形比 GC 上正方形大一个 H 上正方形,
所以 BG 上正方形比 GC 上正方形大一个与 BG 是长度可公度的线段上的正方形.

又附加线段 CG 与给定的有理线段 A 是可公度的.

所以 BC 是一个第二余线. [X.定义Ⅲ.2]

于是第二余线 BC 已求出.

证完

设 $k\rho,\rho,m,n$ 与X.85 的注相同.

令 x 满足 $(m^2-n^2):m^2=k^2\rho^2:x^2$,

于是 $$x=k\rho\frac{m}{\sqrt{m^2-n^2}}=\frac{k\rho}{\sqrt{1-\lambda^2}}.$$

欧几里得证明了 $x-k\rho=\dfrac{k\rho}{\sqrt{1-\lambda^2}}-k\rho$ 是一个第二余线.

显然它和第二二项线 $\dfrac{k\rho}{\sqrt{1-\lambda^2}}+k\rho$ [X.49]是方程

$$x^2-\frac{2k\rho}{\sqrt{1-\lambda^2}}\cdot x+\frac{\lambda^2}{1-\lambda^2}k^2\rho=0$$

的根.

命题 87

求第三余线.

给定一个有理线段 A,设三个数 E,BC,CD 任两者的比不同于一个平方数比一个平方数,
但是,CB 与 BD 的比如同一个平方数比一个平方数.

设作出比例,E 比 BC 如同 A 上正方形比 FG 上正方形,
又使 BC 比 CD 如同 FG 上正方形比 GH 上正方形. [X.6,推论]

A

F H G

K

E

B D C

这时,由于 E 比 BC 如同 A 上正方形比 FG 上正方形,
所以 A 上正方形与 FG 上正方形是可公度的. [X.6]

但是 A 上正方形是有理的,
所以 FG 上正方形也是有理的;于是 FG 是有理的.

又由于,E 与 BC 的比不同于一个平方数比一个平方数,
所以 A 上正方形与 FG 上正方形的比也不同于一个平方数比一个平方数;
于是 A 与 FG 是长度不可公度的. [X.9]

又因为,BC 比 CD 如同 FG 上正方形比 GH 上正方形,
所以 FG 上正方形与 GH 上正方形是可公度的. [X.6]

但是 FG 上正方形是有理的,
从而 GH 上正方形也是有理的,于是 GH 是有理的.

又因为,BC 与 CD 的比不同于一个平方数比一个平方数,
所以 FG 上正方形比 GH 上正方形也不同于一个平方数比一个平方数,
因此 FG 与 GH 是长度不可公度的. [X.9]

又两者都是有理的;
所以 FG,GH 是仅正方可公度的两有理线段;
因此 FH 是一个余线. [X.73]

其次可证它也是一个第三余线.

因为,由于 E 比 BC 如同 A 上正方形比 FG 上正方形,
又,BC 比 CD 如同 FG 上正方形比 HG 上正方形,
所以,取首末比,E 比 CD 如同 A 上正方形比 HG 上正方形. [V.22]

但是 E 与 CD 的比不同于一个平方数比一个平方数,
所以 A 上正方形与 GH 上正方形的比不同于一个平方数比一个平方数,
因此 A 与 GH 是长度不可公度的. [X.9]

所以线段 FG,GH 都与给定的有理线段 A 不是长度可公度的.

现在设 K 上正方形是 FG 上正方形比 GH 上正方形所超过的量.

这时,由于 BC 比 CD 如同 FG 上正方形比 GH 上正方形,
所以由换比例,BC 比 BD 如同 FG 上正方形比 K 上正方形. [V.19,推论]

但是 BC 与 BD 的比如同一个平方数比一个平方数,
所以 FG 上正方形与 K 上正方形的比也如同一个平方数比一个平方数.

所以 FG 与 K 是长度可公度的, [X.9]
且 FG 上正方形比 GH 上正方形大一个与 FG 是可公度的线段上的正方形.

又 FG,GH 都与所给定的有理线段 A 不是长度可公度的,
所以 FH 是一个第三余线. [X.定义Ⅲ.3]

于是第三余线 FH 已作出.

证完

设 ρ 是一个有理线段.取三个数 $\rho,qm^2,q(m^2-n^2)$ 任两者的比不等于一个平方数比一个平方数.

令 x,y 满足 $\rho:qm^2=\rho^2:x^2$ 和 $qm^2:q(m^2-n^2)=x^2:y^2$,

于是 $$x=\rho\cdot\frac{m\sqrt{q}}{\sqrt{\rho}}=\rho\cdot m\sqrt{k},$$

$$y=\rho\cdot\frac{\sqrt{m^2-n^2}\sqrt{q}}{\sqrt{\rho}}=m\sqrt{k\rho}\ \sqrt{1-\lambda^2}.$$

欧几里得证明了 $x-y=m\sqrt{k\rho}-m\sqrt{k\rho}\ \sqrt{1-\lambda^2}$是一个第三余线.

它和第三二项线 $m\sqrt{k\rho}+m\sqrt{k\rho}\ \sqrt{1-\lambda^2}$[X.50]是方程

$$x^2-2m\sqrt{k\rho}\cdot x+\lambda^2m^2kp^2=0$$

的根.

命题 88

求第四余线.

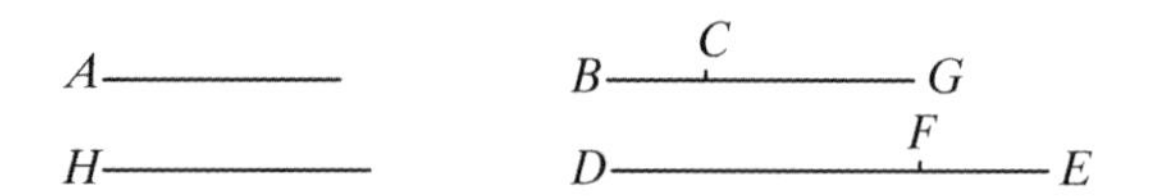

给定一个有理线段 A,又设 BG 与它是长度可公度的,
所以 BG 也是有理线段.

设给定两个数 DF,FE,且使其和 DE 与数 DF,EF 每一个的比不同于一个平方数比一个平方数.

设作出比例,DE 比 EF 如同 BG 上正方形比 GC 上正方形, [X.6.推论]
所以 BG 上正方形与 GC 上正方形是可公度的. [X.6]

但是 BG 上正方形是有理的,
所以 GC 上正方形也是有理的,从而 GC 是有理的.

现在,因为 DE 与 EF 的比不同于一个平方数比一个平方数,
所以 BG 上正方形与 GC 上正方形的比也不同于一个平方数比一个平方数,
所以 BG 与 GC 是长度不可公度的. [X.9]

又两者都是有理的,所以 BG,GC 是仅正方可公度的两有理线段,
因此 BC 是一个余线. [X.73]

现在设 H 上正方形是 BG 上正方形比 GC 上正方形所超过的量.

这时,由于 DE 比 EF 如同 BG 上正方形比 GC 上正方形.
所以由换比,ED 比 DF 如同 GB 上正方形比 H 上正方形. [V.19.推论]

但是 ED 与 DF 的比不同于一个平方数比一个平方数;
所以 GB 上正方形与 H 上正方形的比不同于一个平方数比一个平方数,
所以 BG 与 H 是长度不可公度的. [X.9]

又 BG 上正方形比 GC 上正方形大一个 H 上正方形,
所以 BG 上正方形比 GC 上正方形大一个与 BG 是不可公度的线段上的正方形.

又整体 BG 与所给定的有理线段 A 是长度可公度的.

所以 BC 是一个第四余线. [X.定义Ⅲ.4]

于是第四余线 BC 已求出.

证完

设 $k\rho$ 与已知的有理线段 ρ 是长度可公度的,取两数 m,n,使 $(m+n)$ 与 m,n 的每一个的比不等于一个平方数比一个平方数.

令 x 满足比例 $(m+n):n=k^2\rho^2:x^2$,

于是 $$x=k\rho\sqrt{\frac{n}{m+n}}=\frac{k\rho}{\sqrt{1+\lambda}}.$$

欧几里得证明了 $k\rho-x=k\rho-\frac{k\rho}{\sqrt{1+\lambda}}$是一个第四余线.

它和第四二项线 $k\rho+\frac{k\rho}{\sqrt{1+\lambda}}$[X.51]是方程

$$x^2-2k\rho\cdot x+\frac{\lambda}{1+\lambda}k^2\rho^2=0$$

的根.

命 题 89

求第五余线.

给定一个有理线段 A,又设 CG 与 A 是长度可公度的,所以 CG 是有理的.

给定两数 DF,FE,且使 DE 与线段 DF,FE 的每一个的比不同于一个平方数比一个平方数;

设作出比例,FE 比 ED 如同 CG 上正方形比 GB 上正方形.

所以 GB 上正方形也是有理的, [X.6]

从而 BG 也是有理的.

A H B C G D F E

现在,由于 DE 比 EF 如同 BG 上正方形比 GC 上正方形,

而 DE 与 EF 的比不同于一个平方数比一个平方数,

所以 BG 上正方形与 GC 上正方形的比不同于一个平方数比一个平方数;于是 BG 与 GC 是长度不可公度的. [X.9]

又两者都是有理的,所以 BG,GC 是仅正方可公度的两有理线段,

因此 BC 是一个余线. [X.73]

其次可证它是一个第五余线.

因为,若设 H 上正方形是 BG 上正方形比 GC 上正方形所超过的.

这时,由于 BG 上正方形比 GC 上正方形如同 DE 比 EF,

所以,由换比,ED 比 DF 如同 BG 上正方形比 H 上正方形. [V.19,推论]

但是 ED 与 DF 的比不同于一个平方数比一个平方数,

所以 BG 上正方形与 H 上正方形的比不同于一个平方数比一个平方数,

所以 BG 与 H 是长度不可公度的. [X.9]

又 BG 上正方形比 GC 上正方形大一个 H 上正方形，
所以 GB 上正方形比 GC 上正方形大一个与 GB 是长度不可公度的线段上的正方形.

又，附加线段 CG 与所给定的有理线段 A 是长度可公度的；
所以 BC 是一个第五余线. [X.定义Ⅲ.5]

于是第五余线 BC 已作出.

证完

设 $\rho, k\rho, m, n$ 与[X.88]的注相同.

令 x 满足比例 $n:(m+n)=k^2\rho^2:x^2$,

于是 $$x=k\rho\sqrt{\frac{m+n}{n}}=k\rho\sqrt{1+\lambda}.$$

欧几里得证明了当 $x>k\rho$, $x-k\rho=k\rho\sqrt{1+\lambda}-k\rho$ 是一个第五余线.

它与第五二项线 $k\rho\sqrt{1+\lambda}+k\rho$[X.52]是方程

$$x^2-2k\rho\sqrt{1+\lambda}\cdot x+\lambda k^2\rho^2=0 \text{ 的根.}$$

命题 90

求第六余线.

A
F H G
K
E
B D C

给定一个有理线段 A，又三个数 E，BC，CD 两两之比不同于一个平方数比一个平方数，又设 CB 与 BD 的比也不同于一个平方数比一个平方数.

设作出比例，E 比 BC 如同 A 上正方形比 FG 上正方形，
又，BC 比 CD 如同 FG 上正方形比 GH 上正方形.
[X.6，推论]

现在，因为 E 比 BC 如同 A 上正方形比 FG 上正方形，
所以 A 上正方形与 FG 上正方形是可公度的. [X.6]

但是 A 上正方形是有理的，
所以 FG 上正方形也是有理的，从而 FG 也是有理的.

又因为，E 与 BC 的比不同于一个平方数比一个平方数，
所以 A 上正方形与 FG 上正方形的比不同于一个平方数比一个平方数，
于是 A 与 FG 是长度不可公度的. [X.9]

再者由于，BC 比 CD 如同 FG 上正方形比 GH 上正方形，
所以 FG 上正方形与 GH 上正方形是可公度的. [X.6]

但是 FG 上正方形是有理的，
所以 GH 上正方形也是有理的，于是 GH 也是有理的.

又由于 BC 与 CD 的比不同于一个平方数比一个平方数，

所以 FG 上正方形与 GH 上正方形的比不同于一个平方数比一个平方数；
于是 FG 与 GH 是长度不可公度的. [X.6]

又两者都是有理的，
所以 FG,GH 是仅正方可公度的有理线段；
因此 FH 是一个余线. [X.73]

其次可证它也是一个第六余线.

因为 E 比 BC 如同 A 上正方形比 FG 上正方形，
又,BC 比 CD 如同 FG 上正方形比 GH 上正方形，
取首末比,E 比 CD 如同 A 上正方形比 GH 上正方形. [V.22]

但是,E 与 CD 的比不同于一个平方数比一个平方数，
所以 A 上正方形与 GH 上正方形的比也不同于一个平方数比一个平方数，
所以 A 与 GH 是长度不可公度的， [X.9]
因此线段 FG,GH 的每一个与有理线段 A 不是长度可公度的.

现在,设 K 上正方形是 FG 上正方形比 GH 上正方形所超过的，
这时,由于 BC 比 CD 如同 FG 上正方形比 GH 上正方形，
由换比,CB 比 BD 如同 FG 上正方形比 K 上正方形. [V.19,推论]

但是 CB 与 BD 的比不同于一个平方数比一个平方数，
所以 FG 上的正方形与 K 上正方形的比不同于一个平方数比一个平方数，
于是 FG 与 K 是长度不可公度的. [X.9]

又 FG 上正方形比 GH 上正方形大一个 K 上正方形；
所以 FG 上正方形比 GH 上正方形大一个与 FG 是长度不可公度的线段上的正方形.

又,线段 FG,GH 的每一个与所给出的有理线段 A 不是可公度的，
所以 FH 是一个第六余线. [X.定义Ⅲ.6]

于是第六余线 FH 已作出.

证完

设 ρ 是有理线段,取三数 $\rho,(m+n),n$ 彼此之比不等于一个平方数比一个平方数,又 $m+n$ 与 m 之比也不等于一个平方数比一个平方数.

令 x,y 满足比例 $\rho:(m+n)=\rho^2:x^2$， $(m+n):n=x^2:y^2$，

于是 $x=\rho\sqrt{\dfrac{m+n}{\rho}}=\sqrt{k}\rho$； $y=\rho\sqrt{\dfrac{n}{\rho}}=\sqrt{\lambda}\rho$.

欧几里得证明了 $x-y=\sqrt{k}\rho-\sqrt{\lambda}\rho$ 是一个第六余线.

它和第六二项线 $\sqrt{k}\rho+\sqrt{\lambda}\rho$[X.53]是方程

$$x^2-2\sqrt{k}\rho x+(k-\lambda)\rho^2=0$$

的根.

命题 91

若一个面是由一个有理线段与一个第一余线所夹的矩形,则该面的“边”

是一个余线.

为此,设面 AB 是由有理线段 AC 与第一余线 AD 所夹的矩形.

则可证 AB 面的"边"是一个余线.

因为 AD 是一个第一余线,设 DG 是它的附加线段,
所以 AG,GD 是仅正方可公度的两有理线段. [X.73]

而且,全线段 AG 与所给出的有理线段 AC 是可公度的,且 AG 上正方形比 GD 上正方形大一个与 AG 是长度可公度的线段上的正方形; [X.定义Ⅲ.1]

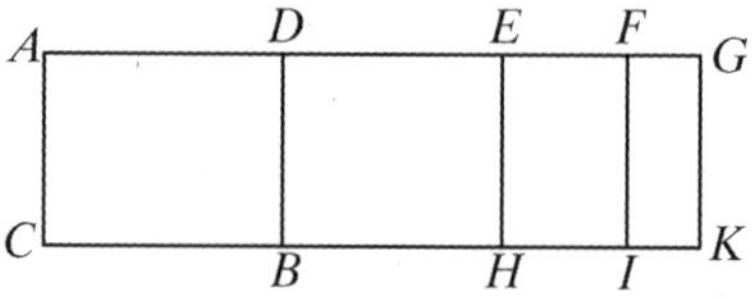

因此,如果在 AG 上贴合一个等于 DG 上正方形的四分之一且缺少一正方形的矩形,则它被分为可公度的两段. [X.17]

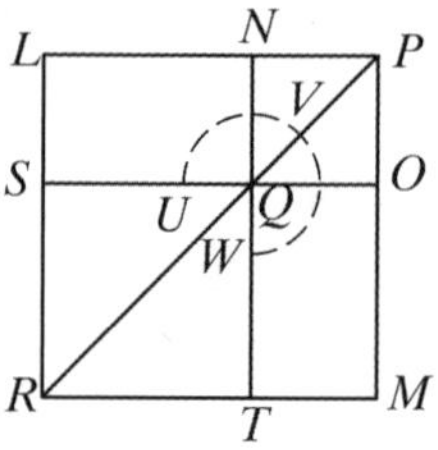

设点 E 平分 DG,在 AG 上贴合一个等于 EG 上正方形且缺少一个正方形的矩形 AF、FG,
所以 AF 与 FG 是可公度的.

又过点 E,F,G 引 EH,HI,GK 平行于 AC.

现在,因为 AF 与 FG 是长度可公度的,
所以 AG 与线段 AF,FG 的每一个也是长度可公度的. [X.15]

但是 AG 与 AC 是可公度的;
所以每一个线段 AF,FG 与 AC 是长度可公度的. [X.12]

而 AC 是有理的,
所以 AF,FG 也是有理的,
因此每一个线段 AI,FK 也是有理的. [X.19]

现在,由于 DE 与 EG 是长度可公度的,
所以 DG 与每一个线段 DE,EG 也是长度可公度的. [X.15]

但是 DG 是有理的且与 AC 是长度不可公度的,
所以每一个线段 DE,EG 也是有理的且与 AC 长度不可公度; [X.13]
因此每一个矩形 DH,EK 是中项面. [X.21]

现在作正方形 LM 等于 AI,且从中减去与它有共同角 LPM,
且等于 FK 的正方形 NO,
所以两正方形 LM,NO 有共线的对角线,
PR 是它们的对角线,并作图. [Ⅵ.26]

因为由 AF,FG 所夹的矩形等于 EG 上的正方形,
所以 AF 比 EG 如同 EG 比 FG. [Ⅵ.17]

但是 AF 比 EG 如同 AI 比 EK,
又 EG 比 FG 如同 EK 比 KF; [Ⅵ.1]
所以 EK 是 AI,KF 的比例中项. [Ⅴ.11]

但是,前面已经证明了 MN 也是 LM,NO 的比例中项, [X.53 后引理]

且 AI 等于正方形 LM,KF 等于 NO;所以 MN 也等于 EK.

但是 EK 等于 DH,且 MN 等于 LO;

所以 DK 等于折尺形 UVW 与 NO 的和,

但是 AK 也等于正方形 LM,NO 之和,从而余量 AB 等于 ST.

但是 ST 等于 LN,所以 LN 上正方形等于 AB,

因此 LN 是 AB 的"边".

其次可证 LN 是一个余线.

因为每一个矩形 AI,FK 是有理的,且它们分别等于 LM,NO,

所以每个正方形 LM,NO,即分别为 LP,PN 上的正方形,也是有理的;

因此每一个线段 LP,PN 也是有理的.

又由于,DH 是中项面,且等于 LO,所以 LO 也是中项面.

这时,由于 LO 是中项面,

而 NO 是有理的,所以 LO 与 NO 不可公度,

但是 LO 比 NO 如同 LP 比 PN, [Ⅵ.1]

所以 LP 与 PN 是长度不可公度的. [Ⅹ.11]

且两者都是有理的;

所以 LP,PN 是仅正方可公度的两有理线段;

于是 LN 是一个余线. [Ⅹ.73]

且它是面 AB 的"边",所以面 AB 的"边"是一个余线.

证完

设 ρ 是有理线段. 第一余线为 $k\rho - k\rho\sqrt{1-\lambda^2}$ [Ⅹ.85],求证 $\sqrt{\rho(k\rho - k\rho\sqrt{1-\lambda^2})}$ 是一个余线.

因为 $\sqrt{\rho(k\rho - k\rho\sqrt{1-\lambda^2})} = \rho\sqrt{\frac{k}{2}(1+\lambda)} - \rho\sqrt{\frac{k}{2}(1-\lambda)}$,

我们可以证明 $\rho\sqrt{\frac{k}{2}(1+\lambda)} - \rho\sqrt{\frac{k}{2}(1-\lambda)}$ 是一个余线.

它和二项线 $\rho\sqrt{\frac{k}{2}(1+\lambda)} + \rho\sqrt{\frac{k}{2}(1-\lambda)}$ [Ⅹ.54]是方程

$$x^2 - 2k\rho^2x^2 + \lambda^2k^2\rho^2 = 0$$

的根.

命题 92

若一个面是由一个有理线段与一个第二余线所夹的矩形. 则该面的"边"是一个第一中项余线.

设面 AB 是由有理线段 AC 和第二余线 AD 所夹的矩形.

则可证面 AB 的"边"是一个中项线的第一余线.

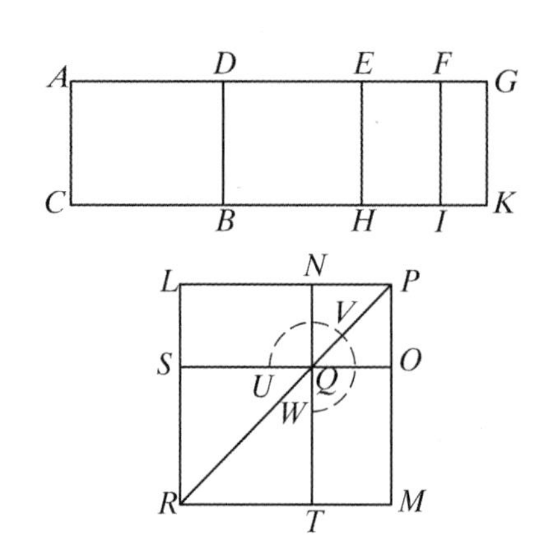

为此,设 DG 是加到 AD 上的附加线段,所以 AG,GD 是仅正方可公度的有理线段,[X.73]

且附加线段 DG 与所给出的有理线段 AC 是可公度的,

而全线段 AG 上正方形比附加线段 GD 上正方形大一个与 AG 是长度可公度的线段上的正方形.

[X.定义Ⅲ.2]

于是,这时 AG 上正方形比 GD 上正方形大一个与 AG 可公度的线段上的正方形,

所以,如果在 AG 上贴合一个等于 GD 上正方形的四分之一且缺少一正方形的矩形,

则它分 AG 为可公度的两段. [X.17]

设点 E 平分 DG,在 AG 上贴合一个等于 EG 上正方形且缺少一正方形的矩形 AF、FG,于是 AF 与 FG 是长度可公度的,

所以 AG 与每一个线段 AF,FG 也是长度可公度的. [X.15]

但是 AG 是有理的且与 AC 是长度不可公度的,

所以每一个线段 AF,FG 也是有理的且与 AC 是长度不可公度的, [X.13]

从而每一个矩形 AI,FK 是中项面. [X.21]

再者,因为 DE 与 EG 是可公度的,

所以 DG 与每一个线段 DE,EG 也是可公度的. [X.15]

但是 DG 与 AC 是长度可公度的.

所以每一个矩形 DH,EK 是有理的. [X.19]

现在作正方形 LM 等于 AI,再减去等于 FK 且与 LM 有公共角 LPM 的正方形 NO,所以 LM,NO 的对角线相同.

设 PR 是它们的对角线,并作图. [Ⅵ.26]

这时,由于 AI,FK 都是中项面且分别等于 LP,PN 上正方形,

那么 LP,PN 上正方形也都是中项面,

所以 LP,PN 也是仅正方可公度的两中项线.

又因为矩形 AF、FG 等于 EG 上正方形,

所以 AF 比 EG 如同 EG 比 FG, [Ⅵ.17]

而 AF 比 EG 如同 AI 比 EK.

且 EG 比 FG 如同 EK 比 FK, [Ⅵ.1]

所以 EK 是 AI,FK 的比例中项. [V.11]

但是,MN 也是两正方形 LM,NO 的比例中项,

而 AI 等于 LM,且 FK 等于 NO,

所以 MN 也等于 EK.

但是 DH 等于 EK,且 LO 等于 MN,

所以整体 DK 等于折尺形 UVW 与 NO 的和.

因为整体 AK 等于 LM,NO 的和,
又 DK 等于折尺形 UVW 与 NO 的和,
所以余量 AB 等于 TS.

但是 TS 等于 LN 上正方形;
所以 LN 上正方形等于面 AB;因此 LN 等于面 AB 的“边”.

其次可证,LN 是一个中项线的第一余线.

因为,由于 EK 是有理线段,且 EK 等于 LO,
所以 LO,即矩形 LP、PN,是有理的.

但已证 NO 是一个中项面,
所以 LO 与 NO 是不可公度的.

但是,LO 比 NO 如同 LP 比 PN. [Ⅵ.1]
所以 LP,PN 是长度不可公度的. [X.11]

所以 LP,PN 是仅正方可公度的两中项线,
且由它们所夹的矩形 LO 是有理的,
所以 LN 是一个中项线的第一余线. [X.74]

又它等于面 AB 的“边”.

所以面 AB 的“边”是一个第一中项余线.

证完

设 ρ 是有理线段,第二余线为 $\frac{k\rho}{\sqrt{1-\lambda^2}}-k\rho$[X.86],求证

$$\sqrt{\rho\left(\frac{k\rho}{\sqrt{1-\lambda^2}}-k\rho\right)}\text{是一个第一中项余线.}$$

因为 $$\sqrt{\rho\left(\frac{k\rho}{\sqrt{1-\lambda^2}}-k\rho\right)}=\rho\sqrt{\frac{k}{2}\left(\frac{1+\lambda}{1-\lambda}\right)^{\frac{1}{2}}}-\rho\sqrt{\frac{k}{2}\left(\frac{1-\lambda}{1+\lambda}\right)^{\frac{1}{2}}}.$$

可以证明 $\rho\sqrt{\frac{k}{2}\left(\frac{1+\lambda}{1-\lambda}\right)^{\frac{1}{2}}}-\rho\sqrt{\frac{k}{2}\left(\frac{1-\lambda}{1+\lambda}\right)^{\frac{1}{2}}}$ 是一个第一中项余线.

它和第一双中项线 $\rho\sqrt{\frac{k}{2}\left(\frac{1+\lambda}{1-\lambda}\right)^{\frac{1}{2}}}+\rho\sqrt{\frac{k}{2}\left(\frac{1-\lambda}{1+\lambda}\right)^{\frac{1}{2}}}$[X.55]

是方程 $$x^4-\frac{2k\rho^2}{\sqrt{1-\lambda^2}}x^2+\frac{\lambda^2}{1-\lambda^2}k^2\rho^4=0\text{ 的根.}$$

命题 93

若一个面是由一个有理线段与一个第三余线所夹的矩形,则该面的“边”是一个中项线的第二余线.

为此,设面 AB 是由有理线段 AC 和第三余线 AD 所夹的矩形.

则可证面 AB 的“边”是一个中项线的第二余线.

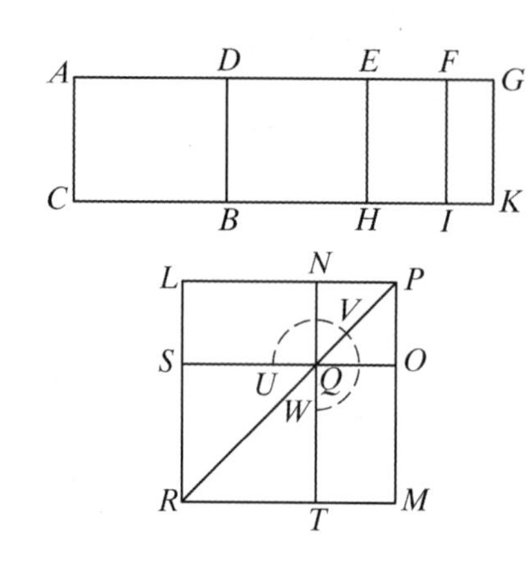

设 DG 是加到 AD 上的附加线段，那么 AG,GD 是仅正方可公度的两有理线段，又每一个线段 AG,GD 与所给出的有理线段 AC 不是长度可公度的，而全线段 AG 上正方形比附加线段 DG 上正方形大一个与 AG 是可公度的线段上的正方形.

[X.定义Ⅲ.3]

由于这时 AG 上正方形比 GD 上正方形大一个与 AG 是可公度的线段上的正方形，

所以，如果在 AG 上贴合一个等于 DG 上正方形的四分之一且缺少一正方形的矩形，则它分 AG 为可公度的两段. [X.17]

设点 E 平分 DG，在 AG 上贴合一个等于 EG 上正方形且缺少一正方形的矩形，设它是矩形 AF、FG.

设过点 E,F,G 作 EH,FI,GK 平行于 AC.

所以 AF,FG 是可公度的，

于是 AI 与 FK 也是可公度的. [Ⅵ.1,X.11]

由于 AF,FG 是长度可公度的，

所以 AG 与每一个线段 AF,FG 也是长度可公度的. [X.15]

但是 DG 是有理的且 AC 是长度不可公度的；

于是 AF,FG 也都是有理的且与 AC 是长度不可公度的. [X.13]

于是两矩形 AI,FK 都是中项面. [X.21]

又由于 DE 与 EG 是长度可公度的，

所以 DG 与每一个线段 DE,EG 也是长度可公度的. [X.15]

但是 GD 是有理的且与 AC 是长度不可公度的，

所以每一个线段 DE,EG 也是有理的，

且与 AC 是长度不可公度的. [X.13]

因此两矩形 DH,EK 都是中项面. [X.21]

又因为 AG,GD 是仅正方可公度的，

所以 AG 与 GD 是长度不可公度的.

由于 AG 与 AF 是长度可公度的，

又 DG 与 EG 是长度可公度的；

所以 AF 与 EG 是长度不可公度的. [X.13]

但是，AF 比 EG 如同 AI 比 EK， [Ⅵ.1]

所以 AI 与 EK 是不可公度的. [X.11]

现在作正方形 LM 等于 AI，

并从中减去正方形 NO 等于 FK，使它与 LM 有相同的角 LPM，

所以 LM,NO 有共线的对角线.

设 PR 是它们的对角线，并作图. [Ⅵ.26]

现在因为矩形 AF、FG 等于 EG 上正方形,
所以,AF 比 EG 如同 EG 比 FG. [Ⅵ.17]

但是 AF 比 EG 如同 AI 比 EK,
而且,EG 比 FG 如同 EK 比 FK, [Ⅴ.1]
这样就有,AI 比 EK 如同 EK 比 FK, [Ⅴ.11]
所以 EK 是 AI,FK 的比例中项.

但是 MN 也是两正方形 LM,NO 的比例中项,
且 AI 等于 LM,FK 等于 NO,所以 EK 也等于 MN.

但是 MN 等于 LO,且 EK 等于 DH;
所以整体 DK 也等于折尺形 UVW 与 NO 的和.

但是 AK 也等于 LM,NO 的和,
所以余量 AB 等于 ST,即 LN 上正方形. 因此 LN 等于面 AB 的"边".

其次可证,LN 是一个中项线的第二余线.

因为已证 AI,FK 是中项面,且分别等于 LP,PN 上正方形,
所以 LP,PN 上正方形也都是中项面;
从而每个线段 LP,PN 是中项线.

又因为 AI 与 FK 是可公度的, [Ⅵ.1,Ⅹ.11]
所以 LP 上正方形与 PN 上正方形也是可公度的.
又因为已证 AI 与 EK 不可公度,
所以 LM 与 MN 也不可公度,
即 LP 上正方形与矩形 LP、PN 不可公度.
于是 LP 与 PN 也是长度不可公度; [Ⅵ.1,Ⅹ.11]
所以 LP,PN 是仅正方可公度的两中项线.

其次可证它们也夹一个中项面.

因为已证 EK 是一个中项面,且等于矩形 LP、PN,
所以矩形 LP、PN 也是中项面,
于是 LP,PN 是仅正方可公度的两中项线,且它们也夹一个中项面.

所以 LN 是一个中项线第二余线, [Ⅹ.75]
且它是等于 AB 的"边".

所以面 AB 的"边"是一个中项线第二余线.

证完

设 ρ 是有理线段,第三余线是 $\sqrt{k}\rho-\sqrt{k}\rho\sqrt{1-\lambda^2}$ [Ⅹ.87].

可以证明 $\sqrt{\rho(\sqrt{k}\rho-\sqrt{k}\rho\sqrt{1-\lambda^2})}=\rho\sqrt{\frac{\sqrt{k}}{2}(1+\lambda)}-\rho\sqrt{\frac{\sqrt{k}}{2}(1-\lambda)}$ 是一个第二中项余线.

它和第二双中项线 $\rho\sqrt{\frac{\sqrt{k}}{2}(1+\lambda)}+\rho\sqrt{\frac{\sqrt{k}}{2}(1-\lambda)}$ [Ⅹ.56]是方程

$$x^4-2\sqrt{k}\cdot\rho^2x^2+\lambda^2k\rho^4=0$$

的根.

命题 94

若一个面是由一个有理线段与一个第四余线所夹的,则该面的“边”是次线.

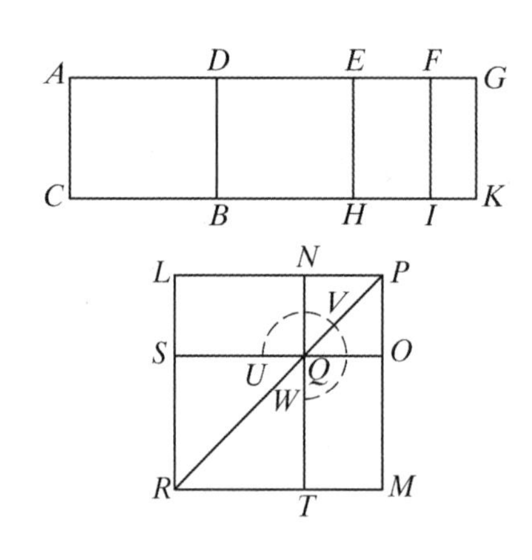

为此,设面 *AB* 是由一个有理线段 *AC* 与一个第四余线 *AD* 所夹的矩形.

则可证面 *AB* 的“边”是次线.

设 *DG* 是对 *AD* 的附加线段;

所以 *AG*,*GD* 是仅正方可公度的两有理线段,*AG* 与所给出的有理线段 *AC* 是长度可公度的,又全线段 *AG* 上正方形比附加线段 *DG* 上正方形大一个与 *AG* 是长度不可公度的线段上的正方形.

[X.定义Ⅲ.4]

由于这时 *AG* 上正方形比 *GD* 上正方形大一个与 *AG* 是长度不可公度的线段上的正方形,

所以如果在 *AG* 上贴合一个等于 *DG* 上正方形的四分之一且缺少一正方形的矩形,它把 *AG* 分为不可公度的两段. [X.18]

设点 *E* 平分 *DG*,且在 *AG* 上贴合一个等于 *EG* 上正方形且缺少一正方形的矩形,且设它是矩形 *AF*、*FG*;所以 *AF* 与 *FG* 是长度不可公度的.

过点 *E*,*F*,*G* 引 *EH*,*FI*,*GK* 平行于 *AC*,*BD*.

于是,这时 *AG* 是有理的且与 *AC* 是长度可公度的,

所以整体 *AK* 是有理的. [X.19]

又因为,*DG* 与 *AC* 是长度不可公度的,且两者都是有理的,

所以 *DK* 是中项面. [X.21]

又因为,*AF* 与 *FG* 是长度不可公度的,

所以 *AI* 与 *FK* 也是不可公度的. [Ⅵ.1,X.11]

现在作正方形 *LM* 等于 *AI*,从中减去正方形 *NO* 等于 *FK*,且它与 *LM* 有相同角 *LPM*. 所以,*LM*,*NO* 的对角线相同. [Ⅵ.26]

设 *PR* 是它们的对角线,并作图.

于是,因为矩形 *AF*、*FG* 等于 *EG* 上正方形,

所以,按比例,*AF* 比 *EG* 如同 *EG* 比 *FG*. [Ⅵ.17]

但是,*AF* 比 *EG* 如同 *AI* 比 *EK*,

而且 *EG* 比 *FG* 如同 *EK* 比 *FK*; [Ⅵ.1]

所以 *EK* 是 *AI*,*FK* 的比例中项. [Ⅴ.11]

但是 *MN* 也是两正方形 *LM*,*NO* 的比例中项,

且 *AI* 等于 *LM*,*FK* 等于 *NO*;

所以 EK 也等于 MN.

但是 DH 等于 EK,LO 等于 MN,

所以整体 DK 等于折尺形 UVW 与 NO 的和.

又因为整体 AK 等于正方形 LM,NO 的和,

而且 DK 等于折尺形 UVW 与正方形 NO 的和;

于是余量 AB 等于 ST,即 LN 上正方形;

所以 LN 等于面 AB 的"边".

以下可证 LN 是所谓次线的无理线段.

因为 AK 是有理的且等于 LP,PN 上正方形的和,

所以 LP,PN 上正方形的和是有理的.

又因为 DK 是中项面,且 DK 等于二倍的矩形 LP、PN,

所以二倍的矩形 LP、PN 是中项面.

现在已证 AI 与 FK 是不可公度的,

所以 LP 上正方形与 PN 上正方形也是不可公度的.

所以 LP,PN 是正方形不可公度的两线段,且它们上正方形的和是有理的,

但是由它们所夹的矩形的二倍是中项面.

所以 LN 是所谓次线的无理线段, [X.76]

且它等于面 AB 的"边".

于是面 AB 的"边"是次线.

证完

设 ρ 是有理线段,第四余线为 $k\rho-\frac{k\rho}{\sqrt{1+\lambda}}$ [X.88],可以证明

$\sqrt{\rho\left(k\rho-\frac{k\rho}{\sqrt{1+\lambda}}\right)}=\rho\sqrt{\frac{\sqrt{k}}{2}\left(1+\sqrt{\frac{\lambda}{1+\lambda}}\right)}-\rho\sqrt{\frac{\sqrt{k}}{2}\left(1-\sqrt{\frac{\lambda}{1+\lambda}}\right)}$是一个次线.

它和主线$\rho\sqrt{\frac{\sqrt{k}}{2}\left(1+\frac{\lambda}{\sqrt{1+\lambda}}\right)}+\rho\sqrt{\frac{\sqrt{k}}{2}\left(1-\sqrt{\frac{\lambda}{1+\lambda}}\right)}$ [X.57]是方程

$$x^4-2k\rho^2x^2+\frac{\lambda}{1+\lambda}k^2\rho^4=0$$

的根.

命题 95

若一个面是由一个有理线段与一个第五余线所夹的,则该面的"边"是一个中项面有理面差的边.

为此,设面 AB 是由有理线段 AC 和第五余线 AD 所夹的矩形.

则可证面 AB 的"边"是一个中项面有理面差的边.

设 DG 是对 AD 上的附加线段,所以 AG,GD 是仅正方可公度的两有理线段,附加线段 GD 与所给定的有理线段 AC 是长度可公度的,而全线段 AG 上的正方形比附加线段

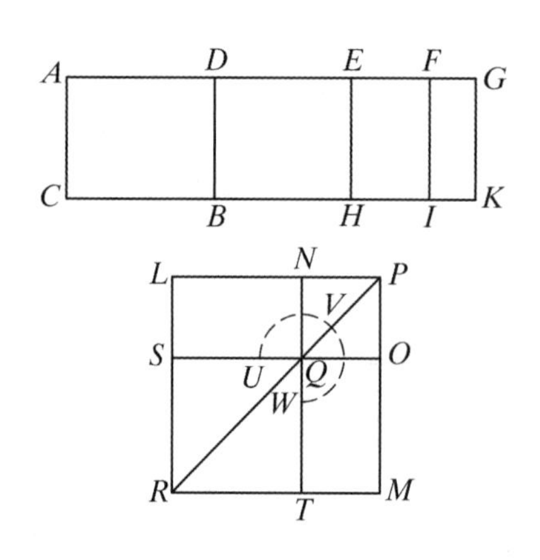

DG 上的正方形大一个与 AG 是不可公度的线段上的正方形. [X. 定义Ⅲ.5]

所以,如果在 AG 上贴合一个等于 DG 上正方形的四分之一的且缺少一正方形的矩形,则它分 AG 为不可公度的两段. [X.18]

设点 E 平分 DG,在 AG 贴合一个等于 EG 上正方形且缺少一正方形的矩形,

设它是矩形 AF、FG,所以 AF 与 FG 是长度不可公度的.

因为 AG 与 CA 是长度不可公度的,且两者都是有理的,

所以 AK 是中项面. [X.21]

又因为,DG 是有理的且与 AC 是长度可公度的,

从而 DK 是有理的. [X.19]

现在作正方形 LM 等于 AI,减去正方形 NO 等于 FK,且它与 LM 有相同角 LPM,所以 LM,NO 的对角线相同. [Ⅵ.26]

设 PR 是它们的对角线,并作图.

类似地,我们能够证明 LN 与面 AB 的“边”相等.

其次可证 LN 是一个中项面有理面差的边.

因为已证 AK 是中项面且等于 LP,PN 上正方形的和,

于是 LP,PN 上正方形的和是中项面.

又因为,DK 是有理的且等于二倍的矩形 LP、PN,

于是后者也是有理的.

又由于 AI 与 FK 是不可公度的,

所以 LP 上正方形与 PN 上正方形也是不可公度的;

所以 LP,PN 是正方形不可公度的两线段,

且它们上正方形的和是中项面,但由它们所夹的矩形的二倍是有理的.

所以余量 LN 是称为中项面有理面差的边的无理线段. [X.77]

且它等于面 AB 的“边”.

所以面 AB 的“边”是一个中项面有理面差的边.

证完

设 ρ 是有理线段,第五余线为 $k\rho\sqrt{1+\lambda}-k\rho$[X.89].可以证明

$\sqrt{\rho(k\rho\sqrt{1+\lambda}-k\rho)}=\rho\sqrt{\frac{k}{2}(\sqrt{1+\lambda}+\sqrt{\lambda})}-\rho\sqrt{\frac{k}{2}(\sqrt{1+\lambda}-\sqrt{\lambda})}$ 是一个中项面有理面差的边.

它与中项面有理面和的边 $\rho\sqrt{\frac{k}{2}(\sqrt{1+\lambda}+\sqrt{\lambda})}+\rho\sqrt{\frac{k}{2}(\sqrt{1+\lambda}-\sqrt{\lambda})}$ [X.58]是方程

$$x^4-2k\rho^2\sqrt{1+\lambda}x^2+\lambda k^2\rho^4=0$$

的根.

命题 96

若一个面是由一个有理线段与一个第六余线所夹的,则该面的"边"是一个两中项面差的边.

为此,设面 AB 是由有理线段 AC 和第六余线 AD 所夹的矩形.

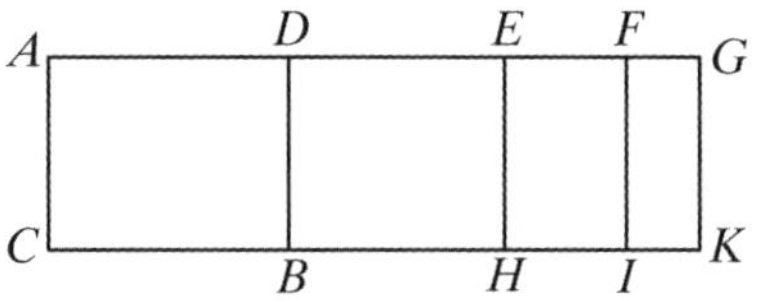

则可证面 AB 的"边"是一个两中项面差的边.

设 DG 是 AD 上的附加线段,所以 AG,GD 是仅正方可公度的两有理线段,它们的每一个与所给定的有理线段 AC 不是长度可公度的,且全线段 AG 上正方形比附加线段 DG 上正方形大一个与 AG 是长度不可公度的线段上的正方形.

[X.定义Ⅲ]

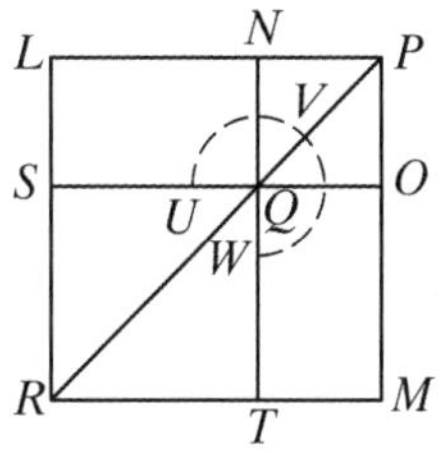

因为 AG 上正方形比 GD 上正方形大一个与 AG 是长度不可公度的线段上的正方形,

所以,如果在 AG 上贴合一个等于 DG 上正方形的四分之一且缺少一正方形的矩形,则它分 AG 为不可公度的两段. [X.18]

设点 E 平分 DG,

对 AG 贴合一个等于 EG 上正方形且缺少一正方形的矩形,设它是矩形 AF、FG,

所以 AF 与 FG 是长度不可公度的.

但是,AF 比 FG 如同 AI 比 FK, [Ⅵ.1]

所以 AI 与 FK 是不可公度的. [X.11]

又因为 AG,AC 是仅正方可公度的两有理线段,

所以 AK 是中项面. [X.21]

又因为,AC,DG 是长度不可公度的有理线段,

所以 DK 也是中项面. [X.21]

现在,AG,GD 是仅正方可公度的,

所以 AG 与 GD 是长度不可公度的.

但是,AG 比 GD 如同 AK 比 KD; [Ⅵ.1]

所以 AK 与 KD 是不可公度的. [X.11]

现在作正方形 LM 等于 AI,且在其内作正方形 NO 等于 FK,且它与 LM 有相同角 LPM,

所以 LM,NO 的对角线相同. [Ⅵ.26]

设 PR 是它们的对角线,并作图.

其次,依上文类似的方法,我们能够证明 LN 与面 AB 的"边"相等.

还可证 LN 是一个两中项面差的边.

因为,已证得 AK 是一个中项面且等于 LP,PN 上正方形的和,
所以 LP,PN 上正方形的和是一个中项面.

又已证得 DK 是中项面且等于二倍的矩形 LP、PN,
所以二倍矩形 LP、PN 也是中项面.

又因为已证得 AK 与 DK 是不可公度的,LP,PN 上正方形的和与二倍的矩形 LP、PN 也是不可公度的.

又因为,AI 与 FK 是不可公度的,
所以 LP 上正方形与 PN 上正方形也是不可公度的,
于是 LP,PN 是正方不可公度的线段,
且使它们上正方形的和是中项面,
而由它们所夹的矩形的二倍是中项面,而且它们上正方形的和与由它们所夹的矩形的二倍是不可公度的.

所以 LN 是一个称之为两中项面差的边的无理线段; [X.78]
且它等于面 AB 的"边".

于是面 AB 的"边"是一个两中项面差的边.

证完

设 ρ 是有理线段,第六余线为 $\sqrt{k}\rho-\sqrt{\lambda}\rho$[X.90]. 可以证明

$$\sqrt{\rho(\sqrt{k}\rho-\sqrt{\lambda}\rho)}=\rho\sqrt{\frac{1}{2}(\sqrt{k}+\sqrt{k-\lambda})}-\rho\sqrt{\frac{1}{2}(\sqrt{k}-\sqrt{k-\lambda})}$$

是一个两中项面差的边.

它与两中项面和的边 $\rho\sqrt{\frac{1}{2}(\sqrt{k}+\sqrt{k-\lambda})}+\rho\sqrt{\frac{1}{2}(\sqrt{k}-\sqrt{k-\lambda})}$ [X.59]是方程

$x^4-2\sqrt{k}\rho^2x^2+(k-\lambda)\rho^4=0$ 的根.

命题 97

对有理线段贴合一个矩形,使它等于一个余线上的正方形,所产生的宽是一个第一余线.

设 AB 是一个余线,CD 是一个有理线段,对 CD 贴合等于 AB 上正方形的矩形 CE,产生出作为宽的 CF.

则可证 CF 是一个第一余线.

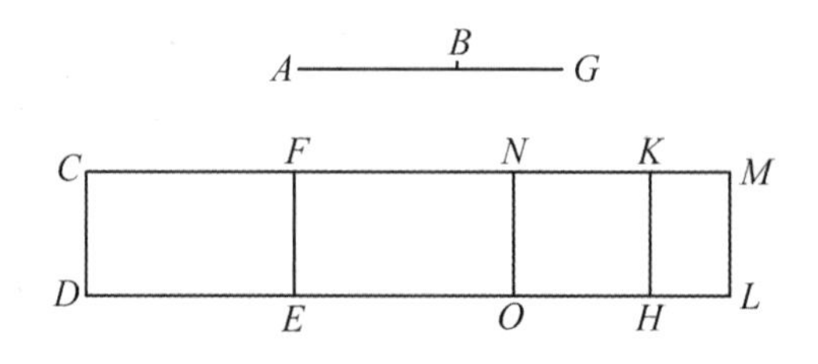

为此,设 BG 是对 AB 上的附加线段,
所以 AG,GB 是仅正方可公度的两有理线段. [X.73]

对 CD 贴合矩形 CH 使它等于 AG 上正方形,
又作 KL,使它等于 BG 上正方形.

于是 CL 等于 AG,GB 上正方形的和,且 CE 等于 AB 上正方形,
所以余下的 FL 等于二倍的矩形 AG,GB. [Ⅱ.7]

设点 N 平分 FM,
且过 N 引 NO 平行于 CD,
所以每一个矩形 FO,LN 等于矩形 AG、GB.

现在,因为 AG,GB 上正方形都是有理的,
且 DM 等于 AG,GB 上正方形的和,
所以 DM 是有理的.

又 DM 是贴合于有理线段 CD 上,产生出作为宽的 CM,
所以 CM 是有理的且与 CD 是长度可公度的. [X.20]

因为二倍的矩形 AG、GB 是中项面,
且 FL 等于二倍的矩形 AG、GB,

所以 FL 是中项面.

且它是贴合于有理线段 CD 上,产生出作为宽的 FM;
所以 FM 是有理的且与 CD 是长度不可公度的. [X.22]

因为 AG,GB 上正方形都是有理的,
而二倍的矩形 AG、GB 是中项面,
所以 AG,GB 上正方形的和与二倍矩形 AG、GB 不可公度.

又 CL 等于 AG,GB 上正方形的和,以及 FL 等于二倍的矩形 AG、GB,
所以 DM 与 FL 是不可公度的.

但是,DM 比 FL 如同 CM 比 FM, [Ⅵ.1]
因而 CM 与 FM 是长度不可公度的. [X.11]

又两者都是有理的,
所以 CM,MF 是仅正方可公度的两有理线段,
所以 CF 是一个余线. [X.73]

其次可证 CF 也是一个第一余线.

因为矩形 AG、GB 是 AG,GB 上正方形的比例中项,且 CH 等于 AG 上正方形,KL 等于 BG 上正方形,NL 等于矩形 AG、GB,
所以 NL 也是 CH,KL 的比例中项,
从而 CH 比 NL 如同 NL 比 KL.

但是 CH 比 NL 如同 CK 比 NM, [Ⅵ.1]
且 NL 比 KL 如同 NM 比 KM,
所以矩形 CK、KM 等于 NM 上正方形, [Ⅵ.17]
即 FM 上正方形的四分之一.

又因为,AG 上正方形与 GB 上正方形是可公度的,
于是,CH 与 KL 也是可公度的.

但是,CH 比 KL 如同 CK 比 KM, [Ⅵ.1]
所以 CK 与 KM 是可公度的. [X.11]

因为 CM,MF 是两个不相等的线段,
且对 CM 贴合等于 FM 上正方形的四分之一且缺少一正方形的矩形 CK、KM,
而 CK 与 KM 是可公度的,
所以 CM 上正方形比 MF 上正方形大一个与 CM 是长度可公度的线段上的正方形. [X.17]

又 CM 与所给定的有理线段 CD 是长度可公度的,
所以 CF 是一个第一余线. [X.定义Ⅲ.1]

证完

X.97 到 X.102 这六个命题分别是上述六个命题 X.91 到 X.96 的逆命题.

X.97. 设 σ 是有理线段,余线为 $\rho-\sqrt{k}\rho$ [X.73],求证$\frac{(\rho-\sqrt{k}\rho)^2}{\sigma}$是一个第一余线.

因为 $\frac{(\rho-\sqrt{k}\rho)^2}{\sigma}=\frac{\rho^2}{\sigma}[(1+k)-2\sqrt{k}]$. (1)

欧几里得证明了(1)的两部分$\frac{\rho^2}{\sigma}(1+k)$,$\frac{\rho^2}{\sigma}2\sqrt{k}$是仅正方可公度的两有理线段,因而它们的差是一个余线,又证明了这两部分及 σ 满足 X.定义Ⅲ.1 的条件,因而它还是一个第一余线.

命题 98

对有理线段贴合一矩形使其等于中项线的第一余线上的正方形,则所产生的宽是一个第二余线.

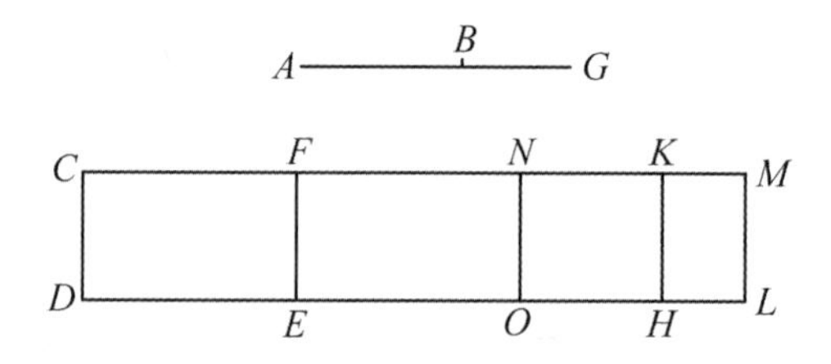

设 AB 是一个中项线第一余线,CD 是一个有理线段,对 CD 贴合一矩形 CE 使其等于 AB 上正方形,所产生出的宽是 CF.

则可证 CF 是一个第二余线.

设 BG 是对 AB 上的附加线段,
所以 AG,GB 是仅正方可公度的两中项线,且由它们夹一个有理矩形. [X.74]

在 CD 上贴合矩形 CH 等于 AG 上正方形,所产生的宽是 CK,
且 KL 等于 GB 上正方形,所产生的宽是 KM,

所以整体 CL 等于 AG,GB 上正方形的和,

所以 CL 也是中项面, [X.15 和 23,推论]

且它是贴合于有理线段 CD 上,所产生的宽是 CM,

所以 CM 是有理的,并且与 CD 是长度不可公度的. [X.22]

现在,因为 CL 等于 AG,GB 上正方形的和,其中,AB 上正方形等于 CE,

所以余下的二倍的矩形 AG、GB 等于 FL. [Ⅱ.7]

但是二倍的矩形 AG、GB 是有理的,

所以 FL 是有理的.

又它是贴合于有理线段 FE 上,所产生的宽是 FM,

所以 FM 也是有理的且与 CD 是长度可公度的. [X.20]

现在,因为 AG,GB 上正方形的和,即 CL,是中项面,

而二倍的矩形 AG、GB,即 FL,是有理的,

所以 CL 与 FL 是不可公度的.

但是 CL 比 FL 如同 CM 比 FM. [Ⅵ.1]

所以 CM 与 FM 是长度不可公度的. [X.11]

且两者都是有理的,

所以 CM,MF 是仅正方可公度的两有理线段;

因此 CF 是一个余线. [X.73]

其次可证 CF 也是一个第二余线.

设点 N 平分 FM,且过 N 引 NO 平行于 CD,

所以每一个矩形 FO,NL 等于矩形 AG、GB.

现在,因为矩形 AG、GB 是 AG,GB 上正方形的比例中项,

且 AG 上正方形等于 CH,矩形 AG、GB 等于 NL,以及 BG 上正方形等于 KL,于是 NL 也是 CH,KL 的比例中项;

所以 CH 比 NL 如同 NL 比 KL.

但是 CH 比 NL 如同 CK 比 NM,

又,NL 比 KL 如同 NM 比 MK; [Ⅵ.1]

所以 CK 比 NM 如同 NM 比 KM; [Ⅴ.11]

因此矩形 CK、KM 等于 NM 上正方形, [Ⅵ.17]

即 FM 上正方形的四分之一.

因为 CM,FM 是两个不相等的线段,

且矩形 CK、KM 是贴合于大线段 CM 上等于 MF 上正方形的四分之一且缺少一正方形,

且分 CM 为可公度的两段,

所以 CM 上正方形比 MF 上正方形大一个与 CM 是长度可公度的线段上的正方形.

[X.17]

且附加线段 FM 与所给定的有理线段 CD 是长度可公度的,

所以 CF 是一个第二余线. [X.定义Ⅲ.2]

证完

设 σ 是有理线段,第一中项余线为 $k^{\frac{1}{4}}\rho - k^{\frac{3}{4}}\rho$[X.74],求证 $\frac{(k^{\frac{1}{4}}\rho - k^{\frac{3}{4}}\rho)^2}{\sigma}$ 是一个第二余线.

因为 $$\frac{(k^{\frac{1}{4}}\rho - k^{\frac{3}{4}}\rho)^2}{\sigma} = \frac{\rho^2}{\sigma}[\sqrt{k}(1+k) - 2k]. \tag{1}$$

欧几里得证明了(1)的两部分是仅正方可公度的两有理线段,因而它们的差是一个余线. 又证明了这两部分及 σ 满足X. 定义Ⅲ.2 的条件,因而它还是一个第二余线.

命题 99

对一个有理线段贴合一矩形等于中项线第二余线上的正方形,则所产生的宽是一个第三余线.

设 AB 是一个中项线的第二余线,CD 是有理线段,且在 CD 上贴合一矩形 CE 等于 AB 上正方形,所产生的宽是 CF.

则可证 CF 是一个第三余线.

设 BG 是 AB 上的附加线段,

所以 AG,GB 是仅正方可公度的两中项线,且由它们夹一个矩形为中项面. [X.75]

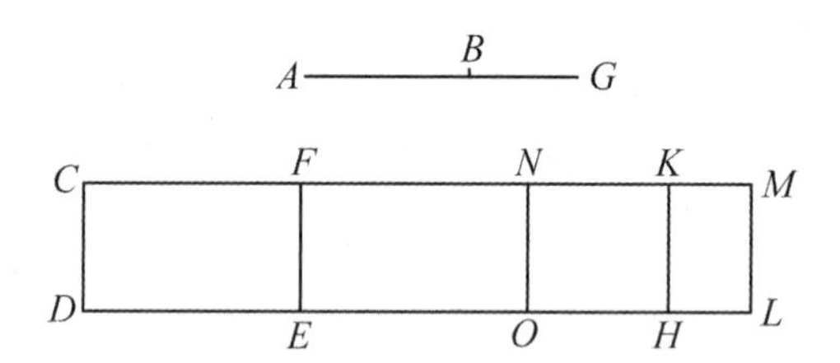

设 CH 是贴合于 CD 上且等于 AG 上正方形的矩形,所产生的宽是 CK,又设 KL 是贴合于 KH 上且等于 BG 上正方形的矩形,所产生的宽是 KM,于是 CL 等于 AG,GB 上正方形的和,所以 CL 也是中项面. [X.15 和 23,推论]

且它是贴合于有理线段 CD 上,所产生的宽是 CM;

所以 CM 是有理的,且与 CD 是长度不可公度的. [X.22]

现在,因为 CL 等于 AG,GB 上正方形的和,其中,CE 等于 AB 上正方形,

所以余下的 LF 等于二倍的矩形 AG、GB. [Ⅱ.7]

设点 N 平分 FM,且作 NO 平行于 CD,

所以每一个矩形 FO,NL 等于矩形 AG、GB.

但是矩形 AG、GB 是中项面,所以 FL 也是中项面.

又,它是贴合于有理线段 EF 上的,所产生的宽是 FM;

所以 FM 也是有理的且与 CD 是长度不可公度的. [X.22]

又因为 AG,GB 是仅正方可公度的,

所以 AG 与 GB 是长度不可公度的;

因此 AG 上正方形与矩形 AG、GB 也是不可公度的. [Ⅵ.1, X.11]

但是 AG, GB 上正方形的和与 AG 上正方形是可公度的,
且二倍的矩形 AG、GB 与矩形 AG、GB 是可公度的,
所以 AG, GB 上正方形的和与二倍矩形 AG、GB 是不可公度的. [X.13]

但是 CL 等于 AG, GB 上正方形的和,
且 FL 等于二倍的矩形 AG、GB,
所以 CL 与 FL 也是不可公度的.

但是 CL 比 FL 如同 CM 比 FM, [Ⅵ.1]
所以 CM 与 FM 是长度不可公度的. [X.11]

且两者都是有理的;
所以 CM, MF 是仅正方可公度的两有理线段,因此 CF 是一个余线. [X.73]

其次可证它也是一个第三余线.

因为 AG 上正方形与 GB 上正方形是可公度的,
所以 CH 与 KL 也是可公度的,
从而 CK 与 KM 也是可公度的. [Ⅵ.1, X.11]

又因为矩形 AG、GB 是 AG, GB 上正方形的比例中项,且 CH 等于 AG 上正方形, KL 等于 GB 上正方形,以及 NL 等于矩形 AG、GB,
所以 NL 也是 CH, KL 的比例中项,
因此 CH 比 NL 如同 NL 比 KL.

但是 CH 比 NL 如同 CK 比 NM,
又 NL 比 KL 如同 NM 比 KM. [Ⅵ.1]
所以 CK 比 MN 如同 MN 比 KM, [Ⅴ.11]
因此矩形 CK、KM 等于 MN 上正方形,即等于 FM 上正方形的四分之一.

因为 CM, MF 是不相等的两线段,
且在 CM 上贴合一等于 FM 上正方形的四分之一且缺少一正方形的矩形,且分 CM 为可公度的两段,
于是 CM 上正方形比 MF 上正方形大一个与 CM 是可公度的线段上的正方形. [X.17]

又每一个线段 CM, MF 与所给定的有理线段 CD 是长度不可公度的.

于是 CF 是一个第三余线. [X.定义Ⅲ.3]

证完

设 σ 是有理线段,第二中项余线为 $k^{\frac{1}{4}}\rho-\frac{\sqrt{\lambda}\rho}{k^{\frac{1}{4}}}$, [X.75]

求证 $\frac{1}{\sigma}\left(k^{\frac{1}{4}}\rho-\frac{\sqrt{\lambda}\rho}{k^{\frac{1}{4}}}\right)^2$ 是一个第三余线.

因为
$$\frac{1}{\sigma}\left(k^{\frac{1}{4}}\rho-\frac{\sqrt{\lambda}\rho}{k^{\frac{1}{4}}}\right)^2=\frac{\rho^2}{\sigma}\left(\frac{k+\lambda}{\sqrt{k}}-2\sqrt{\lambda}\right). \quad (1)$$

欧几里得证明了(1)的两部分是仅正方可公度的两有理线段,所以它们的差是一个余线. 又证明了

这两部分及 σ 满足X. 定义Ⅲ. 3 的条件,因而它还是一个第三余线.

命题 100

对一个有理线段上贴合一矩形等于次线上正方形,则所产生的宽是一个第四余线.

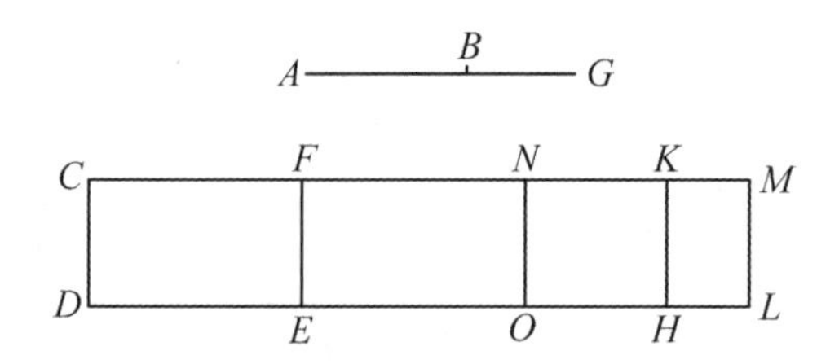

设 AB 是一个次线, CD 是一个有理线段,
且在有理线段 CD 上贴合一矩形 CE 等于 AB 上正方形,产生出作为宽的 CF.

则可证 CF 是一个第四余线.

设 BG 是 AB 上的附加线段,
所以 AG, GB 是正方不可公度的两线段,
且 AG, GB 上正方形的和是有理的,但是二倍的矩形 AG、GB 是中项面. [X. 76]

在 CD 上贴合一矩形 CH 等于 AG 上正方形,产生出作为宽的 CK,作矩形 KL 等于 BG 上正方形,产生出作为宽的 KM,
所以整体 CL 等于 AG, GB 上正方形的和.

又 AG, GB 上正方形的和是有理的,所以 CL 也是有理的.

且它是贴合一有理线段 CD 上的,产生出作为宽的 CM;
所以 CM 也是有理的,且与 CD 是长度可公度的. [X. 20]

又因为整体 CL 等于 AG, GB 上正方形的和,其中, CE 等于 AB 上的正方形,
所以余下的 FL 等于二倍的矩形 AG、GB. [Ⅱ. 7]

然后,设点 N 平分 FM,且过点 N 引 NO 平行于直线 CD, ML,
所以每一个矩形 FO, NL 等于矩形 AG、GB.

又因为,二倍的矩形 AG、GB 是中项面且等于 FL,
所以 FL 也是中项面.

又,它是贴合一有理线段 FE 上,产生出作为宽的 FM,
所以 FM 是有理的且与 CD 是长度不可公度的. [X. 22]

又因为 AG, GB 上正方形的和是有理的,
而二倍的矩形 AG、GB 是中项面,
因而 AG, GB 上正方形的和与二倍矩形 AG、GB 是不可公度的.

但是 CL 等于 AG, GB 上正方形的和,
且 FL 等于二倍的矩形 AG、BG,因此 CL 与 FL 是不可公度的.

但是,CL 比 FL 如同 CM 比 MF; [Ⅵ.1]
所以 CM 与 MF 是长度不可公度的. [X.11]

又两者都是有理的,
所以 CM,MF 是仅正方可公度的有理线段,
因此 CF 是一个余线. [X.73]

其次可证 CF 也是一个第四余线.

因为 AG,GB 是正方不可公度的,
所以 AG 上正方形与 GB 上正方形也是不可公度的.

又 CH 等于 AG 上正方形,KL 等于 GB 上正方形,
所以 CH 与 KL 是不可公度的.

但是,CH 比 KL 如同 CK 比 KM, [Ⅵ.1]
所以 CK 与 KM 是长度不可公度的. [X.11]

因为,矩形 AG、GB 是 AG,GB 上正方形的比例中项,
又 AG 上正方形等于 CH,GB 上正方形且等于 KL,以及矩形 AG、GB 等于 NL,
所以 NL 是 CH,KL 的比例中项,
从而 CH 比 NL 如同 NL 比 KL.

但是,CH 比 NL 如同 CK 比 NM,
且 NL 比 KL 如同 NM 比 KM; [Ⅵ.1]
所以,CK 比 MN 如同 MN 比 KM, [Ⅵ.11]
所以矩形 CK、KM 等于 MN 上正方形[Ⅵ.17],即等于 FM 上正方形的四分之一.

因为 CM,MF 是不相等的线段,且矩形 CK、KM 是贴合于 CM 上等于 MF 上正方形的四分之一且缺少一正方形,
它分 CM 为不可公度的两段,
所以 CM 上正方形比 MF 上正方形大一个与 CM 不可公度的线段上的正方形.
[X.18]

且全线段 CM 与所给定的有理线段 CD 是长度可公度的,
所以 CF 是一个第四余线. [X.定义Ⅲ.4]

证完

本命题要求证明

$\frac{1}{\sigma}\left(\frac{\rho}{\sqrt{2}}\sqrt{1+\frac{k}{\sqrt{1+k^2}}}-\frac{\rho}{\sqrt{2}}\sqrt{1-\frac{k}{\sqrt{1+k^2}}}\right)^2$ 是一个第四余线.

上式可表示为$\frac{\rho^2}{\sigma}\left(1-\frac{1}{\sqrt{1+k^2}}\right)$. 欧几里得证明了它的两部分是仅正方可公度的两有理线段. 所以它是一个余线. 又证明了这两部分及 σ 满足X.定义Ⅲ.4 的条件,因而它还是一个第四余线.

命题 101

在一个有理线段上贴合一矩形等于中项面有理面差的边上的正方形,则

所产生的宽是一个第五余线.

设 AB 是一个中项面有理面差的边,CD 是一个有理线段,且在 CD 上贴合一个等于 AB 上正方形的矩形 CE,产生出作为宽的 CF.

则可证 CF 是一个第五余线.

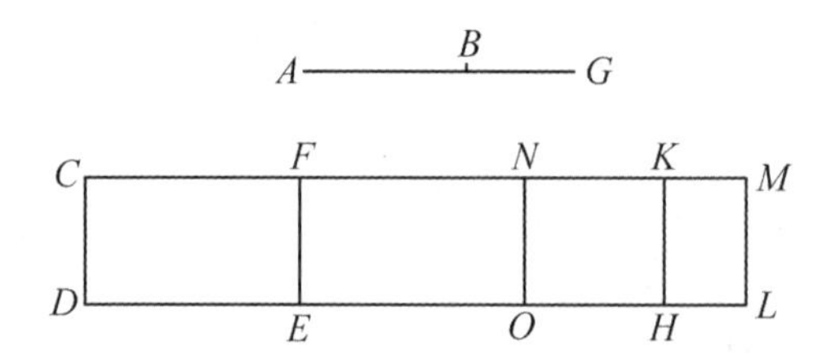

设 BG 是 AB 上的附加线段,

所以 AG,GB 是正方不可公度的两线段,且它们上正方形和是中项面,但是二倍矩形 AG、GB 是有理面. [Ⅹ.77]

设 CH 是在 CD 上贴合一个等于 AG 上正方形的矩形,且 KL 等于 GB 上的正方形,所以 CL 等于 AG,GB 上正方形的和.

但是 AG,GB 上正方形的和是中项面;所以 CL 是中项面.

且它是贴合于有理线段 CD 上的,产生出作为宽的 CM,

所以 CM 是有理的且与 CD 是不可公度的. [Ⅹ.22]

又因为,CL 等于 AG,GB 上正方形的和,其中 CE 等于 AB 上正方形,

所以余下的 FL 等于二倍的矩形 AG、GB. [Ⅱ.7]

设点 N 平分 FM,又过点 N 引 NO 平行于每一个线段 CD,ML,

所以每一个矩形 FO,NL 等于矩形 AG、GB.

又因为,二倍的矩形 AG、GB 是有理的且等于 FL,

所以 FL 是有理的.

又它是贴合于有理线段 EF 上,产生出作为宽的 FM;

所以 FM 是有理的,且与 CD 是长度可公度的. [Ⅹ.20]

现在,因为 CL 是中项面,FL 是有理面,

所以 CL 与 FL 不可公度.

但是,CL 比 FL 如同 CM 比 MF, [Ⅵ.1]

所以 CM 与 MF 是长度不可公度的, [Ⅹ.11]

且两者都是有理的,

所以 CM,MF 是仅正方可公度的两有理线段,

因此 CF 是一个余线. [Ⅹ.73]

其次可证 CF 也是一个第五余线.

为此,类似地,我们能够证明矩形 CK、KM 等于 NM 上正方形,即等于 FM 上正方形的四分之一.

又因为,AG 上正方形与 GB 上正方形是不可公度的,而 AG 上正方形等于 CH,且 GB 上正方形等于 KL,

所以 CH 与 KL 是不可公度的.

但是,CH 比 KL 如同 CK 比 KM, [Ⅵ.1]

所以 CK 与 KM 是长度不可公度的. [X.11]

因为 CM,MF 是两不相等的线段,且在 CM 上贴合一等于 FM 上正方形的四分之一且缺少一正方形的矩形,

它分 CM 为不可公度的两段,

所以 CM 上正方形较 MF 上正方形大一个与 CM 是不可公度的线段上的正方形. [X.18]

而附加线段 FM 与所给定的有理线段 CD 是可公度的;

所以 CF 是一个第五余线. [X.定义Ⅲ.5]

证完

本命题要求证明

$$\frac{1}{\sigma}\left[\frac{\rho}{\sqrt{2(1+k^2)}}\sqrt{\sqrt{1+k^2}+k}-\frac{\rho}{\sqrt{2(1+k^2)}}\sqrt{\sqrt{1+k^2}-k}\right]^2$$ 是一个第五余线.

上式可表示为$\frac{\rho^2}{\sigma}\left(\frac{1}{\sqrt{1+k^2}}-\frac{1}{1+k^2}\right)$. 欧几里得证明了它的两部分是仅正方可公度的两有理线段,所以它是一个余线. 又证明了这两部分及 σ 满足X.定义Ⅲ.5 的条件,因而它还是一个第五余线.

命题 102

在一个有理线段上贴合一矩形使其等于两中项面差的边上的正方形,则所产生的宽是一个第六余线.

设 AB 是一个两中项面差的边,CD 是一个有理线段,

对 CD 贴合一矩形 CE 等于 AB 上正方形,产生出作为宽的 CF.

则可证 CF 是一个第六余线.

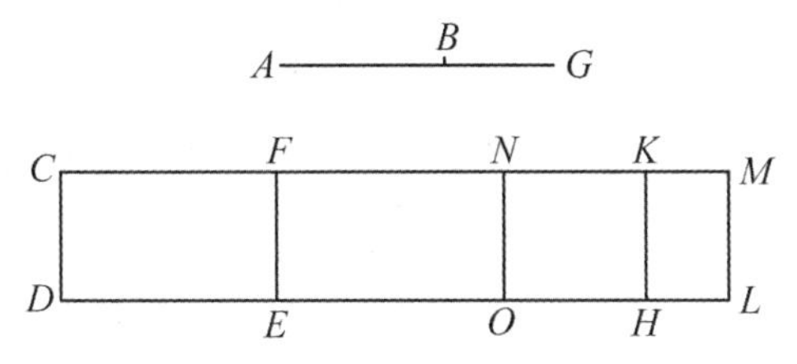

设 BG 是对 AB 上的附加线段,

所以 AG,GB 是正方不可公度的,且它们上正方形的和是中项面,以及二倍矩形 AG、GB 是中项面,且 AG,GB 上正方形的和与二倍矩形 AG、GB 是不可公度的. [X.78]

现在,在 CD 上贴合一矩形 CH 等于 AG 上正方形,产生出作为宽的 CK,且 KL 等于 BG 上正方形,

所以整体 CL 等于 AG,GB 上正方形的和;因此 CL 也是中项面.

又它是贴合在有理线段 CD 上,产生出作为宽的 CM,

所以 CM 是有理的且与 CD 是长度不可公度的. [X.22]

因为 CL 等于 AG,GB 上正方形的和,其中 CE 等于 AB 上正方形,所以余下的 FL 等于二倍矩形 AG、GB. [Ⅱ.7]

又二倍的矩形 AG、GB 是中项面,所以 FL 也是中项面.

且它是贴合于有理线段 FE 上,产生出作为宽的 FM,

所以 FM 是有理的,且与 CD 是长度不可公度的. [X.22]

又因为 AG,GB 上正方形的和与二倍矩形 AG、GB 是不可公度的,且 CL 等于 AG,GB 上正方形的和,FL 等于二倍的矩形 AG、GB,

于是 CL 与 FL 是不可公度的.

但是,CL 比 FL 如同 CM 比 MF, [Ⅵ.1]

所以 CM 与 MF 是长度不可公度的. [X.11]

且两者都是有理的,

所以 CM,MF 是仅正方可公度的两有理线段,因此 CF 是一个余线. [X.73]

其次,可证 CF 也是一个第六余线.

因为 FL 等于二倍的矩形 AG、GB,

设点 N 平分 FM,且过点 N 引 NO 平行于 CD,

所以每一个矩形 FO,NL 等于矩形 AG、GB.

又因为,AG、GB 是正方不可公度的,

所以 AG 上正方形与 GB 上正方形是不可公度的.

但是 CH 等于 AG 上正方形,KL 等于 GB 上正方形,

所以 CH 与 KL 也是不可公度的.

但是,CH 比 KL 如同 CK 比 KM, [Ⅵ.1]

所以 CK 与 KM 是不可公度的. [X.11]

又因为,矩形 AG、GB 是 AG,GB 上正方形的比例中项,而 CH 等于 AG 上正方形,KL 等于 GB 上正方形,以及 NL 等于矩形 AG,GB,

所以 NL 也是 CH,KL 的比例中项,

所以,CH 比 NL 如同 NL 比 KL.

而且与前同理,CM 上正方形比 MF 上正方形大一个与 CM 是不可公度的线段上的正方形. [X.18]

且它们与所给定的有理线段 CD 是不可公度的,

所以 CF 是一个第六余线. [X.定义Ⅲ.6]

证完

本命题要求证明

$\frac{1}{\sigma}\left[\frac{\rho\lambda^{\frac{1}{4}}}{\sqrt{2}}\sqrt{1+\frac{k}{\sqrt{1+k^2}}}-\frac{\rho\lambda^{\frac{1}{4}}}{\sqrt{2}}\sqrt{1-\frac{k}{\sqrt{1+k^2}}}\right]^2$ 是一个第六余线.

上式可表示为 $\frac{\rho^2}{\sigma}\left(\sqrt{\lambda}-\frac{\sqrt{\lambda}}{\sqrt{1+k^2}}\right)$. 欧几里得证明了它的两部分是仅正方可公度的两有理线段,所以它是一个余线. 又证明了这两部分及 σ 满足X.定义Ⅲ.6的条件,因而它还是一个第六余线.

由以上知X.97 到X.102 分别对应X.60 ~ X.65. 并且每对之乘积是一个有理面,如第一余线与第二项线之积.

$$\frac{\rho^2}{\sigma}[(1+k)-2\sqrt{k}]\cdot\frac{\rho^2}{\sigma}[(1+k)+2\sqrt{k}]=\frac{\rho^2}{\sigma^2}[(1+k)^2-2k]=\frac{\rho^4}{\sigma^2}(1-k)^2.$$

命题 103

与一个余线是长度可公度的线段仍是一个余线,且有相同的等级.

设 AB 是一个余线,又设 CD 与 AB 是长度可公度的.

则可证 CD 也是一个余线,且与 AB 是同级的.

因为 AB 是一个余线,设 BE 是它的附加线段,

所以 AE,EB 是仅正方可公度的有理线段, [X.73]

且作 BE 与 DF 的比如同 AB 比 CD, [VI.12]

所以也有,一个比一个如同前项和比后项和, [V.12]

所以也有,整体 AE 比整体 CF 如同 AB 比 CD.

但是 AB 与 CD 是长度可公度的,

所以 AE 与 CF 也是可公度的,BE 与 DF 也是可公度的. [X.11]

又 AE,EB 是仅正方可公度的有理线段,

所以 CF,FD 也是仅正方可公度的有理线段. [X.13]

现在,因为 AE 比 CF 如同 BE 比 DF,

由更比 AE 比 EB 如同 CF 比 FD. [V.16]

又 AE 上正方形比 EB 上正方形大一个与 AE 可公度线段上的正方形或大一个与它不可公度线段上的正方形.

如果 AE 上正方形比 EB 上正方形大一个与 AE 是可公度的线段上的正方形,

则 CF 上正方形比 FD 上正方形大一个与 CF 也是可公度线段上的正方形. [X.14]

又,如果 AE 与所给定的有理线段是长度可公度的,

则 CF 与所给定的有理线段也是长度可公度的. [X.12]

如果 BE 与给定的有理线段是长度可公度的,

则 DF 与所给定的有理线段也是长度可公度的. [X.12]

又如果每一个线段 AE,EB 与所给定的有理线段不可公度,则每一个线段 CF,FD 与所给定的有理线段也不可公度. [X.13]

但是,如果 AE 上正方形比 EB 上正方形大一个与 AE 是不可公度的线段上的正方形,

则 CF 上正方形比 FD 上正方形大一个与 CF 不可公度的线段上的正方形. [X.14]

所以 CD 是一个余线,而且与 AB 是同级.

证完

这个命题和以下到命题 107(类似对应于X.66 ~ X.70 的理论)都很容易,不需要再解释. 它们相

当于说,如果前面无理线段 p 的任一个用 $\frac{m}{n}p$ 代替得到的无理线段与改变它的无理线段是同类、同级的.

命题 104

与一个中项余线是长度可公度的线段仍是一个中项线的余线,且有相同的级.

设 AB 是一个中项余线,又设 CD 与 AB 是长度可公度的.

则可证 CD 也是一个中项余线,且与 AB 是同级的.

因为 AB 是一个中项线的余线,设 EB 是对它上的附加线段.

所以 AE,EB 是仅正方可公度的两中项线. [X.74,75]

作比例,AB 比 CD 如同 BE 比 DF, [VI.12]

所以 AE 与 CF 也是可公度的,BE 与 DF 也是可公度的. [V.12,X.11]

但是,AE,EB 是仅正方可公度的两中项线;

所以 CF,FD 也是仅正方可公度的两中项线, [X.23,13]

因此 CD 是一个中项线的余线. [X.74,75]

进一步可证 CD 与 AB 也是同级的.

因为,AE 比 EB 如同 CF 比 FD,

所以也有,AE 上正方形比矩形 AE、EB 如同 CF 上正方形比矩形 CF、FD.

但是,AE 上正方形与 CF 上正方形是可公度的,

所以矩形 AE、EB 与矩形 CF、FD 也是可公度的, [V.16,X.11]

于是,如果矩形 AE、EB 是有理的,

则矩形 CF、FD 也是有理的, [X.定义4]

又如果矩形 AE、EB 是中项面,则矩形 CF、FD 也是中项面, [X.23,推论]

所以 CD 是一个中项余线,而且与 AB 是同级. [X.74,75]

证完

命题 105

与一个次线可公度的线段仍是一个次线.

设 AB 是一个次线,且 CD 与 AB 是可公度的.

则可证 CD 也是一个次线.

与以前作图相同.

因为 AE,EB 是正方不可公度的, [X.76]
所以 CF,FD 也是正方不可公度的. [X.13]

现在,因为 AE 比 EB 如同 CF 比 FD, [V.12,V.16]
所以也有,AE 上正方形比 EB 上正方形如同 CF 上正方形比 FD 上正方形. [VI.22]

所以,由合比,AE,EB 上正方形的和比 EB 上正方形如同 CF,FD 上正方形的和比 FD 上正方形. [V.18]

但是,BE 上正方形与 DF 上正方形是可公度的,
所以 AE,EB 上正方形的和与 CF,FD 上正方形的和也是可公度的. [V.16,X.11]

但是 AE,EB 上正方形的和是有理的, [X.76]
所以 CF,FD 上正方形的和也是有理的. [X.定义 4]

又因为 AE 上正方形比矩形 AE、EB 如同 CF 上正方形比矩形 CF、FD,而 AE 上正方形与 CF 上正方形是可公度的,
所以矩形 AE、EB 与矩形 CF、FD 也是可公度的.

但是矩形 AE、EB 是中项面, [X.76]
所以矩形 CF、FD 也是中项面, [X.23 推论]
因此 CF,FD 是正方不可公度的,且它们上正方形的和是有理的,由它们夹的矩形是中项面.

所以 CD 是次线. [X.76]

证完

命题 106

与一个中项面有理面差的边可公度的线段仍是一个中项面有理面差的边.

设 AB 是一个中项面有理面差的边,且 CD 与 AB 是可公度的.

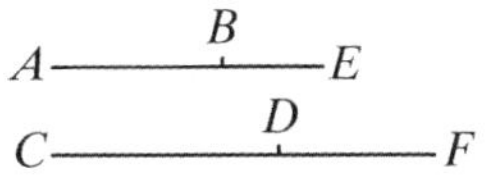

则可证 CD 也是一个中项面有理面差的边.

设 BE 是 AB 上的附加线段,
所以 AE,EB 是正方不可公度的两线段,且 AE,EB 上正方形的和是中项面,由它们所夹的矩形是有理的, [X.77]
与以前作图相同.

类似于前面的方法,我们能够证明,CF 与 FD 的比如同 AE 比 EB;AE,EB 上正方形的和与 CF,FD 上正方形的和是可公度的,且矩形 AE、EB 与矩形 CF、FD 是可公度的.

于是 CF,FD 是正方不可公度的两线段,且 CF,FD 上正方形的和是中项面,但是由它们夹的矩形是有理的.

所以 CD 是中项面有理面差的边. [X.77]

证完

命题 107

与一个两中项面差的边可公度的线段仍是一个两中项面差的边.

设 AB 是一个两中项面差的边,又设 CD 与 AB 是可公度的.

则可证 CD 也是一个两中项面差的边.

设 BE 是 AB 上的附加线段,与以前作图相同,

所以 AE,EB 是正方不可公度的,且它们上正方形的和是中项面,且由它们所夹的矩形是中项面,且有它们上正方形的和与由它们夹的矩形是不可公度的. [X.78]

现在如前所证,AE,EB 分别与 CF,FD 是可公度的,可知 AE,EB 上正方形的和与 CF,FD 上正方形的和是可公度的,且矩形 AE、EB 与矩形 CF、FD 是可公度的.

所以 CF,FD 也是正方不可公度的,

且它们上正方形的和是中项面,且由它们所夹的矩形是中项面,

且更有,它们上正方形的和与由它们所夹的矩形是不可公度的.

所以 CD 是一个两中项面差的边. [X.78]

证完

命题 108

如果从一个有理面减去一个中项面,则余面的"边"是二无理线段之一,或者是一个余线或者是一个次线.

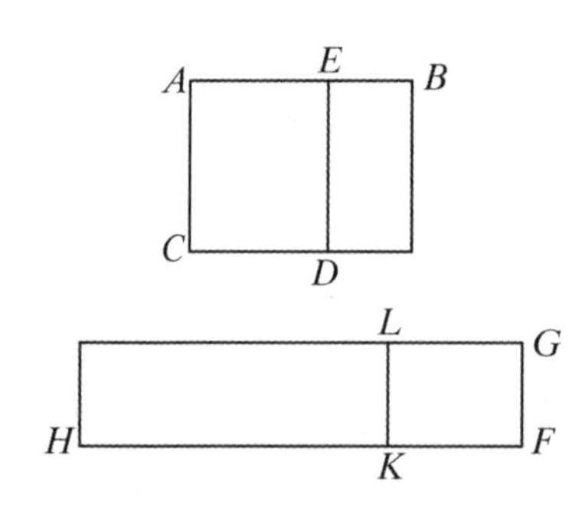

设从有理面 BC 减去一个中项面 BD.

则可证余面 EC 的"边"是二无理线段之一,或者是一个余线或者是一个次线.

为此,设给定一个有理线段 FG,在 FG 上贴合一个矩形 GH 等于 BC,又作 GK 等于减去的 DB,

所以余量 EC 等于 LH.

因为 BC 是有理面,BD 是中项面,而 BC 等于 GH;BD 等于 GK,

所以 GH 是有理面,且 GK 是中项面.

又因为它们都是贴合于有理线段 FG 上,

所以 FH 是有理的且与 FG 是长度可公度的, [X.20]

而 FK 是有理的且与 FG 是长度不可公度的, [X.22]

所以 FH 与 FK 是长度不可公度的. [X.13]

因此 FH,FK 是仅正方可公度的有理线段,
所以 KH 是一个余线[X.73],且 KF 是它上的附加线段.

现在考虑 HF 上正方形比 FK 上正方形大一个与 HF 可公度或不可公度线段上的正方形的情况.

首先,设 HF 上正方形比 FK 上正方形大一个与它是可公度线段上的正方形.

现在,全线段 HF 与所给定的有理线段 FG 是长度可公度的,
所以 KH 是一个第一余线. [X.定义Ⅲ.1]

但是与一个由有理线段和一个第一余线所夹的矩形的"边"是一个余线.
[X.91]

所以 LH 的"边",即 EC 的"边"是一个余线.

但是,如果 HF 上正方形比 FK 上正方形大一个与 HF 是不可公度线段上的正方形,
而全线段 FH 与所给定的有理线段 FG 是长度可公度的,
则 KH 是一个第四余线. [X.定义Ⅲ.4]

但是与一个由有理线段和一个第四余线所夹的矩形的"边"是一个次线.
[X.94]

证完

命题 109

如果从一个中项面减去一个有理面,则余面的"边"是二无理线段之一,或者是一个第一中项余线或者是一个中项面有理面差的边.

设从中项面 BC 减去有理面 BD.

则可证余面 EC 的"边"是两个无理线段之一,或者是一个中项线第一余线或者是一个中项面有理面差的边.

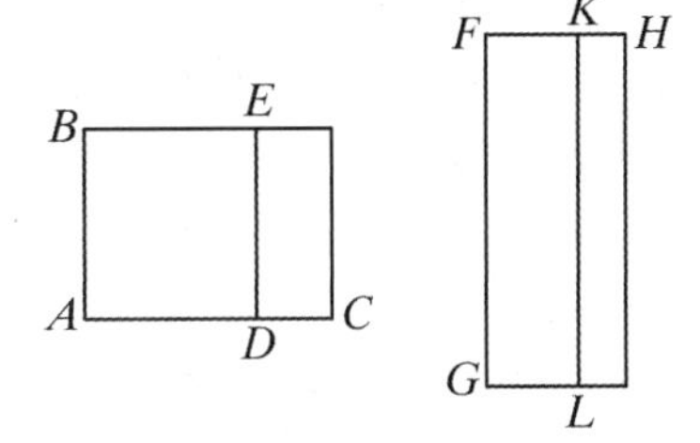

设给定一个有理线段 FG,且设各面类似地贴合上去.

于是可推得 FH 是有理的且与 FG 是长度不可公度的,
而 KF 是有理的且与 FG 是长度可公度的,
因此 FH,FK 是仅正方可公度的两有理线段, [X.13]
于是 KH 是一个余线,且 FK 是它上的附加线段. [X.73]

这时,如果 HF 上正方形比 FK 上正方形大一个或者与 HF 是可公度的线段上的正方形或者与 HF 是不可公度的线段上的正方形.

如果 HF 上正方形比 FK 上正方形大一个与 HF 是可公度的线段上的正方形,
而附加线段 FK 与所给定的有理线段 FG 是长度可公度的,
则 KH 是一个第二余线. [X.定义Ⅲ.2]

但是 FG 是有理的，

于是 LH 的"边"，即 EC 的"边"，是一个中项线的第一余线. [X. 92]

但是，如果 HF 上正方形比 FK 上正方形大一个与 HF 不可公度的线段上的正方形，而附加线段 FK 是一个与所给定的有理线段 FG 是长度可公度的，

则 HK 是一个第五余线； [X. 定义Ⅲ. 5]

于是 EC 的"边"是一个中项面有理面差的边.

[X. 95]

证完

命题 110

如果从一个中项面减去一个与此面不可公度的中项面，则与余面的"边"是二无理线段之一，或者是一个第二中项余线或者是一个两中项面差的边.

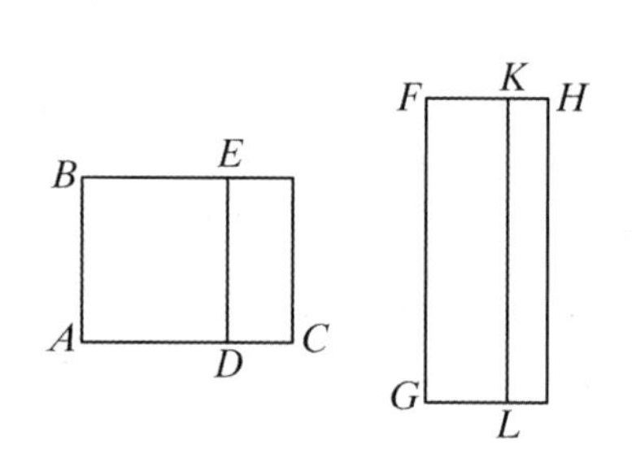

如前图，设从中项面 BC 减去一个与 BC 不可公度的中项面 BD.

则可证 EC 的"边"是两无理线段之一，它或者是第二中项余线或者是一个两中项面差的边.

因为矩形 BC 和矩形 BD 都是中项面，且 BC 与 BD 是不可公度的，

这就可推得线段 FH，FK 每一个是有理的且与 FG 是长度不可公度的. [X. 22]

又因为 BC 与 BD 是不可公度的，即 GH 与 GK 是不可公度的，

从而 HF 与 FK 也是不可公度的； [Ⅵ. 1，X. 11]

因此 FH，FK 是仅正方可公度的两有理线段，

所以 KH 是一个余线. [X. 73]

于是如果 FH 上正方形比 FK 上正方形大一个与 FH 可公度的线段上的正方形，而线段 FH，FK 的每一个与所给定的有理线段 FG 不是长度可公度的，

则 KH 是一个第三余线. [X. 定义Ⅲ. 3]

但 KL 是一个有理线段，又由一个有理线段和一个第三余线所夹的矩形是无理的，

则它的"边"是无理的，这就是一个所谓的中项线的第二余线， [X. 93]

于是 LH 的"边"，即 EC 的"边"，是一个中项线的第二余线.

但是，如果 FH 上正方形比 FK 上正方形大一个与 FH 是不可公度的线段上的正方形，

而线段 HF，FK 的每一个与 FG 不是长度可公度的，

则 KH 是一个第六余线. [X. 定义Ⅲ. 6]

但是与由一个有理线段和一个第六余线所夹的矩形的“边”是一个两中项面差的边. [X.96]

所以与 LH,即 EC 的“边”是一个两中项面差的边.

证完

命题 111

余线与二项线是不同类的.

设 AB 是一个余线.

则可证 AB 与二项线是不同类的.

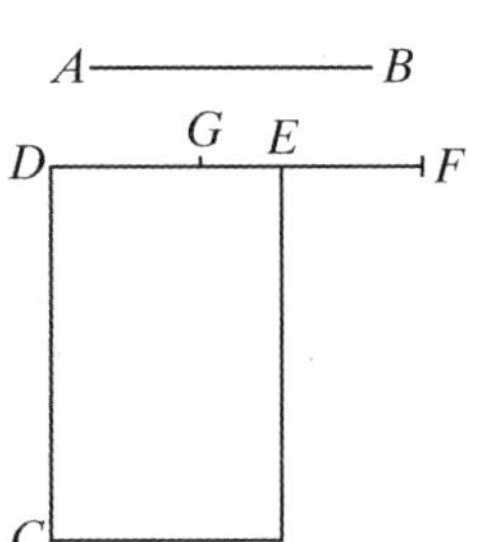

因为,如果可能,设它是这样的.

给定一个有理线段 DC,对 DC 贴合一矩形 CE 等于 AB 上正方形,产生出作为宽的 DE.

因为 AB 是一个余线,所以 DE 是一个第一余线. [X.97]

设 EF 是对 DE 的附加线段,所以 DF,FE 是仅正方可公度的有理线段,且 DF 上正方形比 FE 上正方形大一个与 DF 是可公度的线段上的正方形,以及 DF 与给定的有理线段 DC 是长度可公度的. [X.定义Ⅲ.1]

又因为假定 AB 是二项线,
所以 DE 是一个第一二项线. [X.60]

设 DE 在点 G 被分为它的两段,且 DG 是大段,
所以 DG,GE 是仅正方可公度的两有理线段,
且 DG 上正方形比 GE 上正方形大一个与 DG 是可公度的线段上的正方形,
又大段 DG 与所给定的有理线段 DC 是长度可公度的. [X.定义Ⅱ.1]

所以 DF 与 DG 是长度可公度的, [X.12]
因此余量 GF 与 DF 也是长度可公度的. [X.15]

但是 DF 与 EF 是长度不可公度的,
所以 FG 与 EF 也是长度不可公度的. [X.13]

因此 GF,FE 是仅正方可公度的有理线段.

所以 EG 是一个余线, [X.73]
但它也是有理的:这是不可能的.

于是余线与二项线是不同类的.

证完

小结 余线及随后的无理线段既不同于中项线,也彼此不相同.

因为,如果在一个有理线段上贴合一与中项线上正方形相等的矩形,则产生作为宽

的线段是有理的，
且与原有理线段是长度不可公度的. [X.22]

可是，如果在一个有理线段上贴合一与一个余线上正方形相等的矩形，则产生的作为宽的线段为第一余线. [X.97]

如果在一个有理线段上贴合一与中项线的第一余线上的正方形相等的矩形，则产生的作为宽的线段为第二余线. [X.98]

如果在一个有理线段上贴合一与中项线的第二余线上的正方形相等的矩形，则产生的作为宽的线段为第三余线. [X.99]

如果在一个有理线段上贴合一个与次线上的正方形相等的矩形，则产生的作为宽的线段为第四余线. [X.100]

如果在一个有理线段上贴合一与一个中项面有理面差的边上的正方形相等的矩形，则产生的作为宽的线段为第五余线. [X.101]

如果在一个有理线段上贴合一与一个两中项面差的边上的正方形相等的矩形，则产生的作为宽的线段为第六余线. [X.102]

因为以上说到的宽与第一个线段不同，且彼此不同，与第一个不同是因为它是有理的，彼此不同是因为它们不同级，显然这些无理线段本身是互不相同的.

又，已经证得余线与二项线是不同类的， [X.111]
但是，如果在有理线段上贴合一等于余线以下的线段上正方形，产生的作为宽的线段依次为相应级的余线，
同样在有理线段上贴合一等于二项线以下的线段上正方形，产生的作为宽的线段依次为相应级的二项线，
这样余线以下的无理线段不同，二项线以下无理线段也不同，于是共有十三类无理线段：

中项线，
二项线，
第一双中项线，
第二双中项线，
主线，
中项面有理面和的边，
两中项面和的边，
余线，
第一中项余线，
第二中项余线，
次线，
中项面有理面差的边，
两中项面差的边.

命题 112

在二项线上贴合一矩形等于一个有理线段上正方形，则产生作为宽的线段是一个余线，此余线的两段与二项线的两段是可公度的，且有同比；而且余线与二项线有相同的等级.

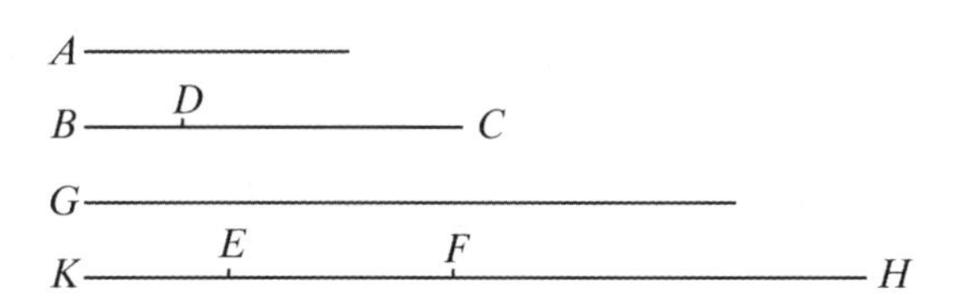

设 A 是一个有理线段，BC 是一个二项线，且 DC 是它的大段，矩形 BC、EF 等于 A 上正方形.

则可证 EF 是一个余线，它的两段与 CD，DB 是可公度的，且有相同的比，同时 EF 与 BC 有相同的等级.

为此，设矩形 BD、G 等于 A 上正方形.

因为矩形 BC、EF 等于矩形 BD、G，

所以，CB 比 BD 如同 G 比 EF. [Ⅵ.16]

但是 CB 大于 BD，

所以 G 也大于 EF. [Ⅴ.16，Ⅴ.14]

设 EH 等于 G；所以，CB 比 BD 如同 HE 比 EF，

于是，由分比，CD 比 BD 如同 HF 比 FE. [Ⅴ.17]

设作出比例，HF 比 EF 如同 FK 比 KE；

则整体 HK 比整体 KF 如同 FK 比 KE，

因为，前项之一比后项之一如同所有前项和比所有后项和. [Ⅴ.12]

但是，因为 FK 比 KE 如同 CD 比 DB， [Ⅴ.11]

所以也有，HK 比 KF 如同 CD 比 DB. [同上]

但是 CD 上正方形与 DB 上正方形是可公度的， [Ⅹ.36]

所以 HK 上正方形与 KF 上正方形也是可公度的. [Ⅵ.22，Ⅹ.11]

又 HK 上正方形比 KF 上正方形如同 KH 比 KE，

这是因为三个线段 HK，KF，KE 是成比例的. [Ⅴ.定义 9]

所以，HK 与 KE 是长度可公度的，

于是 HE 与 EK 也是长度可公度的. [Ⅹ.15]

现在，因为 A 上正方形等于矩形 EH、BD，而 A 上正方形是有理的，所以矩形 EH，BD 也是有理的.

又它是贴合在有理线段 BD 上的矩形，

所以 EH 是有理的且与 BD 是长度可公度的， [X.20]
于是与 EH 是可公度的 EK 也是有理的，且与 BD 是长度可公度的.

这时，由于 CD 比 DB 如同 FK 比 KE，
而 CD，DB 是仅正方可公度的两线段，
所以 FK，KE 也是仅正方可公度的. [X.11]

但是 KE 是有理的，所以 FK 也是有理的.

所以 FK，KE 是仅正方可公度的两有理线段，
因此 EF 是一个余线. [X.73]

现在 CD 上正方形比 DB 上正方形大一个或者与 CD 是可公度的线段上的正方形或者与 CD 是不可公度的线段上的正方形.

如果 CD 上正方形比 DB 上正方形大一个与 CD 是可公度的线段上的正方形，
则 FK 上正方形比 KE 上正方形大一个与 FK 是可公度的线段上的正方形. [X.14]

又，如果 CD 与所给定的有理线段是长度可公度的，
则 FK 与所给定的有理线段也是长度可公度的， [X.11，12]
如果 BD 与所给定的有理线段是可公度的，
则 KE 也是这样， [X.12]
但是，如果两线段 CD，DB 每一个与所给定的有理线段不是可公度的，则两线段 FK，KE 每一个与所给定的有理线段也不是可公度的.

但是，如果 CD 上正方形比 DB 上正方形大一个与 CD 是不可公度的线段上的正方形，
则 FK 上正方形比 KE 上正方形大一个与 FK 不可公度的线段上的正方形. [X.14]

又，如果 CD 与所给定的有理线段是可公度的，那么 FK 也是这样.

如果 BD 与所给定的有理线段是可公度的，那么 KE 也是这样.

但是，如果两线段 CD，DB 每一个与所给定的有理线段不是可公度的，则两线段 FK，KE 与所给定的有理线段也不是可公度的.

于是，FE 是一个余线，且它的两段 FK，KE 与二项线的两段 CD，DB 是可公度的，又它们的比相同，而且 EF 与 BC 有相同的等级.

证完

我们知道仅在一点把二项线 c 分为两段 a，b（$a>b$），而 a 与 b 是仅正方可公度的有理线段[X.42]. 这就是所谓二项线 c 的两段.

仅有一个有理线段 b' 加到余线 c' 上，而 b' 与 $b'+c'$（$=a'$），是仅正方可公度的[X.79]，这就是所谓余线 c' 的两段，即 a'（全线段）和 b'（加线段）.

在X.112 中，设 σ 为有理线段，欧几里得证明了 $\frac{\sigma^2}{a+b}=a'-b'$，且

$$\frac{a}{a'}=\frac{b}{b'}$$

如果用 $\rho+\sqrt{k}\rho$ 表示二项线，则可证 $\frac{\sigma^2}{\rho+\sqrt{k}\rho}=\lambda\rho-\sqrt{k}\lambda\rho(0<k<1)$，显然

$$\lambda=\frac{\sigma^2}{\rho^2-k\rho^2}.$$

在X. 113 中,欧几里得证明了$\frac{\sigma^2}{\rho-\sqrt{k}\rho}=\lambda\rho+\sqrt{k}\lambda\rho \quad (0<k<1)$,

在X. 114 中,欧几里得证明了

$$\sqrt{(\rho-\sqrt{k}\rho)(\lambda\rho+\lambda\sqrt{k}\rho)}$$

是一个有理线段.

命题 113

在余线上贴合一等于一个有理线段上正方形的矩形,则产生作为宽的是一个二项线,且二项的两段与余线的两段是可公度的,又它们的比相同,而且二项线与余线有相同的等级.

设 A 是一个有理线段,BD 是一个余线,在余线 BD 上贴合等于有理线段 A 上的正方形的矩形,产生出作为宽的 KH.

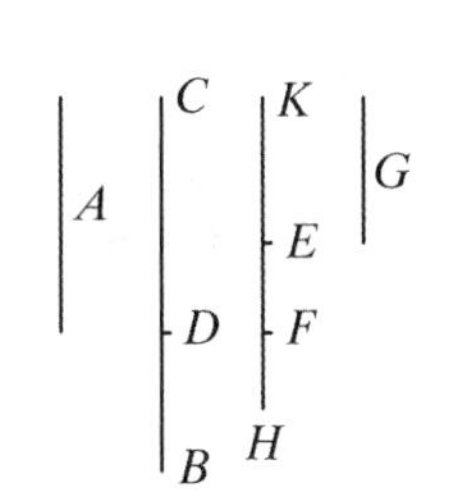

则可证 KH 是一个二项线,它的两段与余线 BD 的两段是可公度的,

且有相同的比,同时 KH 与 BD 有相同的等级.

为此,设 DC 是对 BD 上的附加线段,

所以 BC,CD 是仅正方可公度的两有理线段. [X. 73]

设矩形 BC、G 也等于 A 上正方形.

但是 A 上正方形是有理的,

所以矩形 BC、G 是有理的.

又它是贴合于有理线段 BC 上的,

所以 G 是有理的且与 BC 是长度可公度的. [X. 20]

现在,因为矩形 BC、G 等于矩形 BD、KH,

所以有比例,CB 比 BD 如同 KH 比 G. [Ⅵ. 16]

但是 BC 大于 BD,所以 KH 也大于 G. [Ⅴ. 16, Ⅴ. 14]

设 KE 等于 G,所以 KE 与 BC 是长度可公度的.

又因为,CB 比 BD 如同 KH 比 KE,

所以,由换比例,BC 比 CD 如同 KH 比 HE. [Ⅴ. 19,推论]

设作出比例,KH 比 HE 如同 HF 比 FE,

于是也有,余量 KF 比 FH 如同 KH 比 HE,即如同 BC 比 CD. [Ⅴ. 19]

但是 BC,CD 是仅正方可公度的,

所以 KF,FH 也是仅正方可公度的. [X. 11]

又因为,KH 比 HE 如同 KF 比 FH,

而 KH 比 HE 如同 HF 比 FE,

所以也有,KF 比 FH 如同 FH 比 FE, [Ⅴ. 11]

于是,第一个比第三个如同第一个上的正方形比第二个上的正方形, [Ⅴ. 定义. 9]

所以也有,KF 比 FE 如同 KF 上正方形比 FH 上正方形.

但是,KF 上正方形与 FH 上正方形是可公度的,

这是因为 KF,FH 是正方可公度的,

所以 KF 与 FE 也是长度可公度的, [X.11]

于是 KF 与 KE 也是长度可公度的. [X.15]

但是,KE 是有理的且与 BC 是长度可公度的,

所以 KF 也是有理的且与 BC 是长度可公度的. [X.12]

又因为,BC 比 CD 如同 KF 比 FH,

由更比,BC 比 KF 如同 DC 比 FH. [V.16]

但是 BC 与 KF 是可公度的,

所以 FH 与 CD 也是长度可公度的. [X.11]

但是 BC,CD 是仅正方可公度的两有理线段,

所以 KF,FH 也是仅正方可公度的两有理线段,

所以 KH 是二项线. [X.36]

现在,如果 BC 上正方形比 CD 上正方形大一个与 BC 是可公度的线段上的正方形,

则 KF 上正方形比 FH 上正方形也大一个与 KF 是可公度的线段上的正方形. [X.14]

又如果 BC 与所给定的有理线段是长度可公度的,

则 KF 与所给定的有理线段也是长度可公度的,

如果 CD 与所给定的有理线段是长度可公度的,

则 FH 与所给定的有理线段也是长度可公度的,

但是,如果两线段 BC,CD 的每一个与给定的有理线段不是长度可公度的,

则两线段 KF,FH 的每一个与给定的有理线段也不是长度可公度的.

但是,如果 BC 上正方形比 CD 上正方形大一个与 BC 是不可公度的线段上的正方形,

则 KF 上正方形比 FH 上正方形也大一个与 KF 是不可公度的线段上的正方形. [X.14]

又如果 BC 与给定的有理线段是长度可公度的,

则 KF 与给定的有理线段也是长度可公度的;

如果 CD 与给定的有理线段是长度可公度的,

则 FH 与给定的有理线段也是长度可公度的,

但是,如果两线段 BC,CD 的每一个与所给定的有理线段不是长度可公度的,

则两线段 KF,FH 的每一个与所给定的有理线段也不是长度可公度的.

所以 KH 是一个二项线,且它的两段 KF,FH 与余线的两段 BC,CD 是可公度的,又它们的比相同,

而且 KH 与 BD 有相同的等级.

证完

命题 114

若一个余线和一个二项线夹一个矩形,且此余线的两段与二项线的两段是可公度的,且有相同的比,则这个面的"边"是一个有理线段.

设矩形 AB、CD 由余线 AB 和二项线 CD 所夹,CE 是 CD 的大段,设二项线的两段 CE,ED 与余线的两段 AF,FB 是可公度的,且有相同的比,又设矩形 AB、CD 的"边"是 G.

则可证 G 是有理的.

给定一个有理线段 H,又在 CD 贴合上一矩形等于 H 上正方形,产生出作为宽的 KL.

所以 KL 是一个余线.

设它的两段 KM,ML 与二项线 CD 的两段 CE,ED 是可公度的,且它们的比相同. [X.112]

但是 CE,ED 与 AF,FB 也是可公度的,且它们的比相同,
所以,AF 比 FB 如同 KM 比 ML.

由更比,AF 比 KM 如同 BF 比 LM,
所以也有,余量 AB 比余量 KL 如同 AF 比 KM. [V.19]

但是 AF 与 KM 是可公度的, [X.12]
所以 AB 与 KL 也是可公度的. [X.17]

又 AB 比 KL 如同矩形 CD、AB 比矩形 CD、KL, [VI.1]
所以矩形 CD、AB 与矩形 CD、KL 也是可公度的. [X.11]

但是,矩形 CD、KL 等于 H 上正方形,
所以矩形 CD、AB 与 H 上正方形是可公度的.

但是,G 上正方形等于矩形 CD、AB,
所以 G 上正方形与 H 上正方形是可公度的.

但是 H 上正方形是有理的,
所以 G 上正方形也是有理的,因此 G 是有理线段.

又它是矩形 CD、AB 的"边".

于是命题得证.

推论 从此表明这样的事实是可能存在的,即由两无理线段所夹的矩形也可以是一个有理面.

证完

命题 115

从一个中项线而产生的无穷多个无理线段,没有任何一个与以前的任一无理线段相同.

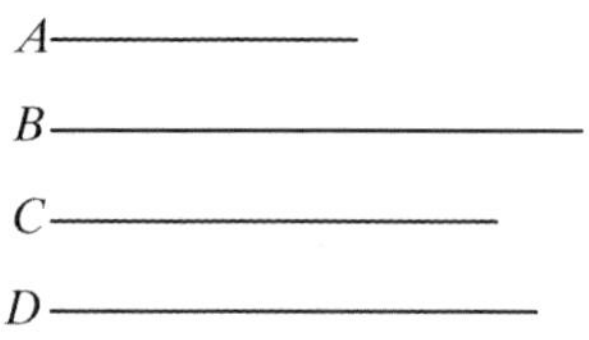

设 A 是一个中项线.

则可证由 A 而产生的无穷多个无理线段,它们中没有一个与以前的任一个是相同的.

给定一个有理线段 B,作一个线段 C,使其上正方形等于矩形 B、A,

则 C 是一个无理线段. [X. 定义 4]

因为由无理线段和有理线段所夹的矩形是无理的. [X. 20. 推论]

又它与以前任一个不相同,因为以前没有任意一个无理线段上正方形贴合于一个有理线段上得的矩形,而产生出作为宽的线段是中项线.

又设 D 上的正方形等于矩形 B、C,

所以 D 上正方形是无理的. [X. 20. 推论]

所以 D 是无理的; [X. 定义 4]

且它与以前任一无理线段不同,因为在有理线段上贴合一等于以前任一无理线段上正方形的矩形,

而产生出作为宽的不是 C.

类似地,如果将这种排列无限继续下去,

显然,从一个中项线能产生无穷多个无理线段,

而且没有一个与以前任一个无理线段相同.

证完

第X卷是讨论无理线段,许多学者认为它也许是全书最重要的一卷.

无理线段是建立在两量可公度与不可公度概念的基础上. 自从公元前五世纪发现有不可公度的两个量以后(如正方形一边与对角线不可公度,正五边形的一边与它的对角线不可公度等),这就否定了毕达哥拉斯学派的信条"宇宙间一切现象都能归结为整数或整数之比",于是建立在该信条上的几何理论,如相似形理论,一般地失败了,从而导致了数学的第一次危机. 虽然伟大的数学家欧多克索斯避开"不可公度"问题而建立了远见卓识的新的比例论,使几何相似理论获得新生,然而"不可公度"的理论仍是当时研究的新课题,其中以西艾泰德斯(公元前 415 ~ 前 369 年)贡献为最大. 欧几里得总结了前人的成果,把它按逻辑次序排了起来,精心分类,使其完整.

由X. 定义 1,若 ρ 为有理线段,那么,$\sqrt{\frac{n}{m}}\rho$ 也是有理线段(m,n 是正整数),凡和$\sqrt{\frac{n}{m}}\rho$ 是正方不可公度的线段都是无理线段.

设 ρ、σ 为有理线段,λ、k 是正有理数但不是平方数,那么前三个无理线段,即中项线、二项线和余线,就分别是 ρ 与$\sqrt{k}\rho$ 的比例中项、它们的和与差,即 $\sqrt{\rho\sqrt{k}\rho}$(等于 $k^{\frac{1}{4}}\rho$)、$\rho+\sqrt{k}\rho$ 和 $\rho-\sqrt{k}\rho$;其他十个

无理线段也都是某两部分的和与差(X. 37 ~41, X. 74 ~78);各级二项线是 a^2/ρ(a 是上述"和"形式的各个无理线段, X. 60 ~66);各级余线是 b^2/ρ(b 是上述"差"形式的各个无理线段, X. 97 ~102);至于从中项线 $k^{\frac{1}{4}}\rho$ 相继产生的无理线段[X. 115],它们是 $k^{\frac{1}{4}}\rho$ 与 σ 的比例中项,即, $\sqrt{\sigma \cdot k^{\frac{1}{4}}\rho}$,以及 $\sqrt{\sigma \cdot k^{\frac{1}{4}}\rho}$ 与 σ 的比例中项,即 $\sqrt{\sigma \cdot \sqrt{\sigma \cdot k^{\frac{1}{4}}\rho}}$,其他依此类推.

显然,欧几里得在第X卷中所讨论的无理线段,仅限于有理线段的加、减、乘、除和开方,以及所得无理线段之间或无理线段与有理线段之间也仅限于上述的运算. 并且在第XIII卷中加以应用:一个有理线段被分成中外比,那么所分得的两部分都是余线[XIII. 6];有理直径的圆内接正五边形的一边是次线[XIII. 11];有理直径的球内接正二十面体的边是次线[XIII. 16];有理直径的球内接正十二面体的边是余线[XIII. 17].

第XI卷

定 义

1. **立体**是有长、宽和高.

2. 立体的边界是面.

3. 一直线和一平面内所有与它相交的直线都成直角时,则称此**直线与平面成直角**.

4. 在两个相交平面之一内作直线与它们的交线成直角,并且这些直线也与另一平面成直角时,则称这**两平面相交成直角**.

5. 从一条和平面相交的直线上任一点①向平面作垂线,则该直线与连接交点和垂足的连线所成的角称为该**直线与平面的倾角**②.

6. 从两个相交平面的交线上同一点,分别在两平面内各作交线的垂线,这两条垂线所夹的锐角叫做该**两平面的倾角**③.

7. 一对平面的倾角等于另外一对平面的倾角时,则称它们有**相似的倾角**.

8. 两平面总不相交,则称它们是**平行平面**.

9. 凡由个数相等的相似面构成的所有立体图形称为**相似立体图形**.

10. 凡由个数相等的相似且相等的面构成的立体图形称为**相似且相等的立体图形**.

11. 由不在同一平面内多于两条且交于一点的直线全体构成的图形称为**立体角**.

换句话说:由不在同一个平面内且多于两个而又交于一点的平面角所构成的图形称为一个**立体角**.

12. 由几个交于一点的面及另外一个面构成的图形,在此面与交点之间的部分称为**棱锥**.

13. 一个**棱柱**是一个立体图形,它是由一些平面构成的,其中有两个面是相对的、相等的,相似且平行的,其他各面都是平行四边形.

14. 固定一个半圆的直径,旋转半圆到开始位置,所形成的图形称为一个**球**.

15. **球的轴**是半圆绕成球时的不动直径.

16. **球心**是半圆的圆心.

17. 过球心的任意直线被球面从两方截出的线段称为**球的直径**.

18. 固定直角三角形的一条直角边,旋转直角三角形到开始位置,所形成的图形称为**圆锥**.

如果固定的一直角边等于另一直角边时,所形成的圆锥称为**直角圆锥**;如果小于另

---

① 原文为 the extremity of the stright line,意即"该直线的端点". 此种说法不太合适. 故译作"直线上任意一点".

②③ 也可叫做交角.

一边,则称为**钝角圆锥**;如果大于另一边,则称为**锐角圆锥**.

19. 直角三角形绕成圆锥时,不动的那条直角边称为**圆锥的轴**.

20. 三角形的另一边经旋转后所成的圆面,称为**圆锥的底**.

21. 固定矩形的一边,绕此边旋转矩形到开始位置,所成的图形称为**圆柱**.

22. 矩形绕成圆柱时的不动边,称为**圆柱的轴**.

23. 矩形绕成圆柱时,相对的两边旋转成的两个圆面叫做**圆柱的底**.

24. 凡圆锥或圆柱其轴与底的直径成比例时,则称这些圆锥或圆柱为**相似圆锥**或**相似圆柱**.

25. 六个相等的正方形所围成的立体图形,称为**正立方体**.

26. 八个全等的等边三角形所围成的立体图形,称为**正八面体**.

27. 二十个全等的等边三角形所围成的立体图形,称为**正二十面体**.

28. 十二个相等的等边且等角的五边形所围成的立体图形,称为**正十二面体**.

命　题

命 题 1

一条直线不可能一部分在平面内,而另一部分在平面外.

因为,如果可能的话,设直线 ABC 的一部分 AB 在平面内,而另一部分 BC 又在此平面外.

那么,在这个平面上就有一条直线与 AB 连接成同一条直线,设它为 BD.

因此,AB 是两条直线 ABC,ABD 的共同部分:这是不可能的.

因为,如果以 B 为心,以 AB 为距离画圆,则直径截出不相等的圆弧.

所以,一条直线不可能一部分在平面内,而另一部分在此平面外.

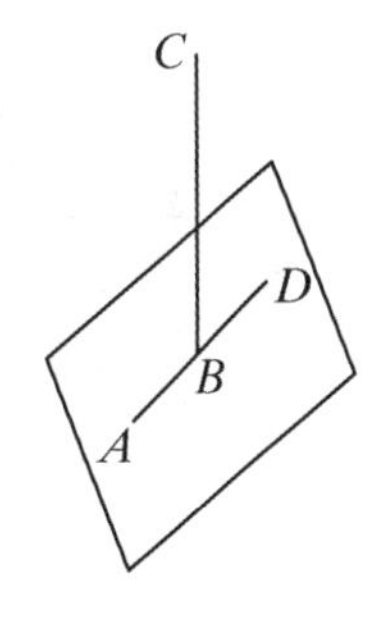

命 题 2

如果二条直线彼此相交,则它们在同一个平面内;并且每个三角形也各在同一个平面内.

设两直线 AB,CD 交于点 E.

则可证 AB,CD 在同一个平面内;并且每个三角形也在这个平面内.

设在 EC,EB 上分别取点 F,G. 连接 CB,FG;引 FH,GK.

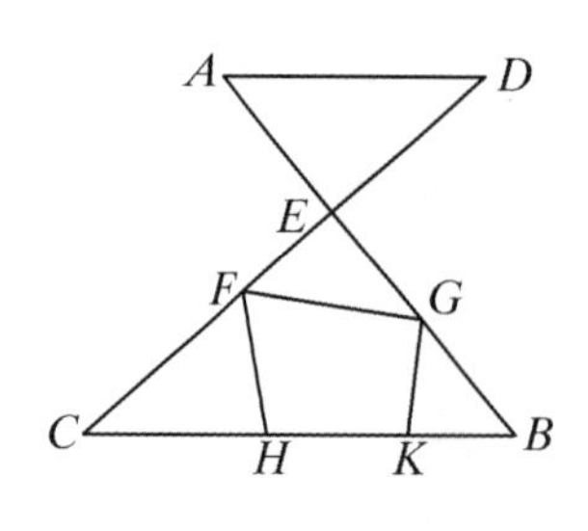

首先证明三角形 ECB 在同一个平面内.

如果三角形 ECB 的一部分 FHC 或 GBK 在一个平面内,而余下的在另外一个平面内.

那么,直线 EC,EB 之一的一部分在一个平面内,而另一部分在另外一个平面内.

但是,如果三角形 ECB 的一部分 $FCBG$ 在原平面内,而其余部分在另一个平面内.

那么,两直线 EC,EB 的一部分也在原平面内,而另一部分在另一平面内:已经证明了这是不合理的. [Ⅺ. 1]

故,三角形 ECB 在一个平面内.

但是,三角形 ECB 所在的平面也是 EC,EB 所在的平面;又 EC,EB 所在的平面也是 AB,CD 所在的平面. [Ⅺ. 1]

所以,直线 AB,CD 在一个平面内,且每个三角形也在这个平面内.

证完

命题3

如果两个平面相交,则它们的共同截线是一条直线.

设两平面 AB,BC 相交,DB 是它们的共同截线.

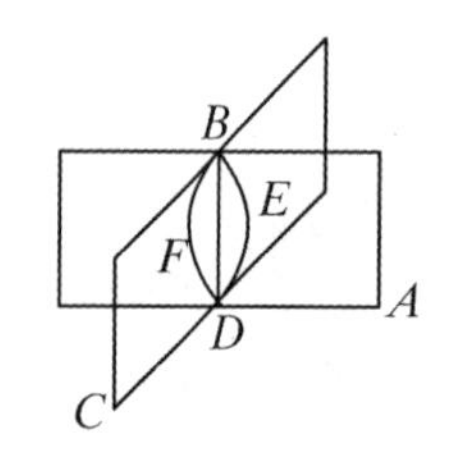

则可证线 DB 是一条直线.

如果不是直线,设从 D 到 B 在平面 AB 上连接的直线为 DEB;在平面 BC 上连接的直线为 DFB.

因此,两条直线 DEB,DFB 有相同的端点,明显的,它们围成一个面片:这是不可能的.

所以,DEB,DFB,都不是直线.

类似地,可以证明除平面 AB,BC 的交线之外再没有连接从 D 到 B 的任何其他直线.

证完

命题1、2、3的证明中所引用的理由是没有来源的,这三个命题所涉及的元素是点、线、面.欧几里得想用他给这些元素下的定义来证明这三个命题,这是办不到的.因此,他的这些证明也就起不到任何作用,等于没有证明.

命题4

如果一直线在另两条直线交点处都和它们成直角,则此直线与两直线所在平面成直角.

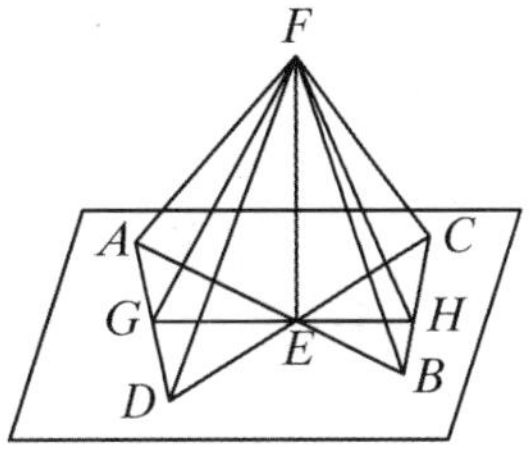

设一直线 EF 在二直线 AB,CD 的交点 E 与它们成直角.

则可证 EF 也与 AB,CD 所在的平面成直角.

设取 AE,EB,CE,ED 彼此相等,且过点 E 任意引一条直线 GEH.

连接 AD,CB.

且在 EF 上任取一点 F,连接 FA,FG,FD,FC,FH,FB.

因为,两线段 AE,ED 分别等于线段 CE,EB,而且夹角也相等. [Ⅰ.15]

所以,底 AD 等于底 CB.

并且三角形 AED 等于三角形 CEB. [Ⅰ.4]

于是角 DAE 也等于角 EBC.

但是,角 AEG 也等于角 BEH. [Ⅰ.15]

所以,三角形 AGE 和 BEH 有两角及夹边分别相等,夹边即 AE,EB.

所以,其余的边也相等. [Ⅰ.26]

所以,GE 等于 EH,且 AG 等于 BH.

因为,AE 等于 EB,而 FE 是两直角处的公共边,
所以,底 FA 等于底 FB. [Ⅰ.4]

同理,FC 也等 FD.

又因为,AD 等于 CB,且 FA 等于 FB,
两边 FA,AD 分别等于两边 FB,BC.

又已经证得底 FD 等于底 FC.

所以,角 FAD 也等于角 FBC. [Ⅰ.8]

又已经证得 AG 等于 BH,而且 FA 也等于 FB;两边 FA,AG 等于两边 FB,BH.

也已证得角 FAG 等于角 FBH.

所以,底 FG 等于底 FH. [Ⅰ.4]

现在,因为已证得 GE 等于 EH,且 EF 是公共的;两边 GE,EF 等于两边 HE,EF.
又,底 FG 等于底 FH.

所以,角 GEF 等于角 HEF. [Ⅰ.8]

所以,角 GEF,角 HEF 都是直角.

于是,FE 过 E 和直线 GH 成直角.

类似地,能够证明 FE 和已知平面上与它相交的所有直线都成直角.

但是,当一直线和一平面上相交的所有直线都交成直角时,则该直线与此平面成直角. [Ⅺ.定义 3]

所以,FE 与平面成直角.

但是,平面经过直线 AB,CD,
所以,FE 和经过 AB,CD 的平面成直角.

证完

命 题 5

如果一直线过三直线的交点且与三直线交成直角.则此三直线在同一个平面内.

设直线 AB 过三直线 BC,BD,BE 的交点 B,且与它们成直角.

则可证 BC,BD,BE 在同一个平面内.

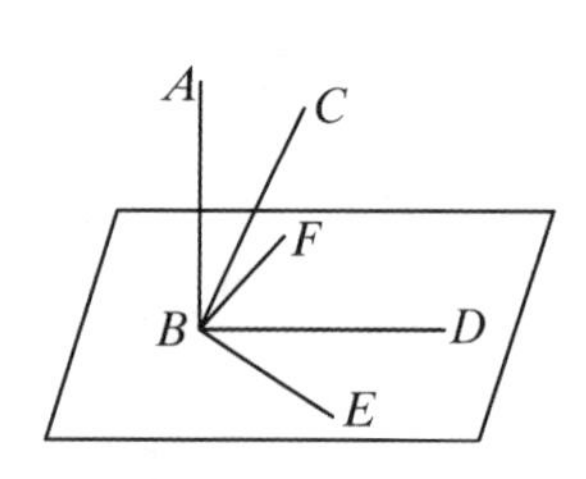

假设它们不在同一个平面内,但如果这是可能的,设 BD,BE 在同一个平面内;BC 不在该平面内,过 AB 和 BC 作一平面,它与原平面有一条交线. [XI. 3]

设它是 BF.

则三直线 AB,BC,BF 在同一平面内,即经过 AB,BC 的平面.

因为 AB 和直线 BD,BE 的每一条都成直角,所以,AB 也和 BD,BE 所在的平面成直角. [XI. 4]

但是,通过 BD,BE 的平面是原平面.

所以,AB 和原平面成直角.

于是 AB 也和原平面内过 B 点的所有直线成直角. [XI. 定义 3]

但是,在原平面内的 BF 与 AB 相交,
所以角 ABF 是直角.

但是,已知角 ABC 也是直角,
所以,角 ABF 等于角 ABC,且它们在一个平面内:这是不可能的.

所以,直线 BC 不在平面外;
从而,三直线 BC,BD,BE 在同踊平面内.

因此,如果一直线过三直线的交点且与三直线交成直角.

则此三直线在同一个平面内.

证完

命 题 6

如果两直线和同一平面成直角.则二直线平行.

设两条直线 AB,CD 都和已知平面成直角.

则可证 AB 平行于 CD.

设它们交已知平面于点 B,D.
连接 BD.
在已知平面内作 DE 和 BD 成直角,且取 DE 等于 AB,连接 BE,AE 及 AD.

因为 AB 和已知平面成直角，它也和该平面内与此直线相交的一切直线成直角.

[XI. 定义 3]

但是，在已知平面内两直线 BD，BE 都和 AB 相交，所以，角 ABD 和 ABE 都是直角.

同理，角 CDB，CDE 也都是直角.

因为，AB 等于 DE，且 BD 是公共的.

由此，两边 AB，BD 等于两边 ED，DB，且它们各自交成直角.

所以，底 AD 等于底 BE. [I.4]

又因为，AB 等于 DE，可是 AD 也等于 BE.

两边 AB，BE 等于两边 ED，DA，且 AE 为公共底，

所以，角 ABE 等于角 EDA. [I.8]

但是，角 ABE 是直角，

所以，角 EDA 也是直角；

所以，ED 和 DA 成直角.

但是，它也和直线 BD，DC 的每一条都成直角.

所以，ED 和三直线 BD，DA，DC 在它们的交点处成直角.

于是，三直线 BD，DA，DC 在同一个平面内. [XI.5]

但是，不论 DB，DA 在哪个平面内，AB 也在这个平面内，又因为任何三角形在一个平面内. [XI.2]

所以，直线 AB，BD，DC 在一个平面内.

又，角 ABD，BDC 都是直角，

所以，AB 平行于 CD. [I.28]

证完

命题 7

如果两条直线平行，在这两直线上各任意取一点，则连接两点的直线和两条平行线在同一平面内.

设 AB，CD 是两条平行直线，分别在每条上各取一点 E，F.

则可证连接点 E，F 的直线与两条平行直线在同一平面内.

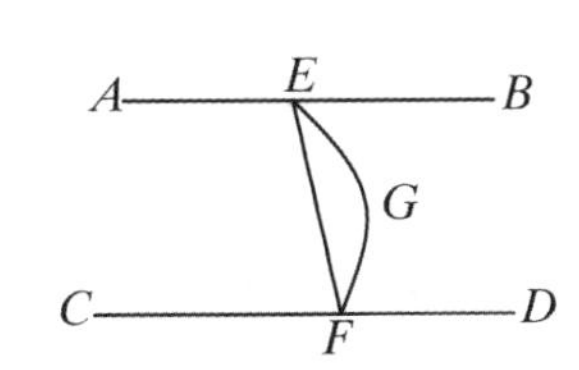

假设不是这样，但如果这是可能的，设两点 E，F 的连线 EGF 在平面外. 过 EGF 作一平面. 它与二平行直线所在的平面相交于一条直线. [XI.3]

设它是 EF.

所以，两条直线 EGF，EF 围成一个面片：这是不可能的.

所以，从 E 到 F 连接的直线不在平面外.

从而，从 E 到 F 连接的直线在两平行线 AB，CD 所在的平面内.

证完

命题 8

如果两条直线平行，其中一条和一个平面成直角，则另一条也与这个平面成直角.

设 AB，CD 是两条平行线，且它们之一 AB 和已知平面成直角.

则可证另一条直线 CD 也和同一平面成直角.

设 AB，CD 与已知平面相交于点 B，D. 连接 BD.

由此，AB，CD，BD 在一个平面内. [XI.7]

在已知平面上作 DE 和 BD 成直角，且取 DE 等于 AB. 连接 BE，AE，AD.

现在，因为 AB 和已知平面成直角.

所以，AB 和平面上与它相交的一切直线成直角. [XI. 定义 3]

所以，角 ABD，ABE 都是直角.

因为，直线 BD 和平行线 AB，CD 相交，

所以，角 ABD，CDB 的和等于两直角. [I.29]

但是，角 ABD 是直角.

所以，角 CDB 也是直角.

从而，CD 和 BD 成直角.

又因为，AB 等于 DE，且 BD 是公共的，

于是，两边 AB，BD 等于两边 ED，DB；

又角 ABD 等于角 EDB，因为它们都是直角；

所以，底 AD 等于底 BE.

又因为，AB 等于 DE，及 BE 等于 AD.

于是，两边 AB，BE 分别等于两边 ED，DA，又，AE 是公共的底，所以，角 ABE 等于角 EDA.

但是，角 ABE 是直角，所以，角 EDA 也是直角，

所以，ED 和 AD 成直角.

但是，它也与 DB 成直角，

所以，ED 也和经过 BD，DA 的平面成直角. [XI.4]

所以，ED 也和经过 BD，DA 的平面内与它相交的直线都成直角.

但是，DC 在 BD，DA 经过的平面内，因为 AB，BD 在 BD，DA 经过的平面内， [XI.2]

且 DC 也在 AB，BD 经过的平面内.

所以，ED 和 DC 成直角，即 CD 也和 DE 成直角.

但是，CD 也和 BD 成直角，

所以,CD 在两条直线 DE,DB 交点 D 处和二直线成直角,即 CD 也与过 DE,DB 的平面成直角. [XI.4]

但是,通过 DE,DB 的平面就是所讨论的平面.

所以 CD 和已知平面成直角.

证完

命题 9

两条直线平行于和它们不共面的同一直线时,这两条直线平行.

设两条直线 AB,CD 都平行于和它们不共面的直线 EF.

则可证 AB 平行于 CD.

在 EF 上任取一点 G,由它在 EF,AB 所在的平面内作 GH 与 EF 成直角;在 EF,CD 所在的平面内作 GK 与 EF 成直角.

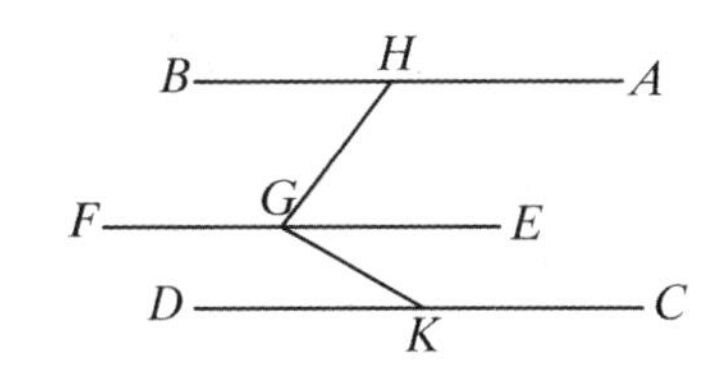

现在,因为 EF 和直线 GH,GK 的每一条都成直角,

所以,EF 也和经过 GH,GK 的平面成直角. [XI.4]

又,EF 平行于 AB,所以 AB 也和经过 HG,GK 的平面成直角. [XI.8]

同理,CD 也和经过 HG,GK 的平面成直角.

所以,直线 AB,CD 都和经过 HG,GK 的平面成直角.

但是,如果两条直线都和同一平面垂直,则它们平行. [XI.6]

所以 AB 平行 CD.

证完

命题 10

如果相交的两条直线平行于不在同一平面内两条相交的直线,则它们的夹角相等.

设两条直线 AB,BC 相交,且平行于不在同一平面内相交的两直线 DE,EF.

则可证角 ABC 等于角 DEF.

设截取 BA,BC,ED,EF 彼此相等,

且连接 AD,CF,BE,AC,DF.

现在,因为 BA 等于且平行于 ED,

所以,AD 也等于且平行于 BE. [I.33]

同理,CF 也等于且平行于 BE.

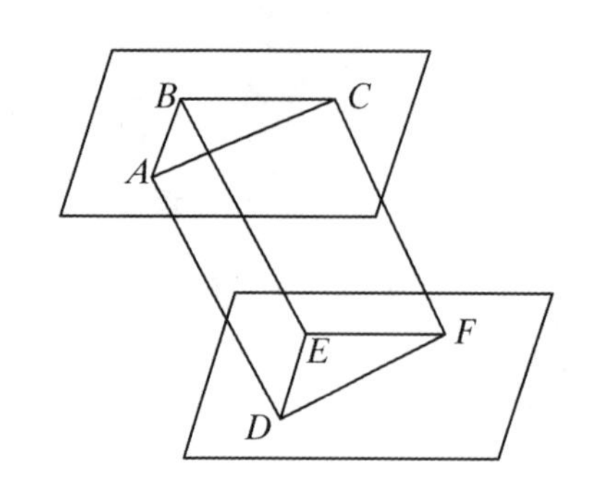

所以,两直线 AD,CF 都等于且平行于 BE.

但是,两直线平行于和它们不共面的一直线,则两直线平行. [XI. 9]

所以,AD 平行且等于 CF.

而 AC,DF 连接着它们,

所以,AC 也等于且平行于 DF. [I. 33]

现在,因为两边 AB,BC 等于两边 DE,EF,

又底 AC 等于底 DF,

所以,角 ABC 等于角 DEF. [I. 8]

证完

命题 11

从平面外一个给定的点作一直线垂直于已知平面.

设 A 是平面外一给定的点,且给定已知平面.

要求从点 A 作一直线垂直于已知平面.

设 BC 是在已知平面内任意作的一条直线,且从 A 作直线 AD 垂直于 BC. [I. 12]

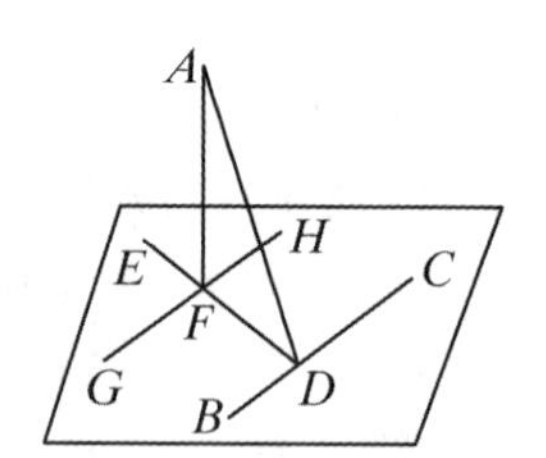

如果 AD 也垂直于已知平面,

则所求的直线已作出.

但是,如果不是这样,从点 D 在已知平面内作 DE 和 BC 成直角, [I. 11]

从 A 作 AF 垂直于 DE. [I. 12]

且过点 F 作 GH 平行于 BC. [I. 31]

现在,因为 BC 和直线 DA,DE 都成直角,

所以,BC 也和经过 ED,DA 的平面成直角. [XI. 4]

又 GH 平行于它.

但是,如果两平行线之一和某一平面成直角.

则另一直线也和同一平面成直角. [XI. 8]

所以,GH 也和经过 ED,DA 的平面成直角.

于是,GH 也和经过 ED,DA 的平面内和 GH 相交的一切直线成直角. [XI. 定义 3]

但是 AF 在 ED,DA 所在的平面内且和 GH 相交,所以,GH 和 FA 成直角,即 FA 也和 GH 成直角.

但是 AF 也和 DE 成直角,所以 AF 和直线 GH,DE 都成直角.

但是,如果一条直线在两条直线交点处和这两条直线成直角,那么,它也和经过两条直线的平面成直角. [XI. 4]

所以,FA 和经过 ED,GH 的平面成直角.

但是,经过 ED,GH 的平面就是已知平面,所以,AF 和已知平面成直角.

从而,由平面外已知点作出了直线 AF 垂直于已知平面.

作完

命题 12

在所给定的平面内的已知点作一直线和该平面成直角.

设所给定的平面及它上面一点 A.

要求由点 A 作一直线和它成直角.

在平面外任取一点 B,从点 B 作 BC 垂直于已知平面, [XI. 11]

又,过 A 作 AD 平行于 BC, [I. 31]

因为 AD,CB 是两条平行线,且它们中的一条 BC 和该平面成直角,则其余的一条 AD 也与已知平面成直角.

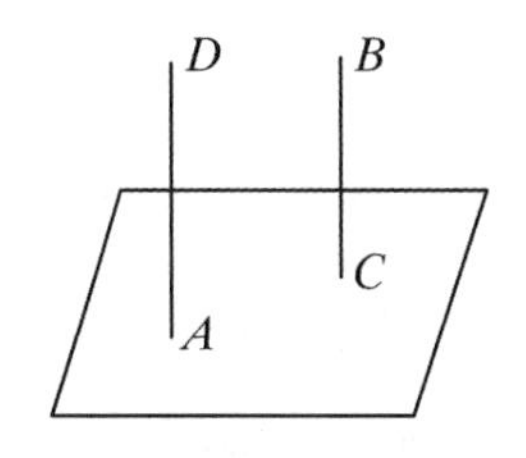

所以,在所给定平面内一点 A 作出了直线 AD 与该平面成直角.

作完

命题 13

从平面内同一点在平面同侧,不可能作两条直线都和这个平面垂直.

如果可能的话,设从平面内一点 A,在平面同侧作出两条直线 AB,AC 和这平面垂直.

又过 BA,AC 作一平面.

它经过点 A 与已知平面交于一直线. [XI. 3]

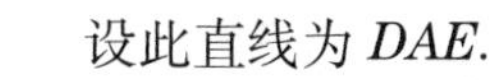

设此直线为 DAE.

所以,直线 AB,AC,DAE 在同一平面上.

因为 CA 和已知平面成直角,则和已知平面内和它相交的所有直线成直角. [XI. 定义 3]

但是,DAE 和 CA 相交且角 DAE 在已知平面内;所以角 CAE 是直角.

同理角 BAE 也是直角.

所以,角 CAE 等于角 BAE.

又它们在一个平面内:这是不可能的.

证完

命题 14

和同一直线成直角的两个平面是平行的.

设一直线 AB 和两个平面 CD,EF 都成直角.

则可证这两个平面是平行的.

如果不是这样,延长后它们就要相交,设它们相交.

于是它们交于一条直线. [XI.3]

设这条交线是 GH.

在 GH 上任取一点 K,连接 AK,BK.

因为 AB 和平面 EF 成直角,所以 AB 也和 BK 成直角,它是平面 EF 延展后上面的一条直线. [XI.定义 3]

所以角 ABK 是直角.

同理,角 BAK 也是直角.

于是,在三角形 ABK 中,两个角 ABK,BAK 都是直角:这是不可能的. [I.17]

所以,两平面 CD,EF 延展后不相交,
所以,平面 CD,EF 是平行的. [XI.定义 8]

从而,和同一直线成直角的两个平面是平行的.

证完

命题 15

如果两条相交直线平行于不在同一平面上的另外两条相交直线,则两对相交直线所在的平面平行.

设两条相交直线 AB,BC 平行于不在同平面上的另两条相交直线 DE,EF.

则可证延展后经过 AB,BC 平面和经过 DE,EF 的平面不相交.

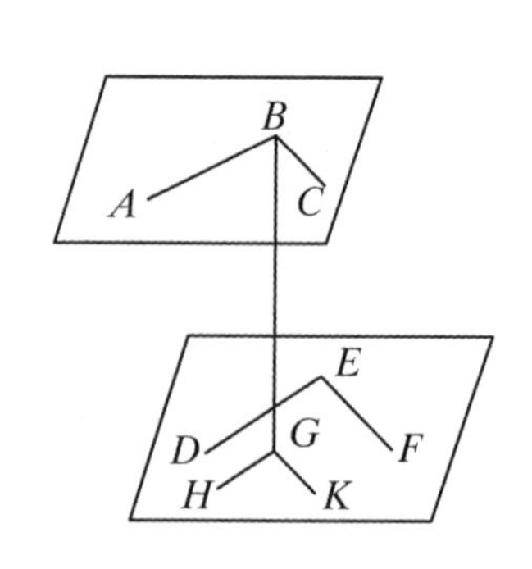

从点 B 作直线 BG 垂直于经过 DE,EF 的平面. [XI.11]

设它交平面于点 G.

过 G 作 GH 平行于 ED,作 GK 平行于 EF. [I.31]

因为,BG 和经过 DE,EF 的平面成直角,

所以,它也和经过 DE,EF 平面内且和它相交的所有直线成直角. [XI. 定义 3]

但是,在经过 DE,EF 的平面内两条直线 GH,GK 都和 BG 相交,所以,角 BGH 和角 BGK 都是直角.

又因为,BA 平行于 GH, [XI. 9]

所以,角 GBA,BGH 的和是两直角. [I. 29]

但是,角 BGH 是直角,所以,角 GBA 也是直角,

所以,GB 和 BA 成直角.

同理,GB 也和 BC 成直角.

因为,直线 GB 和两相交的直线 BA,BC 成直角,

所以,GB 也和经过 BA,BC 的平面成直角. [XI. 4]

但是,和同一直线成直角的两平面是平行的, [XI. 14]

所以,经过 AB,BC 的平面平行于经过 DE,EF 的平面.

从而,如两条相交直线平行于不在同一平面内的另两条相交直线,则两对相交直线所在的平面平行.

证完

命题 16

如果两平行平面被另一个平面所截,则截得的交线是平行的.

设两个平行平面 AB,CD 被平面 $EFHG$ 所截,且设 EF,GH 是它们的交线.

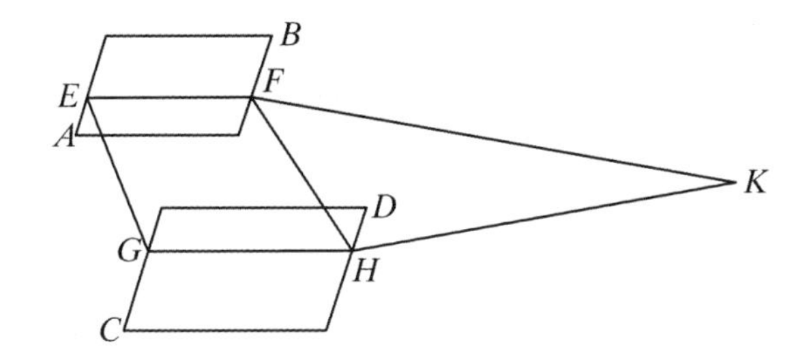

则可证 EF 平行于 GH.

如果两条直线不平行,那么,延长两条直线 EF,GH 之后在 F,H 一方或 E,G 一方必相交.

设两条直线延长后在 F,H 一侧首先相交于 K.

因为,EFK 在平面 AB 内,

所以,EFK 上所有点也都在平面 AB 内. [XI. 1]

但是,K 是直线 EFK 上的一个点,

所以,K 在平面 AB 内.

同理,K 也在平面 CD 内;
所以,两平面 AB,CD 延长后相交.

但是它们不相交,因为由假设它们是平行的,
所以,直线 EF,GH 延长后在 F,H 一方不相交.

类似地,能证明直线 EF,GH 在 E,G 一方延长后也不相交.

但是,在两方都不相交的直线是平行的. [Ⅰ.定义 23]

所以,EF 平行于 GH.

证完

命题 17

如果两直线被平行平面所截.则截得的线段有相同的比.

设两条直线 AB,CD 被平行平面 GH,KL,MN 所截,
其交点为 A,E,B 和 C,F,D.

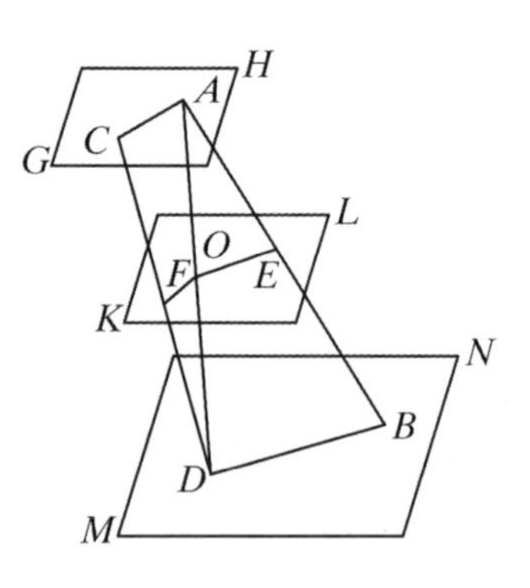

则可证 AE 比 EB 如同 CF 比 FD.

连接 AC,BD,AD.
设 AD 和平面 KL 相交于点 O.

连接 EO,OF.

现在,因为两个平行平面 KL,MN 被平面 $EBDO$ 所截.

它们的交线 EO,BD 是平行的. [Ⅺ.16]

同理,两平行平面 GH,KL 被平面 $AOFC$ 所截,它们的交线 AC,OF 是平行的. [Ⅺ.16]

因为线段 EO 平行于三角形 ABD 的一边 BD,所以,有比例,AE 比 EB 如同 AO 比 OD. [Ⅵ.2]

又,直线 OF 平行于三角形 ADC 的一边 AC,则有比例,AO 比 OD 如同 CF 比 FD. [Ⅵ.2]

但是,已经证明了 AO 比 OD 如同 AE 比 EB. 所以,AE 比 EB 如同 CF 比 FD. [Ⅴ.11]

证完

命题 18

如果一条直线和某一平面成直角.则经过此直线的所有平面都和这个平面成直角.

设一条直线 AB 和已知平面成直角.

则可证所有经过 AB 的平面也和此平面成直角.

作经过 AB 的平面 DE.

设 CE 是平面 DE 与已知平面的交线,在 CE 上任取一点 F.

在平面 DE 内由 F 作 FG 与 CE 成直角. [Ⅰ.11]

现在,因为 AB 和已知平面成直角,AB 也和已知平面内和它相交的所有直线成直角. [XI. 定义 3]

于是,AB 也和 CE 成直角. 所以,角 ABF 是直角.

但是,角 GFB 也是直角,所以,AB 平行于 FG. [Ⅰ.28]

但是,AB 和已知平面成直角.

所以,FG 也和已知平面成直角. [XI. 8]

现在,当从两平面之一上引直线和它们的交线成直角时,则两平面成直角. [XI. 定义 4]

又在平面 DE 内的直线 FG 和交线 CE 成直角,已经证明了也和已知平面成直角. 平面 DE 和已知平面成直角.

类似地,也能证明经过 AB 的所有平面和已知平面成直角.

证完

命题 19

如果两个相交的平面同时和一个平面成直角. 则它们的交线也和这个平面垂直.

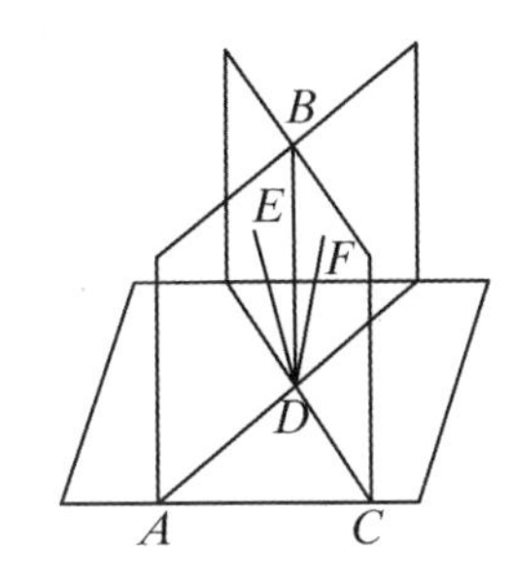

设两平面 AB,BC 与已知平面成直角,且设 BD 是它们的交线.

则可证明 BD 和已知平面成直角.

假设不是这样,那么,由 D 在平面 AB 内作 DE 和直线 AD 成直角,又在平面 BC 内作 DF 和 CD 成直角.

因为平面 AB 和已知平面成直角,

且在平面 AB 内所作的 DE 和它们的交线 AD 成直角,所以,DE 和已知平面垂直. [XI. 定义 4]

类似的,能证明 DF 也和已知平面成直角.

所以,从同一点 D 在平面一侧有两条直线和已知平面成直角:这是不可能的. [XI. 13]

所以,除了平面 AB,BC 的交线 DB 以外,从点 D 再作不出直线和已知平面成直角.

证完

命题 20

如果由三个平面角构成一个立体角. 则任何两个平面角的和大于第三个平面角.

设由三个平面角 BAC,CAD,DAB 在点 A 围成立体角.

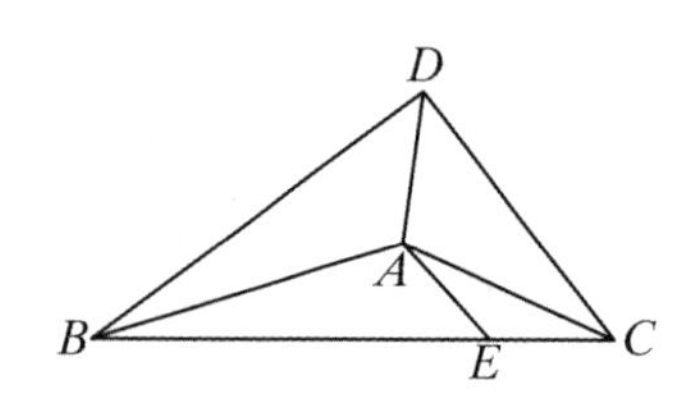

则可证角 BAC,CAD,DAB 中的任何两个的和大于第三个.

如果角 BAC,CAD,DAB 彼此相等.

显然任何两角之和大于第三个.

否则,设角 BAC 是较大的,又在经过 BA,AC 的平面内直线 AB 上点 A 处作角 BAE 等于角 DAB;令 AE 等于 AD,且过点 E 引一直线 BEC 和直线 AB,AC 相交于 B,C;连接 DB,DC.

现在,因为 AD 等于 AE,AB 是公共的,两边等于两边;
角 DAB 等于角 BAE;所以底 DB 等于底 BE, [Ⅰ.4]
因为,两边 BD,DC 的和大于 BC, [Ⅰ.20]
又已经证明了其中 DB 等于 BE.

所以,余下的 DC 大于余下的 EC.

又因为 DA 等于 AE,AC 是公共的,且底 DC 大于底 EC,
所以,角 DAC 大于角 EAC. [Ⅰ.25]

但是,已经证明了角 DAB 等于角 BAE,
所以,角 DAB,DAC 的和大于角 BAC.

类似地,我们可以证明其余的角也是这样,任取两个面角的和也大于其他的一个面角.

证完

命题 21

构成一个立体角的所有平面角的和小于四直角.

设由平面角 BAC,CAD,DAB 在点 A 构成一个立体角.

则可证角 BAC,CAD,DAB 的和小于四直角.

设在直线 AB,AC,AD 上分别取一点 B,C,D,
连接 BC,CD,DB.

因为,在点 B 处的三个平面角 CBA,ABD,CBD 构成一个立体角. 而且其中任何两个的和大于其余一个. [Ⅺ.20]

所以角 CBA,ABD 的和大于角 CBD.

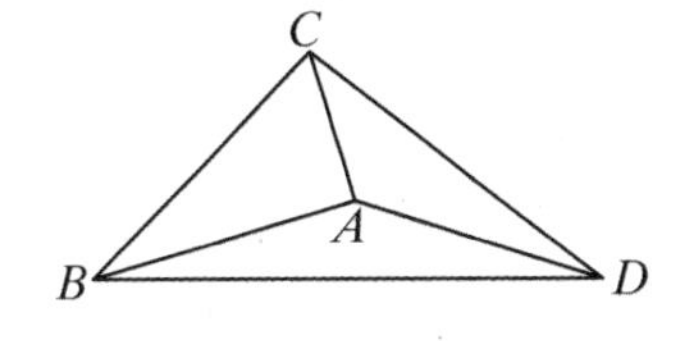

同理,角 BCA,ACD 的和大于角 BCD;且角 CDA,ADB 的和大于角 CDB;所以,六个角 CBA,ABD,BCA,ACD,CDA,ADB 的和大于三个角 CBD,BCD,CDB.

但是,三个角 CBD,BDC,BCD 的和等于两直角;

[Ⅰ.32]

所以,六个角 CBA,ABD,BCA,ACD,CDA,ADB 的和大于二直角.

又,因为三角形 ABC,ACD,ADB 的每一个的三个角的和等于两直角.
所以,这三个三角形的九个角 CBA,ACB,BAC,ACD,CDA,CAD,ADB,DBA,BAD 的和等于六个直角;
又它们中六个角 ABC,BCA,ACD,CDA,ADB,DBA 的和大于两直角.

所以,其余的三个角 BAC,CAD,DAB 构成的立体角其面角的和小于四直角.

证完

命题 22

如果有三个平面角,不论怎样选取,其中任意两个角的和大于第三个角,而且夹这些角的两边都相等,则连接相等线段的端点的三条线段构成一个三角形.

设有三个平面角 ABC,DEF,GHK,不论怎样选取其中任何两角的和大于第三个角.

即角 ABC,DEF 的和大于角 GHK;角 DEF,GHK 的和大于角 ABC.

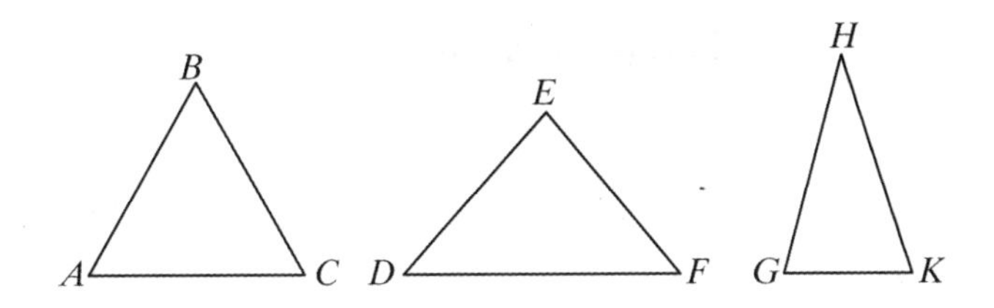

而且,角 GHK,ABC 的和大于角 DEF.

又设线段 AB,BC,DE,EF,GH,HK 是相等的,又连接 AC,DF,GK.

则可证能作一个三边等于 AC,DF,GK 的三角形,即线段 AC,DF,GK 中任意两条的和大于第三条.

现在,如果角 ABC,DEF,GHK 彼此相等,容易得到 AC,DF,GK 也相等.
于是,可以作出三边等于 AC,DF,GK 的三角形.

否则,设它们不相等,在线段 HK 上的点 H 处作角 KHL 等于角 ABC,使 HL 等于线段 AB,BC,DE,EF,GH,HK 中的一条,

连接 KL, GL.

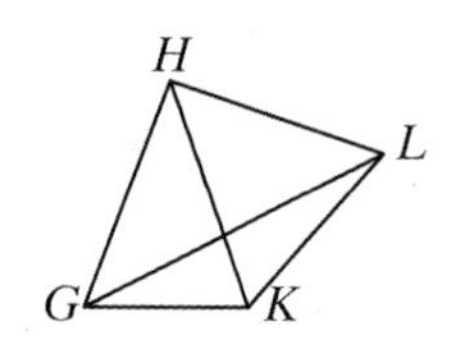

现在,因为两边 AB, BC 等于两边 HK, HL. 且在 B 的角等于角 KHL,

所以,底 AC 等于底 KL. [Ⅰ.4]

又因为角 ABC, GHK 的和大于角 DEF, 这时,角 ABC 等于角 KHL,

所以,角 GHL 大于角 DEF.

因为两边 GH, HL 等于两边 DE, EF, 且角 GHL 大于角 DEF,

所以底 GL 大于底 DF. [Ⅰ.24]

但是, GK, KL 的和大于 GL.

所以, GK, KL 的和大于 DF.

但是, KL 等于 AC, 所以, AC, GK 的和大于其余的 DF.

类似地,可以证明 AC, DF 的和大于 GK,

以及 DF, GK 的和大于 AC.

所以,可以作出三边等于 AC, DF, GK 的三角形.

证完

命 题 23

给定在三个平面角中无论怎样选取任意两角的和都大于第三个角:且三个角的和必小于四直角. 求作由此三个平面角构成的立体角.

设角 ABC, DEF, GHK 是三个已知的平面角,不论怎样选取其中任意两个角的和大于余下的一个角,而且三个角的和小于四直角.

要求作出面角等于角 ABC, DEF, GHK 的立体角.

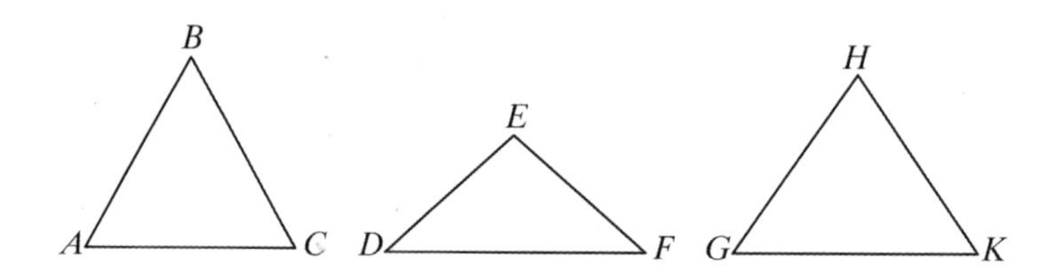

截取彼此相等的线段 AB, BC, DE, EF, GH, HK, 连接 AC, DF, GK.

可以作出一个三条边等于 AC, DF, GK 的三角形. [Ⅺ.22]

因此,设作出三角形 LMN, 使 AC 等于 LM, DF 等于 MN, 以及 GK 等于 NL,

作三角形 LMN 的外接圆 LMN.

设它的圆心为 O;

并连接 LO, MO, NO;

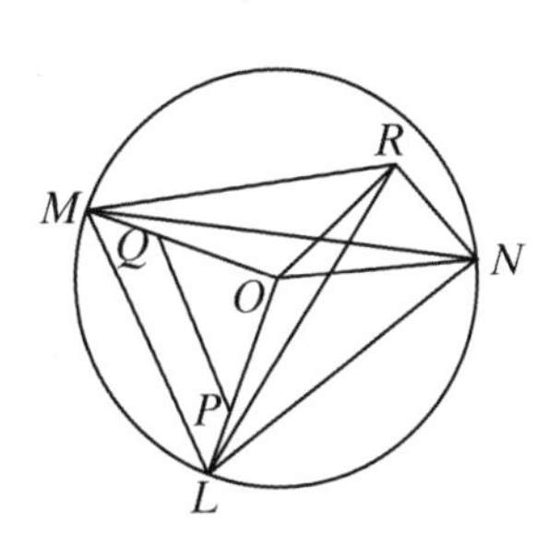

则可证 AB 大于 LO.

否则,设 AB 或等于或小于 LO.

首先,设它们是相等的.

因为,AB 等于 LO,而 AB 等于 BC,又 OL 等于 OM.

两边 AB,BC 分别等于两边 LO,OM;

又由假设,底 AC 等于底 LM;

所以角 ABC 等于角 LOM. [Ⅰ.8]

同理,角 DEF 也等于角 MON.

而且角 GHK 等于角 NOL.

所以三个角 ABC,DEF,GHK 的和等于三个角 LOM,MON,NOL 的和.

但是,三个角 LOM,MON,NOL 的和等于四直角.

所以,角 ABC,DEF,GHK 的和也等于四直角.

但是,由假设,它们小于四直角:这是不合理的.

所以,AB 不等于 LO.

其次可证,AB 小于 LO 也不成立.

因为,如果可以成立,

那么,作 OP 等于 AB,OQ 等于 BC,连接 PQ.

因为,AB 等于 BC,OP 也等于 OQ.

由此,余量 LP 等于 QM,

所以,LM 平行于 PQ. [Ⅵ.2]

且 LMO 与 PQO 是等角的; [Ⅰ.29]

所以,OL 比 LM 如同 OP 比 PQ. [Ⅵ.4]

由更比,得 LO 比 OP 如同 LM 比 PQ. [Ⅴ.16]

但是,LO 大于 OP,所以,LM 也大于 PQ.

但是,已知 LM 等于 AC,所以,AC 也大于 PQ.

因为,两边 AB,BC 等于两边 OP,OQ.

又底 AC 大于底 PQ,所以,角 ABC 大于角 POQ. [Ⅰ.25]

类似地,可以证明角 DEF 大于角 MON,以及角 GHK 大于角 NOL.

所以,三个角 ABC,DEF,GHK 的和大于三个角 LOM,MON,NOL 的和.

但是,由假设,角 ABC,DEF,GHK 的和小于四直角,

所以,角 LOM,MON,NOL 的和更小于四直角.

但是,它们的和等于四直角:

这是不合理的.

所以,AB 不小于 LO.

又证明了是不相等的,所以,AB 大于 LO.

从点 O 作 OR 使它同圆 LMN 所在的平面成直角. [Ⅺ.12]

且使得 OR 上的正方形等于一个面积,而这个面积是 AB 上正方形比 OL 上正方形所大的那部分. [引理]

连接 RL,RM,RN.

因为,RO 同圆 LMN 所在的平面成直角,所以 RO 也和线段 LO,MO,NO 的每一个成直角.

又因为,LO 等于 OM.

而且,OR 是公共的,且和 LO,ON 都成直角.

所以,底 RL 等于底 RM. [Ⅰ.4]

同理,RN 也等于线段 RL、RM 的每一个,
所以,三线段 RL,RM,RN 彼此相等.

其次,由假设 OR 上正方形等于 AB 上正方形较 OL 上正方形大的那部分.
所以,AB 上正方形等于 LO,OR 上正方形的和.

但是,LR 上正方形等于 LO,OR 上的正方形的和.

这是因为角 LOR 是直角, [Ⅰ.47]
所以,AB 上正方形等于 RL 上正方形;
所以,AB 等于 RL.

但是,线段 BC,DE,EF,GH,HK 都等于 AB. 这时,线段 RM,RN 都等于 RL,
所以,线段 AB,BC,DE,EF,GH,HK 中每一条都等于线段 RL,RM,RN 中每一条.

又因为,两边 LR,RM 等于两边 AB,BC,又由假设,底 LM 等于底 AC,所以,角 LRM 等于角 ABC. [Ⅰ.8]

同理,角 MRN 也等于角 DEF,且角 LRN 等于角 GHK.

所以作出了由三个平面角 LRM,MRN,LRN 在点 R 构成的立体角,且角 LRM,MRN,LRN 等于已知角 ABC,DEF,GHK.

作完

引　理

但是,怎样作出 OR 上的正方形等于 AB 上正方形与 LO 上正方形差的面积.

我们能给出作法如下:

取两线段 AB,LO. 又设 AB 是较大的. 在 AB 上作半圆 ABC,在半圆 ABC 内作拟合线段 AC 等于线段 LO,它不大于直径 AB. [Ⅳ.1]

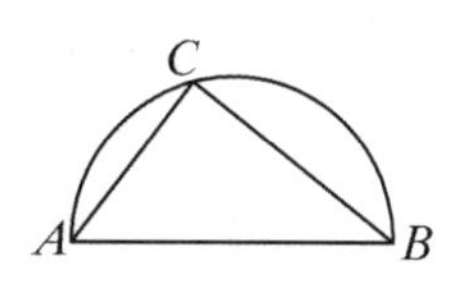

连接 CB.

因为,角 ACB 是半圆 ABC 上的弓形角.

所以,角 ACB 是直角. [Ⅲ.31]

所以,AB 上正方形等于 AC 上正方形与 CB 上正方形的和. [Ⅰ.47]

因此,在 AB 上的正方形大于 AC 上正方形,所大的部分是 CB 上的正方形.

但是,AC 等于 LO.

所以,AB 上正方形大于 LO 上正方形,所大的部分是 CB 上的正方形.

如果截取 OR 等于 BC,则 AB 上的正方形大于 LO 上正方形,所大的部分是 OR 上的正方形.

作完

命题 24

如果由一些平行平面围成一个立体. 则其相对面相等且为平行四边形.

设平行平面 AC,GF,AH,DF,BF,AE 围成一个立体 $CDHG$.

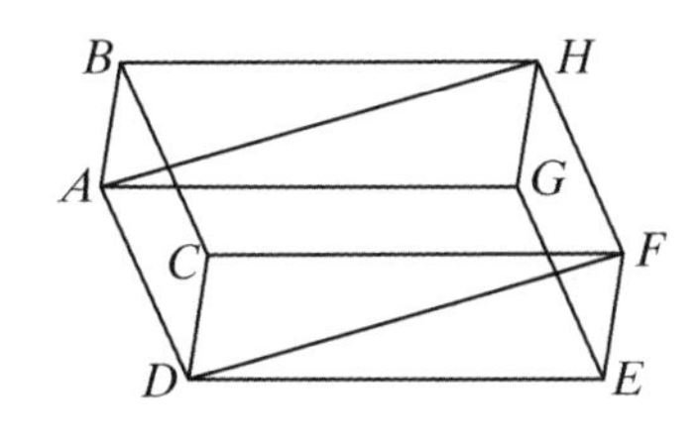

则可证明对面相等且为平行四边形.

因为,两平行平面 BG,CE 被平面 AC 所截,为此,它们的交线是平行的. [XI. 16]

所以,AB 平行于 DC.

又因为,两平行平面 BF,AE 被平面 AC 所截,它们的交线平行. [XI. 16]

所以,BC 平行于 AD.

但是,已经证明了 AB 平行于 DC,所以,AC 是平行四边形.

类似地,可以证明平面 DF,FG,GB,BF,AE 的每一个都是平行四边形.

连接 AH,DF.

因为,AB 平行于 DC,BH 平行于 CF.

相交两直线 AB,BH 平行于和它们不在同一平面上的两条直线 DC,CF,所以它们的夹角相等. [XI. 10]

于是,角 ABH 等于角 DCF.

又因为,两边 AB,BH 等于两边 DC,CF, [I. 34]
且角 ABH 等于角 DCF,
所以,底 AH 等于底 DF,以及三角形 ABH 等于三角形 DCF. [I. 4]

又平行四边形 BG 是三角形 ABH 的二倍,而且平行四边形 CE 是三角形 DCF 的二倍. [I. 34]

所以,平行四边形 BG 全等于平行四边形 CE.

类似地,可以证明 AC 等于 GF,AE 等于 BF.

证完

命题 25

如果一个平行六面体被一个平行于一双相对面的平面所截,则底比底如同立体比立体.

设平行六面体 $ABCD$ 被平行于两相对的面 RA,DH 的平面 FG 所截.

则可证底 $AEFV$ 比底 $EHCF$ 如同立体 $ABFU$ 比立体 $EGCD$.

设向两端延长 AH,且任取若干线段 AK,KL 等于 AE,又取若干线段 HM,MN 等于 EH. 并完成平行四边形 LP,KV,HW,MS 和立体 LQ,KR,DM,MT.

因为线段 LK,KA,AE 彼此相等,且平行四边形 LP,KV,AF 也彼此相等.

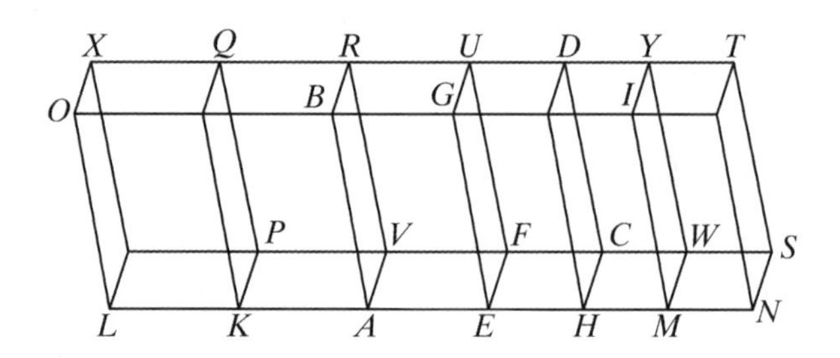

平行四边形 KO,KB,AG 彼此相等,且 LX,KQ,AR 彼此相等,因为它们是相对的面.

[XI. 24]

同理,平行四边形 EC,HW,MS 也彼此相等,HG,HI,IN 彼此相等;DH,MY,NT 彼此相等.

所以,在立体 LQ,KR,AU 中彼此有三个平面相等.

但是,三个面等于三个相对的面;所以,三个立体 LQ,KR,AU 彼此相等.

同理,三个立体 ED,DM,MT 也彼此相等.

所以,无论底 LF 是底 AF 的多少倍,立体 LU 也是立体 AU 的多少倍.

同理,底 NF 是底 FH 的多少倍,立体 NU 也是立体 HU 的同样多少倍.

如果底 LF 等于底 NF,立体 LU 也等于立体 NU;

如果底 LF 大于底 NF,立体 LU 也大于立体 NU;

且如果底 LF 小于底 NF,立体 LU 也小于立体 NU.

因此,有四个量,两个底 AF,FH 和两个立体 AU,UH,已给定底 AF 和立体 AU 的同倍量,即底 LF 和立体 LU,又给定底 HF 和立体 HU 的同倍量,即底 NF 和立体 NU,而且已证明了如果底 LF 大于底 FN,立体 LU 也大于立体 NU,如果底相等,立体也相等,且如果底 LF 小于底 FN,立体 LU 也小于立体 NU.

所以,底 AF 比底 FH 如同立体 AU 比立体 UH.

[V. 定义 5]

证完

命 题 26

在已知直线上一已知点,作一个立体角等于已知的立体角.

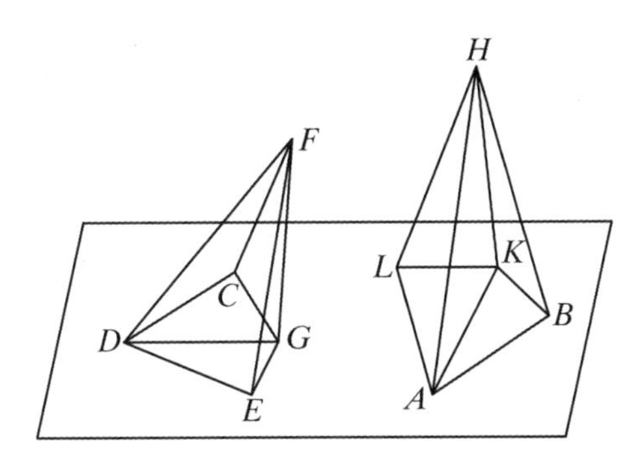

设 A 是已知直线 AB 上一点,且在 D 点处由角 EDC,EDF,FDC 构成一个等于已知的立体角.

要求在 AB 上一点 A 作立体角等于在 D 点的立体角.

设在 DF 上任取一点 F,从 F 作 FG 垂直于经过 ED,DC 的平面,且和此面相交于 G.
[XI. 11]

连接 DG,在直线 AB 上的点 A 处作角 BAL 等于角 EDC,再作角 BAK 等于角 EDG,
[Ⅰ. 23]

且使 AK 等于 DG,

从点 K 作 KH 使它和经过 BA,AL 的平面成直角. [XI. 12]

且设 KH 等于 GF,连接 HA.

则可证在 A 处由角 BAL,BAH,HAL 所围成的立体角等于在 D 处的角 EDC,EDF,FDC 所围成的立体角.

设截 DE 等于 AB,连接 HB,KB,FE,GE.

因为 FG 与已知平面成直角,那么,它与平面上和它相交的一切直线成直角.
[XI. 定义 3]

所以,角 FGD,FGE 都是直角.

同理,角 HKA,HKB 每一个也都是直角.

又,由于两边 KA,AB 分别等于两边 GD,DE,且它们夹着相等的角,所以,底 KB 等于底 GE. [Ⅰ. 4]

但是,KH 也等于 GF,

又,它们成直角,

所以,HB 也等于 FE. [Ⅰ. 4]

又因为两边 AK,KH 分别等于 DG,GF,且它们成直角.

所以底 AH 等于底 FD. [Ⅰ. 4]

但是,AB 也等于 DE,

所以,两边 HA,AB 等于两边 DF,DE.

又,底 HB 等于 FE,

所以,角 BAH 等于角 EDF. [Ⅰ. 8]

同理,角 HAL 也等于角 FDC,

又角 BAL 也等于角 EDC,

所以在直线 AB 的点 A 处作出的立体角等于已知点 D 处的立体角.

作完

这个命题又一次采用了两个三面角的相等性,它们中一个的三个面角分别与另一个中按相同顺序排列的三个面角相等.

命题 27

在已知线段上作已知平行六面体的相似且有相似位置的平行六面体.

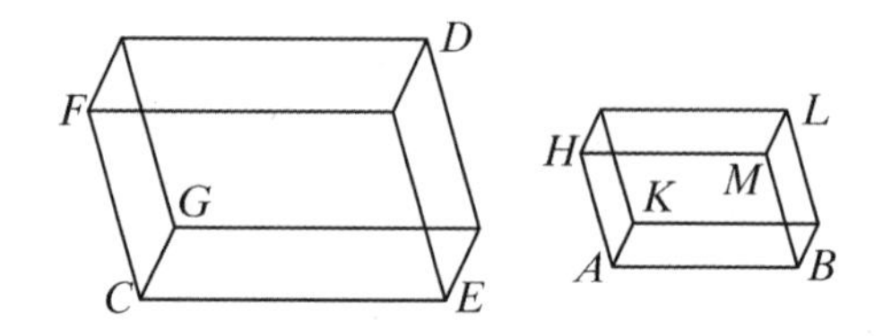

设 AB 是已知线段,CD 是已知平行六面体. 于是,要求在已知线段 AB 上作已知平行六面体 CD 的相似且有相似位置的平行六面体.

在线段 AB 上的点 A 作一个由角 BAH,HAK,KAB 构成的立体角等于在点 C 的立体角,即角 BAH 等于角 ECF,角 BAK 等于角 ECG,以及角 KAH 等于角 GCF;并已经取定了 EC 比 CG 如同 BA 比 AK,

且,GC 比 CF 如同 KA 比 AH. [Ⅵ. 12]

所以,也有首末比,EC 比 CF 如同 BA 比 AH. [Ⅴ. 22]

设已经作成了平行四边形 HB 和补形立体 AL.

现在因为,EC 比 CG 如同 BA 比 AK,

且夹相等角 ECG,BAK 的边成比例,

所以,平行四边形 GE 相似于平行四边形 KB.

同理,平行四边形 KH 也相似于平行四边形 GF,EF 相似于 HB.

所以,立体 CD 的三个平行四边形相似于立体 AL 的三个平行四边形.

但是,前面三个与它们对面的平行四边形是相等且相似的,并且后面三个和它们对面的平行四边形是相等且相似的;

所以,整体立体 CD 相似于整体立体 AL. [Ⅺ. 定义 9]

从而,在已知线段 AB 上作出了已知平行六面体 CD 的相似且有相似位置的立体 AL.

作完

命 题 28

如果一个平行六面体被相对面上对角线所在的平面所截,则此立体被平面二等分.

设平行六面体 AB 被相对面上对角线 CF,DE 所在的平面 $CDEF$ 所截.

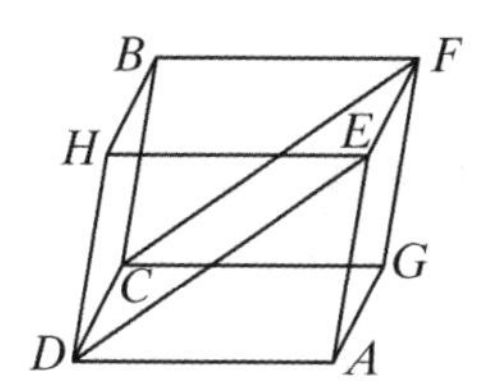

则可证立体 AB 被平面 $CDEF$ 平分.

因为,三角形 CGF 等于三角 CFB, [Ⅰ.34]

又,ADE 全等于 DEH,这时,平行四边形 CA 也等于平行四边形 EB,由于它们是相对的面,又,GE 等于 CH.

所以,两个三角形 CGF,ADE 和三个平行四边形 GE,AC,CE 所围成的棱柱也等于由两个三角形 CFB,DEH 和三个平行四边形 CH,BE,CE 围成的棱柱;

因为,两棱柱是由同样多个两两相等的面所组成. [Ⅺ.定义 10]

所以,整体立体 AB 被平面 $CDEF$ 平分.

证完

命 题 29

具有同底同高的二个平行六面体,且它们立于底上的侧棱的端点在一直线上,则它们是彼此相等的.

设 CM,CN 是有同底 AB 和同高的两个平行六面体,又设它们立于底上的侧棱 AG, AF,LM,LN,CD,CE,BH,BK 的端点分别在两条直线 FN,DK 上.

则可证立体 CM 等于立体 CN,

因为,图形 CH,CK 的每一个都是平行四边形,CB 等于线段 DH,EK 的每一个, [Ⅰ.34]

因此,DH 也等于 EK.

设从以上各边减去 EH,于是,余下的 DE 等于余下的 HK.

因此,三角形 DCE 也等于三角形 HBK. [Ⅰ.38]

且平行四边形 DG 等于平行四边形 HN. [Ⅰ.36]

同理,三角形 AFG 也等于三角形 MLN.

但是,平行四边形 CF 等于平行四边形 BM,又 CG 等于 BN,由于它们是相对的面.

所以,由两个三角形 AFG,DCE 和三个平行四边形 AD,DG,CG 围成的棱柱等于由

两个三角形 MLN,HBK 和三个平行四边形 BM,HN,BN 组成的棱柱.

把以平行四边形 AB 为底,对面是 GEHM 的立体加到每一个棱柱上;
于是,整体平行六面体 CM 等于整体平行六面体 CN.

证完

命题 30

具有同底同高的二平行六面体,且它们立于底上的侧棱的端点不在相同的直线上,则它们是彼此相等的.

设 CM,CN 是具有同底 AB 和同高的二平行六面体,
并且它们立于底上的侧棱即 AF,AG,LM,LN,CD,CE,BH,BK 的端点不在相同直线上.

则可证立体 CM 等于立体 CN.

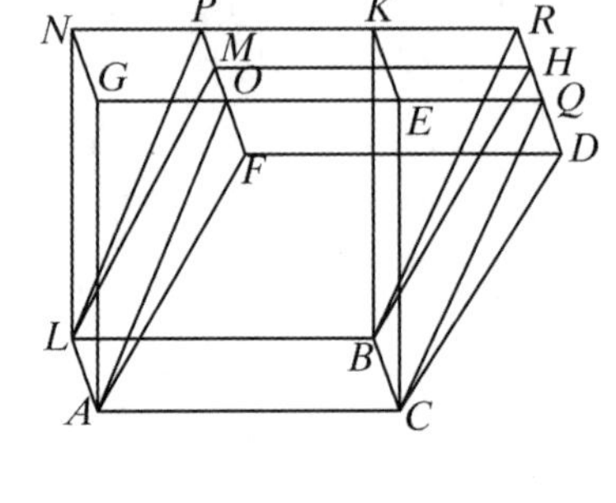

延长 NK,DH 相交于 R,又延长 FM,GE 至 P,Q;连接 AO,LP,CQ,BR. 于是,以平行四边形 ACBL 为底且对面为 FDHM 的立体 CM 等于以平行四边形 ACBL 为底且对面为 OQRP 的立体 CP;
因为,它们同底 ACBL 且同高,
且它立于底上的侧棱 AF,AO,LM,LP,CD,CQ,BH,BR 的端点分别在一双直线 FP,DR 上. [XI. 29]

但是,以平行四边形 ACBL 为底且对面为 OQRP 的立体 CP 等于以平行四边形 ACBL 为底且对面为 GEKN 的立体 CN,
因为,它们同底 ACBL 且同高,
并且它们立于底上的侧棱 AG,AO,CE,CQ,LN,LP,BK,BR 的端点分别在两条直线 GQ,NR 上,

因此,立体 CM 也等于立体 CN.

证完

命题 31

等底同高的平行六面体彼此相等.

设二平行六面体 AE,CF 有相同的高和相等的底 AB,CD.

则可证立体 AE 等于立体 CF.

首先设两个平行六面体的侧棱 HK,BE,AG,LM,PQ,DF,CO,RS 与底 AB,CD 成直角.

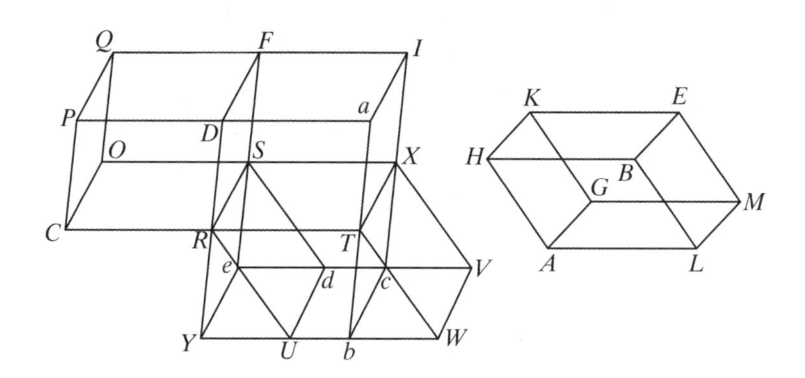

延长线段 CR 得线段 RT,

在线段 RT 上的点 R 作一个角 TRU 等于角 ALB, [Ⅰ.23]

使 RT 等于 AL,且 RU 等于 LB,又设在底 RW 上作立体 XU.

因为,两边 TR,RU 等于两边 AL,LB,且夹角相等.

所以,平行四边形 RW 与平行四边形 HL 相等且相似.

又因为 AL 等于 RT,LM 等于 RS,且它们交成直角,所以平行四边形 RX 等于且相似于平行四边形 AM.

同理,LE 也等于且相似于 SU.

所以,立体 AE 的三个平行四边形相等且相似于立体 XU 的三个平行四边形.

但是,前面的三个相等且相似于三个对面的平行四边形,后面的三个相等且相似于它们对面的平行四边形. [Ⅺ.24]

所以,整体平行六面体 AE 等于整体平行六面体 XU. [Ⅺ.定义 10]

延长 DR,WU 交于点 Y,过 T 作 aTb 平行于 DY,并且将 PD 延长至 a,

作出补形立体 YX,RI.

于是,以平行四边形 RX 为底和 Yc 为对面的立体 XY 等于以平行四边形 RX 为底和以 UV 为对面的立体 XU.

因为它们在同一个底 RX 上且有相同的高,

又它们侧棱 RY,RU,Tb,TW,Se,Sd,Xc,XV 的端点在一对直线 YW,eV 上. [Ⅺ.29]

但是,立体 XU 等于立体 AE;所以立体 XY 也等于立体 AE.

又因为,平行四边形 $RUWT$ 等于平行四边形 YT.

因为它们在同一个底 RT 上且在相同的平行线 RT,YW 之间. [Ⅰ.35]

这时,平行四边形 $RUWT$ 等于平行四边形 CD,因为,它也等于 AB,所以,平行四边形 YT 也等于 CD.

但是,DT 是另一个平行四边形;所以,CD 比 DT 如同 YT 比 DT. [Ⅴ.7]

又因为,平行六面体 CI 被平行于二对面的面 RF 所截,于是,底 CD 比 DT 如同立体 CF 比立体 RI. [Ⅺ.25]

同理,因为平行六面体 YI 被平行于二对面的平面 RX 所截,由此,底 YT 比底 TD 如同立体 YX 比立体 RI. [Ⅺ.25]

但是,底 CD 比 DT 如同 YT 比 DT;

所以,立体 CF 比立体 RI 如同立体 YX 比立体 RI. [V.11]

所以,立体 CF,YX 中每一个与 RI 有相同的比,所以,立体 CF 等于立体 YX. [V.9]

但是,已经证明了立体 YX 等于立体 AE.

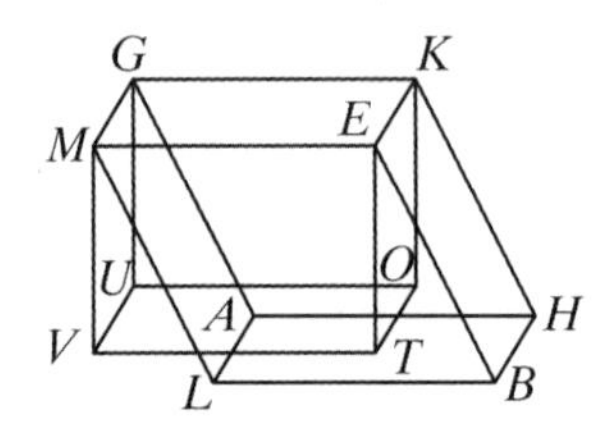

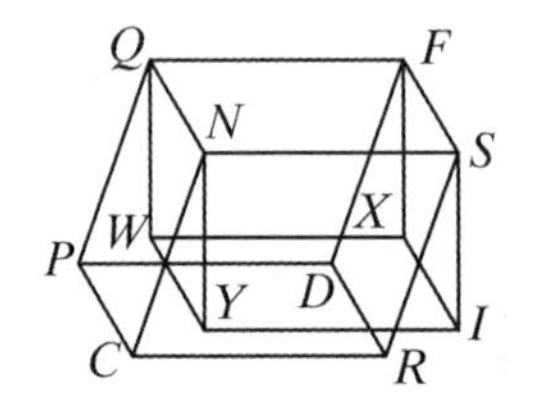

所以,立体 AE 也等于立体 CF.

其次,设两立体的侧棱 AG,HK,BE,LM,CN,PQ,DF,RS 与底面 AB,CD 不成直角. 则又可证立体 AE 等于立体 CF.

从点 K,E,G,M,Q,F,N,S 作 KO,ET,GU,MV,QW,FX,NY,SI 垂直于原来的平面,且它们交此平面于点 O,T,U,V,W,X,Y,I. 连接 OT,OU,UV,TV,WX,WY,YI,IX.

那么,立体 KV 等于立体 QI. 这是因为它们有同底 KM,QS 和相同的高,且它们的侧棱和它们的底成直角.

[本命题第一部分]

但是,立体 KV 等于立体 AE,QI 等于 CF,
因为它们同底等高,且侧棱的端点不在同一直线上.

所以,立体 AE 等于立体 CF. [XI.30]

证完

命题 32

等高的两个平行六面体的比如同两底的比.

设 AB,CD 是等高的两个平行六面体.

则可证平行六面体 AB,CD 的比如同两底的比,即底 AE 比底 CF 如同立体 AB 比立体 CD.

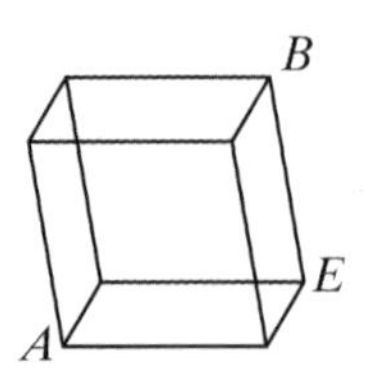

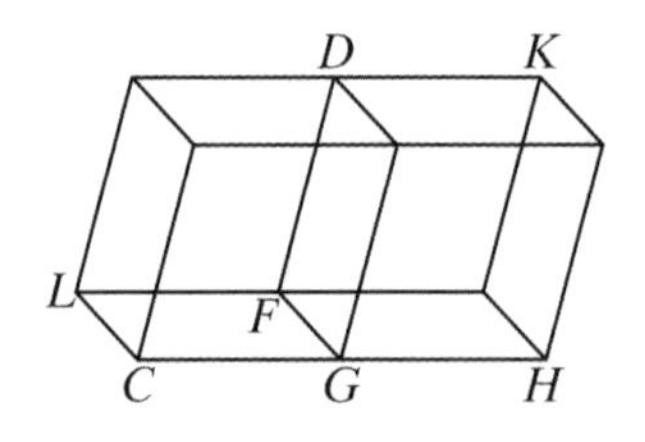

在 FG 处作 FH 等于 AE. [I. 45]
且以 FH 为底,以 CD 的高为高,完成一个平行六面体 GK.

那么,立体 AB 等于立体 GK;
因为,它们有等底 AE,FH,且与 CD 有相等的高, [XI. 31]

又因为,平行六面体 CK 被平行于二对面的平面 DG 所截,所以,底 CF 比底 FH 如同立体 CD 比立体 DH. [XI. 25]

但是,底 FH 等于底 AE,并且立体 GK 等于立体 AB.

所以也有,底 AE 比底 CF 如同立体 AB 比立体 CD.

证完

命题 33

两相似平行六面体的比如同对应边的三次比.

设 AB,CD 是两个相似平行六面体,并且边 AE 对应于边 CF.

则可证立体 AB 比立体 CD 如同 AE 与 CF 的三次比.

在 AE,GE,HE 延长线上作 EK,EL,EM,并且使 EK 等于 CF,EL 等于 FN,以及 EM 等于 FR.

又作平行四边形 KL 和补形平行六面体 KP.

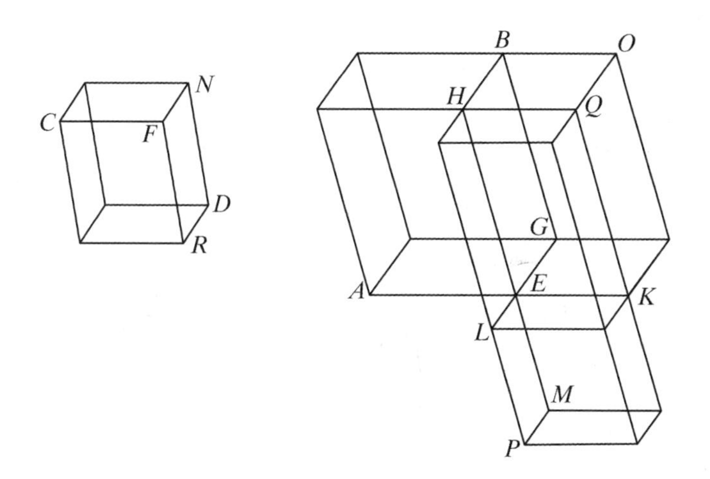

现在,因为两边 KE,EL 等于两边 CF,FN;这时,角 KEL 也等于角 CFN. 因此,角 AEG 也等于角 CFN,这是由于 AB,CD 两立体相似之故. 所以,平行四边形 KL 相等〈且相似〉于平行四边形 CN.

同理　平行四边形 KM 也等于且相似于 CR,以及 EP 相等且相似于 DF.
所以,立体 KP 的三个平行四边形相等且相似于立体 CD 的三个平行四边形.

但是,前面的三个平行四边形与它们的对面相等且相似,而后面的三个平行四边形与它们的对面相等且相似. [XI. 24]

所以,整体立体 KP 相等且相似于整体立体 CD. [Ⅺ.定义10]

作平行四边形 GK,并且以平行四边形 GK,KL 为底,
以 AB 的高为高,作立体 EO,LQ.

由于,立体 AB,CD 相似,
于是,AE 比 CF 如同 EG 比 FN,且如同 EH 比 FR.

这时,CF 等于 EK,FN 等于 EL,以及 FR 等于 EM,
所以,AE 比 EK 如同 GE 比 EL,也如同 HE 比 EM.

但是,AE 比 EK 如同 AG 比平行四边形 GK,GE 比 EL 如同 GK 比 KL,
又,HE 比 EM 如同 QE 比 KM; [Ⅵ.1]
所以也有,平行四边形 AG 比 GK 如同 GK 比 KL,也如同 QE 比 KM.

但是,AG 比 GK 如同立体 AB 比立体 EO.

GK 比 KL 如同立体 OE 比立体 QL.
又,QE 比 KM 如同立体 QL 比立体 KP; [Ⅺ.32]
所以也有,立体 AB 比 EO 如同 EO 比 QL,也如同 QL 比 KP.

但是,如果四个量成连比例,则第一与第四量的比如同第一与第二量比的三次比.
[Ⅴ.定义10]
所以,立体 AB 比 KP 如同 AB 比 EO 的三次比.

但是,AB 比 EO 如同平行四边形 AG 比 GK,也如同线段 AE 比 EK.
因为,立体 AB 与 KP 的比如同 AE 与 EK 的三次比.

但是,立体 KP 等于立体 CD,又线段 EK 等于 CF,
所以,立体 AB 比立体 CD 也如同对应边 AE 与 CF 的三次比.

证完

推论 由此容易得出,如果四条线段成〈连〉比例.那么,第一与第四线段的比如同第一线段上的平行六面体比第二线段上与之相似且有相似位置的平行六面体的比,因为第一与第四项的比如同第一与第二项比的三次比.

命题34

相等的平行六面体,其底和高成互反比例;而且,底和高成互反比例的平行六面体相等.

设 AB,CD 是相等的平行六面体.

则可证在平行六面体 AB,CD 中底与高成互反比例.即底 EH 比底 NQ 如同立体 CD 的高比立体 AB 的高.

首先,设侧棱 AG,EF,LB,HK,CM,NO,PD,QR 和它们的底成直角.

则可证底 EH 比底 NQ 如同 CM 比 AG.

如果底 EH 等于底 NQ;这时,立体 AB 也等于立体 CD.
于是,CM 也等于 AG.

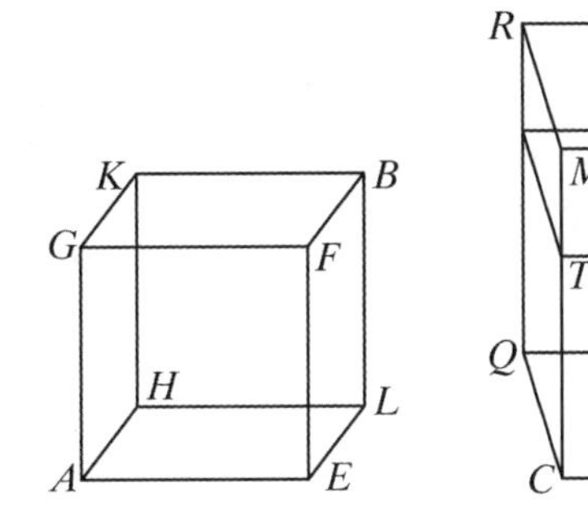

因为等高的两个平行六面体相比如同两底的比； [XI. 32]

那么，底 *EH* 比 *NQ* 如同 *CM* 比 *AG*，

显然，在平行六面体 *AB*，*CD* 中，它们的底与高成互反比例.

其次，设底 *EH* 不等于底 *NQ*，且设 *EH* 较大.

由于立体 *AB* 等于立体 *CD*，所以，*CM* 也大于 *AG*.

作 *CT* 等于 *AG*，且以 *NQ* 为底，在其上作补形平行六面体 *VC*，其高为 *CT*.

现在，因为立体 *AB* 等于立体 *CD*，并且 *CV* 是和它们不同的立体，

而等量与同一量的比也相同， [V. 7]

所以，立体 *AB* 比立体 *CV* 如同立体 *CD* 比立体 *CV*.

但是，立体 *AB* 比立体 *CV* 如同底 *EH* 比底 *NQ*，

因为立体 *AB*，*CV* 等高. [XI. 32]

又，立体 *CD* 比立体 *CV* 如同底 *MQ* 比底 *TQ*， [XI. 25]

也等于 *CM* 比 *CT*. [VI. 1]

所以也有，底 *EH* 比底 *NQ* 如同 *MC* 比 *CT*.

但是，*CT* 等于 *AG*，所以也有，底 *EH* 比底 *NQ* 如同 *MC* 比 *AG*.

所以，在平行六面体 *AB*，*CD* 中，它们的底与高成互反比例.

再者，在平行六面体 *AB*，*CD* 中，设它们的底与高成互反比例，即底 *EH* 比底 *NQ* 如同立体 *CD* 的高比立体 *AB* 的高.

则可证立体 *AB* 等于立体 *CD*.

又设侧棱与底面成直角.

现在，如果底 *EH* 等于底 *NQ*，

且底 *EH* 比底 *NQ* 如同立体 *CD* 的高比立体 *AB* 的高，

所以，立体 *CD* 的高等于立体 *AB* 的高.

但是等底等高的平行六面体相等； [XI. 31]

所以，立体 *AB* 等于立体 *CD*.

其次，设底 *EH* 不等于底面 *NQ*，而设 *EH* 是较大的.

所以，立体 *CD* 的高也大于立体 *AB* 的高，即 *CM* 大于 *AG*.

再取 *CT* 等于 *AG*，且类似地完成平行六面体 *CV*.

因为，底 *EH* 比底 *NQ* 如同 *MC* 比 *AG*，这时，*AG* 等于 *CT*.

所以,底 EH 比底 NQ 如同 CM 比 CT.

但是,底 EH 比底 NQ 如同立体 AB 比立体 CV,

因为立体 AB,CV 等高. [XI.32]

且 CM 比 CT 如同底 MQ 比底 QT, [VI.1]

也如同立体 CD 比立体 CV. [XI.25]

所以也有,立体 AB 比立体 CV 如同立体 CD 比立体 CV.

所以,立体 AB,CD 与 CV 有相同的比.

从而,立体 AB 等于立体 CD. [V.9]

现在,设侧棱 FE,BL,GA,HK,ON,DP,MC,RQ 和它们的底不垂直.

从点 F,G,B,K,O,M,D,R 向经过 EH,NQ 的平面作垂线交平面于 S,T,U,V,W,X,Y,a.

再完成立体 FV 与 Oa.

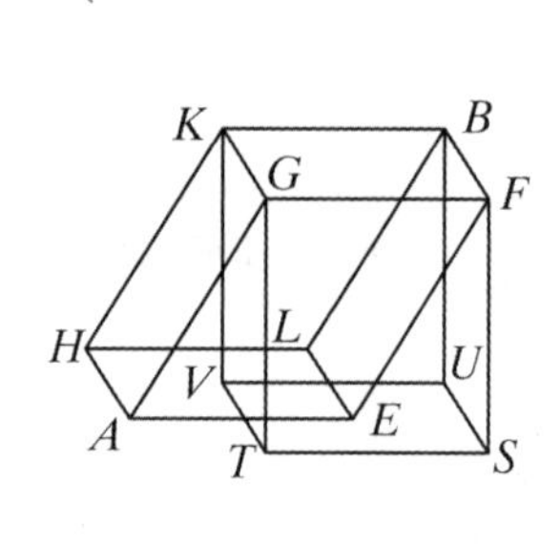

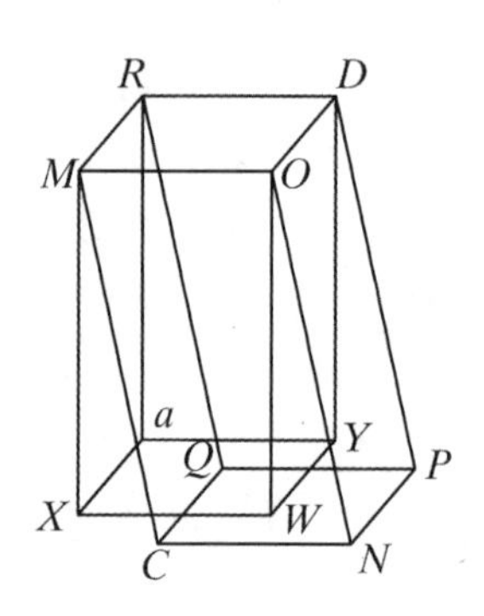

则可证在这种情况下,如果立体 AB,CD 相等.

则它们的底和高成互反比例,即底 EH 比 NQ 如同立体 CD 的高比立体 AB 的高.

因为立体 AB 等于立体 CD,这时,AB 等于 BT,

因为它们有相同的底 FK 和相等的高. [XI.29,30]

又,立体 CD 等于 DX,这是因为它们有相同的底 RO 和相等的高; [同上]

所以立体 BT 也等于立体 DX.

所以,底 FK 比底 OR 如同立体 DX 的高比立体 BT 的高. [部分 1]

但是,底 FK 等于底 EH,并且底 OR 等于底 NQ.

所以,底 EH 比底 NQ 如同立体 DX 的高比立体 BT 的高.

但是,立体 DX,BT 分别和立体 DC,BA 同高.

所以,底 EH 比 NQ 如同立体 DC 的高比立体 AB 的高.

所以,在平行六面体 AB,CD 中,底与它们的高成互反比例.

再者,设在平行六面体 AB,CD 中底与高成互反比例,即底 EH 比底 NQ 如同立体 CD 的高比立体 AB 的高.

则可证立体 AB 等于立体 CD.

利用同一个图形.

因为,底 EH 比底 NQ 如同立体 CD 的高比立体 AB 的高. 这时,底 EH 等于底 FK,及

NQ 等于 OR.

所以,底 FK 比底 OR 如同立体 CD 的高比立体 AB 的高.

但是,立体 AB,CD 和立体 BT,DX 分别有相同的高;所以底 FK 比底 OR 如同立体 DX 的高比立体 BT 的高.

于是,在平行六面体 BT,DX 中,底与高成互反比例.

所以,立体 BT 等于立体 DX. [部分 1]

但是,BT 等于 BA,这是因为它们同底 FK 且等高; [XI. 29,30]
又立体 DX 等于立体 DC. [同上]

所以立体 AB 等于立体 CD.

证完

命题 35

如果有两个相等的平面角,过它们的顶点分别在平面外作直线,与原直线分别成等角,如果在所作面外二直线上各任取一点,由此点向原来角所在的平面作垂线,则垂线与平面的交点和角顶点的连线与面外直线交成等角.

设 BAC,EDF 是两个相等的直线角,
由点 A,D 各作面外直线 AG,DM,它们分别和原直线所成的角两两相等,即角 MDE 等于角 GAB,角 MDF 等于角 GAC,
在 AG,DM 上各取一点 G,M. 由点 G,M 分别作经过 BA,AC 的平面和经过 ED,DF 的平面的垂线 GL,MN,且和两平面各交于 L,N.
连接 LA,ND.

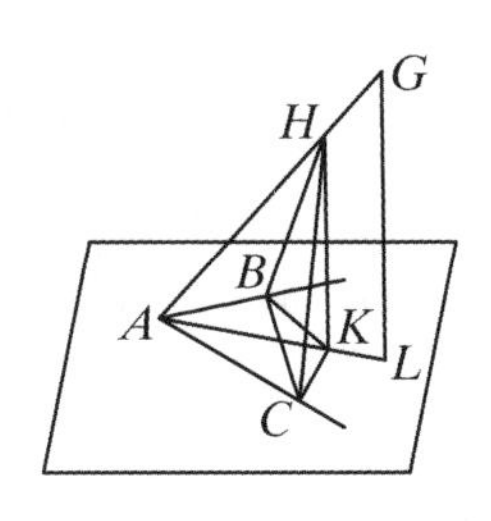

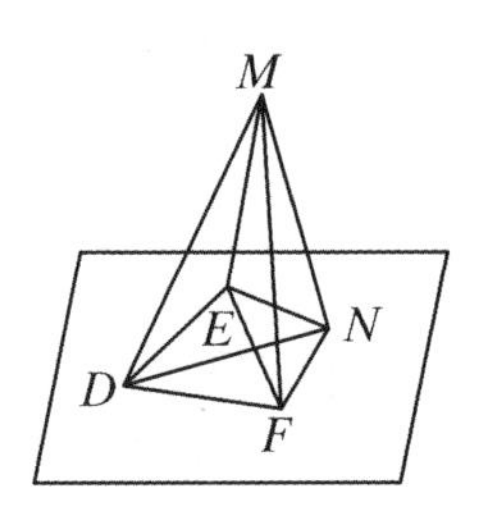

则可证角 GAL 等于角 MDN.

截取 AH 等于 DM.
过点 H 作平行于 GL 的直线 HK.

但是,GL 垂直经过 BA,AC 的平面,
所以,HK 也垂直于经过 BA,AC 的平面. [XI. 8]

由点 K,N 作直线 KC,NF,KB,NE 分别垂直于直线 AC,DF,AB,DE,且连接 HC,CB,MF,FE.

因为HA上的正方形等于HK与KA上的正方形的和,且KC,CA上正方形的和等于KA上正方形, [Ⅰ.47]
所以,HA上的正方形也等于HK,KC,CA上的正方形的和.

但是HC上的正方形等于HK,KC上的正方形的和. [Ⅰ.47]
所以,HA上的正方形等于HC,CA上的正方形的和.

所以,角HCA是直角. [Ⅰ.48]

同理,角DFM也是直角.

所以,角ACH等于角DFM.

但是,角HAC等于角MDF,
所以,两三角形MDF,HAC有两个角分别等于两个角,一条边等于一条边,即等角所对的边HA等于MD;
所以其余的边也分别等于其余的边. [Ⅰ.26]

所以,AC等于DF.

类似地,能证明AB也等于DE.

因为,AC等于DF,且AB等于DE,即两边CA,AB分别等于两边FD,DE.

但是,角CAB也等于角FDE;
所以,底BC等于底EF,三角形全等于三角形,其余的角等于其余的角; [Ⅰ.4]
所以,角ACB等于角DFE.

但是,直角ACK也等于直角DFN,所以其余的角BCK等于其余的角EFN.

同理,角CBK也等于角FEN.

所以,两三角形BCK,EFN有两角及其夹边分别相等,即BC等于EF;所以其余的边也分别等于其余的边. [Ⅰ.26]

所以,CK等于FN.

但是,AC也等于DF;所以两边AC,CK等于两边DF,FN;且夹角都是直角.

所以底AK等于底DN. [Ⅰ.4]

又因为,AH等于DM,且AH上的正方形也等于DM上的正方形.
但是,AK,KH上的正方形的和等于AH上的正方形,因为AKH是直角. [Ⅰ.47]

又DN,NM上的正方形的和等于DM上的正方形,因为DNM是直角.

所以,AK,KH上的正方形的和等于DN,NM上的正方形的和;
其中AK上的正方形等于DN上的正方形;
所以,其余的在KH上的正方形等于NM上的正方形;从而HK等于MN.

又,因为两边HA,AK分别等于MD,DN,
而且已经证明了底HK等于底MN,
所以角HAK等于角MDN. [Ⅰ.8]

证完

推论 由此容易得到,如果有两个相等的平面角,从角顶分别作面外的相等线段,且此线段和原角两边夹角分别相等. 那么,从面外线段端点向角所在的平面所作的垂线相等.

命题 36

如果有三条线段成比例. 那么,以这三条线段作成的平行六面体等于中项上所作的等边且与前面作成的立体等角的平行六面体.

设 A,B,C 是三条成比例的线段,
即 A 比 B 如同 B 比 C.

则可证由 A,B,C 所作成的立体等于在 B 上作出的等边且与前面的立体等角的立体.

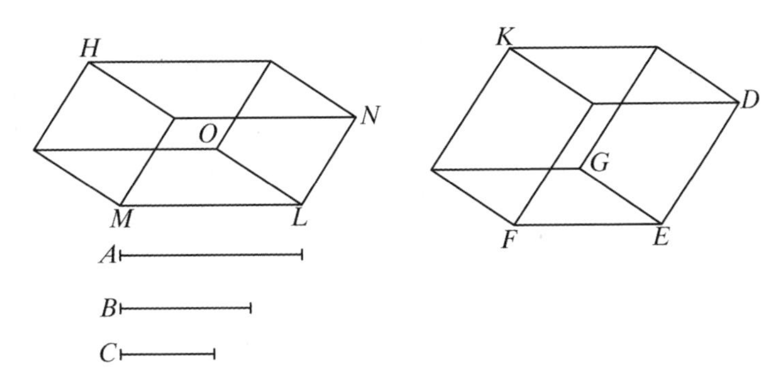

在点 E 的立体角由三个角 DEG,GEF,FED 围成,且取三线段 DE,GE,EF 等于 B,作出补形平行六面体 EK,令 LM 等于 A,在直线 LM 的点 L 作一个立体角等于在点 E 的立体角,即由 NLO,OLM,MLN 构成的角,令 LO 等于 B,且 LN 等于 C.

现在,因为 A 比 B 如同 B 比 C. 这时,A 等于 LM,B 等于线段 LO,ED 的每一个;C 等于 LN,
所以,LM 比 EF 如同 DE 比 LN.

于是,夹两等角 NLM,DEF 的边成互反比例;所以平行四边形 MN 等于平行四边形 DF. [Ⅵ. 14]

又因为,角 DEF,NLM 是两个平面直线角且两个平面外的线段 LO,EG 彼此相等,它们和原平面角两边的夹角分别相等,
所以,从点 G,O 向经过 NL,LM 和 DE,EF 的平面所作的垂线相等. [XI. 35,推论]

因而,两个立体 LH,EK 有相同的高.

但是,等底等高的平行六面体是相等的, [XI. 31]
所以,立体 HL 等于立体 EK.

又 LH 是由 A,B,C 构成的立体,EK 是由 B 构成的立体;
所以,由 A,B,C 构成的平行六面体等于在 B 上作的等边且与前面的立体等角的立体.

证完

命题 37

如果四条线段成比例，则在它们上作的相似且有相似位置的平行六面体也成比例；又，如果在每一线段上所作相似且有相似位置的平行六面体成比例，则此四线段也成比例.

设 AB,CD,EF,GH 四线段成比例，即 AB 比 CD 如同 EF 比 GH；
又设在 AB,CD,EF,GH 上作相似且有相似位置的平行六面体 KA,LC,ME,NG.

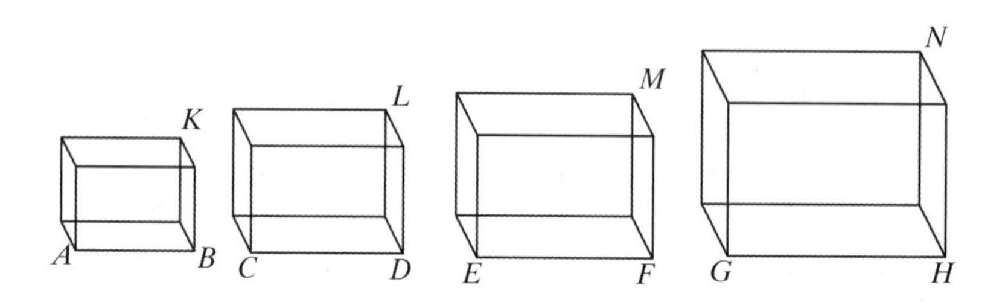

则可证 KA 比 LC 如同 ME 比 NG.

因为，平行六面体 KA 与 LC 相似，所以 KA 与 LC 的比如同 AB 与 CD 的三次比.

[Ⅺ. 33]

同理，ME 比 NG 如同 EF 与 GH 的三次比. [同上]

又，AB 比 CD 如同 EF 比 GH.

所以也有，AK 比 LC 如同 ME 比 NG.

其次，设立体 AK 比立体 LC 如同立体 ME 比立体 NG.

则可证线段 AB 比 CD，如同 EF 比 GH.

又因为，KA 与 LC 的比如同 AB 与 CD 的三次比. [Ⅺ. 33]

且 ME 与 NG 的比如同 EF 与 GH 的三次比. [同上]

又，KA 比 LC 如同 ME 比 NG，
所以也有，AB 比 CD 如同 EF 比 GH.

证完

命题 38

如果一个立方体相对面的边被平分，又经过分点作平面，则这些平面的交线和立方体的对角线互相平分.

设立体 AF 的两个对面 CF,AH 的各边被点 K,L,M,N,O,Q,P,R 所平分，通过分点作平面 KN,OR；且设 US 是两面的交线，又 DG 是立方体 AF 的对角线.

则可证 UT 等于 TS,DT 等于 TG.

设连接 DU,UE,BS,SG.

则 DO 平行于 PE,

于是,内错角 DOU,UPE 彼此相等, [Ⅰ.29]

又因为,DO 等于 PE,OU 等于 UP,且两边所夹的角相等,所以底 DU 等于底 UE,三角形 DOU 全等于三角形 PUE,且其余的角等于其余的角; [Ⅰ.4]

所以,角 OUD 等于角 PUE.

由此,DUE 是一条直线. [Ⅰ.14]

同理,BSG 也是一条直线,

且 BS 等于 SG.

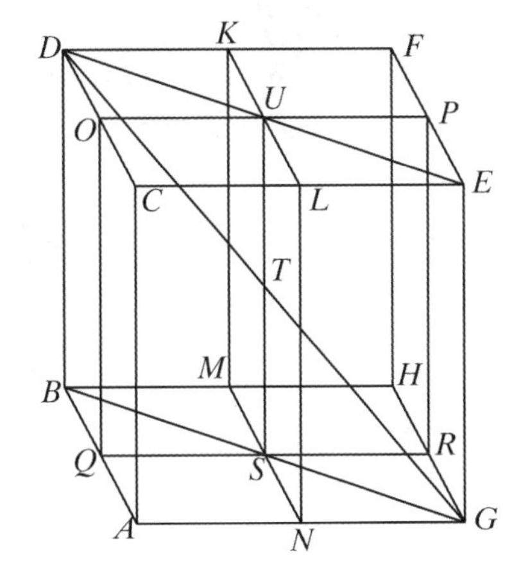

现在因为,CA 等于且平行于 DB,而 CA 也等于且平行于 EG.

所以,DB 也等于且平行于 EG. [XI.9]

又连接它们端点得直线 DE,BG. 所以 DE 平行于 BG. [Ⅰ.33]

所以,角 EDT 等于角 BGT,因为它们是内错角. [Ⅰ.29]

又角 DTU 等于角 GTS. [Ⅰ.15]

所以,两三角形 DTU,GTS 有两角分别等于两角,且有一边等于一边,即等角所对的一边,也就是 DU 等于 GS,

这是因为它们分别是 DE,BG 的一半;

所以,其余的边也等于其余的边. [Ⅰ.26]

从而,DT 等于 TG,而且 UT 等于 TS.

证完

命题 39

如果有两个等高的棱柱,分别以平行四边形和三角形为底,而且如果平行四边形是三角形的二倍,则二棱柱相等.

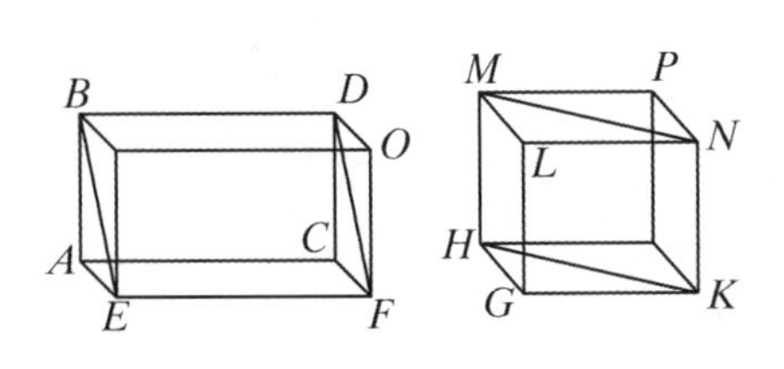

设 $ABCDEF$, $GHKLMN$ 是两个等高的棱柱,一个底是平行四边形 AF,而另一底为三角形 GHK 且平行四边形 AF 等于三角形 GHK 的二倍.

则可证棱柱 $ABCDEF$ 等于棱柱 $GHKLMN$.

完成立体 AO,GP.

因为,平行四边形 AF 等于三角形 GHK 的二倍,而平行四边形 HK 也等于三角形 GHK 的二倍; [Ⅰ.34]

所以平行四边形 AF 等于平行四边形 HK.

但是,等底等高的二个平行六面体彼此相等. [XI. 31]

所以立体 AO 等于立体 GP.

又棱柱 $ABCDEF$ 是立体 AO 一半,而且棱柱 $GHKLMN$ 是立体 GP 的一半, [XI. 28]

所以,棱柱 $ABCDEF$ 等于棱柱 $GHKLMN$.

证完

第XII卷

命 题

命题 1

圆内接相似多边形之比如同圆直径上正方形之比.

设 ABC,FGH 是两个圆,$ABCDE$ 和 $FGHKL$ 是内接于圆的相似多边形,且 BM,GN 为圆的直径.

则可证 BM 上的正方形比 GN 上的正方形如同多边形 $ABCDE$ 比多边形 $FGHKL$.

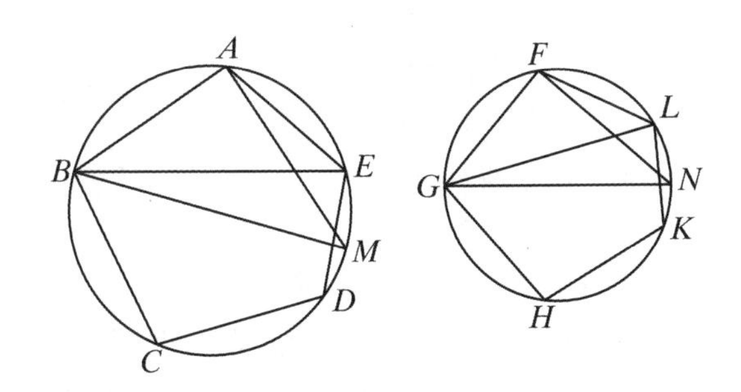

连接 BE,AM,GL,FN.

现在,因为多边形 $ABCDE$ 相似于多边形 $FGHKL$,于是角 BAE 等于角 GFL,且 BA 比 AE 如同 GF 比 FL. [Ⅵ. 定义 1]

由此,两个三角形 BAE,GFL 有一个角等于一个角,即角 BAE 等于角 GFL;且夹等角的边成比例;所以三角形 ABE 与三角形 FGL 是等角的. [Ⅵ. 6]

所以,角 AEB 等于角 FLG.

但是,角 AEB 等于角 AMB,这是因为它们在同一圆弧上; [Ⅲ. 27]
又角 FLG 等于角 FNG;所以角 AMB 也等于角 FNG.

但是,直角 BAM 也等于直角 GFN, [Ⅲ. 31]
所以,其余的角也等于其余的角, [Ⅰ. 32]

所以,三角形 ABM 与三角形 FGN 是等角的.
所以,按比例,BM 比 GN 如同 BA 比 GF. [Ⅵ. 4]

但是,BM 上的正方形与 GN 上的正方形的比如同 BM 与 GN 的二次比,且多边形 $ABCDE$ 比多边形 $FGHKL$ 如同 BA 与 GF 的二次比. [Ⅵ. 20]

所以也有，*BM* 上的正方形比 *GN* 上的正方形如同多边形 *ABCDE* 比多边形 *FGHKL*.

证完

命题 2

圆与圆之比如同直径上正方形之比.

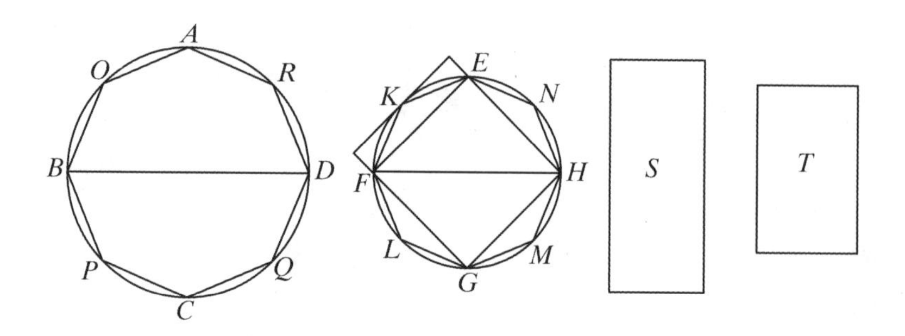

设 *ABCD*，*EFGH* 是两圆，且 *BD*，*FH* 是它们的直径.

则可证圆 *ABCD* 比圆 *EFGH* 如同 *BD* 上正方形比 *FH* 上的正方形.

因为如果 *BD* 上的正方形比 *FH* 上的正方形不同于圆 *ABCD* 比圆 *EFGH*，那么，*BD* 上的正方形比 *FH* 上的正方形等于圆 *ABCD* 比小于圆 *EFGH* 的面积或者大于圆 *EFGH* 的面积.

首先，设成比例的面积 *S* 小于圆 *EFGH*.

设正方形 *EFGH* 内接于圆 *EFGH*；那么，内接正方形大于圆 *EFGH* 面积的一半. 因为，如果过点 *E*、*F*、*G*、*H* 作圆的切线，则正方形 *EFGH* 等于圆外切正方形的一半，而圆小于外切正方形；因此，内接正方形*EFGH*大于圆 *EFGH* 的一半.

设二等分圆弧 *EF*、*FG*、*GH*、*HE*，其分点为 *K*、*L*、*M*、*N*，且连接 *EK*、*KF*、*FL*、*LG*、*GM*、*MH*、*HN*、*NE*；所以三角形 *EKF*，*FLG*，*GMN*，*HNE* 的每一个也大于三角形所在的弓形的一半. 因此，过点 *K*、*L*、*M*、*N* 作圆的切线且在线段 *EF*，*FG*，*GH*，*HE* 上作平行四边形，三角形 *EKF*，*FLG*，*GMH*，*HNE* 的每一个是所在平行四边形的一半；这时，包含它的弓形小于它所在的平行四边形；于是三角形 *EKF*，*FLG*，*GMH*，*HNE* 大于它们所在弓形的一半.

于是，平分其余的圆弧，从分点作弦，这样继续下去，可使得到的弓形的和小于圆 *EF-GH* 超过面积 *S* 的部分.

这一点已经被第X卷中第一定理所证明了（即X. 1），即如果有两个量不相等，则从大量中每次减去大于一半的量，若干次后，所余的量必小于较小的量.

设圆 *EFGH* 的 *EK*，*KF*，*FL*，*LG*，*GM*，*MH*，*HN*，*NE* 上的弓形的和小于圆与面积 *S* 的差.

所以，余下的多边形 *EKFLGMHN* 大于面积 *S*.

设有内接于圆 *ABCD* 的多边形 *AOBPCQDR* 相似于多边形 *EKFLGMHN*；所以 *BD*

上的正方形比 *FH* 上的正方形如同多边形 *AOBPCQDR* 比多边形 *EKFLGMHN*. [XII. 1]

但是,*BD* 上的正方形比 *FH* 上的正方形也如同圆 *ABCD* 比面积 *S*;所以也有,圆 *ABCD* 比面积 *S* 如同多边形 *AOBPCQDR* 比多边形 *EKFLGMHN*. [V. 11]

所以,由更比,圆 *ABCD* 比内接多边形如同面积 *S* 比多边形 *EKFLGMHN*. [V. 16]

但是,圆 *ABCD* 大于内接于它的多边形;所以面积 *S* 大于多边形 *EKFLGMHN*.

但是,它也小于多边形 *EKFLGMHN*:这是不可能的.

所以,*BD* 上的正方形比 *FH* 上的正方形不同于圆 *ABCD* 比圆 *EFGH* 较小的面积.

类似地,我们也可以证明圆 *EFGH* 与一个小于圆 *ABCD* 的面积之比也不同于 *FH* 上正方形与 *BD* 上正方形之比.

其次,可证得圆 *ABCD* 与一个大于圆 *EFGH* 的面积之比也不同于 *BD* 上的正方形与 *FH* 上的正方形之比.

假设可能,设成比例的较大的面积是 *S*.

所以,由互反比例,*FH* 上的正方形比 *DB* 上的正方形如同面积 *S* 比圆 *ABCD*.

但是,面积 *S* 比圆 *ABCD* 如同圆 *EFGH* 比小于圆 *ABCD* 的一个面积. 所以也有,*FH* 上的正方形比 *BD* 上的正方形如同圆 *EFGH* 比小于圆 *ABCD* 的某个面积: [V. 11]
已经证明了这是不可能的.

所以,*BD* 上的正方形比 *FH* 上的正方形不同于圆 *ABCD* 比大于圆 *EFGH* 的某个面积.

又已经证明了成比例的小于圆 *EFGH* 的面积是不存在的;
所以,*BD* 上的正方形比 *FH* 上的正方形如同圆 *ABCD* 比圆 *EFGH*.

证完

引 理

若面积 *S* 大于圆 *EFGH*,则可证面积 *S* 比圆 *ABCD* 如同圆 *EFGH* 比小于圆 *ABCD* 的某个面积.

设已经给出了:面积 *S* 比圆 *ABCD* 如同圆 *EFGH* 比面积 *T*.

则可证面积 *T* 小于圆 *ABCD*.

因为,面积 *S* 比圆 *ABCD* 如同圆 *EFGH* 比面积 *T*,所以,由更比,面积 *S* 比圆 *EFGH* 等于圆 *ABCD* 比面积 *T*. [V. 16]

但是,面积 *S* 大于圆 *EFGH*;所以圆 *ABCD* 大于面积 *T*.

因此,面积 *S* 比圆 *ABCD* 如同圆 *EFGH* 比小于圆 *ABCD* 的某个面积.

证完

命题3

任何一个以三角形为底的棱锥可以被分为两个相等且与原棱锥相似又以三角形为底的三棱锥,以及其和大于原棱锥一半的两个相等的棱柱.

设有一个以三角形 ABC 为底且以点 D 为顶点的棱锥.

则可证棱锥 $ABCD$ 可被分为相等且相似的以三角形为底的棱锥,且与原棱锥相似,以及其和大于原棱锥一半的两个相等的棱柱.

设平分 AB,BC,CA,AD,DB,DC,其分点为 E,F,G,H,K,L;连接 HE,EG,GH,HK,KL,LH,KF,FG.

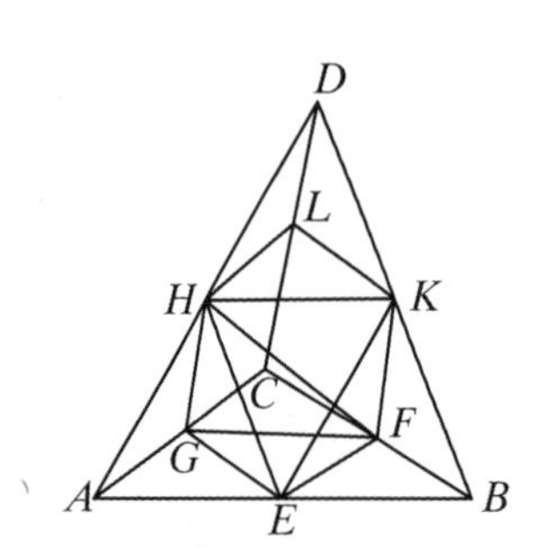

因为 AE 等于 EB,且 AH 等于 DH,所以 EH 平行于 DB. [Ⅵ.2]

同理 HK 也平行于 AB.

所以,$HEBK$ 为平行四边形,因之 HK 等于 EB. [Ⅰ.34]

但是,EB 等于 EA,所以 AE 也等于 HK.

但是,AH 也等于 HD,所以两边 EA,AH 分别等于两边 KH,HD,又角 EAH 等于角 KHD,所以底 EH 等于底 KD. [Ⅰ.4]

所以,三角形 AEH 等于且相似于三角形 HKD.

同理　三角形 AHG 也等于且相似于三角形 HLD.

又因为彼此相交的两直线 EH,HG 平行于彼此相交的两直线 KD,DL,且不在同一平面上,则它们所夹的角相等. [Ⅺ.10]

所以角 EHG 等于角 KDL.

又因为,两线段 EH,HG 分别等于 KD,DL,且角 EHG 等于角 KDL,所以底 EG 等于底 KI, [Ⅰ.4]

所以三角形 EHG 相等且相似于三角形 KDL.

同理　三角形 AEG 也等于且相似于三角形 HKL.

所以,以三角形 AEG 为底且以点 H 为顶点的棱锥等于且相似于以三角形 HKL 为底且以 D 为顶点的棱锥. [Ⅺ.定义10]

又因为,HK 平行于三角形 ADB 的一边 AB,于是三角形 ADB 与三角形 DHK 是等角的, [Ⅰ.29]

且它们的边成比例;所以三角形 ADB 相似于三角形 DHK. [Ⅵ.定义1]

同理　三角形 DBC 也相似于三角形 DKL,以及三角形 ADC 相似于三角形 DLH.

现在,因为彼此相交的两直线 BA,AC 分别平行于彼此相交的两直线 KH,HL,且它们不在同一平面上,于是它们所夹的角相等. [Ⅺ.10]

所以角 BAC 等于角 KHL.

又,BA 比 AC 如同 KH 比 HL,所以三角形 ABC 相似于三角形 HKL.

所以也有,以三角形 ABC 为底且以点 D 为顶点的棱锥相似于以三角形 HKL 为底且以点 D 为顶点的棱锥.

但是,已经证明了以三角形 HKL 为底且以点 D 为顶点的棱锥相似于以三角形 AEG 为底且以点 H 为顶点的棱锥.

所以,棱锥 $AEGH$,$HKLD$ 的每一个都相似于棱锥 $ABCD$.

其次,因为 BF 等于 FC,平行四边形 $EBFG$ 等于二倍的三角形 GFC.

又因为,如果分别有平行四边形和三角形为底的两个等高的棱柱,且平行四边形是三角形的二倍,则二棱柱相等. [XI. 39]

所以,由两个三角形 BKF,EHG 及三个平行四边形 $EBFG$,$EBKH$,$HKFG$ 所围成的棱柱等于由两三角形 GFC,HKL 和三个平行四边形 $KFCL$,$LCGH$,$HKFG$ 所围成的棱柱.

明显地,棱柱的每一个,即以平行四边形 $EBFG$ 为底且以线段 HK 为对棱的棱柱与以三角形 GFC 为底且以三角形 HKL 为对面的棱柱都大于以三角形 AEG,HKL 为底且以 H,D 为顶点的棱锥.

因为,如果连接线段 EF,EK,那么以平行四边形 $EBFG$ 为底且以 HK 为对棱的棱柱大于以三角形 EBF 为底且以 K 为顶点的棱锥.

但是,以三角形 EBF 为底且以点 K 为顶点的棱锥等于以三角形 AEG 为底且以 H 为顶点的棱锥;因为它们是由相等且相似的面组成.

因此也有,以平行四边形 $EBFG$ 为底且以线段 HK 为棱的棱柱大于以三角形 AEG 为底且以点 H 为顶点的棱锥.

但是,以平行四边形 $EBFG$ 为底,以线段 HK 为对棱的棱柱等于以三角形 GFC 为底且以三角形 HKL 为对面的棱柱,又以三角形 AEG 为底且以点 H 为顶点的棱锥等于以三角形 HKL 为底且以点 D 为顶点的棱锥.

所以,两个棱柱的和大于分别以三角形 AEG,HKL 为底且以 H,D 为顶点的棱锥的和.

所以,以三角形 ABC 为底且以点 D 为顶点的整体棱锥已被分为两个彼此相等的棱锥和两个相等的棱柱,且两个棱柱的和大于整个棱锥的一半.

证完

命题 4

如果有以三角形为底且有等高的两个棱锥,又各分为相似于原棱锥的两个相等棱锥和两个相等的棱柱. 则一个棱锥的底比另一个棱锥的底如同一个棱锥内所有棱柱的和比另一个棱锥内同样个数的所有棱柱的和.

设有等高且以三角形 ABC,DEF 为底,以 G,H 为顶点的两棱锥;且它们都被分为两个相似于原棱锥的两个相等的棱锥和两个相等的棱柱. [XII. 3]

则可证底 ABC 比底 DEF 如同棱锥 $ABCG$ 内所有棱柱的和比棱锥 $DEFH$ 内同样个

数的棱柱的和.

因为,BO 等于 OC,又 AL 等于 LC,所以 LO 平行于 AB,且三角形 ABC 相似于三角形 LOC.

同理　三角形 DEF 也相似于三角形 RVF.

又因为,BC 等于 CO 的两倍,EF 等于 FV 的两倍;所以,BC 比 CO 如同 EF 比 FV.

且在 BC,CO 上作两个相似且有相似位置的直线形 ABC,LOC;又在 EF,FV 上作两个相似且有相似位置的直线形 DEF,RVF;所以,三角形 ABC 比三角形 LOC 如同三角形 DEF 比三角形 RVF;　[Ⅵ.22]

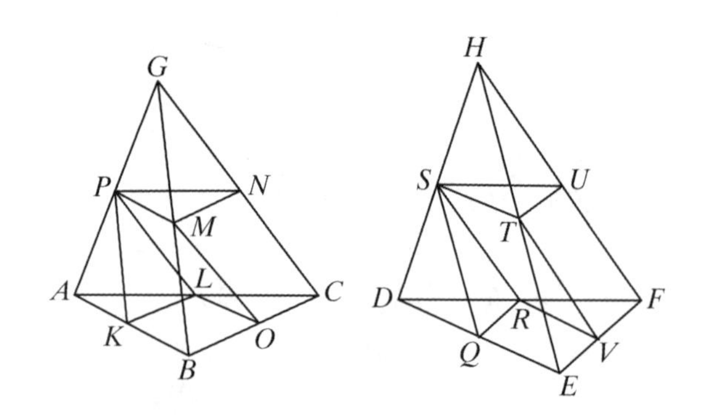

所以,由更比,三角形 ABC 比三角形 DEF 如同三角形 LOC 比三角形 RVF.[Ⅴ.16]

但是,三角形 LOC 比三角形 RVF 如同以三角形 LOC 为底且以三角形 PMN 为对面的棱柱比以三角形 RVF 为底且以 STU 为对面的棱柱.　[后面的引理]

所以也有,三角形 ABC 比三角形 DEF 如同以三角形 LOC 为底且以 PMN 为对面的棱柱比以三角形 RVF 为底且以 STU 为对面的棱柱.

但是,上述棱柱之比如同以平行四边形 $KBOL$ 为底且以线段 PM 为对棱的棱柱比以平行四边形 $QEVR$ 为底且以线段 ST 为对棱的棱柱.　[Ⅺ.39,参看Ⅻ.3]

所以也有,这两个棱柱相比,再以平行四边形 $KBOL$ 为底且以 PM 为对棱的棱柱及三角形 LOC 为底且以 PMN 为对面的棱柱的和与 $QEVR$ 为底且以线段 ST 为对棱的棱柱及以三角形 RVF 为底且以 STU 为对面的棱柱的和的比相同.　[Ⅴ.12]

所以也有,底 ABC 比底 DEF 如同上述两个棱柱的和比两个棱柱的和.

类似地,如果两棱锥 $PMNG$,$STUH$ 被分成两个棱柱和两个棱锥;则底 PMN 比底 STU 如同棱锥 $PMNG$ 内两棱柱的和比棱锥 $STUH$ 内两棱柱的和.

但是,底 PMN 比底 STU 如同底 ABC 比底 DEF;因为两三角形 PMN,STU 分别等于三角形 LOC,和 RVF.

所以,底 ABC 比底 DEF 如同四个棱柱比四个棱柱.

类似地,如再分余下的棱锥为两个棱锥和两个棱柱. 那么,底 ABC 比底 DEF 如同棱锥 $ABCG$ 内所有棱柱的和比棱锥 $DEFH$ 内所有个数相同的棱柱的和.

证完

引 理

三角形 LOC 比三角形 RVF 如同以三角形 LOC 为底且以 PMN 为对面的棱柱比以三角形 RVF 为底且以 STU 为对面的棱柱. [XI. 17]

证明如下:

在命题 4 图中,从点 G,H 向平面 ABC,DEF 作垂线,且两垂线相等. 因为由假设,两棱锥有相等的高.

现在,因为两线段 GC 和从 G 点所作垂线被两平行平面 ABC,PMN 所截;它们被截成有相同比的线段. [XI. 17]

而且平面 PMN 平分 CG 于点 N;所以,从 G 到平面 ABC 的垂线也被平面 PMN 所平分.

同理,从点 H 到平面 DEF 的垂线也被平面 STU 所平分.

又由于从点 G,H 到平面 ABC,DEF 的垂线相等;所以从三角形 PMN,STU 到平面 ABC,DEF 的垂线也相等.

于是,以三角形 LOC,RVF 为底且以 PMN,STU 为对面的两棱柱等高.

因此也有,由上述两棱柱构成的等高的两平行六面体的比如同它们的底的比;

[X. 32]

所以它们的一半,即上述两棱柱互比如同底 LOC 比底 RVF.

证完

命 题 5

以三角形为底且有等高的两个棱锥的比如同两底的比.

设有以三角形 ABC,DEF 为底,以点 G,H 为顶点的等高的棱锥.

则可证底 ABC 比底 DEF 如同棱锥 $ABCG$ 比棱锥 $DEFH$.

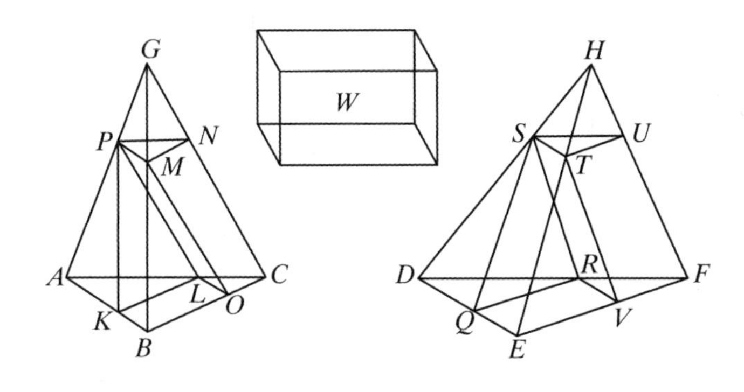

因为,如果棱锥 $ABCG$ 比棱锥 $DEFH$ 不同于底 ABC 比底 DEF,则底 ABC 比底 DEF 如同棱锥 $ABCG$ 比某个小于或大于棱锥 $DEFH$ 的立体.

首先,设属于第一种情况,其中成比例的是一个较小的立体 W,将棱锥 $DEFH$ 分为两个相似于原棱锥的相等棱锥和两个相等的棱柱;而两棱柱的和大于原棱锥的一半.

[Ⅻ.3]

类似地,再分所得的棱锥,这样继续下去,直至由棱锥 $DEFH$ 得到某些小于棱锥 $DEFH$ 与立体 W 的差的棱锥. [Ⅹ.1]

设所要得到的棱锥是 $DQRS$,$STUH$;所以在棱锥 $DEFH$ 内剩下的棱柱的和大于立体 W.

类似地,也和分棱锥 $DEFH$ 的次数相仿去分棱锥 $ABCG$;
所以,底 ABC 比底 DEF 也如同棱锥 $ABCG$ 内棱柱的和比棱锥 $DEFH$ 中棱柱的和.

[Ⅻ.4]

但是,底 ABC 比底 DEF 也如同棱锥 $ABCG$ 比立体 W;

所以也有,棱锥 $ABCG$ 比立体 W 如同棱锥 $ABCG$ 中棱柱的和比棱锥 $DEFH$ 中棱柱的和. [Ⅴ.11]
所以,由更比,棱锥 $ABCG$ 比它中棱柱的和如同立体 W 比棱锥 $DEFH$ 中棱柱的和.

[Ⅴ.16]

但是,棱锥 $ABCG$ 大于它中所有棱柱的和;所以立体 W 也大于棱锥 $DEFH$ 中所有棱柱的和.

但是,它也小于:这是不可能的.

所以,棱锥 $ABCG$ 比小于棱锥 $DEFH$ 的立体不同于底 ABC 比底 DEF.

类似地,可以证明棱锥 $DEFH$ 比小于棱柱 $ABCG$ 的任何立体不同于底 DEF 比底 ABC.

其次可证,也不可能有,棱锥 $ABCG$ 比一个大于棱锥 $DEFH$ 的立体如同底 ABC 比底 DEF.

因为,如果可能的话,设它与较大的立体 W 有此比,所以由反比,底 DEF 比底 ABC 如同立体 W 比棱锥 $ABCG$.

但是,立体 W 比立体 $ABCG$ 如同棱锥 $DEFH$ 比小于棱锥 $ABCG$ 的某个立体,这一点在前面已经证明了; [Ⅻ.2.引理]

所以,底 DEF 比底 ABC 也如同棱锥 $DEFH$ 比小于棱锥 $ABCG$ 的某个立体:

[Ⅴ.11]

已经证明了这是不合理的.

所以,棱锥 $ABCG$ 比大于棱锥 $DEFH$ 的某一个立体不同于底 ABC 比底 DEF.

但是,已经证明了比小于的某个立体也是不行的.

所以,底 ABC 比底 DEF 如同棱锥 $ABCG$ 比棱锥 $DEFH$.

证完

命题 6

以多边形为底且有等高的两个棱锥的比如同两底的比.

设等高的两棱锥以多边形 $ABCDE$,$FGHKL$ 为底且以点 M,N 为顶点.

则可证底 $ABCDE$ 比底 $FGHKL$ 如同棱锥 $ABCDEM$ 比棱锥 $FGHKLN$.

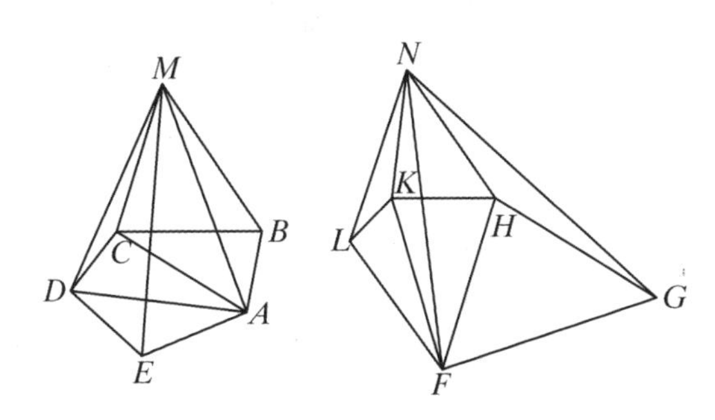

连接 AC,AD,FH,FK.

因为 $ABCM$,$ACDM$ 是以三角形为底且有等高的两个棱锥,它们的比如同两底之比;
[XII.5]

所以,底 ABC 比底 ACD 如同棱锥 $ABCM$ 比棱锥 $ACDM$.

又由合比,底 $ABCD$ 比底 ACD 如同棱锥 $ABCDM$ 比棱锥 $ACDM$. [V.18]

但是也有,底 ACD 比底 ADE 如同棱锥 $ACDM$ 比棱锥 $ADEM$. [XII.5]

所以,由首末比,底 $ABCD$ 比底 ADE 如同棱锥 $ABCDM$ 比棱锥$ADEM$. [V.22]

又由合比,底 $ABCDE$ 比底 ADE 如同棱锥 $ABCDEM$ 比棱锥$ADEM$. [V.18]

类似地也能证明,底 $FGHKL$ 比底 FGH 如同棱锥 $FGHKLN$ 比棱锥 $FGHN$.

又因为,$ADEM$,$FGHN$ 是以三角形为底且有等高的两个棱锥,所以,底 ADE 比底 FGH 如同棱锥 $ADEM$ 比棱锥 $FGHN$. [XII.5]

但是,底 ADE 比底 $ABCDE$ 如同棱锥 $ADEM$ 比棱锥 $ABCDEM$.

所以也有首末比,底 $ABCDE$ 比底 FGH 如同棱锥 $ABCDEM$ 比棱锥 $FGHN$.
[V.22]

但是还有,底 FGH 比底 $FGHKL$ 也如同棱锥 $FGHN$ 比棱锥 $FGHKLN$.

所以又由首末比得,底 $ABCDE$ 比底 $FGHKL$ 如同棱锥 $ABCDEM$ 比棱锥 $FGHKLN$.
[V.22]

证完

命题 7

任何一个以三角形为底的棱柱可以被分成以三角形为底的三个彼此相

等的棱锥.

设有一个以三角形 ABC 为底且其对面为三角形 DEF 的棱柱.

则可证棱柱 $ABCDEF$ 可被分为三个彼此相等的以三角形为底的棱锥.

连接 BD, EC, CD.

因为 $ABED$ 是平行四边形, BD 是它的对角线,所以三角形 ABD 全等于三角形 EBD; [Ⅰ.34]

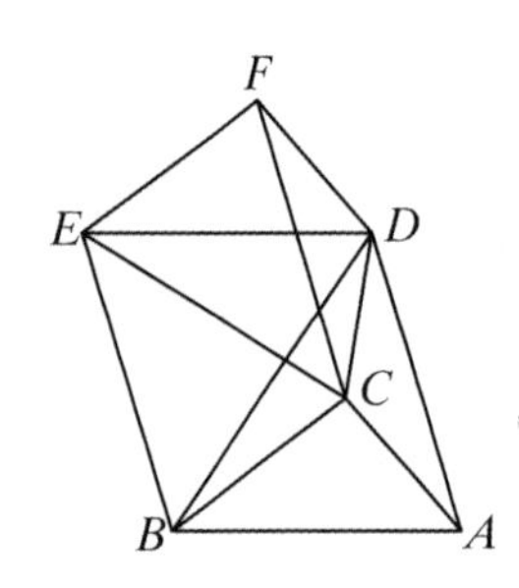

所以,以三角形 ABD 为底且以 C 为顶点的棱锥等于以三角形 DEB 为底且以 C 为顶点的棱锥. [Ⅻ.5]

但是,以三角形 DEB 为底且以 C 为顶点的棱锥与以三角形 EBC 为底且以 D 为顶点的棱锥是一样的;因为它们由相同的面围成.

所以,以三角形 ABD 为底且以 C 为顶点的棱锥也等于以三角形 EBC 为底且以 D 为顶点的棱锥.

又因为, $FCBE$ 是平行四边形, CE 是它的对角线,三角形 CEF 全等于三角形 CBE. [Ⅰ.34]

所以也有,以三角形 BCE 为底且以 D 为顶点的棱锥等于以 ECF 为底且以 D 为顶点的棱锥. [Ⅻ.5]

但是,已经证明了以三角形 BCE 为底且以 D 为顶点的棱锥等于以三角形 ABD 为底且以 C 为顶点的棱锥,所以也有,以三角形 CEF 为底且以 D 为顶点的棱锥等于以三角形 ABD 为底且以 C 为顶点的棱锥;所以棱柱 $ABCDEF$ 已被分成三个相等的以三角形为底的棱锥.

又因为以三角形 ABD 为底且以 C 为顶点的棱锥与以三角形 CAB 为底且以 D 为顶点的棱锥是相同的,因为它们由相同的平面围成;这时,已经证明了以三角形 ABD 为底且以 C 为顶点的棱锥等于以三角形 ABC 为底且以 DEF 为对面的棱柱的三分之一;

所以也有,以三角形 ABC 为底且以 D 为顶点的棱锥等于以相同的三角形 ABC 为底且以 DEF 为对面的棱柱的三分之一.

推论 由以上容易得到,任何棱锥等于和它同底等高的棱柱的三分之一.

证完

命题 8

以三角形为底的相似棱锥的比如同它们对应边的三次比.

设有分别以 ABC, DEF 为底,且以点 G, H 为顶点的两个相似且有相似位置的棱锥.

则可证棱锥 $ABCG$ 与 $DEFH$ 的比如同 BC 与 EF 的三次比.

作平行六面体 $BGML$ 与 $EHQP$,因为棱锥 $ABCG$ 相似于棱锥 $DEFH$,所以角 ABC 等于角 DEF,角 GBC 等于角 HEF,且角 ABG 等于角 DEH;

又, AB 比 DE 如同 BC 比 EF,也如同 BG 比 EH.

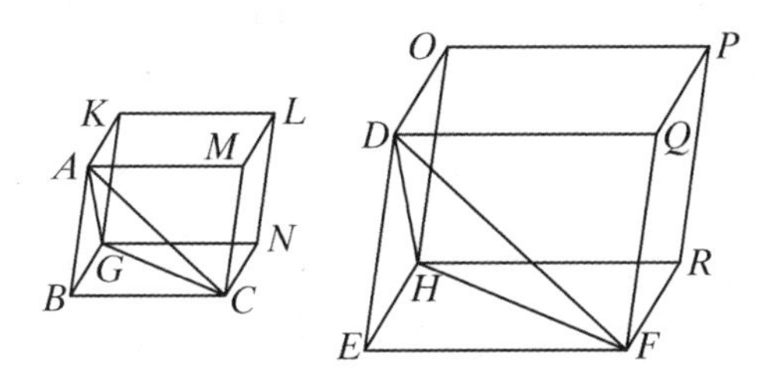

又因为,*AB* 比 *DE* 如同 *BC* 比 *EF*,且夹等角的边成比例,所以平行四边形 *BM* 相似于平行四边形 *EQ*.

同理,*BN* 相似于 *ER*,*BK* 相似于 *EO*;所以三个平行四边形 *MB*,*BK*,*BN* 相似于三个平行四边形 *EQ*,*EO*,*ER*.

但是,三个平行四边形 *MB*,*BK*,*BN* 等于且相似于它们的三个对面,且三个面 *EQ*,*EO*,*ER* 相等且相似于它们的对面. [XI.24]

所以,立体 *BGML*,*EHQP* 由同样多的相似面围成.

所以,立体 *BGML* 相似于立体 *EHQP*.

但是,相似平行六面体的比如同它们对应边的三次比. [XI.33]

所以,立体 *BGML* 与立体 *EHQP* 的比如同对应边 *BC* 与边 *EF* 的三次比.

但是,立体 *BGML* 比立体 *EHQP* 如同棱锥 *ABCG* 比棱锥 *DEFH*,因为棱锥是平行六面体的六分之一,又因棱柱是平行六面体的一半. [XI.28]
它又是棱锥的三倍.

所以棱锥 *ABCG* 与棱锥 *DEFH* 的比如同它们对应边 *BC* 与 *EF* 的三次比.

证完

推论 由以上表明,以多边形为底的棱锥与以相似多边形为底的棱锥的比如同它们对应边的三次比.

因为,如果把它们分为以三角形为底的棱锥,事实上,把以相似多边形为底的也分为同样个数的彼此相似的三角形,各对应三角形之比如同整体之比. [VI.20]
于是,两棱锥内各对应的以三角形为底的棱锥的比如同另一棱锥内以三角形为底的所有棱锥和的比. [V.12]

即,如同以原多边形为底的棱锥之比.

但是,以三角形为底的棱锥比以三角形为底的棱锥如同它们对应边的三次比;所以也有,以多边形为底的棱锥与以相似多边形为底的棱锥的比如同它们对应边的三次比.

证完

命题 9

以三角形为底且相等的棱锥,其底和高成反比例;又,底和高成反比例的棱锥相等.

设有以三角形 ABC, DEF 为底，且以 G、H 为顶点的两个相等的棱锥.

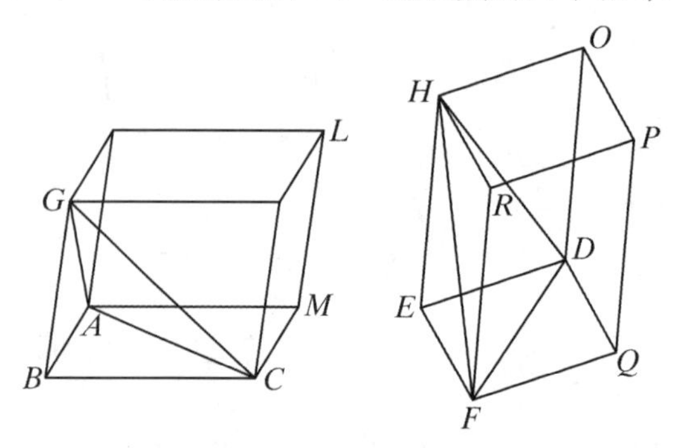

则可证在棱锥 $ABCG$, $DEFH$ 中两底与高成反比例，即底 ABC 比底 DEF 如同棱锥 $DEFH$ 的高比棱锥 $ABCG$ 的高.

作出平行六面体 $BGML$, $EHQP$.

现在，因为棱锥 $ABCG$ 等于棱锥 $DEFH$.

且立体 $BGML$ 等于六倍的棱锥 $ABCG$,
且立体 $EHQP$ 等于六倍的棱锥 $DEFH$,
故立体 $BGML$ 等于立体 $EHQP$.

但是，在相等的平行六面体中，它们的底和高成反比例； [XI. 34]
所以，底 BM 比底 EQ 如同立体 $EHQP$ 的高比立体 $BGML$ 的高.
但是，底 BM 比 EQ 如同三角形 ABC 比三角形 DEF. [I. 34]

所以也有，三角形 ABC 比三角形 DEF 如同立体 $EHQP$ 的高比立体 $BGML$ 的高. [V. 11]

但是，立体 $EHQP$ 的高与棱锥 $DEFH$ 的高相等，且立体 $BGML$ 的高与棱锥 $ABCG$ 的高相等.

所以，底 ABC 比底 DEF 如同棱锥 $DEFH$ 的高比棱锥 $ABCG$ 的高.

所以在棱锥 $ABCG$ 与 $DEFH$ 中，它们的底与高成反比例.

其次，在棱锥 $ABCG$ 与 $DEFH$ 中，设它们的底和高成反比例；即底 ABC 比底 DEF 如同棱锥 $DEFH$ 的高比棱锥 $ABCG$ 的高.

则可证棱锥 $ABCG$ 等于棱锥 $DEFH$.

用相同的构图.

因为，底 ABC 比底 DEF 如同棱锥 $DEFH$ 的高比棱锥 $ABCG$ 的高，
这时，底 ABC 比底 DEF 如同平行四边形 BM 比平行四边形 EQ,
所以也有，平行四边形 BM 比平行四边形 EQ 如同棱锥 $DEFH$ 的高比棱锥 $ABCG$ 的高. [V. 11]

但是，棱锥 $DEFH$ 的高与平行六面体 $EHQP$ 的高相等；又棱锥 $ABCG$ 的高与平行六面体 $BGML$ 的高相等.
所以，底 BM 比底 EQ 如同平行六面体 $EHQP$ 的高比平行六面体 $BGML$ 的高.

但是，在底和高成反比例时，平行六面体相等. [XI. 34]

所以平行六面体 BGML 等于平行六面体 EHQP.

又棱锥 ABCG 等于 BGML 的六分之一,棱锥 DEFH 等于平行六面体 EHQP 的六分之一;

所以,棱锥 ABCG 等于棱锥 DEFH.

证完

命题 10

任一圆锥是与它同底等高的圆柱的三分之一.

设一个圆锥和圆柱同底,即圆 ABCD;它们有相等的高.

则可证圆锥为圆柱的三分之一,即圆柱为圆锥的三倍.

如果圆柱不是圆锥的三倍,则圆柱大于圆锥的三倍;或小于圆锥的三倍.

首先设它大于圆锥的三倍,又设正方形 ABCD 内接于圆 ABCD, [Ⅳ.6]

那么,正方形 ABCD 大于圆 ABCD 的一半.

在正方形 ABCD 上作一个和圆柱等高的棱柱,

则此棱柱大于圆柱的一半;因为如果作圆 ABCD 的外切正方形, [Ⅳ.7]

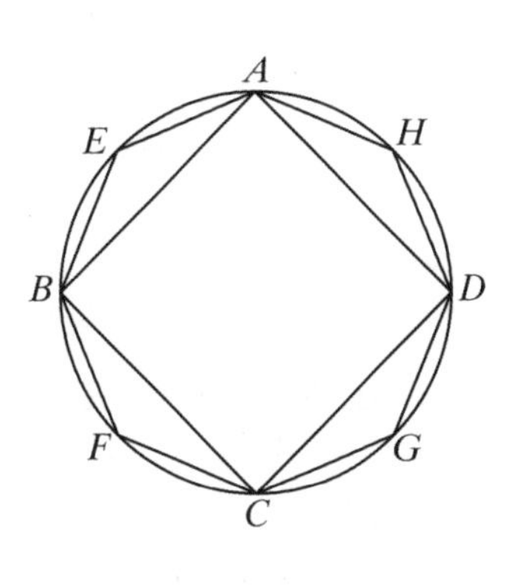

那么圆 ABCD 的内接正方形是圆外切正方形的一半,且在它们上作的平行六面体的棱柱等高,

这时,等高的平行六面体之比如同它们底之比; [XI.32]

所以也有,正方形 ABCD 上的棱柱是圆 ABCD 外切正方形上棱柱的一半; [参阅XI.28.或XII.6 和 7.推论]

又圆柱小于圆 ABCD 外切正方形上的棱柱;

所以,同圆柱等高的正方形 ABCD 上的棱柱大于圆柱的一半.

二等分弧 AB,BC,CD,DA 于点 E,F,G,H,且连接 AE、EB、BF、FC、CG、GD、DH、HA;

那么,已经证明了三角形 AEB,BFC,CGD,DHA 的每一个都大于圆 ABCD 的弓形一半. [XII.2]

在三角形 AEB,BFC,CGD,DHA 每一个上作与圆柱等高的棱柱;

则棱柱的每一个大于包含它的弓形柱的一半,因为,如果过点 E、F、G、H 作 AB、BC、CD、DA 的平行线;又由它们作平行四边形;且在其上作与圆柱等高的平行六面体;又在三角形 AEB,BFC,CGD,DHA 上的棱柱是各个立体的一半;又弓形圆柱的和小于平行六面体的和;

因此也有,在三角形 AEB,BFC,CGD,DHA 上棱柱的和大于包含它们的弓形柱的和的一半.

于是,二等分余下的弧,连接其分点,在每个三角形上作与圆柱等高的棱柱,并且继续作下去,

就得到一些弓形圆柱的和小于圆柱超过三倍圆锥的部分. [X.1]

设得到一些弓形柱,这些弓形柱是 *AE*,*EB*,*BF*,*FC*,*CG*,*GD*,*DH*,*HA*;

所以还有,以多边形 *AEBFCGDH* 为底且其高与圆柱的高相等的棱柱大于圆锥的三倍.

但是,与圆柱高相同且以多边形 *AEBFCGDH* 为底的棱柱三倍于以多边形 *AEBFCGDH* 为底且和圆锥有同一顶点的棱锥. [XII.7,推论]

所以,以多边形 *AEBFCGDH* 为底且和圆锥有同一顶点的棱锥大于以圆 *ABCD* 为底的圆锥.

但是,它也小于此圆锥,因为圆锥包含棱锥:这是不可能的.

所以,圆柱不大于圆锥的三倍.

其次可证明圆柱也不小于圆锥的三倍,

因为,如果可能的话,设圆柱小于圆锥的三倍,

因此,反之,圆锥大于圆柱的三分之一.

设正方形 *ABCD* 内接于圆 *ABCD*;

那么,正方形 *ABCD* 大于圆 *ABCD* 一半.

现在,设正方形 *ABCD* 上作一个顶点和圆锥顶点相同的棱锥;

所以,此棱锥大于圆锥的一半,

由此,在以前我们已经证明了,如果作圆的外切正方形,那么正方形 *ABCD* 是圆外切正方形的一半,

而且,如果从两个正方形上作与圆锥等高的平行六面体,也叫做棱柱,于是正方形 *ABCD* 上的棱柱是圆外切正方形上棱柱的一半,因为它们的比如同它们底的比. [XI.32]

因此,它们的三分之一相比也如同这个比. 所以,以正方形 *ABCD* 为底的棱锥是圆外切正方形上棱锥的一半.

又圆外切正方形上的棱锥大于圆锥,

因为,圆外切正方形上的棱锥包含圆锥.

所以,正方形 *ABCD* 上的棱锥大于具有同一个顶点的圆锥的一半.

用点 *E*,*F*,*G*,*H* 平分 *AB*,*BC*,*CD*,*DA* 弧,且连接 *AE*,*EB*,*BF*,*FC*,*CG*,*GD*,*DH*,*HA*,于是,也有三角形 *AEB*,*BFC*,*CGD*,*DHA* 的每一个大于圆 *ABCD* 上包含它的弓形的一半.

现在,在三角形 *AEB*,*BFC*,*CGD*,*DHA* 每一个上作与圆锥有同一顶点的棱锥.

于是,也在同样情况下,每一个棱锥大于包含它的弓形圆锥的一半.

由此,再平分圆弧,连接分点,在每一个三角形上作与圆锥有相同顶点的棱锥.

这样继续作下去,

则得到一些弓形圆锥之和小于圆锥超过圆柱的三分之一的部分. [X.1]

设已经给出了这些弓形柱,且设它们是 *AE*,*EB*,*BF*,*FC*,*CG*,*GD*,*DH*,*HA* 上的弓形柱.

所以,以多边形 *AEBFCGDH* 为底且与圆锥的顶点相同的棱锥大于圆柱的三分之一.

但是,以多边形 $AEBFCGDH$ 为底与圆锥顶点相同的棱锥是以多边形 $AEBFCGDH$ 为底且与圆柱同高的棱柱的三分之一.

所以,以多边形 $AEBFCGDH$ 为底且与圆柱等高的棱柱大于以圆 $ABCD$ 为底的圆柱.

但是,棱柱小于圆柱,因为圆柱包含棱柱:这是不可能的.

所以,圆柱不小于圆锥的三倍.

但是,已经证明了圆柱不大于圆锥的三倍;所以圆柱是圆锥的三倍;
因此,圆锥是圆柱的三分之一.

证完

命题 11

等高的圆锥或等高的圆柱之比如同它们底的比.

设有等高的圆锥和圆柱,以圆 $ABCD$,$EFGH$ 为它们的底,KL、MN 是它们的轴且 AC、EG 是它们底的直径;
则可证圆 $ABCD$ 比圆 $EFGH$ 如同圆锥 AL 比圆锥 EN.

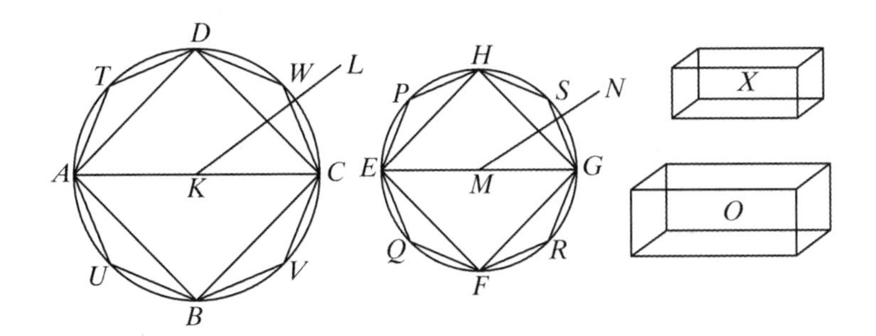

因为,如果不是这样,则圆 $ABCD$ 比圆 $EFGH$ 如同圆锥 AL 与小于圆锥 EN 的某一立体之比或是大于圆锥 EN 的某一立体之比.

首先,设符合此比的是一个较小的立体 O,又设立体 X 等于圆锥 EN 与较小的立体 O 的差;
所以,圆锥 EN 等于立体 O 与 X 的和.

设正方形 $EFGH$ 内接于圆 $EFGH$;
所以,正方形大于圆的一半.

设在正方形 $EFGH$ 上作与圆锥等高的棱锥;所以这棱锥大于圆锥的一半,
因为,如果作圆的外切正方形,且在它上作与圆锥等高的棱锥,则内接棱锥是外切棱锥的一半,因为它们的比如同它们底的比, [XII. 6]
这时,此圆锥小于外切棱锥.

用点 P、Q、R、S 等分圆弧 HE、EF、FG、GH,
连接 HP、PE、EQ、QF、FR、RG、GS、SH.

所以,三角形 HPE,EQF,FRG,GSH 的每一个都大于包含它的弓形的一半.

在三角形 HPE,EQF,FRG,GSH 的每一个上作与圆锥等高的棱锥,

所以又有,所作棱锥的每一个都大于包含它的相应的弓形上圆锥的一半.

那么,二等分得到的弧,用线段连接,在每个三角形上作与圆锥等高的棱锥,

这样继续作下去,将得到一些弓形圆锥其和小于立体 X. [X.1]

设得到的是 HP,PE,EQ,QF,FR,RG,GS,SH 上的弓形圆锥.

所以剩下的,以多边形 HPEQFRGS 为底且和圆锥同高的棱锥大于立体 O.

设内接于圆 ABCD 的多边形 DTAUBVCW 与多边形 HPEQFRGS 相似且有相似位置,

又在它上面作与圆锥 AL 等高的棱锥.

因此,AC 上的正方形比 EG 上的正方形如同多边形 DTAUBVCW 比多边形 HPEQ-FRGS, [XII.1]

而 AC 上正方形比 EG 上正方形如同圆 ABCD 比圆 EFGH. [XII.2]

所以也有,圆 ABCD 比圆 EFGH 如同多边形 DTAUBVCW 比多边形 HPEQFRGS.

但是,圆 ABCD 比圆 EFGH 如同圆锥 AL 比立体 O,且多边形 DTAUBVCW 比多边形 HPEQFRGS 如同多边形 DTAUBVCW 为底且 L 为顶点的棱锥比多边形 HPEQFRGS 为底且以 N 为顶点的棱锥. [XII.6]

所以也有,圆锥 AL 比立体 O 如同多边形 DTAUBVCW 为底,L 为顶点的棱锥比多边形 HPEQFRGS 为底,N 为顶点的棱锥. [V.11]

于是由更比,圆锥 AL 比它内的棱锥如同立体 O 比圆锥 EN 内的棱锥. [V.16]

但是,圆锥 AL 大于它的内接棱锥;

所以立体 O 也大于圆锥 EN 内的棱锥.

但是,它也小于圆锥 EN 内的棱锥:这是不合理的.

所以圆锥 AL 比小于圆锥 EN 的任何立体都不同于圆 ABCD 比圆 EFGH.

类似地,可以证明圆锥 EN 比任何小于圆锥 AL 的立体都不同于圆 EFGH 比圆 ABCD.

其次,可证圆锥 AL 比大于圆锥 EN 的某一立体不同于圆 ABCD 比圆 EFGH.

因为,如果相等,设符合这个比的是较大的立体 O;

于是由反比,圆 EFGH 比圆 ABCD 如同立体 O 比圆锥 AL.

但是,立体 O 比圆锥 AL 如同圆锥 EN 比某一个小于圆锥 AL 的立体;

所以也有,圆 EFGH 比圆 ABCD 如同圆锥 EN 比小于圆锥 AL 的某一个立体:已经证明了这是不可能的.

所以,圆锥 AL 比大于圆锥 EN 的某一立体不同于圆 ABCD 比圆EFGH.

但是,已经证明了,符合这个比而小于立体 EN 的立体是没有的;

所以,圆 ABCD 比圆 EFGH 如同圆锥 AL 比圆锥 EN.

但是,圆锥比圆锥等于圆柱比圆柱.

因为圆柱三倍于圆锥; [XII.10]

所以也有,圆 ABCD 比圆 EFGH 如同在它们上等高的圆柱的比.

证完

命题 12

相似圆锥或相似圆柱之比如同它们底的直径的三次比.

设有相似圆锥和相似圆柱,

设圆 $ABCD$,$EFGH$ 是它们的底,BD 与 FH 是底的直径,且 KL,MN 是圆锥及圆柱的轴.

则可证以圆 $ABCD$ 为底且以 L 为顶点的圆锥与以圆 $EFGH$ 为底且以 N 为顶点的圆锥的比如同 BD 与 FH 的三次比.

如果圆锥 $ABCDL$ 与圆锥 $EFGHN$ 的比不同于 BD 与 FH 的三次比,

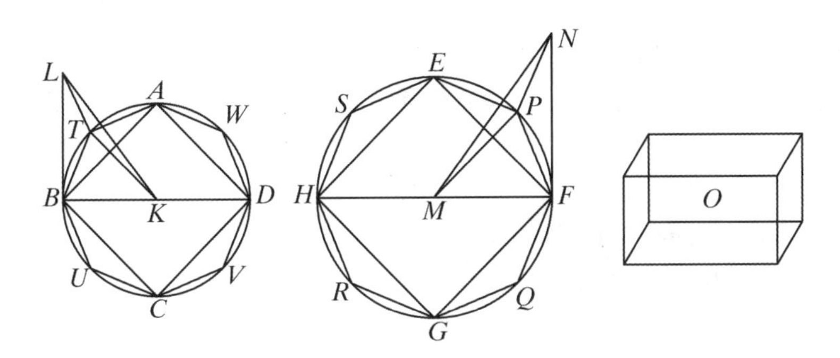

则圆锥 $ABCDL$ 与某一小于或大于圆锥 $EFGHN$ 一个立体的比如同 BD 与 FH 的三次比.

首先,设它与较小的立体 O 有这三次比.

设正方形 $EFGH$ 内接于圆 $EFGH$; [Ⅳ.6]

所以,正方形 $EFGH$ 大于圆 $EFGH$ 的一半.

现在,设在正方形 $EFGH$ 上有一个和圆锥同顶点的棱锥;所以此棱锥大于圆锥的一半.

设点 P, Q, R, S 二等分圆弧 EF, FG, GH, HE;连接 EP, PF, FQ, QG, GR, RH, HS,SE.

于是每个三角形 EPF,FQG,GRH,HSE 也大于圆 $EFGH$ 中包含它的弓形的一半.

现在,设在每个三角形 EPF,FQG,GRH,HSE 上作一个和圆锥同顶点的棱锥;所以这样的每个棱锥也大于包含它们的弓形圆锥上锥体的一半.

那么,二等分得到的圆弧,作弦,在每个三角形上作与圆锥有相同顶点的棱锥,这样继续作下去.

我们将得到某些弓形圆锥其和小于圆锥 $EFGHN$ 超过立体 O 的部分. [X.1]

设这样得到 EP,PF,FQ,QG,GR,RH,HS,SE 上的弓形圆锥.

所以剩下的,以多边形 $EPFQGRHS$ 为底且以点 N 为顶点的棱锥大于立体 O.

圆 $ABCD$ 的内接多边形 $ATBUCVDW$ 与多边形 $EPFQGRHS$ 相似且有相似位置,

且在多边形 $ATBUCVDW$ 上作与圆锥同顶点的棱锥;以多边形 $ATBUCVDW$ 为底且以 L

为顶点,由许多三角形围成一个棱锥,*LBT* 为其三角形之一,又以多边形 *EPFQGRHS* 为底且以点 *N* 为顶点,由许多三角形围成一个棱锥,*NFP* 为其三角形之一;
又接连 *KT*,*MP*.

现在,因为圆锥 *ABCDL* 相似于圆锥 *EFGHN*,所以,*BD* 比 *FH* 如同轴 *KL* 比轴 *MN*. [Ⅺ.定义 24]

但是,*BD* 比 *FH* 如同 *BK* 比 *FM*,
所以也有,*BK* 比 *FM* 如同 *FL* 比 *MN*.

又,由更比,*BK* 比 *KL* 如同 *FM* 比 *MN*. [Ⅴ.16]

于是夹等角的边成比例,即夹角 *BKL*、*FMN*;所以三角形 *BKL* 与三角形 *FMN* 相似. [Ⅵ.6]

又,因为,*BK* 比 *KT* 如同 *FM* 比 *MP*,
且它们是夹等角的,即角 *BKT*,*FMP*,
因为,无论角 *BKT* 在圆心 *K* 的四个直角占多少部分,角 *FMP* 也是在圆心 *M* 的四个直角占同样多少部分;
因为,夹等角的边成比例,
所以,三角形 *BKT* 与三角形 *FMP* 相似. [Ⅵ.6]

又,已经证明了 *BK* 比 *KL* 如同 *FM* 比 *MN*,
这时,*BK* 等于 *KT*,且 *FM* 等于 *PM*,
所以,*TK* 比 *KL* 如同 *PM* 比 *MN*;
又夹等角的边成比例,即等角 *TKL*,*PMN*,因为它们是直角;
所以,三角形 *LKT* 与三角形 *NMP* 相似. [Ⅵ.6]

又因为,由于三角形 *LKB* 与 *NMF* 相似,
LB 比 *BK* 如同 *NF* 比 *FM*,
又,由于三角形 *BKT* 与 *FMP* 相似,
KB 比 *BT* 如同 *MF* 比 *FP*,
所以,由首末比,*LB* 比 *BT* 如同 *NF* 比 *FP*. [Ⅴ.22]

又因为,由于三角形 *LTK* 与 *NPM* 相似,
LT 比 *TK* 如同 *NP* 比 *PM*,
又,由于三角形 *TKB* 与 *PMF* 相似,
KT 比 *TB* 如同 *MP* 比 *PF*;
所以,由首末比,*LT* 比 *TB* 如同 *NP* 比 *PF*. [Ⅴ.22]

但是,已经证明了,*TB* 比 *BL* 如同 *PF* 比 *FN*.

所以,由首末比,*TL* 比 *LB* 如同 *PN* 比 *NF*. [Ⅴ.22]

所以,在三角形 *LTB* 与 *NPF* 中它们的边成比例;
于是,三角形 *LTB* 与 *NPF* 是等角的; [Ⅵ.5]
因此,它们也相似. [Ⅵ.定义 1]

所以,以三角形 *BKT* 为底且以点 *L* 为顶点的棱锥也相似于以三角形 *FMP* 为底且以点 *N* 为顶点的棱锥,

因为,围成它们的面数相等且各面相似. [XI. 定义 9]

但是,两个以三角形为底的相似棱锥之比如同对应边的三次比. [XII. 8]

所以,棱锥 $BKTL$ 比棱锥 $FMPN$ 如同 BK 与 FM 的三次比.

类似地,由 A、W、D、V、C、U 到 K 连线段,又从 E、S、H、R、G、Q 到 M 连线段,在每个三角形上作与圆锥有相同顶点的棱锥,

我们可以证明每对相似棱锥的比如同对应边 BK 与对应边 FM 的三次比,即 BD 与 FH 的三次比.

又,前项之一比后项之一如同所有前项之和比所有后项之和; [V. 12]

所以也有,棱锥 $BKTL$ 比棱锥 $FMPN$ 如同以多边形 $ATBUCVDW$ 为底且以点 L 为顶点的整体棱锥比以多边形 $EPFQGRHS$ 为底且以点 N 为顶点的整体棱锥;

因此,也得到以 $ATBUCVDW$ 为底且以点 L 为顶点的棱锥比以多边形 $EPFQGRHS$ 为底且以点 N 为顶点的棱锥如同 BD 与 FH 的三次比.

但是,由假设,以圆 $ABCD$ 为底且以点 L 为顶点的圆锥比立体 O 如同 BD 与 FH 的三次比;

所以,以圆 $ABCD$ 为底且以点 L 为顶点的圆锥比立体 O 如同以多边形 $ATBUCVDW$ 为底且以 L 为顶点的棱锥比以多边形 $EPFQGRHS$ 为底且以点 N 为顶点的棱锥;

所以,由更比,以圆 $ABCD$ 为底且以 L 为顶点的圆锥比包含在它内的以多边形 $ATBUCVDW$ 为底且以 L 为顶点的棱锥如同立体 O 比以多边形 $EPFQGRHS$ 为底且以 N 为顶点的棱锥. [V. 16]

但是,此处圆锥大于它内的棱锥;因为圆锥包含着棱锥.

所以,立体 O 也大于以多边形 $EPFQGRHS$ 为底且以 N 为顶点的棱锥.

但是,它也小于它:这是不可能的.

所以,以圆 $ABCD$ 为底且以 L 为顶点的圆锥比任何小于以圆 $EFGH$ 为底且以点 N 为顶点的圆锥的立体都不同于 BD 与 FH 的三次比.

类似地,我们能够证明圆锥 $EFGHN$ 与任何小于圆锥 $ABCDL$ 的立体的比不同于 FH 与 BD 的三次比.

其次,可证圆锥 $ABCDL$ 比任何大于圆锥 $EFGHN$ 的立体不同于 BD 与 FH 的三次比.

因为,如果可能的话,设和一个较大的立体 O 有这样的比.

于是,由反比,立体 O 与圆锥 $ABCDL$ 的比如同 FH 与 BD 的三次比.

但是,立体 O 比圆锥 $ABCDL$ 如同圆锥 $EFGHN$ 比某一个小于圆锥 $ABCDL$ 的立体.

所以,圆锥 $EFGHN$ 与某一小于圆锥 $ABCDL$ 的立体的比如同 FH 与 BD 的三次比:已经证明了这是不可能的.

所以,圆锥 $ABCDL$ 与任何大于圆锥 $EFGHN$ 的立体的比不同于 BD 与 FH 的三次比.

但是,也已经证明了与一个小于圆锥 $EFGHN$ 的立体的比不同于这个比.

所以圆锥 $ABCD$ 与圆锥 $EFGHN$ 的比如同 BD 与 FH 的三次比.

但是,圆锥比圆锥如同圆柱比圆柱,

因为,同底等高的圆柱是圆锥的三倍. [Ⅻ.10]

所以,圆柱与圆柱之比也如同 BD 与 FH 的三次比.

证完

命题 13

若一个圆柱被平行于它的对面的平面所截,则截得的圆柱比圆柱如同轴比轴.

为此,设圆柱 AD 被平行于对面 AB,CD 的平面 GH 所截,且平面 GH 交轴于 K 点;

则可证圆柱 BG 比圆柱 GD 如同轴 EK 比轴 KF.

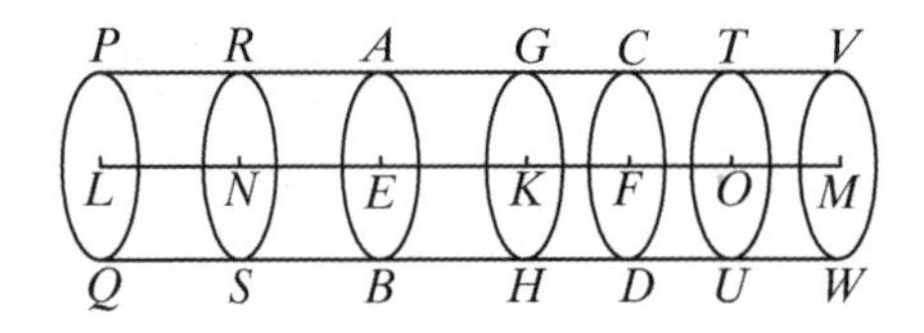

设向两方延长轴 EF 至点 L,M,

又任取轴 EN,NL 等于轴 EK,并且取 FO,OM 等于 FK;又设以 LM 为轴的圆柱 PW 其底为圆 PQ,VW.

过点 N,O 作平行于 AB,CD 的平面且平行于圆柱 PW 的底;

又设以 N,O 为圆心而得出的圆为 RS,TU.

则,因轴 LN,NE,EK 彼此相等,

所以,圆柱 QR,RB,BG 彼此之比如同它们的底之比. [Ⅻ.11]

但是,它们的底是相等的;

所以,圆柱 QR,RB,BG 也彼此相等.

因为轴 LN,NE,EK 彼此相等,

且圆柱 QR,RB,BG 也彼此相等,

且前者的个数等于后者的个数,

所以,轴 KL 是轴 EK 的无论多少个倍数,圆柱 QG 也是圆柱 GB 的同样倍数.

同理,轴 MK 是轴 KF 的无论多少个倍数,圆柱 WG 也是圆柱 GD 的同样倍数.

又,如果轴 KL 等于轴 KM,则圆柱 QG 也等于圆柱 GW;

如果轴 KL 大于轴 KM,则圆柱 QG 也大于圆柱 GW;

且如果轴 KL 小于轴 KM,则圆柱 QG 也小于圆柱 GW.

这样,存在四个量,轴 EK,KF 和圆柱 BG,GD;已经取定了轴 EK 和圆柱 BG 的同倍量,即轴 LK 和圆柱 QG,又取定了轴 KF 和圆柱 GD 的同倍量,即轴 KM 及圆柱 GW;又已经证得:如果轴 KL 大于轴 KM,则圆柱 QG 也大于圆柱 GW;

如果轴 KL 等于轴 KM,则圆柱 QG 也等于圆柱 GW;

如果轴 KL 小于轴 KM,则圆柱 QG 也小于圆柱 GW.

所以,轴 EK 比轴 KF 如同圆柱 BG 比圆柱 GD. [Ⅴ.定义5]

证完

命题 14

有等底的圆锥或圆柱之比如同它们的高之比.

设 *EB*,*FD* 是等底上的两个圆柱,底为圆 *AB*,*CD*.

则可证圆柱 *EB* 比圆柱 *FD* 如同高 *GH* 比高 *KL*.

为此,延长轴 *KL* 到点 *N*,使 *LN* 等于轴 *GH*,又设 *CM* 是以 *LN* 为轴的圆柱.

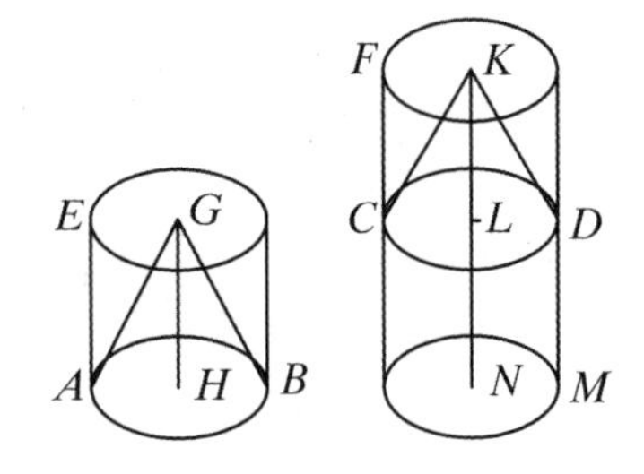

因为,圆柱 *EB*,*CM* 等高,则它们的比等于它们的底比. [XII. 11]

但是,它们的底彼此相等:

所以,圆柱 *EB*,*CM* 也相等.

又,因为圆柱 *FM* 被平行于它的底面的平面 *CD* 所截,

所以,圆柱 *CM* 比圆柱 *FD* 如同轴 *LN* 比轴 *KL*. [XII. 13]

但是,圆柱 *CM* 等于圆柱 *EB*,且轴 *LN* 等于轴 *GH*;

所以,圆柱 *EB* 比圆柱 *FD* 如同轴 *GH* 比轴 *KL*.

但是,圆柱 *EB* 比圆柱 *FD* 如同圆锥 *ABG* 比圆锥 *CDK*. [XII. 10]

所以也有,轴 *GH* 比轴 *KL* 如同圆锥 *ABG* 比圆锥 *CDK*,也如同圆柱 *EB* 比圆柱 *FD*.

证完

命题 15

在相等的圆锥或圆柱中,其底与高成互反比例;又若圆锥或圆柱的底与高成互反比例,则二者相等.

设有以圆 *ABCD*,*EFGH* 为底的两个相等的圆锥或圆柱;

设 *AC*、*EG* 为底的直径,

且 *KL*,*MN* 是轴,也是圆锥或圆柱的高;设已经作出圆柱 *AO*,*EP*.

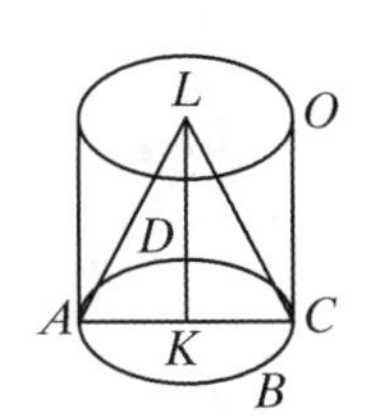

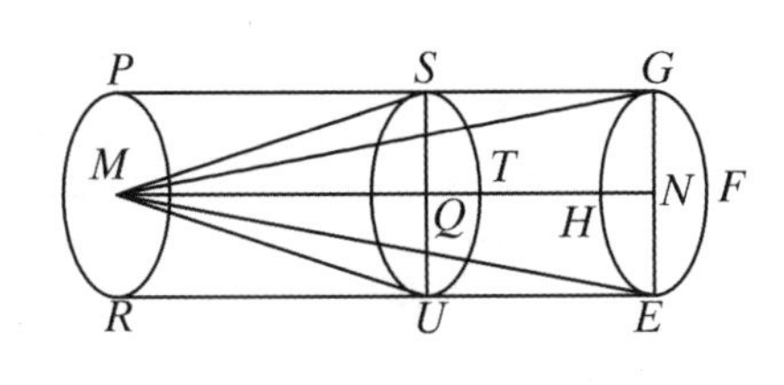

则可证圆柱 AO,EP 的底与高成互反比例,即,底 $ABCD$ 比底 $EFGH$ 如同高 MN 比高 KL.

因为高 LK 或者等于高 MN 或者不等于高 MN.

首先,设是相等的,

现在,因圆柱 AO 等于圆柱 EP.

但是,圆锥或圆柱等高,它们的比如同其底的比. [Ⅻ.11]

所以,底 $ABCD$ 也等于底 $EFGH$.

故也有互反比例,底 $ABCD$ 比底 $EFGH$ 如同高 MN 比高 KL.

其次,设高 LK 不等于 MN,而是 MN 较大;

从高 MN 截取 QN 等于 KL,过点 Q 作平面 TUS 截圆柱 EP 而平行于圆 $EFGH$,RP 所在的平面,且设圆柱 ES 以圆 $EFGH$ 为底,NQ 为高.

现在,因为圆柱 AO 等于圆柱 EP,

所以,圆柱 AO 比圆柱 ES 如同圆柱 EP 比圆柱 ES. [Ⅴ.7]

但是,圆柱 AO 比圆柱 ES 如同底 $ABCD$ 比底 $EFGH$,因为圆柱 AO,ES 是等高的; [Ⅻ.11]

又,圆柱 EP 比圆柱 ES 如同高 MN 比高 QN,

因为,圆柱 E 被一个平面所截而此平面又平行于相对二底面. [Ⅻ.13]

所以,又有,底 $ABCD$ 比底 $EFGH$ 如同高 MN 比高 QN. [Ⅴ.11]

但是,高 QN 等于高 KL,所以,底 $ABCD$ 比底 $EFGH$ 如同高 MN 比高 KL.

所以,在圆柱 AO,EP 中,底与高成互反比例.

其次,在圆柱 AO,EP 中,设底与高成互反比例,

即,底 $ABCD$ 比底 $EFGH$ 如同高 MN 比高 KL;

则可证圆柱 AO 等于圆柱 EP.

事实上,可用同一作图.

因为,底 $ABCD$ 比底 $EFGH$ 如同高 MN 比高 KL,

这时,高 KL 等于高 QN,所以,底 $ABCD$ 比底 $EFGH$ 如同高 MN 比高 QN.

但是,底 $ABCD$ 比底 $EFGH$ 如同圆柱 AO 比圆柱 ES,因为它们同高; [Ⅻ.11]

又,高 MN 比 QN 如同圆柱 EP 比圆柱 ES; [Ⅻ.13]

所以,圆柱 AO 比圆柱 ES 如同圆柱 EP 比圆柱 ES. [Ⅴ.11]

从而,圆柱 AO 等于圆柱 EP. [Ⅴ.9]

而且对圆锥来说也同样是正确的.

证完

命题 16

已知两个同心圆,求作内接于大圆的偶数条边的等边多边形,使它与小圆不相切.

设 $ABCD$, $EFGH$ 是同心于 K 的两个已知圆. 要求作内接于大圆 $ABCD$ 的偶数条边的等边多边形,而它与小圆 $EFGH$ 不相切.

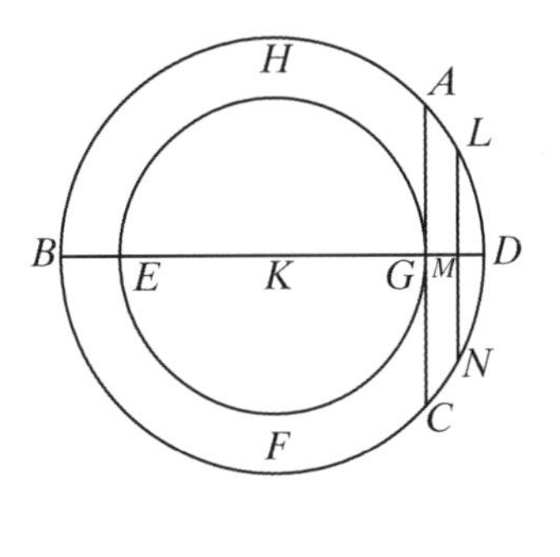

为此,经过圆心 K 作直径 BKD,又从点 G 作 GA 与直径 BD 成直角且延长至点 C;所以 AC 切圆 $EFGH$.

[Ⅲ.16,推论]

然后,平分弧 BAD,将所分的一半再平分,如此继续分下去,我们将得到一条比 AD 小的弧. [Ⅹ.1]

设这样得到弧是 LD;
从 L 作 LM 垂直于 BD 且延长至 N.
连接 LD, DN;于是 LD 等于 DN. [Ⅲ.3,Ⅰ.4]

现在,因为 LN 平行于 AC,且 AC 切于圆 $EFGH$,
所以 LN 与圆 $EFGH$ 不相切,
所以 LD, DN 更与圆 $EFGH$ 不相切.

如果在圆 $ABCD$ 内连续作等于 LD 的弦,那么将得到内接于 $ABCD$ 的偶数边的等边多边形,它与小圆 $EFGH$ 不相切.

作完

命题 17

已知两个同心球,在大球内作内接多面体,使它与小球面不相切.

设有同心于点 A 的两球;要求在大球内作内接多面体,使它与小球面不相切.

又设球被过球心的任一平面所截;截迹为一个圆,
因为,球是固定一个半圆的直径,该半圆绕直径旋转而成的; [Ⅺ.定义 14]
因此,在任何位置我们都可得到半圆,由此经过半圆的平面在球面上截出一个圆.

且明显的,这个圆是最大的,因为是球的直径,自然也是半圆和这个圆的直径,它大于所有经过圆内或者球内的线段.

设 $BCDE$ 是大球内的一个圆,且 FGH 是小球内的一个圆;设在它们中有成直角的两条直径 BD, CE;
于是,给定的这两圆 $BCDE$, FGH 是同心圆,设在大圆 $BCDE$ 中有一个内接偶数条边的等边多边形,它和小圆 EGH 不相切.

设 BK, KL, LM, ME 是象限 BE 内的边,
连接 KA 延长至 N,
又设从点 A 作直线 AO 与圆 $BCDE$ 所在的平面成直角,且交球面于点 O.
又过 AO 与直径 BD, KN 作平面,
它们和球面截出最大圆,这是合理的.

设已经作出了它们,并又设在它们中 BOD, KON 是 BD, KN 上的半圆.

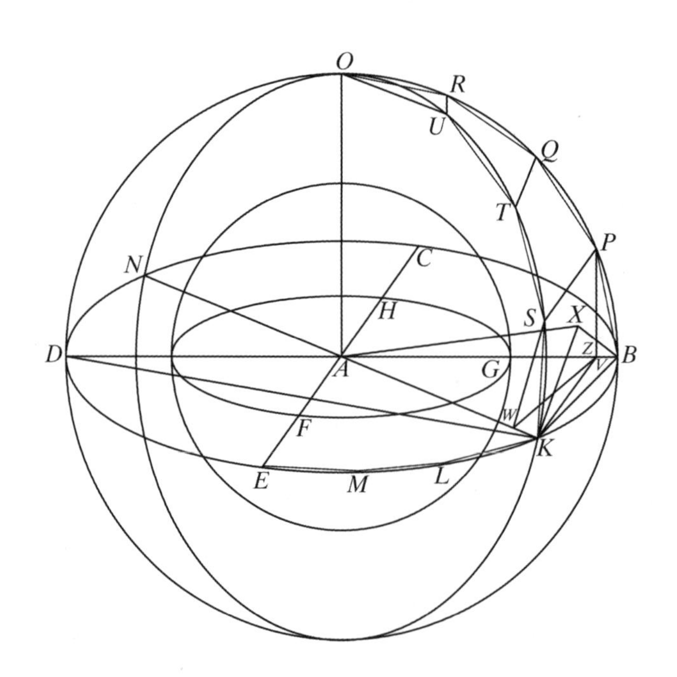

现在,因为 OA 和圆 $BCDE$ 所在的平面成直角,所以所有经过 OA 的平面都和圆 $BCDE$ 所在的平面成直角. [Ⅺ. 18]

因此,半圆 BOD,KON 也和圆 $BCDE$ 所在的平面成直角.

又,因为半圆 BED,BOD,KON 是相等的,因为它们在相等的直径 BD,KN 上,

所以象限 BE,BO,KO 也彼此相等.

所以,在象限 BO,KO 上有多少条弦等于弦 BK,KL,LM,ME 就在象限 BE 上有多边形的多少条边.

设它们是内接的,又设它们是 BP,PQ,QR,RO 以及 KS,ST,TU,UO,

连接 SP,TQ,UR,

又由 P,S 作圆 $BCDE$ 所在的平面的垂线; [Ⅺ. 11]

它们交平面的公共交线 BD,KN 上,因为 BOD,KON 所在的平面与圆 $BCDE$ 所在的平面成直角. [参见Ⅺ. 定义 4]

设它们是 PV,SW,连接 WV.

现在因为,在相等的半圆 BOD,KON 内已经截出了相等的弦 BP,KS,而且已经作出垂线 PV,SW.

所以,PV 等于 SW,且 BV 等于 KW. [Ⅲ. 27, Ⅰ. 26]

但是整体 BA 也等于整体 KA,所以余下的 VA 也等于余下的 WA;

所以,BV 比 VA 如同 KW 比 WA;

故 WV 平行于 KB. [Ⅵ. 2]

又因为,线段 PV,SW 每个都与圆 $BCDE$ 所在平面成直角. 所以 PV 和 SW 平行. [Ⅺ. 6]

但是,已经证明了也是相等的,

所以 WV,SP 既相等又平行. [Ⅰ.33]

又因为,WV 平行于 SP,

这时 WV 平行于 KB,所以 SP 也平行于 KB. [Ⅺ.9]

又连接 BP,KS 的端点;

所以,四边形 $KBPS$ 在同一平面上,

因为,如果两条直线是平行的,在它们每一条上任意取点,连接这些点的线与该二平行线在同一平面上. [Ⅺ.7]

同理,四边形 $SPQT$,$TQRU$ 的每一个都在同一平面上.

但是,三角形 URO 也在同一个平面上. [Ⅺ.2]

如果,我们由点 P,S,Q,T,R,U 到 A 连接直线,就作出在弧 BO,KO 之间的一个多面体,它包含了四边形 $KBPS$,$SPQT$,$TQRU$ 以及三角形 URO 为底且以 A 为顶点的棱锥.

又,如果我们在边 KL,LM,ME 的每一个上像在 BK 上一样给出同样的作图;更进一步在其余三个象限内也给出同样的作图,

于是,得到一个由棱锥构成的内接于球的多面体,它是由前述的四边形和三角形 URO 以及与它们对应的其他一些四边形和三角形为底且以 A 为顶点的棱锥构成.

则可证前述多面体不切于由圆 FGH 生成的球面.

设 AX 是由点 A 所作的四边形 $KBPS$ 所在平面的垂线,且设与平面交于点 X. [Ⅺ.11]

连接 XB,XK.

则,AX 与四边形 $KBPS$ 所在平面成直角,

所以,它也和四边形所在平面上所有和它相交的直线成直角. [Ⅺ.定义3]

所以,AX 和直线 BX,XK 的每一条成直角.

又因为,AB 等于 AK,AB 上的正方形也等于 AK 上的正方形.

且 AX,XB 上正方形的和等于 AB 上的正方形,因为 X 处的是直角; [Ⅰ.47]

且 AX,XK 上正方形的和等于 AK 上的正方形. [同前]

所以 AX,XB 上正方形的和等于 AX,XK 上正方形的和.

从它们中各减去 AX 上的正方形;

则余下的 BX 上的正方形等于余下的 XK 上的正方形;

所以 BX 等于 XK.

类似地,我们可以证明 X 到 P,S 连接的线段等于线段 BX,XK 的每一个.

所以,以 X 为圆心且以 XB 或 XK 为距离的圆通过 P,S 且 $KBPS$ 是圆内接四边形.

现在,因为 KB 大于 WV,而 WV 等于 SP,所以 KB 大于 SP.

但是 KB 等于线段 KS 及 BP 的每一个;

所以,线段 KS,BP 的每一个大于 SP.

又因为,$KBPS$ 是圆内的四边形,且 KB,BP,KS 相等,又 PS 小于它们,BX 是圆的半径.

所以,KB 上的正方形大于 BX 上的正方形的二倍.

设从 K 作 KZ 垂直于 BV.

则,BD 小于 DZ 的二倍,

又,BD 比 DZ 如同矩形 DB、BZ 比矩形 DZ、ZB,如果在 BZ 上作一个正方形,把 ZD 上的平行四边形画出来,

则矩形 DB、BZ 也小于矩形 DZ、ZB 的二倍.

且,如果连接 KD,矩形 DB、BZ 等于 BK 上的正方形,又矩形 DZ、ZB 等于 KZ 上的正方形; [Ⅲ.31,Ⅵ.8,推论]

所以 KB 上的正方形小于 KZ 上正方形的二倍.

但是,KB 上的正方形大于 BX 上正方形的二倍;

所以,KZ 上的正方形大于 BX 上的正方形.

又因为 BA 等于 KA,BA 上的正方形等于 AK 上的正方形.

又 BX,XA 上正方形的和等于 BA 上的正方形,且 KZ,ZA 上正方形的和等于 KA 上的正方形; [Ⅰ.47]

所以,BX,XA 上正方形的和等于 KZ,ZA 上正方形的和,且其中 KZ 上的正方形大于 BX 上的正方形;

所以余下的 ZA 上正方形小于 XA 上正方形.

所以,AX 大于 AZ;

于是,AX 更大于 AG.

又 AX 是多面体一个底上的垂线,且 AG 在小球的球面上①;

从而多面体与小球的球面不相切.

所以,对已知二同心球作出了一个多面体,内接于大球面而不与小球的球面相切.

作完

推论 如果另外一个球的内接多面体相似于球 $BCDE$ 的内接多面体,那么,球 $BCDE$ 的内接多面体比另一球的内接多面体如同球 $BCDE$ 的直径与另一球的直径的三次比.

事实上,这两个立体按顺序可分成同样个数的相似的棱锥.

但是,相似棱锥之比如同对应边的三次比; [Ⅻ.8,推论]

所以,以四边形 $KBPS$ 为底且以 A 为顶点的棱锥与另一球内按顺序相似的棱锥之比如同对应边与对应边的三次比. 即,以 A 为心的球的半径与另一球的半径的三次比.

类似地也有,在以 A 为心的球中的每个棱锥比另一球中按顺序相似的棱锥如同 AB 与另一球的半径的三次比.

又,前项之一比后项之一等于所有前项之和比所有后项之和. [Ⅴ.12]

因此,在以 A 为心的球内的整体多面体比另一球内的整体多面体如同 AB 与另一球半径的三次比,

即,直径 BD 与另一球直径的三次比.

证完

① 这句话显然不合适,我国的"明清本"是"又 AG 是小球的半径",这是对的.

命题 18

球与球的比如同它们直径的三次比.

设所论的两球为 ABC,DEF,且设 BC,EF 为它们的直径.

则可证球 ABC 比球 DEF 如同 BC 与 EF 的三次比.

因为,如果球 ABC 比球 DEF 不同于 BC 与 EF 的三次比,则球 ABC 比某一个小于或大于球 DEF 的球如同 BC 与 EF 的三次比.

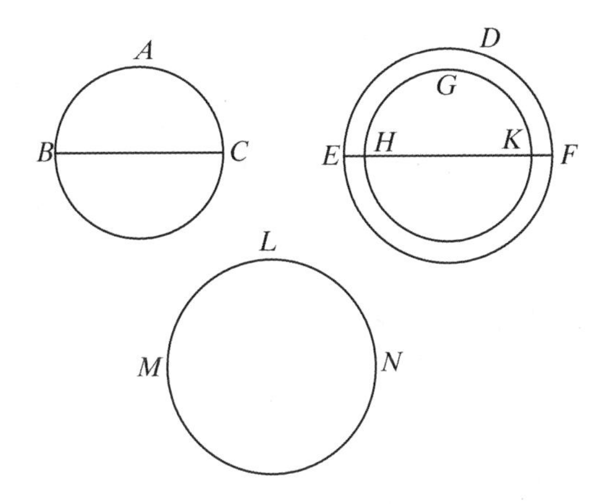

首先,设等于此比的是一个小球 GHK,设球 DEF 与球 GHK 同心,

设在大球 DEF 内有一个内接多面体,它与小球 GHK 不相切. [Ⅻ.17]

又设在球 ABC 内有一个内接多面体相似于球 DEF 内的内接多面体;

所以,ABC 中的多面体比 DEF 中的多面体如同 BC 与 EF 的三次比. [Ⅻ.17,推论]

但是,球 ABC 比球 GHK 也如同 BC 与 EF 的三次比;

所以,球 ABC 比球 GHK 如同在球 ABC 中的多面体比球 DEF 中的多面体;

又由更比,球 ABC 比它中的多面体如同球 GHK 比球 DEF 中的多面体. [Ⅴ.16]

但是,球 ABC 大于它中的多面体;

所以,球 GHK 也大于球 DEF 中的多面体.

但是,它也小于球 DEF 中的多面体,因为它被 DEF 中的多面体包含着.

所以球 ABC 与一个小于球 DEF 的球之比不同于直径 BC 与直径 EF 的三次比.

类似地,我们能证明球 DEF 与一个小于球 ABC 的球之比也不同于 EF 与 BC 的三次比.

其次,可证明球 ABC 与一个大于球 DEF 的球之比不同于 BC 与 EF 的三次比.

如果可能,设能有这个比的一个大球为 LMN;所以,由反比例,球 LMN 与球 ABC 之比如同直径 EF 与 BC 的三次比.

但是,因为 LMN 大于 DEF,

所以,球 LMN 比球 ABC 如同球 DEF 比某一个小于球 ABC 的球,前面已经证过.

[Ⅻ.2,引理]

所以,球 DEF 也与一个小于球 ABC 的球之比如同 EF 与 BC 的三次比:已经证明了这是不可能的.

所以,球 ABC 与一个大于球 DEF 的球之比不同于 BC 与 EF 的三次比.

但是,已经证明了球 ABC 与小于球 DEF 的球之比也不同于 BC 比 EF 的三次比.

所以,球 ABC 比球 DEF 如同 BC 与 EF 的三次比.

证完

第XIII卷

命 题

命题1

如果把一线段分为中外比. 则大线段与原线段一半的和上的正方形等于原线段一半上正方形的五倍.

设线段 AB 被点 C 分为中外比,且设 AC 是较大的线段;

延长 CA 到 D,使 AD 等于 AB 的一半.

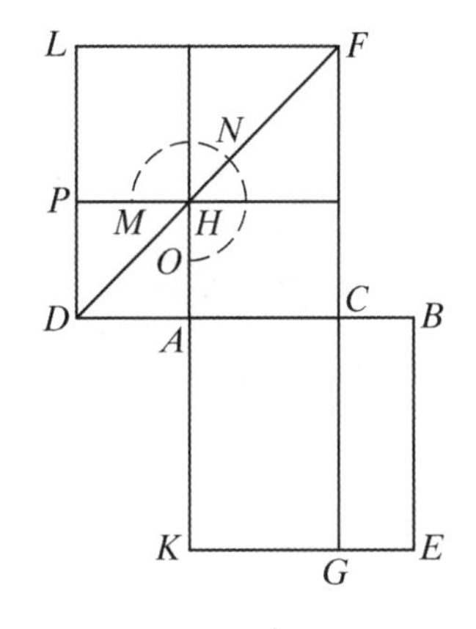

则可证 CD 上的正方形是 AD 上正方形的五倍.

为此,在 AB,DC 上作正方形 AE,DF,

且设在 DF 上的图形已经作成;

设 FC 经过点 G.

现在,因为点 C 分 AB 为中外比,

所以矩形 AB、BC 等于 AC 上的正方形.

[Ⅵ. 定义 3, Ⅵ. 17]

又 CE 是矩形 AB、BC,且 FH 是 AC 上的正方形;

所以,CE 等于 FH.

又因为,BA 是 AD 的二倍,

这时,BA 等于 KA,且 AD 等于 AH,

所以,KA 也是 AH 的二倍.

但是,KA 比 AH 如同 CK 比 CH; [Ⅵ. 1]

所以,CK 是 CH 的二倍.

但是 LH,HC 的和也是 CH 的二倍,

所以,KC 等于 LH,HC 的和.

但是已经证明了 CE 也等于 HF;

所以,整体正方形 AE 等于拐尺形 MNO.

又因为,BA 是 AD 的二倍,

BA 上正方形是 AD 上正方形的四倍,

即,AE 是 DH 的四倍.

但是,AE 等于拐尺形 MNO;

所以，拐尺形 MNO 也等于 AP 的四倍；
从而整体 DF 等于 AP 的五倍.

又 DF 是 DC 上的正方形，且 AP 是 DA 上的正方形.

所以，CD 上的正方形是 DA 上正方形的五倍.

证完

命题 2

如果一线段上的正方形是它的部分线段上正方形的五倍. 那么，当这部分线段的二倍被分成中外比时，其较长线段是原来线段的所余部分.

为此，设线段 AB 上的正方形是它的部分线段 AC 上正方形的五倍，且设 CD 是 AC 的二倍.

则可证当 CD 被分成中外比时，大线段是 CB.

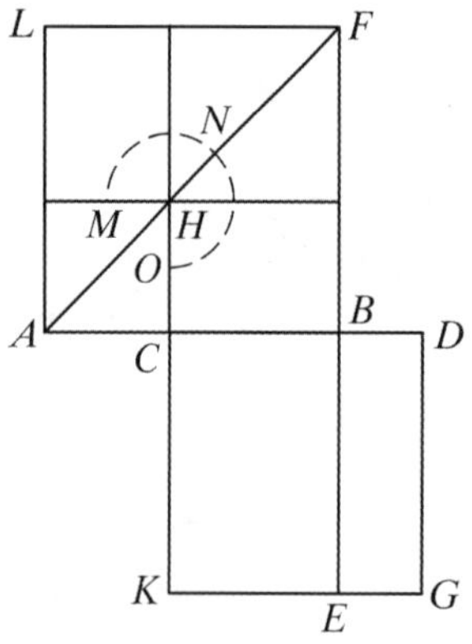

设 AF，CG 分别是 AB，CD 上的正方形，
设在 AF 中的图形已经作出，并且画出 BE.

现在，因为 BA 上的正方形是 AC 上正方形的五倍，AF 是 AH 的五倍.

所以，拐尺形 MNO 是 AH 的四倍. 又因为，DC 是 CA 的二倍，
所以，DC 上的正方形是 CA 上正方形的四倍.

即，CG 是 AH 的四倍.

但是，已经证明了拐尺形 MNO 是 AH 的四倍；
所以，拐尺形 MNO 等于 CG.

又因为，DC 是 CA 的二倍，
而 DC 等于 CK，且 AC 等于 CH，
所以 KB 也是 BH 的二倍. [Ⅵ. 1]

但是 LH，HB 的和也是 HB 的二倍；
所以，KB 等于 LH，HB 的和.

但是，已经证明了整体拐尺形 MNO 等于整体 CG；
所以，余量 HF 等于 BG.

又 BG 是矩形 CD、DB，
因为，CD 等于 DG；且 HF 是 CB 上的正方形；
所以，矩形 CD、DB 等于 CB 上的正方形.

所以，DC 比 CB 如同 CB 比 BD.

但是，DC 大于 CB；所以 CB 也大于 BD.

所以，当线段 CD 被分为中外比时，CB 是较大的部分.

证完

引 理

［如上命题］证明 AC 的二倍大于 BC.

假若不是这样，设 BC 是 CA 的二倍，如果这是可能的.

所以，BC 上的正方形是 CA 上正方形的四倍；所以 BC，CA 上正方形的和是 CA 上正方形的五倍.

但是，由假设，BA 上的正方形也是 CA 上正方形的五倍；
所以，BA 上正方形等于 BC，CA 上正方形的和；
这是不可能的. ［Ⅱ.4］

所以，CB 不等于 AC 的二倍.

类似地，我们可以证明小于 CB 的线段不会是 CA 的二倍；
因为这更不合理.

所以 AC 的二倍大于 CB.

证完

命题 3

如果将一线段分成中外比，则小线段与大线段一半的和上的正方形是大线段一半上正方形的五倍.

为此，设点 C 分一线段 AB 成中外比，设 AC 是较大的一段，且设 D 平分 AC；
则可证 BD 上的正方形是 DC 上正方形的五倍.

为此，设正方形 AE 是作在 AB 上的，
且设已经作出此图形.

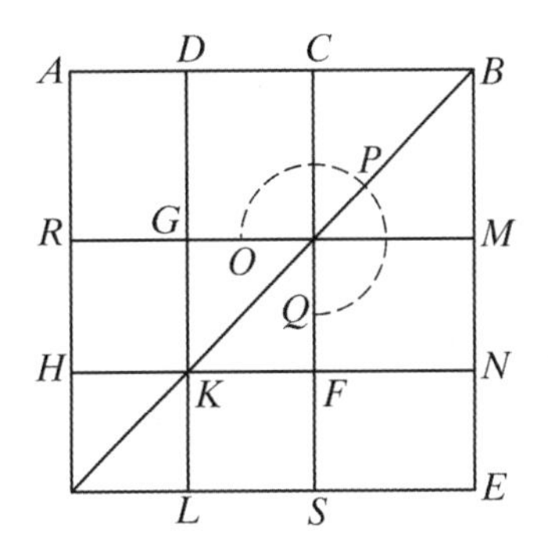

因为 AC 是 DC 的二倍，所以 AC 上正方形是 DC 上正方形的四倍，即 RS 是 FG 的四倍.

又因为，矩形 AB、BC 等于 AC 上的正方形，且 CE 是矩形 AB、BC，
所以，CE 等于 RS.

但是，RS 是 FG 的四倍，所以 CE 也是 FG 的四倍.

再者，因为 AD 等于 DC，HK 也等于 KF.

故正方形 GF 也等于正方形 HL.

所以，GK 等于 KL，即，MN 等于 NE；
故 MF 也等于 FE.

但是，MF 等于 CG；所以 CG 也等于 FE.

将 CN 加在以上两边;
所以,拐尺形 OPQ 等于 CE.

但是,已经证明了 CE 是 GF 的四倍;
所以,拐尺形 OPQ 也是正方形 FG 的四倍.

所以,拐尺形 OPQ 与正方形 FG 的和是 FG 的五倍.

但是,拐尺形 OPQ 与正方形 FG 的和是正方形 DN.

又 DN 是 DB 上的正方形,且 GF 是 DC 上的正方形.

所以,DB 上的正方形是 DC 上正方形的五倍.

证完

命题 4

如果一个线段被分成中外比. 则整体线段上的正方形与小线段上正方形的和是大线段上正方形的三倍.

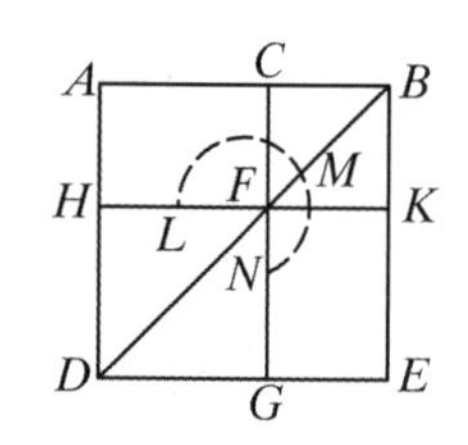

设点 C 将线段 AB 分成中外比,且 AC 是大线段.

则可证 AB,BC 上正方形的和是 CA 上正方形的三倍.

因为可设 AB 上的正方形是 ADEB,且设图形已作成.

因为,AB 被 C 分成中外比,且 AC 是大线段,所以矩形 AB、BC 等于 AC 上正方形. [Ⅵ. 定义 3,Ⅵ. 17]

又 AK 是矩形 AB、BC,且 HG 是 AC 上的正方形;所以 AK 等于 HG.

又因为,AF 等于 FE,
将 CK 加在以上两边;
所以,整体 AK 等于整体 CE;
所以,AK,CE 的和是 AK 的二倍.

但是,AK,CE 的和是拐尺形 LMN 与正方形 CK 的和;
所以,拐尺形 LMN 与正方形 CK 的和是 AK 的二倍.

但是更有,已经证明了 AK 等于 HG;
所以,拐尺形 LMN 与正方形 CK,HG 的和是正方形 HG 的三倍.

又拐尺形 LMN 与正方形 CK,HG 的和是整体正方形 AE 与 CK 的和,这就是 AB,BC 上的正方形的和,而 HG 是 AC 上的正方形.

所以,AB,BC 上正方形的和是 AC 上正方形的三倍.

证完

命题 5

如果一线段被分为中外比,且在此线段上加一个等于大线段的线段,则整体线段被分成中外比,且原线段是较大的线段.

设线段 AB 被 C 分为中外比,且 AC 是大的线段,又设 AD 等于 AC.

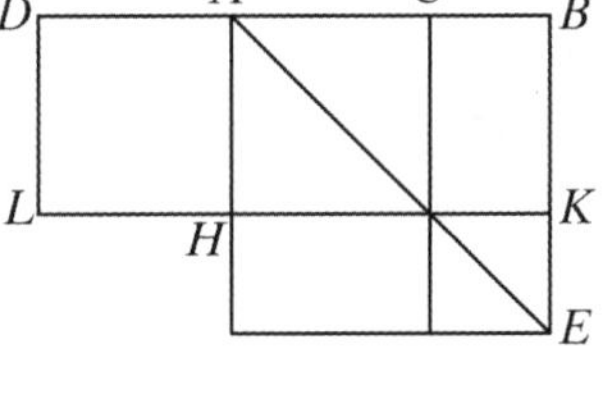

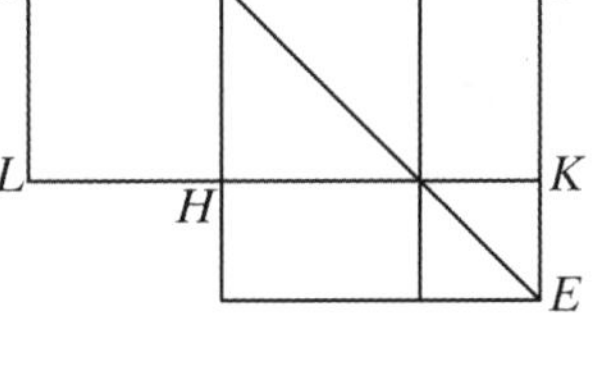

则可证线段 DB 被 A 分成中外比,且原线段 AB 是较大的线段.

因为,可设作在 AB 上的正方形是 AE,且设此图已作成.

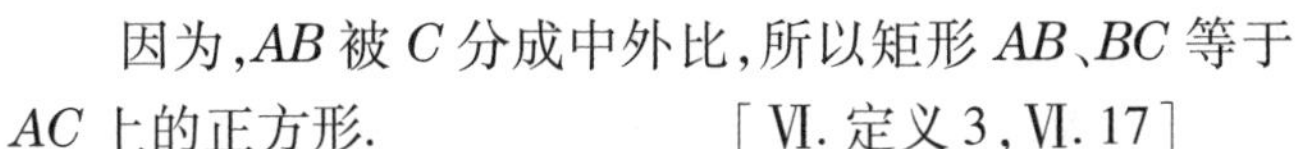

因为,AB 被 C 分成中外比,所以矩形 AB、BC 等于 AC 上的正方形. [Ⅵ. 定义 3,Ⅵ. 17]

又 CE 是矩形 AB、BC. 且 CH 是 AC 上的正方形;所以 CE 等于 HC.

但是,HE 等于 CE,且 DH 等于 HC;

所以 DH 也等于 HE.

所以,整体 DK 等于整体 AE.

又 DK 是矩形 BD、DA,这是因为 AD 等于 DL;

又 AE 是 AB 上的正方形;

所以,矩形 BD、DA 等于 AB 上的正方形.

所以,DB 比 BA 如同 BA 比 AD. [Ⅵ. 17]

又 DB 大于 BA,所以 BA 也大于 AD. [Ⅴ. 14]

所以,DB 被点 A 分成中外比,且 AB 是较大线段.

证完

命题 6

如果一条有理线段被分成中外比,则两部分线段的每一条线段是称作余线的无理线段.

设 C 把有理线段 AB 分成中外比,设 AC 是较大的一段;

则可证线段 AC,CB 是称为余线的无理线段.

为此可延长 BA,使 AD 等于 BA 的一半.

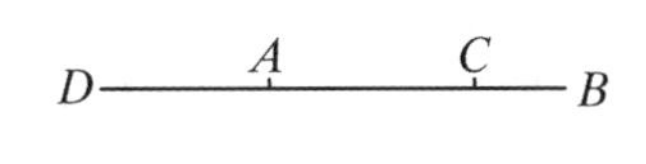

因为线段 AB 被分成中外比,且把 AB 的一半 AD 加到大线段 AC 上,所以 CD 上的正方形是 DA 上正方形的五倍. [XIII. 1]

所以,CD 上的正方形与 DA 上的正方形之比是一个数与一个数的比;

所以,CD 上正方形与 DA 上的正方形是可公度的. [X.6]

但是,DA 上的正方形是有理的,

因为,DA 是有理的,AB 的一半是有理的;

所以,CD 上的正方形也是有理的; [X.定义4]

因此,CD 也是有理的.

又因为,CD 上的正方形比 DA 上的正方形不同于一个平方数与一个平方数之比.

所以,CD 与 DA 是长度不可公度的; [X.9]

所以,CD,DA 是仅正方可公度的有理线段;

所以,AC 是一条余线. [X.73]

又,因为 AB 被分成中外比,且 AC 是大线段,所以矩形 AB、BC 等于 AC 上的正方形. [Ⅵ.定义3,Ⅵ.17]

所以,余线 AC 上的正方形,如果贴合在有理线段 AB 上,则产生 BC 为宽.

但是,如果在有理线段上作一个矩形等于一个余线上的正方形,其另一边是第一余线. [X.97]

所以,CB 是第一余线.

且已证明了 CA 也是一个余线.

证完

命题 7

如果一个等边五边形有三个相邻或不相邻的角相等.则它是等角五边形.

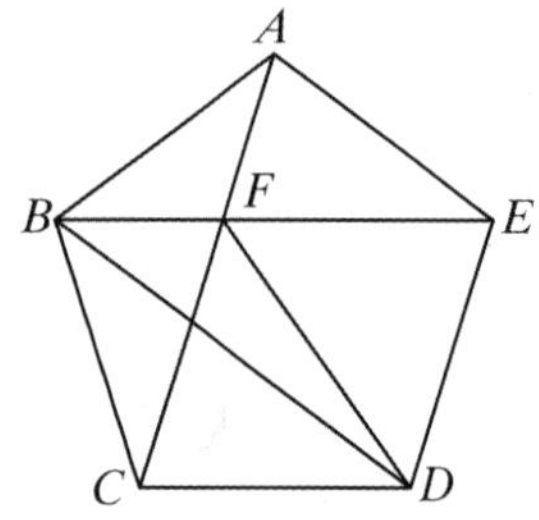

首先,设在等边五边形 $ABCDE$ 中有相邻的三个角 A,B,C 彼此相等.

则可证五边形 $ABCDE$ 是等角的.连接 AC,BE,FD.

现在,因为两边 CB,BA 分别等于两边 AB,AE,且角 CBA 等于角 BAE,所以底 AC 等于底 BE,三角形 ABC 全等于三角形 ABE,且其余的角等于其余的角,它们是对着等边的角, [Ⅰ.4]

即,角 BCA 等于角 BEA,且角 ABE 等于角 CAB;因此边 AF 也等于边 BF.

但是,已经证明了整体 AC 等于整体 BE;

所以其余的 FC 也等于其余的 FE.

但是,CD 也等于 DE.

所以,两边 FC,CD 等于两边 FE,ED;

且底 FD 是公共的;

所以角 FCD 等于角 FED. [Ⅰ.8]

但是，已经证明了角 BCA 也等于角 AEB；
所以，整体角 BCD 也等于整体角 AED.

但是，由假设，角 BCD 等于在 A，B 处的角；所以角 AED 也等于在 A，B 处的角.

类似地，我们可以证明角 CDE 也等于在 A，B，C 处的角；所以五边形 $ABCDE$ 是等角的.

其次，设已知等角不是相邻的，即在 A，C，D 处的角是等角；

则可证在这种情况下五边形 $ABCDE$ 也是等角的.

连接 BD.

则，由于两边 BA，AE 等于两边 BC，CD，它们夹着等角，所以底 BE 等于底 BD，
三角形 ABE 全等于三角形 BCD，且其余的角等于其余的角，
即等边所对的角； [Ⅰ.4]
所以，角 AEB 等于角 CDB.

但是，角 BED 也等于角 BDE，
因为边 BE 也等于边 BD. [Ⅰ.5]

所以，整体角 AED 等于整体角 CDE.

但是，由假设，角 CDE 等于在 A，C 处的角；
所以，角 AED 也等于在 A，C 处的角.

同理，角 ABC 也等于在 A，C，D 处的角.

所以，五边形 $ABCDE$ 是等角的.

证完

命题 8

如果在一个等边且等角的五边形中，用线段顺次连接相对两角．则连线交成中外比，且大线段等于五边形的边.

在等边且等角的五边形 $ABCDE$ 中，给在 A，B 处的角按顺序作对角线 AC，BE 交于点 H；

则可证两线段的每一个都被点 H 分为中外比，且每个的大线段等于五边形的边.

设圆 $ABCDE$ 外接于五边形 $ABCDE$. [Ⅳ.14]

因为，两线段 EA，AB 等于两线段 AB，BC，且它们所夹的角相等，
所以，底 BE 等于底 AC.
因此，三角形 ABE 全等于三角形 ABC，且其余的角分别等于其余的角，即等边所对的角. [Ⅰ.4]

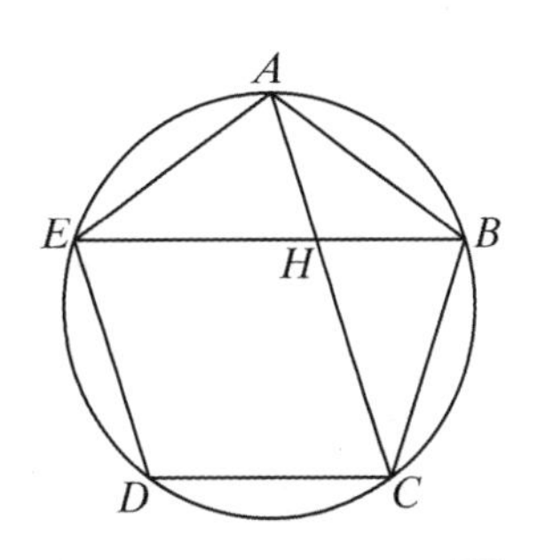

所以，角 BAC 等于角 ABE；角 AHE 是角 BAH 的二倍. [Ⅰ.32]

但是，角 EAC 也是角 BAC 的二倍，因为弧 EDC 也是弧

CB 的二倍; [Ⅲ.28,Ⅵ.33]
所以,角 HAE 等于角 AHE;
因此,线段 HE 也等于 EA,即等于 AB. [Ⅰ.6]
又因为,线段 BA 等于 AE,角 ABE 也等于角 AEB. [Ⅰ.5]
但是,已经证明了角 ABE 等于角 BAH;
所以,角 BEA 也等于角 BAH.
又角 ABE 是三角形 ABE 与三角形 ABH 的公共角;
所以,其余的角 BAE 等于其余的角 AHB; [Ⅰ.32]
所以,三角形 ABE 与三角形 ABH 是等角的.
从而,有比例,EB 比 BA 如同 AB 比 BH. [Ⅵ.4]
但是,BA 等于 EH;
所以,BE 比 EH 如同 EH 比 HB.
又 BE 大于 EH;
所以,EH 也大于 HB. [Ⅴ.14]
所以,BE 被 H 分成中外比,且其大线段 HE 等于五边形的边.
类似地,我们可以证明 AC 也被点 H 分为中外比,它的大线段 CH 等于五边形的边.

证完

命题 9

如果在同圆内把内接正六边形一边与内接正十边形一边加在一起,则可将此两边的和分成中外比,且它的大线段是正六边形的一边.

设 ABC 是一个圆;

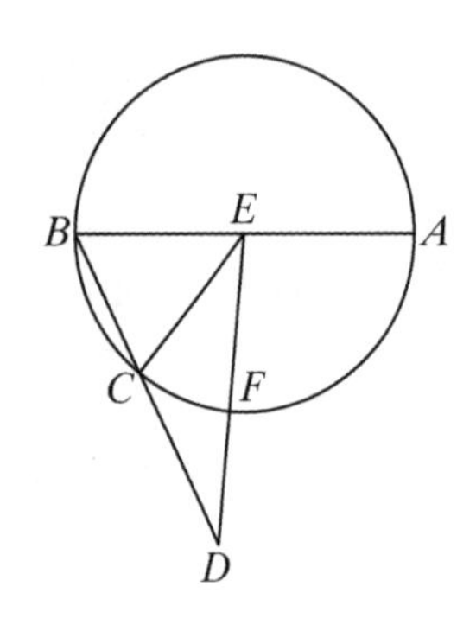

且 BC 是内接于圆 ABC 的正十边形的边,CD 是内接正六边形的边;且设它们在同一直线上.
则可证可分 BD 成中外比,且 CD 是它的较大线段.
设取定圆心为 E,连接 EB,EC,ED.
且延长 BE 到 A.
因为 BC 是等边十边形的边,
所以,弧 ACB 是五倍的弧 BC;
所以,弧 AC 是四倍的弧 CB.
但是,弧 AC 比弧 BC 如同角 AEC 比角 CEB. [Ⅵ.33]
所以,角 AEC 是角 CEB 的四倍.
又因为,角 EBC 等于角 ECB, [Ⅰ.5]
所以,角 AEC 是角 ECB 的二倍, [Ⅰ.32]
又因为,线段 EC 等于 CD,
因为,它们都等于圆 ABC 中内接正六边形的一边, [Ⅳ.15,推论]

角 CED 也等于角 CDE; [I.5]

所以,角 ECB 是角 EDC 的二倍. [I.32]

但是,已经证明了角 AEC 是角 ECB 的二倍;
所以,角 AEC 是 EDC 的四倍.

但是,也证明了角 AEC 是角 BEC 的四倍;
所以,角 EDC 等于角 BEC.

但是,角 EBD 是两个三角形 BEC 和 BED 的公共角;
所以,其余的角 BED 也等于其余的角 ECB; [I.32]
所以,三角形 EBD 和三角形 EBC 的各角相等.

所以,有比例,DB 比 BE 如同 EB 比 BC. [VI.4]

但是,EB 等于 CD.

所以,BD 比 DC 如同 DC 比 CB.

且 BD 大于 DC;
所以,DC 也大于 CB.

从而,线段 BD 被分成中外比,且 DC 是较大的一段.

证完

命题 10

如果有一个内接于圆的等边五边形. 则其一边上的正方形等于同圆的内接六边形一边上正方形与内接十边形一边上正方形的和.

设 $ABCDE$ 是一个圆,且设等边五边形 $ABCDE$ 内接于圆 $ABCDE$.

则可证五边形 $ABCDE$ 一边上的正方形等于内接于圆 $ABCDE$ 的正六边形一边上的正方形与十边形一边上正方形的和.

设 F 为圆心,
连接 AF 且延长至点 G,连接 FB,
设从 F 作直线 FH 垂直于 AB 且交圆于 K,连接 AK,KB,设再从 F 作直线 FL 垂直于 AK 且交圆于 M,连接 KN.

因为,弧 $ABCG$ 等于弧 $AEDG$,
又弧 ABC 等于 AED,所以余下的弧 CG 等于余下的弧 GD.

但是,CD 属于五边形;
所以 CG 属于十边形.

又因为,FA 等于 FB,且 FH 是垂线,
所以,角 AFK 也等于角 KFB. [I.5, I.26]

因此,弧 AK 也等于 KB; [III.26]
所以,弧 AB 是弧 BK 的二倍;
所以,线段 AK 是十边形的一边.

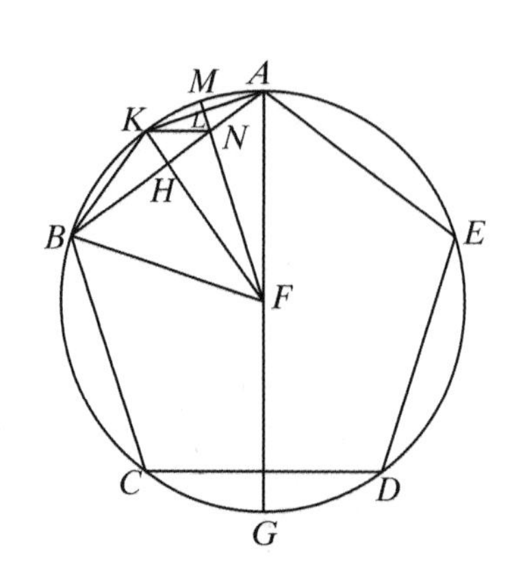

同理，AK 也是 KM 的二倍.

现在，因为弧 AB 是弧 BK 的二倍，
这时弧 CD 等于弧 AB，
所以，弧 CD 也等于弧 BK 的二倍.

但是，弧 CD 也等于 CG 的二倍；
所以，弧 CG 等于弧 BK.

但是，BK 是 KM 的二倍，这是因为 KA 也是 KM 的二倍；所以 CG 是 KM 的二倍.

但是，更有，弧 CB 也是弧 BK 的二倍，这是因为弧 CB 等于弧 BA.

所以，整体弧 BG 也是 BM 的二倍；
由此，角 GFB 也是角 BFM 的二倍. [Ⅵ.33]

但是，角 GFB 也是角 FAB 的二倍，这是因为角 FAB 等于角 ABF.
所以，角 BFN 也等于角 FAB.

但是，角 ABF 是两个三角形 ABF，BFN 的公共角；
所以，其余的角 AFB 等于其余的角 BNF； [Ⅰ.32]
所以，三角形 ABF 与三角形 BFN 是等角的.

从而，有比例，线段 AB 比 BF 如同 FB 比 BN； [Ⅵ.4]
所以，矩形 AB、BN 等于 BF 上的正方形. [Ⅵ.17]

又因为，AL 等于 LK，
这时，LN 是公共的且和它们成直角，
所以，底 KN 等于底 AN； [Ⅰ.4]
所以，角 LKN 也等于角 LAN.

但是角 LAN 等于角 KBN，
所以，角 LKN 也等于角 KBN.

又在 A 的角是两三角形 AKB，AKN 的公共角.

所以，其余的角 AKB 等于其余的角 KNA； [Ⅰ.32]
从而，三角形 KBA 与三角形 KNA 是等角的.

所以，有比例，线段 BA 比 AK 如同 KA 比 AN； [Ⅵ.4]
从而，矩形 BA、AN 等于 AK 上的正方形. [Ⅵ.17]

但是，已经证明了矩形 AB、BN 等于 BF 上的正方形；所以矩形 AB、BN 与矩形 BA、AN 的和，即 BA 上的正方形[Ⅱ.2]，等于 BF 上的正方形与 AK 上的正方形的和.

且 BA 是五边形的一边，BF 是六边形的一边[Ⅳ.15，推论]，以及 AK 是十边形的一边.

证完

命题 11

如果一个等边五边形内接于一个有理直径的圆.则五边形的边是称为次线的无理线段.

设圆 $ABCDE$ 的直径是有理的,等边五边形 $ABCDE$ 内接于它.

则可证五边形的边是称为次线的无理线段.

设 F 为圆心,连接 AF,FB,并延长至点 G,H,且连接 AC,又作 FK 是 AF 的四分之一.

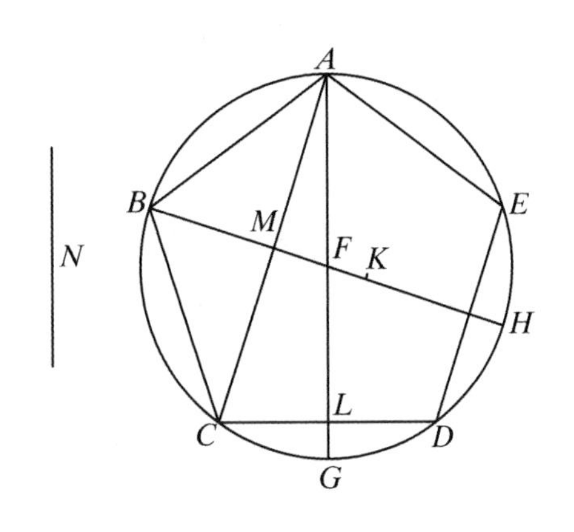

现在,AF 是有理的,所以 FK 也是有理的.

但是,BF 是有理的;所以整体 BK 也是有理的.又因为弧 ACG 等于弧 ADG,且在它们中 ABC 等于 AED,所以其余的 CG 等于其余的 GD.

如果连接 AD,则在点 L 处的角是直角,且 CD 是 CL 的二倍.

同理,在 M 的角是直角,且 AC 是 CM 的二倍.

因为角 ALC 等于角 AMF,且角 LAC 是两个三角形 ACL 与 AMF 的公共角.

所以,余下的角 ACL 等于余下的角 MFA;所以,三角形 ACL 与三角形 AMF 是等角的;所以,有比例,LC 比 CA 如同 MF 比 FA.

又取定两前项的二倍;所以,CL 的二倍比 CA 如同 MF 的二倍比 FA.

但是,MF 的二倍比 FA 如同 MF 比 FA 的一半;所以也有,LC 的二倍比 CA 如同 MF 比 FA 的一半.

又取定两后项的一半;所以,LC 的二倍比 CA 的一半等于 MF 比 FA 的四分之一.

且 DC 是 LC 的二倍,CM 是 CA 的一半,以及 FK 是 FA 的四分之一;所以,DC 比 CM 如同 MF 比 FK.

由合比也有,DC,CM 的和比 CM 如同 MK 比 KF; [V.18]

所以,也有,DC,CM 的和上的正方形比 CM 上的正方形如同 MK 上的正方形比 KF 上的正方形.

又因为,当五边形两相对角的连线 AC 被分为中外比时,它的较大一段是五边形的边,即 DC. [XIII.8]

这时,较大一段和整体一半的和上的正方形是整体一半上正方形的五倍, [XIII.1]
且 CM 是整体 AC 的一半,
所以,DC,CM 的和上的正方形是 CM 上正方形的五倍.

但是,已经证得,DC,CM 的和上的正方形比 CM 上的正方形如同 MK 上的正方形比 KF 上的正方形;
所以,MK 上的正方形是 KF 上的正方形的五倍.

但是,KF 上的正方形是有理的;因为它的直径是有理的;
所以,MK 上正方形也是有理的;故 MK 是有理的.

又因为,BF 是 FK 的四倍,
所以,BK 是五倍的 KF;
所以,BK 上的正方形是 KF 上正方形的二十五倍.

但是,MK 上的正方形是五倍的 KF 上的正方形;
所以,BK 上的正方形与 KM 上的正方形的比不同于平方数比平方数. 于是 BK 与 KM 是长度不可公度的. [X.9]

又它们的每个都是有理的.

所以,BK,KM 是仅正方可公度的两个有理线段.

但是,如果从一条有理线段减去一个与它仅正方可公度的有理线段,则其差是一个无理线段,即一个余线;
所以,MB 是一个余线,而且加在它上面的是 MK. [X.73]

其次可证,MB 也是第四余线.

设 N 上正方形等于 BK 上正方形与 KM 上正方形的差;
所以 BK 上正方形与 KM 上正方形的差等于 N 上的正方形.

又因为,KF 与 FB 是可公度的,
由合比,KB 与 FB 是可公度的. [X.15]

但是,BF 与 BH 是可公度的;
所以 BK 与 BH 也是可公度的. [X.12]

因为,BK 上的正方形是 KM 上正方形的五倍,所以 BK 上正方形与 KM 上正方形之比为 5 比 1.

所以,由反比,BK 上正方形与 N 上正方形之比为 5 比 4[V.19,推论],且这不是平方数比平方数;
所以,BK 与 N 不可公度; [X.9]
所以,BK 上正方形与 KM 上正方形的差正方形的边与 BK 是不可公度的.

因为,整体 BK 上的正方形与所加 KM 上的正方形的差正方形的边与 BK 是不可公度的,
且整体 BK 与有理线段 BH 是可公度的,
所以,MB 是第四余线. [X.定义,III.4]

但是,由有理线段和一条第四余线围成的矩形是无理的,且它的正方形的边[1]是无理的,并且称为次线. [X.94]

但是,AB 上的正方形等于矩形 HB、BM,
因为,当连接 AH 时,三角形 ABH 与三角形 ABM 是等角的,且,HB 比 BA 如同 AB 比 BM.

所以五边形的边 AB 是一个称为次线的无理线段.

证完

命题 12

如果一个等边三角形内接于一个圆. 则三角形一边上的正方形是圆的半径上正方形的三倍.

设 ABC 是一个圆,
且设等边三角形 ABC 内接于它;
则可证,三角形 ABC 一边上的正方形是圆半径上正方形的三倍. 为此可设 D 是圆 ABC 的圆心,连接 AD,延长至点 E,再连接 BE. 则,因为三角形 ABC 是等边的,
所以,弧 BEC 是圆周 ABC 的三分之一.

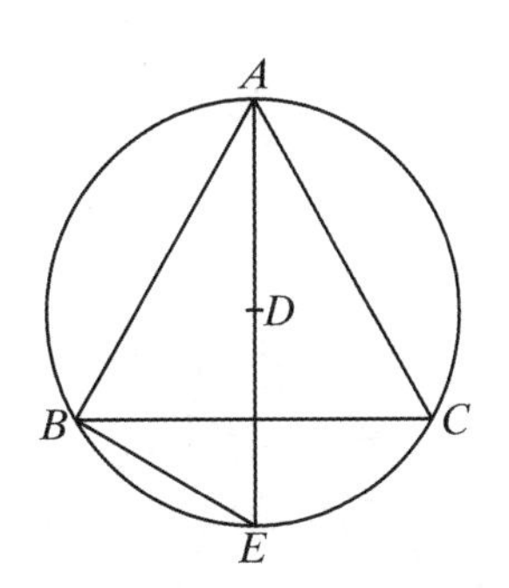

所以弧 BE 是圆周的六分之一;
所以线段 BE 属于六边形;
从而它等于半径 DE. [Ⅳ.15,推论]

又因为,AE 是 DE 的二倍,AE 上的正方形是 ED 上正方形的四倍,即 BE 上的正方形.

但是,AE 上的正方形是 AB,BE 上正方形的和; [Ⅲ.31,Ⅰ.47]
所以,AB,BE 上正方形的和是 BE 上正方形的四倍.

所以,由分比,AB 上的正方形是 BE 上正方形的三倍.

但是,BE 等于 DE;所以 AB 上正方形是 DE 上正方形的三倍.

从而,三角形边上的正方形是半径上正方形的三倍.

证完

命题 13

在已知球内作内接棱锥[2],并且证明球直径上的正方形是棱锥一边上正

---

① 原文为“square root”,我们译作“正方形的边”.

② 此棱锥是由全等的等边三角形围成,又称为正四面体.

方形的一倍半.

设已知球的直径为 AB,

且设它被点 C 分成 AC 和 CB,AC 是 CB 的二倍;

设 AB 上的半圆为 ADB,从点 C 作直线 CD 与 AB 成直角,连接 DA;

设圆 EFG 的半径等于 DC,

设等边三角形 EFG 内接于圆 EFG, [Ⅳ.2]

设取定圆的圆心为 H, [Ⅲ.1]

连接 EH,HF,HG;

从点 H 作 HK 与圆 EFG 所在的平面成直角. [Ⅺ.12]

在 HK 上截取一段 HK 等于线段 AC,且连接 KE,KF,KG.

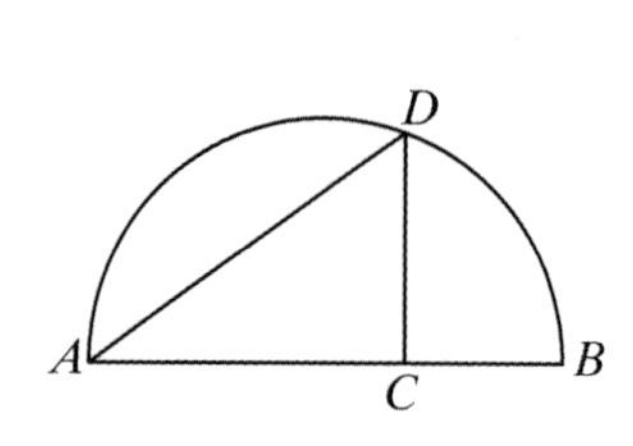

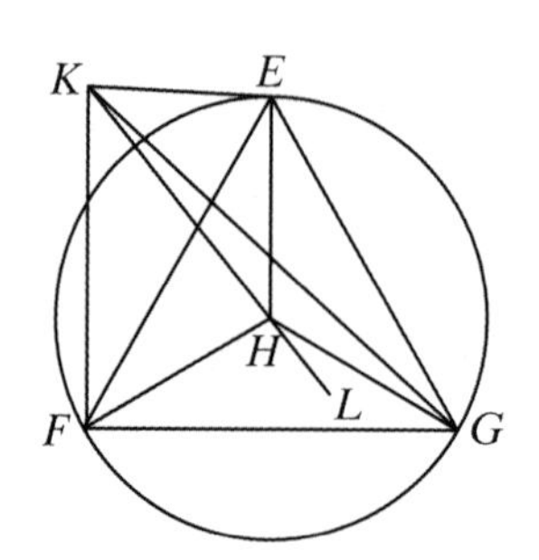

现在,因为 KH 与圆 EFG 所在的平面成直角,所以它也和圆 EFG 所在的平面上一切与它相交的直线成直角. [Ⅺ.定义3]

但是,线段 HE,HF,HG 和它相交:

所以 HK 和线段 HE,HF,HG 的每一个都成直角.

又因为,AC 等于 HK,且 CD 等于 HE,且它们夹着直角,

所以,底 DA 等于底 KE. [Ⅰ.4]

同理,线段 KF,KG 也等于 DA;

所以,三条线段 KE,KF,KG 彼此相等.

又因为,AC 是 CB 的二倍,

所以,AB 是 BC 的三倍.

但是,AB 比 BC 如同 AD 上正方形比 DC 上正方形. 将在后面证明.

所以 AD 上正方形是 DC 上正方形的三倍.

但是,FE 上正方形也是 EH 上正方形的三倍, [ⅩⅢ.12]

且 DC 等于 EH;所以 DA 也等于 EF.

但是,已经证明了 DA 等于线段 KE,KF,KG 的每一条;所以线段 EF,FG,GE 的每一条也等于线段 KE,KF,KG 的每一条;

所以,四个三角形 EFG,KEF,KFG,KEG 是等边的.

所以,由四个等边三角形构成了一个棱锥,三角形 EFG 是它的底且点 K 是它的顶点.

其次,要求它内接于已知球,且需证明球直径上的正方形是这棱锥一边上正方形一

倍半.

将直线 KH 延长成直线 HL,且取 HL 等于 CB.

现在,因为,AC 比 CD 如同 CD 比 CB, [Ⅵ.8,推论]

这时 AC 等于 KH,CD 等于 HE,以及 CB 等于 HL,

所以,KH 比 HE 如同 EH 比 HL;

所以,矩形 KH、HL 等于 EH 上的正方形. [Ⅵ.17]

且角 KHE,EHL 的每一个都是直角;

所以,作在 KL 上的半圆也经过 E. [Ⅵ.8,Ⅲ.31]

如果 KL 固定,使半圆由原来位置旋转到开始位置,它也经过点 F,G.

因为,如果连接 FL,LG,则在 F,G 处的是直角.

且棱锥内接于已知球.

因为,球的直径 KL 等于已知球的直径 AB,KH 等于 AC,且 HL 等于 CB.

其次,可证球的直径上的正方形是棱锥一边上正方形的一倍半.

因为,AC 是 BC 的二倍.

所以,AB 是 BC 的三倍,

又由反比,BA 是 AC 的一倍半.

但是,BA 比 AC 如同 BA 上的正方形比 AD 上的正方形.

所以,BA 上的正方形也是 AD 上正方形的一倍半.

且 BA 是已知球的直径,AD 等于棱锥的边.

所以,这个球的直径上的正方形是棱锥边上正方形的一倍半.

证完

引 理

证明,AB 比 BC 如同 AD 上的正方形比 DC 上的正方形.

为此设半圆已作成,连接 DB,

在 AC 上作正方形 EC,且作平行四边形 FB.

因为,三角形 DAB 与三角形 DAC 是等角的,

BA 比 AD 如同 DA 比 AC. [Ⅵ.8,Ⅵ.4]

所以矩形 BA,AC 等于 AD 上的正方形. [Ⅵ.17]

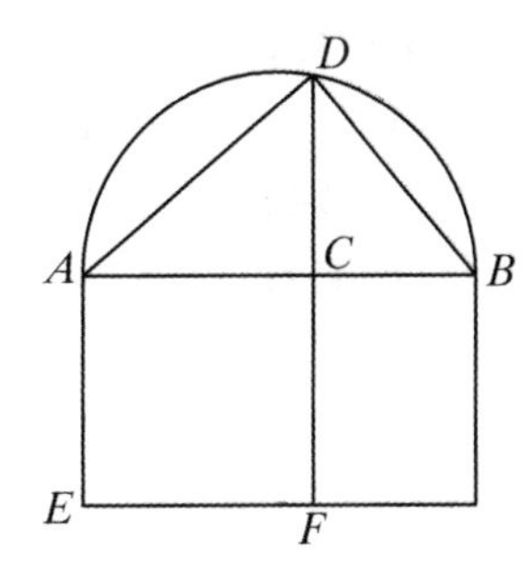

又因为,AB 比 BC 如同 EB 比 BF. [Ⅵ.1]

且 EB 是矩形 BA、AC,因为 EA 等于 AC,且 BF 是矩形 AC、CB. 所以,AB 比 BC 如同矩形 BA、AC 比矩形 AC、CB.

又矩形 BA、AC 等于 AD 上的正方形,

且矩形 AC、CB 等于 DC 上的正方形,

因为垂线 DC 是底的线段 AC,CB 的比例中项,因为角 ADB 是直角. [Ⅵ.8,推论]

所以,AB 比 BC 如同 AD 上正方形比 DC 上正方形.

命题 14

像前面的情况一样,作一个球的内接正八面体;再证明球直径上的正方形是正八面体一边上正方形的二倍.

设已知球的直径为 AB,
且设二等分于点 C;再在 AB 上作半圆 ADB,
从 C 作 CD 与 AB 成直角,连接 DB;
设正方形 $EFGH$ 的每条边等于 DB,
连接 HF,EG,
从点 K 作直线 KL 和正方形 $EFGH$ 所在平面成直角. [XI.12]

且使它穿过平面到另一侧,取线段 KM;

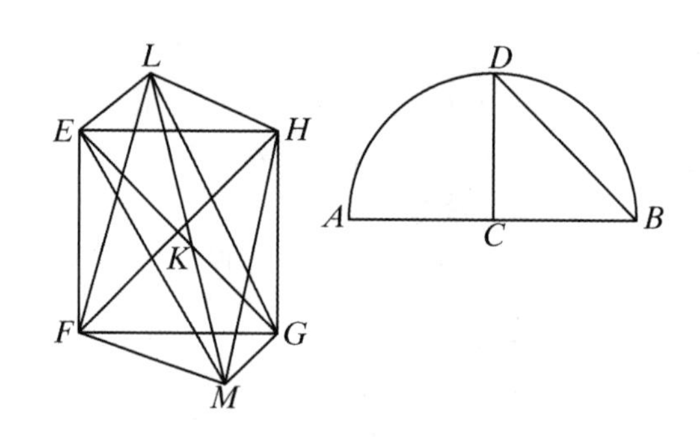

在直线 KL,KM 上分别截取 KL,KM 使它们等于线段 EK,FK,GK,HK 的每一条,
并连接 LE,LF,LG,LH,ME,MF,MG,MH.

那么,由于 KE 等于 KH,
且角 EKH 是直角,
所以,HE 上的正方形是 EK 上正方形的二倍. [I.47]

又因为,LK 等于 KE,
且角 LKE 是直角,
所以,EL 上的正方形是 EK 上正方形的二倍. [同前]

但是已经证明了 HE 上的正方形是 EK 上正方形的二倍;
所以,LE 上的正方形等于 EH 上的正方形;
所以,LE 等于 EH.

同理,LH 也等于 HE;
所以,三角形 LEH 是等边的.

类似地,我们可以证明以正方形 $EFGH$ 的边为底且以点 L,M 为顶点的其余的三角形每一个都是等边的;

从而作出了由八个等边三角形围成的正八面体.

其次,要求它内接于已知球,且证明球直径上的正方形是正八面体边上的正方形的二倍.

因为,三条线段 LK, KM, KE 彼此相等,所以 LM 上的半圆也经过 E.

同理,如果固定 LM,旋转半圆到原来位置,它也经过点 F, G, H,
从而八面体内接于一个球.

其次,再证它也内接于已知球.

因为,LK 等于 KM,这时 KE 是公共的,且它们夹着直角,
所以底 LE 等于底 EM. [Ⅰ.4]

又因为,角 LEM 是直角,因为它在半圆上; [Ⅲ.31]
所以 LM 上的正方形是 LE 上正方形的二倍. [Ⅰ.47]

又因为,AC 等于 CB,AB 是 BC 的二倍.

但是,AB 比 BC 如同 AB 上正方形比 BD 上正方形;所以 AB 上正方形是 BD 上正方形的二倍.

但是,已经证明了 LM 上的正方形是 LE 上正方形的二倍.

且 DB 上的正方形等于 LE 上的正方形,因为 EH 等于 DB.

所以,AB 上正方形也等于 LM 上的正方形;
所以,AB 等于 LM.

且 AB 是已知球的直径;
所以,LM 等于已知球的直径.

从而,在已知球内作出了八面体,且同时证明了球直径上正方形是正八面体边上正方形的二倍.

证完

命题 15

像作棱锥一样,求作一个球的内接立方体①;并且证明球直径上的正方形是立方体一边上正方形的三倍.

设已知球的直径是 AB.

且设 C 分 AB,使 AC 是 CB 的二倍;

在 AB 上作半圆 ADB,
设从 C 作 CD 与 AB 成直角,
连接 DB;设正方形 $EFGH$ 的边等于 DB,
从 E, F, G, H 作 EK, FL, GM, HN 与正方形 $EFGH$ 所在的平面成直角.

在 EK, FL, GM, HN 上分别截取 EK, FL, GM, HN 等于线段 EF, FG, GH, HE 的每

① 又称正六面体.

一条.

连接 KL, LM, MN, NK;

从而作出了正立方体 FN,它由六个相等的正方形围成.

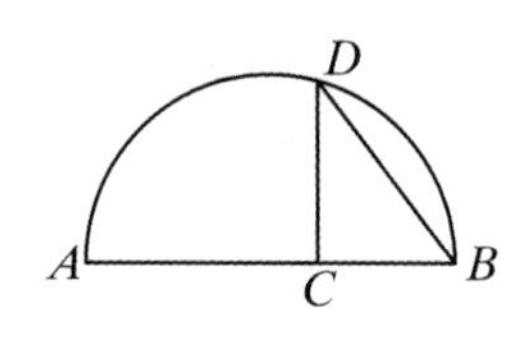

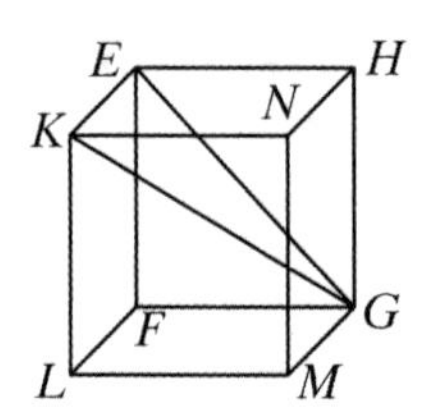

下边证明此立方体内接于已知球,并且证明球直径上的正方形是此立方体一边上正方形的三倍.

连接 KG, EG.

则,因为角 KEG 是直角,因为 KE 与平面 EG 成直角,

当然和直线 EG 也成直角. ［Ⅺ. 定义 3］

所以 KG 上的半圆也过点 E.

又,因为 GF 与 FL, FE 的每一条都成直角,

GF 也与平面 FK 成直角.

由此也有,如果连接 FK, GF 与 FK 成直角;

由此在 GK 上再作半圆也过 F.

类似地,它也过立方体其余的顶点.

如果固定 KG,使半圆旋转到开始位置,

此立方体内接于一个球.

其次,可证它也内接于已知球.

因为 GF 等于 FE,且在 F 的角是直角,

所以 EG 上的正方形是 EF 上正方形的二倍;

但是, EF 等于 EK;

所以, EG 上的正方形是 EK 上正方形的二倍.

由此, GE, EK 上正方形的和,即 GK 上的正方形,是 EK 上正方形的三倍. ［Ⅰ.47］

又因为, AB 是 BC 的三倍.

这时, AB 比 BC 如同 AB 上的正方形比 BD 上的正方形,

所以, AB 上的正方形是 BD 上正方形的三倍.

但是,已经证明了 GK 上的正方形是 KE 上正方形的三倍.

又 KE 等于 DB;所以 KG 也等于 AB.

又 AB 是已知球的直径;所以 KG 也等于已知球的直径.

所以,给已知球作出了内接立方体;而且同时证明了球直径上的正方形是立方体一边上正方形的三倍.

证完

命题 16

与前面一样,作一个球的内接正二十面体;并且证明这正二十面体的边是称为次线的无理线段.

设 AB 是已知球的直径,
且点 C 分 AB,使 AC 是 CB 的四倍,
设在 AB 上作半圆 ADB,
从 C 作直线 CD 和 AB 成直角,连接 DB;
设有圆 $EFGHK$ 且半径等于 DB,
设等边且等角的五边形 $EFGHK$ 内接于圆 $EFGHK$,设点 L、M、N、O、P 二等分弧 EF、FG、GH、HK、KE.

且连接 LM,MN,NO,OP,PL,EP.

所以,五边形 $LMNOP$ 也是等边的,
又线段 EP 是十边形的边.

现在从点 E、F、G、H、K 作直线 EQ、FR、GS、HT、KU 与圆所在的平面成直角,且设它们等于圆 $EFGHK$ 的半径,
连接 QR、RS、ST、TU、UQ、QL、LR、RM、MS、SN、NT、TO、OU、UP、PQ.

现在,因为线段 EQ,KU 都与同一平面成直角,
所以,EQ 平行于 KU. [XI.6]

但是,它们也相等;

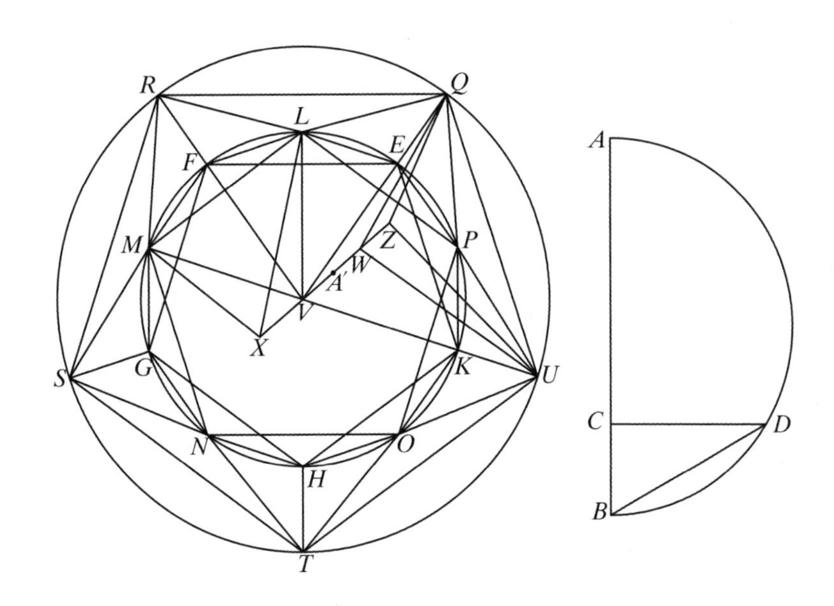

又连接相等且平行线段的端点的线段,在同一方向相等且平行. [I.33]

所以,QU 等于且平行于 EK.

但是,EK 是等边五边形的边;

所以,QU 也是内接于圆 $EFGHK$ 的内接等边五边形的边.

同理,线段 QR,RS,ST,TU 都是圆 $EFGHK$ 的内接等边五边形的边;

所以,五边形 $QRSTU$ 是等边的.

又因为,QE 属于六边形,

且 EP 属于十边形,又角 QEP 是直角,

所以,QP 属于五边形;

因为,内接于同一圆的五边形的边上的正方形等于六边形的边上的正方形与十边形边上正方形的和. [XIII.10]

同理,PU 也是五边形的边.

但是,QU 也属于一个五边形;

所以,三角形 QPU 是等边的.

同理,三角形 QLR,RMS,SNT,TOU 的每一个也是等边的.

又因为,已经证明了线段 QL,QP 的每一条都属于一个五边形,

且 LP 也属于一个五边形,

所以,三角形 QLP 是等边的.

同理,三角形 LRM,MSN,NTO,OUP 的每一个也是等边的.

设取定圆 $EFGHK$ 的圆心为点 V,

从点 V 作 VZ 与圆所在的平面成直角.

在另一方向延长它成 VX,

设截取 VW,使它为六边形一边,且线段 VX,WZ 的每一条是十边形的一边.

又连接 QZ,QW,UZ,EV,LV,LX,XM.

现在,因为线段 VW,QE 都与圆所在的平面成直角.

所以,VW 平行 QE. [XI.6]

但是它们也相等;

所以,EV,QW 相等且平行. [I.33]

但是 EV 属于一个六边形;

所以,QW 也属于一个六边形.

又因为,QW 属于一个六边形,

又 WZ 属于一个十边形,

且角 QWZ 是直角,

所以,QZ 属于一个五边形, [XIII.10]

同理,UZ 也属于一个五边形,

这是因为,如果连接 VK,WU,它们相等且是相对的,

又 VK 是半径,属于一个六边形; [IV.15,推论]

所以 WU 也属于一个六边形.

但是,WZ 属于一个十边形,

且角 UWZ 是直角;
所以,UZ 属于一个五边形. [XIII.10]

但是,QU 也属于一个五边形;
所以,三角形 QUZ 是等边的.

同理,其余的以线段 QR,RS,ST,TU 为底且以 Z 为顶点的三角形也是等边的.

再者,因为 VL 属于一个六边形,
且 VX 属于一个十边形,
且角 LVX 是直角,
所以,LX 属于一个五边形. [XIII.10]

同理,如果连接 MV,它属于一个六边形,也可以推出 MX 属于一个五边形.

但是,LM 也属于一个五边形.

所以,三角形 LMX 是等边的.

类似地,能证明以线段 MN,NO,OP,PL 为底且以点 X 为顶点的三角形都是等边的.

所以,已作出了由二十个等边的三角形构成的一个正二十面体.

其次,要求正二十面体内接于已知球,而且证明正二十面体的边是称为次线的无理线段.

因为,VW 属于一个六边形,
且 WZ 属于十边形,
所以,VZ 被 W 分为中外比,VW 是较大的线段; [XIII.9]
所以,ZV 比 VW 如同 VW 比 WZ.

但是,VW 等于 VE,且 WZ 等于 VX;
所以,ZV 比 VE 如同 EV 比 VX.

又角 ZVE,EVX 都是直角;
所以,如果连接 EZ,XZ,则角 XEZ 是直角,因为三角形 XEZ 与 VEZ 相似.

同理,因为,ZV 比 VW 如同 VW 比 WZ,
且 ZV 等于 XW,且 VW 等于 WQ,
所以,XW 比 WQ 如同 QW 比 WZ.

同理,如果连接 QX,在 Q 处的角是直角; [VI.8]
所以 XZ 上的半圆经过 Q. [III.31]

又如果,固定 XZ,使此半圆旋转到开始位置,它也经过点 Q 且过正二十面体的其余的顶点,
因此,正二十面体内接于一个球.

其次,可证它也内接于已知球.

设 A' 二等分 VW.

那么,由于线段 VZ 被 W 分成中外比,且 ZW 是较小的一段,
所以,ZW 加大线段一半,即 WA' 上的正方形是大线段一半上正方形的五倍,
[XIII.3]
于是 ZA' 上的正方形是 $A'W$ 上的正方形的五倍.

又 ZX 是 ZA' 二倍,且 VW 是 $A'W$ 的二倍;
所以,ZX 上的正方形是 WV 上正方形的五倍.

又因为 AC 是 CB 的四倍,
所以,AB 是 BC 的五倍.

但是,AB 比 BC 如同 AB 上正方形比 BD 上正方形; [Ⅵ.8,Ⅴ.定义9]
所以,AB 上的正方形是 BD 上正方形的五倍.

但是,已经证明了 ZX 上的正方形是 VW 上正方形的五倍.

又,DB 等于 VW,
因为,它们的每一个等于圆 $EFGHK$ 的半径;
所以,AB 也等于 XZ.

又 AB 是已知球的直径;
所以,XZ 也等于已知球的直径.

所以,这正二十面体内接于已知球.

其次,可证这正二十面体的边是称为次线的无理线段.

因为,球的直径是有理的,
且它上的正方形是圆 $EFGHK$ 的半径上正方形的五倍,
所以,圆 $EFGHK$ 的半径也是有理的;
由此,它的直径也是有理的.

但是,如果一个等边五边形内接于一个直径是有理的圆,则五边形的边是称为次线的无理线段. [ⅩⅢ.11]

又,这五边形 $EFGHK$ 的边是这个正二十面体的边.

所以,正二十面体的边是称为次线的无理线段.

推论 由此显然可知,此球直径上的正方形是内接正二十面体得出的[顶点所在五个三角形的外接圆的]圆半径上的正方形的五倍,且球的直径是内接于同圆内的六边形一边与十边形两边的和.

证完

命题 17

与前面一样,求作已知球的内接正十二面体,并且证明这正十二面体的边是称为余线的无理线段.

设 $ABCD$,$CBEF$ 是前述立方体的互相垂直的两个面,又设 G,H,K,L,M,N,O 分别二等分边 AB,BC,CD,DA,EF,EB,FC,
连接 GK,HL,MH,NO,设点 R,S,T 分别分线段 NP,PO,HQ 成中外比;且设 RP,PS,TQ 是它们的较大线段;
从 R,S,T 向立方体外作 RU,SV,TW 与立方体的面成直角.

设取它们等于 RP,PS,TQ,并连 UB、BW、WC、CV、VU.

则可证,五边形 $UBWCV$ 是一个平面内的等边且等角的五边形.
连接 RB、SB、VB.

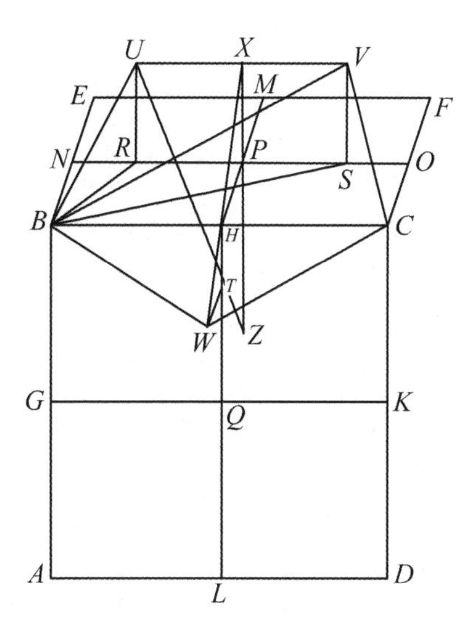

那么,线段 NP 被 R 分为中外比,且 RP 是较大的线段,所以 PN,NR 上正方形的和是 PR 上正方形的三倍. [XIII.4]

但是,PN 等于 NB,且 PR 等于 RU;
所以,BN,NR 上正方形的和是 RU 上正方形的三倍.

但是,BR 上的正方形等于 BN,NR 上正方形的和; [I.47]
所以,BR 上的正方形是 RU 上正方形的三倍;
由此 BR,RU 上正方形的和是 RU 上正方形的四倍.

但是,BU 上的正方形等于 BR,RU 上正方形的和;
所以,BU 上的正方形是 RU 上正方形的四倍;
所以,BU 是 RU 的二倍.

但是,VU 也是 UR 的二倍,因为 SR 也是 PR 的二倍,即 RU 的二倍;
所以 BU 等于 UV.

类似地,能够证明线段 BW,WC,CV 的每一条等于线段 BU,UV 的每一条.

所以,五边形 $BUVCW$ 是等边的.

其次,可证它也同在一个平面上.

从 P 向立方体外作 PX 平行于 RU,SV 的每一条,
连接 XH,HW;

则可证,XHW 是一条直线.

因为,由于 HQ 被 T 分为中外比,且 QT 是较大的线段. 所以,HQ 比 QT 如同 QT 比 TH.

但是,HQ 等于 HP,且 QT 等于线段 TW,PX 的每一条;
所以,HP 比 PX 如同 WT 比 TH.

又 HP 平行于 TW,这是因为它们的每一条都与平面 BD 成直角; [XI.6]
且 TH 平行于 PX,
因为,它们的每一条都与平面 BF 成直角. [同前]

但是,如果两个三角形 XPH,HTW,其中一个的两条边和另一个的两条边成比例,如果把它们的边放在一起使角的顶点重合在一起,而且相应的边平行,则其余两边在一条直线上; [VI.32]
所以,XH 与 HW 在同一条直线上.

但是,每一条直线在同一个平面上; [XI.1]
所以,五边形 $UBWCV$ 在一平面上.

其次可证,它也是等角的.

因为,线段 *NP* 被 *R* 分为中外比,且 *PR* 是较大的线段,而 *PR* 等于 *PS*,

所以,*NS* 也被 *P* 分为中外比,

且 *NP* 是较大的一段; [XIII.5]

所以,*NS*,*SP* 上的正方形的和是 *NP* 上正方形的三倍. [XIII.4]

但是,*NP* 等于 *NB*,且 *PS* 等于 *SV*;

所以,*NS*,*SV* 上正方形的和是 *NB* 上正方形的三倍;

由此,*VS*,*SN*,*NB* 上正方形的和是 *NB* 上正方形的四倍.

但是,*SB* 上正方形等于 *SN*,*NB* 上正方形的和;所以 *BS*,*SV* 上正方形的和,即 *BV* 上正方形——因为角 *VSB* 是直角——是 *NB* 上正方形的四倍;所以 *VB* 是 *BN* 的二倍.

但是,*BC* 也是 *BN* 的二倍;

所以,*BV* 等于 *BC*.

又因为,两边 *BU*,*UV* 等于两边 *BW*,*WC*,且底 *BV* 等于底 *BC*,

所以,角 *BUV* 等于角 *BWC*. [I.8]

类似地,我们可以证明角 *UVC* 也等于角 *BWC*;所以三个角 *BWC*,*BUV*,*UVC* 彼此相等.

但是,如果一个等边五边形有三个角彼此相等,则五边形是等角的, [XIII.7]

所以,五边形 *BUVCW* 是等角的.

又已经证明了它是等边的;

所以,五边形 *BUVCW* 是等边且等角的,它在立方体的边 *BC* 上.

所以,如果在立方体的十二条边的每一条上都同样作图,则由十二个等边且等角的五边形构成一个立体图,叫做正十二面体.

需证它内接于已知球,并且证明这正十二面体的边是称为余线的无理线段.

因为可延长 *XP* 成直线 *XZ*;

所以,*PZ* 与正方体的对角线相交,且彼此平分,因为这已在第XI卷最后定理证明了. [XI.38]

设它们相交于 *Z*;

所以,*Z* 是立方体外接球的球心,

且 *ZP* 是立方体一边的一半.

设连接 *UZ*.

现在,因为 *P* 分线段 *NS* 为中外比,

且 *NP* 是较大一段,

所以 *NS*,*SP* 上正方形的和是 *NP* 上正方形的三倍. [XIII.4]

但是,*NS* 等于 *XZ*.

因为,*NP* 也等于 *PZ*,且 *XP* 等于 *PS*.

但是,*PS* 也等于 *XU*,

因为它也等于 *RP*;

所以,*ZX*,*XU* 上正方形的和是 *NP* 上正方形的三倍.

但是，UZ 上正方形等于 ZX，XU 上正方形的和；所以 UZ 上正方形是 NP 上正方形的三倍.

但是，外接于正方体的球的半径上的正方形也是立方体一边的一半上正方形的三倍.

因为，前面已经指出如何作内接于球的立方体，并且已经证得球的直径上的正方形是立方体一边上正方形的三倍. [XIII.15]

但是，如果两整体相比，也如同两个半量的比，且 NP 是立方体一边的一半；
所以，UZ 等于外接于立方体的球的半径.

且 Z 是外接于立方体的球的球心；
所以，点 U 是这球面上一点.

类似地，我们能够证明正十二面体其余的每一个角顶也在这球面上；
所以，正十二面体内接于已知球.

其次，可证正十二面体的边是称为余线的无理线段.

因为，当 NP 被分成中外比时，RP 是较大一段.
又当 PO 被分成中外比时，PS 是较大一段，所以，当整体 NO 被分成中外比时，RS 是较大一段.

[这是因为，NP 比 PR 如同 PR 比 RN，于是各二倍也是正确的，因为部分与部分的比等于它们同倍量的比； [V.15]
所以，NO 比 RS 如同 RS 比 NR 与 SO 的和.

但是，NO 大于 RS；
所以，RS 也大于 NR 与 SO 的和；
从而，NO 被分成中外比，且 RS 是较大一段.]

但是，RS 等于 UV；
所以，当 NO 被分成中外比时，UV 是较大一段.

又因为，球的直径是有理的，
且它上的正方形是正方体一边上正方形的三倍，
所以 NO 是立方体的一边，它是有理的.

[但是，如果有理线段被分成中外比，那么所分的两部分都是余线的无理线段.]

所以 UV 是正十二面体的一边，是一个称为余线的无理线段. [XIII.6]

推论 由此显然可得，当立方体的一边被分成中外比时，其较大一段是正十二面体的一边.

证完

命题 18

给定五种图形的边并把它们相互加以比较.

设 AB 是已知球的直径，

且设 C 把它分成 AC 等于 CB,又设 D 把它分成 AD 是 DB 的二倍;设 AB 上的半圆是 AEB,

从 C,D 作 CE,DF 与 AB 成直角,

连接 AF,FB,EB.

那么,因为 AD 是 DB 的二倍,所以 AB 是 BD 的三倍.

代换后,BA 是 AD 的一倍半,

但是,BA 比 AD 如同 BA 上的正方形比 AF 上的正方形, [Ⅴ. 定义 9, Ⅵ. 8]

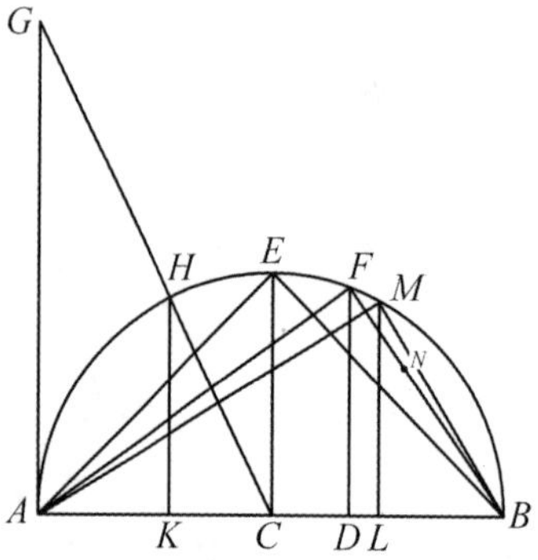

因为,三角形 AFB 与三角形 AFD 是等角的;

所以,BA 上正方形是 AF 上正方形的一倍半.

但是,球直径上的正方形也是棱锥一边上正方形的一倍半. [ⅩⅢ. 13]

又 AB 是球的直径;

所以,AF 等于棱锥的边,

又因为,AD 是 DB 的二倍,所以 AB 是 BD 的三倍.

但是,AB 比 BD 如同 AB 上正方形比 BF 上正方形; [Ⅵ. 8, Ⅴ. 定义 9]

所以,AB 上的正方形是 BF 上正方形的三倍.

但是,球直径上的正方形也是立方体边上正方形的三倍. [ⅩⅢ. 15]

又 AB 是球直径;

所以,BF 是立方体的边.

又因为,AC 等于 CB,所以 AB 是 BC 的二倍.

但是,AB 比 BC 如同 AB 上正方形比 BE 上正方形;

所以,AB 上正方形是 BE 上正方形的二倍.

但是,球直径上的正方形也是正八面体的边上正方形的二倍. [ⅩⅢ. 14]

又 AB 是已知球的直径,所以 BE 是正八面体的边.

其次,由点 A 作 AG 与直线 AB 成直角,作 AG 等于 AB,连接 GC,由 H 作 HK 垂直 AB.

那么,由于 GA 等于 AC 的二倍,因为 GA 等于 AB,且,GA 比 AC 如同 HK 比 KC,所以 HK 也是 KC 的二倍.

于是,HK 上正方形是 KC 上正方形的四倍;

所以,HK,KC 上正方形的和,即 HC 上正方形,是 KC 上正方形的五倍.

但是,HC 等于 CB,所以 BC 上的正方形是 CK 上正方形的五倍.

又因为,AB 是 CB 的二倍,

且,在它们中,AD 是 DB 的二倍,

所以,余量 BD 是余量 DC 的二倍.

因此,BC 是 CD 的三倍;所以 BC 上的正方形是 CD 上正方形的九倍.

但是,BC 上正方形是 CK 上正方形的五倍;

所以,CK 上正方形大于 CD 上正方形;
所以,CK 大于 CD.

设 CL 等于 CK,由 L 作 LM 与 AB 成直角,连接 MB.

现在,因为 BC 上的正方形是 CK 上正方形的五倍.
且 AB 是 BC 的二倍,KL 是 CK 的二倍,
所以 AB 上正方形是 KL 上正方形的五倍.

但是,球直径上的正方形也是作出的正二十面体的圆半径上正方形的五倍.

[XIII.16,推论]

而 AB 是球的直径;
于是 KL 是作出的正二十面体的圆的半径;
所以,KL 是所说圆的内接正六边形的边. [VI.15,推论]

又因为球的直径等于同圆中内接正六边形一边与内接正十边形两边的和.

而 AB 是球的直径,
且 KL 是正六边形一边,
又 AK 等于 LB,
所以,线段 AK,LB 的每一条都是正二十面体的圆内接十边形的边.

又因为 LB 属于一个十边形,且 ML 属于一个六边形,因为 ML 等于 KL,它也等于 HK,这是因为距圆心等远,
线段 HK,KL 的每一条都是 KC 的二倍,
所以,MB 属于五边形. [XIII.10]

但是,五边形的一边是正二十面体的一边. [XIII.16]

于是,MB 属于这个正二十面体,
现在,因为 FB 是立方体的一边,
设它被 N 分成中外比,且设 NB 是较大一段;
所以,NB 是十二面体的一边. [XIII.17,推论]

又因为,已经证明了球直径上的正方形是棱锥一边 AF 上正方形的一倍半,也是八面体一边 BE 上的正方形的二倍与立方体边 FB 的三倍. 所以球直径上正方形包含六部分,棱锥边上的正方形包含四部分,八面体一边上正方形包含三部分,立方体一边上正方形包含两部分.

所以,棱锥一边上正方形是正八面体一边上正方形的三分之四,是立方体一边上正方形的二倍;
且正八面体一边上正方形是立方体一边上正方形的一倍半.
所以,这三种图形,棱锥,正八面体,及立方体的边互比是有理比.

但是,其余的两种图形,即正二十面体的边与正十二面体的边互比不是有理比,与前面所说的边互比也不是有理比.

因为,它们是无理的,一个是次线[XIII.16],另一个是余线. [XIII.17]

我们能够证明正二十面体的边 MB 大于正十二面体的边 NB.

因为,三角形 FDB 与三角形 FAB 是等角的, [VI.8]

有比例,DB 比 BF 如同 BF 比 BA. [Ⅵ.4]

又因为,三条线段成比例,

第一条比第三条如同第一条上的正方形比第二条上的正方形;

[Ⅴ.定义 9,Ⅵ.20,推论]

所以,DB 比 BA 如同 DB 上正方形比 BF 上正方形;

所以,由反比例,AB 比 BD 如同 FB 上正方形比 BD 上正方形.

但是,AB 是 BD 的三倍;

所以,FB 上正方形是 BD 上正方形的三倍.

但是,AD 上正方形也是 DB 上正方形的四倍,因为 AD 是 DB 的二倍;

所以,AD 上正方形大于 FB 上正方形;

所以,AD 大于 FB;

所以,AL 更大于 FB.

又,当 AL 被分为中外比时,KL 是较大一段,因为 LK 属于六边形,且 KA 属于十边形; [ⅩⅢ.9]

且,当 FB 被分成中外比时,NB 是较大一段;

所以,KL 大于 NB.

但是,KL 等于 LM;所以 LM 大于 NB.

从而正二十面体一边 MB 大于正十二面体一边 NB.

证完

其次可证,除上述五种图形以外,再没其他的由等边及等角且彼此相等的面构成的图形.

因为,一个立体角不能由两个三角形或者两个平面构成.

由三个三角形构成棱锥的角,由四个三角形构成正八面体的角,由五个三角形构成正二十面体的角;

但是,不能把六个等边且等角的三角形一个顶点放在一起构成一个立体角.

因为,等边三角形的一个角是一个直角的三分之二,于是六个角将等于四个直角;

这是不可能的,因为任何一个立体角都是由其和小于四直角的一些角构成的.

[Ⅺ.21]

同理,六个以上平面角绝不能构成一个立体角.

由三个正方形构成立方体的角,但是四个正方形不能构成立体角,

因为它们的和又是四个直角.

由三个等边且等角的五边形构成正十二面体的角;但是由四个这样的角不能构成任何立体角.因为,一个等边五边形的角是直角的一又五分之一,于是四个角之和大于四个直角:

这是不可能的.

同理,不可能由另外的多边形构成立体角.

证完

引 理

证明等边且等角的五边形的角是一个直角的一又五分之一.

设 $ABCDE$ 是一个等边且等角的五边形,设它的外接圆是圆 $ABCDE$,设它的圆心为 F,且连接 FA,FB,FC,FD,FE.

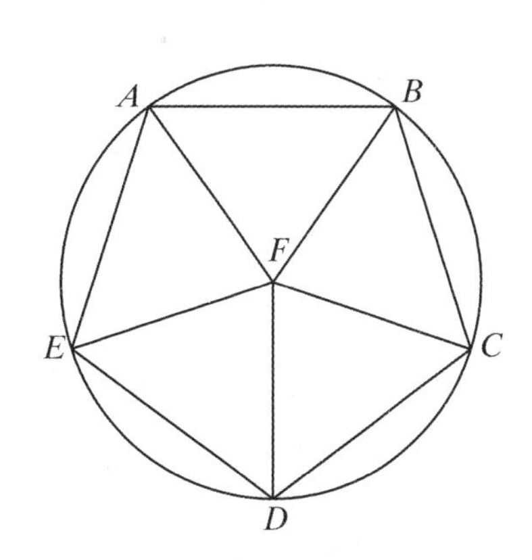

所以,它们在 A,B,C,D,E 点二等分五边形的各角.

又因为,在点 F 的各角的和等于四直角且它们相等,

所以,它们的每一个,如角 AFB,是一个直角的五分之四;所以其余各角 FAB,ABF 的和为一直角的一又五分之一.

但是,角 FAB 等于角 FBC;

所以,五边形的一个整体角 ABC 是一个直角的一又五分之一.

证完

欧几里得在卷XIII中给出了五个正多面体的作图,并论证了它们的外接球直径与其棱长的关系,以及同一球内接的五种正多面体的棱长进行了比较. 这是欧几里得综合几何的典型成就,是古希腊智慧的结晶.

设五个正多面体内接于以 ρ 为直径的球,那么

1. 设正四面体的棱长为 a,则有 $\rho^2=\frac{3}{2}a^2$,即 $a=\frac{\sqrt{6}}{3}\rho$. [XIII.13]

2. 设正六面体的棱长为 b,则有 $\rho^2=3b^2$,即 $b=\frac{\sqrt{3}}{3}\rho$. [XIII.15]

3. 设正八面体的棱长为 c,则有 $\rho^2=2c^2$,即 $c=\frac{\sqrt{2}}{2}\rho$. [XIII.14]

于是,若 ρ 为有理线段,则 a,b,c 都是仅正方可公度的有理线段.

4. 设正十二面体的棱长为 d,则在此球内接的正六面体的棱被分成中外比,其较大段正是 d,

[XIII.17,推论]

因为 $b=\frac{\sqrt{3}}{3}\rho$,于是

$$d=\frac{b}{2}(\sqrt{5}-1)=\frac{1}{6}(\sqrt{15}-\sqrt{3})\rho,$$

若 ρ 为有理线段,d 就是一个称作余线的无理线段.

5. 设正二十面体的棱长为 e,则有 ρ^2 等于该正二十面体顶点处五个正三角形,其底所在圆上的半径(r)上正方形的 5 倍,即 $\rho^2=5r^2$. [XIII.16]

而该圆上正五边形的边长正是正二十面体的棱长 e,于是由XIII.8 可得

$$e=\frac{r}{2}\sqrt{10-2\sqrt{5}},由于\ r=\frac{\sqrt{5}}{5}\rho,$$

因而就有 $e=\frac{\rho}{10}\sqrt{50-10\sqrt{5}}$,若 ρ 为有理线段,e 就是一个称作次线的无理线段.

在命题XIII.18的作图中,AB 等于球的直径 ρ,而得到 $AF=a$、$BF=b$、$BE=c$、$BN=d$ 和 $BM=e$.

从图知 $AF>BE>BF>BM>BN$,于是就有以 ρ 为直径的球内接五个正多面体的棱长大、小关系就是:

$a>c>b>e>d$.

后 记

《几何原本》的著者欧几里得(Euclid),大约生活在公元前300年左右.当时希腊科学发展处于鼎盛时期,代表埃及、希腊数学成就最高水平的就是《几何原本》.这一数学史上最负盛名的巨著,不仅使许多数学著作相形见绌,而且对后世数学及自然科学的发展产生了极其深刻的影响,其数学思想和方法支配了数学2000多年.

根据史料记载,《几何原本》的内容可能吸取了前人的成果.原著共十三卷,第Ⅰ~Ⅳ卷和第Ⅶ、Ⅸ卷,可能来自毕达哥拉斯(Pythagoras)学派的著作;第Ⅷ卷可能来自阿尔契塔斯(Archytas)的著作;第Ⅴ、Ⅵ和第Ⅶ卷的部分内容可能来自欧多克索斯(Eudoxus)的著作;第Ⅹ和Ⅻ卷可能来自泰特托斯(Theaetetus)的著作.但是,也有人认为最难读的第Ⅹ卷(十三种无理线段)是欧几里得本人的研究成果."反证法"是他的创造(在第一卷命题7的证明中第一次应用),后来的人续写了第ⅩⅣ卷和第ⅩⅤ卷.又据记载,第ⅩⅣ是亚力山大的许普西克勒斯(Hypsicles),约公元前180年或150年左右撰写的,第ⅩⅤ卷是6世纪初叙利亚人大马士革乌斯(Damascius)所著.因此,世界流传着《几何原本》的十三卷本和十五卷本.

《几何原本》的十五卷本曾在我国被分作两次译出.第一次是在明万历丁未年(1607),由泰西(意大利)传教士利玛窦口授,国人徐光启(1562~1633)笔录,将前六卷译成汉文.这六卷的底本是利玛窦的老师克拉维乌斯(C. Clavius,德国人,1537~1612)的拉丁文版本.时隔250年之后,清咸丰七年(1857)英国人伟烈亚力(Alexander Wylie)和国人李善兰(1811~1882)又把后九卷译成汉文.这后九卷是根据一个英文版本译出的,到现在还不知道这个英文版本的译者,有待进一步察考.①直到清同治四年(1865)于金陵在李善兰的主持下,将前六卷和后九卷的译文合刻成十五卷本.这就是《几何原本》的"明清本".

《几何原本》在世界上流行着各种文字的译本,甚至同一种文字有好几个译本.近年来有些国家不断出现新的译本和有关的研究论文.

欧几里得本人的手稿早已失传.当时印刷术尚未发明,在很长一个时期内《几何原本》总是以各种文字的手抄本到处流传.以下仅谈几种文字的第一个印刷本.最早的《几何原本》的印刷本是1482年在意大利出版的,当时意大利出版家爱尔哈得(Erhard Ratdolt)在威尼斯创立了一所印刷厂,他主动承印了坎帕努斯(Campanus)从阿拉伯文译出的拉丁文本.由于它是印刷本,因此流传较广.1486年该书在乌尔姆(Ulm)重印,1491年又在巴塞尔(Basel)再版.第一个希腊文印刷本是格里内乌斯(Simon Grynaeus)于1533年在巴塞尔的译本.1570年在英国伦敦印刷了第一个英文译本,这个译本是伦敦的比林斯利

① 见本书"序"的注释①.

(H. Billingsley)译自希腊文. 汉文第一个印刷本就是明万历年间徐、利的前六卷本. 蒙文版前五卷已于1987年10月由内蒙古人民出版社出版. 它是莫德副教授翻译的.

《几何原本》流传日久,由手抄到印刷,经历了不同人的改动,使得大部分版本内容不尽相同,命题多少及其证明步骤亦存在差异,以致出现了不少存疑之处. 究竟哪个版本更接近《几何原本》的原貌,尚待进一步考证. 目前我国虽然有"明清本",但由于它的底本来自两种不同文字的版本,译文又系文言文,多有不确切之处,加之一些术语和现代称法不尽相同,这样读起来很不方便. 这就有必要重新翻译《几何原本》.

我们选定了近年来世界上最流行的、专家们认为较为确切的希思(H. L. Heath)的英译本:*The Thirteen Books of Euclid's Elements*(欧几里得《原本》十三卷,1956年版)为底本. 现对在翻译的过程中,对许多名词和关系的译法我们略加说明. 例如,第Ⅰ卷中的"Common Notion",可译作"一般概念",而这个英文术语无疑也是后人使用过的,近百年来多用"axiom"(公理). 因此,我们把"Common Notion"译作"公理". 欧几里得没有线段和弦的称法,一律叫做直线. 有些地方出现"finite line",但事先并未定义,可能是后人无意中加进去的. 为了不使读者引起混淆,在不同地方,我们将按实际情况,把直线、线段、弦加以区别. "radius"一词较晚地出现在证明步骤中,并未定义. 在公设中,用的是"distance"(距离),可见"radius"一词也可能是后人引进的. 因此,我们把"distance"仍然译作距离.

在绝大部分命题的证明末尾,其左下角有"Therefore etc."这是希思的用词,可译作"于是云云"或"于是等等". 据希思说,欧几里得在证题末尾总要把原命题重复写一遍,以示证完,他为了避免重复,用"Therefore etc."代替了原命题. 托德亨特(Todhunter)的六卷本中用了"Wherefore…&c",其意义相同. 而在"明清本"中,没有用任何结尾词. 因此,我们认为略去不译这个结尾词无损大局.

凡证明题的末尾右下角均有"Q. E. D",它是拉丁文"quod erad demonstradum"的缩写,相当于英文的"Which Was to be demonstrated = Which Was to be proved",意思是"证完". 凡作图题末尾右下角的"Q. E. F"即拉丁文"qoud erat faciendum"的缩写,相当于英文的"Which was to be done",意思是"作完".

从第Ⅰ卷命题4起,凡属证明题,几乎每个题的证明步骤中都用了短语"I say that …". 俄译本同样用了这个短语. 但是,"明清本"和托德亨特的英译本并未用此短语,很可能希思译本与俄译本采用了同一个底本,或者相近的底本. 短语的意思是"我断言……"或者"我说……". 我们为了与证明过程中的用语协调,将它译作"则可证……". 命题28中的"exterier angle equal to interier and opposite angle"被译为"同位角相等". 命题34中的"parallelagrammic area"被译为"平行四边形面片".

书中没有"矩形"(rectangle)这个词,而定义了"直角平行四边形"(rectangular parallelagram),这是同义词. 但是,在另一些命题的证明步骤中出现了"rectangle",我们认为也是后来人引进的,一律译为"矩形".

一提到"平行公理",人们总会想到第5公设. 但是,事情不全是这样,"明清本"将平行公理放在公论(即公理中,而不是在公设中)的第11条;托德亨特放在公理(即axiom中,而不是放在postulate中)的第12条. 到底哪个排法更接近《几何原本》的原貌,现在还说不清. 我们至少应该知道"平行公理"不一定是第5公设,这要看对哪个版本而言.

第Ⅲ卷第17命题“由已知点作已知圆的切线”,其作法与以后中学教科书中的作法不同.中学教科书中的作法用了平行公理的等价命题,而第17命题的作法避开了平行公理.欧几里得为什么不用他提出的平行概念呢?这种作图法属于“绝对几何”.苏联非欧几何作图权威模尔杜哈伊——保尔朵夫斯基(Мордухай - Болтовской,他是1948~1950年俄文版《几何原本》的译者)和他的学生涅斯塔诺维奇(Н. М. Несторович)教授,在研究罗巴切夫斯基平面上的几何作图时就用了这个作法.有些人却认为这个作法很巧妙,还误认为是涅氏给出的.

第Ⅴ卷定义5是比例的定义,很繁,初看不易理解.但是,这个定义与现在的定义是等价的,可见当时对比例论的研究相当深刻.在这一章,似乎欧几里得想把比例的理论由数转化到线段以至面积、体积中来.因为,他没有具体说明所研究的对象是什么,而在定义和命题中把所论对象一律称做量(Magnitudes),也许他所谓的“量”更为广泛.

欧几里得的比例论影响很深远.他用线段的比例刻画了相似三角形的本质,而相似三角形的存在,表现了欧几里得空间的特征.这是一个十分重要的性质.欧几里得的比例论曾经引起了希尔伯特的极大注意,在他的名著《几何基础》(有两个汉译本,1924年由傅种孙、韩桂丛合译,商务印书馆出版;1958年江泽涵又由俄文版译出,科学出版社出版)中,专门用一章(第三章)的篇幅重新研究了欧几里得比例论.即不用阿基米德的连续公理(用了巴斯加定理)建立了线段的比例论.从而建立了线段的运算.最后,把问题推到了高峰——线段的比例与相似三角形的关系.

在第Ⅴ卷中,对于“as A is to B, so is C to D”或者“A is to B as C is to D”表示这四个量成比例,我们把它们都译为“A比B如同C比D”.

第Ⅹ卷论述了十三种无理线段,内容既复杂,又难懂,但是,条理清楚.在译这一卷时,对十三种无理线段的名称没有沿用“明清本”的称法,我们做了一些改进,尽量做到顾名思义.

为了帮助读者容易阅读,在某些定义和命题之后,用小字加了少量注解.

也许欧几里得给《几何原本》就没有编写目录,可以看出,托德亨特的六卷本的目录也是他自己编写的;“明清本”没有目录,但是,希思的英译本却有目录.为了读者容易查阅起见,我们仿照希思编写的目录,给此汉译本也加了一个目录.

翻译《几何原本》是一项极其浩繁的工程.我们先翻阅了有关介绍文章、译注、历史资料,比较了多种外文版本,了解了“明清本”产生的社会文化背景,它的序、跋、杂议以及译文.当我们决定以希思的英文本为底本后,不仅通读了原文及希思写的导论与部分译注,而且对某些部分作了试译.在这期间仍然不断翻阅原文和有关资料,以扩大并加深对《几何原本》的理解.

从1980年春正式动笔翻译,整理成试译稿,至1982年秋完成全部译稿,并刻写油印,寄给一些专家、教授征求意见.油印稿寄出后,不断收到对译稿的意见.我们把意见逐条整理、研究后,发现在译文中有不少地方欠妥甚至是错误的.主要原因是对原文某些部分理解不够.我们在油印稿的基础上进行了认真修改,至1984年夏重新整理了一份译稿,再次征求意见.1984年秋,我们收到的意见更深入、更广泛,不但涉及具体问题,而且还涉及整体性问题,有的同志建议我们对《几何原本》的某些问题进一步推敲.经过一年多的探索、研究,我们的译文质量有了显著的提高.

1986 年 8 月在西安召开了《几何原本》翻译及研讨会,我们和到会专家们一起对译稿逐章、逐节进行了深入、细致的研讨,对名词的译法、标点、分段及技巧性问题都做了商议. 会议后,我们又对译稿作了细致全面的修改,1987 年夏正式脱稿.

在翻译《几何原本》的过程中,我们得到了许多教授和学者的关心和支持. 魏庚人教授、叶彦润教授自始至终关心我们的工作. 梁宗巨教授阅读了全部译稿,并为译文写了序和导言. 还提供了他多年收藏的各个时期出版的有关《几何原本》的珍贵图片,这些图片给译本增色不少.

在《几何原本》翻译及研讨会上,莫德副教授、张毓新副教授、徐伯谦副教授、朱荣仕副教授对译稿中的定义、名词、命题及翻译方式谈了许多中肯的见解,使我们受益匪浅. 钟善基教授得知我们翻译《几何原本》时,特意把他收藏的托德亨特(Todhunter)英文六卷本《*The Elements of Euclid*》借给我们. 李迪教授不但把我们的工作向社会做了介绍,并且在他的启发下,我们成立了"《几何原本》研讨会". 白尚恕教授特意寄语我们,提醒在翻译时应慎重对待希思版本中的评注,使我们的工作目标更集中,少走了许多弯路. 麦雨农教授看到了最早的译稿以后,从千里之外,给我们寄来了热情洋溢的信,指出当前出版这个译本的必要性,并用"它山之石,可以攻玉"的古语鼓励我们. 赵根榕教授几次写信建议我们,尽早出版这个译本,以填补我国无白话文译本的空白. 在此,我们对以上诸位专家、教授给予的热情关怀和支持表示诚挚的感谢,对经常关心我们工作的同志也一并致谢.

陕西科学技术出版社一直鼓励和支持我们的工作. 责任编辑赵生久参加了我们的《几何原本》研讨会,对我们鼓励很大. 在此,向他们致以衷心的感谢.

限于水平,译文欠妥之处难免,欢迎专家、学者和读者批评指正.

兰纪正译第Ⅰ卷~第Ⅵ卷,第Ⅺ卷~第ⅩⅢ卷;朱恩宽译第Ⅶ~Ⅹ卷.

兰纪正　朱恩宽

1988 年 7 月于陕西师范大学

再版后记

进入20世纪至80年代,国内研究《几何原本》(有时也称《原本》)似乎处于一个低潮期.据一些文章介绍,近一二十年来,在国内发表的有关文章比前七八十年发表的文章还要多,内容涉及面也较广较深[12].相对于1607年、1857年汉文六卷本与九卷本译出之后出现的研究《原本》的高潮而言,可以说这又是一次新的研究高峰[12].前两次出现了研究《原本》的一批学者,他们对《原本》做了很多研究,写下了不少有关几何方面的文章,一直流传至今[11].

1982年,我们把我们翻译的《欧几里得几何原本》的现代汉文油印本寄给有关单位和一些学者征求对译稿的意见.由此,联络了一批有相同兴趣的学者,互通信息,交流成果.为了更好地研究《几何原本》,在各位学者的倡议下,以陕西师范大学、内蒙古师范大学、四川师范大学为主,成立了《几何原本》研讨协作组.

1986年8月,在陕西师范大学召开了第一次研讨会,并有辽宁师范大学几位教授参加.会议期间,对《原本》油印稿做了深入细致的讨论,并确定了下一阶段研究的课题,商讨了以后工作进程.会后,于1987年、1990年相继出版了《原本》的蒙文译本(五卷本,莫德译,内蒙古人民出版社)及现代汉文译本(十三卷本).

1991年8月,在内蒙古师范大学召开了第二次《原本》研讨会,并有北京师范大学的几位教授参加,会上宣读了多篇论文.以这次宣读的论文为主,于1992年,出版了《欧几里得几何原本研究》论文集(莫德主编,内蒙古人民出版社,1992).同年,在台湾九章出版社出版了繁体字现代汉文《几何原本》(以兰纪正、朱恩宽在陕西科学技术出版社出版的现代汉文《几何原本》为底本)[28].

1994年8月,在四川师范大学召开了第三次《原本》研讨会,并有中国科学院自然科学史研究所副所长王渝生研究员参加.以这次会议宣读的论文为主,出版了第二本《欧几里得几何原本研究论文集》(莫德,朱恩宽主编,内蒙古文化出版社,1995).文集中附有前一阶段研讨协作组的研究工作总结及今后研究的设想[34].

在这10多年间还参加了国内召开的数学史会议,交流了有关论文.几次接到在国外召开的国际数学史会议的邀请函,有部分学者、教授应邀参加.

前一阶段发表的文章大致涉及以下几个方面:关于《原本》的内容结构,专题讨论,《原本》名称由来,尺规作图,比例论,古希腊数学及无理线段,古代数学家对面积、体积的研究,《原本》对中学数学的影响,国内外版本的流传.

以下要谈到的内容来自近20年国内学者发表的文章.这些文章仅限于研究《原本》的内容,而不是叙述一个时期内数学发展史.所以,涉及面较窄.下面我们将把这些文章分类综述如后.

一、《原本》问世前后数学发展概况

几何学的起源并不是像西方人说的那样，发祥地在埃及. 实际上，与埃及同时代的中国、印度、巴比伦的学者们也已开始了对几何学的研究. 各国都不同程度地留下了各自的研究成果，其研究方法各有所长. 中国的学者多注重算法，也有逻辑演绎的证明，同样获得了丰富的成果.

1. 问世前的概况

古代埃及遗留下来的最早数学著作要算两部纸草卷，一部保存在俄国莫斯科，另一部保存在英国伦敦博物馆. 后一部是埃及人阿麦斯(Ahmes，约公元前1700)的著作，英国人林德(Rhind)发现了此卷，经伯尔契(Birch，1868，同治七年)解算. 书的开始，写着一句话"获得一切奥秘的指南."此卷中除其他数学外还有几何问题，大部分题目只有结论，少有解题过程，这一点似乎是古代数学著作的普遍现象[16]. 公元7世纪左右，埃及、希腊在商业上的频繁贸易促进了两地的文化大交流，希腊很多学者去埃及学习、讲学. 当时，大数学家泰勒斯(Thales，约公元前625~前547)研究过三角形、面积、体积，他利用金字塔的影子测得了塔高，在公元前585年准确地预报了一次日蚀，使得埃及国王阿美西斯Amasis)惊叹不已.

毕达哥拉斯(Pythagoras，约公元前580~前500)是泰勒斯的学生，其学派成就很大[18]. 但是，没有留下书面材料，仅仅通过普罗克洛斯(Proclus，410~485)在注解《原本》第一卷时，在他抄录阿达马斯(Eudamus，公元前335年左右)的《几何史》中发现了关于毕达哥拉斯的成就，得知毕氏研究过三角形、平行线、拐尺形、多边形……勾股定理，并发现了无理数$\sqrt{2}$. 在数学方法上初步涉及演绎法，又在证明命题时用了归谬法. 早期的《原本》中第X卷命题117是$\sqrt{2}$无理性的证明. 但是，在希思(Heath)的《原本十三卷》中没有此命题. 毕达哥拉斯之前，公元前3500年左右，巴比伦人就知道了三边长分别为120、119、169的三角形是直角三角形. 到了毕氏时代，人们对直角三角形有了更深入的研究，毕氏把直角三角形三边之间的关系归纳为$x^2+y^2=z^2$(x，y为直角三角形两直角边，z为斜边). 又如，三组数$2n+1$，$2n^2+2n$，$2n^2+2n+1$就适合这个等式(方程)[16].

大约在我国战国之前的一部数学著作《周髀算经》中已经有"勾三股四弦五"的记载. 我们称这种关系式为陈子定理，而西方人则称为毕氏定理. 此定理是《原本》第Ⅰ卷命题47，它以面积的形式出现，命题48是命题47的逆命题. 此命题在以后数学中的作用很大，引起人们的重视，证法很多. 特别是，后世数学家对这个关系式$x^2+y^2=z^2$做了更深入的研究和发展，获得了大量的重要结果，引出了惊世的发现(费马大定理，法国).

欧多克索斯(Eudoxus，公元前408~前347)是阿尔契塔斯(Archytas)的学生，研究过棱锥、棱柱的体积、无理数理论，给出了线段的黄金分割方法，最大的贡献是为比例论建立了一套完整的理论系统. 后来，人们经常把《原本》中的比例论称做欧多克索斯比例论. 他又尝试着用演绎法代替实验法，并主张每个命题的证明应有根据. 从而，把演绎法引入到了几何的证明中.

安提丰(Antiphon，约公元前480~前411)为了研究作图题"圆积化方"(求作一个正方形，使其面积等于一个已知圆的面积)而引出了"穷竭法"，用圆的内接正多边形周长逼近圆周得到了圆的周长.

汉克尔(德,Hankel Hermann,1839 ~ 1874)认为“穷竭法”是希波克拉斯给出的. 因为,希氏用穷竭法证明了两圆之比等于其直径平方之比(《原本》第Ⅻ卷命题2,其中还用到了归谬法)[8].

柏拉图(Plato,公元前426 ~ 前347)是希腊有名的哲学家,受毕达哥拉斯学派的影响很深,特别重视几何,对几何发展起了很大的推动作用. 他主张用抽象理论研究几何,并提出要把逻辑方法引进几何,藉以改革以往的叙述方法. 重视严密的定义、公理,认为公理与定理的意义、地位上应有区别,公理应是量的关系. 欧几里得的公理是五条量的关系,这也许受到柏拉图的影响. 柏氏的主张对以后把演绎法引入数学启发很大,影响深远.

亚里士多德(Aristotle,公元前384 ~ 前322)是柏拉图的学生,他在哲学上的成就远超过在数学上的成就,他的名著《形而上学》(有中译本)中的形式逻辑深深地影响了以后自然科学的推理方法与系统化. 特别是给数学的公理化提供了理论和方法基础. 另外,他还要用哲学思想为指导,在大量的科学成果中去发现普遍规律和处理问题的统一方法(见他的著作《工具论》). 很多学者也想把大量的数学成果系统化,但都缺乏明确的认识,没有处理问题的方法.

到了欧几里得时代,数学已经积累了大量成果,有了证明命题的具体方法(如,归谬法、穷竭法等),形式逻辑的三段论法又提供了数学演绎法的哲学基础,这一切都给欧几里得《原本》的形成起了奠基作用. 从而使得欧几里得能够写出一部公理化的数学典范《原本》.

《原本》共十三卷,以后有人续写了两卷(即第ⅪⅤ卷,第ⅩⅤ卷). 因此,以后在世界流传着《原本》十三卷本与十五卷本. 如,希思的《原本十三卷》与我国刊出的“明清本”十五卷.

2. 问世后的概况

在《原本》问世之后,不断出现有重大贡献的古代数学家. 他们研究的某些课题与《原本》一些内容有一定的联系. 以下略谈几位数学家在这方面的重大成果.

埃拉托塞尼(希腊,Eratosthenes,约公元前276 ~ 前195),他是亚历山大图书馆馆长、数学家、哲学家、诗人,在当时很负盛名. 他计算出了地球的周长(大圆),又在数论方面有特殊贡献. 例如,求素数的方法——筛法[16]. 这个方法是求不大于给定的自然数 N 的全部素数.

解　先写出1到 N 的全体整数,

$1,2,3,\cdots,N.$

先划去1,然后划去所有2的倍数,不划掉2;再划去所有3的倍数,不划掉3;再划去5的倍数,不划掉5,等等,把这种方法继续下去,直到 $\leqslant\sqrt{N}$ 的最大素数为止. 余下的数就是不大于 N 的全部素数. 当然,这个方法工作量很大,但是在当时来说,已经是一个了不起的贡献.

丢番图(希腊,Diophantus,246 ~ 330),曾写过几部数学,流传至今的有《算术》. 其中主要讲数的理论,记载了大量研究不定方程整数解(或有理数解)的问题. 直到现在人们还把一个(或一组)整系数的不定方程习惯上称为“丢番图方程”. 他从平方、立方等定义开始,对其中的每一个都引入了特殊符号. 加法是用并列来表示的,这种形式的符号一直沿用到17世纪,而后才逐渐演变为现在所用的算术符号系统. 丢番图研究了形如 $x^2+y^2=z^2$ 的不定方程的整数解的问题,又研究了形如 $y^2=Ax^2+Bx+C$, $y^3=Ax^3+Bx^2+Cx+D$ 的解的问题,他还试图把一个给定的数表示成几个平方数之和.

如:$8n+7$(n 为非负整数)不能表示成三个平方数之和;又指出,当 n 不是奇数时,$2n+1$ 可以表示为两个数的平方和,等等.

又如:把16分成两个数的平方数,设一个平方数为 x^2,则另一个数为 $16x^2$,他设了一个方程,$16-x^2=(2x-4)^2$,得 $x=\frac{16}{5}$.

从而,得出两个数的平方为 $(\frac{16}{5})^2$ 及 $(\frac{12}{5})^2$[16].

丢番图的著作共三部,《论多边形数》(*On Polygonal Numbers*),只保存下一些片断;《衍论》(*Porisms*)失传了;只留下《算术》,原共十三卷,现仅留下六卷.《算术》共有189个问题,相当深奥,解方程是一题一解. 有人说:“近代数学家研究了丢番图的100个问题后,去解答101个题时,仍然感到困难”. 例如,他在《衍论》中有一个问题.

两个有理数立方的差也是两个有理数立方之和.

以后,很多大数学家都研究过这个问题,如,韦达、费马、欧拉、拉格朗日. 他还提出把一个数表示成两个、三个或四个数的平方和的命题. 后来,分别由前面提到的几位数学家完成了.

他的算术没有能继承《原本》具有明晰的演绎结构,普遍的归纳,而是一题一议,一题一解. 他被后世数学家称为代数学鼻祖.

可能由于受丢番图对一个平方数分成两个平方数,如 $z^2=x^2+y^2$ 的整数解的启发,350多年前法国数学家皮埃尔·德·费马(Pierre de Fermat,1601~1665)提出:

当 $n>2$ 时,方程 $x^n+y^n=z^n$ 没有整数解.

后世数学家称这个问题为费马大定理. 此后3个多世纪,费马大定理成为世界上最著名的数学难题之一,吸引历代数学家为它的证明付出了巨大的努力,有力地推动了数论乃至整个数学的进步. 1994年,这一旷世难题被英国数学家安德鲁·威尔斯(Andrew Wiles)解决.

二、《原本》的传入

“两千多年来,《原本》被译成各种文字,并以各种形式的抄本及印刷本流传于世,成了一代又一代青少年学习科学的经典,甚至像阿基米德(Archimedes,公元前287~前212)、牛顿(Newton,1642~1727)这样的科学巨匠都从中汲取创造的源泉[11]”,到了我国明清两代经两次将《原本》十五卷译为汉文言文. 自从《原本》传入我国之后,对明清两代数学发展起到了一定的推动作用,也成为中西文化交流的桥梁.

1.《原本》传入及汉文译名的由来

从一些资料分析,“早在十三世纪《原本》就曾传入我国. 元代王士点、商启翁《秘书监志》卷七《回回书籍》载至元十年(1273 年)司天台《见合用经》中有一部名为《兀忽列的四擘算法段数十五部》的书,有人认为'兀忽列的'即'欧几里得'的另一音译.回回书当指阿拉伯文字书籍"[11].

《原本》原来只有十三卷,后两卷是公元前 2 世纪及公元 6 世纪为他人所续编.最先将后两卷译成阿拉伯文的是 10 世纪巴格达学者古斯塔(Qustāibn Lūqa,?~912).蒙古人旭列兀(1219~1265)在中亚建立伊尔汗国,他的首席科学顾问纳速剌丁·徒思(Nasir Eddin,1201~1274)于 1248 年完成十五卷阿拉伯文《原本》修订本.可能是在 1273 年左右藏于元代司天台的那部书,也许是中亚地区天文学家带到中国来的最新的阿拉伯文抄本.后世未见到这个抄本,可能也未译成汉文.

据传教士裴化行(H. Bernard,1897~?)在《利玛窦司铎与当代中国社会》中提到,瞿太素(?~1612)与一位姓蒋的举人曾企图翻译《原本》,但没有结果.可见已经有人早想翻译此书.

明朝时,1582 年意大利传教士利玛窦来中国时,带来了拉丁文版《原本 15 卷》.1607 年,他与徐光启将前六卷译为汉文言文刊印.至清朝,1857 年李善兰与伟烈亚力译出了《原本》后九卷.

1865 年,李善兰又将六卷和九卷合刻成十五卷本,后称"明清本".

汉译《几何原本》名称的由来也许是这样的.当初,欧几里得很可能把他的数学巨著定名为《原本》(英文 Element),《原本》是"原理""基础"的意思.但是,它在长期的流传过程中出现了两种名称,一种是《原本》,另一种是《几何原本》.

1607 年,徐光启、利玛窦从克拉维乌斯(C. Clavius, 1537~1612,利玛窦的老师)的拉丁文《原本 15 卷》中翻译了前六卷.他们把这个译本定名为《几何原本》,在"原本"之前添加了"几何"二字.1857 年,李善兰、伟烈亚力又合译了《原本》后九卷,但对底本来源说法不一,仍然将译本定名为《几何原本》.译者一定有他们的想法.

我们在译希思(T. L. Heath)《*The Thirteen Books of Euclid's Elements*》的时候遇到了问题.希思英文本没有"几何"二字,我们应该把汉译本怎样定名?

公元 4 世纪有名的赛翁(Theon,约公元 390)的抄本及 1808 年拿破仑在梵蒂冈图书馆发现的希腊文抄本(据考证应早于赛翁的修订本)名称都是《原本》.1536 年,奥伦塔斯(Oroutus Finacus)在巴黎发表了"欧几里得《几何原本》"前六卷.1570 年,英国的比林斯利(Henry Billingsley)的英文译本在扉页上印着《几何原本》,这个英文版本流传较广,影响较大.可见徐、利最初把译本定名时经过了慎重的深思熟虑之后,在"原本"之前加上了"几何"二字."几何"二字在我国古已有之,且泛指事物的大小,量的多少而言.加之,国外也有冠以"几何"的名称.也许由于这样的原因,徐、利二人就把译名定为《几何原本》.李、伟也许受徐、利的影响,也添了"几何"二字.

由于以上这些因素,我们也把希思英文本的汉文译名定为《几何原本》.

近年来,对这个问题讨论的文章有多篇,其中探讨较深,论证较多的文章当属文献[2,17,27].

以下是梁宗巨教授在他所著的《世界数学通史》(上册)中关于"《几何原本》中'几何'一词的来源"的论述[39].

徐、利前六卷本(通称“明清本”)在“原本”之前加上“几何”二字,称译本为《几何原本》.清译本的后九卷沿用这个名称一直到现在.这“几何”二字是怎么来的?目前至少有4种说法:①是拉丁文 geometria 字头 geo 的音译.此说颇为流行,源出于艾约瑟(Joseph Edkins,1825~1905,英国人)的猜想,记在日本中村正直(1832~1891)为某书所写的序中.那时离《原本》的最初翻译已有200多年,虽属猜想,倒不见得全无道理.②《原本》实际包含了当时的全部数学,故“几何”是 mathematica(数学)的音译.③是 magnitudo(大小)的音译[2,17].④是 geometria 的音、意兼译,因汉语“几何”一词本身有大小、多少的含义,而音又和 geo 相近.

不妨再分析一下.在汉语里,“几何”本来是多少、若干的意思,这种用法自古就有.如《诗经》里“尔居徒几何?”《左传》里“所获几何?”.曹操《短歌行》:“对酒当歌,人生几何?”都是多少的意思.《九章算术》200多个问题,几乎都用“几何”结尾,如“今有田广十五步,从十六步,问为田几何?”也是多少的意思.

但后来“几何”变成了一个多义词.另一种含义是“研究图形之学”或简称“形学”.这种新的含义显然是利玛窦、徐光启首先引入的.不过并未为群众立刻接受,在19世纪末叶之前,形学之名更加通行.例如狄考文(Calvin Wilson Mateer,1836~1908,美国人)、邹立文、刘永锡的《形学备旨》(1885)是当时的代表作,流传十分广泛.直到1910年第11次印刷,徐树勋成都翻刊本,改名《续几何》,渐有用几何代替形学的趋势.形学一词被淘汰,几何成为这一学科的专名,仅是20世纪初的事.

翻译《原本》时,用“几何”来译 magnitudo 是恰当的,也是确凿无疑的[2,17],因为两者的含义相同.但是作为书名或一个学科的名称,却是另外一回事.《原本》前六卷讲几何(点、线、面、体之学),Ⅶ~Ⅹ卷是数论,但用几何的方式来叙述,其余各章也讲几何.所以基本上是一部几何书,不过内容却包含不属于几何(如算术、代数)的知识.这倒和欧洲文字 geometria[狭义指几何,广义指数学全体,如笛卡尔的《几何学》(*La Geometrie*)就不全讲几何]相近.利玛窦会想到用这个字来作书名,不妨音译成几何.然而在汉语里,几何二字没有这个含义.要用作书名,必须重新定义.因此利、徐译本在第1卷之首,第一界之前先给“几何”这个书名界说一番:“凡论几何,先从一点始,自点引之为线,线展为面,面积为体,是名三度.”十分明确地指出,此处所说的几何,是研究点、线、面、体之学.这句话原书是没有的,纯粹是利、徐二人的发明.不过原先的含义并未废除,于是“几何”二字具有双重含义,一直沿用至今.

今后,可能还有新的见解出现.

2.《原本》对明清两代数学发展的影响

在明朝时,除《原本》之外,还翻译了更多的数学书籍.如,《测量全义》《比例规解》《圆容较义》等.对我国数学发展起到了一定的推动作用,其中,以《原本》尤为突出.当时,在我国出现了一批研究数学的学者,如,李之藻,生前把20多种译书合编成《天学初函》,刊出发行,将《原本》前六卷收入其中.李笃培还把西方数学与中国《九章算术》体例分成几个专题,并用中国传统方法解算问题.

到了清初,《原本》及外来译书逐渐为中国学者所理解和接受.学习《原本》及其他译书的学者日益增多,出现了一批研究与著书的学者,他们写出了许多有关几何著作,流传至今. 有代表性的有名学者当属梅文鼎(1633~1721). 他著有《勾股举隅》《几何摘要》《几何通解》《几何补篇》,等等. 还有其他学者也留下了不少著述[7].

17世纪瑞士数学家伯努利(原籍比利时, Bernoullis)的家族被称为数学家族,原因是在17、18世纪,祖孙三代出了十多位数学家,并有重大贡献,被数学界称为伯努利(数学)家族,这在世界数学界是少见的. 我国的梅文鼎也是一个特殊的家族,祖孙三代有八九位研究数学,不但有一定的贡献,而且在当时影响很大. 因此,也有人撰文称他们为梅文鼎(数学)家族.

到了清朝,康熙令"梅成(梅文鼎之孙,1681~1763)、何国宗、明安图(1692~1765)等人编纂大型天文数学百科全书. 1721年完成《律历渊源》一百卷,其中《数理精蕴》五十三卷,为集大成的数学百科全书". 上编五卷"立纲明体"[11],其中二、三、四卷为《几何原本》十二卷. 这个《几何原本》和欧几里得的《几何原本》叙述形式、体例、结构完全不同,仅为几何内容而已,后又有满文七卷本,汉文七卷本及汉文十二卷本,均与《数理精蕴》中的《几何原本》内容、结构相近,据专家考证认为,这些版本很可能同出一源.

雍正当政之后,大兴文字狱,故一般知识分子转向埋头于古籍的整理与研究,这就是以考据学为中心的乾嘉学派兴起的背景. 到了乾隆年间常常接受士大夫的意见,开设四库全书馆,编辑《四库全书》,其中收集了《原本》六卷本. 这时出现了一个研究古典数学的高潮,当时还出现了一些数学家. 如,李锐(1768~1817)在他的《畴人传》"传论"中曾说"(西方传入的数学著述)当以《几何原本》为最,以其不言数而颇能言数之理也."又有焦循(1763~1820)、汪莱(1768~1813)都是当时有一定成就的数学家. 他们在代数学方面都有不少著述,很可能受到《原本》与西方数学理论的影响,把这些理论用于研究我国的古典数学. 因此,在代数方面获得了很多成果. 见参考文献[11,24].

李善兰在译《原本》之前就对数学有一定的研究. 1857年,他和伟烈亚力合译的《原本》后九卷正式刊出. 于1865年又将《原本》前六卷和后九卷合刻成十五卷本(明清本). 李善兰在《原本》刊出之后,又写了很多有关几何的著作. 不但对《原本》做了很多注释,还把许多问题向前推进了.

李善兰之后,又有顾观光、吴庆澄等多位学者研究了《原本》,并写出了几部几何著作,这些著作对《原本》的内容作了某些注释,还做了进一步的发挥.

1862年,在北京成立了同文馆,在天文算学馆曾以《原本》为教材,后来又把《原本》改编为教材.

由以上叙述,可以知道,《原本》经明、清两次传入我国. 每次传入我国之后,都在国内掀起了学习《原本》及其他数学的高潮. 由此,可知《原本》传入后对我国的数学发展起到了积极作用,对明清两代的数学家的研究工作起到了推动作用. 文献[11]在谈到《原本》在我国传播的同时广泛地论证了《原本》对我国明清两代数学家的成长以及对他们研究工作的影响. 作者以《原本》的传入为主线,全面论述了明清两代数学发展的概貌. 如果需要更广泛、更细致深入地了解徐光启、李善兰的工作与数学研究的成果以及《原本》传入后明清数学的发展,就请阅读文献[7,11].

三、《原本》的结构及其理论基础

1.《原本》的公理化结构

《原本》是一个实质公理学,它给出了现实空间的具体对象——点、线、面以及抽象出的数. 这些原始概念都有定义(或者说是说明),这些对象应满足的关系,就是所谓的公设和公理. 根据这些公设、公理,并通过逻辑的证明得到了极其丰富的400多个命题.《原本》的诞生,标志着在公元前300年左右数学就先于其他学科而成为一门独立的学科.

欧几里得提出了5个公设和5个公理,它构成了历史上第一个数学公理体系. 这些公设和公理在第Ⅰ卷前34个命题中都分别被应用了,如“Ⅰ.1(第Ⅰ卷第1个命题),在一个线段上作一个等边三角形”中应用了[公设1]和[公理1];如“Ⅰ.4,若两个三角形有两边分别相等,且夹角相等,那么底也相等,两个三角形全等……”. 其中用到[公理1];在“Ⅰ.5中,如果两直线相交,则它们交成的对顶角相等”. 其中用到[公设4],在“Ⅰ.16中,在任意三角形中,若延长一边,则外角大于任何一个内对角”中用到了[公设4];“平行公理”,即第5公设第一次出现在“Ⅰ.29,一直线与两条平行线相交,则内错角相等……”中;[公理2]在[Ⅰ.34]中被应用了.

《原本》的公设和公理是经过精心选取的,公设2说明了直线具有无限性,它属于绝对几何范围;第5公设(即平行公理)和其他公设和公理决定了所得的几何是欧几里得的三维空间的几何,即是抛物型的几何. 由于公设、公理集以现实空间为模型,故而它们是无矛盾的. 但又是不完备的,因为很多地方借助于图形直观,人们认为这是《原本》的缺点. 而在《原本》公设和公理的基础上,正是利用了图形的直观,即承认了一些事实(即直线、平面和空间的连续等),才使得《原本》中的平面几何、立体几何的命题都成立,这些理论已成为数学的基础,我国现行中学的几何课本的体系仍以《原本》为基础,课本的内容也几乎没有超过其内容.

有人依《原本》缺少某些公理而提出了几何的三个悖论——证明任何三角形是等腰的;证明直角等于钝角和证明从一点到一直线有两条垂线. 我们来看他们是怎样证明“任何三角形是等腰三角形”这个命题的.

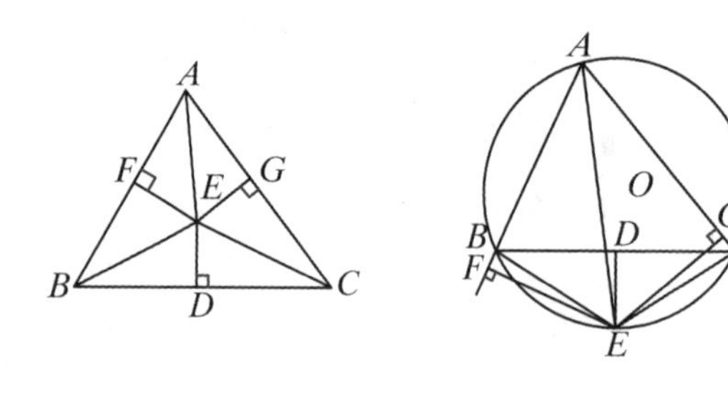

图1　　　　图2

设 ABC 为任意三角形,作 $\angle A$ 的平分线和 BC 的垂直平分线,从它们的交点 E 分别作 AB、AC 的垂线 EF 和 EG,垂足分别为 F 和 G,连接 EB 和 EC(图1).

由以上作法可以证明 $\angle B=\angle C$.

这个命题是人们为了说明欧几里得缺少“顺序公理”而得的悖论.

然而,这种证明忽视了欧氏几何基本论证方法. 问题出在没有按照作图要求作图,而任意设想 E 点之位置,就依此错误图形加以论证. 事实上(不失一般性),作 $\triangle ABC$ 的外接圆,可以论证 E 点在 $\triangle ABC$ 之外,且是 BC 弧的中点,也可证得 G,F 分别在 AB 之外和 AC 之内($\because AC>AB$).

(当然,即使图形较准确,也要依理推证,图2).

不难得出"证明直角等于钝角"和"证明从一点到一直线有两条垂线"两命题证明中的谬误.

当然,并不是说"顺序公理"不必要提出,而是说此三个悖论之论证不足以说明问题.

被议论较多的公理4不就是仅用在了[Ⅰ.4]与"[Ⅰ.8]三边对应相等,两三角形全等"吗?如将[Ⅰ.4]作为公理以代替公理4,而[Ⅰ.8]是可以从[Ⅰ.4]得到的.

《原本》中还用到了一些被默认的假设.如在论及比例时,Ⅴ.定义4给出"当一个量n倍以后大于另一个量,则说两个量有一个比",然而在应用时,只要论及两个线段时就认为有一个比,而从未证明两线段是否满足定义4的条件.这就是以后添加的阿基米德公理.

在《原本》中,对直观图形的利用有下列三种情况:其一是欧几里得在一些命题中利用图形的特殊情况而得出一般结论;其二是正确的直观认定,如直线和圆的连续性等(这两种情况已为数学家所指出);第三是把图形仅作为论证的直观示意,从中看出条件的内在联系,而图形并不作为论证的依据.这种情况在《原本》中占有很大部分.

欧几里得充分地利用了几何的模型.但是,虽然默认是正确的,也不能作为推论的依据.《原本》的缺点集中到一点,就是没有能够区分感性直观与科学抽象,对感性直观过于依赖,因而缺乏数学的严格性.

《原本》的公理化方法是数学公理化的最早典范,而且也影响着其他学科,如阿基米德(Archimedes,公元前287~前212)不仅用公理化方法完成其数学论述,而且利用公理化方法完成了物理学中的"杠杆的平衡"理论和"浮力"理论[36],牛顿(Newton,1642~1727)利用公理化方法完成论述运动三大定律理论的巨著《自然哲学的数学原理》,而且在现代理论物理中也有应用.

公理化方法是人类逻辑思维发展的必然产物,我国古代数学家刘徽(公元263年前后)为《九章算术》所作的注,实际就是对书中的公式、算法加以证明,所涉及的被承认的原始命题(即公理)有:存在四边相等、四角都是直角的正方形(这是与"欧几里得"第五公设等价的命题);出入相补原理,极限原理;刘-祖截面原理以及长方形面积公式和长方体体积公式,刘徽开创了我国数学理论化的道路,是传统数学理论的奠基人[5].

在《原本》诞生后的1800年间,人们对《原本》的逐步深入研究,尤其是非欧几何的诞生,使得对公理化方法的认识更加成熟,具有代表性的杰作是1899年希尔伯特(D. Hilbert,1862~1943)的形式公理学——《几何基础》,他在书中提出了一个欧几里得公理系统,后经进一步修改,一个完全而简单的欧几里得公理系统就形成了.它使《原本》的缺点得以纠正,而且提出了公理系统的相容性,公理的独立性和公理系统的完备性等三个基本问题.在此基础上,希尔伯特建立了以形式系统为研究对象的元数学,把公理学的研究推进到一个崭新的阶段.1931年以后,哥德尔(Kurt Gödel,1906~1978)等人发展了元数学,得到了关于形式系统的内在局限性的一些重要结果,使公理学和元数学获得了空前的发展.

2.《原本》的整体结构

《原本》全书共13卷,在卷I中,提出了23个定义、5个公设和5个公理作为基本出发点，全书给出了119个定义和465个命题及证明，它包括了平面几何、立体几何和初等数论的一些内容.

第Ⅰ～Ⅳ卷为平面几何中直线形及圆的有关命题.

第Ⅰ卷后两个命题是毕达哥拉斯定理([Ⅰ.47])和它的逆命题.

第Ⅱ卷有14个命题.其中前10个代数命题是用面积变换与毕达哥拉斯定理解决的.[Ⅱ.12]和[Ⅱ.13]给出了余弦定理的证明.

第Ⅲ卷有37个命题，本卷先给出了有关圆的一些定义，然后讨论弦、切线、割线及圆心角与圆周角的有关定理.[Ⅲ.17]给出了由已知点作已知圆的切线的作图方法(不用平行公理).

第Ⅳ卷有16个命题，论述了圆和多边形的关系.如求作正多边形内切、外接圆以及圆的内接、外切正多边形.

第Ⅴ卷是比例论，有25个命题，第Ⅵ卷是相似形.比例论是有关一般量的比例的理论，它避免了无理数，而适用于不可公度的量.比例论是《原本》两大理论支柱之一，用它解决了"Ⅵ.1等高的两个三角形(面积)之比等于它们底之比".由此容易地解决了相似形基本定理"Ⅵ.2，一直线平行于三角形一边，它截三角形的两边成比例."还有像"Ⅵ.19相似三角形的比等于对应边的平方比"，以及"Ⅵ.31，在直角三角形的斜边上所作的图形(的面积)等于两直角边上所作的与之相似的二图形(的面积)之和."此处没有涉及圆面积的命题.

第Ⅶ～Ⅸ三卷是有关初等数论的102个命题，是整数的整除性质的讨论.其中包括了求两数最大公因数的辗转相除法([Ⅶ.1,2])(也叫欧几里得算法).给出了有关连比例的定理，素数无穷多的证明([Ⅶ.1,2]).最后一个命题是一个数是完全数的充分性的定理.

第Ⅹ卷是讨论无理线段，有115个命题.这是《原本》中最难的一卷，这部分内容是属于西艾泰德斯(Theaetetus，公元前417～前369)的，该卷命题论证严谨.它讨论了线段的加、减、乘以及开方运算.对所得之特殊线段命了名，并讨论了这些特殊线段之间的关系.

第Ⅺ～ⅩⅢ卷是立体几何，共75个命题.它首先给出了立体几何中的一些基本概念，如直线与平面垂直、两平面垂直、两平面的夹角、立体角定义等.并且把圆柱、圆锥和球定义为平面图形绕一轴旋转而得出.

第Ⅺ卷有39个命题，给出了直线与平面、平面与平面关系的许多性质定理.如:"Ⅺ.15如果两相交直线分别平行于不在同一平面内的二相交直线，则两对相交直线所在的平面平行.""Ⅺ.21任何一个立体角的各面角的和小于四直角."还给出了平行六面体的有关体积的命题.

第Ⅻ卷有13个命题.是关于面积和体积的命题，特别是关于圆面积与球体积的问题，对于这些问题我们现在是用求极限的办法解决的，但当时还没有这样的基础，而欧几里得利用欧多克索斯的"穷竭法"严格地论证了这些命题.如"Ⅻ.2，圆与圆之比等于直径平方比."

利用穷竭法还解决了如下重要的命题.

Ⅻ.5以三角形为底且有等高的两个棱锥之比等于两底之比.由此命题可得到等底等

高的两三棱锥体积相等,进而得到任意一个三棱锥等于同底等高棱柱体积的三分之一这个重要命题.[Ⅻ.7.推论]

Ⅻ.10,圆锥(体积)是和它同底等高圆柱(体积)的三分之一.

Ⅻ.18,两球之比等于它们直径的三次比.

第XⅢ卷是正多面体的一些性质.其目的在于讨论球内接各正多面体边长之间的关系.最后一个命题[XⅢ.18]给出了球内5个正多面体边的作图.它的推论指出正多面体仅有5个.

《原本》在当时是一部数学全书,其中的形与数是逻辑地联系着的.如在数论中利用了第Ⅴ卷的有关定义和命题,第Ⅹ卷中命题的证明利用了第Ⅶ卷中的命题,而第XⅢ卷中命题的证明又应用了第Ⅹ卷中的命题.

《原本》完整地体现了古希腊数学的三大成就,既欧多克索斯(Eudoxus of Cnidus,约公元前408~前347)的比例论、西艾泰德斯的无理线段和正多面体的理论.

3.《原本》的两个理论支柱——比例论和穷竭法

为了论述相似形的理论,欧几里得安排了第Ⅴ卷比例论,在该卷中,欧几里得引用了欧多克索斯的比例论.这个理论是无比的成功,它避开了无理数,而建立了可公度与不可公度的正确的比例论,因而顺利地建立了相似形的理论,这被人认为是欧几里得几何的重要成就之一.

在第Ⅴ卷中给出了"比"及"比例"有关的定义.

定义3.比是两个同类大小方面的一种关系.

定义4.当一个量几倍以后能大于另外一个量,则说两个量有一个比,从中可看出,有比的量是有限的,我们把两个量a、b的比用"a/b"表示.

定义5.若对于比a/b,c/d,如果a及c乘以任一正整数m,b及d都乘以正整数n,从$ma<nb$推知$mc<nd$,从$ma=nb$推知$mc=nd$,从$ma>nb$推得$mc>nd$,则设四个量a,b,c,d成比例.

以上是欧多克索斯给出的比例论,它与实数理论建立以后所给出的比例论是等价的.

在几何发展的历史上,解决曲边围成的面积和曲面围成的体积等问题,一直是人们关注的重要课题.这也是微积分最初涉及的问题.它的解决依赖于极限理论,这已是17世纪的事了.然而在古希腊于公元前三四世纪对一些重要的面积、体积问题的证明却没有明显的极限过程,他们解决这些问题的理论和方法是如此的超前,并且深刻地影响着数学的发展.

古希腊数学家安提丰(Antiphon,约公元前480~前411)曾提出"从圆内接正多边形开始,将其边数加倍,可得到一个新的圆内接正多边形,再将其边数加倍,这样不断地作下去,'最后'的多边形必将与圆重合"(即多边形与圆的差将失去).以此来解决化圆为方的问题,而这个论断受到了批驳,希腊人认为多边形绝不可能与一个圆形完全重合.因为直线段永远不能恰好落在曲线上.承认这点就意味着承认量可以无限分割,而这一观点被芝诺的一系列悖论所批驳.

以上问题的解决是古希腊数学家欧多克索斯提出的,后来以"穷竭法"而得名的方法."穷竭法"的依据是《原本》X. 1 和反证法.

[X. 1]对于两个不相等的量,如果由较大的量中减去一个大于它的一半的量,再由所得的余量中减去大于它的一半的量,并且连续这样进行下去,则必得到一个余量小于较小的量.

证明如下:

设 AB 及 CD 为二个给定的不等量,$AB > CD$.

设 CD 的 n 倍大于 AB,设 $n \cdot CD = EF$,于是 $EF > AB$.

将 EF 分成 n 等分,$EG_1 = G_1G_2 = \cdots = G_{n-1}F = CD$.

从 AB 取掉大于它本身一半的 AH_1,再从 H_1B 中取掉大于 H_1B 一半的 H_1H_2,这样不断地继续下去……直到 AB 分段数目也为 n.

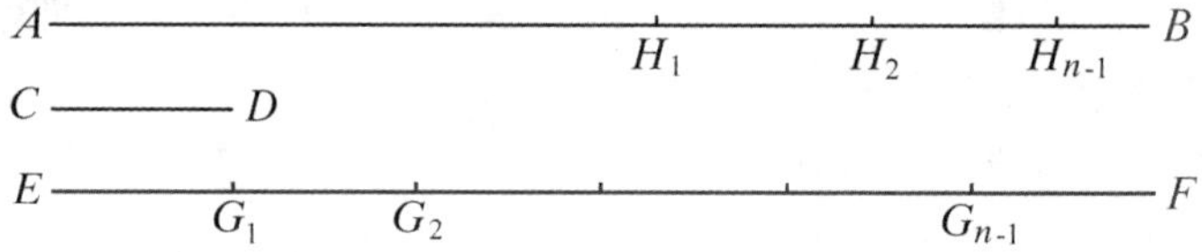

$$\because\ AH_1 > \frac{1}{2}AB,\text{于是}\frac{1}{2}AB > H_1B.$$

$$\text{又 } EG_1 < \frac{1}{2}FE,\text{于是 } G_1F > \frac{1}{2}EF.$$

又由 $EF > AB$,$\therefore$ 由以上知 $G_1F > H_1B$.

同理可证 $G_2F > H_2B$,以此类推就有 $G_{n-1}F > H_{n-1}B$,即 $CD > H_{n-1}B$. 命题得证.

我们仍可分析一下[X,1],设两量 $A > B$. 设从已知量 A 中所减去符合条件的量为 $A_1, A_2, \cdots, A_n$,即

$$A - A_1 = B_1,\quad B_1 < A/2,$$
$$B_1 - A_2 = B_2,\quad B_2 < B/2,$$
$$\cdots$$
$$B_{n-1} - A_n = B_n,\quad B_n < B_{n-1}/2. \qquad (1)$$

显然 $B_1 < A/2, B_2 < A/4, \cdots, B_n < A/2^n$,

$$\because\ \lim_{n\to\infty} A/2^n = 0, \qquad (2)$$

$$\therefore\ \lim_{n\to\infty} B_n = 0. \qquad (3)$$

$$\text{又}\because\ A - (A_1 + A_2 + \cdots + A_n) = B_n,$$

$$\text{于是}\lim_{n\to\infty}(A_1 + A_2 + \cdots + A_n) = A. \qquad (4)$$

由(3)知[X. 1]成立. (4)说明了穷竭法的实质,由以上可知,穷竭法仅是利用了很特殊的极限结果(2). 并且在证明中要预先知道所求的结果,然后利用反证法加以证明,穷竭法的思想可以说是极限理论的萌芽,以后为数学家们进一步发展.

在这个命题的证明中引用了"一个量的若干倍总可以大于另一量"的论断,虽然欧几里得在[V. 4]定义 4 中也引用过,但这只是直观承认,这就是以后由阿基米德给出的"阿

基米德公理".

在《几何原本》中欧几里得利用"穷竭法"证明了以下命题:

[Ⅻ.2]圆与圆的面积之比等于直径平方比.

[Ⅻ.5]以三角形为底且有等高的棱锥体积之比等于两底之比.

由此命题可得到等底等高的两三棱锥体积相等,进而得到任一棱锥等于同底等高棱柱体积的三分之一这个重要的命题.

[Ⅻ.10]圆锥体积是和它同底等高的圆柱体积的1/3.

[Ⅻ.18]两球体积之比等于它们的直径的立方比.

阿基米德应用"穷竭法"更加熟练,而且技巧很高.并且用它解决了一批如下重要的面积和体积命题[36].

"任何一个圆面积等于一个直角三角形,它的夹直角的一边等于圆的半径,而另一边等于圆的周长."(《圆的度量》命题1)

"任一球等于4倍的圆锥,该圆锥的底等于球的大圆,它的高等于球的半径."(《论球和圆柱》命题34)

"任一抛物线弓形的面积是同底等高三角形面积的4/3".(《求抛物线弓形的面积》命题17)

"螺线第一圈与初始线所围成的面积等于第一圆面积的1/3"(《论螺线》命题24)

"旋转抛物面任一截段的体积是与其同底同轴的圆锥或圆锥截段的体积的3/2."(《论劈锥曲面体与旋转椭圆体》命题21,22)

当然,利用"穷竭法"证明命题,首先要知道命题的结论,而结论往往是由推测、判断等确定的.阿基米德在此作了重要的工作,他在《方法》一文中阐述了发现结论的一般方法,这实际又包含了积分的思想.他在数学上的贡献,奠定了他在数学史上的突出地位.

四、《几何原本》与《九章算术》

这两部数学著作都是世界上流传很古、影响深远的巨著,对东西方数学的发展都起了奠基作用.两书的内容、结构差别较大,各有特点,都代表了不同地域几千年前数学发展的辉煌成就,见文献[22].

在结构方面,《九章算术》(以下称《九章》)共九卷,246个问题,每卷中的每小类有解题步骤,相当于现代数学公式,每题都有答案,大部分没有计算过程.但是,都可套用解题步骤.246个问题几乎全是应用题,《原本》却没有一道应用题.

两书各有长短,《九章》以实用性、计算性和丰富性见长.《原本》则突出了数学演绎法的特点和公理化的结构.文献[22]谈到"在同一历史时期,不同民族对同一对象的认识内容会有差异.但是,它们互相补充,形成关于同一对象的较完整的认识.因而,关于不同民族对同一对象认识是可以比较的."

文献[22]专门就比与比例论及其性质将两书做了详细的比较,并就其应用做了系统的介绍.以往的研究资料对这一重要问题很少提到中国的成就.

《九章》没有像《原本》那样,集中叙述比及比例,而是体现在每个单元(九卷)的具体问题的应用中,刘徽《九章》注中也是这样.《原本》对数论有集中的论述,又具有逻辑结构的特点,这是很自然的.因为,两书的形成必然受到各自所处的社会基础的不同影响,这种影响反映到学术领域就形成了各自的独特内容结构及研究方法、表述形式.文献[22]中认为《原本》、《九章》及刘徽《九章》注分别起到了西方与中国古典数学的奠基作用,并且对两种数学传统的形式分别具有创造性的作用.任何研究数学史的专家、学者都不能不知道这三部著作,文献[22]又把这三部著作的比例部分做了较详细的比较,并阐述了个人的见解.他还引出了刘注中"比"的定义,四个量成"比例"的定义(《原本》卷Ⅴ.定义5及卷Ⅶ.定义20).还指出《原本》中定义了二次比、三次比及波动比.而《九章》及刘注中没有涉及这些问题.

在命题部分又比较了以下有关问题,如:

《原本》卷Ⅴ,命题18:

若 $a:b$ 如同 $c:d$,则 $(a+b):b$ 如同 $(c+d):d$.

虽然在《九章》及刘注中没有相当的命题,但是在刘徽"勾股容方术"中谈到了这个问题.

不但对比例中的命题逐条做了对比,并且将比例在图形的面积、圆面积的论述中的应用也做了比较.

五、几何中连续公理的引入

《原本》问世后,得到了数学家的称赞.但是,不久就有人发现欧几里得的公理(公设与公理)还有不足之处.如,数学家阿基米德在欧氏的公设、公理之外,又添加了五条公理.可以认为其中1、3两条是直线和平面的定义,第五条是有名的阿基米德连续公理.以后,这条公理成为直线上点的连续性理论的基础之一.第五条即

有两条线段 a、b,且 $a<b$,总存在一个正整数 n,使得 $na>b$.

不论阿基米德补充的五条公理是否妥当,这一作法已经启发数学家意识到欧氏的公理系统是不够用的(数学家称为公理的完备性).在阿基米德之后,相继有许多数学家也曾试图另行建立公理系统.但是,没有从根本上改进几何公理系统,直到19世纪末叶才建立了完善的几何公理逻辑结构.

1.问题的由来

这里要谈的主题是几何基础中连续概念引入的过程.《原本》的公理系统(公设、公理)中没有连续概念,而在证明命题的过程中直观的承认了这一事实.例如,在《原本》第Ⅰ卷中.

命题1 在已知线段上作一个等边三角形.

作法中承认了圆与圆相交,且交点存在.

命题2 由一个已知点(作为端点)作一线段等于已知线段.

作法中承认了直线和圆相交,且交点存在.

由欧氏公设、公理不能推出以上两个作图题中"交点"存在.因为,其中没有连续性(公理)概念.这就需要给欧氏的公理系统中添加新的公理——连续性公理.

虽然19世纪之前费马与笛卡尔已经发现了解析几何,代数有了长驱直入的进展,微积分进入了大学课堂,拓扑学和射影几何已经出现.但是,数学家对数系理论基础仍然是

模糊的,没有引起重视.直观地承认了实数与直线上的点都是连续的,且成一一对应.直到19世纪末叶才完满地解决了这一个重大问题.从事这一工作的学者有康托(Cantor),戴德金(Dedekind)、皮亚诺(Peano)、希尔伯特(Hilbert)等人.

当时,康托希望用基本序列建立实数理论,戴德金也深入地研究了无理数理论,他的一篇论文发表在1872年.在此之前的1858年,他给学生开设微积分时,知道实数系还没有逻辑基础的保证.因此,当他要证明"单调递增有界变量序列趋向于一个极限"时,只得借助于几何的直观性.实际上,"直线上全体点是连续统"也是没有逻辑基础的.更没有明确全体实数和直线上全体点是一一对应这一重大关系.如,数学家波尔查奴(Bolzano)把两个数之间至少存在一个数,认为是数的连续性.实际上,这是误解.因为,任何两个有理数之间一定能求到一个有理数.但是,有理数并不是数的全体.有了戴德金分割之后,人们认识到波尔查奴的说法只是数的稠密性,而不是连续性.

将康托与戴德金命题用几何形式表述如下.

康托命题C.设在任意直线 a 上给了线段的无穷序列 $A_1B_1, A_2B_2, \cdots$ 其中每个后面的都在前面一个的内部;并且不存在这样的线段,它在所有这些线段的内部.那么,在直线 a 上一定存在着一个而且仅仅一个点 P,落在所有线段 $A_1B_1, A_2B_2, \cdots$ 的内部.

戴德金命题D.如果把直线的所有点分成两类,使得:

(1)每个点归于一个而且只一个类,每个类都包含着点;

(2)第一类的每个点都在第二类的每个点前面,则或者在第一类存在着这样的点,第一类的所有的其余的点都在它的前面,或者在第二类里存在着这样的点,它在第二类的所有其余的点的前面.我们就说,这个点决定了直线上的戴德金分割.

如果把康托命题C(与阿基米德公理合用)或戴德金命题D单独作为(连续性)公理,即可证明直线上的全体点是连续的,上面所提到的命题1、2中的圆圆相交,线圆相交,其交点存在.

2.希尔伯特公理系统中的连续公理

19世纪后半叶,数学家们愈来愈重视数学基础的建立,尤其以希尔伯特的工作最为出色.他不但对几何基础的建立,而且对数系基础的建立进行了广泛深入的研究.1899年,他出版了名著《几何基础》(*Grundlagen Der Geometrie*,第一版),书中列出了五组公理.Ⅰ.结合公理(共9条);Ⅱ.顺序公理(共5条);Ⅲ.平行公理(一条);Ⅳ.合同公理(共6条);V_1.连续公理(1条,即阿基米德公理).

书中列举了一些定理,还讨论了公理系统的独立性与和谐性.这两个问题也是以前不为数学家注意的问题.虽然全书只有150页左右,但是,引起了数学界的很大震动.一时间,很多数学家都阅读了这部著作,除赞赏之外还发现了不足之处.1902年,美国数学家莫尔(Moore)对顺序公理提出过改进意见.诺森塔尔(Rosenthal)与苏联数学家拉舍夫斯基(П. К. рашевский,俄文第7版《几何基础》的译者)先后都给合同公理提出过合理化建议.

一个突出的问题是,第一版中的连续公理(只有阿基米德公理 V_1)仍然不能解决交圆问题.要建立直线上点的连续性,其条件是不充分的.

V_1(阿基米德公理)　设 A、B 为一直线上任意给定的两个点,A_1 为 A、B 之间的任意一点. 又在此直线上取 A_2、A_3、A_4、…等点,设 A_1 在 A 与 A_2 之间,A_2 在 A_1 与 A_3 之间,A_3 在 A_2 与 A_4 之间,等等. 又设

$$AA_1 = A_1A_2 = A_2A_3 = A_3A_4 = \cdots$$

则这些点中,必定存在一点 A_n,使 B 点在 A 与 A_n 之间(见傅种孙、韩桂丛译自英文版,希尔伯特《几何基础》. 1924)

根据希氏的公理系统建立的欧氏空间不是完备的,因为只采用了 V_1,条件是不充分的. 比如,用希氏的公理系统建立的笛卡尔直角坐标系空间,其中点的坐标只能是代数数,不包含坐标 x、y、z 中有超越数的那些点. 有人把这种空间比做"马蜂窝"式的空间. 所以,这种空间包括不完所有的点,因而它是不完备的. 1902 年,法国数学家潘加莱(Poincaré)就指出了这一不足之处. 俄国数学家拉舍夫斯基也谈到了这一点(见江泽涵译自希尔伯特俄文《几何基础》中拉氏写的序言,1930 年由德文第 7 版译为俄文).

希尔伯特接受了学者们的意见,在他的《几何基础》第二版中就做了修改,并且增加了一条完备性公理 V_2,补充了连续公理.

V_2 完备性公理　除点、直线、平面外,不能再增加其他元素,仍然满足公理 Ⅰ ~ V_1.

有了 V_2 以后,利用希尔伯特公理系统(共 22 条)建立的空间就是完备的欧几里得空间. 这时,就可以证得直线上的点是连续的. 从而,可以证得《原本》中命题 1、2 圆圆相交,线圆相交,其交点存在. 又可证得直线上全体点和全体实数构成一一对应关系.

有意思的是,从中学几何中知道(不用连续公理)可以三等分线段,主要用到平行公理;用直尺与圆规不能三等分任意角. 有一个重要结果就是,在希氏的公理系统中不用平行公理,只用其余 4 组公理,特别是要有连续公理 V_1 及 V_2,就可以三等分任意线段,三等分任意角[33].

3. 连续公理的等价关系

以上总共列出了四条连续公理 C、D、V_1、V_2. 在建立完备的欧氏几何时,怎样选用这些连续公理呢? 首先要知道它们之间的关系. 其等价关系是

$D \Leftrightarrow V_1$、$C \Leftrightarrow V_1$、V_2.

因此,在使用时仅用 D,或同时用 V_1、C,或同时用 V_1、V_2,就可建立完备性空间. 例如,在以下几种高等几何中著者所选用的连续公理.

高等几何(俄,叶菲莫夫,Ефимов,1949),选用公理 V_1、C.

几何基础(俄,科士青,Костин,1948),选用公理 D.

几何基础(中国,钱端庄,上海,1959),选用公理 V_1、C.

几何基础(中国,傅章秀,北京,1983),选用公理 D.

希尔伯特不但给几何建立了完备的公理系统,他还重视建立数系的基础. 1889 年,皮亚诺(Peano)在他的书中给出了自然数的公理系统之后,希尔伯特在他的《几何基础》第 7 版中发表了实数系的完备公理系统. 其中把阿基米德公理 V_1、完备公理 V_2 转化为数的形式,使得实数系也成为一个连续统.

从此,立足在[实数和初等几何]上的高等数学有了正确的算术和形的坚实基础.

六、尺规作图发展史

尺规作图(即用直尺和圆规作几何图形)来源于《几何原本》,以后,在一个时期内成

为数学中的重要研究课题. 在《原本》问世之前，埃及、希腊就已经有人用尺规作几何图形. 在我国也有"不以规矩，不能成方圆"的记载（孟子·离娄篇）. 可见人类文化的发展进程有着非常相似之处. 用尺规作图是人类认识大自然的共同智慧.《原本》问世之后尺规作图成为非常引人入胜的问题.

在尺规作图的研究中遇到了很多难以作出的图形，有的是当时没有发现作图的方法，有的是只用尺规不能作出的图形. 在后一种情况中，虽然用尺规不能作，也可能用其他工具或其他曲线可以作出. 但是，数学家寻找的是能用尺规作出图形的方法.

在作图的研究过程中，遇到的难题中最突出的问题就是几何作图"三大难题"，限制用直尺与圆规作图. 即

Ⅰ. 三等分任意角；

Ⅱ. 作一个立方体，使其体积等于已知立方体体积的二倍（二倍立方体）；

Ⅲ. 作一个正方形，使其面积等于已知一个圆的面积（圆积化方）.

1. 作图方法的三种途径

到了欧几里得时代，他把尺规作图正式列入《原本》，以公设的地位体现尺规的"能力"（以下称效能）. 限制工具只能用直尺和圆规，（应用时步骤只能是有限次）. 这种限制很像一个命题的已知条件.

初看起来"三大难题"并不难，甚至于不是从事数学专业的人也能理解题意. 自从《原本》问世之后，各个时代的数学家都花费了很多精力从事这一工作. 在研究的漫长过程中又获得了很多作图题的重要结果，直到 1882 年才得到了完满的答案，即用直尺和圆规不能作出"三大难题". 更重要的结果是得到了"用尺规作图时，判断能作或不能作的准则". 以后，人们用直尺和圆规不能作的问题叫做"作图不能问题".

在几个世纪的研究过程中又发现了更多的"作图不能问题". 如，正七边形，正九边形，正十九边形，用高 h_a、h_b、及分角线 t_a 不能作出一个三角形，等等.

在 2000 多年间，尺规作图问题的发展过程大致可分三种途径.

（1）不用直尺和圆规，而用其他方法求作"三大难题"及其他作图问题.

最早记载着作图问题的著作是英国人兰德（Rhind）在 1858 年获得的草纸卷（埃及 Ahmes 的著作，约公元前 1700 ~ 前 1100），其中有圆积化方问题. 他以圆直径的 8/9 为边，作一个正方形，其面积就是已知圆的面积. 希腊数学家希波克拉斯（Hippcrates，约公元前 466 年）用比例中项求出正方形一边，作一正方形，其面积即为已知圆面积. 15 世纪意大利多才多艺的达·芬奇利用 $2\pi r$ 和 $r/2$（r 为已知圆的半径）为边作成一个矩形，其面积等于 r 为半径的圆面积. 然后，再将此矩形作等积变形，使它化为一个正方形，这个正方形即为所求作的正方形. 从而，解决了圆积化方问题.

关于二倍立方体作图. 阿尔契塔斯（Archytas，约公元前 428 ~ 前 347）用直圆柱及射影方法解决了二倍立方体作图. 尼克米德（Nicomeds，约公元前 250）利用自己发现的蚌线（Conchoid）和基乌克莱斯克用他发现的蔓叶线（Cissoid）分别解决了二倍立方体作图.

关于三等分任意角问题. 希腊有名的数学家、力学家阿基米德用直尺、圆规给出了一个三等分角的方法. 但是他加大了直尺的"效能"，不符合要求. 海倍阿斯（Hippias，约公元前 420）利用他自己给出的一种超越曲线、及尼克米德利用他的蚌线解决了三等分角问

题. 巴斯卡(Pascal,1588 ~ 1651)利用巴斯卡蚶线(罗贝尔格称为巴斯卡蚌线)以及牛顿利用离心率为 2 的双曲线也分别解决了三等分角问题.

以上是用超越曲线或其他方法代替了尺规而解决了"三大难题"的作图.

(2)只用直尺代替直尺和圆规,或只用圆规代替直尺和圆规解决"三大难题".

1833 年瑞士人斯泰纳(Steiner,1796 ~ 1863)发表了他的单尺作图方法,他只用直尺和一个已知圆心的圆(圆规两脚之间的开度不变)研究了作图问题,解决了直尺和圆规所能作出的很多问题. 1797 年,马歇罗尼(意大利,Mascheronis,1750 ~ 1800)在他的《*Geometria Del Compassa*》中谈到了他只用一个圆规,并在作图中利用对直线(作为两圆的公弦)的对称,解决了尺规作图问题. 安得列(德国,1863 ~ 1923)在 1896 年,他的《几何作图理论》中,只用直尺,并基于对圆的反演[34],代替尺规解决了一系列作图问题,他的作图过程较马歇罗尼的要繁. 他们都是将直线的交点(对直线的对称,对圆的反演)转化为圆的交点,而解决了作图问题.

1896 年,德国的纪瑞尔(Gérard,Math. Ann)发表了他只用直尺而藉助坐标系研究了作图问题. 还有人用双边直尺研究作图问题.

一本有名的讨论等效工具的著作是 Hudson 的《*Ruler And Coompass*》. 其中介绍了斯泰纳(只用直尺)和马歇罗尼(用一个圆规)的工作. 其书仅有 143 页(英文版). 以上这些作图方法都不符合欧几里得对直尺和圆规作图的规定,因而还要继续寻找用直尺和圆规作图的方法.

(3)寻求判断直尺和圆规"能作"或"不能作"的准则(判断方法).

求作正多边形等价于等分圆周,在我国很早以前就有数学家研究过这类问题,叫做"割圆术". 在《原本》中有正三角形、正五边形等的作法,对有些正多边形的作法只字未提. 如,正七边形,正九边形,正十七边形,正十九边形,等等. 这些问题引起了后世学者们的兴趣. 很多人试图利用尺规找出各种正多边形的作法. 首先找到正多边形"能作"与"不能作"的准则的人是世界数学家之王高斯(德国,Gauss,1777 ~ 1855).

2. 作图问题的研究与终结

高斯并不满足于寻求个别正多边的作图方法,他希望能找到一种判别准则,哪些正多边形用直尺和圆规可以作出,哪些正多边形不能作出. 也就是说,他已经意识到直尺和圆规的"效能"不是万能的,可能对某些正多边形不能作出,而不是人们找不到作图方法.

1801 年,他发现了新的研究结果,这个结果是可以判断一个正多边形"能作"或"不能作"的准则. 这个结果又一次震惊了数学界. 但是,有人怀疑他的判断准则可能只是充分条件. 1837 年万泽尔(法国,wantzel,1814 ~ 1848)证明了这个判断准则也是必要条件. 从此,用直尺和圆规作正多边形的问题得到了完满的结果. 由这个判断准则可以知道正七边形、正九边形、正十九边形等都是尺规作图不能问题.

数学家通过正多边形作图,明确了尺规的效能是有限的. 从此,把研究的方向转到寻找一般作图题的判断准则.

自从建立了数形对应之后,人们把几何问题化为代数问题来研究、大大扩展了研究的方法. 1837 年,万泽尔证明了三等分角、二倍立方体问题都是尺规作图不能问题. 1882 年,林德曼(德国,Lindemann,1852 ~ 1939)又证明了 π 是超越数,而超越数所对应的线段是尺规不能作出的.所以,圆积化方问题也是尺规作图不能问题.综上所述,"三大难题"是用尺规不能作出的作图题.在研究作图问题时,判断这个问题是否可作,首先把问题化为代数方程.然后,用代数方法来判断.判断的准则是:

"对一个几何量用直尺和圆规能作出的充分必要条件是:这个几何量所对应的数能由已知量所对应的数,经有限次的加、减、乘、除及开平方而得到"(而 π 不可能如此得到).

从此,尺规作图问题完全得到了解决.

自从1826年,俄国人罗巴切夫斯基的非欧几何(罗氏几何)正式发表之后,人们随之研究罗氏平面上的几何作图.在罗氏平面上除直线、圆之外,又多了两种曲线,即极限圆和等距曲线.相应地,不但要有作图工具——直尺和圆规,还要有画后两种曲线的工具.发现罗氏几何的人还有匈牙利数学家波尔约(Bolyai. J. 1802~1860),在他的论文中就给出了罗氏平面上作平行线的方法.后来,不少书中在讲罗氏几何时,作平行线的方法都采用了波尔约的作图方法.

在罗氏平面上也有尺规(或其他工具)作图不能问题,例如:

(1)三等分任意角;

(2)三等分任意线段;

(3)由一个三角形的顶点向对边作两条贯线,使得分成的三个三角形的面积相等.

到了20世纪70~80年代,在国外一些杂志上仍有研究罗氏平面上几何作图的文章,内容没有新的进展.在当时的苏联,不但有很多论文发表,并且有专门书籍出版.如,涅斯塔诺维奇的《罗氏平面上的几何作图》.另外,还有莫尔都哈依—布尔妥夫斯基(最后一次俄文《几何原本》的译者)也对这个问题钻研很深,文章不少,他们对作图的证明大多采用双曲线函数,这给一些读者带来了一定的困难.要用纯几何的方法更加困难.因为,罗氏几何所导出的三角学就是双曲线函数及其关系式——双曲三角学.所以,用起来较方便.

七、版本流传

1.《原本》在国外的流传

欧几里得个人的手稿早已失传,在很长一段时间内是以各种文字的抄本到处流传,而且不同文字的抄本内容不尽相同,甚至是根据一些版本重新整理修订的.到了公元4世纪,希腊人赛翁(Theon)就是根据几个不同版本整理了一个较为满意的抄本.后来的学者大都根据这个抄本研究和翻译《原本》.

1808年,在梵蒂冈图书馆发现了两部欧几里得的著作,其中之一是《原本》的希腊文抄本.拿破仑把这两个抄本送往巴黎,经研究认为《原本》的这个抄本早于赛翁的抄本.从此,很多学者把注意力转向研究梵蒂冈抄本.

据不完全统计,从15世纪到19世纪400年间,《原本》共出了1000多版,仅次于《圣经》的发行量.因此,要精确介绍版本的发行情况就太困难了,只能从一个方面介绍版本的印刷情况.以下仅介绍从印刷术发明以后,用不同文字在几个国家早期印刷出版的版本.

1482年,世界上第一个印刷本《原本》在意大利出版,当时,意大利出版家爱尔哈得

(Erhard Ratdolt)在威尼斯创建了一个印刷厂,他主动承印了坎帕努斯(Campanus)由阿拉伯文译成拉丁文的译本.由于这个译本成为印刷本,数量较多,流传较广.1486年,这个印刷本又在乌尔姆(Ulm)再版.1491年,又在巴塞尔(Basel)重版.

1533年,在巴塞尔第一次印刷了格里内乌斯(Simon Grynaeus)的希腊文版本.

1558年,在德国由Soheubi翻译出版了第Ⅶ~Ⅸ卷本.1562年又由Wilhin Holtzman翻译出版了前六卷本.

1564~1565年,在法国由Pierre Forcadel翻译出版了前九卷本.

1570年,在英国伦敦第一次印刷了英文版本,由比林斯利(H. Billingsley)译自希腊文,这个版本流传较广.

1576年,在西班牙由Rodrigo Camorano翻译出版了前六卷本.

1606年,荷兰Jan Pieterszoon翻译出版了前六卷本.

1739年,俄国Сатаров用俄文翻译出版了第一个俄文《原本》.

1744年,在瑞典由Marten Stömer翻译出版了前六卷本.

1745年,在丹麦由Ernest Gottlieb Ziegenbaly翻译出版了一个版本(卷数不详).1803年,H. C. linderap又翻译出版了一个前六卷本.请参阅文献[15,19].

1873年,在日本由昌邦等人从英文版本译成日文,第一次出版.

2.《原本》在我国的流传

《原本》在我国刊出了多少次,有多少个不同卷数的版本,有几种文字的版本,它们之间的关系如何.近年来,有几位学者在这方面做了大量的、深入细致的研究工作,基本清楚了《原本》在我国的流传概貌.他们的工作可分为以下四个方面:

(1)明朝(1605年),徐、利的前六卷本,清朝(1857年),李、伟的后九卷本以及1865年十五卷本在各个时期重印的次数[19];

(2)几部名曰《几何原本》而不是欧几里得所著的《几何原本》的来源以及它们之间的关系;

(3)满文抄本的来龙去脉[13];

(4)唯一的一种蒙古文5卷本,1987年出版.

把以上这些版本分为三类[3]:

第一类版本

包括徐、利六卷本,李、伟九卷本及合刻十五卷本的重刻次数[4].

1607年,徐、利六卷本第一次印刷,北京.

1611年,再刊六卷本,北京.利玛窦的校本未能刊出,即于1610年去世,后由徐光启等重审再刊.

1625年,李之藻刻《天学初函》丛书时,就是根据六卷本的二校本重刊并收入.法国人果第尔(H. Cordier)的《汉学书目》称,于1758年(乾隆二十三年)将《天学初函》译为满文.这样,又有一个满文六卷本.

1787年,《四库全书》收入六卷本.

1847年,广东《海山仙馆丛书》收入六卷本.

1939年,(或1960年),商务印书馆《丛书集成》中收入六卷本.

《万有文库》也收入六卷本.

1906 年,《几何赘说》收入六卷本. 广东番禺潘应祺.

1893 年,江南制造局刊四卷本,共三册;小仓山房石印六卷本,共三册.

1857 年,李善兰,伟烈亚力合译后九卷第一次出版.

1865 年,李善兰主持将徐、利的前六卷与李、伟的后九卷合刻成十五卷本(以后称“明清本”). 此后,又多次重印.

1878 年,江南制造局刊十五卷本.

1882 年,江宁藩署刊十五卷本.

1896 年,上海积山书局刊十五卷缩本.

1898 年,《古今算学丛书》影印十五卷本.

1983 年,《徐光启著译集》收六卷本[4].

以上这些版本,前六卷是同一个底本,后九卷是另一个底本.

第二类版本

在我国还出版了几种内容相近、结构不同的几何著作也称为《几何原本》分列于后.

(1)《几何原本》七卷满文抄本,共三册.

1688 年 2 月法国传教士白晋(Jachin Bouvet,1656 ~ 1730),张诚(J. F. Gerbillon,1654 ~ 1707)来北京. 康熙召他们进宫讲解几何,他们准备的几何讲稿形成了一部满文抄本,命名《几何原本》,共三册,属故宫博物院藏书. 其编写方式已与欧几里得几何原本结构不同,脱离了公理化模式,内容、体例均有变化. 另一种说法,此稿可能来自法国巴蒂的《几何原本》. 这种编写方式也许受到了当时欧洲一些学者的影响.

(2)《几何原本》七卷汉文抄本,共一册,故宫博物院藏书,经几位学者考证,实际上和(1)中满文抄本同出一源.

(3)中国台北“国立中央图书馆”藏有七卷精抄本《几何原本》. 这个精抄本是刘钝研究员于 1994 年去台北讲学时发现的,并对这个《原本》进行了广泛深刻考证与研究,写下了论文文献[25].

此《原本》“其卷数,各卷命题数及内容皆与北京故宫所藏满、汉文两种同名抄本一致. 可以断定是《数理精蕴》系统的《几何原本》,其母本是 17 世纪法国耶稣会士数学家巴蒂(I. G. Pardies,1636 ~ 1673)的几何学教科书 *Elémens de gémétrie*”. “这一抄本应为康熙亲手校订的《数理精蕴 · 几何原本》的底稿本之一”[25].

“台北《国立中央图书馆善本书目》(二)第 06398 号称:

< 几何原本七卷,泰西欧几里得撰,利玛窦译,旧钞本 >.

作、译者全误,版本的特征交代得也不清楚,应为:

< 几何原本七卷,法国巴蒂原撰,张诚等译,康熙手批精钞本 >[25]”.

文献[25]中认为以上钞本的完成在满文钞本之后,也可能是由满文本译过来的.

(4)《数理精蕴》中的《几何原本》十二卷. 它与欧几里得的《原本》结构、体例均不同. 这样的编撰方式也许有利于初学者接受[28].

(5)北京故宫博物院还藏有一部《几何原本》十二卷抄本,共四册. 与(4)中的十二卷编撰方式不同.

有些学者认为第二类的这些版本,很可能都来自巴蒂的《*Elémens of Géométrie*》的改编本.

第三类版本

近年来一些学者专门从事另一种版本的研究与翻译工作,都是以目前世界流行的权威希思(英,Thomas Little Heath,1861 ~ 1940)的英文《原本十三卷》为底本.已经翻译并出版了以下版本.

(1)1987 年,莫德翻译出版了蒙文前五卷本(内蒙古人民出版社).

(2)1990 年,兰纪正、朱恩宽用现代汉文翻译出版了十三卷本(陕西科学技术出版社).

(3)1992 年,用繁体字现代汉文出版了十三卷本(即兰纪正、朱恩宽译十三卷本).台湾九章出版社,由陕西科学技术出版社提供现代汉文底本.

经过几代学者的研究考证,才在最近几年获得了《原本》在中国流传的概貌,大致摸清了刊出的次数,各种版本之间的关系与来源.虽然有些问题还需进一步研究与考证,但是这已经是一个很满意的成果了[3].

可将以上所述,简单概括为以下几种版本.

(Ⅰ)欧几里得《几何原本》

(1)汉文言文共 16 个版本,现代汉文 2 个版本.

(2)满文六卷本,(1758 年,由《天学初函》中译出)1 个版本.

(3)蒙文五卷本,(1987 年)1 个版本.

(Ⅱ)改编欧几里得《几何原本》

(1)汉文 4 个版本.

(2)满文七卷抄本,(1688 年,给康熙的讲稿)1 个版本.

以上是截至目前的情况,统计到的用汉、满、蒙三种文字出版的欧几里得《原本》,共 20 个版本,其他改编本 5 个版本.也许以后还能发现更多的版本.

在国内出版《原本》的次数,各版本之间的关系,来源,比较详细且全面的论述,应推文献[3,4,19,28].

这次再版,增加了欧几里得画像,《原本》的俄文译本的扉页,日文译本的封面和蒙古文译本的扉页等四幅图.

这次再版,由兰纪正、朱恩宽和张毓新对原文作了较全面的校正.由于我们水平有限,如有欠妥之处敬请批评指正.

兰纪正　朱恩宽

2002 年 10 月于陕西师范大学

再版后记参考文献

[1] 朱恩宽. 论古希腊的无理线段——对《几何原本》第十卷内容的分析[J]. 内蒙古师范大学学报,1990(4).

[2] 白尚恕. 再论《几何原本》之名称[J]. 北京师范大学学报:自然科学版,1993(2).

[3] 莫德. 在中国刊印或出版的各类《几何原本》,内蒙古师大,科学史研究所.

[4] 刘钝.《原本》流传考. 中外文化交流史,海外交通史学术讨论会. 1984. 2. 中国·泉州.

[5] 朱恩宽. 中国古代的几何基础[J]. 陕西师范大学学报:自然科学版,1995(1).

[6] 赵生久.《几何原本》在我国的传播[J]. 西安联合大学,唐都学刊:自然科学版,1995,6(1).

[7] 刘钝. 从徐光启到李善兰——以《几何原本》之完璧透视明清文化[J]. 自然辩证法通讯,1989,11(3).

[8] 朱恩宽. 论古希腊的"穷竭法". 陕西商洛师专. 1998,4.

[9] 莫德.《几何原本》满文抄本的内容及其成书过程[J]. 内蒙古师范大学学报:科学史增刊,1989(1).

[10] 莫德.《几何原本》有关问题研究(一)[J]. 内蒙古师范大学学报,1986(4).

[11] 梅荣熙,王渝生,刘钝. 欧几里得《原本》的传入和对我国明清数学发展的影响[M]. //席汉宗,吴德铎. 徐光启研究论文集. 上海:学林出版社,1986.

[12] 李迪. 蒙文《几何原本五卷本》序[M]. 呼和浩特:内蒙古人民出版社,1987.

[13] 李兆华.《几何原本》满文抄本的来源[J]. 故宫博物院院刊,1984(2).

[14] 兰纪正.《几何原本》中几个问题的探讨[J]. 陕西师范大学学报,1991,19(3).

[15] 兰纪正. 欧几里得《几何原本》译本变迁[J]. 中学数学教学参考,1989(12).

[16] 朱恩宽,李增业. 论古希腊的数论[M]. //莫德. 欧几里得几何原本研究. 呼和浩特:内蒙古人民出版社,1992.

[17] 白尚恕.《几何原本》的名称及其他[M]. //莫德. 欧几里得几何原本研究. 呼和浩特:内蒙古人民出版社,1992.

[18] 莫德. 论欧几里得以前几何思想的发展[M]. //莫德. 欧几里得几何原本研究. 呼和浩特:内蒙古人民出版社,1992.

[19] 莫德.《几何原本》的流传及其版本的研究[M]. //莫德. 欧几里得几何原本研究. 呼和浩特:内蒙古人民出版社,1992.

[20] 李迪.《欧几里得几何原本研究》前言[M]. //莫德. 欧几里得几何原本研究. 呼和浩特:内蒙古人民出版社,1992.

[21] 朱荣仕. 欧几里得《几何原本》与现今中学数学教材[M]. //莫德. 欧几里得几何原本研究. 呼和浩特:内蒙古人民出版社,1992.

[22] 尚智丛.《几何原本》与《九章算术》及其刘徽注中比例论和运用之比较[M]. //莫德. 欧几里得几何原本研究. 呼和浩特:内蒙古人民出版社,1992.

[23] 兰纪正.《几何原本》中尺规作图概观[M]. //莫德. 欧几里得几何原本研究. 呼和浩特:内蒙古人民出版社,1992.

[24] 何艾生,梁成瑞.《几何原本》及其在中国的传播[J]. 中国科学史,1984,5(3).

[25] 刘钝.《数理精蕴·几何原本》的康熙手定稿本[M]. //莫德,朱恩宽. 欧几里得几何原本论文

集. 呼伦贝尔:内蒙古文化出版社,1995.

[26] 曾德琼,朱荣仕. 伟大的教育家、数学家——欧几里得[M]. //莫德,朱恩宽. 欧几里得几何原本论文集. 呼伦贝尔:内蒙古文化出版社,1995.

[27] 莫德. 中国人研究《几何原本》的历史意义和存在的问题[M]. //莫德,朱恩宽. 欧几里得几何原本论文集. 呼伦贝尔:内蒙古文化出版社,1995.

[28] 刘钝.《数理精蕴》中《几何原本》的底本问题[M]. //莫德,朱恩宽. 欧几里得几何原本论文集. 呼伦贝尔:内蒙古文化出版社,1995.

[29] 李迪.《九章算术》与《几何原本》之比较研究[M]. //莫德,朱恩宽. 欧几里得几何原本论文集. 呼伦贝尔:内蒙古文化出版社,1995.

[30] 兰纪正. 从欧氏作图到罗氏作图[M]. //莫德,朱恩宽. 欧几里得几何原本论文集. 呼伦贝尔:内蒙古文化出版社,1995.

[31] 莫德,朱恩宽,兰纪正. 欧几里得几何原本翻译注释与研究[J]. 内蒙古师范大学学报,1993(10).

[32] 孔国平. 中西古代数学构造性之比较[J]. 自然辩证法通讯,1989(5).

[33] 兰纪正. 初等几何中的连续公理[J]. 科学与技术,1958(3).

[34] 兰纪正. 反演变换. 西安师范学院,函授通讯. 1959.

[35] 兰纪正,朱恩宽,朱荣仕,莫德. 欧几里得《几何原本》研讨协作组工作概况[M]. //莫德,朱恩宽. 欧几里得几何原本论文集. 呼伦贝尔:内蒙古文化出版社,1995.

[36] [英]T. L. 希思. 阿基米德全集[M]. 朱恩宽,李文铭,等,译. 西安:陕西科学技术出版社,1998.

[37] 莫德. 欧几里得几何学思想研究[M]. 呼和浩特:内蒙古教育出版社,2002.

[38] 朱恩宽. 欧几里得《几何原本》的结构及其理论基础[J]. 陕西师范大学学报:自然科学版,1990(4).

[39] 梁宗巨. 世界数学通史(上册)[M]. 沈阳:辽宁教育出版社,1996.

第 3 版后记

1990 年我们依据希思(Thomas Little Heath,1861 ~ 1940)的英译评注本 *The Thirteen Books of Euclid's Elements*(《欧几里得原本 13 卷》, 1956 年新版)译出的《欧几里得几何原本》白话文译本(以下简称《原本》汉译本)正式由陕西科学技术出版社出版,在中国大陆发行.

1992 年台湾九章出版社以此《原本》汉译本为底本,改排为繁体字本出版,在港澳台地区及海外发行.

2003 年修订的《欧几里得几何原本》第 2 版依然由陕西科学技术出版社出版发行. 第 2 版做了较多、较详细的校订. 并写了一篇长达两万字的再版后记,总结了《原本》汉译本第 1 版出版前后的 30 多年里,人们学习研究《原本》的成果.

2011 年译林出版社出版"汉译经典"丛书,将《原本》汉译本收录其中,完全依照第 2 版的格式重新排印,书名改为《几何原本》,内文仅是做了些许修改.

《原本》汉译本第 2 版陕西科学技术出版社先后印刷 4 次. 最后一次是 2008 年,截至目前,也已过去十多年了,出版社又提出重新修订出版第 3 版,我们欣然同意.

此次《原本》汉译本第 3 版的出版,是在第 2 版的基础上进行了修订,改正了所发现的问题,并重新绘制了个别命题的插图. 另外重新改写和添加了一些新的注释,还将新发现的《原本》研究成果和与《原本》有关的数学研究成果写入新增添的注释之中,以便读者进一步了解相关命题的意义.

原责任编辑赵生久先生参与了这次修订工作,在此表示感谢.

朱恩宽

2020 年 3 月

《阿基米德全集》汉译本简介

阿基米德(Archimedes,公元前287～前212)是古希腊最伟大的数学家和力学家,他在继承前人数学成就的基础上完成了圆面积、球表面积、球体积以及一些重要命题的论证。他在对古希腊三个著名的问题(倍立方体、三等分角和化圆为方)的探索中引出诸多发现,并在数学的各个方面做了开创性的工作。他是数学、物理结合研究的最早典范,他用公理方法完成了杠杆平衡理论、重心理论及静止流体浮力理论,成为力学的创始人。不仅如此,他还通过力学的实际应用发明了许多实用机械。

阿基米德利用力学原理(杠杆原理和重心理论)去发现几何的结论,如球体积、抛物线弓形的面积等,实际上是类似近代积分处理的方法。因而具有划时代的意义,他的最大贡献也在于此,从而被誉为近代积分的先驱,后人把他和牛顿、高斯并列为有史以来三位贡献最大的数学家。

汉译本《阿基米德全集》依据的底本是1912年英国出版的《*The Works of Archimedes with the Method of Archimedes*》。这部英文版著作是由英国古希腊数学史研究权威希思(T. L. Heath,1861～1940)根据丹麦语言学家、数学史家海伯格(J. L. Heiberg,1854～1928)的《阿基米德全集及注释》以及有关史料编辑而成。并且希思在阿基米德著作的原文中引入了现代数学符号。

《阿基米德全集》共两部分。第一部分"导论"八章,由希思撰写,可以说是研究阿基米德著作的总结。有阿基米德的轶闻、著作的抄本及主要版本、方言和佚著、与前辈工作的联系、三次方程,对积分的预示和专用名词等。第二部分是阿基米德的著作,共14篇,包括:论球和圆柱Ⅰ,Ⅱ;圆的度量;论劈锥曲面体与旋转椭圆体;论螺线;论平面图形的平衡Ⅰ,Ⅱ;沙粒的计算;求抛物线弓形的面积;论浮体Ⅰ,Ⅱ;引理集;家畜问题;方法等。

汉译本《阿基米德全集》收集了已发现的阿基米德著作,是我国首次全面地翻译。学习和研究它对于了解古希腊数学,研究古希腊数学思想及整个科技史都是十分有意义的。

《阿基米德全集》朱恩宽、李文铭等译,叶彦润、常心怡等校,陕西科学技术出版社1998年10月出版。2010年12月修订再版,大32开本精装,47万字,定价58.00元。

阿波罗尼奥斯《圆锥曲线论》汉译本简介

阿波罗尼奥斯(Ἀπολλωνιος,约公元前 262 ~ 前 190)是古希腊大几何学家。他的贡献涉及几何学和天文学,但最为重要的是他在前人工作的基础上创立了完美的圆锥曲线论,它是在欧几里得《几何原本》的基础上演绎推理写就的传世之作《圆锥曲线论》,它几乎使近 20 个世纪的后人在这方面未增添多少新内容,直到 17 世纪笛卡尔和费马的坐标几何出现,才使它研究的方法有所替代。

《圆锥曲线论》共 8 卷,含 487 个命题,前 4 卷是基础部分,后 4 卷为拓广的内容,其中第 8 卷已失传。

卷Ⅰ有两组共 11 个定义和 60 个命题,在命题 11、命题 12 和命题 13 中,阿波罗尼奥斯从一般的圆锥面上用平面在不同方向截得了三种曲线,即抛物线、双曲线(一支)和椭圆,阿波罗尼奥斯把它们分别称为齐曲线、超曲线和亏曲线,并得出了它们的基本性质。以后就不再利用立体图形而依此基本性质推导圆锥曲线的其他理论。

卷Ⅱ有 53 个命题,包含着圆锥曲线的直径、轴、切线以及渐近线的性质,还有求圆锥曲线的直径、轴、中心和有条件的切线的作图命题。

卷Ⅲ有 56 个命题,主要是圆锥曲线有关面积的命题。命题 52 是与椭圆和双曲线的"焦点"有关的命题,即椭圆上任一点到两"焦点"距离之和是定值;双曲线上的一点到两"焦点"距离之差是定值。

卷Ⅳ有 57 个命题,开头讨论圆锥截线的极点和极线的有关命题,其余部分命题论述各种位置的两圆锥曲线可能的切点个数和交点个数。

卷Ⅴ有 77 个命题,内容很新颖,它的天才表现臻于顶点,它论述如何作出从一个点到圆锥曲线的最小线和最大线位置以及离开时的变化情况。

卷Ⅴ首先证明了从轴上到顶点距离小于或等于正焦弦一半的点到曲线的最小线是该点到顶点的线段(Ⅴ.4 ~6),对椭圆来说,轴指长轴,并且从这一点到椭圆的最大线是长轴上的其余部分。

其次讨论轴上到顶点距离大于正焦弦一半的点,这就是所谓的最小线的基本定理。关于抛物线的轴上到顶点距离大于半个正焦弦的点,从这个点朝顶点方向取等于半个正焦弦的一点,过这一点作轴的垂线交曲线,交点与那一点的连线是最小线(Ⅴ.8);关于双曲线和椭圆的轴上到顶点距离大于半个正焦弦的点,把中心到这一点的线段分成横截直径比正焦弦,在其分点作轴的垂线交曲线,交点与那一点的连线是最小线(Ⅴ.8、Ⅴ.10)。椭圆的轴仍然指长轴。

后面讨论了椭圆的短轴上的点到曲线的最小线和最大线以及最小线与最大线的性质和关系。

一般情况讨论在Ⅴ.51 ~52 中,给出了从轴下一点画出 0、1 或 2 条最小线的判别条件。阿波罗尼奥斯使用辅助双曲线,用双曲线与原曲线的交点个数来判定最小线的个数。

卷Ⅵ有 33 个命题,前面部分论述两圆锥截线相等、相似的有关命题。如任何两不同类的截线是不能相似的(Ⅴ.14~15),而双曲线的二支是相似相等的(Ⅵ.16),两平行平面在同一圆锥曲面上截得相似但不全等的二圆锥截线(Ⅵ.26)等。

卷Ⅶ共有 51 个命题,主题是关于共轭直径有关性质的论述:如Ⅶ.12 椭圆上任意两共轭直径上正方形之和等于其两轴上正方形之和;Ⅶ.13 双曲线的一支上任意两共轭直径上正方形之差等于两轴上正方形之差;Ⅶ.31 椭圆或双曲线的一支上任两条共轭直径与其夹角所构成的平行四边形等于其两轴所夹的矩形。Ⅶ.25 和Ⅶ.26 给出了亏曲线(椭圆)和超曲线(双曲线的一支)都有两轴之和小于其任意两条共轭直径之和。

阿波罗尼奥斯《圆锥曲线论》(卷Ⅰ~Ⅳ)汉译本是由[美]绿狮出版社(Green Lion Press)2000 年出版的《*Apollonius of Perga Conics Books* Ⅰ~Ⅲ)英译本(R. Caresby Taliafro 译)(修订本)和 2002 年出版的该书卷Ⅳ的英泽本(Micheal N. Fried 译)为底本合译而成。

陕西科学技术出版社 2007 年 12 月出版了阿波罗尼奥斯《圆锥曲线论》(卷Ⅰ~Ⅳ)汉译本。朱恩宽、张毓新、张新民、冯汉桥译。2018 年 6 月修订本出版,16 开本,336 千字,定价 85.00 元。

希腊文的阿波罗尼奥斯《圆锥曲线论》卷Ⅴ~Ⅶ已经不复存在,但是阿拉伯文的译本却保留了下来。阿波罗尼奥斯《圆锥曲线论》卷Ⅴ~Ⅶ的汉译本是依据 1990 年施普林格出版社(Springer-Verlag)出版的《*Apollonius Conics Books* Ⅴ~Ⅶ》英文和阿拉伯文对照本为底本,以英文内容翻译而成的。该底本的译者 G. J. 图默([美]G. J. Toomer 1934~)依据班鲁·穆萨(Banū Mūsā,9 世纪)主持翻译及校订的《圆锥曲线论》(卷Ⅴ~Ⅶ)阿拉伯文译本译成英文并详加注释。

陕西科学技术出版社 2014 年 6 月出版了阿波罗尼奥斯《圆锥曲线论》(卷Ⅴ~Ⅶ)汉译本。朱恩宽、冯汉桥、郝克琦译。16 开本,511 千字,定价 68.00 元。